算法设计与分析

（第3版）

郑宗汉　郑晓明●编著

清華大學出版社
北　京

内容简介

本书系统地介绍了算法设计与分析的概念和方法，共4篇内容。第1篇介绍算法设计与分析的基本概念，结合穷举法、排序问题及其他一些算法，对算法的时间复杂性的概念及复杂性的分析方法作了较为详细的叙述；第2篇以算法设计技术为纲，从合并排序、堆排序、离散集合的union和find操作开始，进而介绍递归技术、分治法、贪婪法、动态规划、回溯法、分支与限界法和随机算法等算法设计技术及其复杂性分析；第3篇介绍计算机应用领域里的一些算法，如图和网络流，以及计算几何中的一些问题；第4篇介绍算法设计与分析中的一些理论问题，如*NP*完全问题、计算复杂性问题、下界理论问题，最后介绍近似算法及其性能分析。

本书内容选材适当、编排合理、由浅入深、循序渐进、互相衔接、逐步展开，并附有大量实例，既注重算法的思想方法、推导过程和正确性的证明技术，也注重算法所涉及的数据结构、算法的具体实现和算法的工作过程。

本书可作为高等院校计算机专业本科生和研究生的教材，也可作为计算机科学与应用的科学技术人员的参考资料。

图书在版编目（CIP）数据

算法设计与分析 / 郑宗汉，郑晓明编著. —3版. —北京：清华大学出版社，2017（2023.7重印）
ISBN 978-7-302-45720-6

Ⅰ. ①算…　Ⅱ. ①郑…　②郑…　Ⅲ. ①电子计算机－算法设计　②电子计算机－算法分析
Ⅳ. ①TP301.6

中国版本图书馆CIP数据核字(2016)第288788号

责任编辑：苏明芳
封面设计：刘　超
版式设计：李会影
责任校对：王　颖
责任印制：刘海龙

出版发行：清华大学出版社
　　网　　址：http://www.tup.com.cn，http://www.wqbook.com
　　地　　址：北京清华大学学研大厦A座　　**邮　　编**：100084
　　社 总 机：010-83470000　　**邮　　购**：010-62786544
　　投稿与读者服务：010-62776969，c-service@tup.tsinghua.edu.cn
　　质量反馈：010-62772015，zhiliang@tup.tsinghua.edu.cn
印 装 者：三河市龙大印装有限公司
经　　销：全国新华书店
开　　本：185mm×260 mm　　**印　　张**：27.75　　**字　　数**：654千字
版　　次：2005年6月第1版　2017年10月第3版　　**印　　次**：2023年7月第6次印刷
定　　价：79.80元

产品编号：068461-03

前　　言

计算机系统中的任何软件，都是按特定的算法来予以实现的。算法性能的好坏，直接决定了所实现软件性能的优劣。如何判定一个算法的性能？用什么方法来设计算法？所设计的算法需要多少运行时间、多少存储空间？在实现一个软件时，这些都是必须予以解决的问题。计算机中的操作系统、语言编译系统、数据库管理系统，以及各种各样的计算机应用系统中的软件，都离不开用具体的算法来实现。因此，算法设计与分析是计算机科学与技术的一个核心问题，也是大学计算机专业本科生及研究生必修的一门重要的专业基础课程。通过算法设计与分析这门课程的学习，读者能够掌握算法设计与分析的方法，并利用这些方法去解决在计算机科学与技术中所遇到的各种问题，设计计算机系统的各种软件中所可能遇到的算法，并对所设计的算法做出科学的评价。因此，算法设计与分析，不仅对计算机专业的科学技术人员，而且对使用计算机的其他专业技术人员，都是非常重要的。

本书内容选材适当、编排合理、由浅入深、循序渐进、互相衔接、逐步展开，在编写过程中，尽可能遵循下面几个原则。

（1）面对学生，尽可能用通俗的语言来表达深奥的问题。因此，公式推导尽可能详尽，因为这样才不会为难学生；所用到的专门术语或知识来龙去脉尽可能介绍清楚，因为这样，学生才不会感到错愕和不知所措；对问题的叙述，尽可能开门见山，使学生能较快地、容易地接触到问题的实质。

（2）实现算法的思想方法和推导过程尽可能详细和易于理解，因为这样，学生才能深刻地理解和掌握算法的工作原理。

（3）对算法的某些理论基础和定理的证明给予足够的重视，定义的叙述尽可能严谨，方法推导、定理证明的逻辑尽可能严密，因为这可以培养学生良好的逻辑思维能力和严谨规范的科学方法，而设计并实现一个算法，具有良好的逻辑思维能力和严谨规范的科学方法是很重要的。

（4）算法具体实现的描述、所涉及的数据结构和变量，都做出较为详尽的说明。因为有些学生尽管知道了思想方法，也了解了实现步骤，但具体实现起来，有时却觉得束手无策。对算法的具体实现和所用到的数据结构的较为详细的描述，可以培养学生的具体实践能力，使学生学会如何使用所学过的知识来设计和实现某些算法。

（5）算法的工作过程，尽可能详细说明。对工作过程中比较难于理解的某些算法，则通过实例，从头到尾地模拟算法的运行。因为这是学习、理解算法的关键，没有用实例来模拟算法的运行，学生学完了以后，对该算法也只能是懵懂的，不知其所以然。

（6）无论是算法的基本概念、算法复杂性的分析方法，还是算法的实现步骤，都尽可能提供大量实例加以解释说明。

本书先以最简单的穷举法为例，说明算法设计技术及算法分析的重要性；接着以排序问题中的一些基本算法和其他一些算法为例，说明算法复杂性的一般分析方法；然后以算法设计技术为纲，按照实现算法的思想方法、实现步骤、所涉及的数据结构、算法的具体描述及复杂性分析等几个方面，逐个介绍各种算法设计技术及其分析方法。

全书分为 4 篇。第 1 篇包括第 1 章和第 2 章，介绍算法设计与分析的基本概念。第 1 章介绍算法的定义及算法的时间复杂性的基本概念；第 2 章介绍算法时间复杂性的分析方法，并简单介绍与算法分析有关的最基本的数学工具。第 2 篇包括第 3～9 章，介绍算法设计的基本技术。第 3 章继续介绍排序问题和离散集合的操作，进一步对算法分析进行了阐述，并为下面各章中所涉及的问题作了技术上的准备；第 4 章介绍递归技术及分治方法，从理论上分析了分治算法的效率；第 5 章介绍贪婪法的设计方法及其正确性的证明；第 6 章介绍动态规划法的设计技术；第 7 章介绍回溯法的设计技术；第 8 章在回溯法的基础上介绍分支与限界方法的应用及其分析；第 9 章介绍 3 种类型的随机算法及其性能分析。第 3 篇包括第 10～11 章，涉及计算机应用领域里的一些算法。第 10 章介绍图和网络流的一些问题；第 11 章介绍计算几何中的一些问题。第 4 篇包括第 12～15 章，介绍算法设计与分析中的一些理论问题。第 12 章介绍 NP 完全问题；第 13 章介绍计算复杂性问题；第 14 章介绍下界理论问题；第 15 章介绍近似算法及其性能分析。

本书对第 2 版做了一些修订。感谢许存权、钟志芳、纪文远、苏明芳、邓艳诸位编辑为本书的出版付出的大量工作和努力，在此表示诚挚的谢意。

由于水平有限，书中难免存在不当之处，敬请读者指正。

编　者

目　　录

第 1 篇　算法设计与分析的基本概念

第2篇 算法设计的基本技术

第 3 篇 计算机应用领域的一些算法

第 4 篇 算法设计与分析的一些理论问题

第 1 篇

算法设计与分析的基本概念

第 1 章　算法的基本概念

计算机系统中的任何软件，都是由大大小小的各种程序模块组成的，它们按照特定的算法来实现，算法的好坏直接决定了所实现软件性能的优劣。用什么方法来设计算法，所设计算法需要什么样的资源，需要多少运行时间、多少存储空间，如何判定一个算法的好坏……在实现一个软件时，这些都是必须予以解决的。计算机系统中的操作系统、语言编译系统、数据库管理系统以及各种各样的计算机应用系统中的软件，都必须用一个个的具体算法来实现。因此，算法设计与分析是计算机科学与技术的一个核心问题。

1.1 引　　言

“算法”这一术语是从英文 Algorithm 一词翻译而来的，但直到 1957 年，西方著名的《韦伯斯特新世界词典》也未将这一单词收录其中。据西方数学史家的考证，古代阿拉伯的一位学者写了一部名著——*Kitāb al-jabr Wa'lmuqābala*（《复原和化简的规则》），作者的署名是 Abū 'Abd Allāh Muhammad ibn Mūsā al-Khwārizmī。从字面上看，其含义是“穆罕默德（Muhammad）的父亲，摩西（Moses）的儿子，Khwārizm 地方的人”。后来，这部著作流传到了西方，结果从作品名称中的 al-jabr 派生出 Algebra（代数）一词；从作者署名中的 al-Khwārizmī 派生出 Algorism（算术）一词，最后，又从 Algorism 衍生出 Algorithm。随着时间的推移，Algorithm 这个词的含义已变得面目全非了，成了本书要讨论的内容——算法。

1.1.1 算法的定义和特征

欧几里得曾在他的著作中描述过求两个数的最大公因子的过程。20 世纪 50 年代，欧几里得所描述的这个过程被称为 Euclides Algorithm for gcd，国内将其翻译为“求最大公因子的欧几里得算法”，Algorithm（算法）这一术语在学术上具有了现在的含义。下面通过一个例子来认识一下该算法。

算法 1.1　欧几里得算法

输入： 正整数 m,n

输出： m,n 的最大公因子

```
unsigned euclid_gcd(unsigned m,unsigned n)
{
    unsigned    r;
```

```
 4.     while(n!=0) {
 5.         r = m % n;
 6.         m = n;
 7.         n = r;
 8.     }
 9.     return m;
10. }
```

在此用一种类 C 语言来叙述最大公因子的求解过程。今后，在描述其他算法时，还可能结合一些自然语言的描述，以代替某些烦琐的具体细节，从而更好地说明算法的整体框架。同时，为了简明、直观地访问二维数组元素，假定在函数调用时，二维数组可以直接作为参数传递，在函数中可以动态地分配数组，等等。读者可以容易地把这种类 C 语言程序转换为 C 语言程序。

这个算法由一个循环组成，第 4 行判断循环体的执行条件，若 n 为 0，结束循环的执行，转到第 9 行，把 m 作为结果还回，算法结束；若 n 非 0，就执行第 5~7 行的循环体：第 5 行把 m 除以 n 的余数赋予 r，第 6 行把 n 的值赋予 m，第 7 行把 r 的值赋予 n，然后转到第 4 行继续判断是否执行循环体。按照上面这组规则，给定任意两个正整数，总能返回它们的最大公因子。读者可以自行证明这个算法的正确性。

根据上面这个例子，可以给算法如下的定义：

定义 1.1　算法是解某一特定问题的一组有穷规则的集合。

算法设计的先驱者唐纳德 •E.克努特（Donald E.Knuth）对算法的特征做了如下的描述：

（1）有限性。算法在执行有限步之后必须终止。算法 1.1 中，对输入的任意正整数 m、n，在 m 除以 n 的余数赋予 r 之后，再通过 r 赋予 n，从而使 n 值变小。如此往复进行，最终或者使 r 为 0，或者使 n 递减为 1。这两种情况最终都使 r=0，而使算法在有限步后终止。

（2）确定性。算法的每一个步骤都有精确的定义，要执行的每一个动作都是清晰的、无歧义的。例如，在算法 1.1 的第 5 行中，如果 m、n 是无理数，那么 m 除以 n 的余数是什么，就没有一个明确的界定。确定性的准则意味着必须确保该算法在执行第 5 行时，m 和 n 的值都是正整数。算法 1.1 中规定了 m、n 都是正整数，从而保证了后续各个步骤中都能确定地执行。

（3）输入。一个算法有 0 个或多个输入，它是由外部提供的，作为算法开始执行前的初始值或初始状态。算法的输入是从特定的对象集合中抽取的。算法 1.1 中的两个输入 m、n，就是从正整数集合中抽取的。

（4）输出。一个算法有一个或多个输出，这些输出与输入有着特定的关系，实际上是输入的某种函数。不同取值的输入，产生不同结果的输出。算法 1.1 中的输出是输入 m、n 的最大公约数。

（5）能行性。算法的能行性指的是算法中有待实现的运算都是基本的运算，原则上可以由人们用纸和笔在有限的时间里精确地完成。算法 1.1 用一个正整数来除另一个正整数、判断一个整数是否为 0 以及整数赋值等，这些运算都是能行的。因为整数可以用有限的方式表示，而且至少存在一种方法来完成一个整数除以另一个整数的运算。如果所涉及的数值必须由展开成无穷小数的实数来精确地完成，则这些运算就不是能行的了。

必须注意到，在实际应用中，有限性的限制是不够的。一个实用的算法，不仅要求运行的步骤有限，同时也要求运行这些步骤所花费的时间是人们可以接受的。如果一个算法需要执行数以百亿亿计的运算步骤，从理论上说，它是有限的，最终可以结束。但是，这样的算法，除非拿到超级计算机去运行外，否则，以当代一般的计算机每秒数亿次的运算速度，也必须运行数百年以上时间。对于期望以一般的计算机作为平台来运行这样的算法，这是人们所无法接受的，因而是不实用的算法。同时也应注意到上述的确定性，指的是算法要执行的每一个动作都是确定的，并非指算法的执行结果是确定的。大多数算法不管在什么时候运行同一个实例，所得结果都一样，这种算法称为确定性算法；有些算法在不同的时间运行同一个实例，可能会得出不同的结果，这种算法称为不确定的算法或随机算法。

算法设计的整个过程，可以包含对问题需求的说明、数学模型的拟制、算法的详细设计、算法的正确性验证、算法的实现、算法分析、程序测试和文档资料的编制。本书所关心的是串行算法的设计与分析，其他相关的内容以及并行算法可参考专门的书籍。这里只在涉及有关内容时，才对相应的内容进行论述。

1.1.2 算法设计的例子——穷举法

例 1.1 百鸡问题。

公元 5 世纪末，我国古代数学家张丘建在他所撰写的《算经》中提出了这样一个问题："鸡翁一，值钱五；鸡母一，值钱三；鸡雏三，值钱一。百钱买百鸡，问鸡翁、母、雏各几何？"意思是公鸡每只 5 元，母鸡每只 3 元，小鸡 3 只 1 元，用 100 元钱买 100 只鸡，求公鸡、母鸡、小鸡的只数。

令 a 为公鸡只数，b 为母鸡只数，c 为小鸡只数。根据题意，可列出下面的约束方程：

$$a+b+c=100 \tag{1.1.1}$$

$$5a+3b+c/3=100 \tag{1.1.2}$$

$$c\%3=0 \tag{1.1.3}$$

其中，运算符"/"为整除运算，"%"为求模运算。式（1.1.3）表示 c 被 3 除，余数为 0。

这类问题用解析法求解有困难，但可用穷举法来求解。所谓穷举法，就是从有限集合中，逐一列举集合的所有元素，对每个元素逐一判断和处理，从而找出问题的解。

上述百鸡问题中，a、b、c 的可能取值范围为 0~100，对在此范围内的 a、b、c 的所有组合进行测试，凡是满足上述 3 个约束方程的组合，都是问题的解。如果把问题转化为用 n 元钱买 n 只鸡，n 为任意正整数，则式（1.1.1）、式（1.1.2）变成：

$$a+b+c=n \tag{1.1.4}$$

$$5a+3b+c/3=n \tag{1.1.5}$$

于是，可用下面的算法来实现。

算法 1.2　百鸡问题

输入：所购买的 3 种鸡的总数目 n

输出：满足问题的解的数目 k，公鸡、母鸡、小鸡的只数 g[]、m[]、s[]

```
 1. void chicken_question(int n,int &k,int g[],int m[],int s[])
 2. {
 3.     int  a,b,c;
 4.     k = 0;
 5.     for (a=0;a<=n;a++) {
 6.         for (b=0;b<=n;b++) {
 7.             for (c=0;c<=n;c++) {
 8.                 if ((a+b+c==n)&&(5*a+3*b+c/3==n)&&(c%3==0)) {
 9.                     g[k] = a;
10.                     m[k] = b;
11.                     s[k] = c;
12.                     k++;
13.                 }
14.             }
15.         }
16.     }
17. }
```

该算法有三重循环，主要执行时间取决于第 7 行开始的内循环的循环体的执行次数。外循环的循环体执行 $n+1$ 次，中间循环的循环体执行 $(n+1)(n+1)$ 次，内循环的循环体执行 $(n+1)(n+1)(n+1)$ 次。当 $n=100$ 时，内循环的循环体执行次数多于 100 万次。

考虑到 n 元钱只能买到 $n/5$ 只公鸡或 $n/3$ 只母鸡，因此有些组合可以不必考虑。而小鸡的只数又与公鸡及母鸡的只数相关，上述的内循环可以省去。这样算法 1.2 可以改为：

算法 1.3　改进的百鸡问题

输入：所购买的 3 种鸡的总数目 n

输出：满足问题的解的数目 k，公鸡、母鸡、小鸡的只数 g[]、m[]、s[]

```
void chicken_problem(int n,int &k,int g[],int m[],int s[])
{
    int  a,b,c,i,j;
    k = 0;
    i = n/5;
    j = n/3;
    for (a=0;a<=i;a++) {
        for (b=0;b<=j;b++) {
            c = n - a - b;
            if ((5*a+3*b+c/3==n)&&(c%3==0)) {
                g[k] = a;
                m[k] = b;
```

```
13.                 s[k] = c;
14.                 k++;
15.             }
16.         }
17.     }
18. }
```

算法 1.3 有两重循环，主要执行时间取决于第 8 行开始的内循环，其循环体的执行次数是$(n/5+1)(n/3+1)$。当 $n=100$ 时，内循环的循环体的执行次数为 $21\times34=714$ 次。这与算法 1.2 的 100 万次比较起来，仅是原来的万分之七，有重大的改进。

例 1.2　货郎担问题。

货郎担问题是一个经典问题。某售货员要到若干个城市销售货物，已知各城市之间的距离，要求售货员选择出发的城市及旅行路线，使每一个城市仅经过一次，最后回到原出发城市，而总路程最短。

如果对任意数目的 n 个城市，分别用 $1\sim n$ 的数字编号，则这个问题可归结为在赋权图 $G=<V,E>$中，寻找一条路径最短的哈密尔顿回路问题。其中，$V=\{1,2,\cdots,n\}$，表示城市顶点；边$(i,j)\in E$ 表示城市 i 到城市 j 的距离，$i,j=1,2,\cdots,n$。这样，可以用图的邻接矩阵 C 来表示各个城市之间的距离，把这个矩阵称为费用矩阵。

售货员的每一条路线，对应于城市编号 $1,2,\cdots,n$ 的一个排列。用一个数组来存放这个排列中的数据，数组中的元素依次存放旅行路线中的城市编号。n 个城市共有 $n!$ 个排列，于是售货员共有 $n!$ 条路线可供选择。采用穷举法逐一计算每一条路线的费用，从中找出费用最少的路线，便可求出问题的解。下面是用穷举法解这个问题的算法。

算法 1.4　穷举法版本的货郎担问题

输入： 城市个数 n，费用矩阵 c[][]

输出： 旅行路线 t[]，最小费用 min

```
#define MAX_FLOAT_NUM   ∞      /* 最大的浮点数 */
void salesman_problem(int n,float &min,int t[],float c[][])
{
    int p[n],i = 1;
    float   cost;
    min = MAX_FLOAT_NUM;
    while (i <= n!) {
        产生 n 个城市的第 i 个排列于 p;
        cost =  路线 p 的费用;
        if (cost < min) {
            把数组 p 的内容复制到数组 t;
            min = cost;
        }
        i++;
    }
}
```

这个算法的执行时间取决于第 7 行开始的 while 循环，它产生一个城市排列，表示货郎担的一条可能的路线，并计算该路线所需要的时间。这个循环的循环体共需执行 $n!$ 次。假定在一般的计算机上执行，每执行一次，需要 1μs 时间，则整个算法的执行时间随 n 的增长而增长的情况如表 1.1 所示。从表中可以看到，当 $n=10$ 时，运行时间是 3.62s，算法是可行的；当 $n=13$ 时，运行时间是 1 小时 43 分，还可以接受；当 $n=16$ 时，运行时间是 242 天，就不实用了；当 $n=20$ 时，运行时间是 7 万 7 千多年，这样的算法就不可取了。

表 1.1　算法 1.4 的执行时间随 n 的增长而增长的情况

n	$n!$	n	$n!$	n	$n!$	n	$n!$
5	120μs	9	362ms	13	103m	17	11.27y
6	720μs	10	3.62s	14	24h	18	203y
7	5.04ms	11	39.9s	15	15d	19	3857y
8	40.3ms	12	479.0s	16	242d	20	77146y

说明：μs：微秒；ms：毫秒；s：秒；m：分；h：小时；d：天；y：年。

在一些书籍中，把穷举法归类为蛮力法（brute force method）。它不采用巧妙的技术，而是针对问题的描述和所涉及的概念，用简单、直接的方法来求解，看起来有点笨拙和蛮劲，几乎什么问题都能解决，而算法的效率往往很差。但对某类特定问题，当设计一个更为高效的算法要花费很大的代价时，在规模较小的情况下，蛮力法却往往是一个简单、有效的方法。有时，经常用蛮力法作为准绳，来衡量同样问题更为高效的算法。

1.1.3　算法的复杂性分析

上面的第 1 个例子，说明了改进算法的设计方法对提高算法性能的重要性。第 2 个例子，说明了对一个不太大的 n，采用穷举法来解诸如货郎担一类的问题，在一般的计算机上都是行不通的。可以采用哪些算法设计方法，来有效地解决现实生活中的问题，就是本书所要叙述的一个问题。但是，如果不是通过上面的简单分析，就不知道改进版的百鸡问题算法比原来的算法效率高很多；更不会知道用穷举法来解诸如货郎担一类的问题，甚至对一个不太大的 n，在一般计算机上都是不可行的。把这个问题再引申一下，对所设计的算法，如何说明它是有效的；或者，如果有两个解同样问题的算法，如何知道这个算法比那个算法更有效？这就提出了另一个问题，如何分析算法的效率，这是本书所要叙述的另一个问题。

一般来说，可以用算法的复杂性来衡量一个算法的效率。对所设计的算法，普遍关心的是算法的执行时间和算法所需要的存储空间。因此，也把算法的复杂性划分为算法的时间复杂性和算法的空间复杂性。算法的时间复杂性越高，算法的执行时间越长；反之，执行时间越短。算法的空间复杂性越高，算法所需的存储空间越多；反之越少。在算法的复杂性分析中，对时间复杂性的分析考虑得更多。

1.2 算法的时间复杂性

在讨论算法的时间复杂性时，要解决两个问题，即用什么来度量算法的复杂性？如何分析和计算算法的复杂性？下面讨论这两个问题。

1.2.1 算法的输入规模和运行时间的阶

假定百鸡问题的第 1 个算法，其最内部的循环体每执行一次，需 1μs 时间。当 $n = 100$ 时，第 1 个算法的这个循环体共需执行 100 万次，约需执行 1s 时间。第 2 个算法最内部的循环体每执行一次，也需 1μs 时间。当 $n = 100$ 时，第 2 个算法的这个循环体共需执行 714 次，约需 714μs。当 n 的规模不大时，对人们的感官来说，这两个算法运行时间的差别不太明显。

如果把 n 的大小改为 10000，即 10000 元买 10000 只鸡，以同样的计算机速度执行第 1 个算法，约需 11d 零 13h；而用第 2 种算法，则需 $(10000/5+1)(10000/3+1)$ μs，约为 6.7s。当 n 的规模变大时，两个算法运行时间的差别就很悬殊了。

从上面的分析以及对货郎担问题运行时间的分析，可以看到下面两点事实：

第一，算法的执行时间随问题规模的增大而增长，增长的速度随不同的算法而不同。当问题规模较小时，不同增长速度的两个算法，其执行时间的差别或许并不明显。而当规模较大时，这种差别就会变得非常大，甚至令人不能接受。

第二，没有一种方法能准确地计算算法的具体执行时间。这一事实主要是基于如下原因：算法的执行时间，不但取决于算法是怎样实现的，也取决于算法是用什么语言编写的，用什么编译系统实现的，编译系统所生成代码的质量如何，在什么样的计算机上执行的……不同计算机的性能、速度各不相同，即使在同一台计算机上执行，加法指令和乘法指令的执行时间差别也很大，人们无法对所有这些都做出准确的统计。即使能够对某台特定计算机的执行性能做出准确的统计，由于软件规模很大、结构复杂，运行状态变化很大，每一种运行状态都有各种各样的条件判断，难以预知依条件而执行的各种操作，其执行时间也就难以确定。

实际上，在评估一个算法的性能时，并不需要对其执行时间做出准确的统计（除非在实时系统中，时间是非常关键的因素时）。这是因为人们在分析算法的性能，或把两个算法的性能进行比较时，对时间的估计是相对的，而不是绝对的。此外，对一个算法来说，人们不仅希望算法与实现它的语言无关、与执行它的计算机无关，同时也希望对算法运行时间的测量能适应技术的进步。而且，人们所关心的并不是较小的输入规模，而是在很大的输入实例下算法的性能，也就是算法的运行时间随着输入规模的增长而增长的情况。

于是，可以假定算法是在这样的计算模型下运行的：所有的操作数都具有相同的固定字长；所有操作的时间花费都是一个常数时间间隔。我们把这样的操作称为初等操作，如算术运算、比较和逻辑运算、赋值运算等。

这样，如果输入规模为n，百鸡问题的第 1 个算法的时间花费可估计如下：第 4 行需执行 1 个操作；第 5 行需执行$1+2(n+1)$个操作；第 6 行需执行$n+1+2(n+1)^2$个操作；第 7 行需执行$(n+1)^2+2(n+1)^3$个操作；第 8 行需执行$14(n+1)^3$个操作；第 9～12 行循环一次各执行一个操作，执行与否取决于第 8 行的条件语句。因此，这 4 行的执行时间不会超过$4(n+1)^3$。于是，百鸡问题的第 1 个算法的时间花费$T_1(n)$可估算如下：

$$
\begin{aligned}
T_1(n) &\leqslant 1+2(n+1)+n+1+2(n+1)^2+(n+1)^2+16(n+1)^3+4(n+1)^3 \\
&= 20n^3+63n^2+69n+27
\end{aligned} \tag{1.2.1}
$$

当n增大时，例如当$n=1000000$时，算法的执行时间主要取决于式（1.2.1）的第 1 项，而第 2~4 项对执行时间的影响只有其几十万分之一，可以忽略不计。这时，第 1 项的常数 20，随着n的增大，对算法的执行时间也变得不重要。于是，可把$T_1(n)$写成：

$$
T_1^*(n) \approx c_1 n^3 \qquad c_1 > 0 \tag{1.2.2}
$$

这时，称$T_1^*(n)$的阶是n^3。

同样，对百鸡问题的第 2 个算法，也可进行如下估计：第 4 行执行 1 个操作，第 5、6 行各执行 2 个操作，第 7 行执行$1+2(n/5+1)$个操作，第 8 行执行$n/5+1+2(n/5+1)(n/3+1)$个操作，第 9 行执行$3(n/5+1)(n/3+1)$个操作，第 10 行执行$10(n/5+1)(n/3+1)$个操作，第 11~14 行循环一次各执行一个操作，执行与否取决于第 10 行的条件语句。因此，这 4 行的执行时间不会超过$4(n/5+1)(n/3+1)$。于是，百鸡问题的第 2 个算法的时间花费$T_2(n)$可估算如下：

$$
\begin{aligned}
T_2(n) \leqslant\ & 1+2+2+1+2(n/5+1)+n/5+1+2(n/5+1)(n/3+1)+ \\
& (3+10+4)(n/5+1)(n/3+1) \\
=\ & \frac{19}{15}n^2+\frac{161}{15}n+28
\end{aligned} \tag{1.2.3}
$$

同样，随着n的增大，$T_2(n)$也可写成：

$$
T_2^*(n) \approx c_2 n^2 \qquad c_2 > 0 \tag{1.2.4}
$$

这时，称$T_2^*(n)$的阶是n^2。把$T_1^*(n)$和$T_2^*(n)$进行比较，有：

$$
T_1^*(n)/T_2^*(n) = \frac{c_1}{c_2}n \tag{1.2.5}
$$

当n很大时，$\frac{c_1}{c_2}$的作用很小。为了对这两个算法的效率进行比较，基于上面的观察，有如下的定义：

定义 1.2　设算法的执行时间为$T(n)$，如果存在$T^*(n)$，使得：

$$
\lim_{n\to\infty}\frac{T(n)-T^*(n)}{T(n)} = 0 \tag{1.2.6}
$$

就称$T^*(n)$为算法的渐近时间复杂性。

在算法分析中，往往对算法的时间复杂性和算法的渐近时间复杂性不加区分，并用后者来衡量一个算法的时间复杂性。在上面的例子中，百鸡问题的第 1 个算法的时间复杂性为$T_1^*(n)$，它的阶是n^3；第 2 个算法的时间复杂性为$T_2^*(n)$，它的阶是n^2。

表 1.2 表示时间复杂性的阶为$\log n$, n, $n\log n$, n^2, n^3, 2^n，当$n = 2^3, 2^4, \cdots, 2^{20}$时，算法的渐近运行时间。这里假定每一个操作是 1ns。从表 1.2 中可以看到，当阶为2^n（$n \geqslant 64$）时，运行时间是以世纪衡量的。

表 1.2　不同时间复杂性下不同输入规模的运行时间

n	$\log n$	n	$n\log n$	n^2	n^3	2^n
8	3ns	8ns	24ns	64ns	512ns	256ns
16	4ns	16ns	64ns	256ns	4.096μs	65.536μs
32	5ns	32ns	160ns	1.024μs	32.768μs	4294.967ms
64	6ns	64ns	384ns	4.096μs	262.144μs	5.85c
128	7ns	128ns	896ns	16.384μs	1997.152μs	10^{20} c
256	8ns	256ns	2.048μs	65.536μs	16.777ms	10^{58} c
512	9ns	512ns	4.608μs	262.144μs	134.218ms	10^{135} c
1024	10ns	1.024μs	10.24μs	1048.576μs	1073.742ms	10^{289} c
2048	11ns	2.048μs	22.528μs	4194.304μs	8589.935ms	10^{598} c
4096	12ns	4.096μs	49.152μs	16.777ms	68.719s	10^{1214} c
8192	13ns	8.196μs	106.548μs	67.174ms	549.752s	10^{2447} c
16384	14ns	16.384μs	229.376μs	268.435ms	1.222h	10^{4913} c
32768	15ns	32.768μs	491.52μs	1073.742ms	9.773h	10^{9845} c
65536	16ns	65.536μs	1048.576μs	4294.967ms	78.187h	10^{10709} c
131072	17ns	131.072μs	2228.224μs	17.180s	25.983d	10^{39438} c
262144	18ns	262.144μs	4718.592μs	68.72s	208d	10^{78894} c
524288	19ns	524.288μs	9961.472μs	274.88s	4.569y	10^{157808} c
1048576	20ns	1048.576μs	20971.52μs	1099.52s	36.558y	10^{315634} c

说明：ns：纳秒；μs：微秒；ms：毫秒；s：秒；h：小时；d：天；y：年；c：世纪。

另一方面，假定$A_1, A_2, \cdots, A_6$是求解同一问题的 6 个算法，它们的时间复杂性的阶分别为$n, n\log n, n^2, n^3, 2^n, n!$，并假定在计算机$C_1$和$C_2$上运行这些算法，$C_2$机的速度是$C_1$机的 10 倍。若这些算法在$C_1$机上运行时间为$T$，可处理的输入规模是$n_1$；在$C_2$机上运行同样时间，可处理的输入规模扩大为$n_2$，则对不同时间复杂性的算法，计算机速度提高后可处理的规模n_2和n_1的关系如表 1.3 所示。从表 1.3 中可以看到，当计算机速度提高 10 倍后，算法A_1的求解规模可扩大 10 倍，而算法A_5的求解规模只有微小增加，算法A_6基本不变。可见，时间复杂性为2^n或$n!$这类的算法，用提高计算机的运算速度来扩大它们的求解规模，除非使用超级计算机，否则，其可能性是很小的。

表 1.3 中，前 4 种算法的时间复杂性与输入规模n的一个确定的幂同阶，计算机运算速度的提高，可使解题规模以一个常数因子的倍数增加。这种算法的运行时间可以用输入规模n的一个多项式来表达，习惯上把这类算法称为多项式时间算法，而把表 1.3 中的后两种算法称为指数时间算法。例如，上述百鸡问题的穷举算法是多项式时间算法，货郎担问题

的穷举算法则是指数时间算法。一般把能够用多项式时间算法来求解的问题称为易解问题（easy problem），而用多项式时间算法求解的可能性非常微小的问题称为难解问题（difficult problem）。货郎担问题就是一个难解问题。现实中有很多看起来容易而其实是难解的问题。例如，能否把一个整数集 S 分割为两个子集 S_1 和 S_2，使得 S_1 中整数之和等于 S_2 中整数之和。在公钥加密方案中就涉及这样的难解问题。

表 1.3　计算机速度提高后不同算法复杂性求解规模的扩大情况

算　法	A_1	A_2	A_3	A_4	A_5	A_6
时间复杂性	n	$n\log n$	n^2	n^3	2^n	$n!$
n_2 和 n_1 的关系	$10n_1$	$8.38n_1$	$3.16n_1$	$2.15n_1$	$n_1+3.3$	n_1

1.2.2　运行时间的上界——O 记号

百鸡问题的第 1 种算法和第 2 种算法所执行的初等操作数，分别至多为 c_1n^3 和 c_2n^2。当 n 的规模增大时，常数 c_1 和 c_2 对运行时间的影响不大。此时，如果用 O 记号来表示这两个算法的运行时间的上界，则可分别写成 $O(n^3)$ 和 $O(n^2)$。

在一般情况下，当输入规模大于或等于某个阈值 n_0 时，算法运行时间的上界是某个正常数的 $g(n)$ 倍，就称算法的运行时间至多是 $O(g(n))$。O 记号的定义如下：

定义 1.3　令 $\mathbf{N}$ 为自然数集合，$\mathbf{R}_+$为正实数集合。函数 $f:\mathbf{N}\to\mathbf{R}_+$，函数 $g:\mathbf{N}\to\mathbf{R}_+$，若存在自然数 n_0 和正常数 c，使得对所有的 $n\geqslant n_0$，都有 $f(n)\leqslant cg(n)$，就称函数 $f(n)$ 的阶至多是 $O(g(n))$。

因此，如果存在 $\lim\limits_{n\to\infty}\dfrac{f(n)}{g(n)}$，则：

$$\lim_{n\to\infty}\frac{f(n)}{g(n)}\neq\infty \tag{1.2.7}$$

即意味着

$$f(n)=O(g(n))$$

这个定义表明：$f(n)$ 的增长最多像 $g(n)$ 的增长那样快。这时称 $O(g(n))$ 是 $f(n)$ 的上界。

例如，对百鸡问题的第 2 个算法，由式（1.2.3）有：

$$T_2(n)\leqslant\frac{19}{15}n^2+\frac{161}{15}n+28$$

取 n_0=28，对 $\forall n\geqslant n_0$，有：

$$\begin{aligned}T_2(n)&\leqslant\frac{19}{15}n^2+\frac{161}{15}n+n\\&=\frac{19}{15}n^2+\frac{176}{15}n\\&\leqslant\frac{19}{15}n^2+\frac{176}{15}n^2\\&=13n^2\end{aligned}$$

令 $c=13$，并令 $g(n)=n^2$，有：

$$T_2(n) \leqslant cn^2 = cg(n)$$

所以，$T_2(n)=O(g(n))=O(n^2)$。这说明，百鸡问题的第 2 个算法，其运行时间的增长最多像 n^2 那样快，即该算法的运行时间至多是 $O(n^2)$。

假定，算法类 C 是解问题 Π 的所有已知算法，A 是 C 中的任一算法，其运行时间的上界是 $O(T_A(n))$，记

$$O(\Pi_C(n)) = \min_{A \in C}(O(T_A(n)))$$

是用算法类 C 来解问题 Π 的运行时间的上界。如果 $O(\Pi(n))$ 是解问题 Π 所需时间的实际上界，显然，算法类 C 不一定是解问题 Π 的所有算法，可能还存在着阶比 $O(\Pi_C(n))$ 还低的算法未被找到，因此，$O(\Pi_C(n))$ 不一定是 $O(\Pi(n))$。但是，$O(T_A(n))$ 的阶越低，就越接近问题 Π 的实际上界 $O(\Pi(n))$。这时，如果找到一个新算法，其运行时间的上界低于算法类 C 中所有其他算法的上界，就认为建立了一个问题 Π 所需时间的新的上界。

1.2.3 运行时间的下界——Ω 记号

O 记号表示算法运行时间的上界，同样也可以用 Ω 记号来表示算法运行时间的下界。仍以百鸡问题的第 2 个算法为例，第 11~14 行仅在条件成立时才执行，其执行次数未知。假定条件都不成立，这些语句一次也没有执行，则该算法的执行时间至少为：

$$\begin{aligned} T_2(n) &\geqslant 1+2+2+1+2(n/5+1)+n/5+1+2(n/5+1)(n/3+1)+(3+10)(n/5+1)(n/3+1) \\ &= n^2+\frac{43}{5}n+24 \\ &\geqslant n^2 \end{aligned}$$

当取 $n_0=1$ 时，$\forall n \geqslant n_0$，存在常数 $c=1$，$g(n)=n^2$，使得：

$$T_2(n) \geqslant n^2 = cg(n)$$

这时，就认为百鸡问题的第 2 个算法的运行时间是 $\Omega(n^2)$，它表明了这个算法的运行时间的下界。在一般情况下，当输入规模等于或大于某个阈值 n_0 时，算法运行时间的下界是某一个正常数的 $g(n)$ 倍，就称算法的运行时间至少是 $\Omega(g(n))$。Ω 记号的定义如下：

定义 1.4 令 $\mathbf{N}$ 为自然数集合，$\mathbf{R}_+$ 为正实数集合。函数 $f:\mathbf{N}\rightarrow\mathbf{R}_+$，函数 $g:\mathbf{N}\rightarrow\mathbf{R}_+$，若存在自然数 n_0 和正常数 c，使得对所有的 $n \geqslant n_0$，都有 $f(n) \geqslant cg(n)$，就称函数 $f(n)$ 的阶至少是 $\Omega(g(n))$。

因此，如果存在 $\lim\limits_{n\to\infty}\dfrac{f(n)}{g(n)}$，则：

$$\lim_{n\to\infty}\frac{f(n)}{g(n)} \neq 0 \tag{1.2.8}$$

即意味着

$$f(n)=\Omega(g(n))$$

这个记号表明一个算法的运行时间随规模 n 的增长至少像 $g(n)$ 那样快，即该算法的运行时间至少是 $\Omega(g(n))$。

对一个特定算法来说，在评估该算法的运行时间的下界时，由于评估的方法不同，可能得到几个不同的结果，因而得到几个不同的下界。但是，下界的阶越高，评估的精确度就越高。例如，百鸡问题第 2 个算法的下界是 $\Omega(n^2)$，但也可以证明：$\Omega(n)$ 和 $\Omega(1)$ 也可以是它的下界，而 $\Omega(n^2)$ 的阶最高，所以是百鸡问题第 2 个算法的更为精确的下界，而 $\Omega(n)$ 和 $\Omega(1)$ 对这个算法来说，就变得没有意义了。

人们通常对解某个问题 Π 的下界感兴趣。例如，从 n 个大小不同、顺序零乱的数据中找出最小的数据。不管用什么算法来解这个问题，至少都需要 $n-1$ 次比较操作，因此，可确定这个问题的下界是 $\Omega(n)$，它说明再也不可能找到阶比 $\Omega(n)$ 更低的算法来解这个问题。同样，可以证明基于比较的排序算法，它的下界为 $\Omega(n\log n)$，这也表明，再也不能设计出一个基于比较的排序算法，其运行时间的阶能够低于 $\Omega(n\log n)$。

对于一般的问题 Π，要确定它的下界 $\Omega(\Pi(n))$ 比较困难。一种方法是先对问题 Π 进行理论分析，设置一个较低的下界 $\Omega(\Pi_P(n))$ 作为出发点，再寻找阶比较高的下界，以此逐渐追近问题 Π 的实际下界 $\Omega(\Pi(n))$。

假定，算法类 C 是问题 Π 的所有已知算法，A 是 C 中的任一算法，其运行时间的下界是 $\Omega(T_A(n))$，记

$$\Omega(\Pi_C(n)) = \min_{A\in C}(\Omega(T_A(n)))$$

是用算法类 C 来解问题 Π 的运行时间的下界。这时，有下面 3 种情况：

（1）$\Omega(\Pi_C(n))$ 和 $\Omega(\Pi_P(n))$ 同阶：说明问题 Π 的已知算法中，至少有某个算法性能足够好，已达到问题 Π 的预期下界。如果能够证明 $\Omega(\Pi_P(n))$ 就是 $\Omega(\Pi(n))$，则该算法就是问题 Π 的最优算法。

（2）$\Omega(\Pi_C(n))$ 的阶低于 $\Omega(\Pi_P(n))$：说明 $\Omega(\Pi_P(n))$ 的估计错误，应重新估计阶比较低的 $\Omega(\Pi_P(n))$。

（3）$\Omega(\Pi_C(n))$ 的阶高于 $\Omega(\Pi_P(n))$：这时，又可能有下面 3 种情况。

① $\Omega(\Pi_P(n))$ 的阶估计过低，重新寻找阶比较高的下界估计值，以追近问题 Π 的实际下界 $\Omega(\Pi(n))$；

② 问题 Π 的已知算法的性能不能令人满意，重新寻找可降低 $\Omega(\Pi_C(n))$ 的阶的新算法；

③ 既重新寻找阶比较高的 $\Omega(\Pi_P(n))$，也重新寻找可降低 $\Omega(\Pi_C(n))$ 的阶的新算法。

不管是哪种情况，都归结于问题 Π 下界的确定。在第 14 章将叙述这个问题。

由 O 记号和 Ω 记号的定义，可得到下面的结论：

结论 1.1　$f(n)$ 的阶是 $\Omega(g(n))$，当且仅当 $g(n)$ 的阶是 $O(f(n))$。

1.2.4　运行时间的准确界——Θ 记号

百鸡问题第 2 个算法的运行时间的上界是 $13n^2$，下界是 n^2，这表明不管输入规模如何变化，该算法的运行时间都介于 n^2 和 $13n^2$ 之间。这时，用记号 Θ 来表示这种情况，认为该

算法的运行时间是$\Theta(n^2)$。Θ记号表明算法的运行时间有一个较准确的界，它可以准确到一个常数因子。

在一般情况下，如果输入规模等于或大于某个阈值n_0，算法的运行时间以$c_1 g(n)$为其下界，以$c_2 g(n)$为其上界，其中，$0 \leqslant c_1 \leqslant c_2$，就认为该算法的运行时间是$\Theta(g(n))$。$\Theta$记号的定义如下：

定义 1.5 令$\mathbf{N}$为自然数集合，$\mathbf{R}_+$为正实数集合。函数$f:\mathbf{N}\to\mathbf{R}_+$，函数$g:\mathbf{N}\to\mathbf{R}_+$，若存在自然数$n_0$和两个正常数$0 \leqslant c_1 \leqslant c_2$，使得对所有的$n \geqslant n_0$，都有：

$$c_1 g(n) \leqslant f(n) \leqslant c_2 g(n)$$

就称函数$f(n)$的阶是$\Theta(g(n))$。

因此，如果存在$\lim\limits_{n\to\infty}\dfrac{f(n)}{g(n)}$，则：

$$\lim_{n\to\infty}\frac{f(n)}{g(n)} = c \tag{1.2.9}$$

即意味着

$$f(n) = \Theta(g(n))$$

其中，c是大于 0 的常数。

由定义 1.5，可得到下面的结论：

结论 1.2 如果$f(n)=O(g(n))$，且$f(n)=\Omega(g(n))$，则$f(n)=\Theta(g(n))$。

下面是一些函数的O记号、Ω记号和Θ记号的例子。

例 1.3 常函数$f(n)=4096$。

令$n_0=0$，$c=4096$，使得对$g(n)=1$，对所有的n有：

$$f(n) \leqslant 4096\times 1 = cg(n)$$

所以，$f(n)=O(g(n))=O(1)$。同样：

$$f(n) \geqslant 4096\times 1 = cg(n)$$

所以，$f(n)=\Omega(g(n))=\Omega(1)$。又因为：

$$cg(n) \leqslant f(n) \leqslant cg(n)$$

所以，$f(n)=\Theta(1)$。

例 1.4 线性函数$f(n)=5n+2$。

令$n_0=0$，当$n \geqslant n_0$时，有$c_1=5$，$g(n)=n$，使得：

$$f(n) \geqslant 5n = c_1 g(n)$$

所以，$f(n)=\Omega(g(n))=\Omega(n)$。

令$n_0=2$，当$n \geqslant n_0$时，有$c_2=6$，$g(n)=n$，使得：

$$\begin{aligned} f(n) &\leqslant 5n+n \\ &= 6n \\ &= c_2 g(n) \end{aligned}$$

所以，$f(n)=O(g(n))=O(n)$。

同时，有：

$$c_1g(n)\leqslant f(n)\leqslant c_2g(n)$$

所以，$f(n)=\Theta(n)$。

例 1.5　平方函数 $f(n)=8n^2+3n+2$。

令 $n_0=0$，当 $n\geqslant n_0$ 时，有 $c_1=8$，$g(n)=n^2$，使得：

$$f(n)\geqslant 8n^2=c_1g(n)$$

所以，$f(n)=\Omega(g(n))=\Omega(n^2)$。

令 $n_0=2$，当 $n\geqslant n_0$ 时，有 $c_2=12$，$g(n)=n^2$，使得：

$$\begin{aligned}f(n)&\leqslant 8n^2+3n+n\\&\leqslant 12n^2\\&=c_2g(n)\end{aligned}$$

所以，$f(n)=O(g(n))=O(n^2)$。同时，有：

$$c_1g(n)\leqslant f(n)\leqslant c_2g(n)$$

所以，$f(n)=\Theta(n^2)$。

通过上面的例子，可得出下面的结论：

结论 1.3　令：

$$f(n)=a_kn^k+a_{k-1}n^{k-1}+\cdots+a_1n+a_0\qquad a_k>0$$

则有：

$$f(n)=O(n^k)，且 f(n)=\Omega(n^k)$$

因此，有：

$$f(n)=\Theta(n^k)$$

例 1.6　指数函数 $f(n)=5\times 2^n+n^2$。

令 $n_0=0$，当 $n\geqslant n_0$ 时，有 $c_1=5$，$g(n)=2^n$，使得：

$$f(n)\geqslant 5\times 2^n=c_1g(n)$$

所以，$f(n)=\Omega(g(n))=\Omega(2^n)$。

令 $n_0=4$，当 $n\geqslant n_0$ 时，有 $c_2=6$，$g(n)=2^n$，使得：

$$\begin{aligned}f(n)&\leqslant 5\times 2^n+2^n\\&=6\times 2^n\\&=c_2g(n)\end{aligned}$$

所以，$f(n)=O(g(n))=O(2^n)$。同时，有：

$$c_1g(n)\leqslant f(n)\leqslant c_2g(n)$$

所以，$f(n)=\Theta(2^n)$。

注意：由于经常用到以 2 为底的对数，下面的例子及本书的其他地方，都把 $\log_2 x$ 写成 $\log x$。

例 1.7 对数函数 $f(n) = \log n^2$。

因为：

$$\log n^2 = 2\log n$$

令 $n_0 = 1$，当 $n \geqslant n_0$ 时，有 $c_1 = 1$，$c_2 = 3$，$g(n) = \log n$，使得：

$$c_1 g(n) \leqslant 2\log n \leqslant c_2 g(n)$$

所以，$\log n^2 = \Theta(\log n)$。

例 1.7 表明，在一般情况下，对任何正常数 k，都有：

$$\log n^k = \Theta(\log n)$$

例 1.8 函数 $f(n) = \sum_{j=1}^{n} \log j$。

因为：

$$\begin{aligned}\sum_{j=1}^{n} \log j &\leqslant \sum_{j=1}^{n} \log n \\ &= n\log n\end{aligned}$$

令 $n_0 = 1$，当 $n \geqslant n_0$ 时，有 $c_1 = 1$，$g(n) = n\log n$，使得：

$$\sum_{j=1}^{n} \log j \leqslant c_1 g(n)$$

所以，

$$\sum_{j=1}^{n} \log j = O(g(n)) = O(n\log n)$$

另外，假定 n 是偶数，

$$\begin{aligned}\sum_{j=1}^{n} \log j &\geqslant \sum_{j=1}^{n/2} \log \frac{n}{2} \\ &= \frac{n}{2}\log\frac{n}{2} \\ &= \frac{n}{2}(\log n - 1) \\ &= \frac{n}{4}(\log n + \log n - 2)\end{aligned}$$

因此，令 $n_0 = 4$，$c_2 = 1/4$，$g(n) = n\log n$，对所有的 $n \geqslant n_0$，都有：

$$\begin{aligned}\sum_{j=1}^{n} \log j &\geqslant \frac{1}{4} n\log n \\ &= c_2 g(n)\end{aligned}$$

$$=\Omega(g(n))$$
$$=\Omega(n\log n)$$

因此，有：

$$c_2 g(n) \leqslant \sum_{j=1}^{n} \log j \leqslant c_1 g(n)$$

所以，

$$\sum_{j=1}^{n} \log j = \Theta(g(n)) = \Theta(n\log n)$$

由此可以证明：

$$\log n! = \Theta(n\log n)$$

1.2.5　O 记号、Ω 记号、Θ 记号的性质

O 记号、Ω 记号、Θ 记号具有如下一些性质：

定理 1.1

（1）如果 $f(n)=O(g(n))$，且 $g(n)=O(h(n))$，则 $f(n)=O(h(n))$。

（2）如果 $f(n)=\Omega(g(n))$，且 $g(n)=\Omega(h(n))$，则 $f(n)=\Omega(h(n))$。

证明：（1）由 $f(n)=O(g(n))$，存在某个正常数 c 和 n_0，对所有的自然数 $n \geqslant n_0$，有 $f(n) \leqslant cg(n)$；而由 $g(n)=O(h(n))$，存在某个正常数 c' 和 n_0'，对所有的自然数 $n \geqslant n_0'$，有 $g(n) \leqslant c'h(n)$。因此，存在正常数 $c_1 = c \times c'$，对所有的自然数 $n \geqslant \max(n_0, n_0')$，有 $f(n) \leqslant c_1 h(n)$。所以，$f(n)=O(h(n))$。

（2）的证明类似（1）的证明。

由定理 1.1，可得到下面的推论：

推论 1.1　如果 $f(n)=\Theta(g(n))$，且 $g(n)=\Theta(h(n))$，则 $f(n)=\Theta(h(n))$。

定理 1.1 和推论 1.1 说明 O 记号、Ω 记号、Θ 记号具有传递性质。如果一个算法运行时间的上界是 $O(n^2)$，而 $n^2=O(n^3)$，所以，也可以说 $O(n^3)$ 是该算法运行时间的上界，但 $O(n^2)$ 更接近于它的上界。同样，如果一个算法运行时间的下界是 $O(n^2)$，而 $n^2=\Omega(n\log n)$，所以，也可以说 $\Omega(n\log n)$ 是该算法运行时间的下界，但 $O(n^2)$ 更接近于它的下界。

定理 1.2　对任意给定的函数 $f_1(n)$ 和 $f_2(n)$，存在函数 $g_1(n)$ 和 $g_2(n)$，满足 $f_1(n)=O(g_1(n))$，$f_2(n)=O(g_2(n))$，则 $f_1(n)+f_2(n)=O(\max(g_1(n),g_2(n)))$。

证明：由 $f_1(n)=O(g_1(n))$，存在某个正常数 c_1 和 n_1，对所有的自然数 $n \geqslant n_1$，有 $f_1(n) \leqslant c_1 g_1(n)$。而由 $f_2(n)=O(g_2(n))$，存在某个正常数 c_2 和 n_2，对所有的自然数 $n \geqslant n_2$，有 $f_2(n) \leqslant c_2 g_2(n)$。因此，对所有的自然数 $n \geqslant \max(n_1,n_2)$，有：

$$f_1(n)+f_2(n_2) \leqslant c_1 g_1(n)+c_2 g_2(n)$$

令 $c=2\max(c_1,c_2)$，则有：

$$f_1(n)+f_2(n) \leqslant c(\max(g_1(n),g_2(n)))$$

所以有：

$$f_1(n)+f_2(n)=O(\max(g_1(n),g_2(n)))$$

定理 1.3 对任意给定的函数 $f_1(n)$ 和 $f_2(n)$，存在函数 $g_1(n)$ 和 $g_2(n)$，满足 $f_1(n)=\Omega(g_1(n))$，$f_2(n)=\Omega(g_2(n))$，则 $f_1(n)+f_2(n)=\Omega(\min(g_1(n),g_2(n)))$。

证明：类似定理 1.2 的证明。

由定理 1.2，可以得到下面的推论：

推论 1.2 如果 $f_1(n)=O(g(n))$，$f_2(n)=O(g(n))$，则 $f_1(n)+f_2(n)=O(g(n))$。

推论 1.3 如果存在某个正常数 k，有函数 $f_1(n),f_2(n),\cdots,f_k(n)$，对所有的 i（$1\leqslant i\leqslant k$），都有 $f_i(n)=O(g(n))$，则 $f_1(n)+f_2(n)+\cdots+f_k(n)=O(g(n))$。

定理 1.4 如果 $f(n)$ 和 $g(n)$ 是非负函数，且 $f(n)=O(g(n))$，则 $f(n)+g(n)=\Theta(g(n))$。

证明：显然，对所有的自然数 $n\geqslant 0$，都有 $f(n)+g(n)\geqslant g(n)$，因此，存在 $c=1$，使得 $f(n)+g(n)\geqslant cg(n)$。所以，有 $f(n)+g(n)=\Omega(g(n))$。此外，由 $f(n)=O(g(n))$，且 $g(n)=O(g(n))$。根据推论 1.2，有 $f(n)+g(n)=O(g(n))$。所以，$f(n)+g(n)=\Theta(g(n))$。

上述性质说明：如果某个算法是由若干个算法组成的，而且其中每一个算法的时间复杂性都已经知道，那么就可以利用上述性质来确定该算法的时间复杂性。

1.2.6 复杂性类型和 o 记号

不同的函数具有不同的复杂性，因此，可对复杂性进行分类。

定义 1.6 令 R 是函数集合 F 上的一个关系，$R\subseteq F\times F$，有

$$R=\{<f,g>\mid f\in F\wedge g\in F\wedge f(n)=\Theta(g(n))\}$$

则 R 是自反、对称、传递的等价关系，它诱导的等价类，称阶是 $g(n)$ 的复杂性类型的等价类。

因此，所有常函数的复杂性类型都是 $\Theta(1)$；所有线性函数的复杂性类型都是 $\Theta(n)$；所有的 2 阶多项式函数的复杂性类型都是 $\Theta(n^2)$，如此等等。

例 1.9 说明函数 $f(n)=4096$ 及函数 $g(n)=3n+2$ 不属于同一复杂性类型。

因为存在 $n_0=1$，$c=820$，使得对所有的 $n\geqslant n_0$，有 $f(n)\leqslant cg(n)$。因此，$f(n)=O(g(n))=O(n)$。

又因为：

$$\lim_{n\to\infty}\frac{f(n)}{g(n)}=\lim_{n\to\infty}\frac{4096}{3n+2}=0$$

根据式（1.2.8），得 $f(n)\neq\Omega(g(n))$，则 $f(n)\neq\Theta(g(n))$。所以，$f(n)=4096$ 和 $g(n)=3n+2$ 不属于同一复杂性类型。

例 1.10 说明 2^n 和 $n!$ 不属于同一复杂性类型。

因为 $\log n!=\Theta(n\log n)$，且 $\log 2^n=n$，由此可以推出 $2^n=O(n!)$。

又因为：

$$\lim_{n\to\infty}\frac{2^n}{n!}=\lim_{n\to\infty}\frac{2\cdot 2\cdots 2}{1\cdot 2\cdots n}=0$$

由式（1.2.8）得：$2^n \neq \Omega(n!)$，因此 $2^n \neq \Theta(n!)$。所以，2^n 和 $n!$ 不属于同一复杂性类型。

例 1.11　说明 $n!$ 和 2^{n^2} 不属于同一复杂性类型。

因为 $\log 2^{n^2} = n^2 = \Theta(n^2)$，$\log n! = \Theta(n\log n)$，而 $n^2 > n\log n$，所以 $n! = O(2^{n^2})$。同时，

$$\lim_{n\to\infty}\frac{n!}{2^{n^2}} = \lim_{n\to\infty}\frac{1\cdot 2\cdots n}{2^{n\cdot n}} = \lim_{n\to\infty}\frac{1\cdot 2\cdots n}{2^n\cdot 2^n\cdots 2^n} = 0$$

因此，$n! \neq \Omega(2^{n^2})$。所以，$n! \neq \Theta(2^{n^2})$，故 $n!$ 和 2^{n^2} 不属于同一复杂性类型。

为了表示两个函数具有不同类型的复杂性，可使用如下定义的 o 记号：

定义 1.7　令 $\mathbf{N}$ 为自然数集合，$\mathbf{R}_+$ 为正实数集合。函数 $f:\mathbf{N}\to\mathbf{R}_+$，函数 $g:\mathbf{N}\to\mathbf{R}_+$，若存在自然数 n_0 和正常数 c，使得对所有的 $n \geqslant n_0$，都有：

$$f(n) < cg(n)$$

就称函数 $f(n)$ 是 $o(g(n))$。

由此，如果存在 $\lim\limits_{n\to\infty}\dfrac{f(n)}{g(n)}$，则：

$$\lim_{n\to\infty}\frac{f(n)}{g(n)} = 0$$

即意味着：

$$f(n) = o(g(n))$$

这个定义表明，随着 n 趋于非常大，$f(n)$ 相对于 $g(n)$ 变得不重要。由这个定义可以推出下面的结论：

结论 1.4　$f(n) = o(g(n))$，当且仅当 $f(n) = O(g(n))$ 而 $g(n) \neq O(f(n))$。

例如：$n\log n = o(n^2)$，等价于 $n\log n = O(n^2)$，而 $n^2 \neq O(n\log n)$。同样，$2^n = o(n!)$，等价于 $2^n = O(n!)$，而 $n! \neq O(2^n)$；$n! = o(2^{n^2})$，等价于 $n! = O(2^{n^2})$，而 $2^{n^2} \neq O(n!)$。

可以用偏序关系 $f(n) \prec g(n)$ 来表示 $f(n) = o(g(n))$。例如，$n\log n \prec n^2$。在算法分析中，经常遇到如下一些类型的复杂性，它们的阶分别是 1、$\log\log n$、$\log n$、$\sqrt{n}$、$n^{3/4}$、n、$n\log n$、n^2、2^n、$n!$、2^{n^2}。

如果用"$\prec$"来表示它们之间的复杂性关系，就可以组成如下的一个体系结构：

$$1 \prec \log\log n \prec \log n \prec \sqrt{n} \prec n^{3/4} \prec n \prec n\log n \prec n^2 \prec 2^n \prec n! \prec 2^{n^2}$$

习　　题

1．算法有哪些特点？为什么说一个具备了所有特征的算法，不一定就是实用的算法？

2．证明算法 1.1 的正确性。

3．用穷举法求 2~500 之间的所有亲密数对。所谓亲密数对，指的是如果 M 的因子（包括 1，不包括本身）之和为 N，N 的因子之和为 M，则 M 和 N 称为亲密数对。

4．算法的时间复杂性是如何度量的？

5．若

$$f(n) = a_k n^k + a_{k-1} n^{k-1} + \cdots + a_1 n + a_0 \qquad a_k > 0$$

证明 $f(n) = \Theta(n^k)$。

6．证明下面的关系成立：

（1）$\log n! = \Theta(n \log n)$

（2）$2^n = \Theta(2^{n+1})$

（3）$\sum_{i=0}^{n} i^2 = \Theta(n^3)$

（4）$n! = \Theta(n^n)$

（5）$5n^2 - 6n = \Theta(n^2)$

7．给定下列函数 $f(n)$ 和 $g(n)$，确定关系 $f(n) = O(g(n))$、$f(n) = \Omega(g(n))$、$f(n) = \Theta(g(n))$ 是否成立，并证明。

（1）$f(n) = \log n^2$，$g(n) = \log n + 5$

（2）$f(n) = 10$，$g(n) = \log 10$

（3）$f(n) = \log n^2$，$g(n) = \sqrt{n}$

（4）$f(n) = 100n^2$，$g(n) = 2^n$

8．在表 1.4 的空栏填上 TRUE 或 FALSE。

表 1.4　为空栏填上 TRUE 或 FALSE

$f(n)$	$g(n)$	$f = O(g)$	$f = \Omega(g)$	$f = \Theta(g)$
$2n^3 + 3n$	$100n^2 + 2n + 100$			
$50n + \log n$	$10n + \log\log n$			
$50n\log n$	$10n\log\log n$			
$\log n$	$\log^2 n$			

参 考 文 献

文献[1]给出了算法的定义和特征。文献[2]对算法的时间复杂性和空间复杂性问题，以及对算法运行时间的 O 记号、Ω 记号、Θ 记号等记号的用法进行了讨论。O 记号、Ω 记号、Θ 记号以及 o 记号的详细用法，可在文献[3]、[4]中看到。几乎所有的算法设计与分析书籍都涉及算法的时间复杂性和空间复杂性问题，以及对算法运行时间的 O 记号、Ω 记号、Θ 记号的介绍。

第 2 章　算法的复杂性分析

在分析百鸡问题的两个算法时，都必须统计算法每一行所需执行的初等操作数目，从而得到算法所需执行的全部初等操作数目，以此来代表算法的执行时间。显然，这样统计出来的时间并不表示该算法的实际执行时间。因为这是在一种理想的计算模型下进行统计的，即所有的操作数都具有相同大小的字长，所有数据的存取时间都一样，所有操作都花费相同的时间间隔。此外，用这种方法统计出来的结果，也并不表示它就是算法所需执行的全部初等操作数目。因为在进行这种统计时，忽略了编译程序所产生的很多辅助操作，而这是无法准确统计的；此外，算法在运行时，很多操作是在运行过程中才判断是否需要执行的，因此这些操作的数目是难于预料的。实际上，要准确地统计一个算法所需执行的全部初等操作数目是非常麻烦的，甚至是不可能的。前面的分析也说明，一般并不预期得到算法的一个准确的时间统计，而是希望以一个常数因子得到算法运行时间的阶，估计运行时间与输入规模的关系。因此，人们必须寻找一种切实可行的方法来估计算法的时间复杂性。

2.1　常用的函数和公式

算法所需要的资源（时间、空间）数量，经常以和的形式或以递归公式的形式表示。这就需要用到一些基本的数学工具，以便在算法分析处理时对这些和数或递归函数进行处理。下面是一些最基本的函数和公式。

2.1.1　整数函数

如果 x 是任意实数，则记

$\lfloor x \rfloor$ = 小于或等于 x 的最大整数，简称为 x 的下限。

$\lceil x \rceil$ = 大于或等于 x 的最小整数，简称为 x 的上限。

例如：

$$\lfloor \sqrt{2} \rfloor = 1 \qquad \lceil \sqrt{2} \rceil = 2$$

$$\lfloor 1/2 \rfloor = 0 \qquad \lceil 1/2 \rceil = 1$$

$$\lfloor -1/2 \rfloor = -1 \qquad \lceil -1/2 \rceil = 0$$

可以证明下面的关系成立：

$$\lceil x \rceil = \lfloor x \rfloor \qquad \text{当且仅当 } x \text{ 是整数}$$

$$\lceil x \rceil = \lfloor x \rfloor + 1 \qquad \text{当且仅当 } x \text{ 不是整数}$$

$$\lfloor -x \rfloor = -\lceil x \rceil$$

$$x-1 < \lfloor x \rfloor \leqslant x \leqslant \lceil x \rceil < x+1$$

$$\lfloor x/2 \rfloor + \lceil x/2 \rceil = x \quad \text{当且仅当 } x \text{ 是整数}$$

下面是一个很有用的定理。

定理 2.1 令$f(x)$是一个单调递增函数，使得当$f(x)$是整数时，x也是整数。那么，有：

$$\lfloor f(\lfloor x \rfloor) \rfloor = \lfloor f(x) \rfloor \quad \text{并且} \quad \lceil f(\lceil x \rceil) \rceil = \lceil f(x) \rceil$$

由定理 2.1 可以得到下面的公式：

$$\lfloor \lfloor x \rfloor / n \rfloor = \lfloor x/n \rfloor \qquad \lceil \lceil x \rceil / n \rceil = \lceil x/n \rceil \tag{2.1.1}$$

其中，n是正整数。例如：

$$\lfloor \lfloor \lfloor n/2 \rfloor /2 \rfloor /2 \rfloor = \lfloor \lfloor n/4 \rfloor /2 \rfloor = \lfloor n/8 \rfloor$$

2.1.2 对数函数

令b是大于 1 的正实数，x是实数。如果对某些正实数y，有$y = b^x$，那么x称为y以b为底的对数，记为：

$$x = \log_b y$$

关于对数，有如下 4 个性质：

性质 2.1 两个正数相乘的对数，等于这两个正数分别取对数后之和。

$$\log_b(xy) = \log_b x + \log_b y \tag{2.1.2}$$

性质 2.2 两个正数相除的对数，等于这两个正数分别取对数后之差。

$$\log_b \frac{x}{y} = \log_b x - \log_b y \tag{2.1.3}$$

性质 2.3 幂的对数，等于幂底数的对数与指数的乘积。

$$\log_b a^c = c\log_b a \tag{2.1.4}$$

性质 2.4 x以a为底的对数，除以b以a为底的对数，等于x以b为底的对数。

$$\log_b x = \frac{\log_a x}{\log_a b} \tag{2.1.5}$$

从对数的定义出发，可以得到如下关系：

$$a^{\log_a x} = x \qquad \log_a a^x = x \tag{2.1.6}$$

对$x^{\log_b y}$和$y^{\log_b x}$两边取对数，再利用性质 2.4，可以得到下面重要的恒等式：

$$x^{\log_b y} = y^{\log_b x} \tag{2.1.7}$$

由于经常用到以 2 为底的对数，因此，把$\log_2 x$写成$\log x$。同样，也经常用到以e为底的对数。e的定义为：

$$\mathrm{e} = \lim_{n\to\infty}\left(1+\frac{1}{n}\right)^n = 2.7182818$$

以 e 为底的对数，写成 $\ln x$ 。

利用性质 2.4，可以得到：

$$\log x = \frac{\ln x}{\ln 2} \qquad \ln x = \frac{\log x}{\log \mathrm{e}} \tag{2.1.8}$$

2.1.3　排列、组合和二项式系数

在算法分析中，经常需要分析输入元素的排列组合特性。每次从 n 个元素中取出 k 个元素进行排列，共有：

$$P_n^k = n(n-1)\cdots(n-k+1)$$

种不同的排列顺序。把 n 个元素全部取出进行排列，称为全排列。此时，所有排列顺序的总数为：

$$P_n^n = n!$$

每次从 n 个元素中取出 k 个元素进行组合，共有：

$$C_n^k = \frac{n(n-1)\cdots(n-k+1)}{k(k-1)\cdots 1}$$

种不同组合。经常用 $\binom{n}{k}$ 来表示 C_n^k 。特别地，有 $\binom{n}{n} = \binom{n}{0} = 1$ ， $\binom{n}{1} = n$ ， $\binom{n}{2} = \frac{n(n-1)}{2}$ 。

关于组合数 $\binom{n}{k}$ ，有下面几个性质。

（1）用阶乘表示：

$$\binom{n}{k} = \frac{n!}{k!(n-k)!} \tag{2.1.9}$$

（2）对称条件：

$$\binom{n}{k} = \binom{n}{n-k} \tag{2.1.10}$$

（3）移进移出括弧：

$$\binom{n}{k} = \frac{n}{k}\binom{n-1}{k-1} \tag{2.1.11}$$

（4）加法公式：

$$\binom{n}{k} = \binom{n-1}{k} + \binom{n-1}{k-1} \tag{2.1.12}$$

从上面的公式，可以得出下面两个重要的求和公式。

$$\sum_{k=0}^{n}\binom{r+k}{k} = \binom{r+n+1}{n} \tag{2.1.13}$$

$$\sum_{k=0}^{n}\binom{k}{m} = \binom{n+1}{m+1} \tag{2.1.14}$$

当$m=1$时，便是算术级数求和：

$$\binom{0}{1}+\binom{1}{1}+\cdots+\binom{n}{1}=0+1+\cdots+n=\binom{n+1}{2}=\frac{(n+1)n}{2}$$

（5）二项式定理：

$$(x+y)^n=\sum_{k=0}^{n}\binom{n}{k}x^k y^{n-k} \tag{2.1.15}$$

其中，$\binom{n}{k}$是二项式系数。令$y=1$，有：

$$(1+x)^n=\sum_{k=0}^{n}\binom{n}{k}x^k \tag{2.1.16}$$

再令$x=1$，可得：

$$\sum_{k=0}^{n}\binom{n}{k}=\binom{n}{0}+\binom{n}{1}+\cdots+\binom{n}{n}=2^n$$

2.1.4 级数求和

下面是常用的几种级数求和公式：

（1）算术级数：

$$\sum_{k=1}^{n}k=\frac{n(n+1)}{2}=\Theta(n^2) \tag{2.1.17}$$

（2）平方和：

$$\sum_{k=1}^{n}k^2=\frac{n(n+1)(2n+1)}{6}=\Theta(n^3) \tag{2.1.18}$$

（3）几何级数：

$$\sum_{k=0}^{n}a^k=\frac{a^{n+1}-1}{a-1}=\Theta(a^n) \qquad a\neq 1 \tag{2.1.19}$$

上式中，令$a=2$，有：

$$\sum_{k=0}^{n}2^k=2^{n+1}-1=\Theta(2^n) \tag{2.1.20}$$

如果令$a=1/2$，则有：

$$\sum_{k=0}^{n}\frac{1}{2^k}=2-\frac{1}{2^n}<2=\Theta(1) \tag{2.1.21}$$

当$|a|<1$时，有如下的无穷级数：

$$\sum_{k=0}^{\infty}a^k=\frac{1}{1-a}=\Theta(1) \qquad |a|<1 \tag{2.1.22}$$

分别对式（2.1.19）的两边求导，并乘以a，得到：

$$\sum_{k=0}^{n} ka^k = \sum_{k=1}^{n} ka^k = \frac{na^{n+2} - na^{n+1} - a^{n+1} + a}{(a-1)^2} = \Theta(na^n) \quad a \neq 1 \tag{2.1.23}$$

式（2.1.23）中，令$a = 1/2$，有：

$$\sum_{k=0}^{n} \frac{k}{2^k} = \sum_{k=1}^{n} \frac{k}{2^k} = 2 - \frac{n+2}{2^n} = \Theta(1) \tag{2.1.24}$$

分别对式（2.1.22）的两边求导，并乘以a，得到：

$$\sum_{k=0}^{\infty} ka^k = \sum_{k=1}^{\infty} ka^k = \frac{a}{(1-a)^2} = \Theta(1) \qquad |a| < 1 \tag{2.1.25}$$

（4）调和级数：

把调和级数前n项之和记为H_n，则

$$H_n = 1 + \frac{1}{2} + \frac{1}{3} + \cdots + \frac{1}{n} = \sum_{k=1}^{n} \frac{1}{k}$$

关于调和级数，有如下不等式：

$$\ln(n+1) < H_n < \ln n + 1 \tag{2.1.26}$$

2.2　算法的时间复杂性分析

有几种方法可以用来分析算法的时间复杂性，如循环次数的统计、基本操作频率的统计、计算步的统计等。下面叙述这些问题。

2.2.1　循环次数的统计

算法的运行时间经常和算法中的循环次数成正比，而循环次数又经常和算法的输入规模存在着某种联系。例如，在百鸡问题的第 1 个算法中，当输入规模为n时，最内部 for 循环的循环体约执行了n^3次，这个次数再乘以一个常数因子，便决定了算法的执行时间。所以，该算法的时间复杂性是$O(n^3)$。因此，对算法中的循环次数进行统计，可以很好地表示乘以一个常数因子的算法的运行时间。

例 2.1　计算多项式：

$$P(x) = a_n x^n + a_{n-1} x^{n-1} + \cdots + a_1 x + a_0$$

用 Horner 法则把上式改写成：

$$P(x) = (\cdots(a_n x + a_{n-1})x + \cdots + a_1)x + a_0$$

用下面的算法来计算上述多项式。

算法 2.1 计算多项式

输入： 存放多项式系数的数组 A[]，实数 x，多项式的阶 n

输出： 多项式的值

```
1. float polynomial(float A[],float x,int n)
2. {
3.     int  i;
4.     float value = A[n];
5.     for (i=n-1;i>=0;i--) {
6.         value = value * x + A[i];
7.     return value;
8. }
```

假设给循环控制变量 i 赋初值所花费的时间为 c_1 单位时间，变量 i 的测试、递减，以及值 *value* 的计算所花费的时间为 c_2 单位时间，则算法的执行时间取决于第 5 行 for 循环的循环体的执行次数，它就是多项式的阶 n。于是，算法的执行时间 $T(n)$ 为：

$$T(n) = c_1 + c_2 n = \Theta(n)$$

算法的执行时间，是其循环次数乘以一个常数因子的单位时间。循环次数 n 便是算法运行时间的阶。

例 2.2 把数组中 n 个元素由小到大进行排序。

这个算法的思想方法是：在第 1 轮，取第 1 个元素和第 2 个元素进行比较，若第 1 个元素大于第 2 个元素，则这两个元素的位置互换；再取新的第 2 个元素和第 3 个元素进行比较，执行上述同样的动作；如此继续进行，直到第 $n-1$ 个和第 n 个元素进行比较和交换为止。这样，就把最大的一个元素交换到第 n 个位置。在第 2 轮，执行上述同样的动作，但到第 $n-2$ 个和第 $n-1$ 个元素进行比较和交换为止。这样，就把第 2 大的元素交换到第 $n-1$ 个位置。如此继续进行，直到把最小的元素放在第 1 个位置为止。整个过程就像煮开水一样，大的元素纷纷往上冒，所以称为冒泡算法。有些著作直接把它归类为蛮力法。假定用类模板来定义数组中元素的数据类型，下面的算法叙述了这个过程。

算法 2.2 冒泡算法

输入： 数组 A[]，元素个数 n

输出： 按递增顺序排序的数组 A[]

```
template <class Type>
void bubble(Type A[],int n)
{
    int i,k;
    for (k=n-1;k>0;k--) {
        for (i=0;i<k;i++) {
            if (A[i] > A[i+1]) {
                swap(A[i],A[i+1]);
            }
        }
```

```
11.     }
12. }
13. void swap(Type &x,Type &y)
14. {
15.     Type temp;
16.     temp = x;
17.     x = y;
18.     y = temp;
19. }
```

这个算法的执行时间取决于第 6 行开始的内部 for 循环，其循环体的执行时间由条件语句 if 决定，最多不会超过某个常数因子 c_1，最少不会低于某个常数因子 c_2，假定其平均值为 c；算法的其他辅助操作的执行时间不会超过另一个常数因子 $\bar{c}$。第 5 行的外部 for 循环的循环体共执行 $n-1$ 次。第 1 次执行时，第 6 行的内部 for 循环的循环体需执行 $n-1$ 次；第 2 次执行时，内部 for 循环的循环体需执行 $n-2$ 次；最后一次执行时，内部 for 循环的循环体只执行 1 次。因此，算法总的执行时间 $T(n)$ 为：

$$
\begin{aligned}
T(n) &= ((n-1)+(n-2)+\cdots+1)\,c+\bar{c} \\
&= \frac{c}{2}n(n-1)+\bar{c} \\
&= \Theta(n^2)
\end{aligned}
$$

如果不考虑常数因子，只统计循环次数，则其循环次数为 $n(n-1)/2$。显然，循环次数表明了这个算法的时间复杂性的阶。

上述例子表明，内部 for 循环的循环体执行次数呈一种递减的变化规律。这种变化规律有各种各样的形式，下面是另一种变化规律的例子。

例 2.3　选手的竞技淘汰比赛。

有 $n=2^k$ 位选手进行竞技淘汰比赛，最后决出冠军。假定用如下的函数：

```
BOOL comp(Type mem1,Type mem2)
```

模拟两位选手的比赛，若 *mem*1 胜则返回 TRUE，否则返回 FALSE；并假定可以在常数时间 c 内完成函数 comp 的执行。下面的算法实现了选手的竞技淘汰比赛过程。

算法 2.3　竞技淘汰比赛

输入：选手成员 group[],选手个数 n

输出：冠军的选手

```
template <class Type>
Type game(Type group[],int n)
{
    int j,i = n;
    while (i>1) {
        i = i/2;
```

```
7.         for (j=0;j<i;j++)
8.             if (comp(group[j+i],group[j])
9.                 group[j] = group[j+i];
10.     }
11.     return group[0];
12. }
```

因为$n=2^k$，第 5 行的 while 循环的循环体共执行 k 次。在每一次执行时，第 7 行的 for 循环的循环体，其执行次数分别为$n/2, n/4, \cdots, 1$，而函数 comp 可以在常数时间内完成。因此，算法的执行时间$T(n)$为：

$$
\begin{aligned}
T(n) &= \frac{n}{2}+\frac{n}{4}+\cdots+\frac{n}{n} \\
&= n\left(\frac{1}{2}+\frac{1}{4}+\cdots+\frac{1}{2^k}\right) \\
&= n\left(1-\frac{1}{2^k}\right) \\
&= n-1 \\
&= \Theta(n)
\end{aligned}
$$

例 2.4 对 n 张牌进行 n 次洗牌。洗牌规则如下：在第 k（$k=1,\cdots,n$）次洗牌时，对第 i（$i=1,\cdots,n/k$）张牌随机地产生一个小于 n 的正整数 d，互换第 i 张牌和第 d 张牌的位置。下面是洗牌的算法。

算法 2.4 洗牌
输入： 牌 A[]，牌的张数 n
输出： 洗牌后的牌 A[]

```
1. template <class Type>
2. void shuffle(Type A[],int n)
3. {
4.     int  i,k,m,d;
5.     random_seed(0);
6.     for (k=1;k<=n;k++) {
7.         m = n/k ;
8.         for (i=1;i<=m;i++) {
9.             d = random(1,n);
10.            swap(A[i],A[d]);
11.        }
12.    }
13. }
```

第 5 行的函数 random_seed 为随机数发生器产生一个随机数种子，只需常数时间。第 9 行的函数 random 产生一个 1~n 之间的随机数，也只需常数时间。第 6 行开始的 for 循环的

循环体共执行 n 次。第 8 行开始的内部 for 循环的循环体，其执行次数依次为：

$$n, \lfloor n/2 \rfloor, \lfloor n/3 \rfloor, \cdots, \lfloor n/n \rfloor$$

则算法的执行时间 $T(n)$ 为内部 for 循环的循环体的执行次数乘以一个常数时间，因此有：

$$T(n) = \sum_{i=1}^{n} \left\lfloor \frac{n}{i} \right\rfloor$$

因为：

$$\sum_{i=1}^{n} \left(\frac{n}{i} - 1 \right) \leqslant \sum_{i=1}^{n} \left\lfloor \frac{n}{i} \right\rfloor \leqslant \sum_{i=1}^{n} \frac{n}{i}$$

由调和级数的性质，有：

$$\ln(n+1) \leqslant \sum_{i=1}^{n} \frac{1}{i} \leqslant \ln n + 1$$

因此：

$$\frac{\log(n+1)}{\log e} \leqslant \sum_{i=1}^{n} \frac{1}{i} \leqslant \frac{\log n}{\log e} + 1$$

所以：

$$\frac{1}{\log e} n \log(n+1) - n \leqslant \sum_{i=1}^{n} \left\lfloor \frac{n}{i} \right\rfloor \leqslant \frac{1}{\log e} n \log n + n$$

由此得出：

$$T(n) = \Theta(n \log n)$$

2.2.2　基本操作频率的统计

估计算法时间复杂性的另一种方法是：选取算法中的一个初等操作作为基本操作，然后估计这个操作在算法中的执行频率，以此来估计算法的时间复杂性。所选取的初等操作，在算法中的执行频率必须至少和算法中的任何其他操作一样多。

例如，在算法 2.1 中，第 5 行 for 循环语句中的条件比较操作，第 6 行的赋值操作、乘法操作、加法操作，都可以选取作为基本操作；在算法 2.3 中，第 8 行 if 语句中的条件比较操作，也可以选取作为基本操作。在算法 2.2 中，也有类似情况。

实际上，还可以把基本操作的选取条件再放宽一些，只要算法中某个初等操作的执行频率正比于任何其他操作的最高执行频率，都可以选取作为基本操作。于是，可以对基本操作作如下定义：

定义 2.1　算法中的某个初等操作，如果其最高执行频率和所有其他初等操作的最高执行频率，相差在一个常数因子之内，就说这个初等操作是一个基本操作。

基本操作的选择，必须能够明显地反映出该操作随着输入规模的增加而变化的情况。

例 2.5　A 是一个具有 m 个元素的整数数组，给定 3 个下标：p, q, r，$0 \leqslant p \leqslant q \leqslant r < m$，使得 $A[p] \sim A[q]$ 和 $A[q+1] \sim A[r]$ 分别是两个以递增顺序排序的子数组。把这两个子数组

按递增顺序合并在 $A[p]\sim A[r]$ 中。

算法 2.5 合并两个有序的子数组

输入： 整数数组 A[]，下标 p,q,r，A[p]~A[q] 及 A[q+1]~A[r] 的元素已按递增顺序排序

输出： 按递增顺序排序的子数组 A[p]~A[r]

```
 1. void merge(int A[],int p,int q,int r)
 2. {
 3.     int  *bp = new int[r-p+1];   /* 分配缓冲区,存放被排序的元素 */
 4.     int  i,j,k;
 5.     i = p;   j = q + 1;   k = 0;
 6.     while (i<=q && j<=r) {       /* 逐一判断两个子数组的元素 */
 7.         if (A[i]<=A[j])          /* 按两种情况,把小的元素复制到缓冲区*/
 8.             bp[k++] = A[i++];
 9.         else
10.             bp[k++] = A[j++];
11.     }
12.     if (i==q+1)                  /* 按两种情况,处理其余元素 */
13.         for (;j<=r;j++)
14.             bp[k++] = A[j];      /* 把 A[j]~A[r]复制到缓冲区 */
15.     else
16.         for (;i<=q;i++)
17.             bp[k++] = A[i];      /* 把 A[i]~A[q]复制到缓冲区 */
18.     k = 0;
19.     for (i=p;i<=r;i++)           /* 最后,把数组 bp 的内容复制到 A[p]~A[r] */
20.         A[i++] = bp[k++];
21.     delete bp;
22. }
```

在算法 2.5 中，用两个变量 i 和 j 作为两个子数组的下标，分别指向这两个子数组的起始位置。逐一对 $A[i]$ 和 $A[j]$ 进行比较，把二者中的较小者复制到缓冲区；并把 i 或 j 增 1，以便进行下一次的比较。当 $i=q+1$ 或 $j=r+1$ 时，结束这种处理。在前一种情况下，再把 $A[j]\sim A[r]$ 复制到缓冲区；在后一种情况下，则把 $A[i]\sim A[q]$ 复制到缓冲区。最后，再把缓冲区内容复制到 $A[p]\sim A[r]$。

假定这两个子数组合并起来的总长度为 n。从第 6 行到第 17 行，不管算法是如何执行的，也不管 q 和 r 的大小，以及两个子数组中元素的具体数据的大小如何，都恰好有 n 个数组元素的赋值操作，把这两个子数组的元素复制到缓冲区。第 19、20 行，又恰好有 n 个赋值操作，把缓冲区中的数据复制回 $A[p]\sim A[r]$。因此，在这个算法中，可选取数组元素的赋值操作作为算法的基本操作，其操作频率为 $2n$，它明显地反映出随着输入规模的增大而增加的情况，而其他操作的执行频率与该操作的执行频率相差一个常数因子。由此得出该算法的时间复杂性为 $\Theta(n)$。

另外，如果对 merge 算法中数组元素的比较操作的执行频率进行分析，可以发现如下

事实：令这两个子数组的大小分别为n_1和n_2，其中，$n_1+n_2=n$。如果较小子数组中的每一个元素都小于较大子数组中所有的元素，如图 2.1 所示，则此时数组元素的比较操作的执行次数最少，只有 3 次。如果这两个子数组中的元素如图 2.2 所示，数组元素的比较操作的执行次数达到最多，有 7 次。由此可以得出，合并两个数组时，数组元素的比较次数，最少为n_1，最多为$n-1$次。

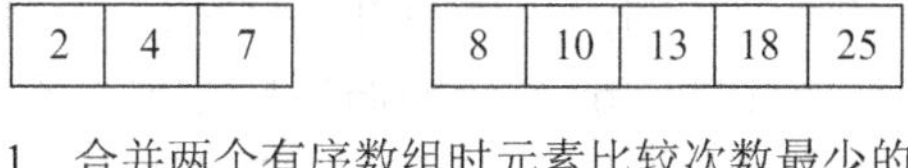

图 2.1　合并两个有序数组时元素比较次数最少的情况

2	4	30

8	10	13	18	25

图 2.2　合并两个有序数组时元素比较次数最多的情况

因此，如果合并两个大小接近相同的有序数组，例如$n_1=\lfloor n/2 \rfloor, n_2=\lceil n/2 \rceil$，可以选取数组元素的比较操作作为算法的基本操作。因为在这种情况下，数组元素的比较操作与所有其他初等操作的最高执行频率相差在一个常数因子之内。这时，算法的时间复杂性仍然是$\Theta(n)$。

例 2.6　菜园四周种了n棵白菜，并按顺时针方向由 1 到n编号。收割时，从编号 1 开始，按顺时针方向每隔两棵白菜收割一棵，直到全部收割完毕为止。按收割顺序列出白菜的编号。

用n个元素的数组A存放白菜的编号，其初值分别为$1,\cdots,n$。当某棵白菜被收割后，就从数组中删去相应元素。另外，用数组B按收割顺序存放被收割白菜的编号。实现上述问题的算法如下：

算法 2.6　收割白菜

输入：白菜棵数 n

输出：按收割顺序存放白菜编号的数组 B[]

```
void reap(int B[],int n)
{
    int i,j,k,s,t;
    int *A = new int[n];
    j = 0;   k = 3;   s = n;
    for (i=0;i<n;i++)
        A[i] = i + 1;
    while(j<n) {
        t = s;   s = 0;
        for (i=0;i<t;i++) {
            if (--k!=0)
                A[s++] = A[i];
            else {
                B[j++]= A[i];   k = 3;
            }
```

```
16.         }
17.     }
18.     delete A;
19. }
```

算法的主要部分由第 8 行开始的二重循环组成。外部 while 循环的控制变量 j，在内部 for 循环中的第 14 行改变。for 循环的循环体的每一次执行中，控制变量 t 及 j 的变化量都不相同。while 循环的循环次数未知，for 循环的循环次数也是不定的。这时可以取第 12 行或第 14 行的赋值操作作为基本操作。因为有 n 棵白菜需要收割，所以第 14 行的赋值操作需要执行 n 次，而第 12 行的赋值操作需要执行 $2n$ 次。这样，算法的运行时间为 $\Theta(n)$。

有很多问题，都可以这样地选择一个基本操作，然后利用渐近记号 O、Ω 或 Θ 去寻找执行这个基本操作的阶，这个阶也是算法运行时间的阶。例如，一般情况下，对检索和排序问题，可以选择元素比较操作作为基本操作；在矩阵乘法问题中，可以选择标量乘法作为基本操作；在遍历链表时，可以选择设置或更新链表指针作为基本操作；在图的遍历中，可以选择访问图中顶点的操作作为基本操作。

算法 2.6 也可用来模拟约瑟夫斯问题的解。弗拉瓦斯·约瑟夫斯是犹太人，公元 66—70 年带领一批人反抗罗马人的统治，但失败了，剩下几十个人逃到一个山洞里，最后决定“要投降，毋宁死”。于是他们围成一个圆圈，抽签决定每个人在圆圈中的顺序编号，由编号为 1 的人开始轮流杀死圆圈中的下一个人。约瑟夫斯有预谋地抓到最后一签，他与最后幸存的另一个人双双投降于罗马。约瑟夫斯问题是：在 n 个人中，求最后未被杀死的人的编号。如果把算法 2.6 中每隔两棵白菜收割一棵，改为每隔一棵白菜收割一棵，把对变量 k 的赋值改为 $k=2$，则数组 B 最后一个元素的白菜编号就是最后未被杀死的人在圆圈中的编号。

2.2.3 计算步的统计

上面叙述的用来估算算法的时间复杂性的方法，忽略了其他操作的开销。计算步（counting steps）则统计算法中所有部分的时间花费。选择作为计算步的单位，必须与输入规模无关。如果输入规模为 n，那么可以把一个语句的执行看成一个计算步；或者，把连续 200 个乘法操作作为一个计算步，但不能把 n 次加法当成一个计算步。有时把计算步定义为从一种实际的基本操作到另一种实际的基本操作。因此，计算步的定义如下：

定义 2.2 计算步是一个语法或语义意义上的程序段，该程序段的执行时间与输入实例的规模无关。

由一个计算步所表示的计算量，可能有很大的差别。例如，下面的语句可以看成是一个计算步。

```
flag = (a+b+c==n)&&(5*a+3*b+c/3==n)&&(c%3==0);
```

也可以把下面的语句看成是一个计算步：

```
a = b;
```

然后，建立一个全局变量 *count*，把它嵌入实现算法的程序中，每执行一个计算步，*count* 就加 1。算法运行结束时，*count* 的值就是算法所需执行的计算步数。

随着输入实例的不同，按这种方式统计出来的计算步数也不同，它有助于了解算法的执行时间是如何随输入实例的变化而变化的。如果输入实例的规模增大 10 倍，所需执行的计算步数也增加 10 倍，就可以认为运行时间随着 n 的增大而线性增加。

2.3　最好情况、最坏情况和平均情况分析

有些算法的运行时间，基本上取决于问题规模的大小，而与输入的具体实例无关。例如，计算一个大小为 n 的数组元素之和，算法的执行时间只与 n 的大小有关，而与所给数组的具体数据无关。但是，并非所有问题都是这样。在大部分情况下，算法的执行时间不仅与问题的规模有关，而且与输入实例有关。同一算法对不同的输入实例，其执行时间的差别可能很大。有时，根据输入实例的不同，又把算法的时间复杂性分析分为最好情况分析、最坏情况分析和平均情况分析。

2.3.1　最好情况、最坏情况和平均情况

例 2.5 合并两个有序的子数组中，图 2.1 和图 2.2 分别说明了对两个具体的输入实例，merge 算法中元素比较次数最少的情况和最多的情况，其运行时间的差别为一个常数因子。如果两个子数组大小一样，那么最好情况的运行时间为最坏情况的一半。在很多问题中，同一个算法运行不同的输入实例，运行时间的差别可能不仅仅是一个常数因子，而是输入规模 n 的某个阶。

例 2.7　用插入法对 n 个元素的数组 A，按递增顺序进行排序。

用插入法按递增顺序排序数组中的元素，其思想方法是：首先判断数组中最前面的两个元素，并使它们按递增顺序排序；然后把第 3 个元素与前面两个元素依次进行比较，并把它放到合适的位置，使前面 3 个元素成为有序的；如此继续，直到最后，第 n 个元素与前面 $n-1$ 个元素依次比较，并把它放到合适的位置，使 n 个元素都成为有序的。算法如下：

算法 2.7　用插入法按递增顺序排序数组 A
输入： n 个元素的整数数组 A[]，数组元素个数 n
输出： 按递增顺序排序的数组 A[]

```
void insert_sort(int A[],int n)
{
    int  a,i,j;
    for (i=1;i<n;i++) {
        a = A[i];
```

```
 6.         j = i - 1;
 7.         while (j>=0 && A[j]>a) {
 8.            A[j+1] = A[j];
 9.            j--;
10.         }
11.         A[j+1] = a;
12.     }
13. }
```

这个算法的外部 for 循环的循环体，在第 1 次执行结束时，完成数组前面 2 个元素的排序；在第 2 次执行结束时，完成数组前面 3 个元素的排序。一般地，第 i 次执行结束时，完成数组前面 $i+1$ 个元素的排序。for 循环的循环体共执行了 $n-1$ 次。内部 while 循环的循环体的执行次数，取决于数组元素的初始排列顺序。在执行第 $i+1$ 次 for 循环的循环体时，如果 $A[i+1]>A[i]$，则这一轮的 while 循环的循环体只执行一次数组元素的比较操作；如果 $A[i+1]<A[0]$，则这一轮的 while 循环的循环体将执行 $i+1$ 次数组元素的比较操作。这样，如果初始数组已经是按递增顺序排列的，则每一轮的 while 循环的循环体都只执行一次元素比较操作。while 循环共执行 $n-1$ 轮，因此整个算法只执行 $n-1$ 次元素比较操作。如果采用第 7 行的元素比较操作作为算法的基本操作，在这种情况下，算法的执行时间既是 $O(n)$ 的，也是 $\Omega(n)$，所以它是 $\Theta(n)$ 的。

反之，如果初始数组是按递减顺序排列的，这时每一个元素 $A[i]$（$1\leqslant i\leqslant n-1$），都要和它前面的 i 个元素进行比较，则整个算法执行的元素比较次数为：

$$\sum_{i=1}^{n-1} i=\frac{1}{2}n(n-1)$$

在这种情况下，算法的执行时间是 $O(n^2)$ 的，也是 $\Omega(n^2)$ 的，所以是 $\Theta(n^2)$ 的。

上面的事实表明，算法的性能不仅是输入规模 n 的函数，而且也是输入元素的初始排列顺序的函数。很多问题都具有这种特性。在插入排序问题中，输入元素的每一种排列，对应于一种可能的初始顺序输入。而对应于元素的不同初始顺序，算法的执行时间各不相同。由此，在分析算法的时间复杂性时，就有 3 种分析方法，即最坏情况分析、平均情况分析和最好情况分析。在实际应用中，主要关心的是最坏情况分析，但也经常考虑平均情况分析，而很少考虑最好情况分析。

2.3.2 最好情况和最坏情况分析

算法的最好情况和最坏情况分析，是寻找该算法所求解问题的极端实例，然后分析在该极端实例下算法的运行时间。例如，在插入排序算法中，问题的极端实例是：输入数组中的所有元素已经是递增的，此时算法的运行时间最快，其运行时间是 $\Theta(n)$ 的；或者，输入数组中的所有元素已经是递减的，此时算法的运行时间最慢，其运行时间是 $\Theta(n^2)$ 的。

例 2.8 线性检索算法。在 n 个元素的数组中，用线性检索方法检索元素 x。

算法 2.8　线性检索算法

输入： 给定 n 个元素的数组 A[]，元素 x

输出： 若 x = A[j]，0≤j≤n-1，输出 j，否则输出-1

```
 1.  int linear_search(int A[],int n,int x)
 2.  {
 3.      int j = 0;
 4.      while (j<n && x!=A[j])
 5.          j++;
 6.      if (j<n)
 7.          return j;
 8.      else
 9.          return -1;
10.  }
```

在最好的情况下，数组的第 1 个元素是 x，如果采用第 4 行的数组元素比较操作作为算法的基本操作，算法只要进行一次判断就可结束，其运行时间为 $\Theta(1)$；当数组中不存在元素 x，或元素 x 是数组的最后一个元素，这是线性检索算法的最坏情况，算法必须对数组元素执行 n 次比较。因此，在最坏情况下，线性检索算法的时间复杂性是 $\Theta(n)$，当然也是 $O(n)$ 和 $\Omega(n)$。

例 2.9　二叉检索算法。在具有 n 个已排序过的元素的数组中，用二叉检索方法检索元素 x。

算法 2.9　二叉检索算法

输入： 给定具有 n 个已排序过的元素的数组 A[] 及元素 x

输出： 若 x = A[j]，0≤j≤n-1，输出 j，否则输出-1

```
 1.  int binary_search(int A[],int n,int x)
 2.  {
 3.      int mid,low = 0,high = n - 1,j = -1;
 4.      while (low<=high && j<0) {
 5.          mid = (low + high)/2;
 6.          if (x==A[mid]) j = mid;
 7.          else if (x<A[mid]) high - mid - 1;
 8.          else low = mid + 1;
 9.      }
10.      return j;
11.  }
```

在二叉检索算法中，当数组第 $n/2$ 个元素是 x，并且采用第 6 行的元素比较操作作为二叉检索算法 binary_search 的基本操作时，只要执行一次比较操作即可结束算法，算法的时间复杂性是 $\Theta(1)$，这是算法的最好情况。当数组中不存在元素 x，或元素 x 是数组的第 1 个元素或最后一个元素，这是二叉检索算法的最坏情况。假定 x 是数组的最后一个元素，则在第 1 次比较之后，数组中的元素被分为两半。如果 n 是偶数，数组中后半部分的元素个数为$n/2$个；否则为$(n-1)/2$个。在这两种情况下，数组后半部分的元素个数都是$\lfloor n/2 \rfloor$个。这是第2次要继续进行检索的元素个数。类似地，在第3次进行检索时，元素数量是$\lfloor \lfloor n/2 \rfloor /2 \rfloor = \lfloor n/4 \rfloor$。在第$j$次进行检索时，元素个数是$\lfloor n/2^{j-1} \rfloor$。这种情况一直继续到被检索的元素个数为1。假定检索x所需要的最大比较次数是j次，则j满足：

$$\lfloor n/2^{j-1} \rfloor = 1$$

根据整数下限函数的定义，有：

$$1 \leqslant n/2^{j-1} < 2$$

或

$$2^{j-1} \leqslant n \leqslant 2^{j}$$

即

$$j-1 \leqslant \log n \leqslant j$$

因为j是整数，由上式可以得到：

$$j = \lfloor \log n \rfloor + 1$$

这表明，在最坏情况下，二叉检索算法的元素比较次数最多为$\lfloor \log n \rfloor + 1$次。因此，其时间复杂性是$O(\log n)$。同样可以看到，它至少也必须执行$\lfloor \log n \rfloor + 1$次，因此其时间复杂性是$\Omega(\log n)$。所以，在最坏情况下，其时间复杂性是$\Theta(\log n)$。

可以看到，算法的最好情况和最坏情况分析是比较容易的。但是要注意的是，一个算法由两个算法组成，而它们又有不同的时间复杂性时，就要引用第1章关于复杂性记号的性质来处理。

例 2.10 对已经排序过的、具有n个元素的数组A，检索是否存在元素x。当n是奇数时，用二叉检索算法检索；当n是偶数时，用线性检索算法检索。

算法 2.10 分别采用线性检索算法和二叉检索算法进行检索的算法

输入： 给定具有 n 个已排序的元素的数组 A[] 及元素 x

输出： 若 x = A[j]，0≤j≤n-1，输出 j，否则输出-1

```
int linear_search(int A[],int n,int x);
int binary_search(int A[],int n,int x);
int search(int A[],int n,int x)
{
    if ((n%2)==0)
        return linear_search(A,n,x);
    else
        return binary_search(A,n,x);
}
```

当数组中不存在元素x，或元素x是数组的最后一个元素，这是算法的最坏情况。当n是奇数时，调用二叉检索算法，时间复杂性既是$O(\log n)$的，也是$\Omega(\log n)$的；当n是偶数时，调用线性检索算法，时间复杂性既是$O(n)$的，也是$\Omega(n)$的。因此，在最坏情况下，算法 search 的时间复杂性是$O(n)$的，也是$\Omega(\log n)$。当元素x是数组的第1个元素时，是算法的最好情况。这时，二叉检索算法的时间复杂性既是 $O(\log n)$ 的，也是 $\Omega(\log n)$ 的；线性检索算法的时间复杂性是 $\Theta(1)$ 。因此，在最好情况下，算法 search 的时间复杂性是 $O(\log n)$，也是 $\Omega(1)$ 的。

2.3.3 平均情况分析

在平均情况下，算法的运行时间取算法所有可能输入的平均运行时间。这时必须知道所有输入的出现概率，即预先知道所有输入的分布情况。这就必须针对所要解决的问题的输入分布情况，进行一系列的具体分析。这样一来，算法的平均情况分析比在最坏情况下的分析更困难。在一般情况下，假定输入是均匀分布的。

例 2.11　插入排序算法 insert_sort 的平均情况分析。

同样，假定数组 A 中的元素为 $\{x_1, x_2, \cdots, x_n\}$，并且 $x_i \neq x_j, 1 \leqslant i, j \leqslant n, i \neq j$。插入排序算法中元素比较次数，取决于数组中元素的初始排列顺序。n 个元素共有 $n!$ 种排列，假定每一种排列的概率相同。如果前面 i-1 个元素已经按递增顺序排序了，现在要把元素 x_i 插入到一个合适的位置，以构成一个 i 个元素的递增序列。这时，有 i 种可能。令 j=1 为第 1 种可能：x_i 是这个序列中最小的，为把这个元素插入第 1 个位置，算法需执行 i-1 次比较；当 j=2 时，是第 2 种可能，x_i 是这个序列中第 2 小的，为把这个元素插入第 2 个位置，算法仍需执行 $i-1$ 次比较；当 j=3 时，是第 3 种可能，x_i 是这个序列中第 3 小的，为把这个元素插入第 3 个位置，算法需执行 i-2 次比较；依此类推，当 j=i 时，是第 i 种可能，x_i 是这个序列中最大的，算法只需执行 1 次比较。由此，当 $2 \leqslant j \leqslant i$ 时，算法需执行的比较次数为 $i-j+1$ 。这 i 种可能的概率相同，都是 $1/i$ 。因此，把元素 x_i 插入到一个合适的位置，所需要的平均比较次数 T_i 是：

$$
\begin{aligned}
T_i &= \frac{i-1}{i} + \sum_{j=2}^{i} \frac{i-j+1}{i} \\
&= \frac{i-1}{i} + \sum_{j=1}^{i-1} \frac{j}{i} \\
&= 1 - \frac{1}{i} + \frac{1}{2}(i-1) \\
&= \frac{1}{2} + \frac{i}{2} - \frac{1}{i}
\end{aligned}
$$

分别把 $x_2, x_3, \cdots, x_n$ 插入到序列中的合适位置，所需的平均比较总次数 T 为：

$$
\begin{aligned}
T &= \sum_{i=2}^{n} T_i = \sum_{i=2}^{n} \left(\frac{1}{2} + \frac{i}{2} - \frac{1}{i} \right) \\
&= \frac{1}{2}(n-1) + \frac{1}{2} \sum_{i=2}^{n} i - \sum_{i=1}^{n} \frac{1}{i} + 1
\end{aligned}
$$

$$=\frac{1}{2}(n-1)+\frac{1}{4}(n\,(n+1)-2)+1-\sum_{i=1}^{n}\frac{1}{i}$$

$$=\frac{1}{4}(n^2+3n)-\sum_{i=1}^{n}\frac{1}{i}$$

因为：

$$\ln(n+1)\leqslant\sum_{i=1}^{n}\frac{1}{i}\leqslant\ln n+1$$

所以：

$$T\approx\frac{1}{4}(n^2+3n)-\ln n$$

由此可得，插入排序算法 insert_sort 在平均情况下的时间复杂性是$\Theta(n^2)$。

例 2.12　冒泡排序算法在平均情况下的下界分析。

可以对算法 2.2 的冒泡排序算法进行如下的改进：

算法 2.11　改进的冒泡算法

输入：被排序的数组 A[]，数组的元素个数 n

输出：按递增顺序排序的数组 A[]

```
 1. template <class Type>
 2. void bubble_sort(Type A[],int n)
 3. {
 4.     int i,k,flag;
 5.     k = n - 1;   flag = 1;
 6.     while (flag) {
 7.         k = k - 1;  flag = 0;
 8.         for (i=0;i<=k;i++) {
 9.              if (A[i] > A[i+1]) {
10.                  swap(A[i],A[i+1]);
11.                  flag = 1;
12.              }
13.         }
14.     }
15. }
```

这个算法由两个嵌套的循环组成，算法的执行时间取决于内循环的循环体的执行次数。第 6 行开始的 while 循环，循环体的执行次数由变量 flag 决定。在最好的情况下，所有输入的数据都是顺序排列的。此时，flag 的值一直为 0，while 循环的循环体只执行一次，而内部 for 循环的循环体则执行$n-1$次。因此，该算法在最好情况下的运行时间至少是$\Omega(n)$。

在最坏的情况下，所有输入的数据都是逆序排列的。在每一轮循环中，都将进行数据交换。因此，flag 的值一直为 1，而 while 循环的循环体将执行$n-1$次。在第 1 轮循环中，内部 for 循环的循环体共执行$n-1$次，以后按 1 递减。这样，执行次数为：

$$(n-1)+(n-2)+\cdots+1=\sum_{i=1}^{n-1} i=\frac{1}{2}n(n-1)$$

因此，冒泡排序算法在最坏情况下的运行时间至多是 $O(n^2)$。

为了分析冒泡排序算法平均情况下运行时间的下界，考虑下面的定义。

定义 2.3　设 $a_1,a_2,\cdots,a_n$ 是集合 $\{1,2,\cdots,n\}$ 的一个排列，如果 $i<j$ 且 $a_i>a_j$，则对偶 (a_i,a_j) 称为该排列的一个逆序。

例如，排列 3, 4, 1, 5 有两个逆序，即 (3,1) 及 (4,1)。如果希望使上面的元素按序排列，则上面的元素至少必须交换两次。如果交换一个排列的两个相邻元素，则逆序的总数将增 1 或减 1。如果不断地交换一个排列中的两个相邻元素，使其逆序个数往减少的方向改变，当逆序个数减少为 0 时，该排列就是一个有序的排列了。这就是冒泡排序算法所做的事情。

为了确定相邻两个元素是否需要交换，必须对这两个元素进行比较。因此，排列中逆序的数目，也就是算法所执行的元素比较次数的下界。n 个元素共有 $n!$ 种排列，所有排列的平均逆序的个数，也就是算法所执行的平均比较次数的下界。

例如，集合 $A=\{1,2,3\}$ 有如下 $3!=6$ 种排列：

排　列	逆序数目 k
1　2　3	0
1　3　2	1
2　1　3	1
2　3　1	2
3　1　2	2
3　2　1	3

右边是对应排列的逆序个数。如果令 $S(k)$ 是逆序个数为 k 时的排列数目，则有：

$$S(0)=1 \qquad S(1)=2 \qquad S(2)=2 \qquad S(3)=1$$

记 $mean(n)$ 为 n 个元素集合的所有排列的逆序的平均个数，则具有 3 个元素的集合的逆序的平均个数为：

$$\begin{aligned}mean(3)&=\frac{1}{3!}(S(0)\cdot 0+S(1)\cdot 1+S(2)\cdot 2+S(3)\cdot 3)\\&=\frac{1}{6}(1\times 0+2\times 1+2\times 2+1\times 3)\\&=1.5\end{aligned}$$

对具有 n 个元素的集合的所有排列，在最好的情况下，所有的元素都已经是顺序排列的，该排列的逆序个数为 0；在最坏的情况下，所有的元素都是逆序排列的，该排列的逆序个数为 $n(n-1)/2$；其余排列的逆序数，介于这两者之间。所以，对具有 n 个元素的集合的所有排列，其逆序的平均个数为：

$$mean(n)=\frac{1}{n!}\sum_{k=0}^{n(n-1)/2}kS(k)$$

Donald E.Knuth 对逆序的分布规律进行了研究，他利用生成函数的性质进行了复杂的推导，得出了下面的公式：

$$\begin{aligned} mean(n) &= \sum_{k=1}^{n}\frac{k-1}{2} \\ &= \frac{1}{4}n(n-1) \end{aligned}$$

因此，冒泡排序在平均情况下的运行时间的下界是 $\Omega(n^2)$。Donald E.Knuth 对冒泡排序在平均情况下的运行时间也进行了研究，可见参考文献[6]。

2.4　用生成函数求解递归方程

绝大部分算法的执行，都表现为按某种条件重复地执行一些循环。而这些循环，又经常可以用递归关系来表达。因此，算法的运行时间，也经常存在着一种递归关系。这就使得递归方程的求解，对算法分析来说变得非常重要。生成函数是解递归方程的一种重要的工具。

2.4.1　生成函数及其性质

递归算法的运行时间，随着递归深度的增加而增多。假定序列 $a_0,a_1,\cdots,a_k$ 表示递归算法在不同递归深度时的运行时间，则序列中的每一个元素之间存在着一定的递归关系。一般希望了解当递归深度 $k=n$ 时，序列中的元素 a_n 的值。如果可以借助一个“参数” z 来建立一个无穷级数的和：

$$G(z)=a_0+a_1z+a_2z^2+\cdots=\sum_{k=0}^{\infty}a_kz^k$$

然后，通过对函数 $G(z)$ 的一系列演算，得到序列 $a_0,a_1,\cdots,a_k$ 的一个通项表达式，便可较容易地获得递归算法在递归深度 $k=n$ 时的运行时间。

定义 2.4　令 $a_0,a_1,a_2,\cdots$ 是一个实数序列，构造如下的函数：

$$G(z)=a_0+a_1z+a_2z^2+\cdots=\sum_{k=0}^{\infty}a_kz^k \tag{2.4.1}$$

则函数 $G(z)$ 称为序列 $a_0,a_1,a_2,\cdots$ 的生成函数。

当序列 $a_0,a_1,a_2,\cdots$ 确定时，对应的生成函数只依赖于“参数” z；反之，当生成函数确定时，所对应的序列也被确定。

例如，函数

$$(1+x)^n = C_n^0 + C_n^1 x + C_n^2 x^2 + \cdots + C_n^n x^n$$

则函数 $(1+x)^n$ 便是序列 $C_n^0, C_n^1, C_n^2, \cdots, C_n^n$ 的生成函数。

在这里，人们关心的是通过对生成函数 $G(z)$ 的演算，来间接地得到式（2.4.1）级数中系数的通项表达式，而对级数的收敛性并不关心。实际上已经证明，通过生成函数所进行的大多数演算都是正确的，而不必顾及级数的收敛性。

对于生成函数，有下面一些性质。

（1）去掉级数中的奇数项及偶数项：由

$$G(-z) = a_0 - a_1 z + a_2 z^2 - a_3 z^3 + \cdots$$

利用

$$\frac{1}{2}(G(z)+G(-z)) = a_0 + a_2 z^2 + a_4 z^4 + \cdots \tag{2.4.2}$$

可以去掉级数中的奇数项；同样，利用

$$\frac{1}{2}(G(z)-G(-z)) = a_1 z + a_3 z^3 + a_5 z^5 + \cdots \tag{2.4.3}$$

可以去掉级数中的偶数项。

（2）加法：设 $G(z)=\sum_{k=0}^{\infty} a_k z^k$ 是序列 $a_0, a_1, a_2, \cdots$ 的生成函数，$H(z)=\sum_{k=0}^{\infty} b_k z^k$ 是序列 $b_0, b_1, b_2, \cdots$ 的生成函数，则

$$\begin{aligned}\alpha G(z)+\beta H(z) &= \alpha \sum_{k=0}^{\infty} a_k z^k + \beta \sum_{k=0}^{\infty} b_k z^k \\ &= \sum_{k=0}^{\infty} (\alpha a_k + \beta b_k) z^k \end{aligned} \tag{2.4.4}$$

是序列 $\alpha a_0 + \beta b_0, \alpha a_1 + \beta b_1, \alpha a_2 + \beta b_2, \cdots$ 的生成函数。

（3）移位：设 $G(z)=\sum_{k=0}^{\infty} a_k z^k$ 是序列 $a_0, a_1, a_2, \cdots$ 的生成函数，则

$$z^m G(z) = \sum_{k=m}^{\infty} a_{k-m} z^k \tag{2.4.5}$$

是序列 $0, \cdots, 0, a_0, a_1, a_2, \cdots$ 的生成函数。

（4）乘法：设 $G(z)=\sum_{k=0}^{\infty} a_k z^k$ 是序列 $a_0, a_1, a_2, \cdots$ 的生成函数，$H(z)=\sum_{k=0}^{\infty} b_k z^k$ 是序列 $b_0, b_1, b_2, \cdots$ 的生成函数，则

$$\begin{aligned}G(z)H(z) &= (a_0 + a_1 z + a_2 z^2 + \cdots)(b_0 + b_1 z + b_2 z^2 + \cdots) \\ &= a_0 b_0 + (a_0 b_1 + a_1 b_0) z + (a_0 b_2 + a_1 b_1 + a_2 b_0) z^2 + \cdots \\ &= \sum_{k=0}^{\infty} c_k z^k \end{aligned} \tag{2.4.6}$$

是序列 $c_0, c_1, c_2, \cdots$ 的生成函数。其中，$c_n = \sum_{k=0}^{n} a_k b_{n-k}$。

（5）z 变换：设 $G(z) = \sum_{k=0}^{\infty} a_k z^k$ 是序列 $a_0, a_1, a_2, \cdots$ 的生成函数，则

$$\begin{aligned} G(cz) &= a_0 + a_1(cz) + a_2(cz)^2 + a_3(cz)^3 + \cdots \\ &= a_0 + c a_1 z + c^2 a_2 z^2 + c^3 a_3 z^3 + \cdots \end{aligned} \tag{2.4.7}$$

是序列 $a_0, c a_1, c^2 a_2, \cdots$ 的生成函数。特别地，有：

$$\frac{1}{1-cz} = 1 + cz + c^2 z^2 + c^3 z^3 + \cdots \tag{2.4.8}$$

所以，$\frac{1}{1-cz}$ 是序列 $1, c, c^2, c^3, \cdots$ 的生成函数。当 $c=1$ 时，有：

$$\frac{1}{1-z} = 1 + z + z^2 + \cdots \tag{2.4.9}$$

则 $\frac{1}{1-z}$ 是序列 1,1,1,$\cdots$ 的生成函数。

若 $G(z)$ 是序列 $a_0, a_1, a_2, \cdots$ 的生成函数，由式（2.4.4）和式（2.4.7），有：

$$\frac{1}{1-z} G(z) = a_0 + (a_0 + a_1)z + (a_0 + a_1 + a_2)z^2 + \cdots \tag{2.4.10}$$

则 $\frac{1}{1-z} G(z)$ 是序列 $a_0, (a_0 + a_1), (a_0 + a_1 + a_2), \cdots$ 的生成函数。

（6）微分和积分：设 $G(z) = \sum_{k=0}^{\infty} a_k z^k$ 是序列 $a_0, a_1, a_2, \cdots$ 的生成函数，对 $G(z)$ 求导数

$$G'(z) = a_1 + 2a_2 z + 3a_3 z^2 + \cdots = \sum_{k=0}^{\infty} (k+1) a_{k+1} z^k \tag{2.4.11}$$

显然，$G'(z)$ 是序列 $a_1, 2a_2, 3a_3, \cdots$ 的生成函数。同样，对 $G(z)$ 求积分

$$\int_0^z G(t)\,\mathrm{d}t = a_0 z + \frac{1}{2} a_1 z^2 + \frac{1}{3} a_2 z^3 + \cdots = \sum_{k=1}^{\infty} \frac{1}{k} a_{k-1} z^k \tag{2.4.12}$$

则积分 $\int_0^z G(t)\,\mathrm{d}t$ 是 $a_0, \frac{1}{2} a_1, \frac{1}{3} a_2, \cdots$ 的生成函数。

如果对式（2.4.9）求导数，可得：

$$\frac{1}{(1-z)^2} = 1 + 2z + 3z^2 + \cdots = \sum_{k=0}^{\infty} (k+1) z^k \tag{2.4.13}$$

则 $\frac{1}{(1-z)^2}$ 是算术级数 1,2,3,$\cdots$ 的生成函数。

如果对式（2.4.9）求积分，可得：

$$\ln \frac{1}{1-z} = z + \frac{1}{2} z^2 + \frac{1}{3} z^3 + \cdots = \sum_{k=1}^{\infty} \frac{1}{k} z^k \tag{2.4.14}$$

则 $\ln\dfrac{1}{1-z}$ 是调和数 $1,\dfrac{1}{2},\dfrac{1}{3},\cdots$ 的生成函数。

从上面的式子可以看到：只要有可能确定一个函数的幂级数展开式，就表明找到了一个特殊序列的生成函数。

2.4.2　用生成函数求解递归方程

例 2.13　汉诺塔（Hanoi Tower）问题。

在古印度北部的贝拉勒斯圣庙里有 3 个铜铸的基座，上面各安置一根宝石针。在一根宝石针上，把小金盘放到大金盘的上面，这样由大到小串了大小各不相等的 64 个金盘。梵王命令他的僧侣，通过其余两根宝石针，把这 64 个金盘移到另一根宝石针上。移动的规则是：每次移动一个金盘，不允许把大金盘放到小金盘上方。

假定宝石针的编号为 a,b,c， a 针串着 64 个金盘。希望用 c 针作为辅助针，把它们移到 b 针。算法的思想方法是：先用 b 针作为辅助针，递归调用本算法，把最上面的 $n-1$ 个金盘移到 c 针；再把最下面的一个金盘从 a 针移到 b 针；最后，再用 a 针作为辅助针，递归调用本算法，把 $n-1$ 个金盘从 c 针移到 b 针。下面是解汉诺塔问题的算法。

算法 2.12　汉诺塔问题

输入：金盘个数 n，串满金盘的宝石针 a，目的宝石针 b，辅助宝石针 c

输出：金盘移动列表

```
void Hanoi(char a,char b,char c,int n)
{
    if ( n == 1 ) printf(" %c->%c ",a,b);
    else {
        Hanoi(a,c,b,n-1);
        printf(" %c->%c ",a,b);
        Hanoi(c,b,a,n-1);
    }
}
```

假定 n 是金盘的数量， $h(n)$ 是移动 n 个金盘的移动次数。把金盘移动操作作为算法的基本操作，则算法的时间复杂性由 $h(n)$ 确定。下面估计 $h(n)$ 的大小。

（1）当 $n=1$ 时，只有 1 个金盘，显然只移动 1 次， $h(1)=1$。

（2）当 $n=2$ 时，有 2 个金盘，先把小金盘移到 c 针，再把大金盘移到 b 针，最后把小金盘移到 b 针。移动次数为： $h(2)=2h(1)+1$。

（3）当 $n=3$ 时，按照第（2）步方法，把上面 2 个小金盘移到 c 针，需要移动 $h(2)$ 次；再把大金盘移到 b 针，移动金盘 1 次；然后再按照第（2）步方法，把 2 个小金盘放到大金盘上面，又需要移动 $h(2)$ 次。因此， $h(3)=2h(2)+1$。

依此类推，可以得到如下的递归关系式：

$$\begin{cases} h(n) = 2h(n-1)+1 \\ h(1) = 1 \end{cases} \tag{2.4.15}$$

为了解上面的递归方程，用 $h(n)$ 作为系数，构造一个生成函数

$$\begin{aligned} G(x) &= h(1)x + h(2)x^2 + h(3)x^3 + \cdots \\ &= \sum_{k=1}^{\infty} h(k)x^k \end{aligned}$$

为了求出 $h(n)$ 的值，对 $G(x)$ 进行演算，求出其解析表达式，再把解析表达式转换成对应的幂级数，级数中 x^n 项的系数，即为 $h(n)$ 的值。为此，令

$$\begin{aligned} G(x) - 2xG(x) &= h(1)x + h(2)x^2 + h(3)x^3 + \cdots - 2h(1)x^2 - 2h(2)x^3 - \cdots \\ &= h(1)x + (h(2) - 2h(1))x^2 + (h(3) - 2h(2))x^3 + \cdots \end{aligned}$$

由式（2.4.15）及（2.4.9）得：

$$\begin{aligned} (1-2x)G(x) &= x + x^2 + x^3 + \cdots \\ &= \frac{x}{1-x} \end{aligned}$$

所以：

$$G(x) = \frac{x}{(1-x)(1-2x)}$$

令：

$$G(x) = \frac{A}{1-x} + \frac{B}{1-2x} = \frac{A - 2Ax + B - Bx}{(1-x)(1-2x)}$$

有：

$$A + B = 0,\ -2A - B = 1$$

求得 $A = -1, B = 1$。所以：

$$\begin{aligned} G(x) &= \frac{1}{(1-2x)} - \frac{1}{(1-x)} \\ &= (1 + 2x + 2^2x^2 + 2^3x^3 + \cdots) - (1 + x + x^2 + x^3 + \cdots) \\ &= (2-1)x + (2^2-1)x^2 + (2^3-1)x^3 + \cdots \\ &= \sum_{k=1}^{\infty} (2^k - 1)x^k \end{aligned}$$

所以，$h(n) = 2^n - 1$，它是式中第 n 项的系数。因此，汉诺塔问题的时间复杂性为 $O(2^n)$。当 $n = 64$ 时，金盘的移动次数为 $2^{64} - 1$。如果移动一次需花费 1μs 时间，则需移动约 585000 年。即使算法设计好了，要让打印机把所有金盘的移动路线都打印出来，也是不可能的。

例 2.14 斐波那契（Fibonacci）序列问题。

斐波那契序列问题可以描述成下面的问题：假设小兔子每隔一个月长成大兔子，大兔子每隔一个月生一只小兔子。第 1 个月有一只小兔子，求 n 个月后有多少只兔子。

令 $f(n)$ 为 n 个月后兔子的数目，则第 1 个月有一只小兔子，$f(1)=1$；第 2 个月小兔子长成大兔子，兔子的数目仍然为 1，$f(2)=1$；第 3 个月大兔子生一只小兔子，兔子数目为 2；第 4 个月大兔子又生一只小兔子，原来的小兔子又长成大兔子，小兔子数目为 1，大兔子数目为 2，兔子总数为 3……于是，兔子数目可以用如下序列来表示：

$$1,1,2,3,5,8,13,21,34,55,89,\cdots$$

其中，从第 3 项开始，任何一项都是其前两项之和。

如果令 $t(n)$、$T(n)$ 分别表示第 n 个月小兔子、大兔子的数目，$f(n)$ 为第 n 个月兔子的总数目，则有如下关系式：

$$f(n)=T(n)+t(n) \tag{2.4.16}$$

$$T(n)=T(n-1)+t(n-1) \tag{2.4.17}$$

$$t(n)=T(n-1) \tag{2.4.18}$$

式（2.4.16）表示第 n 个月兔子的总量为该月大兔子的数量及小兔子的数量之和；式（2.4.17）表示第 n 个月大兔子的数量，为前一个月大兔子的数量加上前一个月小兔子的数量，即第 $n-1$ 个月兔子的总量 $f(n-1)$；式（2.4.18）表示第 n 个月小兔子的数量，为前一个月大兔子的数量，也即第 $n-2$ 个月兔子的总量 $f(n-2)$。由上述 3 式，可以得到如下递归方程：

$$\begin{cases} f(n)=f(n-1)+f(n-2) \\ f(1)=f(2)=1 \end{cases} \tag{2.4.19}$$

为了解上面的递归方程，用 $f(n)$ 作为系数，构造一个生成函数：

$$\begin{aligned} F(x) &= f(1)x+f(2)x^2+f(3)x^3+\cdots \\ &= \sum_{k=1}^{\infty} f(k)x^k \end{aligned}$$

为了求出 $f(n)$ 的值，对 $F(x)$ 进行如下演算，求出其解析表达式，再把解析表达式转换成对应的幂级数，级数中 x^n 项的系数即为 $f(n)$ 的值。为此，令：

$$\begin{aligned} & F(x)-xF(x)-x^2F(x) \\ &= f(1)x+f(2)x^2+f(3)x^3+\cdots-x(f(1)x+f(2)x^2+\cdots)-x^2(f(1)x+\cdots) \\ &= f(1)x+(f(2)-f(1))x^2+(f(3)-f(2)-f(1))x^3+\cdots \\ &= x \end{aligned}$$

所以，有：

$$F(x)=\frac{x}{1-x-x^2}=\frac{-x}{x^2+x+\frac{1}{4}-\frac{5}{4}}=\frac{-x}{\left(x+\frac{1}{2}\right)^2-\left(\frac{1}{2}\sqrt{5}\right)^2}$$

$$=\frac{-x}{\left(x+\frac{1}{2}\left(1-\sqrt{5}\right)\right)\left(x+\frac{1}{2}\left(1+\sqrt{5}\right)\right)}$$

令：

$$F(x)=\frac{A}{x+\frac{1}{2}\left(1-\sqrt{5}\right)}+\frac{B}{x+\frac{1}{2}\left(1+\sqrt{5}\right)}$$

$$=\frac{Ax+\frac{1}{2}\left(1+\sqrt{5}\right)A+Bx+\frac{1}{2}\left(1-\sqrt{5}\right)B}{\left(x+\frac{1}{2}\left(1-\sqrt{5}\right)\right)\left(x+\frac{1}{2}\left(1+\sqrt{5}\right)\right)}$$

有：

$$A+B=-1,\quad \left(1+\sqrt{5}\right)A+\left(1-\sqrt{5}\right)B=0$$

解得：

$$A=\frac{1}{2\sqrt{5}}\left(1-\sqrt{5}\right),\quad B=\frac{-1}{2\sqrt{5}}\left(1+\sqrt{5}\right)$$

把 A 和 B 代入 $F(x)$，得到：

$$F(x)=\frac{1}{\sqrt{5}}\left(\frac{1-\sqrt{5}}{2x+1-\sqrt{5}}-\frac{1+\sqrt{5}}{2x+1+\sqrt{5}}\right)$$

$$=\frac{1}{\sqrt{5}}\left(\frac{1}{1-\dfrac{2x}{\sqrt{5}-1}}-\frac{1}{1-\dfrac{-2x}{\sqrt{5}+1}}\right)$$

令：

$$\alpha=\frac{2}{\sqrt{5}-1}=\frac{1}{2}\left(1+\sqrt{5}\right),\quad \beta=\frac{-2}{\sqrt{5}+1}=\frac{1}{2}\left(1-\sqrt{5}\right)$$

则有：

$$F(x)=\frac{1}{\sqrt{5}}((\alpha-\beta)x+(\alpha^2-\beta^2)x^2+\cdots)$$

所以，第 n 项系数为：

$$f(n)=\frac{1}{\sqrt{5}}(\alpha^n-\beta^n)$$

斐波那契序列有很多奇妙的特性和故事，其中系数 α 与 1 之比为 1.618，它就是人们所熟知的“黄金分割”，而当 n 越来越大时，序列中前一项 f_{n-1} 与后一项 f_n 的比值越来越逼近于 0.618，而后一项 f_n 与前一项 f_{n-1} 的比值也越来越逼近于 1.618。令人不可思议的是：斐波那契这样的整数序列，其通项表达式竟用无理数来表达。

2.5 用特征方程求解递归方程

实际上，所有递归算法的运行时间都可以用递归方程来表示。这就使递归方程的解对算法分析来说显得特别重要。除了利用生成函数来解递归方程外，还可利用递归方程的特征方程来求解。

2.5.1　*k* 阶常系数线性齐次递归方程

如果递归方程的形式为：

$$\begin{cases} f(n)=a_1 f(n-1)+a_2 f(n-2)+\cdots+a_k f(n-k) \\ f(i)=b_i \qquad\qquad 0\leqslant i<k \end{cases} \tag{2.5.1}$$

就把这种方程称为 *k* 阶常系数线性齐次递归方程。式（2.5.1）中的第 2 式是方程的初始条件。其中，b_i 为常数。在式（2.5.1）中，用 x^n 取代 $f(n)$，有：

$$x^n=a_1x^{n-1}+a_2x^{n-2}+\cdots+a_kx^{n-k}$$

两边分别除以 x^{n-k}，可得：

$$x^k=a_1x^{k-1}+a_2x^{k-2}+\cdots+a_k$$

把上式写成：

$$x^k-a_1x^{k-1}-a_2x^{k-2}-\cdots-a_k=0 \tag{2.5.2}$$

则式（2.5.2）称为递归方程（2.5.1）的特征方程。

可以求出特征方程的根，得到递归方程的通解，再利用递归方程的初始条件，确定通解中的待定系数，从而得到递归方程的解。下面分两种情况来讨论。

第 1 种情况：特征方程的 k 个根 $q_1,q_2,\cdots,q_k$ 互不相同，则递归方程（2.5.1）的通解为：

$$f(n)=c_1q_1^n+c_2q_2^n+\cdots+c_kq_k^n \tag{2.5.3}$$

第 2 种情况：特征方程的 k 个根中有 r 个重根 $q_i,q_{i+1},\cdots,q_{i+r-1}$。这时，递归方程（2.5.1）的通解形式为：

$$f(n)=c_1q_1^n+\cdots+c_{i-1}q_{i-1}^n+(c_i+c_{i+1}n+\cdots+c_{i+r-1}n^{r-1})q_i^n+\cdots+c_kq_k^n \tag{2.5.4}$$

在式（2.5.3）及式（2.5.4）中，$c_1,c_2,\cdots,c_k$ 为待定系数。把递归方程的初始条件代入式（2.5.3）或式（2.5.4）中，建立联立方程，确定系数 $c_1,c_2,\cdots,c_k$，从而可求出通解 $f(n)$。

例 2.15　三阶常系数线性齐次递归方程如下：

$$\begin{cases} f(n)=6f(n-1)-11f(n-2)+6f(n-3) \\ f(0)=0 \\ f(1)-2 \\ f(2)=10 \end{cases}$$

解　特征方程为：

$$x^3-6x^2+11x-6=0$$

把方程改写成：

$$x^3-3x^2-3x^2+9x+2x-6=0$$

对特征方程进行因式分解，得：

$$(x-1)(x-2)(x-3)=0$$

则有特征根：

$$q_1=1,\quad q_2=2,\quad q_3=3$$

所以，递归方程的通解为：

$$f(n)=c_1q_1^n+c_2q_2^n+c_3q_3^n$$
$$=c_1+c_2 2^n+c_3 3^n$$

由初始条件得：

$$f(0)=c_1+c_2+c_3=0$$
$$f(1)=c_1+2c_2+3c_3=2$$
$$f(2)=c_1+4c_2+9c_3=10$$

解此联立方程，得：

$$c_1=0,\quad c_2=-2,\quad c_3=2$$

则递归方程的解为：

$$f(n)=2(3^n-2^n)$$

例 2.16 三阶常系数线性齐次递归方程如下：

$$\begin{cases} f(n)=5f(n-1)-7f(n-2)+3f(n-3) \\ f(0)=1 \\ f(1)=2 \\ f(2)=7 \end{cases}$$

解 特征方程为：

$$x^3-5x^2+7x-3=0$$

把特征方程改写成：

$$x^3-5x^2+6x+x-3=0$$

进行因式分解：

$$(x-3)(x^2-2x+1)=0$$

最后得：

$$(x-1)(x-1)(x-3)=0$$

求得特征方程的根为：

$$q_1=1,\quad q_2=1,\quad q_3=3$$

所以，递归方程的通解为：

$$f(n)=(c_1+c_2n)q_1^n+c_3q_3^n$$
$$=c_1+c_2n+c_3 3^n$$

代入初始条件：

$$f(0)=c_1+c_3=1$$
$$f(1)=c_1+c_2+3c_3=2$$
$$f(2)=c_1+2c_2+9c_3=7$$

解此联立方程，得：

$$c_1=0\text{，}\quad c_2=-1\text{，}\quad c_3=1$$

则递归方程的解为：

$$\begin{aligned}f(n)&=(c_1+c_2n)q_1^n+c_3q_3^n\\&=3^n-n\end{aligned}$$

2.5.2　*k* 阶常系数线性非齐次递归方程

当递归方程的形式为：

$$\begin{cases}f(n)=a_1f(n-1)+a_2f(n-2)+\cdots+a_kf(n-k)+g(n)\\ f(i)=b_i & 0\leqslant i<k\end{cases} \tag{2.5.5}$$

把这种形式的递归方程称为 k 阶常系数线性非齐次递归方程。其通解形式是：

$$f(n)=\overline{f(n)}+f^*(n)$$

其中，$\overline{f(n)}$ 是对应齐次递归方程的通解，$f^*(n)$ 是原非齐次递归方程的特解。

现在还没有一种寻找特解的有效方法，一般是根据式（2.5.5）中 $g(n)$ 的形式来确定特解。再把特解代入原递归方程，用待定系数方法确定特解的系数。下面是几种常见的形式：

（1）$g(n)$ 是 n 的 m 次多项式，即

$$g(n)=b_0n^m+b_1n^{m-1}+\cdots+b_{m-1}n+b_m \tag{2.5.6}$$

其中，$b_i(i=0,1,\cdots,m)$ 是常数。特解 $f^*(n)$ 也是 n 的 m 次多项式：

$$f^*(n)=A_0n^m+A_1n^{m-1}+\cdots+A_{m-1}n+A_m \tag{2.5.7}$$

其中，$A_i(i=0,1,\cdots,m)$ 为待定系数。

（2）$g(n)$ 是如下形式的指数函数：

$$g(n)=(b_0n^m+b_1n^{m-1}+\cdots+b_{m-1}n+b_m)a^n \tag{2.5.8}$$

其中，a、$b_i(i=0,1,\cdots,m)$ 为常数。如果 a 不是特征方程的重根，特解 $f^*(n)$ 为：

$$f^*(n)=(A_0n^m+A_1n^{m-1}+\cdots+A_{m-1}n+A_m)a^n \tag{2.5.9}$$

其中，$A_i(i=0,1,\cdots,m)$ 为待定系数。

如果 a 是特征方程的 r 重特征根，特解的形式为：

$$f^*(n)=(A_0n^m+A_1n^{m-1}+\cdots+A_{m-1}n+A_m)n^ra^n \tag{2.5.10}$$

其中，$A_i(i=0,1,\cdots,m)$ 是待定系数。

例 2.17　二阶常系数线性非齐次递归方程如下：

$$\begin{cases}f(n)=7f(n-1)-10f(n-2)+4n^2\\ f(0)=1\\ f(1)=2\end{cases}$$

解　对应的齐次递归方程的特征方程为：

$$x^2-7x+10=0$$

把此方程转换为：

$$(x-2)(x-5)=0$$

得到特征根为：

$$q_1=2，\quad q_2=5$$

所以，对应的齐次递归方程的通解为：

$$\overline{f(n)}=c_1 2^n+c_2 5^n$$

令非齐次递归方程的特解为：

$$f^*(n)=A_0 n^2+A_1 n+A_2$$

代入原递归方程，得：

$$A_0 n^2+A_1 n+A_2-7(A_0(n-1)^2+A_1(n-1)+A_2)+10(A_0(n-2)^2+A_1(n-2)+A_2)=4n^2$$

化简后得到：

$$4A_0 n^2+(-26A_0+4A_1)n+33A_0-13A_1+4A_2=4n^2$$

由此，得到联立方程：

$$\begin{cases}4A_0=4\\-26A_0+4A_1=0\\33A_0-13A_1+4A_2=0\end{cases}$$

解此联立方程，可得：

$$A_0=1，\quad A_1=\frac{13}{2}，\quad A_2=\frac{103}{8}$$

所以，非齐次递归方程的通解为：

$$f(n)=c_1 2^n+c_2 5^n+n^2+\frac{13}{2}n+\frac{103}{8}$$

把初始条件代入，有：

$$\begin{cases}f(0)=c_1+c_2+\dfrac{103}{8}=1\\f(1)=2c_1+5c_2+\dfrac{163}{8}=2\end{cases}$$

解此联立方程，得：

$$c_1=-\frac{41}{3}，\quad c_2=\frac{43}{24}$$

最后，非齐次递归方程的通解为：

$$f(n)=-\frac{41}{3}\cdot 2^n+\frac{43}{24}\cdot 5^n+n^2+\frac{13}{2}n+\frac{103}{8}$$

例 2.18 二阶常系数线性非齐次递归方程如下：

$$\begin{cases}f(n)=7f(n-1)-12f(n-2)+n2^n\\f(0)=1\\f(1)=2\end{cases}$$

解　对应齐次递归方程的特征方程为：

$$x^2-7x+12=0$$

此方程可改写成：

$$(x-3)(x-4)=0$$

所以，方程的解为：

$$q_1=3\text{，}\quad q_2=4$$

齐次递归方程的通解为：

$$\overline{f(n)}=c_1 3^n+c_2 4^n$$

令非齐次递归方程的特解为：

$$f^*(n)=(A_0 n+A_1)\ 2^n$$

把特解代入原非齐次递归方程，得：

$$(A_0 n+A_1)2^n-7(A_0(n-1)+A_1)2^{n-1}+12\ (A_0(n-2)+A_1)2^{n-2}=n2^n$$

整理得：

$$2A_0 n+2A_1-10A_0=4n$$

可得联立方程：

$$\begin{cases}2A_0=4\\2A_1-10A_0=0\end{cases}$$

解此联立方程得：

$$A_0=2\text{，}\quad A_1=10$$

所以，非齐次递归方程的通解为：

$$f(n)=c_1 3^n+c_2 4^n+(2n+10)2^n$$

用初始条件代入：

$$\begin{cases}f(0)=c_1+c_2+10=1\\f(1)=3c_1+4c_2+24=2\end{cases}$$

解此联立方程得：

$$c_1=-14\text{，}\quad c_2=5$$

最后，非齐次递归方程的解为：

$$\begin{aligned}f(n)&=-14\cdot 3^n+5\cdot 4^n+(2n+10)2^n\\&=-14\cdot 3^n+5\cdot 4^n+(n+5)2^{n+1}\end{aligned}$$

2.6　用递推方法求解递归方程

解递归方程的最直接的方法，是采用递推方法。直接从递归方程出发，一层一层地往前递推，直到最前面的初始条件为止，就得到了问题的解。

2.6.1 递推

下面是一个最简单的非齐次递归方程：

$$\begin{cases} f(n) = b\,f(n-1) + g(n) \\ f(0) = c \end{cases} \qquad (2.6.1)$$

其中，b、c 是常数；$g(n)$ 是 n 的某一个函数。直接把公式应用于式（2.6.1）中的 $f(n-1)$ 中，得到：

$$\begin{aligned} f(n) &= b(b\,f(n-2)+g(n-1))+g(n) \\ &= b^2\,f(n-2)+b\,g(n-1)+g(n) \\ &= b^2(b\,f(n-3)+g(n-2))+b\,g(n-1)+g(n) \\ &= b^3 f(n-3)+b^2 g(n-2)+b\,g(n-1)+g(n) \\ &= \cdots \\ &= b^n f(0)+b^{n-1}g(1)+\cdots+b^2 g(n-2)+b\,g(n-1)+g(n) \\ &= c\,b^n + \sum_{i=1}^{n} b^{n-i} g(i) \end{aligned} \qquad (2.6.2)$$

例 2.19 汉诺塔问题。

由式（2.4.15），汉诺塔的递归方程为：

$$\begin{cases} h(n) = 2h(n-1)+1 \\ h(1) = 1 \end{cases}$$

直接将式（2.6.2）应用于汉诺塔的递归方程，此时

$$b=2,\quad c=1,\quad g(n)=1$$

从 n 递推到 1，有：

$$\begin{aligned} h(n) &= c\,b^{n-1} + \sum_{i=1}^{n-1} b^{n-1-i} g(i) \\ &= 2^{n-1}+2^{n-2}+\cdots+2^2+2+1 \\ &= 2^n - 1 \end{aligned}$$

2.6.2 用递推法求解变系数递归方程

对如下形式的变系数齐次递归方程：

$$\begin{cases} f(n) = g(n)f(n-1) \\ f(0) = c \end{cases} \qquad (2.6.3)$$

利用递推方法，容易得到：

$$f(n) = c\,g(n)g(n-1)\cdots g(1) \qquad (2.6.4)$$

例 2.20　解如下递归函数：

$$\begin{cases} f(n)=n\,f(n-1) \\ f(0)=1 \end{cases}$$

由式（2.6.4），容易得到：

$$\begin{aligned} f(n) &= n(n-1)(n-2)\cdots 1 \\ &= n! \end{aligned}$$

对如下形式的变系数非齐次递归方程：

$$\begin{cases} f(n)=g(n)f(n-1)+h(n) \\ f(0)=c \end{cases} \tag{2.6.5}$$

其中，c 是常数；$g(n)$ 和 $h(n)$ 是 n 的函数。利用式（2.6.5）对 $f(n)$ 进行递推，有：

$$\begin{aligned} f(n) &= g(n)f(n-1)+h(n) \\ &= g(n)(g(n-1)f(n-2)+h(n-1))+h(n) \\ &= g(n)g(n-1)f(n-2)+g(n)h(n-1)+h(n) \\ &= \cdots \\ &= g(n)g(n-1)\cdots g(1)f(0)+g(n)g(n-1)\cdots g(2)h(1)+\cdots+ \\ &\quad g(n)h(n-1)+h(n) \\ &= g(n)g(n-1)\cdots g(1)f(0)+\frac{g(n)g(n-1)\cdots g(2)g(1)h(1)}{g(1)}+\cdots+ \\ &\quad \frac{g(n)g(n-1)\cdots g(2)g(1)h(n-1)}{g(n-1)\cdots g(2)g(1)}+\frac{g(n)g(n-1)\cdots g(2)g(1)h(n)}{g(n)g(n-1)\cdots g(2)g(1)} \\ &= g(n)g(n-1)\cdots g(1)\left(f(0)+\sum_{i=1}^{n}\frac{h(i)}{g(i)g(i-1)\cdots g(1)}\right) \end{aligned} \tag{2.6.6}$$

例 2.21　解如下的递归函数：

$$\begin{cases} f(n)=n\,f(n-1)+n! \\ f(0)=0 \end{cases}$$

解　对方程进行递推，有：

$$\begin{aligned} f(n) &= n((n-1)\,f(n-2)+(n-1)!)+n! \\ &= n(n-1)\,f(n-2)+2\,n! \\ &= \cdots \\ &= n!\,f(0)+n\,n! \\ &= n\,n! \end{aligned}$$

如果直接使用式（2.6.6），此时 $g(n)=n\,,h(n)=n!$，有：

$$\begin{aligned} f(n) &= n(n-1)\cdots 1\sum_{i=1}^{n}\frac{i!}{i(i-1)\cdots 1} \\ &= n\,n! \end{aligned}$$

得到同样结果。

例 2.22 解如下的递归方程：

$$\begin{cases} f(n)=2f(n-1)+n \\ f(0)=0 \end{cases}$$

解 对方程进行递推，有：

$$\begin{aligned} f(n) &= 2(2f(n-2)+(n-1))+n \\ &= 2^2 f(n-2)+2(n-1)+n \\ &= \cdots \\ &= 2^n f(0)+2^{n-1}+2^{n-2}2+\cdots+2^0 n \\ &= \sum_{i=1}^{n} i\cdot 2^{n-i} \\ &= 2^n \sum_{i=1}^{n} \frac{i}{2^i} \end{aligned}$$

由式（2.1.24），得

$$f(n)=2^n\left(2-\frac{n+2}{2^n}\right)=2^{n+1}-n-2$$

如果直接使用式（2.6.6），此时 $g(n)=2, h(n)=n$，同样有：

$$f(n)=2^n\sum_{i=1}^{n}\frac{i}{2^i}=2^{n+1}-n-2$$

2.6.3 换名

在上面所讨论的递归方程中，函数 $f(n)$ 经常是以函数 $f(n-1)$、$f(n-2)$ 以至 $f(n-k)$ 的关系来递归表示的。但是，在很多算法中，例如在分治法中，函数 $f(n)$ 是以函数 $f(n/2)$ 或 $f(n/3)$ 以至 $f(n/4)$ 等的关系来递归表示的。这时，如果采用上面所叙述的方法来求解，存在一定的困难。但是，如果对函数的定义域进行转换，并在新的定义域里定义一个新的递归方程，把问题转换为对新的递归方程的求解，然后再把所得到的解转换为原方程的解，往往能得到很好的效果。下面是这种方法的两个例子。

例 2.23 解如下的递归方程：

$$\begin{cases} f(n)=2f(n/2)+n/2-1 \\ f(1)=1 \end{cases}$$

其中，$n=2^k$。

解 把 n 表示成 k 的关系，原递归方程改写为：

$$\begin{cases} f(2^k)=2f(2^{k-1})+2^{k-1}-1 \\ f(2^0)=1 \end{cases}$$

再令：

$$g(k)=f(2^k)=f(n)$$

于是，原递归方程可写为：

$$\begin{cases} g(k)=2g(k-1)+2^{k-1}-1 \\ g(0)=1 \end{cases}$$

对上面的方程进行递推，有：

$$\begin{aligned} g(k) &= 2(2g(k-2)+2^{k-2}-1)+2^{k-1}-1 \\ &= 2^2 g(k-2)+2\cdot 2^{k-1}-2-1 \\ &= 2^3 g(k-3)+3\cdot 2^{k-1}-2^2-2-1 \\ &= \cdots \\ &= 2^k g(0)+k\cdot 2^{k-1}-\sum_{i=0}^{k-1}2^i \\ &= 2^k\left(1+\frac{k}{2}-\sum_{i=0}^{k-1}2^{i-k}\right) \\ &= 2^k\left(1+\frac{k}{2}-\sum_{i=1}^{k}\frac{1}{2^i}\right) \\ &= 2^k\left(1+\frac{k}{2}-\left(1-\frac{1}{2^k}\right)\right) \\ &= 2^k\left(\frac{k}{2}+\frac{1}{2^k}\right) \\ &= \frac{1}{2}\cdot 2^k k+1 \\ &= \frac{1}{2}n\log n+1 \end{aligned}$$

如果直接使用式（2.6.6），可得：

$$\begin{aligned} f(n)=g(k) &= 2^k\left(1+\sum_{i=1}^{k}\frac{2^{i-1}-1}{2^i}\right) \\ &= 2^k\left(1+\sum_{i=1}^{k}\left(\frac{1}{2}-\frac{1}{2^i}\right)\right) \\ &= 2^k\left(\frac{k}{2}+\frac{1}{2^k}\right) \\ &= \frac{1}{2}n\log n+1 \end{aligned}$$

结果一样。

例 2.24　解如下的递归方程：

$$\begin{cases} f(n)=2f(n/2)+bn \\ f(1)=c \end{cases}$$

其中，b、c 为常数；$n=2^k$。

解 把 n 表示成 k 的关系，原递归方程改写为：

$$\begin{cases} f(2^k)=2f(2^{k-1})+b2^k \\ f(2^0)=c \end{cases}$$

再令：

$$g(k)=f(2^k)=f(n)$$

于是，原递归方程可写为：

$$\begin{cases} g(k)=2g(k-1)+b2^k \\ g(0)=c \end{cases}$$

直接使用式（2.6.6），可得：

$$\begin{aligned} f(n)=g(k)&=2^k\left(c+\sum_{i=1}^{k}\frac{b2^i}{2^i}\right) \\ &=2^k\left(c+\sum_{i=1}^{k}b\right) \\ &=2^k(c+bk) \\ &=bn\log n+cn \end{aligned}$$

2.7 算法的空间复杂性

算法的空间复杂性，指的是为解一个问题实例而需要的存储空间。在不同的文献资料里，在分析算法所需要的存储空间时，有不同的处理方法。

第 1 种处理方法：算法所需要的存储空间，并不包含为容纳输入数据而分配的存储空间，更不包含实现该算法的程序代码和常数，以及程序运行时所需要的额外空间，而仅仅是算法所需要的工作空间而已。

例如，在线性检索算法 linear_search 里，只分配一个存储单元 j 去存放检索结果，因此该算法的空间复杂性是 $\Theta(1)$。在二叉检索算法 binary_search 里，只分配 *mid*、*low*、*high* 以及 j 等 4 个工作单元，因此该算法的空间复杂性也是 $\Theta(1)$。而在合并两个已排序过的子数组的合并算法 merge 里，分配了与这两个子数组同等大小的一个存储空间作为临时工作单元。这样，这些工作单元的数量与输入数据的数量相同。因此，该算法的空间复杂性是 $\Theta(n)$。

由于把数据写入每一个存储单元至少需要一个特定的时间间隔，因此在一般情况下，算法的工作空间复杂性不会超过算法的时间复杂性。如果令 $T(n)$ 和 $S(n)$ 分别表示算法的时间复杂性和空间复杂性，那么一般情况下有 $S(n)=O(T(n))$。

第 2 种处理方法：算法所需要存储空间为算法在运行时所占用的内存空间的总和，包括存放输入/输出数据的变量单元、程序代码、工作变量、常数以及运行时的引用型变量所占用的空间和递归栈所占用的空间。

由于程序代码等所需要的空间取决于多种因素，有很多因素是未知的（如所使用的计算机及编译系统），人们无法精确地分析程序代码所需要的空间，但这部分空间是固定的，不随输入规模的大小而变化。相反，存放输入/输出数据所占用的存储单元以及递归栈空间等，与问题实例有关。因此，把算法所需要的存储空间划分成两个部分：一部分是固定的，另一部分是与输入规模有关的。于是，算法所需要的存储空间 S_A 可表示为：

$$S_A = c + S(n)$$

其中，c 是程序代码、常数等固定部分；$S(n)$ 是与输入规模有关的部分。在分析算法的空间复杂性时，主要考虑的是 $S(n)$。

第 1 种处理方法简化了空间复杂性的分析，简单明了；第 2 种处理方法比较精确，但考虑的因素较多。在本书中讨论空间复杂性时，采用第 1 种处理方法，只局限于算法所使用的工作空间。

在分析时间复杂性时所定义的复杂性的阶以及上界与下界，也适用于对算法的空间复杂性的分析。此外，在很多问题中，时间和空间是一个对立面。为算法分配更多的空间，可以使算法运行得更快。反之，当空间是一个重要因素时，有时需要用算法的运行时间去换取空间。

2.8 最优算法

在后面的章节里，将证明用元素比较的方法对 n 个元素进行排序的算法，在最坏情况下的运行时间是 $\Omega(n\log n)$。这意味着不能设计出任何一个算法，它在最坏情况下的运行时间能小于 $n\log n$。因此，用元素比较的方法对 n 个元素进行排序的算法，如果其时间复杂性是 $\Theta(n\log n)$，通常就认为该算法是基于比较的排序问题的最优算法。

在一般情况下，如果能够证明求解问题 Π 的任何算法的运行时间是 $\Omega(f(n))$，那么，对以时间 $O(f(n))$ 来求解问题 Π 的任何算法，都认为是最优算法。

对最优算法的这种定义方法，是很多文献所广泛使用的方法。在这里，没有把空间复杂性考虑进来，主要的原因是只要在一个合理的范围里使用空间，时间的考虑就比空间更宝贵。

应该注意的是，最优算法是在上述意义下定义的。如果有两个算法，在上述意义下都是最优的，那么要确定这两个算法中哪一个是真正最优的，就得进一步比较这两个算法的时间复杂性表达式中的高阶项常数因子。常数因子小的算法，优于常数因子大的算法。

另外要注意的是，时间复杂性渐近阶的确定，与 n_0 及常数 c 的选取有关，当规模很小时，复杂性阶低的算法，不一定比复杂性阶高的算法更有效。

习　题

1. 考虑下面的算法：

输入： n 个元素的数组 A
输出： 按递增顺序排序的数组 A

```
void sort(int A[],int n)
{
    int  i,j,temp;
    for (i=0;i<n-1;i++)
        for (j=i+1;j<n;j++)
            if (A[j]<A[i]) {
                temp = A[i];
                A[i] = A[j];
                A[j] = temp;
            }
}
```

（1）什么时候算法所执行的元素赋值的次数最少？最少多少次？

（2）什么时候算法所执行的元素赋值的次数最多？最多多少次？

2. 考虑下面的算法：

输入： n 个元素的数组 A
输出： 按递增顺序排序的数组 A

```
void bubblesort(int A[],int n)
{
    int  j,i,sorted;
    i = sorted = 0;
    while (i<n-1 && !sorted) {
        sorted = 1;
        for (j=n-1;j>i;j--) {
            if (A[j]<A[j-1]) {
            temp = A[j];
            A[j] = A[j-1];
            A[j-1] = temp;
            sorted = 0;
            }
        }
        i = i + 1;
```

```
    }
}
```

（1）算法所执行的元素比较次数最少是多少次？什么时候达到最少？

（2）算法所执行的元素比较次数最多是多少次？什么时候达到最多？

（3）算法所执行的元素赋值次数最少是多少次？什么时候达到最少？

（4）算法所执行的元素赋值次数最多是多少次？什么时候达到最多？

（5）用 O 和 Ω 记号表示算法的运行时间。

（6）可以用 Θ 记号来表示算法的运行时间吗？请说明。

3．求序列 2,5,13,35,…的生成函数。

4．求序列 2,4,10,28,82,…的生成函数。

5．用生成函数求解下面的递归方程：

（1）$f(n)=2f(n-1)+1 \qquad f(1)=2$

（2）$f(n)=2f(n/2)+cn \qquad f(1)=0$

6．解下面的递归方程：

（1）$f(n)=3f(n-1) \qquad f(0)=5$

（2）$f(n)=2f(n-1) \qquad f(0)=2$

（3）$f(n)=5f(n-1) \qquad f(0)=1$

7．解下面的递归方程：

（1）$f(n)=5f(n-1)-6f(n-2) \qquad f(0)=1 \qquad f(1)=0$

（2）$f(n)=4f(n-1)-4f(n-2) \qquad f(0)=6 \qquad f(1)=8$

（3）$f(n)=6f(n-1)-8f(n-2) \qquad f(0)=1 \qquad f(1)=0$

（4）$f(n)=-6f(n-1)-9f(n-2) \qquad f(0)=3 \qquad f(1)=-3$

（5）$2f(n)=7f(n-1)-3f(n-2) \qquad f(0)=1 \qquad f(1)=1$

（6）$f(n)=f(n-2) \qquad f(0)=5 \qquad f(1)=-1$

8．解下面的递归方程：

（1）$f(n)=f(n-1)+n^2 \qquad f(0)=0$

（2）$f(n)=2f(n-1)+n \qquad f(0)=1$

（3）$f(n)=3f(n-1)+2^n \qquad f(0)=3$

（4）$f(n)=2f(n-1)+n^2 \qquad f(0)=1$

（5）$f(n)=2f(n-1)+n+4 \qquad f(0)=4$

（6）$f(n)=-2f(n-1)+2^n-n^2 \qquad f(0)=1$

（7）$f(n)=nf(n-1)+2^n-n^2 \qquad f(0)=3$

9．递归方程：

$$f(n)=4f(n/2)+n \qquad f(1)=1$$

其中，n 是 2 的幂。

（1）用递推法解此方程。

（2）用式（2.6.6）解此方程。

10．下面的两个递归方程：

$$f(n)=f(n/2)+n \qquad f(1)=1$$

$$g(n)=2g(n/2)+1 \qquad g(1)=1$$

其中，n 是 2 的幂。证明关系 $f(n)=g(n)$ 是否成立。

11．令 b、d 是非负常数，n 是 2 的幂，求解递归方程：

$$f(n)=2f(n/2)+bn\log n \qquad f(1)=d$$

参 考 文 献

文献[1]、[7]介绍了算法分析的主要数学工具，也可在文献[3]、[8]中看到相应数学工具的描述。文献[5]描述了算法分析的基本技术，可在文献[3]、[4]中看到循环次数的统计和基本操作频率的统计等方法的详细介绍。文献[6]给出了各种各样的排序与检索算法，并讨论了这些算法的最坏情况和平均情况的分析。文献[1]对生成函数作了详细的描述。可在文献[8]、[9]中看到用生成函数求解汉诺塔问题，在文献[1]、[8]中看到用生成函数求解斐波那契序列问题。可在文献[3]、[8]、[9]、[10]中看到用特征方程求解递归方程的介绍，以及用递推方法求解递归方程的介绍。可在文献[3]中看到用递推方法求解变系数递归方程的介绍。可在文献[3]、[8]中看到对递归方程的变元换名的技术。

第 2 篇

算法设计的基本技术

第 3 章　排序问题和离散集合的操作

排序问题是计算机信息处理中经常遇到的问题，它对输入元素按照某种顺序重新进行排列。输入元素通常以某种组织形式组织起来，例如数组、链表或其他数据结构。这些元素往往不是一个单一的数据，而是由很多数据字段组成的记录。数据库中的索引文件，就是以记录中的某个字段作为关键字字段顺序排列的。由顺序排列的关键字，构成了对数据文件中记录的索引。当按关键字检索满足一定范围的记录时，由索引文件就可以很快地找出满足检索要求的所有记录。

计算机软件系统中的检索操作，通常与排序问题有关，而排序问题也经常是其他很多算法的重要组成部分。例如，第 1 章中所提到的二叉检索算法，就是以被检索元素是按顺序排列为基础的。不管被排序的元素是单个数据，或是由若干个数据项按某种形式结构组成的，其排序方法都是一致的。在此为简化叙述起见，假定被排序元素的数据类型是用类模板定义的数据类型。此时，把它们推广为由若干个数据项按某种形式的结构组成的元素，是很容易的。

3.1　合 并 排 序

实际应用中有各种各样的排序算法，第 2 章提到了插入排序算法和冒泡排序算法，本节主要介绍合并排序算法。

3.1.1　合并排序算法的实现

冒泡排序算法通过不断地交换相邻两个元素，使输入序列中的逆序个数减少为 0，以达到排序的目的。但在最坏情况和平均情况下，其运行时间都是 $\Theta(n^2)$ 。现在考虑另一种方法：假定有 8 个元素，首先把它划分为 4 对，每一对 2 个元素，利用第 2 章所叙述的 merge 算法，分别把每一对的 2 个元素合并成有序的序列，从而构成了 4 个有序的序列；然后把这 4 个序列划分成 2 对，再利用 merge 算法，分别把这 2 对序列合并成 2 个有序的序列；最后再利用 merge 算法，把这 2 个序列合并成一个有序的序列。图 3.1 说明了合并排序的过程。

下面是这个算法的描述。

算法 3.1　合并排序算法

输入：具有 n 个元素的数组 A[]

输出：按递增顺序排序的数组 A[]

```
 1. template <class Type>
 2. void merge_sort(Type A[],int n)
 3. {
 4.     int  i,s,t = 1;
 5.     while (t<n) {
 6.         s = t;   t = 2 * s;  i = 0;
 7.         while (i+t<n) {
 8.             merge(A,i,i+s-1,i+t-1);
 9.             i = i + t;
10.         }
11.         if (i+s<n)
12.             merge(A,i,i+s-1,n-1);
13.     }
14. }
```

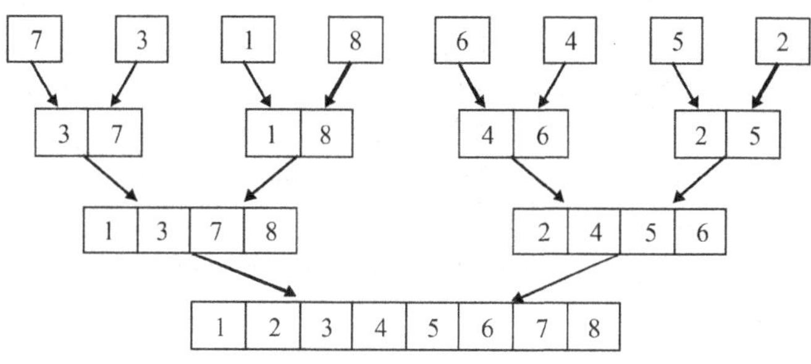

图 3.1　合并 8 个元素的过程

这个算法可以对任意的n个元素进行合并排序。其中，变量i、s、t的作用如下：

- i：开始合并时第一个序列的起始位置。
- s：合并前序列的大小。
- t：合并后序列的大小。

i、$i+s-1$、$i+t-1$定义被合并的两个序列的边界。算法的工作过程如下：开始时，s被置为 1，i被置为 0。外部 while 循环的循环体每执行一次，都使s和t加倍。内部的 while 循环执行序列的合并工作，其循环体每执行一次，都使i向前移动t个位置。当n不是t的倍数时，如果被合并序列的起始位置i，加上合并后序列的大小t，超过输入数组的边界n，就结束内部的 while 循环；此时，如果被合并序列的起始位置i，加上被合并序列的大小s，小于输入数组的边界n，还需要执行一次合并工作，把最后大小不足t但超过s的序列合并起来。这个工作由算法的第 12 行完成。

例如，当n=11 时，算法的工作过程如图 3.2 所示。过程如下：

（1）在第一轮循环中，s=1，t=2，有 5 对一个元素的序列进行合并，产生 5 个有序序列，每一个序列 2 个元素。当i=10 时，$i+t=12>n$，退出内部的 while 循环。但$i+s=11$，不小于n，所以不执行第 12 行的合并工作，余留一个元素没有处理。

（2）在第二轮中，$s=2$，$t=4$，有 2 对 2 个元素的序列进行合并，产生 2 个有序序列，每一个序列 4 个元素。在$i=8$时，$i+t=12>n$，退出内部的 while 循环。但$i+s=10<n$，所以执行第 12 行的合并工作，把一个大小为 2 的序列和另外一个元素合并，产生一个 3 个元素的有序序列。

（3）在第三轮中，$s=4$，$t=8$，有一对 4 个元素的序列合并，产生一个具有 8 个元素的有序序列。在$i=8$时，$i+t=16>n$，退出内部的 while 循环。而$i+s=12>n$，所以不执行第 12 行的合并工作，余留一个序列没有处理。

（4）在第四轮中，$s=8$，$t=16$。在$i=0$时，$i+t=16>n$，所以不执行内部的 while 循环。但$i+s=8<n$，所以执行第 12 行的合并工作，产生一个大小为 11 的有序序列。

（5）在进入第五轮时，因为$t=16>n$，所以退出外部的 while 循环，结束算法。

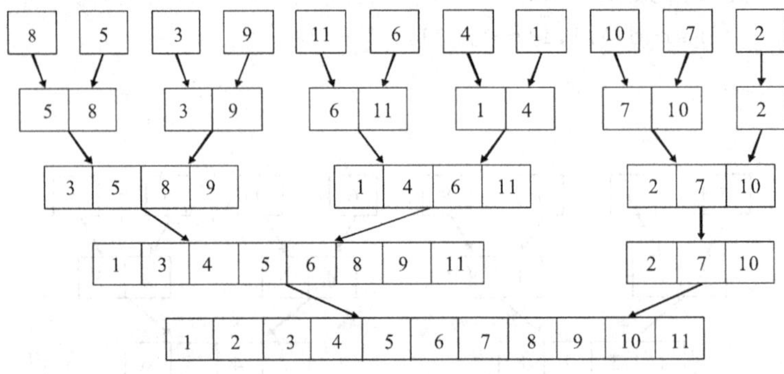

图 3.2　$n=11$ 时合并排序的工作过程

3.1.2　合并排序算法的分析

为了便于分析，假定n是 2 的幂。合并排序算法由两个嵌套的循环组成，算法的执行时间取决于内部 while 循环 merge 算法的执行次数，以及每次执行 merge 算法时的元素比较次数。由第 2 章对 merge 算法的讨论已知：merge 算法的元素比较次数，取决于被合并两个序列的长度。假定被合并的两个序列的长度分别为n_1和n_2，且$n_1+n_2=n$，则 merge 算法的元素比较次数至少是$\min(n_1,n_2)$，至多是$n-1$。如果假定n是 2 的幂，则$n_1=n_2=n/2$。

现在，合并排序算法外部 while 循环的循环体的执行次数是$k=\log n$次。在第一轮，内部的 while 循环执行$n/2$次 merge 算法，每一次 merge 算法执行一次比较操作，把 2 个元素合并成一个长度为 2 的序列。这样，在第一轮共产生了$n/2$个长度为 2 的序列，所执行的元素比较次数为$(n/2)*1$。

在第二轮，内部的 while 循环执行$n/4=n/2^2$次 merge 算法，每一次 merge 算法把两个长度为 2 的序列合并成一个长度为 4 的序列。这样，在第二轮共产生了$n/2^2$个长度为 4 的序列。每一次合并所执行的元素比较次数至少是 2，至多是$4-1=2^2-1=3$。因此，在第二轮所执行的元素比较次数至少是$(n/2^2)*2^1$，至多是$(n/2^2)*(2^2-1)$。

在第三轮，内部的 while 循环执行 $n/2^3$ 次 merge 算法，每一次 merge 算法把 2 个长度为 4 的序列合并成一个长度为 8 的序列。这样，在第三轮共产生了 $n/2^3$ 个长度为 8 的序列。每一次合并所执行的元素比较次数，至少是 4，至多是 $8-1=2^3-1=7$。因此，在第三轮所执行的元素比较次数，至少是 $(n/2^3)*2^2$，至多是 $(n/2^3)*(2^3-1)$。

在第 j 轮，内部的 while 循环执行 $n/2^j$ 次 merge 算法，每一次 merge 算法把 2 个长度为 2^{j-1} 的序列合并成一个长度为 2^j 的序列。这样，在第 j 轮共产生了 $n/2^j$ 个长度为 2^j 的序列。每一次合并所执行的元素比较次数至少是 2^{j-1}，至多是 2^j-1。因此，在第 j 轮所执行的元素比较次数至少是 $(n/2^j)*2^{j-1}$，至多是 $(n/2^j)*(2^j-1)$。

如果令 $k=\log n$，合并排序算法的执行时间至少为：

$$\sum_{j=1}^{k}\frac{n}{2^j}\cdot 2^{j-1}=\sum_{j=1}^{k}\frac{n}{2}$$
$$=\frac{1}{2}kn$$
$$=\frac{1}{2}n\log n$$

至多为：

$$\sum_{j=1}^{k}\frac{n}{2^j}(2^j-1)=\sum_{j=1}^{k}\left(n-\frac{n}{2^j}\right)$$
$$=kn-n\sum_{j=1}^{k}\frac{1}{2^j}$$
$$=kn-n\left(1-\frac{1}{2^k}\right)$$
$$=n\log n-n+1$$

由此，合并排序算法的运行时间至少是 $\Omega(n\log n)$，至多也是 $O(n\log n)$，因此是 $\Theta(n\log n)$。

合并排序算法所使用的工作空间取决于 merge 算法，每调用一次 merge 算法，便分配一个适当大小的缓冲区，退出 merge 算法便释放它。在最后一次调用 merge 算法时，所分配的缓冲区最大。此时，它把两个序列合并成一个长度为 n 的序列，需要 $\Theta(n)$ 个工作单元。所以，合并排序算法所使用的工作空间为 $\Theta(n)$。

3.2　基于堆的排序

堆是一种以数组的形式存放数据，并且具有二叉树的某些性质的数据结构。因此，可以很有效地访问和检索堆中的数据，很方便地对其进行插入和删除操作。下面叙述基于堆的排序算法。

3.2.1 堆

定义 3.1 n 个元素称为堆，当且仅当它的关键字序列 $k_1,k_2,\cdots,k_n$ 满足：

$$k_i \leqslant k_{2i} \qquad k_i \leqslant k_{2i+1} \qquad 1 \leqslant i \leqslant \lfloor n/2 \rfloor \tag{3.2.1}$$

或者满足：

$$k_i \geqslant k_{2i} \qquad k_i \geqslant k_{2i+1} \qquad 1 \leqslant i \leqslant \lfloor n/2 \rfloor \tag{3.2.2}$$

把满足式（3.2.1）的堆称为最小堆（min_heaps）；把满足式（3.2.2）的堆称为最大堆（max_heaps）。

由堆的定义看到，可以把它看成是一棵完全二叉树。如果树的高度为 d，并约定根的层次为 0，则堆具有如下性质：

（1）所有的叶结点不是处于第 d 层，就是处于第 $d-1$ 层。

（2）当 $d \geqslant 1$ 时，第 $d-1$ 层上有 2^{d-1} 个结点。

（3）第 $d-1$ 层上如果有分支结点，则这些分支结点都集中在树的最左边。

（4）每个结点所存放元素的关键字，都大于（最大堆）或小于（最小堆）其子孙结点所存放元素的关键字。

对于一个具有 n 个元素的堆，可以很方便地用如下方法，由数组 H 来存取它：

（1）根结点存放在 $H[1]$。

（2）假定结点 x 存放在 $H[i]$，如果它有左儿子结点，则其左儿子结点存放在 $H[2i]$；如果它有右儿子结点，则其右儿子结点存放在 $H[2i+1]$。

（3）非根结点 $H[i]$ 的父亲结点存放在 $H[\lfloor i/2 \rfloor]$。

图 3.3 表示一个用树和数组构造起来的最大堆。有时，为了简化起见，直接用结点的关键字来标识该结点。对结点的操作，也就是对结点关键字的操作。图中，把关键字存放在堆中，就像它们本身就是结点一样。如果把树的结点由顶到底、由左到右、由 1 到 n 编号，那么结点的编号就对应于该结点在数组中的下标。

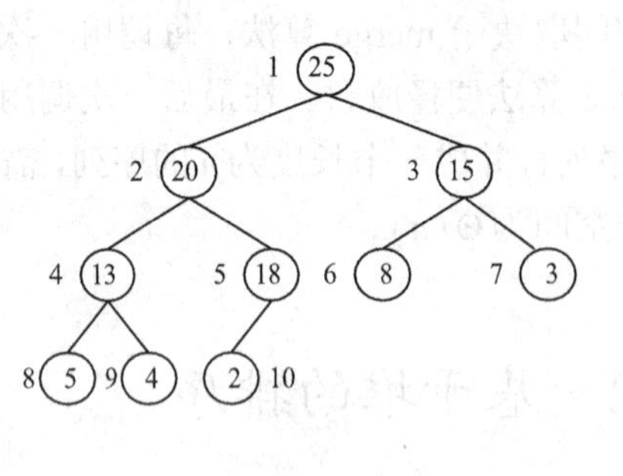

1	25
2	20
3	15
4	13
5	18
6	8
7	3
8	5
9	4
10	2

图 3.3　堆及其数组表示

3.2.2　堆的操作

一般来说，对于堆这样的数据结构，需要下面几种操作：

- void sift_up(Type *H*[ ], int *i*);　　/* 把堆中的第 *i* 个元素上移 */
- void sift_down(Type *H*[ ], int *n*, int *i*);　　/* 把堆中的第 *i* 个元素下移 */
- void insert(Type *H*[ ], int &*n*, Type *x*);　　/* 把元素 *x* 插入堆中 */
- void delete(Type *H*[ ], int &*n*, int *i*);　　/* 删去堆中第 *i* 个元素 */
- Type delete_max(Type *H*[ ], int &*n*);　　/* 从非空的最大堆中删除并回送关键字最大的元素*/
- void make_head(Type *H*[ ], int *n*);　　/* 按堆的结构重新组织数组 *H* 中的元素*/

1. 元素上移操作

假定所使用的堆是最大堆。当修改堆中某个元素的关键字，使其大于其父亲的关键字时，就违反了最大堆的性质。为了重新恢复最大堆的性质，需要把该元素上移到其合适的位置。这时，使用 sift_up 操作。

sift_up 操作沿着 $H[i]$ 到根的一条路线，把元素 $H[i]$ 向上移动。在移动过程中，把它和其父亲结点进行比较，如果大于其父亲结点，就交换这两个元素。如此继续进行，直到它到达一个合适的位置为止。sift_up 操作的描述如下：

算法 3.2　元素上移操作

输入：作为堆的数组 H[] 及被上移的元素下标 i

输出：维持堆的性质的数组 H[]

```
 1. template <class Type>
 2. void sift_up(Type H[],int i)
 3. {
 4.     BOOL done = FALSE;
 5.     while (!done && i!=1) {
 6.         if (H[i] > H[i/2])
 7.             swap(H[i],H[i/2]);
 8.         else  done = TRUE;
 9.         i - i/2;
10.     }
11. }
```

算法中第 6、7、9 行的 $i/2$ 操作，是整除操作。在后面的算法中，若 a 、b 是整数，则操作 a/b 均表示整除操作。元素每进行一次移动，就执行一次比较操作。如果移动成功，它所在结点的层数就减 1。若堆中的元素共有 n 个，则 n 个元素共有 $\lfloor \log n \rfloor$ 层结点，所以 sift_up 操作最多执行 $\lfloor \log n \rfloor$ 次元素比较操作。由此，sift_up 操作的执行时间是 $O(\log n)$ 。同时可以看到，它所需要的工作单元个数为 $\Theta(1)$ 。

例 3.1 在图 3.3 中，如果把结点 9 的内容修改为 28，就破坏了最大堆的性质。为了恢复最大堆的性质，需要对结点 9 进行 sift_up 操作，其工作过程如图 3.4 所示。

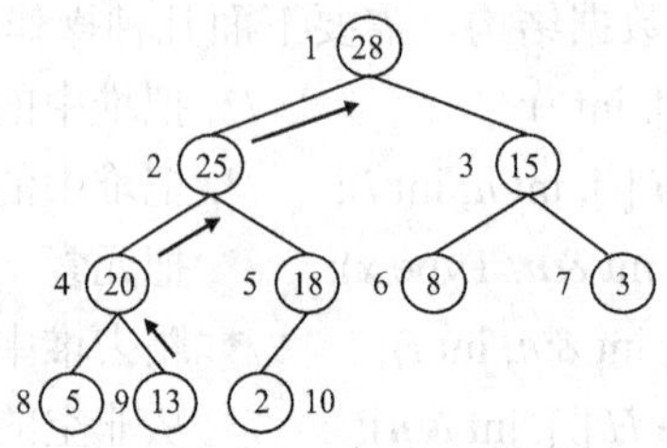

图 3.4 sift_up 操作的工作过程

2. 元素下移操作

当修改最大堆中某个元素的关键字，使其小于其儿子结点的关键字时，也违反了最大堆的性质。为了重新恢复最大堆的性质，需要把该元素下移到它的合适位置。这时，就需要 sift_down 操作。

sift_down 操作使元素 $H[i]$ 向下移动。在向下移动的过程中，将它的关键字与它两个儿子结点中关键字大的儿子结点进行比较，如果小于它儿子结点的关键字，就把它和它儿子结点的元素相交换。这样，它被向下移动到一个新的位置。如此继续进行，直到找到它的合适位置为止。sift_down 操作的描述如下：

算法 3.3 元素下移操作

输入： 作为堆的数组 H[]，堆的元素个数 n，被下移的元素下标 i

输出： 维持堆的性质的数组 H[]

```
template <class Type>
void sift_down(Type H[],int n,int i)
{
    BOOL done = FALSE;
    while (!done && ((i=2*i)<=n)) {
        if ((i+1<=n)&&(H[i+1]>H[i]))
            i = i + 1;
        if (H[i/2] < H[i])
            swap(H[i/2],H[i]);
        else done = TRUE;
    }
}
```

在 sift_down 操作中，元素每下移一次，就执行两次比较操作。如果移动成功，其所在结点的层数就增 1。因此，若堆中的元素个数为 n，则 sift_down 操作最多执行 $2\lfloor \log n \rfloor$ 次元素比较操作。由此，sift_down 操作的执行时间是 $O(\log n)$。同时可以看到，它所需要的工作单元个数为 $\Theta(1)$。

例 3.2 在图 3.3 中，如果把结点 2 的内容由 20 改为 1，就破坏了最大堆的性质。为了恢复最大堆的性质，需要对结点 2 进行 sift_down 操作，其工作过程如图 3.5 所示。

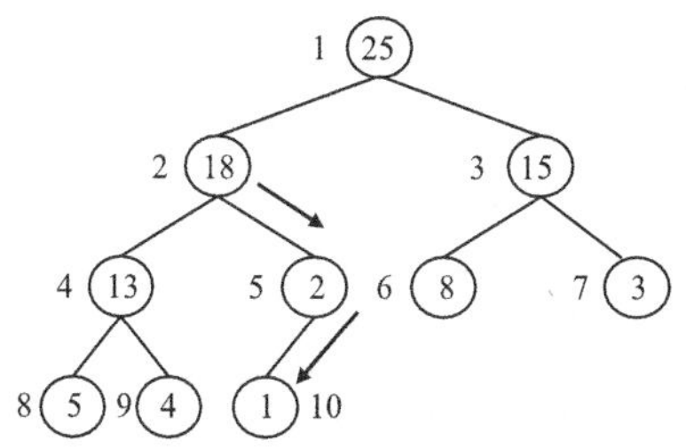

图 3.5　sift_down 操作的工作过程

3. 元素插入操作

为了把元素 x 插入堆中，只要把堆的大小增 1 后，把 x 放到堆的末端，然后对 x 做上移操作即可。借助于 sift_up 操作，既把元素插入了堆中，又维持了堆的性质。insert 操作描述如下：

算法 3.4　元素插入操作

输入： 作为堆的数组 H[]，堆的元素个数 n，被插入的元素 x

输出： 维持堆的性质的数组 H[]

```
template <class Type>
void insert(Type H[],int &n,Type x)
{
    n = n + 1;
    H[n] = x;
    sift_up(H,n);
}
```

insert 操作的执行时间取决于 sift_up 操作，而后者的执行时间为 $O(\log n)$，所以 insert 操作的执行时间也是 $O(\log n)$。同时，它所需要的工作单元个数也为 $\Theta(1)$。

4. 元素删除操作

为了删除堆中的元素 $H[i]$，可用堆中最后一个元素来取代 $H[i]$，然后根据被删除元素和取代它的元素的大小，来确定对取代它的元素是做上移操作还是做下移操作，由此来维持堆的性质。删除操作描述如下：

算法 3.5　元素删除操作

输入： 作为堆的数组 H[]，堆的元素个数 n，被删除元素的下标 i

输出： 维持堆的性质的数组 H[]

```
template <class Type>
void delete(Type H[],int &n,int i)
{
    Type  x;
```

```
    x = H[i];
    if (i<=n) {
        H[i] = H[n];
        n = n - 1;
        if (H[i]>x)
            sift_up(H,i);
        else
            sift_down(H,n,i);
    }
}
```

删除操作的执行时间同样取决于 sift_up 操作或 sift_down 操作，因此删除操作的执行时间是$O(\log n)$。同时，它所需要的工作单元个数也为$\Theta(1)$。

5. 删除关键字最大的元素

在最大堆中，关键字最大的元素位于根结点，因此可以方便地把这个结点删去。但是，如果简单地删去这个结点后未加处理，则将破坏堆的结构。因此，可借助 delete 操作，既做删除操作，又维持堆的性质。删除关键字最大元素的处理如下：

算法 3.6 删除关键字最大的元素
输入： 作为堆的数组 H[]，堆的元素个数 n
输出： 维持堆的性质的数组 H[]，被删除的元素

```
template <class Type>
Type delete_max(Type H[],int &n)
{
    Type  x;
    x = H[1];
    delete(H,n,1);
    return x;
}
```

由于删除操作的执行时间是$O(\log n)$，所以 delete_max 的执行时间也是$O(\log n)$。同时，它所需要的工作单元个数也为$\Theta(1)$。对最小堆，可以定义类似的操作 delete_min，来删除关键字最小的元素。

3.2.3 堆的建立

现在，假定从一个空的堆开始，把数组中的n个元素连续地使用 insert 操作插入堆中，这样就可以构造一个堆。下面是用 insert 操作来建造堆的一个算法。

算法 3.7 建造堆的第一种算法
输入： 数组 H[]，数组的元素个数 n

输出： n 个元素的堆 H[]

```
template <class Type>
void make_heap1(Type A[],Type H[],int n)
{
    int i, m = 0;
    for (i=0;i<n;i++)
        insert(H,m,A[i]);
}
```

在插入第 i 个元素时，先把这个元素放在堆的末端。这时它处于堆中的第 $\lfloor \log i \rfloor$ 层，需要花费 $O(\log i)$ 时间进行上移操作。插入 n 个元素，所需的执行时间是 $O(n\log n)$ 时间。可以证明，当 $n=2^k$ 时，用插入方法建立堆，元素的比较次数是 $n\log n-2n+2$。用这种方法，需要另外一个数组来存放所建造的堆。因此，它所需要的工作单元是 $\Theta(n)$。

考虑到堆所具有的特性，可以直接在数组中进行调整，把数组本身构造成一个堆。调整过程是从最后一片树叶，找到它上面的分支结点，从这个分支结点开始做下移操作，一直到根结点为止。最后，数组中的元素就构成了一个堆。算法 make_heap 描述了这个过程：

算法 3.8　建造堆的第二种算法
输入： 数组 A[]，数组的元素个数 n
输出： n 个元素的堆 A

```
1. template <class Type>
2. void make_heap(Type A[],int n)
3. {
4.     int i;
5.     A[n] = A[0];
6.     for (i=n/2;i>=1;i--)
7.         sift_down(A,i);
8. }
```

因为数组是从第 0 号元素开始存放数据，而堆是从数组的第 1 号元素开始存放数据，所以第 5 行的代码把数组的第 0 号元素复制到第 n 号去。这样，数组中的元素就好像是一个结构被打乱了的堆。再使用下移操作，对堆进行整理。

例 3.3　图 3.6 表示把一个具有 11 个元素的数组，调整成一个堆的过程。开始时的数组如图 3.6（a）所示；图 3.6（b）是其二叉树表示。从图中可以看到，从结点 6 到结点 11，都是二叉树的叶片，可以把它们看成是二叉树子树的根。这时，这些子树都具有堆的性质，因此对这些子树无须进行调整。图 3.6（c）表示对结点 5 作为根的子树进行的调整。开始时，结点 5 的两棵子树都具有堆的性质，因此只对结点 5 进行下移操作，从而使以结点 5 作为根的子树也构成了堆。图 3.6（d）、图 3.6（e）表示对以结点 4、结点 3 作为根的子树进行的类似调整。图 3.6（f）表示对以结点 2 作为根的子树进行的调整。此时，其左、右两棵子树都具有堆的性质，只要对结点 2 做下移操作即可，从而使以结点 2 作为根的子树也构成了堆。这时，结点 1 的左、右两棵子树都具有堆的性质，只要对结点 1 做下移操作，就可使以结点1作为根的整棵二叉树构成堆，图3.6（g）表示了这个过程。已调整成堆的数组如图3.6（h）所示。

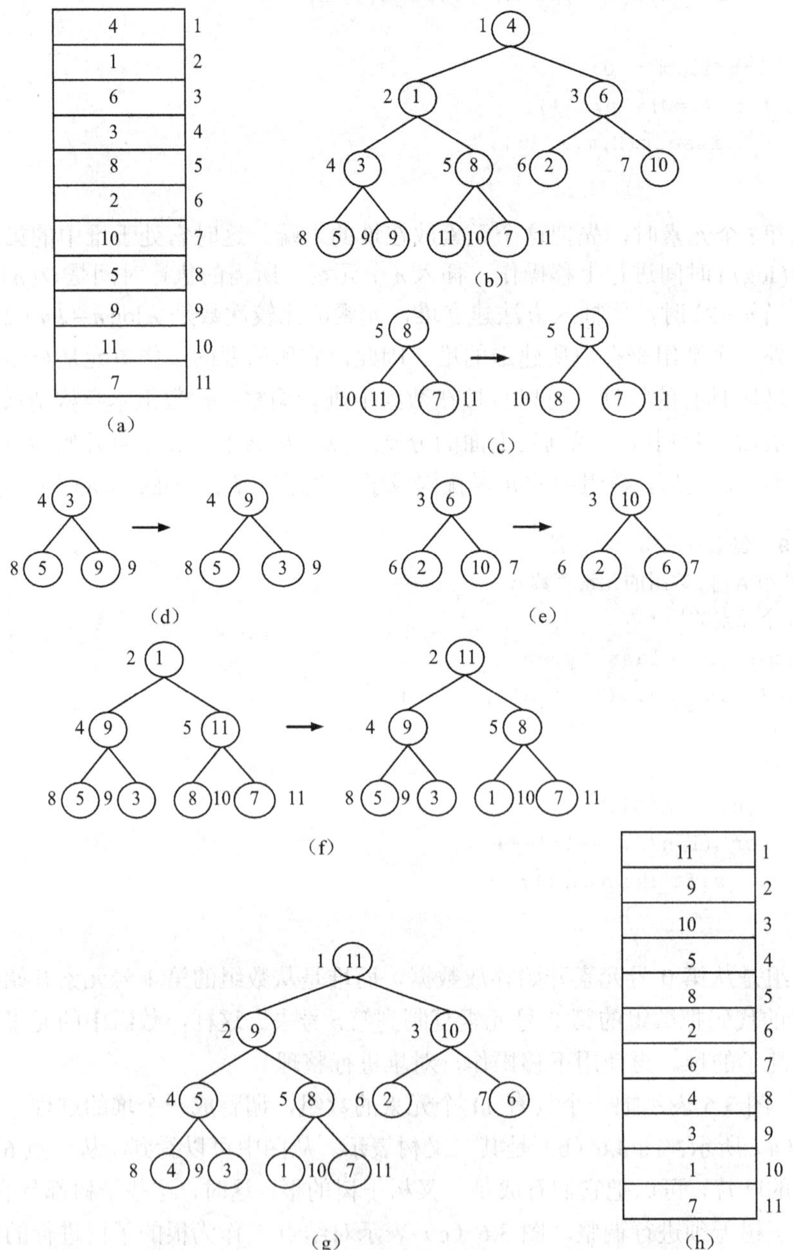

图3.6　堆的建立过程

算法 make_heap 的运行时间可分析如下：

（1）假定数组中共有 n 个元素，则由它所构成的二叉树的高度为 $k=\lfloor \log n \rfloor$。

（2）对处于第 i 层的元素 $A[j]$ 进行下移操作，最多下移 $k-i$ 层，每下移一层，需进行 2 次元素比较，因此第 i 层上每一个元素所执行的下移操作，最多执行 $2(k-i)$ 次元素比较。

（3）第 i 层上共有 2^i 个结点，因此对第 i 层上所有结点进行下移操作，最多需执行 $2(k-i)2^i$ 次元素比较。

（4）第 k 层上的元素都是叶子结点，无须执行下移操作。因此，最多只需对第 0 层到第 $k-1$ 层的元素执行下移操作。

由此，算法 make_heap 所执行的元素比较次数为：

$$\sum_{i=0}^{k-1} 2(k-i)2^i = 2k\sum_{i=0}^{k-1} 2^i - 2\sum_{i=0}^{k-1} i2^i$$

如果令 $n=2^k$，即 $k=\log n$，由式（2.1.20）及式（2.1.23），有：

$$\begin{aligned}\sum_{i=0}^{k-1} 2(k-i)2^i &= 2k(2^k-1)-2((k-1)2^{k+1}-(k-1)2^k-2^k+2)\\ &= 2(k2^k-k)-2(k2^k-2^{k+1}+2)\\ &= 4\cdot 2^k-2k-4\\ &= 4n-2\log n-4\\ &< 4n\end{aligned}$$

因此，算法 make_heap 的执行时间是 $O(n)$。

此外，对每一个结点做下移操作时，至少必须执行 2 次元素比较。共对 $\lfloor n/2 \rfloor$ 个结点做下移操作，因此至少需要 $2\lfloor n/2 \rfloor$ 次元素比较操作。所以，算法 make_heap 的执行时间是 $\Omega(n)$。综上所述，make_heap 的执行时间是 $\Theta(n)$。同时可以看到，它所需要的工作单元个数为 $\Theta(1)$。

3.2.4　堆的排序

可以利用堆的性质，对数组 A 中的元素进行排序。假定数组 A 的元素个数为 n。当数组中的元素按照堆的结构组织起来以后，根据最大堆的性质，根结点元素 $A[1]$ 就是堆中关键字最大的元素。此时，只要交换 $A[1]$ 和 $A[n]$，则 $A[n]$ 就成为数组中关键字最大的元素。这相当于把 $A[n]$ 从堆中删去，使堆中的元素个数减 1。而交换到 $A[1]$ 中的新元素，破坏了堆的结构，因此再对 $A[1]$ 和 $A[n-1]$ 做下移操作，使其恢复堆的结构。经过这样交换之后，$A[1]\sim A[n-1]$ 成为新的堆，其元素个数为 $n-1$。而 A 中的最大元素被交换到 $A[n]$，第 2 大的元素被交换到 $A[1]$。继续对 $A[1]$ 和 $A[n-1]$ 进行这种交换，从而使第 2 大的元素交换到 $A[n-1]$，而第 3 大的元素交换到 $A[1]$，并构成一个元素个数为 $n-2$ 的新堆。如此继续进行，直到所构成的新堆的元素个数减少到 1 为止。此时，$A[1]$ 中的元素就是 A 中最小的元素了。算法 heap_sort 描述了这个过程。

算法 3.9　基于堆的排序

输入： 数组 H[]，数组的元素个数 n

输出： 按递增顺序排序的数组 A[]

```
1. template <class Type>
2. void heap_sort(Type A[],int n)
3. {
4.     int  i;
5.     make_heap(A,n);
6.     for (i=n,i>1;i--) {
7.         swap(A[1],A[i]);
8.         sift_down(A,i-1,1);
9.     }
10. }
```

这个算法有一个重要的优点，即它是就地排序的，不需要额外的辅助存储空间。所以，它所需要的工作空间是$\Theta(1)$。算法的执行时间估计如下：第 5 行的 make_heap 算法的执行时间是$\Theta(n)$；第 6～9 行的循环，其循环体共执行$n-1$次，因此 sift_down 被执行$n-1$次，sift_down 每执行一次，需花费$O(\log n)$时间，因此 sift_down 总花费时间是$O(n\log n)$。所以，算法 heap_sort 的运行时间也是$O(n\log n)$。

3.3 基 数 排 序

前面所讨论的排序算法都有一个共同的特点，即都是通过对输入元素的关键字进行比较，来确定它们相互之间的顺序。把这类排序算法称为基于比较的排序算法。可以证明，这类排序算法的运行时间下界为$\Omega(n\log n)$。因此，任何基于比较的排序算法，其运行时间都不会低于这个界。这样，上面所介绍的合并排序算法和基于堆的排序算法的运行时间都是$\Theta(n\log n)$，故它们都是这类算法中的最优算法。如果希望再降低排序算法的时间复杂性，就只能通过其他的非基于比较的方法了。

下面所讨论的方法，称为基数排序方法，按照这种方法所设计的算法，几乎在所有的实际应用中都可以按线性时间运行。

3.3.1 基数排序算法的思想方法

令$L=\{a_1,a_2,\cdots,a_n\}$是一个具有n个元素的链表，每一个元素关键字的值都由k个数字组成。因此，这些关键字的值都具有如下形式：

$$d_k d_{k-1}\cdots d_1 \qquad 0\leqslant d_i\leqslant 9,\quad 1\leqslant i\leqslant k$$

第一步，按照元素关键字的最低位数字d_1，把这些元素顺序分布到 10 个链表$L_0,L_1,\cdots,L_9$中，使得关键字的$d_1=0$的元素，都分布在链表L_0中；$d_1=1$的元素，都分布在链表L_1中；如此等等。在这一步结束之后，L_i包含关键字最低位为i的元素，其中$0\leqslant i\leqslant 9$。然后，把这 10 个链表，按照链表的下标由 0 到 9 的顺序重新链接成一个新的链表L。此时，新链表中的所有元素都按关键字中最低位数字顺序排列。

第二步，按照元素关键字的次低位数字 d_2，重复第一步工作。此时，所形成的新链表中，所有元素都按关键字最低两位数字顺序排列。

依此类推，在第 k 步，按照元素关键字的最高位数字 d_k，重复第一步工作。此时，所形成的新链表中，所有元素都按关键字的所有数字顺序排列。

例 3.4 假设链表 L 中有如下 10 个元素，其关键字值分别为 3097、3673、2985、1358、6138、9135、4782、1367、3684、0139。

第一步，按关键字中的数字 d_1，把 L 中的元素分布到链表 $L_0 \sim L_9$ 的情况如下：

L_0	L_1	L_2	L_3	L_4	L_5	L_6	L_7	L_8	L_9
		4782	3673	3684	2985		3097	1358	0139
					9135		1367	6138	

把 $L_0 \sim L_9$ 的元素顺序链接到 L 后，在 L 中的元素顺序如下，此时 L 中的元素已按最低位数字顺序排列。

L : 4782 3673 3684 2985 9135 3097 1367 1358 6138 0139

第二步，按数字 d_2，把 L 中的元素分布到 $L_0 \sim L_9$ 的情况如下：

L_0	L_1	L_2	L_3	L_4	L_5	L_6	L_7	L_8	L_9
			9135		1358	1367	3673	4782	3097
			6138					3684	
			0139					2985	

把 $L_0 \sim L_9$ 的元素顺序链接到 L 后，在 L 中的元素顺序如下，此时 L 中的元素已按最低 2 位数字顺序排列：

L : 9135 6138 0139 1358 1367 3673 4782 3684 2985 3097

第三步，按数字 d_3，把 L 中的元素分布到 $L_0 \sim L_9$ 的情况如下：

L_0	L_1	L_2	L_3	L_4	L_5	L_6	L_7	L_8	L_9
3097	9135		1358			3673	4782		2985
	6138		1367			3684			
	0139								

把 $L_0 \sim L_9$ 的元素顺序链接到 L 后，在 L 中的元素顺序如下，此时 L 中的元素已按最低 3 位数字顺序排列：

L : 3097 9135 6138 0139 1358 1367 3673 3684 4782 2985

第四步，按数字 d_4，把 L 中的元素分布到 $L_0 \sim L_9$ 的情况如下：

L_0	L_1	L_2	L_3	L_4	L_5	L_6	L_7	L_8	L_9
0139	1358	2985	3097	4782		6138			9135
	1367		3673						
			3684						

把 $L_0 \sim L_9$ 的元素顺序链接到 L 后，在 L 中的元素顺序如下：

L : 0139 1358 1367 2985 3097 3673 3684 4782 6138 9135

在第四步之后，链表中的所有元素都已经按关键字排序了。

3.3.2 基数排序算法的实现

假定数据结构使用双循环链表，链表中的元素用成员变量 *prior* 来指向前一个元素，用成员变量 *next* 来指向下一个元素。下面描述这个算法。

算法 3.10 基数排序

输入：存放元素的链表 L，关键字的数字位数 k

输出：按递增顺序排序的链表 L

```
 1. template <class Type>
 2. void radix_sort(Type *L,int k)
 3. {
 4.     Type  *Lhead[10],*p;
 5.     int  i,j;
 6.     for (i=0;i<10;i++)              /* 分配 10 个链表的头结点 */
 7.         Lhead[i]  = new Type;
 8.     for (i=0;i<k;i++) {
 9.         for (j=0;j<10;j++)          /* 把 10 个链表置为空表 */
10.             Lhead[j]->prior = Lhead[j]->next = Lhead[j];
11.         while (L->next!=L) {
12.             p = del_entry(L);       /*删去 L 的第一个元素，使 p 指向该元素*/
13.             j = get_digital(p,i); /* 从 p 所指向的元素关键字取第 i 个数字 */
14.             add_entry(Lhead[j],p);/* 把 p 指向的元素加入链表 Lhead[j] 的表尾 */
15.         }
16.         for (j=0;j<10;j++)
17.             append(L,Lhead[j]);   /* 把 10 个链表的元素链接到 L */
18.     }
19.     for (i=0;i<10;i++)              /* 释放 10 个链表的头结点 */
20.         delete(Lhead[i]);
21. }
```

这个算法由 3 部分组成：第 6、7 行分配 10 个链表的头结点；第 8~18 行进行基数排序；第 19、20 行释放 10 个链表的头结点。基数排序部分又分成 3 个部分：第 9、10 行把 10 个链表置为空表；第 11~15 行顺序取 L 中的元素，按其关键字的第 i 位数字，把它们分布到 10 个链表中去；第 16、17 行把这 10 个链表顺序链接成一个链表。

在上面的基数排序算法中，使用了下面 4 个相关的操作：

算法 3.11　取下并删去双循环链表的第一个元素

输入：链表的头结点指针 L

输出：被取下第一个元素的链表 L,以及指向被取下元素的指针

```
template <class Type>
Type *del_entry(Type *L)
{
    Type  *p;
    p = L->next;
    if (p!=L) {
        p->prior->next = p->next;
        p->next->prior = p->prior;
    }
    else p = NULL;
    return p;
}
```

算法 3.12　把一个元素插入双循环链表的表尾

输入：链表头结点的指针 L,被插入元素的指针 p

输出：插入了一个元素的链表 L

```
template <class Type>
void add_entry(Type *L,Type *p)
{
    p->prior = L->prior;
    p->next = L;
    L->prior->next = p;
    L->prior = p;
}
```

算法 3.13　取 p 所指向元素关键字的第 i 位数字(最低位为第 0 位)

输入：指向某元素的指针 p,希望取出的关键字第 i 位数字的位置 i

输出：该元素关键字的第 i 位数字

```
template <class Type>
int get_digital(Type *p,int i)
{
    int key;
    key = p->key;
    if (i!=0)
        key = key/power(10,i);
    return key%10;
}
```

算法 3.14　把链表 L1 的所有元素附加到链表 L 的末端

输入：指向链表 L 及 L1 的头结点指针

输出：附加了新内容的链表 L

```
template <class Type>
void append(Type *L,Type *L1)
{
    if (L1->next!=L1) {
        L->prior->next = L1->next;
        L1->next->prior = L->prior;
        L1->prior->next = L;
        L->prior = L1->prior;
    }
}
```

显然，算法 3.11、算法 3.12 和算法 3.14 的执行时间是常数时间。算法 3.13 的执行时间取决于函数 power(*x*, *y*)的执行时间，power 函数计算以 x 为底的 y 次幂。假定 x 是有限长度的整数，后面将说明，该函数的执行时间将是 $\Theta(\log y)$，如果 y 是一个大于 0 的常整数，则该函数的执行时间也是常数。所以，它们都是 $\Theta(1)$。

3.3.3 基数排序算法的分析

算法 3.10 的第一、三两部分，执行时间都是 $\Theta(1)$。因此，算法的运行时间取决于基数排序部分。这一部分由第 8~18 行的一个嵌套的 for 循环组成，而第 9、10 行及第 16、17 行的两个内部 for 循环的执行时间均是常数时间，因此算法的执行时间就取决于第 11~15 行的循环。这时，外部的 for 循环共执行 k 次，而链表中的元素个数为 n，故内部 while 循环的循环体也执行 n 次。因此，这个循环的循环体共需执行 kn 次。所以，算法的执行时间是 $\Theta(kn)$。k 是常数，所以其执行时间是 $\Theta(n)$。

这个算法所需要的工作空间是 10 个链表的头结点，以及其他一些工作单元，因此，它所需要的工作单元为 $\Theta(1)$。

可用归纳法证明，这个算法经过 k 步（假定元素的关键字有 k 位数字）的重新分布和重新链接之后，序列中的元素是按顺序排列的。证明如下：

$i=1$：L 中的元素按其关键字的最低位数字分布到 10 个链表，然后再把这些链表按顺序链接成一个链表 L，则 L 中的元素将按其关键字的最低数字排序。

$i=2$：L 中的元素再按其关键字的十位数字分布到 10 个链表。这时假定 x 和 y 是 L 序列中任意两个元素，x 的关键字的最低两位数字分别为 a、b，y 的关键字的最低两位数字分别为 c、d。若 $a>c$，则 x 被分布到序号较高的链表，y 被分布到序号较低的链表。重新链接到 L 去时，y 先于 x 被链接到 L，所以它们是按最低两位数字的顺序排序的；反之亦然。若 $a=c$，则它们分布在同一个链表。这时，若 $b>d$，则 y 先于 x 被分布到这个链表。重新链接到 L 去时，仍维持这个顺序，因此它们也按最低两位数字的顺序排列。因为 x 和 y 是任意的，所以链表中的元素都按最低两位数字的顺序排列。

归纳步的证明类似，留作练习。

上述算法适用于关键字是以 10 为基数的数据，可以把它推广为任意基数的数据。例如，可以把每 4 位二进位作为一个数字来处理，则上述算法可工作于基数 16，而用于工作的链表数目也等于基数。

进一步地，可把上述思想推广到用元素的若干个字段来进行排序。例如，很多数据文件中的数据都有年、月、日等字段，可以按年、月、日等字段来排序数据。

3.4　离散集合的 Union_Find 操作

在很多应用中，经常把 n 个元素划分成若干个集合，然后把某两个集合合并成一个集合，或者寻找包含某个特定元素的集合。例如，对集合 $S=\{1,2,\cdots,8\}$ 定义如下的等价关系：

$$R=\{<x,y>|x\in S\wedge y\in S\wedge(x-y)\%3=0\}$$

求 S 关于 R 的等价类。其中，% 表示求模运算。这时，可以把集合 S 划分为 8 个子集，把 S 中的每一个元素分别分布在这 8 个子集中，使得每个子集中有一个元素，再判断不同子集中某两个元素之间是否存在等价关系，若存在等价关系，就把这两个元素所在的子集合并成一个集合。于是，上面寻找 S 关于 R 的等价类，就可以类似这样地进行。

（1）初始化：{1}{2}{3}{4}{5}{6}{7}{8}。

（2）$1R4$，有：{1,4}{2}{3}{5}{6}{7}{8}。

（3）$4R7$，有：{1,4,7}{2}{3}{5}{6}{8}。

（4）$2R5$，有：{1,4,7}{2,5}{3}{6}{8}。

（5）$5R8$，有：{1,4,7}{2,5,8}{3}{6}。

（6）$3R6$，有：{1,4,7}{2,5,8}{3,6}。

在上面的操作中，牵涉到这样的两个操作：把元素 x 和 y 所在的集合找出来，把这两个集合合并成一个集合。通常，把前者称为 find 操作，把后者称为 union 操作。

3.4.1　用于 Union_Find 操作的数据结构

为了有效地实现这两个操作，需要一个既简单又能达到目的的数据结构。如果把每一个集合表示成一棵树，树中的每一个结点表示集合里的一个元素，集合里元素 x 的数据就存放在相应的树结点里。非根的每一个结点，都有一个指针指向它的父亲，把这个指针称为父指针，根结点的父指针为空。这样，由一棵一棵的树所表示的集合构成了一个森林。于是，可以用如下的数据结构来表示集合中元素。

```
struct Tree_node {
    struct Tree_node *p;          /* 指向父亲结点的指针 */
    Type x;                       /* 存放结点中的元素 */
}
```

集合可以由集合中的元素来命名，这个元素就称为该集合的代表元。集合中的所有元素，都有资格作为集合的代表元。要把元素 x 所代表的集合，与元素 y 所代表的集合合并起来，只要分别找出元素 x 和元素 y 所在集合的根结点，使元素 y 的根结点的父指针指向元素 x 的根结点即可。如图 3.7（a）表示由集合{1,3,5,8},{2,7,10},{4,6},{9}所组成的森林；图 3.7（b）表示由元素 1 所代表的集合与元素 7 所代表的集合合并的例子。

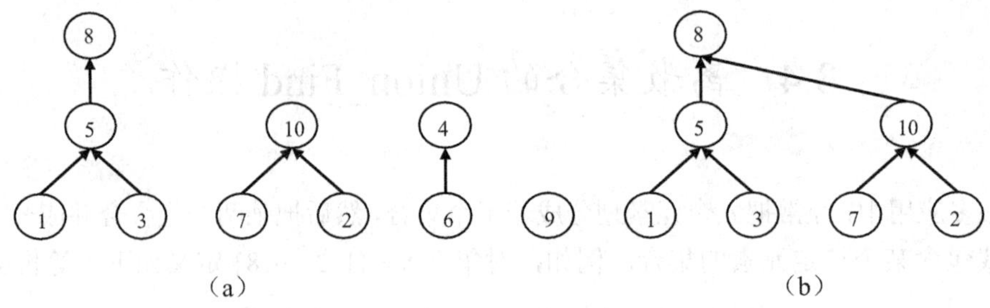

图 3.7　离散集合的表示形式

由此，可以把离散集合中 find 操作和 union 操作的含义定义如下：

- find(Type x);　　　　/* 寻找元素 x 所在集合的根结点 */
- union(Type x, Type y);　/* 把元素 x 和元素 y 所在集合合并成一个集合 */

但是，上面所叙述的 union 操作有一个明显的缺点，就是树的高度可能变得很大，以致 find 操作可能需要 $\Omega(n)$ 时间。在极端情况下，树可能变成退化树，如图 3.8（a）所表示那种情况。这时，树就成为一个线性表。

为了避免在 union 操作中，使树变为退化树，可以在树中的每一个结点存放一个非负的整数，称为结点的秩。结点的秩等于以该结点作为子树的根时，该子树的高度。令 x 和 y 是当前森林中两棵不同树的根结点，$rank(x)$ 和 $rank(y)$ 分别为这两个结点的秩。在执行 union(x,y)操作时，比较 $rank(x)$ 和 $rank(y)$。如果 $rank(x) < rank(y)$，把 y 作为 x 的父亲，$rank(x)$ 和 $rank(y)$ 不变；如果 $rank(x) = rank(y)$，把 y 作为 x 的父亲，$rank(y)$ 加 1，$rank(x)$ 不变；如果 $rank(x) > rank(y)$，把 x 作为 y 的父亲，$rank(x)$ 和 $rank(y)$ 不变。采用这种方法对 n 个集合进行合并时的情况如图 3.8（b）所示。

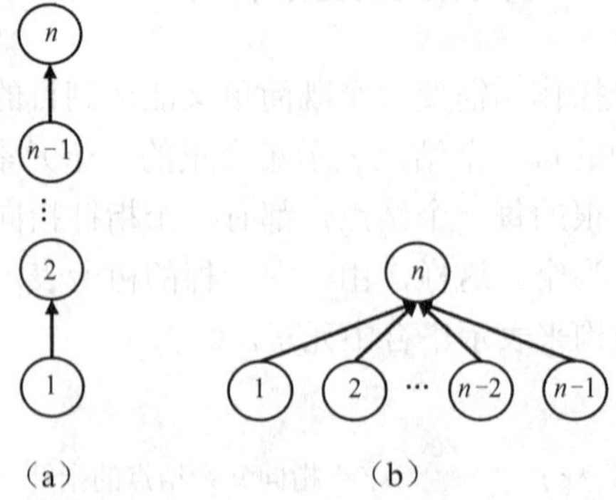

图 3.8　n 个集合合并的两种情况

增加了结点的秩之后，元素的数据结构就可以修改如下：

```
struct Tree_node {
```

```
    struct Tree_node *p;                /* 指向父亲结点的指针 */
    int rank;                           /* 结点的秩 */
    Type x;                             /* 存放在结点中的元素 */
};
typedef struct Tree_node NODE;
```

当所处理的元素经常随机产生，也经常随机删除时，可以采用上述数据结构。有时，元素的个数固定，也可以用数组的形式来组织这些数据。例如：

```
struct Tree_node {
    int index;                          /* 指向存放父亲结点的数组下标 */
    int rank;                           /* 结点的秩 */
    Type x;                             /* 存放在结点中的元素 */
};
struct Tree_node node[n];
```

这时，父亲结点的指针，用父亲结点在数组中的下标表示。

3.4.2　union、find 操作及路径压缩

为了进一步提高 find 操作的性能，可以采用所谓的路径压缩方法。在 find 操作时，当找到根结点 y 之后，再沿着这条路径改变路径上所有结点的父指针，使其直接指向 y，如图 3.9 所示。

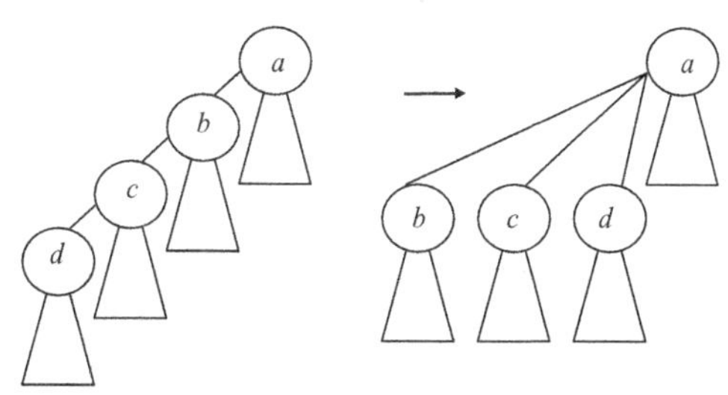

图 3.9　路径压缩

路径压缩虽然增加了 find 操作的执行时间，但是随着路径的缩短，以后执行 find 操作的时间也将大为缩短，一次操作所付出的多余时间将为以后多次操作节省更多的时间。这样一来，find 操作和 union 操作就可描述如下：

算法 3.15　离散集合的 find 操作

输入：指向结点 x 的指针 xp

输出：指向结点 x 所在集合的根结点的指针 yp

```
NODE *find(NODE *xp)
{
    NODE *wp, *yp = xp, *zp = xp;
    while (yp->p!=NULL) {                    /* 寻找 xp 所在集合的根结点 */
```

```
        yp = yp->p;
    while (zp->p!= NULL) {                          /* 路径压缩 */
        wp = zp->p
        zp->p = yp;
        zp = wp;
    }
    return yp;
}
```

在路径压缩之后，根结点的秩有可能大于该树的实际高度，这时把它当作该结点高度的上界来使用。

union 操作描述如下：

算法 3.16 离散集合的 union 操作

输入： 指向结点 x 和结点 y 的指针 xp 和 yp

输出： 结点 x 和结点 y 所在集合的并集，指向该并集根结点的指针

```
NODE *union(NODE *xp,NODE *yp)
{
    NODE *up,*vp;
    up = find(xp);
    vp = find(yp);
    if (up->rank<=vp->rank) {
        up->p = vp;
        if (up->rank==vp->rank)
            vp->rank++;
        up = vp;
    }
    else
        vp->p = up;
    return up;
}
```

例 3.5 集合{1,2,3,4},{5,6,7,8}如图 3.10（a）所示，在执行了 union(1,5)之后，结果如图 3.10（b）所示。在 union 操作中，对结点 1 和 5 执行了 find 操作，结点 1 和 5 的路径都被压缩了。

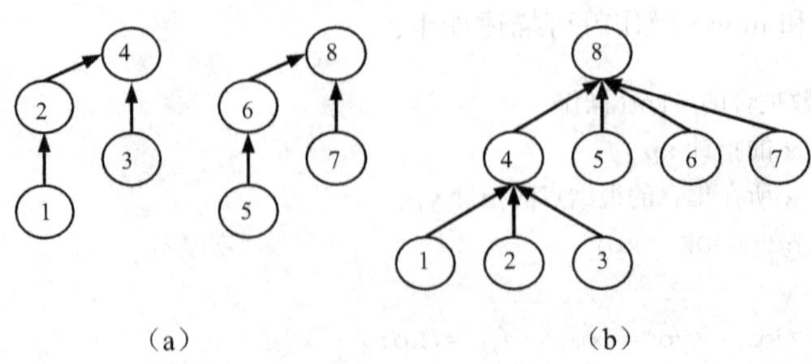

图 3.10 集合 union 操作的例子

如果 x 是树中的任意结点，$x.p$ 指向 x 的父亲结点。从上面的叙述中，可以得到下面两个结论。

结论 3.1　$x.p->rank \geqslant x.rank+1$。

结论 3.2　$x.rank$ 的初始值为 0，在一系列的 union 操作中递增，直到 x 不再是树的根结点为止。一旦 x 变为另一个结点的儿子，它的秩就不再改变。

为了分析 union 和 find 操作的执行时间，先证明下面的引理。

引理 3.1　若结点 x 的秩为 $x.rank$，则以 x 为根的树，其结点数至少为 $2^{x.rank}$。

证明　用归纳法证明。

（1）开始时，结点 x 所在的树只有一个结点，即结点 x 本身，其秩 $x.rank=0$，其结点数等于 $2^0=1$，引理成立。

（2）假定 x 和 y 分别是两棵树的根结点，其秩分别是 $x.rank$ 和 $y.rank$。在 union(x, y) 操作之前，x 和 y 为根的树，其结点数分别至少为 $2^{x.rank}$ 和 $2^{y.rank}$。在 union(x, y)操作之后，有 3 种情况。

① 若 $x.rank < y.rank$，在 union 操作之后，新的树以 y 为根结点，且 y 的秩不变，而树的结点数增加。因此，新树的结点数至少为 $2^{y.rank}$。引理成立。

② 若 $x.rank > y.rank$，同理可证。

③ 若 $x.rank = y.rank$，则两棵树的结点数至少都是 $2^{y.rank}=2^{x.rank}$。在 union 操作之后，新树的结点数至少为 $2\cdot 2^{y.rank}=2^{y.rank+1}=2^{x.rank+1}$。若新树以 y 为根结点，则 y 的秩 $y.rank$ 增 1；否则，x 的秩 $x.rank$ 增 1。在这两种情况下，引理都成立。

很清楚，如果以 x 为根的树，其结点数为 n，则根据引理 3.1，有 $2^{x.rank}\leqslant n$，即 $x.rank\leqslant \log n$。而 $x.rank$ 是以 x 为根的树的高度。这说明：find 操作最多执行 $\log n$ 次判断根结点的操作，以及 $\log n$ 次对非根结点进行的路径压缩操作。由此得到下面的结论：

结论 3.3　find 操作的执行时间为 $O(\log n)$。

而 union 操作除了执行两次 find 操作外，其余花费 $O(1)$ 时间。因此，也有下面的结论。

结论 3.4　union 操作的执行时间为 $O(\log n)$。

可以证明，如果连续执行 m 次 union 和 find 操作，则有下面的定理。

定理 3.1　连续执行 m 次 union 和 find 操作，在最坏情况下，所需要的执行时间是 $O(m\log^* n)\approx O(m)$。

其中，$\log^* n$ 定义为：

$$\log^* n=\begin{cases} 0 & n=0,1 \\ \min\{i\geqslant 0 \mid \underbrace{\log\log\cdots\log}_{i\text{次}} n\leqslant 1\} & n\geqslant 2 \end{cases}$$

例如，$\log^* 2=1$，$\log^* 2^2=2$，$\log^* 2^4=3$，$\log^* 2^{16}=4$，$\log^* 2^{65536}=5$。在几乎所有的实际应用中，$\log^* n\leqslant 5$。所以，它所需要的执行时间实际上将是 $O(m)$。

习　题

1．为什么说冒泡排序算法在最坏情况下的运行时间是$\Theta(n^2)$？

2．如果n是2的幂，试估计合并排序算法中元素赋值的次数。

3．给定如下一组元素：6,2,7,1,10,3,9,4,8,5。分别用下面的算法：

（1）插入排序算法

（2）冒泡排序算法

（3）合并排序算法

写出在每一轮循环中，元素排列的变化过程，并确定它们所执行的元素比较总次数。

4．给定如下数组，判断它们是否为堆。

（1）8,6,4,3,2

（2）7

（3）9,7,5,6,3

（4）9,4,8,3,2,5,7

（5）9,4,7,2,1,6,5,3

5．对给定的n个元素的数组，编写一个程序，判断该数组是否为堆，所编写的算法的时间复杂性为多少？

6．当$n=2^k$时，证明用插入方法建立堆，元素的比较次数是$n\log n-2n+2$。

7．给定如下元素的数组，说明把它们构成最大堆的步骤。

（1）3,7,2,1,9,8,6,4

（2）1,7,3,6,9,5,8,2

8．对上面的数组，说明把它们构成最小堆的步骤。

9．给定如下元素的数组，根据最大堆的结构，说明对这些数组按递增顺序进行堆排序的步骤，并确定它们所执行的元素比较次数。

（1）1,4,3,2,5,7,6,8

（2）6,2,4,8,3,1,5,8

10．对第9题所给定的数组，根据最小堆的结构，说明对这些数组按递减顺序进行堆排序的过程，并确定它们所执行的元素比较次数。

11．对堆进行插入操作和删除操作，哪一个操作更花费时间？试加以说明。

12．编写一个算法，把两个相同大小的堆合并成一个堆，说明它们的时间复杂性。

13．证明基数排序算法正确性证明中的归纳步。

14．初始链表的内容为：3562,6381,0356,2850,9136,3715,8329,7481，写出用基数排序算

法对它们进行排序的过程。

15．把基数作为输入参数，编写一个可以按任意基数进行排序的算法。

16．有集合{1},{2},{3},{4},{5},{6},{7},{8},{9}，画出执行下列的操作序列后，所得到的结果。

union(1,2)，union(3,4)，union(5,6)，union(7,8)，union(2,4)，union(8,9)，

union(6,8)，find(5)，union(4,8)，find(1)

参 考 文 献

文献[6]对合并排序作了详细的介绍和分析，可在很多算法设计与分析的书籍中看到有关合并排序的内容。文献[11]提出了堆排序算法。文献[12]提出了一个建立堆的线性时间算法。可在文献[8]、[10]以及其他数据结构书籍中看到堆排序算法及分析的有关内容，可在文献[3]、[4]看到对堆的操作、建立、排序及其复杂性分析的详细介绍。文献[6]对基数排序作了详细的介绍和分析，可在文献[10]、[3]、[13]、[16]看到基数排序的有关内容。文献[14]、[15]发表了对离散集合数据结构的检索及合并算法，也可在文献[3]、[10]、[17]看到有关离散集合数据结构的检索及合并算法的有关内容。

第 4 章　递归和分治

递归算法是一种自身调用自身或间接调用自身的算法。在算法设计中使用递归技术，往往使算法的描述简单明了、易于理解、容易编程和验证。很多复杂问题使用了递归技术，就有可能容易而有效地进行求解。因此，在计算机软件领域里，递归算法是一种非常重要和不可或缺的算法。

4.1　基于归纳的递归算法

用归纳法设计一个递归算法，是基于这样的事实：一个规模为 n 的问题，假定可以确定其规模为 $n-1$ 或规模更小的子问题的解，在此基础上，再把解扩展到规模为 n 的问题。这种设计技术的优点是：所设计算法的正确性证明，自然而然地嵌入在算法的描述里，可以容易地用归纳法来证明。

4.1.1　基于归纳的递归算法的思想方法

对于一个规模为 n 的问题 $P(n)$，归纳法的思想方法如下：

（1）基础步：a_1 是问题 $P(1)$ 的解。

（2）归纳步：对所有的 k，$1<k<n$，若 a_k 是问题 $P(k)$ 的解，则 $p(a_k)$ 是问题 $P(k+1)$ 的解。其中，$p(a_k)$ 是对 a_k 的某种运算或处理。

上述内容表明，如果 a_1 是问题 $P(1)$ 的解，若 $a_2=p(a_1)$，则 a_2 是问题 $P(2)$ 的解；依此类推，若 a_{n-1} 是问题 $P(n-1)$ 的解，且 $a_n=p(a_{n-1})$，则 a_n 是问题 $P(n)$ 的解。

因此，为求问题 $P(n)$ 的解 a_n，可先求问题 $P(n-1)$ 的解 a_{n-1}，然后再对 a_{n-1} 进行 p 运算或处理。为求问题 $P(n-1)$ 的解，先求问题 $P(n-2)$ 的解，如此不断地进行递归求解，直到 $P(1)$ 为止。而 P（1）是一个已知的初始条件，或初值。当得到 $P(1)$ 的解之后，再回过头来，不断地把所得到的解进行 p 运算或处理，直到得到 $P(n)$ 的解为止。

实现递归算法的递归函数是一种自身调用自身的函数，有点类似于多个函数互相嵌套调用的情况。不同的是，在递归函数里，调用的函数和被调用的函数是同一个函数。在这里，需要注意的是递归的调用层次，也即递归深度。如果把调用递归函数的主函数称为第 0 层调用；进入递归函数后，首次递归调用自身，称为第 1 层调用；从第 i 层递归调用自身，称为第 $i+1$ 层调用。反之，退出第 $i+1$ 层调用，就返回到第 i 层。每当递归函数递归调用自身，进入新的一层时，系统就把它的返回断点保护在其工作栈上，并在其工作栈上建立其所有局部变量，把所有实际参数的值传递给相关的局部变量。每当从新的一层返回到原来的一层时，就释放工作栈上的所有局部变量，根据工作栈上的返回断点，返回到原来被中断的地方。随着递归深度的加深，工作栈所需要的空间增大，递归调用时所做的辅助操作增多。因此，递归算法的运行效率较低。有时，可以把它修改为相应的循环迭代的算法。

4.1.2　递归算法的例子

例 4.1　多项式求值的递归算法。

有如下 n 阶多项式：

$$P_n(x) = a_0x^n + a_1x^{n-1} + \cdots + a_{n-1}x + a_n$$

如果分别对每一项求值，需要 $n+n-1+\cdots+1=n(n+1)/2$ 个乘法，效率很低。利用 Horner 法则，把上面公式改写成：

$$\begin{aligned}P_n(x) &= a_0x^n + a_1x^{n-1} + \cdots + a_{n-1}x + a_n \\ &= ((\cdots((((a_0)x+a_1)x+a_2)x+a_3)x\cdots)x+a_{n-1})x+a_n\end{aligned}$$

就可以用下面的步骤进行归纳：

（1）基础步：$n=0$，有 $p_0 = a_0$。

（2）归纳步：对任意的 k，$1 \leqslant k \leqslant n$，如果前面 $k-1$ 步已计算出 p_{k-1}：

$$p_{k-1} = a_0x^{k-1} + a_1x^{k-2} + \cdots + a_{k-2}x + a_{k-1}$$

则有：

$$p_k = x\,p_{k-1} + a_k$$

如果用一个数组 A 来存放多项式系数，把 a_0 存放于 $A[0]$，a_1 存放于 $A[1]$，…，那么对多项式求值的递归算法可以描述如下：

算法 4.1　多项式求值的递归算法

输入：存放于数组的多项式系数 A[] 及 x，多项式的阶数 n

输出：n 阶多项式的值

```
1. float horner_pol(float x,float A[],int n)
2. {
3.     float p;
4.     if (n==0)
5.         p = A[0];
6.     else
7.          p = horner_pol(x,A,n-1) * x + A[n];
8.     return p;
9. }
```

把第 7 行的乘法作为基本操作，算法的时间复杂性由如下的递归方程确定：

$$\begin{cases} f(0) = 0 \\ f(n) = f(n-1) + 1 \end{cases}$$

容易得到，$f(n) = \Theta(n)$。同样可以看到，算法用于递归栈的空间也为 $\Theta(n)$。

例 4.2　整数幂的计算。

在基数排序算法里，使用了一个计算整数幂的函数，计算以 x 为底的 n 次幂。简单的方法是让 x 乘以自身 n 次，但效率很低，需要 $\Theta(n)$ 个乘法。但可以用下面的方法，以 $\Theta(\log n)$ 来实现它：

（1）基础步：$n=0$，则 $x^n=1$；

（2）归纳步：如果已计算了 $x^{n/2}$，若 n 是偶数，即 $n\%2=0$，则 $x^n=(x^{n/2})^2$；否则，$x^n=x(x^{n/2})^2$。

这个算法描述如下：

算法 4.2　计算整数幂的递归算法

输入： 整数 x 和非负整数 n

输出： x 的 n 次幂

```
1. int power(int x,unsigned n)
2. {
3.     int y;
4.     if (n==0) y = 1;
5.     else {
6.         y = power(x,n/2);
7.         y = y * y;
8.         if (n%2==1)
9.             y = y * x;
10.    }
11.    return y;
12. }
```

第 4 行执行基础步，当 $n=0$ 时，把 1 作为返回值返回。第 6~9 行执行归纳步。在计算了 $x^{n/2}$ 的基础上，若 n 是偶数，则 $x^n=(x^{n/2})^2$；否则，$x^n=x(x^{n/2})^2$。

为方便起见，设 $n=2^k$，把第 7 行的乘法作为该算法的基本操作，则时间复杂性估计如下：

$$\begin{cases} f(1)=1 \\ f(n)=f(n/2)+1 \end{cases}$$

令 $g(k)=f(2^k)$，把上式改写成：

$$\begin{cases} g(0)=1 \\ g(k)=g(k-1)+1 \end{cases}$$

得到：

$$f(n)=g(k)=k+1=\log n+1=\Theta(\log n)$$

算法每一次递归，都需分配常数个工作单元，递归深度为 $\log n$，因此算法用于递归栈的工作单元为 $\Theta(\log n)$。

例 4.3　基于递归的插入排序。

算法 2.7 所描述的插入排序算法，可以改用递归算法来设计。假定要对 n 个元素的数组

A 进行排序，可以用如下步骤进行：

（1）基础步：当 $n=1$ 时，数组只有一个元素，它已经是排序的。

（2）归纳步：如果前面 $k-1$ 个元素已经按递增顺序排列，只要将第 k 个元素逐一与前面 $k-1$ 个元素进行比较，把它插入适当的位置，即可完成 k 个元素的排序。

基于递归的插入排序算法描述如下：

算法 4.3　基于递归的插入排序算法

输入： 数组 A[]，数组的元素个数 n

输出： 按递增顺序排序的数组 A[]

```
 1. template <class Type>
 2. void insert_sort_rec(Type A[],int n)
 3. {
 4.    int k;
 5.    Type a;
 6.    n = n - 1;
 7.    if (n>0) {
 8.       insert_sort_rec(A,n);
 9.       a = A[n];
10.       k = n - 1;
11.       while ((k>=0)&&(A[k]>a)) {
12.          A[k+1] = A[k];
13.          k = k - 1;
14.       }
15.       A[k+1] = a;
16.    }
17. }
```

第 7 行判断是执行基础步，还是执行归纳步。如果 $n=1$，就执行基础步。这时，只有一个元素，算法什么也不做，立即返回。第 8~15 行执行归纳步操作。第 8 行对前面 $n-1$ 个元素进行排序，第 9~15 行使第 n 个元素逐一与前面 $n-1$ 个元素比较，把它插入适当的位置。取元素比较操作作为该算法的基本操作，则算法的时间复杂性可由如下递归方程确定：

$$\begin{cases} f(0)=0 \\ f(n)=f(n-1)+(n-1) \end{cases}$$

由式（2.6.2）容易得到：

$$f(n)=\sum_{i=1}^{n}(i-1)=\sum_{i=1}^{n-1}i=\frac{1}{2}n(n-1)$$

因此，该算法的时间复杂性是 $O(n^2)$。

算法每一次递归，都需分配常数个工作单元，递归深度为 n，因此算法用于递归栈的工作单元为 $\Theta(n)$。

例 4.4 阿克曼递归函数。

阿克曼函数的递归定义如下：

$$A(m,n)=\begin{cases} n+1 & \text{当 } m=0 \\ A(m-1,1) & \text{当} n=0 \\ A(m-1, A(m,n-1)) & \text{其他情况} \end{cases}$$

其中，m,n 是自然数。阿克曼函数在递归执行时，涉及的两个参数，其中一个参数又是阿克曼函数，所以，阿克曼函数是一个双递归函数。下面是阿克曼函数的实现：

算法 4.4 阿克曼递归函数

输入：自然数 m,n

输出：以自然数 m,n 作为参数的阿克曼函数值

```
long acman(unsighed m,unsighed n)
{
    long acm;
    if (m==0)
        acm = n + 1;
    else if (n==0)
        acm = acman(m-1,1);
    else
        acm = acman(m-1,acman(m,n-1));
    return acm;
}
```

阿克曼函数的计算相当复杂，表 4.1 是它的部分计算结果。

表 4.1　阿克曼函数的部分函数值

m \ n	0	1	2	3	4	n
0	1	2	3	4	5	$n+1$
1	2	3	4	5	6	$n+2$
2	3	5	7	9	11	$2(n+3)-3$
3	5	13	29	61	125	$2^{n+3}-3$
4	13	65533	$2^{65536}-3$	$A(3,2^{65536}-3)$	$A(3,A(4,3))$	$2^{2^{\cdot^{\cdot^{2}}}}-3$ 2 的层数：$n+3$ 层
5	65533	$A(4,65533)$	$A(4,A(5,1))$	$A(4,A(5,2))$	$A(4,A(5,3))$	
6	$A(5,1)$	$A(5,A(6,0))$	$A(5,A(6,1))$	$A(5,A(6,2))$	$A(5,A(6,3))$	

阿克曼函数随着 m、n 的增大，其函数值异常迅速地增大，甚至 $A(4,n)$ 的值都已是天文数字了，n 每增加 1，其函数值都相当于以 2 为底，以前一函数值为幂而递增。因此，在通常的计算机上不可能正常地运行这个函数。第 3 章所叙述的函数 $\log^* n$：

$$\alpha(n)=\ \log^* n=\begin{cases}0 & n=0,1\\ \min\{i\geqslant 0\,|\,\underbrace{\log\log\cdots\log}_{i\text{次}} n\leqslant 1\} & n\geqslant 2\end{cases}$$

其函数值大体上等于 $m=4$ 时阿克曼函数 $A(4,n)$ 的逆函数的函数值加 3，因此，可以看成是阿克曼函数 $A(4,n)$的逆函数，有些作者则把它称为阿克曼逆函数。这个函数的函数值增大得特别慢。

4.1.3　排列问题的递归算法

有 n 个元素，为简单起见，把它们编号为$1,2,\cdots,n$。用一个具有 n 个元素的数组 A 来存放所生成的排列，然后输出它们。假定开始时 n 个元素已依次存放在数组 A 中。为生成这 n 个元素的所有排列，可以采取下面的步骤：

（1）数组第 1 个元素为 1，即排列的第 1 个元素为 1，生成后面的 $n-1$ 个元素的排列。

（2）数组第 1 个元素与第 2 个元素互换，使排列的第 1 个元素为 2，生成后面的 $n-1$ 个元素的排列。

（3）如此继续，最后，数组第 1 个元素与第 n 个元素互换，使排列的第 1 个元素为 n，生成后面的 $n-1$ 个元素的排列。

在上面的第 1 步中，为生成后面 $n-1$ 个元素的排列，继续采取下面的步骤：

（1）数组的第 2 个元素为 2，即排列的第 2 个元素为 2，生成后面的 $n-2$ 个元素的排列。

（2）数组的第 2 个元素与第 3 个元素互换，使排列的第 2 个元素为 3，生成后面的 $n-2$ 个元素的排列。

（3）如此继续，最后，数组的第 2 个元素与第 n 个元素互换，使排列的第 2 个元素为 n，生成后面的 $n-2$ 个元素的排列。

这种步骤一直继续，当排列的前 $n-2$ 个元素已确定后，为生成后面 2 个元素的排列，可以：

（1）数组的第 $n-1$ 个元素为 $n-1$，即排列的第 $n-1$ 个元素为 $n-1$，生成后面的 1 个元素的排列，此时数组中的 n 个元素已构成一个排列。

（2）数组的第 $n-1$ 个元素与第 n 个元素互换，使排列的第 $n-1$ 个元素为 n，生成后面的 1 个元素的排列，此时数组中的 n 个元素已构成一个排列。

假定排列算法 perm(Type A, int k, int n)表示对 n 个元素的数组 A 生成后面 k 个元素的排列。通过上面的分析，有：

（1）基础步：$k=1$，只有一个元素，已构成一个排列。

（2）归纳步：对任意的 k，$1<k\leqslant n$，如果可由算法 perm(A,$k-1$,n)完成数组后面 $k-1$ 个元素的排列，为完成数组后面 k 个元素的排列 perm(A,k,n)，逐一对数组第 $n-k$ 元素与数组中第 $n-k\sim n$ 元素进行互换，每互换一次，就执行一次 perm(A,$k-1$,n)操作，产生一个排列。

由此，排列生成的递归算法可描述如下：

算法 4.5　排列的生成

输入： 数组 A[]，数组的元素个数 n，当前递归层次需完成排列的元素个数 k

输出：数组 A[] 的所有排列

```
1. template <class Type>
2. void perm(Type A[],int k,int n)
3. {
4.     int i;
5.     if (k==1)
6.         for (i=0;i<n;i++)              /* 已构成一个排列，输出它 */
7.             cout << A[i];
8.     else {
9.         for (i=n-k;i<n;i++) {          /* 生成后续 k 个元素的一系列排列 */
10.            swap(A[n-k],A[i]);         /* 元素互换 */
11.            perm(A,k-1,n);             /* 生成后续 k-1 个元素的一系列排列 */
12.            swap(A[n-k],A[i]);         /* 恢复元素原来的位置 */
13.        }
14.    }
15. }
```

例 4.5 假定数组 A 有 3 个元素，它们的初始顺序为 $\{1, 2, 3\}$，调用 perm(A,3,3)产生它的 6 个排列。在第 0 层调用该算法时，第 9 行开始的 for 循环的循环体执行 3 次。当变量 i 为 0 时，第 10、12 行的 swap 语句不起作用，此时使排列的第 1 个元素为 1，调用 perm(A,2,3) 产生后面 2 个元素的排列；当变量 i 为 1 时，第 10 行的 swap 语句使第 1 个元素与第 2 个元素互换，使排列的第 1 个元素为 2，调用 perm(A,2,3)产生后面 2 个元素的排列，第 12 行的 swap 语句恢复第 1 个元素与第 2 个元素的原来状态；当变量 i 为 2 时，第 10 行的 swap 语句使第 1 个元素与第 3 个元素互换，使排列的第 1 个元素为 3，调用 perm(A,2,3)产生后面 2 个元素的排列，第 12 行的 swap 语句恢复第 1 个元素与第 3 个元素的原来状态。堆栈中变量的值及数组 A 中元素顺序在 3 轮循环中的变化情况如图 4.1 所示。

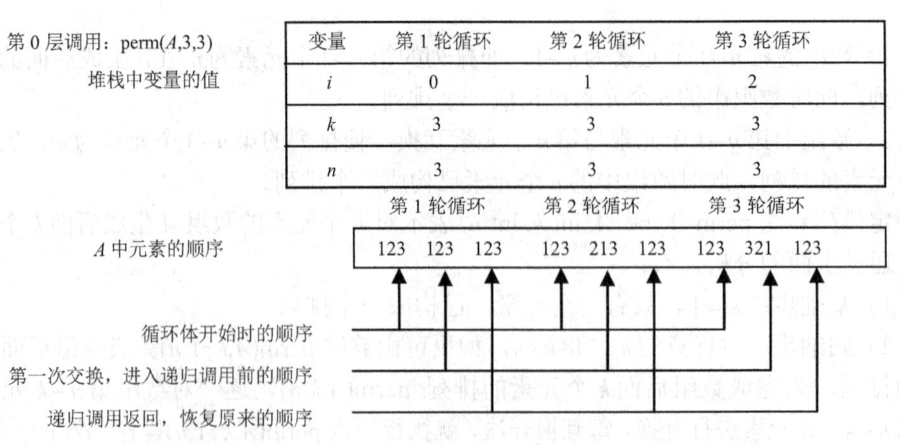

图 4.1 第 0 层调用时堆栈中变量的值及 A 中元素顺序变化情况

在第 0 层调用的第 1 轮循环体中，用语句 perm(*A*,2,3)进入第 1 层调用。在第 1 层调用期间，第 9 行开始的 for 循环体执行 2 次。在这两轮循环体中，都用语句 perm(*A*,1,3)进入第 2 层调用。图 4.2（a）表示第 0 层调用的第 1 轮循环体中递归调用 perm 时，在第 1、2 层递归调用期间堆栈中变量的值及数组 *A* 中元素顺序的变化情况。在第 2 层调用时，堆栈中变量 *k* 的值都为 1，直接按顺序输出 *A* 中元素后返回到第 1 层调用。第 1 层调用的两轮循环体执行结束后，分别输出了 2 个排列，也返回到第 0 层调用，继续执行第 0 层调用的第 2 轮循环体和第 3 轮循环体。图 4.2（b）和图 4.2（c）分别表示这两轮循环体执行时，第 1 层调用和第 2 层调用的情况，它们分别输出其余的 4 个排列。

算法的运行时间估计如下：当 $k=1$ 时，算法的第 6、7 行执行所生成的排列元素的输出，每产生一个排列，便输出 *n* 个元素。当 $k=n$ 时，第 9~12 行 for 循环的循环体，对 perm(*A*, *k*−1,*n*)执行 *n* 次调用。由此可以建立如下的递归方程：

$$\begin{cases} f(1)=n \\ f(n)=n\,f(n-1) \qquad n>1 \end{cases}$$

解此递归方程，容易得到 $f(n)=n\,n!$。因此，算法的运行时间是 $\Theta(n\,n!)$。

算法的递归深度为 *n*，每一次递归都需要常数个工作单元，因此算法所需要的递归栈的空间为 $\Theta(n)$。

第 2 层调用：perm(*A*,1,3)

堆栈中变量的值

变量	第 1 次调用	第 2 次调用
i		
k	1	1
n	3	3

进入第 2 层调用时，*A* 中元素的顺序

1 2 3	1 3 2

← 输出的排列

第 1 层调用：perm(*A*,2,3)

堆栈中变量的值

变量	第 1 轮循环	第 2 轮循环
i	1	2
k	2	2
n	3	3

A 中元素的顺序

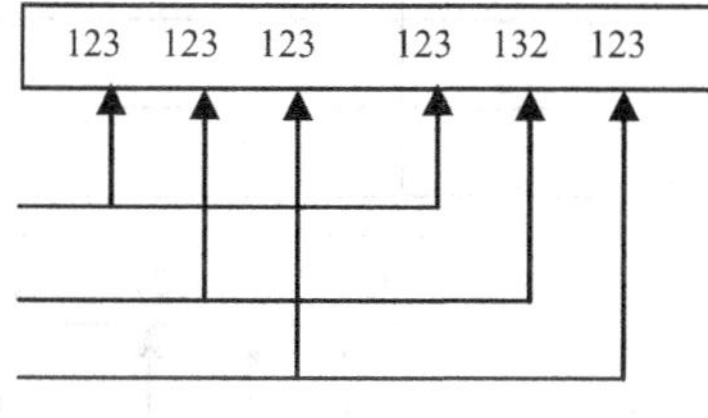

（a）第 1 轮循环体的执行情况

图 4.2　第 0 层调用的 3 轮循环体的执行情况

第 2 层调用：perm(*A*,1,3)

堆栈中变量的值

变量	第 1 次调用	第 2 次调用
i		
k	1	1
n	3	3

进入第 2 层调用时，*A* 中元素的顺序：2 1 3　　2 3 1 ← 输出的排列

第 1 层调用：perm(*A*,2,3)

堆栈中变量的值

变量	第 1 轮循环	第 2 轮循环
i	1	2
k	2	2
n	3	3

A 中元素的顺序：213　213　213　213　231　213

循环体开始时的顺序

第一次交换，进入递归调用的顺序

递归调用返回，恢复原来的顺序

（b）第 2 轮循环体的执行情况

第 2 层调用：perm(*A*,1,3)

堆栈中变量的值

变量	第 1 次调用	第 2 次调用
i		
k	1	1
n	3	3

进入第 2 层调用时，*A* 中元素的顺序：3 2 1　　3 1 2 ← 输出的排列

第 1 层调用：perm(*A*,2,3)

堆栈中变量的值

变量	第 1 轮循环	第 2 轮循环
i	1	2
k	2	2
n	3	3

A 中元素的顺序：321　321　321　321　312　321

循环体开始时的顺序

第一次交换，进入递归调用的顺序

递归调用返回，恢复原来的顺序

（c）第 3 轮循环体的执行情况

图 4.2　第 0 层调用的 3 轮循环体的执行情况（续）

4.1.4　求数组主元素的递归算法

令 A 是具有 n 个元素的数组，x 是 A 中的一个元素，若 A 中有一半以上的元素与 x 相同，就称 x 是数组 A 的主元素。例如，数组 $A=\{1,3,2,3,3,4,3\}$ 中，元素 3 就是该数组的主元素。

可以用几种方法来寻找数组 A 的主元素。第 1 种方法是采用蛮力法，每个元素都和其他元素进行比较，并维护一个计数值，如果该元素与比较的元素相同，则计数值加 1，如果某个元素的计数值大于 $n/2$，则该元素就是数组 A 的主元素。很明显，这个方法的元素比较次数为 $\Theta(n^2)$。

第 2 种方法是对元素进行排序，然后从头到尾扫描数组中相同元素出现的次数，如果某个元素在数组中出现的次数大于 $n/2$，则该元素就是数组 A 的主元素。可以用 $\theta(n\log n)$ 的时间对元素进行排序，用 $\theta(n)$ 时间扫描数组中的相同元素。因此，这种方法的时间复杂性为 $\theta(n\log n)$。

第 3 种方法是一种随机算法，它的时间复杂性是 $O(n\log(1/e))$，其中，e 为该算法的错误概率。在后面将看到求数组主元素的随机算法。

第 4 种方法是寻找数组的中值元素，即数组中的第 $n/2$ 大元素，因为主元素也必定是中值元素，然后从头到尾扫描数组，如果中值元素的个数大于 $n/2$，则中值元素就是主元素。在后面的章节里将看到，可以用一个常数很大的 $\theta(n)$ 时间寻找中值元素。因此，这种方法的时间复杂性是 $\theta(n)$。

从上面几种方法可以看到，如果把比较操作作为基本操作，那么寻求使比较操作尽可能少的方法将是解决此问题的一个目标。下面介绍的一种方法，是把规模为 n 的问题，降低成规模为 $n-2k$（$1\leqslant k\leqslant n/2$）的子问题，然后进行归纳，这种方法可以达到这个目标。

因为数组主元素在数组中出现的次数大于 $n/2$，容易得到下面的结论：

结论 4.1　移去数组中两个不同元素后，如果原来数组中有主元素，那么该主元素仍然是新数组的主元素。

结论 4.1 可扩充为：

结论 4.2　如果数组里 $2k$ 个元素中有 k（$k\leqslant n/2$）个元素相同，那么移去这 $2k$ 个元素后，如果原来数组中有主元素，则该主元素仍然是新数组的主元素。

利用上述结论，对数组不断施加上述两种操作，缩小寻找主元素的范围，最后将得到下面 3 种情况：

（1）没剩余元素：则原来数组没有主元素；

（2）只剩下一个元素：该元素可作为主元素的候选者；

（3）在压缩数组规模的过程中，直接得到主元素的候选者。

然后，把主元素的候选者与原来数组中的元素逐一进行比较，并设置一个计数器，若相同，使计数器加 1。最后，若计数器之值大于 $n/2$，则该候选者就是原来数组的主元素。否则，该数组没有主元素。这样，就把寻求主元素的过程转化为寻求主元素候选者的过程。

假定寻找主元素候选者的算法为 candidate(Type A[ ], Type &c, int n, int m)，其中，n 为数组元素个数，m 为数组前面被移去的元素个数，$m<n$，c 是主元素的候选者，则该算法

在 $A[m] \sim A[n-1]$ 中寻找数组主元素的候选者。这个算法可用下面的步骤来实现：设置一个计数器，初值为 1，令 $c = A[m]$；由 $A[m+1]$ 开始，逐一地扫描元素，如果被扫描的元素等于 c，计数器加 1，否则计数器减 1；若计数器为 0，说明 $A[m+1]$ 不同于 $A[m]$，则按结论 4.1，用 candidate(A,c,n,m+2)继续寻找主元素候选者；若计数器不为 0，则继续扫描下一个元素，并对计数器做加 1 或减 1 操作，直到扫描到元素 $A[j]$（$m < j = m + 2k < n$）时，计数器变为 0，或者，数组的元素已全部扫描结束，而计数器仍大于 0。在前一种情况下，说明在 $A[m] \sim A[j]$ 这 $2k$ 个元素中，有 k 个相同的元素，则按结论 4.2，用 candidate(A,c,n,m+2k)继续寻找主元素候选者；在后一种情况下，$A[m]$ 就是主元素候选者。

如果把上述元素的扫描判断和计数器的计数操作称为 reduce 操作，那么，寻找主元素候选者的 candidate 算法可以按下面的方法进行归纳：

（1）基础步：$n \le m$，没有主元素候选者。

（2）归纳步：执行 reduce 操作，对元素进行扫描判断和计数器的计数。

① 数组的元素全部扫描结束，计数器恰等于 0，没有主元素候选者。

② 数组的元素全部扫描结束，计数器大于 0，$A[m]$ 就是主元素候选者。

③ 扫描到元素 $A[j]$（$m < j = m + 2k < n$），计数器等于 0，调用 candidate(A,c,n,m+2k)继续寻找主元素候选者。

于是，寻找主元素候选者算法描述如下：

算法 4.6 寻找主元素候选者

输入： 数组 A[]，数组元素个数 n，已被移去的元素个数 m

输出： 如果有主元素候选者，则返回 TRUE，c 为主元素候选者；否则，返回 FALSE

```
template <class Type>
BOLL candidate(Type A[],Type &c,int n,int m)
{
    int j, count;
    BOLL b;
    if (m>=n) b = FALSE;
    else {
        c = A[m];  j = m + 1;   count = 1;
        while (j<n && count>0) {
            if (A[j]==c) count = count + 1;
            else count = count - 1;
            j = j + 1;
        }
        if (j==n && count==0) b = FALSE;
        else if (j==n && count>0) b = TRUE;
        else b = candidate(A,c,n,j);
    }
    return b;
}
```

算法 candidate 假定数组前面 m 个元素（$A[0]\sim A[m-1]$）已被移去，现在从元素 $A[m]$ 开始，并把它作为候选者 c 来处理。如果现在 $m=n-1$，表明数组只剩余一个元素未处理，则第 9~13 行的循环条件将不满足，循环体不会执行；而第 15 行的条件语句将被满足，因此返回 TRUE，且 $A[m]$ 也将作为候选者被返回。如果未处理的元素不止一个，则第 9~13 行的循环将继续处理结论 4.1 和结论 4.2 的工作，直到变量 $j=n$ 或 $count=0$ 为止。这时，如果 $j=n$ 且 $count=0$，表明原数组有偶数个元素，它们经过结论 4.1 和结论 4.2 的两种操作后都已被移去，已没有剩余的元素，因此，数组没有主元素，而返回 FALSE；如果 $j=n$ 而 $count>0$，表明在移去 k（$1\leqslant k<(n-m)/2$）对元素后，尚有若干个元素与 $A[m]$ 相同，因此返回 TRUE，且 $A[m]$ 也将作为候选者被返回；如果 $j\neq n$ 而 $count=0$，表明在移去 k（$1\leqslant k<(n-m)/2$）对元素后，数组尚有剩余的元素未处理，于是，在第 16 行递归调用 candidate 算法，继续处理剩余的元素。

有了算法 candidate 后，求取数组主元素的 majority 算法可描述如下，它把 candidate 算法所返回的候选者元素和数组的所有元素逐一进行比较，判断它是否就是主元素。

算法 4.7　求取数组主元素

输入：数组 A[]，数组元素个数 n

输出：如果有主元素，则返回 TRUE，主元素为 m；否则，返回 FALSE

```
 1. template <class Type>
 2. BOLL majority(Type A[],Type &m,int n)
 3. {
 4.     int j, count = 0, k = 0;
 5.     BOLL flag;
 6.     flag = candidate(A,m,n,0);
 7.     if(flag) {
 8.         for (j=0;j<n;j++)
 9.             if (A[j]==m) count++;
10.         if (count<=n/2) flag = FALSE;
11.     }
12.     return flag;
13. }
```

显然，majority 算法的时间复杂性由第 6 行调用 candidate 所花费的时间和第 8、9 行的循环决定，而后者的运行时间为 $\Theta(n)$。假定 candidate 算法的第 9~13 行的循环体每次只处理 1 对元素，就执行第 16 行的递归调用，并假定数组元素为偶数，则 candidate 算法的时间复杂性可由下面的递归方程确定：

$$\begin{cases} f(n)=f(n-2)+1 \\ f(0)=0 \end{cases}$$

解此递归方程，可以得到 $f(n)=n/2=\Omega(n)$。

如果 candidate 算法的第 9~13 行的循环体每次处理 $2k_i$（$1\leqslant i\leqslant m, k_i<n/2$）个元素，在递归深度为 m 时，就可把寻找主元素候选者的范围由 n 减少到 1 或 0 而结束递归调用，因

此有：

$$\sum_{i=1}^{m} 2k_i \leqslant n$$

则每次递归调用时循环体中的比较次数为 $2k_i - 1$，总比较次数为

$$\begin{aligned}\sum_{i=1}^{m}(2k_i - 1) &= \sum_{i=1}^{m} 2k_i - m \\ &\leqslant n - m \\ &= O(n)\end{aligned}$$

由此可得，majority 算法的时间复杂性为 $\Theta(n)$。

4.1.5 整数划分问题的递归算法

用一系列正整数之和的表达式来表示一个正整数，称为整数的划分。例如，7 可划分为：

7

6 + 1

5 + 2，5 + 1 + 1

4 + 3，4 + 2 + 1，4 + 1 + 1 + 1

3 + 3 + 1，3 + 2 + 2，3 + 2 + 1 + 1，3 + 1 + 1 + 1 + 1

2 + 2 + 2 + 1，2 + 2 + 1 + 1 + 1，2 + 1 + 1 + 1+ 1 + 1

1 + 1 + 1+ 1 + 1 + 1 + 1

则上述任何一个表达式都称为整数 7 的一个划分。正整数 n 的不同划分的个数称为正整数 n 的划分数，记为 $p(n)$。求正整数 n 的划分数称为整数划分问题。

为了求取 $p(n)$，定义下面两个函数：

- $r(n, m)$：正整数 n 的划分中加数含 m 而不含大于 m 的所有划分数。
- $q(n, m)$：正整数 n 的划分中加数小于或等于 m 的所有划分数。

例如，在 7 的划分中：

含 6 而不含大于 6 的划分有 6 + 1，因此，$r(7,6)=1$；

含 5 而不含大于 5 的划分有 5 + 2，5 + 1 + 1，因此，$r(7,5)=2$；

含 4 而不含大于 4 的划分有 4 + 3，4 + 2 + 1，4 + 1 + 1 + 1，因此，$r(7,4)=3$；

含 3 而不含大于 3 的划分有 3 + 3 + 1，3 + 2 + 2，3 + 2 + 1 + 1，3 + 1 + 1 + 1 + 1，因此，$r(7,3)=4$；

而加数小于或等于 6 的划分数为：

$$q(7,6)=r(7,6)+r(7,5)+r(7,4)+r(7,3)+r(7,2)+r(7,1)=14$$

加数小于或等于 5 的划分数为：

$$q(7,5)=r(7,5)+r(7,4)+r(7,3)+r(7,2)+r(7,1)=13$$

加数小于或等于 4 的划分数为：

$$q(7,4)=r(7,4)+r(7,3)+r(7,2)+r(7,1)=11$$

显然有：

$$\begin{aligned} q(n, m) &= \sum_{i=1}^{m} r(n, i) \\ &= \sum_{i=1}^{m-1} r(n, i) + r(n, m) \\ &= q(n, m-1) + r(n, m) \end{aligned} \tag{4.1.1}$$

对所有小于 n 的 m，$r(n, m)$ 实际上是整数 $n-m$ 的不含大于 m 的划分数。例如，$r(7,3)$ 是整数 7 含有 3 而不含大于 3 的所有划分的个数：

$$3+3+1，3+2+2，3+2+1+1，3+1+1+1+1$$

它同时也是整数 $7-3=4$ 的不含大于 3 的划分数：

$$3+1，2+2，2+1+1，1+1+1+1$$

因此，有：

$$r(n,m) = q(n-m, m) \tag{4.1.2}$$

由式（4.1.1）和式（4.1.2）可得下面递归关系：

（1）$q(n, m) = q(n, m-1) + q(n-m, m)$

对所有的正整数 n，含 n 而不含大于 n 的划分只有一个，即 n 本身，因此有 $r(n,n)=1$，令 $m=n$，由式（4.1.1）可得下面关系：

（2）$q(n, n) = q(n, n-1) + 1$

显然，n 的划分不可能包含大于 n 的加数，因此有：

（3）$q(n, m) = q(n, n) \qquad m > n$

整数 1 只有一个划分，而不管 m 有多大，因此：

（4）$q(1, m) = 1$

对所有整数 n，含 1 而不含大于 1 的划分只有一个，即 $1+1+\cdots+1$，因此：

（5）$q(n,1) = 1$

根据上面 5 个关系，整数划分问题的递归算法可描述如下：

算法 4.8　整数划分问题的递归算法

输入：正整数 n，划分中的最大加数 m

输出：正整数 n 的划分数

```
unsigned q(unsigned n,unsigned m)
{
    unsigned p;
    if (n<1 || m<1) p = 0;
    else if (n==1 || m==1) p = 1;
    else if (n<=m) p = q(n,n-1) + 1;
    else p = q(n,m-1) + q(n-m,m);
    return p;
}
```

4.2 分 治 法

在求解一个输入规模为n，而n的取值又很大的问题时，直接求解往往非常困难。这时，可以先分析问题本身所具有的某些特性，然后从这些特性出发，选择某些适当的设计策略来求解。例如，如果把n个输入划分成k个子集，分别对这些子集进行求解，再把所得到的解组合起来，从而得到整个问题的解，这样，有时可以收到很好的效果。这种方法，就是所谓的分治法。

一般来说，分治法是把问题划分成多个子问题来进行处理。这些子问题，在结构上和原来的问题一样，但在规模上比原来的小。如果所得到的子问题相对来说还太大，可以反复地使用分治策略，把这些子问题再划分成更小的、结构相同的子问题。这样，就可以使用递归的方法分别求解这些子问题，并把这些子问题的解组合起来，从而获得原来问题的解。

4.2.1 分治法的例子

例 4.6 最大最小问题。

企业老板有n块金块，要从中挑选最重的一块发给绩效最高的员工，挑选最轻的一块发给绩效最低的员工。如果把员工的绩效作为关键字，或者把金块的重量作为关键字，这个问题可以转换成在一个具有n个元素的数组里，寻找关键字最大、最小的元素问题。可以很容易地用一般的算法来解这个问题。下面用分治法来求解，并说明分治法在求解这个问题时的执行过程。

假定数组中的元素由整数构成。使用分治法，把数组划分成大小大致相同的两个子数组A_1和A_2，再对这两个子数组分别反复地使用分治法，求出它们的最大元素和最小元素；然后，从所求得的两个最大的元素中进行比较，挑出最大的元素；从两个最小的元素中进行比较，挑出最小的元素，则可以减少元素比较的次数。用分治法求最大、最小元素的算法描述如下：

算法 4.9 分治法解最大最小问题

输入：整数数组 A[]，数组的起始边界和结束边界 low 和 high

输出：最大元素 e_max 和最小元素 e_min

```
void maxmin(int A[],int &e_max,int &e_min,int low,int high)
{
    int mid,x1,y1,x2,y2;
    if ((high-low <= 1)) {                    /* 元素少，直接求解 */
        if (A[high]>A[low]) {
            e_max = A[high];
```

```
7.              e_min = A[low];
8.          }
9.          else {
10.             e_max = A[low];
11.             e_min = A[high];
12.         }
13.     }
14.     else {
15.         mid = (low + high)/2;               /* 数组划分为两个子数组 */
16.         maxmin(A,x1,y1,low,mid);            /* 求取两个子数组的最大最小值 */
17.         maxmin(A,x2,y2,mid+1,high);
18.         e_max = max(x1,x2);                 /* 合并成原数组的最大最小值 */
19.         e_min = min(y1,y2);
20.     }
21. }
```

用分治法寻找最大、最小元素的过程如图 4.3 所示。

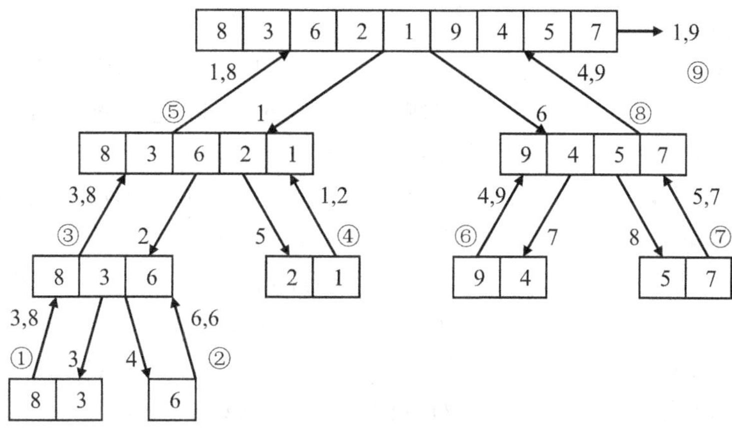

图 4.3　寻找最大、最小元素的过程

（1）在第 0 层调用算法 maxmin 时，数组中有 9 个元素；算法的第 15 行语句把数组分为两个子数组，第 16 行对具有 5 个元素的子数组，第 1 次递归调用算法 maxmin，进入 maxmin 的第 1 层调用。假定断点记为$(L_0,16)$，表示第 0 层调用执行到第 16 行被中断。

（2）在进入新的一层调用时，子数组中有 5 个元素，算法第 15 行语句把数组分为两个子数组，第 16 行对具有 3 个元素的子数组，第 2 次递归调用算法 maxmin，进入 maxmin 的第 2 层调用。断点记为$(L_1,16)$，表示第 1 层调用执行到第 16 行被中断。

（3）在第 2 层调用中，子数组中有 3 个元素，算法第 15 行语句把数组分为两个子数组，第 16 行对具有 2 个元素的子数组，第 3 次递归调用算法 maxmin，进入 maxmin 的第 3 层调用；断点记为$(L_2,16)$，表示第 2 层调用执行到第 16 行被中断。

（4）在第 3 层调用中，子数组中只有 2 个元素，直接由算法的第 5~12 行执行，返回数偶 3、8，并根据第 2 层的断点 $(L_2,16)$ 返回到第 2 层的第 16 行处。

（5）在第 2 层调用中，算法继续执行第 17 行的语句，第 4 次递归调用算法 maxmin，又重新进入第 3 层调用；断点记为 $(L_2,17)$，表示第 2 层调用执行到第 17 行被中断。

（6）在第 3 层调用中，只有 1 个元素，所以算法的第 5~12 行执行的结果是返回数偶 6、6，并根据第 2 层的断点 $(L_2,17)$ 返回到第 2 层的第 17 行处。

（7）在第 2 层调用中，算法继续执行第 18、19 行的语句，返回数偶 3、8，并根据第 1 层的断点 $(L_1,16)$ 返回到第 1 层的第 16 行处。

（8）在第 1 层调用中，算法继续执行第 17 行的语句，第 5 次递归调用算法 maxmin，又重新进入第 2 层调用。断点记为 $(L_1,17)$，表示第 1 层调用执行到第 17 行被中断。

（9）在第 2 层调用中，子数组中只有 2 个元素，直接执行算法的第 5~12 行，返回数偶 1、2，并根据第 1 层的断点 $(L_1,17)$ 返回到第 1 层的第 17 行处。

（10）在第 1 层调用中，算法继续执行第 18、19 行的语句，返回数偶 1、8，并根据第 0 层的断点 $(L_0,16)$ 返回到第 0 层的第 16 行处。

（11）在第 0 层调用中，算法继续执行第 17 行的语句，第 6 次递归调用算法 maxmin，又重新进入第 1 层调用，这时子数组中有 4 个元素。断点记为 $(L_0,17)$，表示第 0 层调用执行到第 17 行被中断。

（12）在第 1 层调用中，算法的第 15 行把子数组中的 4 个元素划分为两个子数组；第 16 行对具有 2 个元素的子数组，第 7 次递归调用算法 maxmin，进入 maxmin 的第 2 层调用。断点记为 $(L_1,16)$，表示第 1 层调用执行到第 16 行被中断。

（13）在第 2 层调用中，子数组中只有 2 个元素，直接执行算法的第 5~12 行，返回数偶 4、9，并根据第 1 层的断点 $(L_1,16)$ 返回到第 1 层的第 16 行处。

（14）在第 1 层调用中，算法继续执行第 17 行的语句，第 8 次递归调用算法 maxmin，又重新进入第 2 层调用。断点记为 $(L_1,17)$，表示第 1 层调用执行到第 17 行被中断。

（15）在第 2 层调用中，子数组中只有 2 个元素，直接执行算法的第 5~12 行，返回数偶 5、7，并根据第 1 层的断点 $(L_1,17)$ 返回到第 1 层的第 17 行处。

（16）在第 1 层调用中，算法继续执行第 18、19 行的语句，返回数偶 4、9，并根据第 0 层的断点 $(L_0,17)$ 返回到第 0 层的第 17 行处。

（17）在第 0 层调用中，算法继续执行第 18、19 行的语句，返回数偶 1、9，并返回到调用它的算法。至此，算法的工作完成。

令 $C(n)$ 表示算法对 n 个元素的数组所执行的比较次数。假定 n 是 2 的幂，当 $n=2$ 时，由第 5 行执行一次元素比较操作；当 $n>2$ 时，由第 16、17 行执行 2 次对 $n/2$ 个元素的递归调用，以及第 18、19 行的两个元素比较操作。因此，可以列出如下的递归方程：

$$\begin{cases} C(2)=1 \\ C(n)=2C(n/2)+2 & n>2 \end{cases}$$

令 $n=2^k$，$C(n)=C(2^k)=h(k)$，把上面方程改写成：

$$\begin{cases} h(1)=1 \\ h(k)=2h(k-1)+2 & k>1 \end{cases}$$

解上述递归方程，有：

$$\begin{aligned} h(k) &= 2(2h(k-2)+2)+2 \\ &= 2^2 h(k-2)+2^2+2 \\ &= \cdots \\ &= 2^{k-1}h(1)+2^{k-1}+2^{k-2}+\cdots+2^2+2 \\ &= 2^{k-1}+\sum_{i=1}^{k-1}2^i \\ &= \frac{1}{2}2^k+2^k-2 \\ &= \frac{3}{2}n-2 \end{aligned}$$

可见，用分治法求解最大最小问题，元素比较次数为$(3n/2)-2$。同时，算法的递归深度为$k=\log n$，每递归调用一次，就分配常数个工作单元。因此，算法所需要的工作空间为$\Theta(\log n)$。

例 4.7　合并排序的分治算法。

第 3 章所叙述的合并排序算法，可以很方便地用分治法来实现。下面是合并排序的分治算法的描述：

算法 4.10　合并排序的分治算法

输入：数组 A[]，起始元素下标 low，最后元素下标 high

输出：按递增顺序排序的数组 A[]

```
template <class Type>
void mergesort(Type A[],int low,int high)
{
    int mid;
    if (low<high) {
        mid = (low + high)/2;
        mergesort(A,low,mid);
        mergesort(A,mid+1,high);
        merge(A,low,mid,high);
    }
}
```

mergesort 算法在形式上类似于 maxmin 算法，把数组划分成大小大致相同的两个子数组A_1、A_2，再对这两个子数组分别反复地使用分治法，对它们进行排序；然后，再合并已排序好的两个子数组。其工作过程也完全类似于 maxmin 算法。

merge 算法在最好情况下运行时间为$n/2$，在最坏情况下是$n-1$。因此，mergesort 算法在最好情况下的运行时间可由下面的递归方程确定：

$$\begin{cases} f(1)=0 \\ f(n)=2f(n/2)+n/2 \end{cases}$$

令 $n=2^k$， $f(n)=f(2^k)=h(k)$，把上面方程改写成：

$$\begin{cases} h(0)=0 \\ h(k)=2h(k-1)+2^{k-1} \end{cases}$$

解此递归方程，可得：

$$\begin{aligned} h(k) &= 2h(k-1)+2^{k-1} \\ &= 2^2 h(k-2)+2\cdot 2^{k-1} \\ &= \cdots \\ &= 2^k h(0)+k\cdot 2^{k-1} \\ &= \frac{1}{2} n\log n \end{aligned}$$

在最坏情况下，mergesort 算法的运行时间可由下面的递归方程确定：

$$\begin{cases} f(1)=0 \\ f(n)=2f(n/2)+n-1 \end{cases}$$

令 $n=2^k$， $f(n)=f(2^k)=h(k)$，把上面方程改写成：

$$\begin{cases} h(0)=0 \\ h(k)=2h(k-1)+2^k-1 \end{cases}$$

解此递归方程，可得：

$$\begin{aligned} h(k) &= 2h(k-1)+2^k-1 \\ &= 2^2 h(k-2)+2\cdot 2^k-2-1 \\ &= \cdots \\ &= 2^k h(0)+k\cdot 2^k-\sum_{i=0}^{k-1} 2^i \\ &= n\log n-n+1 \end{aligned}$$

与第 3 章用循环方法实现的合并排序算法的结果一致。

4.2.2 分治法的设计原理

对于一个规模为 n 的问题 $P(n)$，可以把它分解为 k 个规模较小的子问题，这些子问题互相独立，且结构与原来问题的结构相同。在解这些子问题时，又对每一个子问题进行进一步的分解，直到某个阈值 n_0 为止。递归地解这些子问题，再把各个子问题的解合并起来，就得到原来问题的解。这就是分治法的思想方法。

1. 分治法的设计步骤

一般来说，可以把这种设计方法描述如下：

```
divide_and_conquer(P(n))
{
```

```
    if (n<=n0)
        return adhoc(P(n));
    else {
        divide P into smaller subinstances P1, P2, …, Pk;
        for (i=1;i<=k;i++)
            yi= divide_and_conquer(Pi);
        return merge(y1, y2, …, yk);
    }
}
```

其中，n_0 为某一个阈值，当问题的规模小于或等于 n_0 时，可以不必再对问题进行分解，而直接使用 adhoc 求解；adhoc 是分治算法中的一个子算法，用来直接求解规模较小的问题 P；merge 是分治算法中的合并子算法，用来把子问题 $P_1, P_2, \cdots, P_k$ 的解 $y_1, y_2, \cdots, y_k$，合并为问题 P 的解。

从上面分治法的描述中可以看到，分治法的设计由下面 3 个步骤组成：

（1）划分步：在这一步，把输入的问题实例划分为 k 个子问题。一般来说，应尽量使这 k 个子问题的规模大致相同。在很多情况下，使 $k=2$，例如上面的最大最小问题那样。也有 $k=1$ 的划分，但这仍然是把问题划分成两部分，取其中的一部分，而丢弃另一部分。例如二叉检索问题，如果用分治法来处理，就可以这样处理。

（2）治理步：当问题的规模大于某个预定义的阈值 n_0 时，治理步由 k 个递归调用组成。在上面的最大最小问题中，阈值 $n_0=2$。可以把阈值置为任何正常数，但是一般来说，阈值的大小经常与算法的性能有关。对某些算法，当 $k=2$ 时，使阈值 $n_0=8$ 或 16，有时可以改善算法的性能；而继续增大阈值，使其到达某一点以后，算法的性能就开始下降了。这在很大程度上取决于算法中的 adhoc 对阈值 n_0 的敏感程度，以及 merge 的处理情况。但是，应该强调，在某些算法里阈值可能不会像 1 那么小，它必须大于某个常数。通过仔细地分析算法，通常可以找到这个常数。

（3）组合步：这一步是把各个子问题的解组合起来。它对分治算法的实际性能至关重要，算法的有效性很大程度上依赖于组合步的实现。为理解这一点，假定 $n=k^m$，$n_0=1$。adhoc 解规模为 1 的问题，需花费 1 个单位时间。在把问题划分为 k 个子问题求解后，merge 把 k 个子问题的解合并成原问题的解，需花费 bn 个单位时间（其中，b 是某个正常数）。那么，分治算法的运行时间可由下面的递归方程确定：

$$\begin{cases} f(1)=1 \\ f(n)=k\,f(n/k)+bn & n>1 \end{cases}$$

因为 $n=k^m$，所以，有：

$$f(k^m)=k\,f(k^{m-1})+b\,k^m$$

令 $f(k^m)=h(m)$，上面的递归方程可以改写为：

$$\begin{cases} h(0)=1 \\ h(m)=k\,h(m-1)+b\,k^m \end{cases}$$

解这个递归方程，得到：

$$
\begin{aligned}
f(n) &= h(m) = k(kh(m-2)+bk^{m-1})+bk^m \\
&= k^2h(m-2)+2bk^m \\
&= \cdots \\
&= k^m h(0)+mbk^m \\
&= n+bn\log_k n
\end{aligned}
$$

由上式可以看到，算法的整个运行时间中，adhoc 子算法共花费 n 个单位时间，而组合步花费的时间为 $bn\log_k n$ 。当 $b>1$ ，n 很大时，它确定了算法的实际性能。

2. adhoc、merge、子问题个数与时间复杂性的关系

从上面的分析看到，分治算法的运行时间，与 adhoc 子算法、组合步 merge 子算法的运行时间以及子问题的个数 k 有关。在确定分治算法运行时间的递归方程中，adhoc 子算法的运行时间确定了递归方程的初始值；merge 子算法的运行时间确定了递归方程的非齐次项；而子问题的个数确定了递归方程低阶项的系数。下面的几个定理，说明了这几个参数与算法时间复杂性的关系。

定理 4.1 令 b 、d 是非负常数，n 是 2 的幂，则递归方程

$$
f(n)=\begin{cases} d & n=1 \\ 2f(n/2)+bn\log n & n\geqslant 2 \end{cases}
$$

的解是：

$$
f(n)=\Theta(n\log^2 n) \tag{4.2.1}
$$

证明 因为 n 是 2 的幂，令 $n=2^k$ ，即 $k=\log n$ ，再令 $h(k)=f(2^k)=f(n)$ ，递归方程可重新写成：

$$
h(k)=\begin{cases} d & k=0 \\ 2h(k-1)+bk2^k & k\geqslant 1 \end{cases}
$$

解上述方程，有：

$$
\begin{aligned}
h(k) &= 2(2h(k-2)+b(k-1)2^{k-1})+bk2^k \\
&= 2^2h(k-2)+(k-1+k)b2^k \\
&= \cdots \\
&= 2^k h(0)+(1+2+\cdots+k-1+k)b2^k \\
&= dn+bn\sum_{i=1}^{k} i \\
&= dn+\frac{1}{2}bnk(k+1) \\
&= dn+\frac{1}{2}bn\log n(\log n+1) \\
&= \Theta(n\log^2 n)
\end{aligned}
$$

定理证毕。

引理 4.1　令 a、c 是非负整数，b、d 和 x 是非负常数，对某个非负整数 k，有 $n=c^k$，则递归方程：

$$f(n)=\begin{cases} d & n=1 \\ a\,f(n/c)+b\,n^x & n\geqslant 2 \end{cases}$$

的解是：

$$f(n)=b\,n^x \log_c n+d\,n^x \qquad a=c^x \tag{4.2.2}$$

$$f(n)=\left(d+\frac{bc^x}{a-c^x}\right)n^{\log_c a}-\left(\frac{bc^x}{a-c^x}\right)n^x \quad a\neq c^x \tag{4.2.3}$$

证明　因为 $n=c^k$，有 $k=\log_c n$，令 $h(k)=f(c^k)=f(n)$，原递归方程重新写成：

$$h(k)=\begin{cases} d & k=0 \\ a\,h(k-1)+b\,c^{kx} & k\geqslant 1 \end{cases}$$

求解该方程，有：

$$\begin{aligned}
h(k)&=a(a\,h(k-2)+b\,c^{(k-1)x})+b\,c^{kx}\\
&=a^2h(k-2)+a\,b\,c^{(k-1)x}+b\,c^{kx}\\
&=\cdots\\
&=a^k h(0)+a^{k-1}b\,c^x+a^{k-2}b\,c^{2x}+\cdots+a^0 b\,c^{kx}\\
&=a^k h(0)+\sum_{i=0}^{k-1}a^i b\,c^{(k-i)x}\\
&=a^k h(0)+bc^{kx}\sum_{i=0}^{k-1}(a/c^x)^i\\
&=d\,a^{\log_c n}+b\,n^x\sum_{i=0}^{k-1}(a/c^x)^i
\end{aligned}$$

下面分两种情况讨论：

（1）$a=c^x$，有：

$$\sum_{i=0}^{k-1}(a/c^x)^i=k=\log_c n$$

因为 $\log_c a=\log_c c^x=x$，由式（2.1.7）有：

$$a^{\log_c n}=n^{\log_c a}=n^x$$

由此得到：

$$\begin{aligned}
f(n)=h(k)&=d\,a^{\log_c n}+b\,n^x\sum_{i=0}^{k-1}(a/c^x)^i\\
&=d\,n^x+b\,n^x\log_c n
\end{aligned}$$

（2）$a\neq c^x$，由式（2.1.19）及 $n=c^k$，有：

$$b n^{x} \sum_{i=0}^{k-1}(a / c^{x})^{i}=\frac{b n^{x}(a / c^{x})^{k}-b n^{x}}{(a / c^{x})-1}$$
$$=\frac{b a^{k}-b n^{x}}{(a / c^{x})-1}$$
$$=\frac{b c^{x} a^{\log_{c} n}-b c^{x} n^{x}}{a-c^{x}}$$
$$=\frac{b c^{x} n^{\log_{c} a}-b c^{x} n^{x}}{a-c^{x}}$$

因此，

$$f(n)=h(k)=d a^{\log_{c} n}+b n^{x} \sum_{i=0}^{k-1}(a / c^{x})^{i}$$
$$=d n^{\log_{c} a}+\frac{b c^{x} n^{\log_{c} a}-b c^{x} n^{x}}{a-c^{x}}$$
$$=\left(d+\frac{b c^{x}}{a-c^{x}}\right) n^{\log_{c} a}-\left(\frac{b c^{x}}{a-c^{x}}\right) n^{x}$$

引理证毕。

由引理 4.1，可得出下面两个推论：

推论 4.1 令 a、c 是非负整数，b、d 和 x 是非负常数，对某个非负整数 k，有 $n=c^{k}$，则递归方程：

$$f(n)=\begin{cases} d & n=1 \\ a f(n / c)+b n^{x} & n \geqslant 2 \end{cases}$$

的解满足：

$$f(n)=b n^{x} \log_{c} n+d n^{x} \qquad a=c^{x} \tag{4.2.4}$$

$$f(n) \leqslant \begin{cases} d n^{x} & a<c^{x}, d \geqslant b c^{x} /(c^{x}-a) \\ \left(\dfrac{b c^{x}}{c^{x}-a}\right) n^{x} & a<c^{x}, d<b c^{x} /(c^{x}-a) \end{cases} \tag{4.2.5}$$

$$f(n) \leqslant\left(d+\frac{b c^{x}}{a-c^{x}}\right) n^{\log_{c} a} \qquad a>c^{x} \tag{4.2.6}$$

证明 式（4.2.4）和式（4.2.6）直接由引理 4.1 得出，下面证明式（4.2.5）。

因为 $a<c^{x}$，有 $\log_{c} a<\log_{c} c^{x}=x$，所以，$n^{\log_{c} a}<n^{x}$；由引理 4.1，有：

$$f(n)=\left(d+\frac{b c^{x}}{a-c^{x}}\right) n^{\log_{c} a}-\left(\frac{b c^{x}}{a-c^{x}}\right) n^{x}$$
$$=\left(\frac{b c^{x}}{c^{x}-a}\right) n^{x}+\left(d-\frac{b c^{x}}{c^{x}-a}\right) n^{\log_{c} a}$$

因此，当 $d \geqslant b c^{x} /(c^{x}-a)$ 时，有：

$$f(n) \leqslant \left(\frac{bc^x}{c^x - a}\right) n^x + \left(d - \frac{bc^x}{c^x - a}\right) n^x$$

$$= d\,n^x$$

当 $d < bc^x/(c^x - a)$ 时，立即有：

$$f(n) \leqslant \left(\frac{bc^x}{c^x - a}\right) n^x$$

式（4.2.5）证毕。

由引理 4.1，令 $x = 1$，可得下面的推论：

推论 4.2　令 a、c 是非负整数，b、d 是非负常数，对某个非负整数 k，有 $n = c^k$，则递归方程：

$$f(n) = \begin{cases} d & n = 1 \\ a f(n/c) + bn & n \geqslant 2 \end{cases}$$

的解是：

$$f(n) = bn\log_c n + dn \qquad a = c \tag{4.2.7}$$

$$f(n) = \left(d + \frac{bc}{a-c}\right) n^{\log_c a} - \left(\frac{bc}{a-c}\right) n \qquad a \neq c \tag{4.2.8}$$

由引理 4.1 和推论 4.1，可得下面定理：

定理 4.2　令 a、c 是非负整数，b、d 和 x 是非负常数，对某个非负整数 k，有 $n = c^k$，则递归方程：

$$f(n) = \begin{cases} d & n = 1 \\ a f(n/c) + bn^x & n \geqslant 2 \end{cases}$$

的解是：

$$f(n) = \begin{cases} \Theta(n^x) & a < c^x \\ \Theta(n^x \log n) & a = c^x \\ \Theta(n^{\log_c a}) & a > c^x \end{cases} \tag{4.2.9}$$

如果令 $x = 1$，则有：

$$f(n) = \begin{cases} \Theta(n) & a < c \\ \Theta(n\log n) & a = c \\ \Theta(n^{\log_c a}) & a > c \end{cases} \tag{4.2.10}$$

3. 子问题规模与时间复杂性的关系

在分治算法中，规模为 n 的问题有可能被分解为 k 个规模各不相同的子问题。这时，所列出的递归方程，用归纳法求解存在一定程度的困难。但是，在很多情况下，给定的递归方程类似于某个已知的递归方程，而后者的解是预先知道的。这时，可以假设所列出的递归方程的解，与已知递归方程的解存在一个常数因子 c 的关系；然后证明并推导出 c 的大小，从而从侧面证明所列出的递归方程解的上界或下界。利用这种方法，可以证明下面的定理。

定理 4.3　令b和c_1、c_2是大于 0 的常数，则递归方程：

$$f(n)=\begin{cases} b & n=1 \\ f(\lfloor c_1 n \rfloor)+f(\lfloor c_2 n \rfloor)+bn & n\geqslant 2 \end{cases} \tag{4.2.11}$$

的解是：

$$f(n)=\begin{cases} \Theta(n\log n) & c_1+c_2=1 \\ \Theta(n) & c_1+c_2<1 \end{cases} \tag{4.2.12}$$

特别地，当$c_1+c_2<1$时，有：

$$f(n)\leqslant bn/(1-c_1-c_2)=O(n) \tag{4.2.13}$$

证明　（1）考虑$c_1+c_2=1$的情况

如果$c_1=c_2=1/2$，上述方程相当于：

$$f(n)=\begin{cases} b & n=1 \\ 2f(n/2)+bn & n\geqslant 2 \end{cases}$$

由式（4.2.7）知，这个方程的解是$bn\log n+bn$。因此，假定存在一个待定常数$c>0$，使得对所有的$\lfloor c_1 n \rfloor$、$\lfloor c_2 n \rfloor$，$n\geqslant 2$，

$$f(n)\leqslant cbn\log n+bn \tag{4.2.14}$$

成立。把式（4.2.14）代入所求解递归方程（4.2.11）的右边，有：

$$\begin{aligned} f(n)&=f(\lfloor c_1 n \rfloor)+f(\lfloor c_2 n \rfloor)+bn \\ &\leqslant cb\lfloor c_1 n \rfloor\log\lfloor c_1 n \rfloor+b\lfloor c_1 n \rfloor+cb\lfloor c_2 n \rfloor\log\lfloor c_2 n \rfloor+b\lfloor c_2 n \rfloor+bn \\ &\leqslant cbc_1 n\log c_1 n+bc_1 n+cbc_2 n\log c_2 n+bc_2 n+bn \\ &=cbn\log n+bn+cbn(c_1\log c_1+c_2\log c_2)+bn \end{aligned}$$

要使式（4.2.14）成立，必须有：

$$cbn(c_1\log c_1+c_2\log c_2)+bn\leqslant 0$$

因为$c_1+c_2=1$，所以：

$$c_1\log c_1+c_2\log c_2<0$$

因此，有：

$$c\geqslant -1/(c_1\log c_1+c_2\log c_2) \tag{4.2.15}$$

则c是一非负常数。因此，在满足式（4.2.15）时，有：

$$f(n)\leqslant -\frac{bn\log n}{c_1\log c_1+c_2\log c_2}+bn=O(n\log n)$$

可以用类似的方法证明$f(n)=\Omega(n\log n)$。因此，$f(n)=\Theta(n\log n)$。

（2）考虑$c_1+c_2<1$的情况

如果$c_1=c_2=1/4$，上述方程相当于：

$$f(n)=\begin{cases} b & n=1 \\ 2f(n/4)+bn & n\geqslant 2 \end{cases}$$

由式（4.2.8）知，这个方程的解是$2bn-b\sqrt{n}$。因此，假定存在一个待定常数$c>0$，使得

对所有的$\lfloor c_1 n \rfloor$、$\lfloor c_2 n \rfloor$，$n \geq 2$，

$$f(n) \leqslant cbn \tag{4.2.16}$$

成立。把式（4.2.16）代入所求解递归方程（4.2.11）的右边，有：

$$\begin{aligned} f(n) &= f\left(\lfloor c_1 n \rfloor\right) + f\left(\lfloor c_2 n \rfloor\right) + bn \\ &\leqslant cb\lfloor c_1 n \rfloor + cb\lfloor c_2 n \rfloor + bn \\ &\leqslant cbc_1 n + cbc_2 n + bn \\ &= c(c_1 + c_2)bn + bn \end{aligned}$$

要使式（4.2.16）成立，必须有：

$$c(c_1 + c_2)bn + bn \leqslant cbn$$

即有：

$$c \geqslant 1/(1 - c_1 - c_2) \tag{4.2.17}$$

因此，在满足式（4.2.17）时，有：

$$f(n) \leqslant bn/(1 - c_1 - c_2) = O(n) \tag{4.2.18}$$

可用类似方法证明 $f(n) = \Omega(n)$。因此，$f(n) = \Theta(n)$。

定理 4.3 说明：当子问题规模之和小于原问题的规模时，算法的运行时间可以达到$\Theta(n)$。但必须注意，这个线性时间是乘以一个常数因子$b/(1 - c_1 - c_2)$的。

4.2.3　快速排序

第 3 章叙述的用循环迭代实现的合并排序算法 merge_sort 和本章前面所讲的用分治法实现的合并排序算法 mergesort 都使用了算法 merge，把两个递增的子序列合并成一个递增的序列，其中用到了一个大小为n的工作空间。本节将使用另一种分治算法，不需要额外的工作空间，即可对n个元素进行排序。其思想方法是把一个序列划分为两个子序列，使第 1 个子序列的所有元素都小于第 2 个子序列的所有元素。不断地进行这样的划分，最后构成n个序列，每个序列只有一个元素。这时，它们就是按递增顺序排列的序列了。

1. 序列的划分

定义 4.1　给定序列$a_1, a_2, \cdots, a_n$，如果存在元素a_k，使得对所有的i（$1 \leqslant i < k$），都有$a_i \leqslant a_k$，对所有的j（$k < j \leqslant n$）都有$a_j \geqslant a_k$，就称a_k是这个序列的枢点（pivot）元素。

于是，如果能在序列中寻找一个枢点元素，就可以把序列划分成小于枢点元素的子序列、枢点元素以及大于枢点元素的子序列。

在序列中寻找枢点元素的一种方法是：把序列的第 1 个元素作为枢点元素，重新排列这个序列，使得枢点元素之前的元素都小于枢点元素，枢点元素之后的元素都大于枢点元素。下面是这种方法的描述：

算法 4.11　按枢点元素划分序列

输入： 数组 A[]，序列的起始位置 low，终止位置 high

输出： 按枢点元素划分的序列 A[]，枢点元素位置 i

```
template <class Type>
int split(Type A[],int low,int high)
{
    int k,i = low;
    Type x = A[low];
    for (k=low+1;k<=high;k++) {
        if (A[k]<=x) {
            i = i + 1;
            if (i!=k)
                swap(A[i],A[k]);
        }
    }
    swap(A[low],A[i]);
    return i;
}
```

该算法维护两个指针 i 和 k，它们分别初始化为 low 和 $low+1$。这两个指针由左到右移动，使得在执行 for 循环的每一轮循环体之后，都有：

（1）$A[low]=x$。

（2）对所有的 j（$low \leqslant j \leqslant i$）都有 $A[j] \leqslant x$。

（3）对所有的 j（$i<j \leqslant k$）都有 $A[j]>x$。

在这个算法扫描了所有元素之后，再把枢点元素 $A[low]$ 和 $A[i]$ 进行交换，使得枢点元素位于指针 i 的位置，从而使得指针 i 之前的所有元素都小于或等于枢点元素，指针 i 之后的所有元素都大于枢点元素。图 4.4 说明了这种情况。

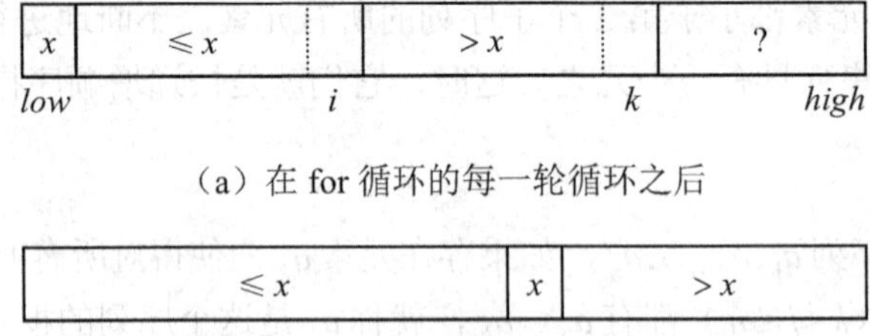

（a）在 for 循环的每一轮循环之后

（b）在算法结束之后

图 4.4　算法 split 的工作情况

在执行这个算法时，序列中的所有元素都需要与枢点元素 $A[low]$ 进行比较，以确定该元素应该处于枢点元素之前，还是处于枢点元素之后。因此，划分 n 个元素序列的 split 算法，需执行 $n-1$ 次元素比较操作。所以，其时间复杂性是 $\Theta(n)$。

2. 快速排序算法的实现

现在，利用 split 算法来实现快速排序。下面是快速排序算法的描述：

算法 4.12　快速排序算法

输入：数组 A[]，数组元素的起始位置 low，终止位置 high

输出：按递增顺序排序的数组 A[]

```
 1. template <class Type>
 2. void quick_sort(Type A[],int low,int high)
 3. {
 4.     int k;
 5.     if (low<high) {
 6.         k = split(A,low,high);
 7.         quick_sort(A,low,k-1);
 8.         quick_sort(A,k+1,high);
 9.     }
10. }
```

算法的第 5 行判断被排序子序列的起始位置和终止位置是否重叠，如果是，说明该序列只有一个元素，无须继续排序，算法直接返回；如果不是，则第 6 行的 split 算法对子序列进行划分，找出该子序列新的枢点元素位置。第 7、8 行继续对被划分出来的两个新的子序列递归调用 quick_sort 算法，进行新的一轮划分。下面的例子说明 quick_sort 算法的工作过程。

例 4.8　图 4.5 表示 quick_sort 算法的执行过程。假定数组元素的关键字值如图 4.5 中的第 1 排数字所示，后续的几排数字分别表示逐次调用 split 算法后，枢点元素、被划分的两个子序列的关键字值。在第 1 次调用时，进入递归算法的第 0 层。split 产生的枢点元素关键字值为 5。此外，把序列划分成两个子序列，关键字值分别为 2、4、3 和 8、6、7、9。下面用元素的关键字值来代表该元素。第 0 层的第 7 行对序列 2、4、3 进行处理，第 8 行对序列 8、6、7、9 进行处理。在第 7 行处理时，调用 quick_sort，进入第 1 层递归。在第 1 层，split 产生枢点元素 2，并把序列划分成一个空的序列，及一个由元素 4、3 构成的序列；第 1 层的第 7 行对空序列调用 quick_sort 后，马上返回；第 8 行处理序列 4、3 的调用，进入第 2 层递归。在第 2 层，split 产生枢点元素 4，并把序列划分成由元素 3 构成的序列及一个空序列，第 2 层的第 7 行对元素 3 调用 quick_sort，因为只有一个元素，马上返回；接着的第 8 行对空序列调用 quick_sort，也马上返回。第 2 层在完成第 8 行的处理后返回到第 1 层。这样，第 1 层的第 8 行也完成了对序列 4、3 的处理，返回到第 0 层，继续执行第 0 层第 8 行对序列 8、6、7、9 的处理，从而又进入第 1 层。第 1 层 split 产生枢点元素 8 和两个子序列 7、6 及 9。第 1 层的第 7 行对序列 7、6 进行处理，而第 8 行对序列 9 进行处理。当第 8 行处理完后，返回到第 0 层。这时，第 0 层也完成了第 8 行的处理，从而返回到主调用的算法。

图 4.5　quick_sort 算法的执行过程

3. 最坏情况分析

如果被排序的初始序列，其元素已经是按递增顺序或递减顺序排列的，则这时就处于最坏的情况。如果是按递增顺序排列的，算法每一次执行 split，总使枢点元素位于子序列的第 1 个位置，原序列被划分成一个空序列，及一个长度为 $n-1$ 的子序列。算法 quick_sort 第 7、8 行的调用参数将分别是 quick_sort($A,0,-1$)及 quick_sort($A,1,n-1$)。第 1 个调用是对一个空序列进行操作，将马上返回；第 2 个调用将对一个长度为 $n-1$ 的子序列进行操作，在执行 split 后，它又将调用 quick_sort($A,1,0$)及 quick_sort($A,2,n-1$)，前者仍然是对空序列的操作，后者则是对长度为 $n-2$ 的子序列进行操作。结果是产生一系列的对空序列的操作，以及如下一系列的实质性操作：

$$\text{quick\_sort}(A,0,n-1),\ \text{quick\_sort}(A,1,n-1),\ \cdots,\ \text{quick\_sort}(A,n-1,n-1)$$

对一系列空序列的操作的总时间花费是 $\Theta(n)$，而上述这些实质性的操作又转而对算法 split 执行如下的一系列操作：

$$\text{split}(A,0,n-1),\text{split}(A,1,n-1),\cdots,\text{split}(A,n-1,n-1)$$

split 对 n 个元素的序列进行划分，需要执行 $n-1$ 次元素比较操作。由此，在最坏情况下，算法 quick_sort 所执行的元素比较的总次数是：

$$(n-1)+(n-2)+\cdots+1+0=\frac{1}{2}n(n-1)=\Theta(n^2)$$

如果初始序列已经是按递减顺序排列的，则情况类似。

在上述最坏情况下，算法的递归深度为 n，每一次递归调用，都需要常数个工作单元。因此，在这种情况下所需要的工作单元为 $\Theta(n)$。

在下面的章节中将看到：可以用线性时间 $\Theta(n)$ 在 n 个元素的序列中，选取中值元素作为枢点元素。如果采用这种方法来划分序列，将把序列划分成两个长度接近相同的子序列。这样，两个递归调用都可以对接近相同长度的序列进行操作。于是，算法所执行的元素比较次数，就有如下的递归方程：

$$\begin{cases} f(1)=0 & n=1 \\ f(n)=2f(n/2)+\Theta(n) & n>1 \end{cases}$$

解这个递归方程，可以得到 $f(n)=\Theta(n\log n)$。因此，得到如下结论：算法 quick_sort 在最坏情况下的运行时间是 $\Theta(n^2)$，如果选取序列的中值元素作为枢点元素，则算法的时间复杂性是 $\Theta(n\log n)$。这时，算法的递归深度接近于 $\log n$。因此，所需要的工作单元为 $\Theta(\log n)$。

4. 平均情况分析

假定序列中所有元素的关键字的值都不相同，元素的每一种排列的概率都一样，则序列中任何元素作为序列的第 1 个元素的可能性也一样，即它们被选取作为枢点元素的可能性都为 $1/n$。如果被选取的枢点元素经过 split 的重新排列后，位于序列的第 k 位置（其中，$1\leqslant k\leqslant n$），则枢点元素左边序列的元素个数有 $k-1$ 个，右边序列的元素个数有 $n-k$ 个。令 $f(n)$ 是算法对 n 个元素进行排序时所执行的平均比较次数，则有：

$$\begin{cases} f(0)=0 & n=0 \\ f(n)=(n-1)+\dfrac{1}{n}\sum\limits_{k=1}^{n}(f(k-1)+f(n-k)) & n>0 \end{cases}$$

因为：

$$\sum_{k=1}^{n} f(k-1)=f(0)+f(1)+\cdots+f(n-1)=\sum_{k=1}^{n} f(n-k)=\sum_{k=0}^{n-1} f(k)$$

所以：

$$f(n)=(n-1)+\frac{2}{n}\sum_{k=0}^{n-1} f(k)$$

把上式两边乘以 n，得到：

$$n f(n)=n(n-1)+2\sum_{k=0}^{n-1} f(k) \tag{4.2.19}$$

用 $n-1$ 取代上式中的 n，有：

$$(n-1)f(n-1)=(n-1)(n-2)+2\sum_{k=0}^{n-2} f(k) \tag{4.2.20}$$

令式（4.2.19）－ 式（4.2.20），得到：

$$n f(n)=(n+1)f(n-1)+2(n-1)$$

两边除以 $n(n+1)$，得到：

$$\frac{f(n)}{n+1}=\frac{f(n-1)}{n}+\frac{2(n-1)}{n(n+1)}$$

令 $h(n)=f(n)/(n+1)$，代入上式，得到：

$$\begin{cases} h(0)=0 & n=0 \\ h(n)=h(n-1)+\dfrac{2(n-1)}{n(n+1)} & n>0 \end{cases}$$

解此递归方程，得：

$$\begin{aligned} h(n) &= \sum_{k=1}^{n}\frac{2(k-1)}{k(k+1)} = 2\sum_{k=1}^{n}\frac{2}{k+1} - 2\sum_{k=1}^{n}\frac{1}{k} \\ &= 4\sum_{k=2}^{n+1}\frac{1}{k} - 2\sum_{k=1}^{n}\frac{1}{k} \\ &= 4\left(\sum_{k=1}^{n}\frac{1}{k} + \frac{1}{n+1} - 1\right) - 2\sum_{k=1}^{n}\frac{1}{k} \\ &= 2\sum_{k=1}^{n}\frac{1}{k} - \frac{4n}{n+1} \end{aligned}$$

由式（2.1.26）及式（2.1.8），有：

$$\begin{aligned} h(n) &= 2\ln n - \Theta(1) \\ &= \frac{2\log n}{\log e} - \Theta(1) \\ &\approx 1.44\log n \end{aligned}$$

所以有：

$$f(n)=(n+1)h(n)\approx 1.44\,n\log n$$

由此得到下面的结论：对输入为 n 的序列，quick_sort 算法所执行的元素比较的平均次数是 $\Theta(n\log n)$。

4.2.4 多项式乘积和大整数乘法

现代密码技术经常需要计算两个长度超过数百位的十进制大整数的乘积，而计算机的运算器无法容纳这样大的整数进行运算，只能以软件的方法来实现。其中一种方法是把十进制整数看成是以 10 为底的 n 阶多项式，用计算两个多项式乘积的方法来计算两个大整数的乘积。

为了计算两个 n 阶多项式 $p(x)$、$q(x)$：

$$p(x)=a_0+a_1x+\cdots+a_nx^n \qquad q(x)=b_0+b_1x+\cdots+b_nx^n$$

的加法或减法，需要 $n+1$ 次加法或减法操作；如果计算它们的乘积，将得到一个具有 $2n+1$ 项系数的 $2n$ 阶多项式，采用一般方法计算，需要 $(n+1)^2$ 次乘法运算和 $n(n+1)$ 次加法运算。例如，计算两个 2 阶多项式的乘积，得到一个具有 5 项系数的 4 阶多项式：

$$(1-x+3x^2)(2+3x+4x^2)=2+x+7x^2+5x^3+12x^4$$

将需要 9 次乘法运算和 6 次加法运算。因此，两个多项式加法或减法的运算时间随着输入规模的增大而线性增加；而两个多项式乘法的运算时间，则随着输入规模的增大而非线性增加。在处理多项式乘法时，如果先降低多项式的阶再进行运算，就有可能减少其运算时间。

1. 多项式的划分原理

为了减少两个多项式乘积中的乘法运算的次数，把一个多项式划分成两个多项式：

$$p(x)=p_0(x)+p_1(x)x^{n/2} \qquad q(x)=q_0(x)+q_1(x)x^{n/2} \tag{4.2.21}$$

则有：

$$p(x)q(x)=p_0(x)q_0(x)+(p_0(x)q_1(x)+p_1(x)q_0(x))x^{n/2}+p_1(x)q_1(x)x^n \tag{4.2.22}$$

因为：

$$\begin{aligned}&(p_0(x)+p_1(x))(q_0(x)+q_1(x))\\&=P_0(x)q_0(x)+p_1(x)q_1(x)+p_0(x)q_1(x)+p_1(x)q_0(x)\end{aligned}$$

所以，

$$\begin{aligned}&p_0(x)q_1(x)+p_1(x)q_0(x)\\&=(p_0(x)+p_1(x))(q_0(x)+q_1(x))-p_0(x)q_0(x)-p_1(x)q_1(x)\end{aligned}$$

令：

$$r_0(x)=p_0(x)q_0(x) \tag{4.2.23}$$

$$r_1(x)=p_1(x)q_1(x) \tag{4.2.24}$$

$$r_2(x)=(p_0(x)+p_1(x))(q_0(x)+q_1(x)) \tag{4.2.25}$$

则有：

$$p(x)q(x)=r_0(x)+(r_2(x)-r_0(x)-r_1(x))x^{n/2}+r_1(x)x^n \tag{4.2.26}$$

如果直接计算式（4.2.22），需要计算 4 个多项式的乘法和 3 个多项式的加法；而采用式（4.2.26）计算，则需 3 个多项式的乘法和 4 个多项式的加法或减法。由于多项式乘法时间远多于加法时间，采用式（4.2.26）计算，对比较大的 n 将有很大的改进。

2. 多项式乘积分治算法的实现

假定多项式有 n 项系数，为简单起见，$n=2^k$（如果 n 不是 2 的幂，可以增加系数为 0 的项，使其成为 2 的幂）。这样，就可以根据式（4.2.21），把多项式划分成只有 $n/2$ 项系数的多项式，利用式（4.2.23）、式（4.2.24）、式（4.2.25）分别计算只有 $n/2$ 项系数的 3 个多项式的乘积，再利用式（4.2.26），把 3 个多项式的乘积合并成一个多项式的乘积。多项式的划分过程一直进行到只有两个系数为止，这时就直接对只有两个系数的多项式进行计算。下面的算法描述了这种处理过程。

算法 4.13　多项式乘积的分治算法
输入： 存放多项式系数的数组 p[]、q[]，系数的项数 n
输出： 存放两个多项式乘积结果的系数的数组 r0[]

```
void poly_product(float p[],float q[],float r0[],int n)
```

```
{
    int m,i;
    float *r1,*r2,*r3,*r4;
    r1 = new float[2*n];                     /* 多项式乘积的缓冲区*/
    r2 = new float[2*n];
    r3 = new float[2*n];
    r4 = new float[2*n];
    for (i=0;i<2*n;i++)                      /* 缓冲区清零 */
        r0[i] = r1[i] = r2[i] = r3[i] = r4[i] = 0;
    if (n==2)                                /* 只有两项系数,直接计算 */
        product(p,q,r0);
    else {
        m = n/2;                             /* 项数划分为原来的一半 */
        poly_product (p,q,r0,m);             /* 递归计算 r0 */
        poly_product (p+m,q+m,r1+2*m,m);     /* 递归计算 r1 */
        plus(p,p+m,r3,m);                    /* 计算 p0 + p1 */
        plus(q,q+m,r4,m);                    /* 计算 q0 + q1 */
        poly_product (r3,r4,r2+m,m);         /* 递归计算 r2 */
        mins(r2+m,r0,2*m);                   /* 计算 r2 - r0 - r1 */
        mins(r2+m,r1+2*m,2*m);
        plus(r0+m,r2+m,r0+m,2*m);            /* 合并结果 */
        plus(r0+2*m,r1+2*m,r0+2*m,2*m);
    }
    delete r1;
    delete r2;
    delete r3;
    delete r4;
}
```

系数只有两项时，直接用 product 函数计算。

```
void product(float p[],float q[],float c[])
{
    c[1] = p[0] * q[0];
    c[3] = p[1] * q[1];
    c[2] =(p[0] + p[1]) * (q[0] + q[1]) - c[1] - c[3];
}
```

两个具有 n 项系数的多项式相加：

```
void plus(float p[],float q[],float c[],int n)
{
    int i;
    for (i=0;i<n;i++)
```

```
        c[i] = p[i] + q[i];
}
```

两个具有 n 项系数的多项式相减：

```
void mins(float p[],float q[],int n)
{
    int i;
    for (i=0;i<n;i++)
        p[i] = p[i] - q[i];
}
```

算法 4.13 的第 5~10 行分配工作单元用的缓冲区，并把缓冲区清零；第 11、12 行判断多项式的项数，项数为 2 项时，直接调用 product 函数计算；否则，第 14 行把项数划分为两半。第 15 行计算 $r_0(x)=p_0(x)q_0(x)$，后者位于 $p[0]$、$q[0]$ 开始的位置，且具有 $m=n/2$ 项系数，所得到的 $r_0(x)$ 具有 $2m-1$ 项系数，它们被置于 $r0[1]$ 开始的 $2m-1$ 个单元中；第 16 行计算 $r_1(x)=p_1(x)q_1(x)$，后者位于 $p[m]$、$q[m]$ 开始的位置，也具有 m 项系数，所得到的 $r_1(x)$ 具有 $2m-1$ 项系数，它们被置于 $r1[2m+1]$ 开始的 $2m-1$ 个单元中；第 17~19 行计算 $r_2(x)=(p_0(x)+p_1(x))(q_0(x)+q_1(x))$，计算的结果也具有 $2m-1$ 项系数，它们被置于 $r_2[m+1]$ 开始的 $2m-1$ 个单元中；第 20、21 行计算 $r_2(x)-r_0(x)-r_1(x)$，计算的结果仍然被置于 $r_2[m+1]$ 开始的 $2m-1$ 个单元中。由于数组 $r0$、$r1$、$r2$ 在初始化时被清零，因此除存放上述计算结果的单元外，其余单元都为 0。最后，第 22、23 行把存放于数组 $r0$、$r1$、$r2$ 的系数合并起来，存放于 $r0[1]$ 开始的 $4m-1$ 个单元中，这些数据就是两个多项式乘积的系数。$r0$、$r1$、$r2$ 中存放的数据及这些数据合并的情况，如图 4.6 所示。

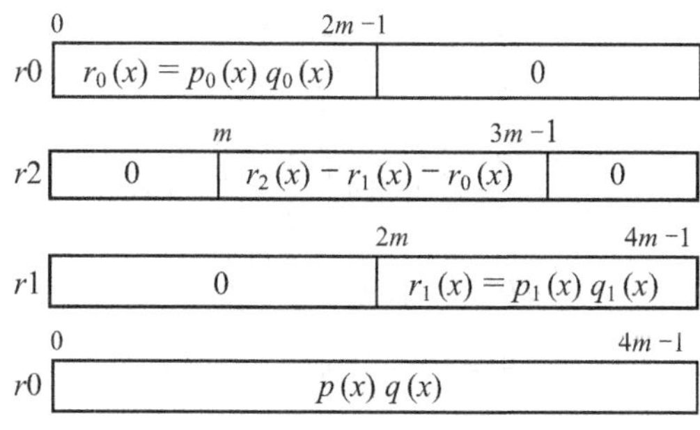

图 4.6　合并 3 个多项式系数的情况

3. 多项式乘积分治算法的分析

如果多项式有 n 项系数，当 $n=2$ 时，直接调用 product 函数进行计算，需要 3 个乘法运算、4 个加法或减法运算。当 $n>2$ 时，假定 $n=2^k$，把具有 n 项系数的多项式划分为只有 $m=n/2$ 项系数的两个较小的多项式，原来计算 n 项系数的多项式的乘积，转换为计算 3 个只有 m 项系数的多项式的乘积；此外，为了计算 $p_0(x)+p_1(x)$、$q_0(x)+q_1(x)$，需要计算

2 次具有 m 项系数的多项式的加法，每个多项式的加法，需要 m 次加法运算；为了计算 $r_2(x)-r_0(x)-r_1(x)$，需要计算 2 次具有 $2m-1$ 项系数的多项式的减法，每个多项式的减法需要 $2m-1$ 次减法运算；最后，把 3 个多项式的系数合并成一个多项式的系数时，需要计算两次具有 $2m-1$ 项系数的多项式的加法，每次需要 $2m-1$ 次加法运算。因此，如果把 plus 函数和 mins 函数中的加、减法运算也估计进来，并把计算 $p_0(x)+p_1(x)$、$q_0(x)+q_1(x)$ 时所需要的两次具有 m 项系数的多项式的加法，当作计算 1 次具有 $2m$ 项系数的多项式的加法，则共需计算 5 次具有 $2m$ 项系数的多项式的加法或减法。令 $f(n)$ 表示对具有 n 项系数的两个多项式的乘积所需要的所有加、减法运算次数（但不包括辅助运算），那么可以列出如下递归方程：

$$\begin{cases} f(2)=7 & n=2 \\ f(n)=3f(n/2)+5n & n>2 \end{cases}$$

因为 $n=2^k$，把上面方程改写成：

$$\begin{cases} h(1)=7 & k=1 \\ h(k)=3h(k-1)+5\cdot 2^k & k>2 \end{cases}$$

解上面方程，有：

$$\begin{aligned} h(k) &= 3(3h(k-2)+5\cdot 2^{k-1})+5\cdot 2^k \\ &= 3^2 h(k-2)+5\cdot 3^1\cdot 2^{k-1}+5\cdot 3^0\cdot 2^k \\ &= \cdots \\ &= 3^{k-1}h(1)+5(3^{k-2}\cdot 2^2+\cdots+3^0\cdot 2^k) \\ &= \frac{7}{3}\cdot 3^k+5\sum_{i=0}^{k-2}3^i\cdot 2^{k-i} \\ &= \frac{7}{3}\cdot 3^k+5n\sum_{i=0}^{k-2}\left(\frac{3}{2}\right)^i \\ &= \frac{7}{3}\cdot 3^k+10n\left(\frac{3}{2}\right)^{k-1}-10n \\ &= 9\cdot 3^k-10n \\ &= 9\cdot n^{\log 3}-10n \\ &= \Theta(n^{\log 3}) \end{aligned}$$

假定每次乘法运算和加、减法运算都花费一个单位时间，并忽略其他辅助操作的时间，计算多项式乘积的一般方法，约需 $2n^2$ 单位时间，而用分治法计算，约需 $9\cdot n^{\log 3}-10n$ 单位时间。当 $n=10$ 时，后者是前者的 1.23 倍；当 $n=100$ 时，后者是前者的 0.615 倍；当 $n=1000$ 时，后者是前者的 0.250 倍；当 $n=10000$ 时，后者是前者的 0.098 倍。考虑到计算机中，乘法运算指令所花费的时间，一般是加、减法运算指令的若干倍。在上面的估算中可以看到，算术乘法运算共需 $3^k=n^{\log 3}$ 次，而其余的算术加、减法共需 $8n^{\log 3}-10n$ 次。如果把 8 次加、减法运算时间折合为 1 次乘法运算时间，则当 $n=10$ 时，后者是前者的 0.573 倍；当 $n=100$

时，后者是前者的 0.252 倍；当 $n=1000$ 时，后者是前者的 0.100 倍；当 $n=10000$ 时，后者是前者的 0.039 倍。

在递归调用该算法时，如果输入规模为 n，算法需要分配 $8n$ 个工作单元作为多项式乘积的缓冲区。递归深度每增加 1，所分配的缓冲区的大小就减少一半。当 $n=2^k$ 时，递归深度为 k，则递归栈所需要的工作空间为：

$$\begin{aligned}\sum_{i=1}^{k} 8\cdot 2^i &= 8(2^{k+1}-1)\\ &= 16n-8\\ &= \Theta(n)\end{aligned}$$

因此，算法的递归栈所需要的工作空间为 $\Theta(n)$。

4. 十进制大整数乘法

如果把十进制大整数看成是以 10 为底的多项式，就可以利用多项式乘积的方法来实现大整数的乘法。假定 $n=2^k$，两个 n 位大整数的乘积将得到一个 $2n$ 位的大整数。下面是两个正十进制整数乘法的分治算法：

算法 4.14　正十进制整数乘法的分治算法

输入：存放十进制整数各个位的数值的数组 p[]、q[]，位的长度 n

输出：存放乘积结果的各个位的数值的数组 r0[]

```
void integer_product(int p[],int q[],int r0[],int n)
{
    int m,i;
    int *r1,*r2,*r3,*r4;
    r1 = new int[2*n];                            /* 缓冲区 */
    r2 = new int[2*n];
    r3 = new int[2*n];
    r4 = new int[2*n];
    for (i=0;i<2*n-1;i++)                         /* 缓冲区清零 */
        r0[i] = r1[i] = r2[i] = r3[i] = r4[i] = 0;
    if (n==2)                                     /* 只有两项系数,直接计算 */
        d_product(p,q,r0);
    else {
        m = n/2;                                  /* 项数划分为原来的一半 */
        integer_product(p,q,r0,m);                /* 递归计算 r0 */
        integer_product(p+m,q+m,r1+2*m,m);        /* 递归计算 r1 */
        d_plus(p,p+m,r3,m);                       /* 计算 p0 + p1 */
        d_plus(q,q+m,r4,m);                       /* 计算 q0 + q1 */
        integer_product(r3,r4,r2+m,m);            /* 递归计算 r2 */
        d_mins(r2+m,r0,2*m);                      /* 计算 r2 - r0 - r1 */
        d_mins(r2+m,r1+2*m,2*m);
```

```
        d_plus(r0,r2,r0,4*m);              /* 合并结果 */
        d_plus(r0,r1,r0,4*m);
    }
    delete r1;
    delete r2;
    delete r3;
    delete r4;
}
```

两个 2 位的整数乘法运算时，直接计算，形成 4 位十进制数。

```
void d_product(int p[],int q[],int c[])
{
    int t1,t2,r[4]={0,0,0,0};
    t1 = p[0]*q[0];
    c[1] = t1%10;
    c[0] = t1/10;
    t2 = p[1]*q[1];
    c[3] = t2%10;
    c[2] = t2/10;
    r[1] =(p[0] + p[1])*(q[0] + q[1])-t1-t2;
    r[2] = r[1]%10;
    r[1] = r[1]/10;
    d_plus(c,r,c,4);
}
```

两个 n 位整数相加：

```
void d_plus(int p[],int q[],int c[],int n)
{
    int i,c1=0;
    for (i=n-1;i>=0;i--) {
        c[i] = p[i] + q[i] + c1;
        if ((c[i]>=10) && (i>0)) {
            c[i] = c[i] - 10;
            c1 = 1;
        }
        else c1 = 0;
    }
}
```

两个 n 位整数相减：

```
void d_mins(int p[],int q[],int n)
```

```
{
    int i,c=0;
    for (i=n-1;i>=0;i--)
       p[i] = p[i] - q[i] - c;
       if ((p[i]<0) && (i>0)) {
          p[i] = p[i] + 10;
          c = 1;
       }
       else c = 0;
    }
}
```

因为$r_2 - r_0 - r_1 \geqslant 0$，d_mins 函数结果的最高位不会产生借位，因此 d_mins 函数最高位不进行借位处理。另外，两个 n 位长的十进制正整数乘法的结果，不会产生比 $2n$ 位更长的结果。d_plus 函数的运行结果如果是最终结果，也不会产生进位；如果是中间结果，则最高位的内容，不管是大于 10 或小于 10，都将作为一位数字保留在下一次计算时参与运算处理。因此，d_plus 函数的最高位也不进行进位处理。

4.2.5　平面点集最接近点对问题

计算几何中的一个基本问题是：给定平面上 n 个点的点集 S，在这 n 个点所组成的点对中，寻找距离最近的点对问题。假定 S 中的两点 $p_1=(x_1,y_1)$ 及 $p_2=(x_2,y_2)$，它们之间的距离定义为：

$$d(p_1,p_2)=\sqrt{(x_1-x_2)^2+(y_1-y_2)^2}$$

其中，$d(p_1,p_2)$ 称为点 p_1 和 p_2 的欧几里得距离。n 个点可以组成 $n(n-1)/2$ 个点对，按照蛮力法，可以分别计算这些点对的距离，从中找出距离最近的一对即可。显然，用这种方法寻找最接近点对，需要花费 $O(n^2)$ 运算时间。

如果使用分治法，像上面所叙述的那样，就有可能减少其运算时间。即把点集 S 划分成两个大小大致相同的子集 S_l 和 S_r，分别递归地在这两个子集中寻找最接近点对，如果构成 S 的最接近点对就在 S_l 或 S_r 中，只要取这两个点对中之最小者，它就是 S 中的最接近点对；但是，如果 S 的最接近点对，一点在 S_l 中，另一点却在 S_r 中，就需要再进一步的处理。

1. 分治法解最接近点对的思想方法及步骤

用分治法解平面点集最接近点对问题时，其思想方法可以概括如下：假定 S 中有 n 个顶点，把 S 中的点按 x 坐标的递增顺序排序；再把 S 按水平方向划分成两个子集 S_l 和 S_r，使得 $|S_r|=\lfloor n/2 \rfloor$，$|S_l|=\lceil n/2 \rceil$；令 L 是分开这两个子集的垂线，则 S_l 中所有的点都在 L 的左边，S_r 中所有的点都在 L 的右边；分别递归地计算这两个子集 S_l 和 S_r 中的最接近点对及其距离 d_l 和 d_r；在组合步，找出 S_l 中距离 S_r 中最接近点对的点及其距离 d_c；最后，取 d_l、d_r、d_c 中的最小者，即为集合 S 中的最接近点对。

在计算d_c时，因为S_l与S_r中各有大约$n/2$个点，如果分别计算S_l中的每一点与S_r中的每一点的距离，再从中找出它们中的最小者，仍然需要$O(n^2)$的运算时间。因此，必须寻找一种有效的方法来解决这个问题。

令$d=\min\{d_l,d_r\}$，如果最接近的点对是由S_l中的某一点p_l与S_r中的某一点p_r所组成的，那么p_l和p_r必定在划分线L两侧且距离划分线最大为d的一条长带区域中，如图4.7所示。如果令S_l'是S_l中距离划分线L小于d的点集，S_r'是S_r中距离划分线L小于d的点集，那么点p_l必定在S_l'中，点p_r必定在S_r'中。

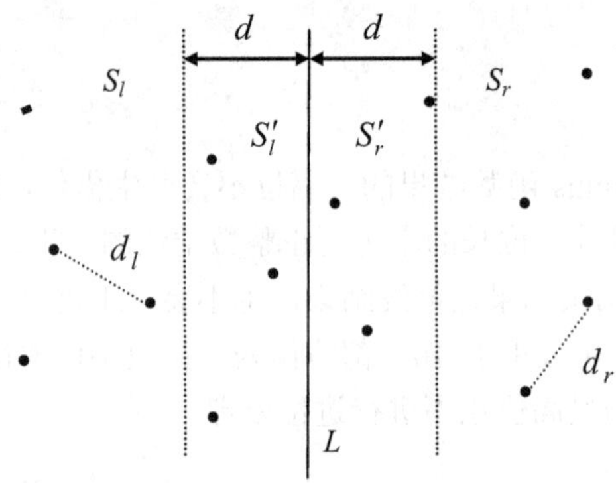

图4.7　在划分线两侧寻找最接近点对的情况

但是，在最坏情况下，仍然有可能$S_l=S_l'$，而$S_r=S_r'$。这时，S中所有的点都集中在划分线L两侧距离L不超过d的一条长带区域中。于是，仍然各有大约$n/2$个点需分别进行判断，同样需要进行$(n/2)(n/2)=O(n^2)$次的比较判断。

进一步对上述情况进行分析。假定点p是在这条长带区域中y坐标最小的点，它可能在S_l'中，也可能在S_r'中，$p.y$是其y坐标值。那么，点p只要和S_l'或S_r'中的少数几个点进行比较，这些点处于以坐标$p.y$为底边、以$p.y+d$为顶边、以$L-d$为左侧边、以$L+d$为右侧边的一个矩形区域中，如图4.8所示。这个矩形区域以L为中线，分为两个相等的正方形部分，一部分在S_l'中，另一部分在S_r'中。

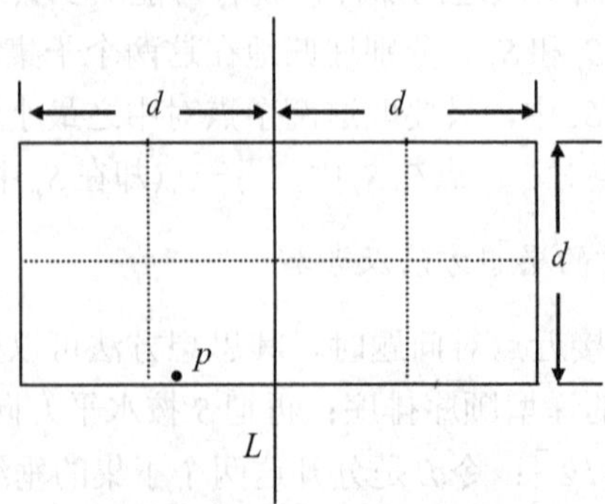

图4.8　在一个矩形区中寻找最接近点p的点对

进一步的分析表明，在这个矩形区域中的点最多只有 8 点，其中 S_l' 和 S_r' 中最多各有 4 点。这可以证明如下：如图 4.8 所示，对这个矩形区在水平方向上四等分、在垂直方向上二等分，把这个矩形区划分成 8 个大小为 $(d/2)\times(d/2)$ 的小正方形区。如果 S_r' 中有 5 个以上的点落在 S_r' 的较大的正方形区中，那么根据鸽舍原理，在这 5 个点中，至少有 2 个点落在同一个小正方形区。假定这两个点为 u 、v ，它们在水平方向和垂直方向上的坐标分别为 $u.x$ 和 $u.y$ 以及 $v.x$ 和 $v.y$ ，那么这两个点的距离 $d_{u,v}$ 为：

$$d_{u,v}=\sqrt{(u.x-v.x)^2+(u.y-v.y)^2}\leqslant\sqrt{(d/2)^2+(d/2)^2}=\frac{d}{2}\sqrt{2}<d$$

这个结果与 $d=\min\{d_l,d_r\}$ 相矛盾。因此，不可能有两点同时落在一个小正方形区中。也因此，在 S_r' 中最多只有 4 点落在其较大的正方形区中。同理可证，在 S_l' 中最多也只有 4 点落在其较大的正方形区中。所以，最多只有 8 点落在整个矩形区中。

这样一来，如果可以保证在以 L 为中线的这条长带区域中的点，都按 y 坐标方向递增的顺序排序，那么从 y 坐标最小的点开始，每一点最多和它上面的 y 坐标比它大的 7 个点进行比较。这样，计算 d_c 所进行的比较次数，在最坏情况下可减少为 $7n$，即可找出这条长带区域中的最接近点对。

假定用数组 X 存放平面点集中的元素，为了在组合步中方便地计算 d_c，使用另一个数组 Y 作为辅助数组，预先进行下面的处理。这样，分治法解平面点集最接近点对的步骤便可叙述如下：

（1）预处理步骤

① 如果 X 中元素个数 n 小于 2，直接返回；否则，转步骤②。

② 按 x 坐标的递增顺序排列 X 中元素；令 X 中的第一个元素下标为 low，最后一个元素下标为 $high$ 。

③ 把 X 中的元素及该元素在 X 中的位置（下标）复制到 Y 数组，按 y 坐标的递增顺序排列 Y 中元素。此时，Y 中每一个元素有两项内容，即 X 中的元素及该元素在 X 中的位置（下标）。

④ 以 Y 为辅助数组，调用分治算法，计算 X 中下标为 $low\sim high$ 的元素的最接近点对及其距离。

（2）分治步骤

① 如果 $high-low\leqslant 3$，直接计算；否则，转步骤②。

② 令 $m=(high-low)/2$ ，把数组 X 划分成两个子数组，其下标分别为 $low\sim low+m$ ，$low+m+1\sim high$ 。

③ 分别以大小为 $low\sim low+m$ 和 $low+m+1\sim high$ ，分配两个新的数组 SL 和 SR ，以数组 X 的下标值 $low+m$ 为界，根据数组 Y 中的元素所保存的该元素在 X 中的位置（下标），把位置低于或等于 $low+m$ 的元素依次复制到 SL ，把位置高于 $low+m$ 的元素依次复制到 SR ，则 SL 和 SR 中的元素也按 y 坐标的递增顺序排列。

④ 以 SL 作为辅助数组，递归调用分治算法，计算 X 中下标为 $low\sim low+m$ 的元素的最接近点对及其距离 d_l 。

⑤ 以 SR 作为辅助数组，递归调用分治算法，计算 X 中下标为 $low+m+1 \sim high$ 的元素的最接近点对及其距离 d_r。

（3）组合步

① 令 $d=\min\{d_l,d_r\}$。

② 在辅助数组 Y 中，对 $|X[low+m].x-Y[i].x|<d$，$0\leqslant i<n$ 的所有元素，重新依次存放于数组 Z，则数组 Z 的元素仍然按 y 坐标的递增顺序排列。

③ 从 y 坐标最小的元素开始，对数组 Z 中的每一个元素 u，与 y 坐标比 u 大且满足 $v.y-u.y<d$ 的元素 v 进行比较，寻找距离最小的点对。对每一个特定的元素 u，能满足这种条件的元素 v 可能没有，如果有，最多不会超过7个。

2. 解最接近点对的分治算法的实现

假定存放平面点集 X 的元素的数据结构为：

```
typedef struct {
    float   x;              /* 元素的x坐标 */
    float   y;              /* 元素的y坐标 */
} POINT;
```

为了使辅助数组 Y 中的元素方便地与 X 数组中的元素互相对应，另外定义存放辅助数组 Y 的元素的数据结构：

```
typedef struct {
    int  index;             /* 该元素在X数组中的下标 */
    float   x;              /* 元素的x坐标 */
    float   y;              /* 元素的y坐标 */
} A_POINT;
```

则求解平面点集最接近点对的算法可描述如下：

算法4.15 平面点集最接近点对问题

输入：存放平面点集元素的数组X[]，元素个数n

输出：最接近的点对a,b,及距离d

```
void closest_pair(POINT X[],int n,POINT &a,POINT &b,float &d)
{
    if (n<2)
        d = 0;
    else {
        merge_sort1(X,n);                  /* 按x坐标递增顺序排列X中元素 */
        A_POINT *Y = new A_POINT[n];
        for (int i=0;i<n;i++) {            /* 把数组X中的元素复制到数组Y */
            Y[i].index = i;
            Y[i].x = X[i].x;
            Y[i].y = X[i].y;
```

```
12.         }
13.         merge_sort2(Y,n);              /* 按 y 坐标递增顺序排列 Y 中元素 */
14.         closest(X,Y,0,n-1,a,b,d);      /* 在数组 X 中寻找最接近点对 */
15.         d = sqrt(d);
16.         delete Y;
17.     }
18. }
```

算法的第 3、4 行判断点集元素个数，若小于 2，把 0 作为距离直接返回；否则，继续后面的处理。第 6 行对数组 *X* 中的元素，按 *x* 坐标的递增顺序排列。第 7~12 行分配一个新的数组 *Y* 作为辅助数组，把 *X* 中的元素复制到 *Y* 中。第 13 行按 *y* 坐标的递增顺序排列 *Y* 中元素。第 14 行调用 closest 计算点集 *X* 中的最接近点对，返回点对 *a* 和 *b*，以及 *a* 和 *b* 的距离的平方值 *d*。第 15 行计算 *d* 的开平方值，然后释放辅助数组 *Y* 所占用的空间后返回。

closest 的描述如下：

算法 4.16　分治法计算平面点集的最接近点对

输入：存放排序过的点集元素的数组 X[]、Y[]，数组 X[] 的起始下标 low、终止下标 high，存放点对的引用变量 a、b 以及存放距离平方值的引用变量 d

输出：点对 a，b 及 a、b 之间的距离的平方值 d

```
void closest(POINT X[],A_POINT Y[],int low, int high,
             POINT &a,POINT &b,float &d)
{
    int i,j,k,m;
    POINT  al,bl,ar,br;
    float  dl,dr;
    if ((high-low)==1)                         /* n=2,直接计算 */
        (a = X[low], b = X[high], d = dist(X[low],X[high]));
    else if ((high-low)==2) {                  /* n=3,直接计算 */
        dl = dist(X[low],X[low+1]);
        dr = dist(X[low],X[low+2]);
        d = dist(X[low+1],X[low+2]);
        if ((dl<=dr)&&(dl<=d))
            (a = X[low], b = X[low+1], d = dl);
        else if (dr<=d)
            (a = X[low], b = X[low+2], d = dr);
        else
            (a = X[low+1], b = X[low+2]);
    }
    else {                                     /* n>3,进行分治 */
        m = (high - low) / 2 + low;            /* 以 m 为界把 X 划分为两半 */
        A_POINT *SL = new A_POINT[m+1-low];
        A_POINT *SR = new A_POINT[high-m];
```

```
23.         j = k = 0;
24.         for (i=0;i<=high-low;i++)
25.             if (Y[i].index<=m)
26.                 SL[j++] = Y[i];             /* 收集左边子集辅助数组元素 */
27.             else
28.                 SR[k++] = Y[i];             /* 收集右边子集辅助数组元素 */
29.         closest(X,SL,low,m,al,bl,dl);     /* 计算左边子集最接近点对 */
30.         closest(X,SR,m+1,high,ar,br,dr); /* 计算右边子集最接近点对 */
31.         if (dl<dr)                         /* 组合步 */
32.             (a = al, b = bl, d = dl);
33.         else
34.             (a = ar, b = br, d = dr);
35.         POINT *Z = new POINT[high-low+1];
36.         k =0;
37.         for (i=0;i<=high-low;i++) {       /* 收集两侧距离中线小于 d 的元素 */
38.             if (fabs(X[m].x-Y[i].x)<d)
39.                 (Z[k].x = Y[i].x,   Z[k++].y = Y[i].y);
40.         for (i=0;i<k;i++) {
41.             for (j=i+1;(j<k)&&(Z[j].y-Z[i].y<d);j++) {
42.                 dl = dist(Z[i],Z[j]);
43.                 if (dl<d)
44.                     (a = Z[i],  b = Z[j],  d = dl);
45.             }
46.         }
47.         delete SL;   delete SR;
48.         delete Z;
49.     }
50. }

51. float dist(POINT a,POINT b)
52. {
53.     float dx,dy;
54.     dx = a.x - b.x;   dy = a.y - b.y;
55.     return (dx * dx + dy * dy);
56. }
```

算法的第 6、7 行处理 $n=2$ 的情况；第 8~18 行处理 $n=3$ 的情况。这两种情况，都直接计算，并直接返回结果。第 19 行起开始处理 $n>3$ 的情况。第 20~30 行处理分治的过程。第 31~46 行处理组合过程。

在分治处理过程中，为了能够正确地递归调用 closest，必须保证：

（1）closest 所处理的子数组是按 x 坐标的递增顺序排列的；

（2）辅助数组是按 y 坐标的递增顺序排列的；

（3）辅助数组的元素与所处理的子数组的元素是相对应的。

算法的第 21、22 行分配两个数组 SL 和 SR，以便在递归调用 closest 时作为辅助数组；在进入 closest 前，数组 X 和辅助数组 Y 已经分别按 x 和 y 坐标的递增顺序排列，因此第 20 行把数组 X 划分成两半，使得下列关系成立：

$$X[i]x \leqslant X[m].x \qquad low \leqslant i \leqslant m$$

$$X[i]x \geqslant X[m].x \qquad m+1 \leqslant i \leqslant high$$

第 24~28 行根据数组 Y 中的元素所保存的该元素在 X 中的位置 $index$，把位置低于或等于 m 的元素依次复制到 SL，把位置高于 m 的元素依次复制到 SR，则 SL 和 SR 中的元素也按 y 坐标的递增顺序排列；同时，保持 SL 中的元素与 $X[i]$（$low \leqslant i \leqslant m$）的元素相对应、$SR$ 中的元素与 $X[i]$（$m+1 \leqslant i \leqslant high$）的元素相对应，这就为第 29、30 行的递归调用 closest 的参数准备了条件。在此基础上，第 29 行计算得到第 1 个子数组的最接近点对于 al、bl 及 dl；第 30 行计算得到第 2 个子数组的最接近点对于 ar、br 及 dr。

在组合步，第 31~34 行综合两个子数组的最接近点对于 a、b 及 d。第 35~39 行，把辅助数组 Y 中位于 $X[m].x \pm d$ 范围内的元素依次收集到 Z 中。在此之前，Y 中的元素是按 y 坐标的递增顺序排列的，在依次收集之后，Z 中元素仍然按 y 坐标的递增顺序排列。第 40~44 行，对 Z 中的元素，从坐标最低的元素开始，向上判断与其相邻的最多 7 个元素，若存在距离小于 d 的点对，就把它们复制到 a、b 及 d。

在 closest 中所计算的 d 是距离的平方值，对它进行开平方的处理，留在 closest_pair 中一次执行。

3. *解最接近点对的分治算法的分析*

在算法 closest_pair 中，第 8~12 行把数组 X 中的元素复制到辅助数组 Y 中，执行 n 个元素的复制操作，需要 $\Theta(n)$ 的运行时间；第 6、13 行分别对数组 X 和 Y 进行排序，由 3.1.2 节知道，它们都需要 $\Theta(n\log n)$ 的运行时间。因此，该算法的运行时间取决于这两个排序操作的时间及第 14 行运行 closest 算法的时间。

在 closest 算法中，假定 $n=2^k$，当 $n \leqslant 3$ 时，进行一次计算，直接得出结果；当 $n>3$ 时，算法的运行时间取决于下面几个部分的总和：第 24~28 行的循环，把辅助数组 Y 中的元素按 x 坐标值分别复制到两个辅助数组中，需要 n 个元素的复制操作；第 29、30 行执行规模为 $n/2$ 的两个 closest 的递归调用；第 36~39 行的循环，从辅助数组 Y 中，提取位于中线两侧距离中线小于 d 的元素，需要对 n 个元素的 x 坐标值进行判断；第 40~44 行，对位于中线两侧的元素按 y 坐标值由下而上，与邻近最多 7 个元素进行比较，在最坏情况下，所有 n 个元素都位于中线两侧且距离中线小于 d 的一条长带区域中，则这一步骤最多需执行 $7n$ 次元素比较操作。假定把这些操作都作为基本操作，于是可以列出下面的递归方程：

$$\begin{cases} f(2)=1 & n=2 \\ f(n)=2f(n/2)+9n & n>2 \end{cases}$$

令 $h(k)=f(n)=f(2^k)$，上述方程改写成：

$$\begin{cases} h(1)=1 & k=1 \\ h(k)=2h(k-1)+9\cdot 2^k & k>1 \end{cases}$$

解这个方程，得到：

$$\begin{aligned} h(k) &= 2^{k-1}h(1)+9(k-1)2^k \\ &= 9n\log n-17n/2 \\ &= O(n\log n) \end{aligned}$$

所以，closest 算法的运行时间是 $O(n\log n)$。而在 closest_pair 算法中，对数组 X 和 Y 的合并排序操作需要 $\Theta(n\log n)$ 时间。因此，closest_pair 的运行时间是 $\Theta(n\log n)$。

在 closest_pair 中，算法分配一个大小为 n 个元素的辅助数组 Y。此后，在每一次递归调用 closest 时，都必须分配 SL、SR、Z 等 3 个辅助数组。当输入规模为 n 时，这 3 个辅助数组共需 2n 个元素的存储空间。递归深度每增加 1，所分配的辅助数组的大小就减少一半。当 $n=2^k$ 时，递归深度为 k，因此算法所分配的总的元素存储空间为：

$$\begin{aligned} \sum_{i=1}^{k} 2\cdot 2^i + n &= 2(2^{k+1}-1)+n \\ &= 5n-2 \\ &= \Theta(n) \end{aligned}$$

由此，算法所需要的工作空间为 $\Theta(n)$。

4.2.6 选择问题

在快速排序算法 quick_sort 中，使用 split 算法对元素进行划分，在最坏情况下，其时间复杂性将是 $O(n^2)$。这是由于 split 算法选择数组的第 1 个元素作为枢点元素，而这个枢点元素将定位于数组的什么位置是未知的。如果能够以 $O(n)$ 时间选取数组的中值元素作为枢点元素，那么就可以直接把数组划分为大致相等的两个子数组。quick_sort 算法使用这样的算法来划分数组，也就可以在最坏的情况下，达到 $O(n\log n)$ 的运行时间。下面是一种能够以 $O(n)$ 时间选取数组的中值元素或任意的第 k 小元素的算法，它从另一个侧面说明了分治法的应用。把这个算法称为选择算法。

1. 选择算法的思想方法

用分治法选择中值元素或第 k 小元素的基本思想是：在分治算法的递归调用的每一个划分步里，放弃一个固定部分的元素，对其余元素进行递归。于是，问题的规模便以几何级数递减。如果每一次递归放弃处理 1/3 的元素，那么在第 2 次递归时，只要处理原来 2/3 的元素；在第 3 次递归时，只要处理原来 4/9 的元素，如此等等。如果算法的规模为 n，并能够在每一次递归调用时，使得算法对每个元素的花费不会超过一个常数时间 c，那么处理所有元素所花费的时间将是：

$$cn+(2/3)cn+(2/3)^2cn+\cdots+(2/3)^icn+\cdots=\sum_{i=0}^{\infty}cn(2/3)^i$$

根据式（2.1.22），上式的值为$3cn=\Theta(n)$。这样，便可以按线性时间来完成问题的处理。

根据上面的思想方法，可以采用如下步骤来选择中值元素或第k小元素：

（1）当 $n\leqslant n_0$（n_0为某个阈值）时，直接排序数组，第k个元素即为所求取的元素；否则，转步骤（2）。

（2）把元素划分为$p=\lfloor n/5\rfloor$组，每组 5 个元素，不足 5 个元素的那一组不予处理。

（3）取每组的中值元素，构成一个规模为p的数组M。

（4）对数组M递归地执行算法，得到一个中值的中值元素m。

（5）把原数组划分成P,Q,R等 3 组，使得小于m的元素存放于P，等于m的元素存放于Q，大于m的元素存放于R。

（6）如果$|P|>k$，对P 递归地执行算法；否则，转步骤（7）。

（7）如果$|P|+|Q|\geqslant k$，则m就是所要选择的元素；否则，转步骤（8）。

（8）对R递归地执行算法。

例 4.9　按递增顺序，找出下面 29 个元素的第 18 小元素：8,31,60,33,17,4,51,57,49,35,11,43,37,3,13,52,6,19,25,32,54,16,5,41,7,23,22,46,29。

当$k=18$时，算法的执行步骤如下：

（1）把前面 25 个元素划分为 5 组：(8,31,60,33,17),(4,51,57,49,35), (11,43,37,3,13),(52,6,19,25,32),(54,16,5,41,7)，其余 4 个元素暂不处理。

（2）提取每一组的中值元素，构成一个中值元素的集合：(31,49,13,25,16)。

（3）递归地调用算法去求取该中值元素集合的中值，得到$m=25$。

（4）根据$m=25$，把原来的数组划分成 3 个子数组：$P=\{8,17,4,11,3,13,6,19,16,5,7,23,22\}$，$Q=\{25\}$，$R=\{31,60,33,51,57,49,35,43,37,52,32,54,41,46,29\}$。

（5）由于$|P|=13$，$|Q|=1$，而$k=18$，所以丢弃P和Q，使$k=18-13-1=4$，对R递归地执行本算法。

（6）这时，又把R划分成如下 3 组：(31,60,33,51,57)，(49,35,43,37,52)，(32,54,41,46,29)。

（7）这 3 组的中值元素分别为$\{51,43,41\}$，其中值元素是 43。

（8）这样，又根据 43 把R划分成 3 组：$\{31,33,35,37,32,41,29\},\{43\},\{60,51,57,49,52,54,46\}$。

（9）因为$k=4$，第 1 个子数组的元素个数大于k，所以丢弃后面两个子数组，以$k=4$对第 1 个子数组递归调用本算法。

（10）这时，把这个子数组划分成 5 个元素的一组：$\{31,33,35,37,32\}$，取其中值元素为 33。

（11）根据 33，把第 1 个子数组划分成：$\{31,32,29\},\{33\},\{35,37,41\}$。

（12）因为$k=4$，而第 1、第 2 个子数组的元素个数为 4，所以 33 即为所求取的第 18 小元素。

2. 选择算法的实现

根据上面所叙述的步骤，可以按如下描述实现选择算法：

算法 4.17 选择算法

输入：n 个元素的数组 A[]，所要选择的第 k 小元素

输出：所选择的元素

```
 1. template <class Type>
 2. Type select(Type A[],int n,int k)
 3. {
 4.     int i,j,s,t;
 5.     Type m,y,*p,*q,*r;
 6.     if (n<=38) {                    /* 元素个数小于阈值,直接排序 */
 7.         merge_sort(A,n);
 8.         return A[k-1];              /* 返回第 k 小元素 */
 9.     }
10.     p = new Type[3*n/4];
11.     q = new Type[3*n/4];
12.     r = new Type[3*n/4];
13.     for (i=0;i<n/5;i++)             /* 把每组 5 个元素的中值元素依次存于 p */
14.         mid(A,i,p);
15.     m = select(p,i,i/2+i%2);        /* 递归调用,取得中值元素的中值元素于 m */
16.     i = j = s = 0;
17.     for (t=0;t<n;t++)               /* 根据 m,把原数组划分为 p、q、r 3 部分 */
18.         if (A[t]<m)
19.             p[i++] = A[t];
20.         else if (A[t]==m)
21.             q[j++] = A[t];
22.         else
23.             r[s++] = A[t];
24.     if (i>k)                        /* 第 k 小元素在数组 p 中,继续在 p 中寻找 */
25.         y = select(p,i,k);
26.     else if (i+j>=k)                /* m 就是第 k 小元素 */
27.         y = m;
28.     else                            /* 第 k 小元素在数组 r 中,继续在 r 中寻找 */
29.         y = select(r,s,k-i-j);
30.     delete p; delete q; delete r;
31.     return y;
32. }
```

算法的第 6~9 行判断数组 A 的元素个数是否小于某个阈值，如果是，直接调用一般的排序算法，取第 k 个元素（下标为 $k-1$）返回；否则，进行分治处理。第 10~12 行分配 3 个数组作为工作单元。第 13、14 行调用 mid，把数组 A 中每 5 个元素作为一组，依次取每一组的中值元素于数组 p。第 15 行递归调用本算法，取得数组 p 的中值元素于 m。第 17~23 行按照中值元素 m，把数组 A 划分为 3 个子数组于 p,q,r，其元素个数分别为 i,j,s。第 24~29 行分 3 种情况进行处理：如果 $i>k$，说明第 k 小元素就在 p 中，对 p 递归调用本算

法，取得第 k 小元素；否则，如果 $i+j \geqslant k$，说明第 k 小元素在 q 中，但 q 中每一个元素都与 m 相同，所以取 m 作为返回值返回；否则，第 k 小元素在 r 中，所以对 r 递归调用本算法，取得第 k 小元素。

其中，取每组 5 个元素的中值元素 mid 的实现如下，它可以用 7 次比较来完成。

算法 4.18　从数组 A 中,每 5 个元素为一组,取第 i 组的中值元素于数组 p

输入：数组 A[],组号 i

输出：存放中值元素的数组 p[]

```
template <class Type>
void mid(Type A[],int i,Type p[])
{
    int k = 5 * i;
    if (A[k]>A[k+2])
        swap(A[k],A[k+2]);
    if (A[k+1]>A[k+3])
        swap(A[k+1],A[k+3]);
    if (A[k]>A[k+1])
        swap(A[k],A[k+1]);
    if (A[k+2]>A[k+3])
        swap(A[k+2],A[k+3]);
    if (A[k+1]>A[k+2])
        swap(A[k+1],A[k+2]);
    if (A[k+4]>A[k+2])
        p[i] = A[k+2];
    else if (A[k+4]>A[k+1])
        p[i] = A[k+4];
    else
        p[i] = A[k+1];
}
```

3. 选择算法的分析

现在分析选择算法的运行时间。算法 4.17 的第 6~12 行，花费一个常数时间，假定为 c；第 13、14 行对数组 A 中的每一组取中值，共 $n/5$ 组，每一组需执行 7 次比较，共花费 $\Theta(n)$ 时间；第 15 行对大小为 $n/5$ 的数组，递归调用 select 算法，需花费 $f(n/5)$ 时间；第 17~23 行把数组划分为 3 个子数组，需花费 $\Theta(n)$ 时间；第 24~29 行对大小为 i 或 s 的数组，递归调用 select 算法，需花费 $f(\max(i,s))$ 时间。

为了估计 i 或 s 的大小，考虑如图 4.9 所示的情况。当算法完成了第 13、14 行的工作时，如果把数组 p 所存放的这些中值元素按递增顺序由左到右排列，每组 5 个元素，由小到大、由下而上排列，则数组 A 中的元素分布如图 4.9 所示。由图中看到，封闭在标号为 W 的矩形框里的元素，都小于或等于元素 m；封闭在标号为 X 的矩形框里的元素，都大于或等于元素 m；分布在 Y 和 Z 中的元素，有可能是大于或等于 m 的元素，也有可能是小于或

等于 m 的元素。令 P 为小于或等于 m 的元素集合，R 为大于或等于 m 的元素集合。容易看到，有下面的关系：

$$|P| \geqslant 3\lceil \lfloor n/5 \rfloor /2 \rceil \geqslant \frac{3}{2}\lfloor n/5 \rfloor$$

因此，有：

$$s = |R| \leqslant n - \frac{3}{2}\lfloor n/5 \rfloor \leqslant n - \frac{3}{2}\left(\frac{n-4}{5}\right) = n - 0.3n + 1.2 = 0.7n + 1.2 \tag{4.2.27}$$

同理，有：

$$|R| \geqslant 3\lceil \lfloor n/5 \rfloor /2 \rceil \geqslant \frac{3}{2}\lfloor n/5 \rfloor$$

因此，也有：

$$i = |P| \leqslant 0.7n + 1.2 \tag{4.2.28}$$

式（4.2.27）和式（4.2.28）说明：小于等于 m 的元素，或者大于等于 m 的元素，都不会超过 $0.7n+1.2$。因此，第 24~29 行所花费的时间为 $f(0.7n+1.2)$。

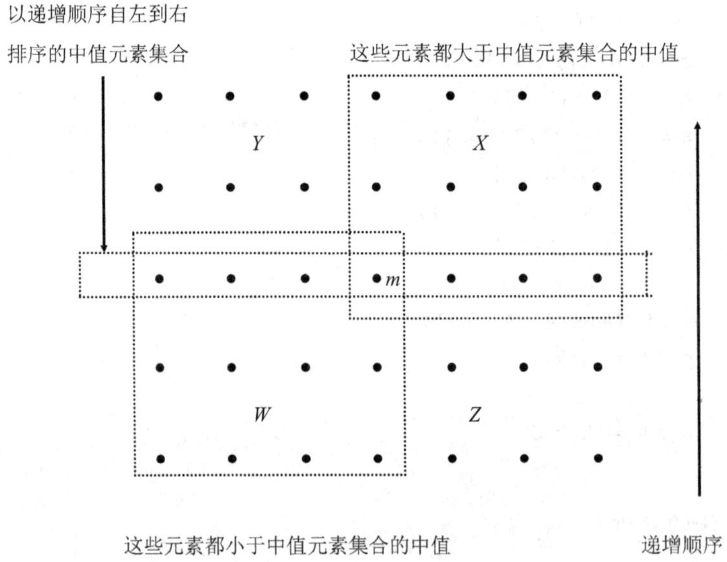

图 4.9　数组 A 中元素的分布情况

令阈值 n_0=38，则对所有的 $n \geqslant n_0$，都有 $0.7n+1.2 \leqslant \lfloor 3n/4 \rfloor$。令算法 4.17 的第 6~9 行花费的常数时间为 c，第 13、14 行及第 17~23 行所执行的线性时间之和为 cn。于是，可以列出如下的递归方程：

$$f(n) \leqslant \begin{cases} c & n \leqslant 38 \\ f(\lfloor n/5 \rfloor) + f(\lfloor 3n/4 \rfloor) + cn & n > 38 \end{cases}$$

由定理 4.3 中的式（4.2.13），有：

$$f(n) \leqslant \frac{cn}{1-1/5-3/4} = 20cn = \Theta(n)$$

由此得出，从 n 个元素的数组中提取第 k 小元素或提取中值元素，所需时间为 $\Theta(n)$ 。

由上面的分析，在每次递归调用时，所分配的 3 个子数组，每一个的大小都小于原来的 3/4。因此，随着递归深度的增加，每个数组的大小以 3/4 递减。假定递归深度为 k ，则算法所需要的工作空间 S 为：

$$\begin{aligned} S &\leqslant \sum_{i=1}^{k} 3n\left(\frac{3}{4}\right)^i \\ &\leqslant \sum_{i=1}^{\infty} 3n\left(\frac{3}{4}\right)^i \\ &= 12n \\ &= O(n) \end{aligned}$$

因此，算法所需要的工作空间为 $O(n)$ 。

4. 选择算法的另一种实现方法

实现选择算法的另一种方法是：取 $n_0 = 64$ ，每 15 个元素一组，用类似的方法实现选择算法。其步骤如下：

（1）当 $n \leqslant n_0$ 时，直接排序数组，第 k 个元素即为所求取的元素；否则，转步骤（2）。

（2）把元素划分为 $p = \lfloor n/15 \rfloor$ 组，每组 15 个元素，不足 15 个元素的那一组不予处理。

（3）对每组进行排序，取每组的中值元素，构成一个规模为 p 的数组 M 。

（4）对数组 M 递归地执行算法，得到一个中值的中值元素 m 。

（5）类似图 4.9，W 部分的元素都比 m 小；X 部分的元素都比 m 大；在 Y 和 Z 中的元素，有的元素可能比 m 大，有的元素可能比 m 小。但可以通过二叉检索，每组作 3 次比较，便可确定比 m 小的元素个数，从而得到整个数组中比 m 小的元素个数 r 。

（6）若 $r = k-1$，则元素 m 便是所求第 k 小元素；若 $r < k-1$，则第 k 小元素不可能在 W 部分出现，可丢弃 W 部分；否则，第 k 小元素不可能在 X 部分出现，可丢弃 X 部分。问题归结为在其余 $3n/4$ 的元素中寻找第 k_1 小元素。其中，k_1 可根据丢弃的是哪一部分而简单计算得到。

（7）根据丢弃的是 W 部分或 X 部分，而调整 Y 部分或 Z 部分的元素，使之仍为每组 15 个元素。

（8）继续以上步骤，直到元素个数少于 64 个为止。此时，可通过适当的排序方法，取得相应元素。

假定把比较操作作为算法的基本操作，令 $f(n)$ 为算法所需的比较次数，每 15 个元素一组都已经排序后，算法所需的比较次数为 $p(n)$ 。因为可用 42 次比较操作完成对 15 个元素的排序，因此算法所执行的元素比较次数为：

$$f(n) = p(n) + 42 \cdot \frac{n}{15} \qquad (4.2.29)$$

$$p(n) = f(n/15) + 3 \cdot \frac{n}{15} + \frac{14}{2} \cdot \frac{n}{30} + p(3n/4) \qquad (4.2.30)$$

其中，$f(n/15)$ 为从每组 15 个元素的中值中取中值 m 所作的比较次数；$3\cdot\frac{n}{15}$ 为确定图 4.9 中 Y 和 Z 部分比 m 小的元素个数所作的比较次数；$p(3n/4)$ 为丢弃 X 或 W 后，从余下的 $3n/4$ 个元素中，求第 k_1 小元素所需的比较次数；$\frac{14}{2}\cdot\frac{n}{30}$ 为舍弃 W 或 X 部分后，对 Y 或 Z 部分进行归并调整，把原来的两行有序组合并为一行有序组，使每行仍为 15 个元素的有序组所作的比较次数。

由式（4.2.29）得：

$$f(n/15)=p(n/15)+42\cdot\frac{n}{15\cdot15}$$

把上式代入式（4.2.30），得：

$$p(n)=p(n/15)+42\cdot\frac{n}{225}+3\cdot\frac{n}{15}+\frac{14}{2}\cdot\frac{n}{30}+p(3n/4)$$

整理得：

$$p(n)=p(3n/4)+p(n/15)+0.62n$$

由定理 4.3 中的式（4.2.13），有：

$$\begin{aligned}p(n)&=\frac{0.62n}{1-3/4-1/15}\\&=3.3818n\end{aligned}$$

代入式（4.2.29），得：

$$\begin{aligned}f(n)&=3.3818n+42\cdot\frac{n}{15}\\&=6.1818n\\&=\Theta(n)\end{aligned}$$

所得结果仍然是线性的，而且常数因子不会太大。

4.2.7 残缺棋盘问题

残缺棋盘是一个有 $2^k\times2^k$ 个方格的棋盘，其中有一个方格残缺。图 4.10 表示残缺方格位置不同的 3 个 $2^2\times2^2$ 棋盘，残缺的方格用阴影表示。给定一种 L 形三格板，形状如图 4.11 所示。它刚好可以覆盖棋盘上的 3 个格子。要求用这样的 L 形三格板来覆盖残缺棋盘，使得除了残缺的格子外，棋盘上的所有方格都被覆盖，且 L 形三格板不会重叠。

图 4.12 表示一个 $2^k\times2^k$ 个方格的残缺棋盘，用分治法来覆盖它，把它划分为 4 个区域，每个区域是一个 $2^{k-1}\times2^{k-1}$ 个方格的子棋盘，其中有一个是残缺子棋盘。用一个 L 形三格板覆盖在其余 3 个非残缺子棋盘的交界处，如图 4.12 所示。这样，就把覆盖一个 $2^k\times2^k$ 个方格的残缺棋盘问题，转换为覆盖 4 个 $2^{k-1}\times2^{k-1}$ 个方格的残缺子棋盘问题。对每一个子棋盘继续进行这样的处理，直到要覆盖的子棋盘只剩下 2×2 个方格的残缺子棋盘为止。这时只要用一个 L 形三格板覆盖 3 个非残缺方格即可。

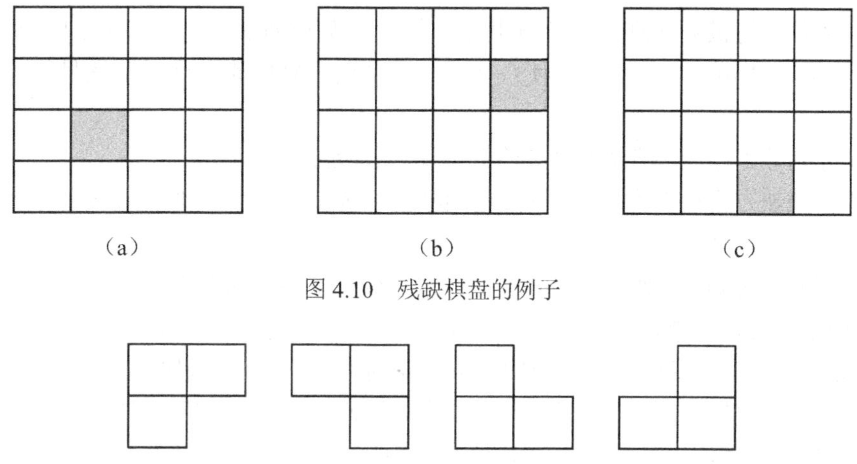

图 4.10　残缺棋盘的例子

图 4.11　4 种不同方向的 L 形三格板

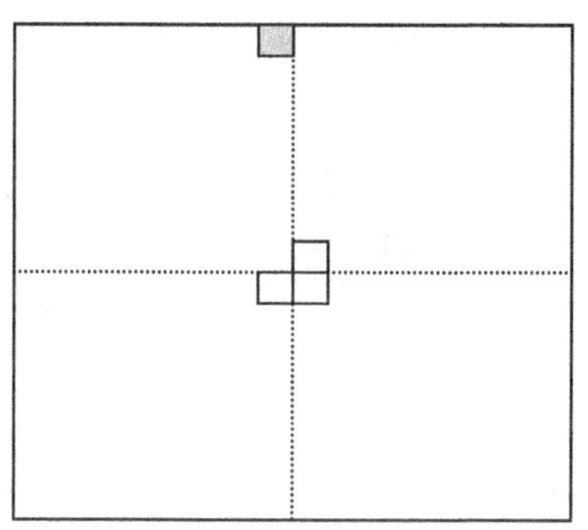

图 4.12　分治法解 $2^k \times 2^k$ 个方格的残缺棋盘问题

为了定位残缺方格和子棋盘的位置，定义下面的变量：

```
int  tr;          /* 子棋盘左上角方格所在行号 */
int  tc;          /* 子棋盘左上角方格所在列号 */
int  dr;          /* 残缺方格所在行号 */
int  dc;          /* 残缺方格所在列号 */
int  size;        /* 子棋盘行、列数 */
int  s;           /* 子棋盘每个象限的行、列数 */
int  t;           /* 用于覆盖子棋盘交界处的格板编号 */
```

用全局变量 *tile* 表示用于覆盖的 L 形三格板的编号，用全局数组 B 表示棋盘上每个方格上所覆盖的 L 形三格板的编号内容：

```
int  tile;        /* 用于覆盖的 L 形三格板的编号 */
int  B[n][n];     /* 棋盘上每个方格上所覆盖的 L 形三格板的编号,其中,n=2^k  */
```

这样，1 个 L 形三格板将由 3 个相同编号的方格板构成。开始时，变量 *tile* 初值置为 0。于是，覆盖一个 $2^k \times 2^k$ 残缺棋盘的步骤如下：

（1）如果棋盘行列数 $size=1$，算法结束，直接返回；否则，转步骤（2）。

（2）按象限将棋盘分割为 4 个子棋盘，即子棋盘行列数 $s = size/2$；用一个新的 L 形三格板来覆盖，即 $tile = tile + 1$，并使 $t = tile$，子棋盘交界处的方格将用编号为 t 的格板来覆盖。

（3）分别按下面的步骤处理 4 个象限及其交界处的方格：

① 如果残缺方格位于本象限，则本象限是一个残缺棋盘，递归调用本算法来覆盖它；否则，转步骤②。

② 按下面的规则，用编号为 t 的方格板覆盖象限交界处的方格：

- 如果被处理的象限是左上象限，被覆盖的方格位于该象限的右下角；
- 如果被处理的象限是右上象限，被覆盖的方格位于该象限的左下角；
- 如果被处理的象限是左下象限，被覆盖的方格位于该象限的右上角；
- 如果被处理的象限是右下象限，被覆盖的方格位于该象限的左上角。

然后，把本象限作为一个残缺棋盘，递归调用本算法来覆盖它。

于是，实现残缺棋盘覆盖问题的算法可描述如下：

算法 4.19 残缺棋盘覆盖问题

输入： 子棋盘左上角所在行、列号 tr、tc，残缺方格所在行、列号 dr、dc，子棋盘行列数 size

输出： 棋盘每个方格覆盖的 L 形三格板的编号

```
void tileboard(int tr,int tc,int dr,int dc,int size)
{
    int t, s;
    if (size==1) return;
    tile = tile + 1;          t = tile;
    s = size/2;
    if ((dr<tr+s) && (dc<tc+s))           /* 处理左上象限 */
        tileboard(tr,tc,dr,dc,s);         /* 残缺方格位于本象限,覆盖其他方格*/
    else {
        B[tr+s-1][tc+s-1] = t;            /* 否则,右下角方格置方格板 t */
        tileboard(tr,tc,tr+s-1,tc+s-1,s);     /* 覆盖其余方格 */
    }
    if ((dr<tr+s) && (dc>=tc+s))          /* 处理右上象限 */
        tileboard(tr,tc+s,dr,dc,s);       /* 残缺方格位于本象限,覆盖其他方格*/
    else {
        B[tr+s-1][tc+s] = t;              /* 否则,左下角方格置方格板 t */
        tileboard(tr,tc+s,tr+s-1,tc+s,s);   /* 覆盖其余方格 */
    }
    if ((dr>=tr+s) && (dc<tc+s))          /* 处理左下象限 */
        tileboard(tr+s,tc,dr,dc,s);       /* 残缺方格位于本象限,覆盖其他方格*/
    else {
        B[tr+s][tc+s-1] = t;              /* 否则,右上角方格置方格板 t */
        tileboard(tr+s,tc,tr+s,tc+s-1,s);   /* 覆盖其余方格 */
    }
```

```
25.     if ((dr>=tr+s) && (dc>=tc+s))        /* 处理右下象限 */
26.         tileboard(tr+s,tc+s,dr,dc,s);  /* 残缺方格位于本象限,覆盖其他方格*/
27.     else {
28.         B[tr+s][tc+s] = t;              /* 否则,左上角方格置方格板 t */
29.         tileboard(tr+s,tc+s,tr+s,tc+s,s);  /* 覆盖其余方格 */
30.     }
31. }
```

例 4.10　图 4.13 表示算法对图 4.10（a）所示的 4×4 残缺棋盘的执行结果，其执行过程如图 4.14 所示。从图中可以看到算法在执行过程中，堆栈中变量的值和执行时发生的动作。

2	2	3	3
2	1	1	3
4		1	5
4	4	5	5

图 4.13　算法对一个 4×4 残缺棋盘的执行结果

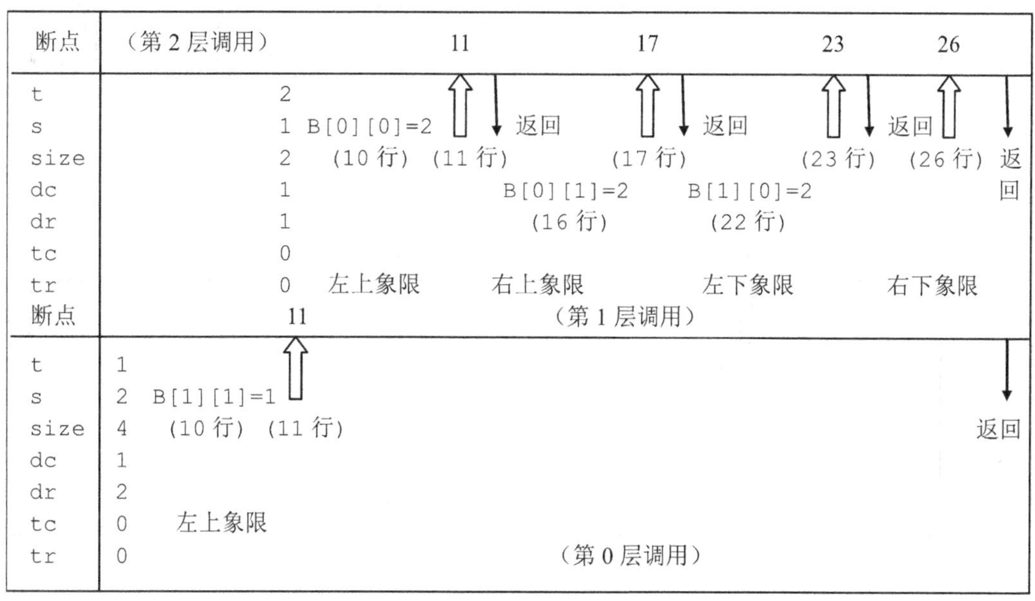

（a）

图 4.14　算法对一个 4×4 残缺棋盘的执行过程

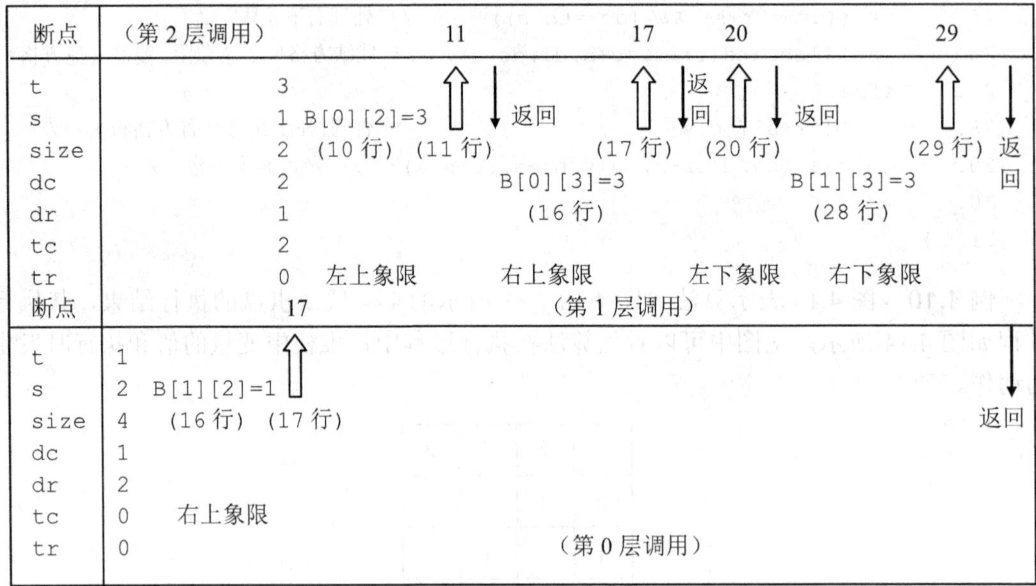
断点
（第 2 层调用）
11
17
20
29
t 3
s 1 B[0][2]=3
size 2 (10 行) (11 行)
dc 2
dr 1
tc 2
tr 0
返回
(17 行)
返回
(20 行)
返回
(29 行)
返回
B[0][3]=3
(16 行)
B[1][3]=3
(28 行)
左上象限
右上象限
左下象限
右下象限
断点 17
（第 1 层调用）
t 1
s 2 B[1][2]=1
size 4 (16 行) (17 行)
dc 1
dr 2
tc 0 右上象限
tr 0
返回
（第 0 层调用）

(b)

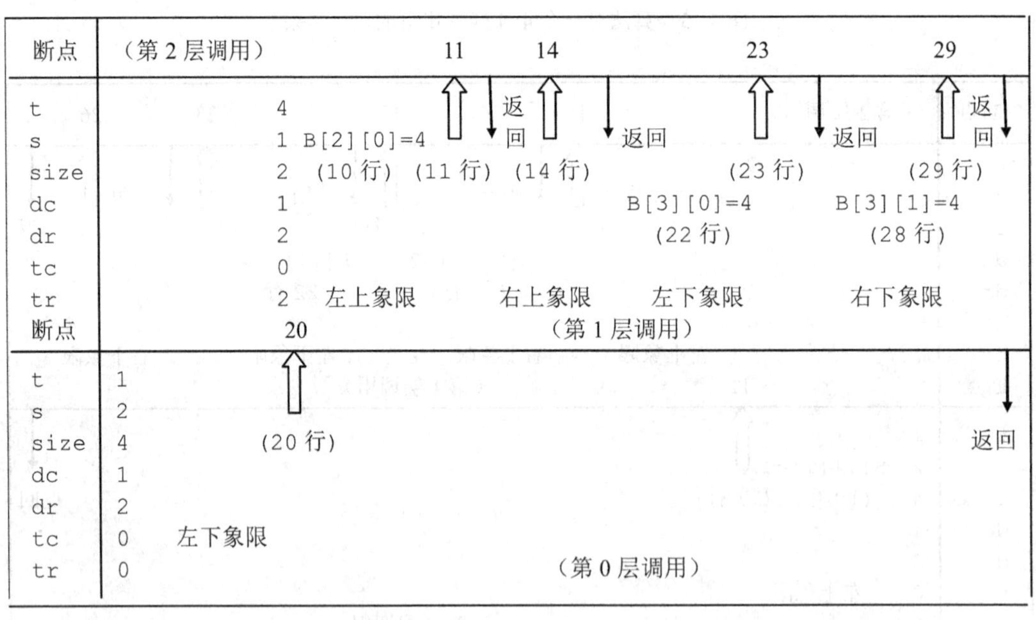
断点
（第 2 层调用）
11
14
23
29
t 4
s 1 B[2][0]=4
size 2 (10 行) (11 行) (14 行)
dc 1
dr 2
tc 0
tr 2
返回
返回
返回
返回
(23 行)
(29 行)
B[3][0]=4
(22 行)
B[3][1]=4
(28 行)
左上象限
右上象限
左下象限
右下象限
断点 20
（第 1 层调用）
t 1
s 2
size 4 (20 行)
dc 1
dr 2
tc 0 左下象限
tr 0
返回
（第 0 层调用）

(c)

图 4.14　算法对一个 4×4 残缺棋盘的执行过程（续）

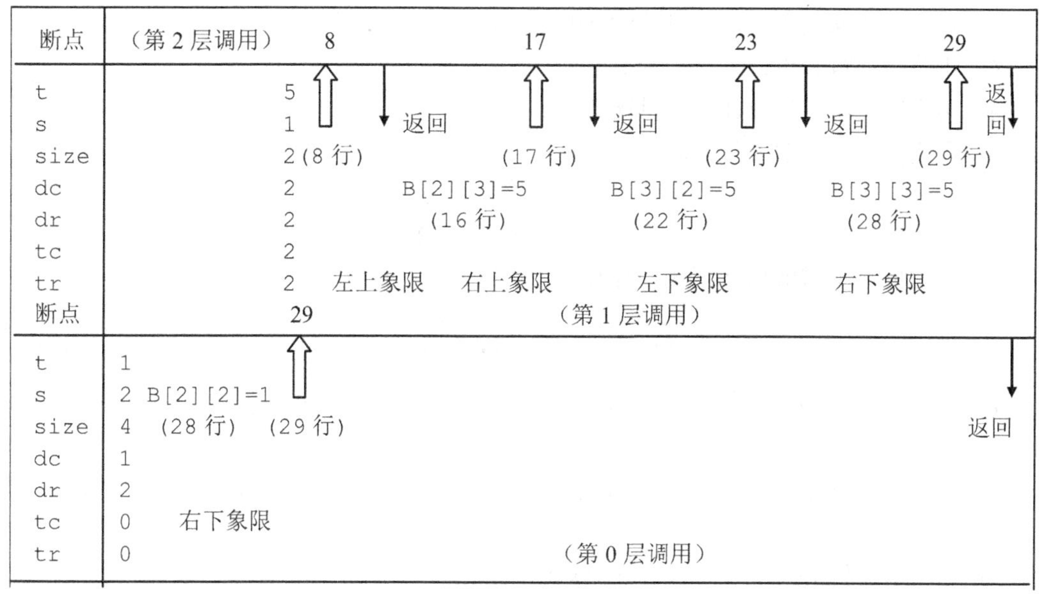

断点
（第 2 层调用）
8
17
23
29
t
s
size
dc
dr
tc
tr
5
1
2(8 行)
2
2
2
2
返回
返回
返回
返回
(17 行)
(23 行)
(29 行)
B[2][3]=5
B[3][2]=5
B[3][3]=5
(16 行)
(22 行)
(28 行)
左上象限
右上象限
左下象限
右下象限
断点
29
（第 1 层调用）
t
s
size
dc
dr
tc
tr
1
2 B[2][2]=1
4 (28 行) (29 行)
1
2
0 右下象限
0
返回
（第 0 层调用）

（d）

图 4.14　算法对一个 4×4 残缺棋盘的执行过程（续）

图 4.14（a）表明在第 0 层调用时处理左上象限的过程：因为左上象限是个完整的子棋盘，所以算法执行到第 10 行时，使子棋盘交界处的方格 $B[1][1]=1$。在第 11 行递归调用本算法，进入第 1 层调用，处理子棋盘的其余方格。在第 1 层调用时，又把子棋盘分割成 4 个象限，每处理一个象限，都进入第 2 层递归调用。但进入第 2 层递归调用时，棋盘的大小为 1，没有发生任何动作而直接返回。图 4.14（b）~图 4.14（d）分别表示算法在第 0 层调用时处理右上象限、左下象限、右下象限的工作过程。

假定棋盘的大小为 $2^n \times 2^n$，则算法的时间复杂性由下面的方程确定：

$$\begin{cases} f(0)=0 \\ f(n)=4f(n-1)+c \end{cases}$$

其中，c 是一个正常数。解这个方程可得：

$$f(n)=\frac{c}{3}(4^n-1)$$

覆盖一个 $2^n \times 2^n$ 的残缺棋盘需要 $(4^n-1)/3$ 个 L 形三格板，因此该算法是一个渐近意义下的最优算法。

习　题

1. 试述基于归纳的递归算法的思想方法。
2. 设计一个递归算法，求解汉诺塔问题。

3．设计一个递归算法，计算斐波那契数列。

4．用分治法重新设计二叉检索算法。

5．用递归算法重新设计选择排序算法。

6．用递归算法求解如下问题：

$$f(x)=\frac{x}{2}+\frac{x^2}{4}+\cdots+\frac{x^n}{2^n}$$

7．用递归算法求解如下问题，计算到第 n 项为止：

$$f(x)=x-\frac{x^3}{3!}+\frac{x^5}{5!}-\frac{x^7}{7!}+\cdots$$

8．n 个互不相同的整数，按递增顺序存放于数组 A，若存在一个下标 $i, 0\leqslant i<n$，使得 $A[i]=i$，设计一个算法，以 $O(\log n)$ 时间找到这个下标。

9．若数组 A 中有一半以上的元素相同，设计一个递归算法，以 $O(n)$ 时间找到这个元素。

10．试用循环的方法实现 majority 算法。

11．说明递归算法 majority 对下面数组的工作过程：

（1）7, 3, 2, 1, 3, 3, 1, 3

（2）5, 6, 4, 6, 6, 6, 5

（3）7, 7, 7, 3, 3, 7, 2, 5, 2

12．说明求整数 5 的划分数的递归算法 $q(5,5)$ 的执行过程。

13．试述分治法的设计思想。

14．为什么说分治算法中的组合步确定了分治算法的实际性能？

15．证明式（4.2.6）。

16．求对某个非负常数 b、d，下面递归方程解的上界与下界。

$$f(n)=\begin{cases} d & n=1 \\ f(\lfloor n/2\rfloor)+f(\lceil n/2\rceil)+bn & n\geqslant 2 \end{cases}$$

17．令 b、d 和 c_1、c_2 是非负常数，证明下面递归方程。

$$f(n)=\begin{cases} b & n=1 \\ f(\lfloor c_1 n\rfloor)+f(\lfloor c_2 n\rfloor)+bn & n\geqslant 2 \end{cases}$$

当 $c_1+c_2=1$ 时，$f(n)=\Omega(n\log n)$；当 $c_1+c_2<1$ 时，$f(n)=\Omega(n)$。

18．说明如果初始序列已经是按递减顺序排列的，采用 split 算法把序列划分成两个子序列，则 quick_sort($A,0,n-1$)的时间复杂性是 $\Theta(n^2)$。

19．设数组中元素的值及顺序为 27、13、31、18、45、16、17、53，说明 split 算法对这个数组进行划分的工作过程及结果。

20．令 $f(n)$ 是 split 算法在划分一个具有 n 个元素的数组时，所执行的元素交换次数。

（1）在什么情况下，$f(n)=0$？

（2）在什么情况下，$f(n)$ 最大？最大为多少？

21．说明 quick_sort 算法对下面数组元素进行排序的工作过程。

（1）24,23,24,45,12,12,24,12

（2）3,4,5,6,7

（3）23,22,27,18,45,11,63,12,69,25,32,14

22．说明在输入数组的元素全部相同的情况下，quick_sort 算法的工作性能。

23．用循环迭代的方法，重新编写 quick_sort 算法。

24．下面的排序算法中，哪一个算法的运行时间不仅依赖于元素的个数，也依赖于元素的初始排列顺序？

（1）select_sort

（2）insert_sort

（3）bubble_sort

（4）heap_sort

（5）merge_sort

（6）radix_sort

（7）quick_sort

25．有如下两个多项式：

$$p(x)=1+x-x^2+2x^3$$

$$q(x)=1-x+2x^2-3x^3$$

用分治法计算这两个多项式的乘积。

26．设计一个分治算法，在一个具有 n 个元素的数组中，寻找第 2 大元素，并推断算法的时间复杂性。

27．有如下数据：35, 43, 2, 19, 28, 62, 36, 7, 5, 13, 25, 13, 32, 11, 1, 9, 12, 23, 37, 39, 58, 43, 41, 51, 27, 8, 26, 34, 22, 15, 19, 54, 48, 30, 24, 6, 10。说明用选择算法求取第 16 大元素的工作过程。

28．设计一个分治算法，计算二叉树的高度。

29．证明残缺棋盘覆盖问题算法 tileboard 的时间复杂性是 $f(n)=\frac{c}{3}(4^n-1)$。

参 考 文 献

在多种程序设计语言的书籍中，都广泛介绍了递归算法的设计。把归纳法作为一种递归算法的设计技术是在文献[18]中出现的。在文献[3]、[8]、[9]、[10]、[17]、[19]中都可以看到递归算法的设计思想及分治法设计思想的介绍及讨论。排列问题的递归算法可以在文献[3]、[19]中看到。可在文献[3]中看到对分治算法进行分析的数学方法的详细描述，也可看到有关数组主元素问题的叙述。可在文献[8]、[19]中看到整数划分问题的叙述。文献[1]

对快速排序问题进行了详细的讨论，可在文献[3]、[4]、[8]、[10]、[17]、[19]、[20]中看到快速排序算法的有关内容。可在文献[8]、[9]中看到多项式乘积分治算法的实现及其复杂性分析。可在文献[3]、[4]、[10]、[19]、[21]中看到平面点集最接近点对问题的有关内容。可在文献[3]、[4]、[10]、[13]、[17]、[19]、[22]中看到选择问题的有关内容。可在文献[4]、[19]中看到残缺棋盘问题的有关叙述。

第 5 章　贪　婪　法

在实际生活中，经常有这样一类问题：它有 n 个输入，它的解由这 n 个输入中的一个子集组成，但这个子集必须满足事先给定的某些条件。有时，把这些条件称为约束条件，把满足约束条件的解称为问题的可行解。满足约束条件的解可能不止一个，因此可行解也不是唯一的。为了衡量可行解的优劣，事先给出一定的标准，这些标准通常以函数的形式给出，把这些函数称为目标函数。使目标函数取极值（极大或极小）的可行解，称为最优解。例如下面的货币兑付问题，就是这样的一个问题。

例 5.1　货币兑付问题。

银行出纳员支付一定数量的现金，在他的手中有各种面值的货币，要求他用最少的货币张数来支付现金。

假定出纳员手中有 n 张面值为 p_i 的货币，$1 \leqslant i \leqslant n$，用集合 $P = \{p_1, p_2, \cdots, p_n\}$ 表示这些货币。如果出纳员需支付的现金为 A，那么他必须从 P 中选取一个最小的子集 S，使得

$$p_i \in S \quad \text{并且} \quad \sum p_i = A$$

如果用向量 $\boldsymbol{X} = (x_1, x_2, \cdots, x_n)$ 表示 S 中所选取的货币，使得：

$$x_i = \begin{cases} 1 & p_i \in S \\ 0 & p_i \notin S \end{cases}$$

那么，出纳员支付的现金必须满足：

$$\sum_{i=1}^{n} x_i p_i = A \tag{5.0.1}$$

并且使得：

$$d = \min \sum_{i=1}^{n} x_i \tag{5.0.2}$$

最小。把向量 $\boldsymbol{X}$ 称为问题的解向量。因为有 n 个不同的对象，每个对象的取值为 0 或 1，所以在这种情况下，有 2^n 个不同的向量，把所有这些向量的全体称为问题的解空间。把式（5.0.1）称为问题的约束方程，把式（5.0.2）称为问题的目标函数，把满足约束方程的向量称为问题的可行解，把满足目标函数的可行解称为问题的最优解。

这一类问题，就是要在问题的解空间中，搜索满足约束方程并使目标函数达极值的解向量。对这一类问题，可根据约束方程和目标函数的数学模型，采用诸如动态规划等方法来求解。但是有一种更简单、更有效的方法，就是贪婪法。

5.1 贪婪法概述

在上述的货币兑付问题中，如果出纳员手中有10元、5元、1元、5角、2角、1角各10张，他必须付给客户57元8角。为使付出的货币张数最少，他拿出5张10元、1张5元、2张1元、1张5角、1张2角、1张1角。出纳员的这种货币兑付顺序，尽可能使付出的钱最快地满足支付要求，并尽可能使付出的货币张数增加最慢，正体现了贪婪法的思想方法。

5.1.1 贪婪法的设计思想

贪婪法通常用来解决具有最大值或最小值的优化问题。它犹如登山一样，一步一步地向前推进，从某一个初始状态出发，根据当前局部的而不是全局的最优决策，以满足约束方程为条件、以使得目标函数的值增加最快或最慢为准则，选择一个能够最快地达到要求的输入元素，以便尽快地构成问题的可行解。

贪婪法的设计方法描述如下：

```
greedy(A,n)
{
    solution = φ;
    for (i=1;i<n;i++) {
            x = select(A);
            if (feasible(solution,x))
                solution = union(solution,x);
    }
    return solution;
}
```

开始时，使初始的解向量solution为空；然后，使用select按照某种决策标准，从A中选择一个输入x，用feasible判断：解向量solution加入x后是否可行，如果可行，把x合并到解向量solution中，并把它从A中删去；否则，丢弃x，重新从A中选择另一个输入，重复上述步骤，直到找到一个满足问题的解。

在一般情况下，贪婪法由一个迭代的循环组成，在每一轮循环中，通过少量的局部的计算，试图去寻求一个局部的最优解，而不考虑将来如何。因此，它是一步一步地建立问题的解的。每一步的工作都增加了部分解的规模，每一步的选择都极大地增长了它所希望实现的目标函数。因为每一步都是由少量的工作基于少量的信息组成的，因此所产生的算法特别有效。但是，也正因为这样，在很多实例中，它所产生的局部的最优解可以转换为全局的最优解；但在某些实例中，却不能给出全局的最优解。因此，在设计贪婪法时，困难在于证明所设计的算法就是真正解这个问题的最优算法。

适合于用贪婪法求解的问题，一般具有下面两个重要性质，即贪婪选择性质和最优子结构性质。

所谓贪婪选择性质，是指所求问题的全局最优解，可以通过一系列局部最优的选择来达到。每进行一次选择，就得到一个局部的解，并把所求解的问题简化为一个规模更小的类似子问题。

例如，在上面出纳员货币兑付的问题中，用集合 $P=\{p_1,p_2,\cdots,p_{60}\}$ 表示出纳员手中的货币，集合中的元素分别顺序表示出纳员手中的 10 张 10 元、10 张 5 元、10 张 1 元、10 张 5 角、10 张 2 角、10 张 1 角的货币；用向量 $\boldsymbol{X}=(x_1,x_2,\cdots,x_{60})$ 表示出纳员支付给客户的货币。为了尽快地付清 57 元 8 角，并使付出的货币张数最少，在当前状态下，挑选 $p_1=10$ 元可以达到这个目的。于是，在第 1 步，所挑出的货币集合是 $S_1=\{p_1\}$，得到了一个局部解 $Y_1=(1,0,\cdots)$，并把问题简化为在集合 $P_1=\{p_2,\cdots,p_{60}\}$ 中挑选货币、付出 47 元 8 角给客户这样一个子问题。在以后的步骤中，可以用同样的方法进行挑选，就能得到问题的全局最优解。

所谓最优子结构，是指一个问题的最优解中包含其子问题的最优解。在上述货币兑付问题中，付给客户的货币集合的最优解是 $S_n=\{p_1,p_2,p_3,p_4,p_5,p_{11},p_{21},p_{22},p_{31},p_{41},p_{51}\}$。第 1 步所简化了的子问题的最优解是 $S_{n-1}=\{p_2,p_3,p_4,p_5,p_{11},p_{21},p_{22},p_{31},p_{41},p_{51}\}$。显然，$S_{n-1}\subset S_n$，并且 $S_{n-1}\cup\{p_1\}=S_n$。所以，出纳员付钱问题具有最优子结构性质。

5.1.2　贪婪法的例子——货郎担问题

例 5.2　以第 1 章所叙述的货郎担问题为例，假定有 5 个城市，费用矩阵如图 5.1 所示。如果售货员从第一个城市出发，采用贪婪法求解，选择过程如图 5.2 所示。

	1	2	3	4	5
1	∞	3	3	2	6
2	3	∞	7	3	2
3	3	7	∞	2	5
4	2	3	2	∞	3
5	6	2	5	3	∞

图 5.1　5 个城市的费用矩阵

由于总是选择费用最少的路线前进，选择的路线是 1→4→3→5→2→1，总费用是 14。容易看到，采用贪婪法求解时，只选择一个城市作为出发城市，所需要的运行时间是 $O(n^2)$。如果 n 个城市都可以作为出发城市，就可以得到 n 条路线，然后再从 n 条路线中选取一条最短的路线，则所需运行时间是 $O(n^3)$。如果采用穷举法，当 $n>20$ 时，需要运行数千万年；而采用贪婪法，在很短的时间里就可完成。与穷举法比较起来，效率大大提高，但所得结果不是最优的路线。从城市 1 出发的最优路线是 1→2→5→4→3→1，总费用只有 13。如果把城市作为图的顶点，把城市之间的道路作为顶点之间的边，那么贪婪法从城市 1 出发，所选择的边集是 $\{e_{14},e_{43},e_{35},e_{52},e_{21}\}$，最优解的边集是 $\{e_{12},e_{25},e_{54},e_{43},e_{31}\}$。这说明用贪婪法来求解货郎担问题时，不具有最优子结构性质，也不具有贪婪选择性质。因为贪婪法在局部状态下，选择边 e_{14} 作为部分解的元素时，它并没有考虑到将来的选择是否仍可以达到最优。因此，它无法保证边 e_{14} 是全局最优解的元素。

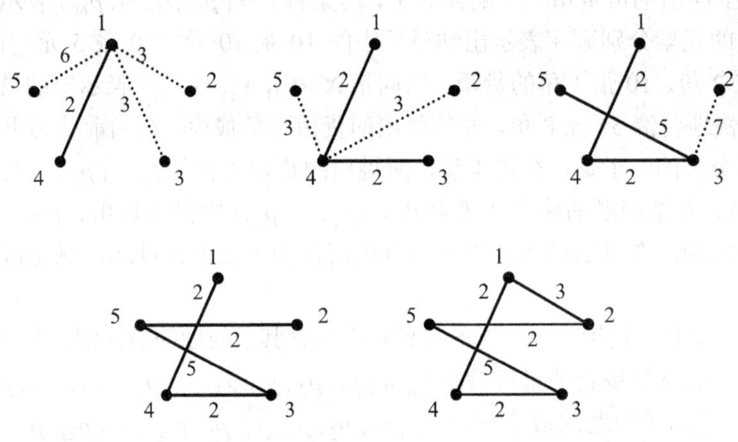

图 5.2　货郎担问题的求解过程

5.2　背 包 问 题

给定一个载重量为 M 的背包，及 n 个重量为 w_i、价值为 p_i 的物体，$1 \leqslant i \leqslant n$，要求把物体装满背包，且使背包内的物体价值最大，这类问题称为背包问题。有两类背包问题，即物体可以分割的背包问题及物体不可分割的背包问题，把后者称为 0/1 背包问题。在这一节，讨论物体可以分割的背包问题。

5.2.1　背包问题贪婪算法的实现

假设：x_i 是物体 i 被装入背包的部分，$0 \leqslant x_i \leqslant 1$。当 $x_i = 0$ 时，表示物体 i 没被装入背包；当 $x_i = 1$ 时，表示物体 i 被全部装入背包。根据问题的要求，可以列出下面的约束方程和目标函数：

$$\sum_{i=1}^{n} w_i x_i = M \tag{5.2.1}$$

$$d = \max \sum_{i=1}^{n} p_i x_i \tag{5.2.2}$$

于是，问题归结为寻找一个满足约束方程（5.2.1），并使目标函数（5.2.2）达到最大的解向量 $\boldsymbol{X}=(x_1,x_2,\cdots,x_n)$。

为使式（5.2.2）的值增加最快，一种方法是优先选择 p_i 最大的物体装入背包，这样当最后一个物体装不下时，选择一个适当的 $x_i<1$ 的物体装入，把背包装满。但是，使用这种方法，不一定能够达到最佳的目的。如果所选择的物体重量很大，使得背包载重量的消耗速度太快，以致后续能够装入背包的物体迅速减少，从而使得继续装入背包的物体在满足了约束方程的要求以后，无法达到目标函数的要求。因此，最好是选择既使目标函数的值增加最快，又使背包载重量的消耗较慢的物体装入背包。达到这个目的的一种方法是优先选择价值重量比最大的物体装入背包。基于上述考虑，定义下面的数据结构：

```
typedef struct {
    float   p;                      /* 物体的价值 */
    float   w;                      /* 物体的重量 */
    float   v;                      /* 物体的价值重量比 */
} OBJECT;
OBJECT instance[n];                 /* n 个物体的信息 */
float x[n];                         /* n 个物体装入背包的分量 */
```

于是，贪婪法求解背包问题的算法便可描述如下：

算法 5.1 贪婪法求解背包问题

输入： 背包载重量 M，存放物体的价值 p、重量 w 信息的数组 instance[]，物体的个数 n

输出： n 个物体被装入背包的分量 x[]，背包中物体的总价值

```
float knapsack_greedy(float M,OBJECT instance[],float x[],int n)
{
    int i;
    float m,p = 0;
    for (i=0;i<n;i++) {                  /* 计算物体的价值重量比 */
        instance[i].v = instance[i].p/instance[i].w;
        x[i] = 0;                        /* 解向量赋初值 */
    }
    merge_sort(instance,n);              /* 按关键值 v 的递减顺序排列物体 */
    m = M;                               /* 背包的剩余载重量 */
    for (i=0;i<n;i++) {
        if (instance[i].w<=m) {          /* 优先装入价值重量比大的物体 */
            x[i] = 1;   m -= instance[i].w;
            p += instance[i].p;
        }
        else {                           /* 最后一个物体的装入分量 */
            x[i] = m/instance[i].w;
            p += x[i] * instance[i].p;
            break;
```

```
20.         }
21.     }
22.     return p;
23. }
```

5.2.2　背包问题贪婪算法的分析

算法 5.1 的运行时间估计如下：算法 5.1 的第 5~8 行，计算 n 个物体的价值重量比并为解向量赋初值，需要 $\Theta(n)$ 时间；第 9 行对 n 个物体的价值重量比按递减顺序排列，需要 $\Theta(n\log n)$ 时间；第 11~21 行对每个物体判断可装入背包的分量，需要 $\Theta(n)$ 时间。因此，整个算法的运行时间由第 9 行决定，为 $\Theta(n\log n)$。此外，该算法需要 $\Theta(n)$ 工作空间，用来存放物体的价值重量比。

该算法可以正确地得到最优解，有下面的定理：

定理 5.1　当物体的价值重量比按递减顺序排列后，算法 knapsack_greedy 可求得背包问题的最优解。

证明　设解向量 $\boldsymbol{X}=(x_1,x_2,\cdots,x_n)$，分两种情况：

（1）若在解向量 $\boldsymbol{X}$ 中，$x_i=1, i=1\sim n$，物体已全部装入，则 X 就是最优解。

（2）若在解向量 $\boldsymbol{X}$ 中，存在 j，$1\leqslant j<n$，使得 $x_1=x_2=\cdots=x_{j-1}=1$，$0\leqslant x_j<1$，$x_{j+1}=\cdots=x_n=0$，由算法的实现，有：

$$\sum_{i=1}^{n} w_i x_i = M_1 = M \tag{5.2.3}$$

假定，算法的最优解是 $Y=(y_1,y_2,\cdots,y_n)$，并且满足：

$$\sum_{i=1}^{n} w_i y_i = M_2 = M \tag{5.2.4}$$

若 $X\neq Y$，必存在 k，$1\leqslant k<n$，对 $1\leqslant i<k$ 有 $x_i=y_i$，对 k 有 $x_k\neq y_k$。这时有两种情况：

① 若 $x_k<y_k$，因为 $y_k\leqslant 1$，必有 $x_k<1$。因此，根据算法的执行，有 $x_{k+1}=\cdots=x_n=0$。所以，$M_1<M_2$，与式（5.2.3）、式（5.2.4）矛盾。因此，只有 $X=Y$。

② 若 $x_k>y_k$，有：

$$M=\sum_{i=1}^{n} w_i x_i \geqslant \sum_{i=1}^{k} w_i x_i > \sum_{i=1}^{k} w_i y_i$$

所以，$y_{k+1},\cdots,y_n$ 不会全为 0。因此，可以令 $y_k+\Delta y_k=x_k$，并使 $y_{k+1},\cdots,y_n$ 都相应减少，从而得到一个新的解 $\boldsymbol{Z}=(z_1,z_2,\cdots,z_n)$，使得当 $1\leqslant i<k$ 时有 $z_i=y_i=x_i$；当 $i=k$ 时有 $y_k<z_k=x_k$；当 $k<i\leqslant n$ 时有 $z_i<y_i$，并且满足：

$$(z_k-y_k)w_k-\sum_{i=k+1}^{n}(y_i-z_i)w_i=0$$

令：

$$\begin{aligned}\delta &= \frac{p_k}{w_k}(z_k - y_k)w_k - \frac{p_{k+1}}{w_{k+1}}(y_{k+1} - z_{k+1})w_{k+1} - \cdots - \frac{p_n}{w_n}(y_n - z_n)w_n \\ &\geqslant \frac{p_k}{w_k}((z_k - y_k)w_k - (y_{k+1} - z_{k+1})w_{k+1} - \cdots - (y_n - z_n)w_n) \\ &= 0\end{aligned}$$

若 $\delta > 0$，则 Z 是一个新的最优解；若 $\delta = 0$，则 Z 与 Y 同为最优解。在这两种情况下，都用 Z 取代 Y，并且对所有的 $1 \leqslant i \leqslant k$，都有 $z_i = x_i$，而对 $k+1 \leqslant i \leqslant n$，有 $z_i \neq x_i$。

对向量 $\boldsymbol{Z}$ 重复上述步骤①、②，最终必有：对所有的 $1 \leqslant i \leqslant n$，都有 $z_i = x_i$。因此，X 是最优解。

5.3　单源最短路径问题

给定有向赋权图 $G = (V, E)$，图中每一条边都具有非负长度，其中有一个顶点 u 称为源顶点。所谓单源最短路径问题，是确定由源顶点 u 到其他所有顶点的距离。在这里，顶点 u 到顶点 x 的距离，定义为由 u 到 x 的最短路径的长度。这个问题可以用狄斯奎诺（Dijkstra）算法来实现，它是基于贪婪法的。

5.3.1　解最短路径的狄斯奎诺算法

假定 (u, v) 是 E 中的边，$c_{u,v}$ 是边的长度。如果把顶点集合 V 划分为两个集合 S 和 T：S 中所包含的顶点，它们到 u 的最短路径的距离已经确定；T 中所包含的顶点，它们到 u 的最短路径的距离尚未确定。同时，把源顶点 u 到 T 中顶点 x 的当前搜索状态下的距离 $d_{u,x}$，定义为从 u 出发，经过 S 中的顶点，但不经过 T 中其他顶点，而直接到达 T 中的顶点 x 的最短路径的长度。显然，$d_{u,x}$ 不一定就是顶点 u 到 x 的真正的最短路径长度。狄斯奎诺算法的思想方法是：开始时，$S = \{u\}$，$T = V - \{u\}$。对 T 中的所有顶点 x，如果 u 到 x 存在边，置 $d_{u,x} = c_{u,x}$；否则，置 $d_{u,x} = \infty$。然后，对 T 中的所有顶点 x，寻找 $d_{u,x}$ 最小的顶点 t，即

$$d_{u,t} = \min\{d_{u,x} \mid x \subset T\} \tag{5.3.1}$$

则 $d_{u,t}$ 就确定是顶点 t 到顶点 u 的最短路径长度。同时，顶点 t 也是集合 T 中的所有顶点中距离 u 最近的顶点。把顶点 t 从 T 中删去，把它并入 S。然后，对 T 中与 t 相邻接的所有顶点 x，用下面的公式更新 $d_{u,x}$ 的值：

$$d_{u,x} = \min\{d_{u,x}, d_{u,t} + c_{t,x}\} \tag{5.3.2}$$

继续上面的步骤，一直到 T 为空。

由此，如果令 $p(x)$ 是从顶点 u 到顶点 x 的最短路径中 x 的前一顶点，那么狄斯奎诺算法可以用下面的步骤来描述：

（1）置 $S = \{u\}$，$T = V - \{u\}$。

（2）$\forall x \in T$，若 $(u, x) \in E$，则 $d_{u,x} = c_{u,x}$，$p(x) = u$；否则，$d_{u,x} = \infty$，$p(x) = -1$。

（3）寻找 $t \in T$，使得 $d_{u,t} = \min\{d_{u,x} \mid x \in T\}$，则 $d_{u,t}$ 就是 t 到 u 的距离。

（4）$S = S \cup \{t\}$，$T = T - \{t\}$。

（5）若 $T = \varphi$，算法结束；否则，转步骤（6）。

（6）对与 t 相邻接的所有顶点 x，若 $d_{u,x} > d_{u,t} + c_{t,x}$，则令 $d_{u,x} = d_{u,t} + c_{t,x}$，$p(x) = t$，转步骤（3）。

例 5.3 在图 5.3 所示的有向赋权图中，求顶点 a 到其他所有顶点的距离。用邻接表来存放顶点之间的距离，如图 5.4 所示。对图 5.3 所示有向赋权图执行狄斯奎诺算法时，每一轮循环的执行过程如表 5.1 所示，从顶点 a 到其他所有顶点的路径如图 5.5 所示。

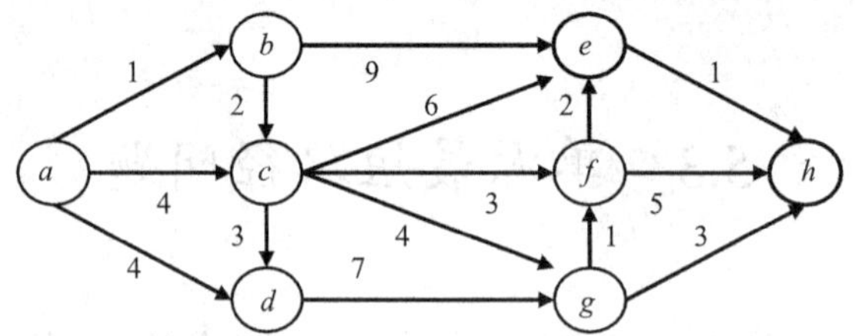

图 5.3 顶点 a 到其他所有顶点的最短距离的有向赋权图

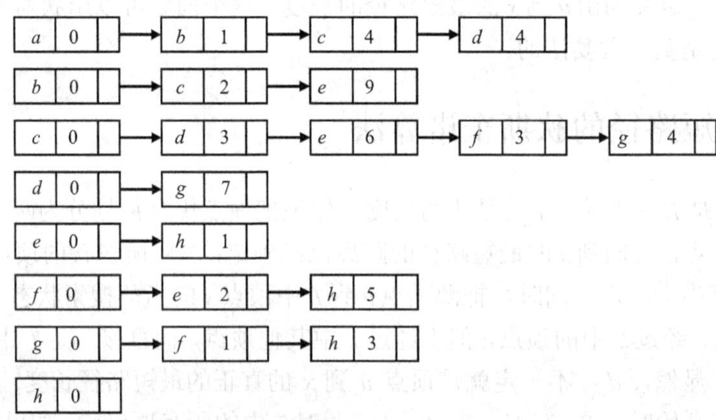

图 5.4 图 5.3 所示赋权图的邻接表

表 5.1 狄斯奎诺算法的执行过程

	S	$d_{a,b}$	$d_{a,c}$	$d_{a,d}$	$d_{a,e}$	$d_{a,f}$	$d_{a,g}$	$d_{a,h}$	$d_{a,t}$	t
1	a	1	4	4	∞	∞	∞	∞	1	b
2	a,b		3	4	10	∞	∞	∞	3	c
3	a,b,c			4	9	6	7	∞	4	d
4	a,b,c,d				9	6	7	∞	6	f
5	a,b,c,d,f				8		7	11	7	g
6	a,b,c,d,f,g				8			10	8	e
7	a,b,c,d,f,g,e							9	9	h
8	a,b,c,d,f,g,e,h									

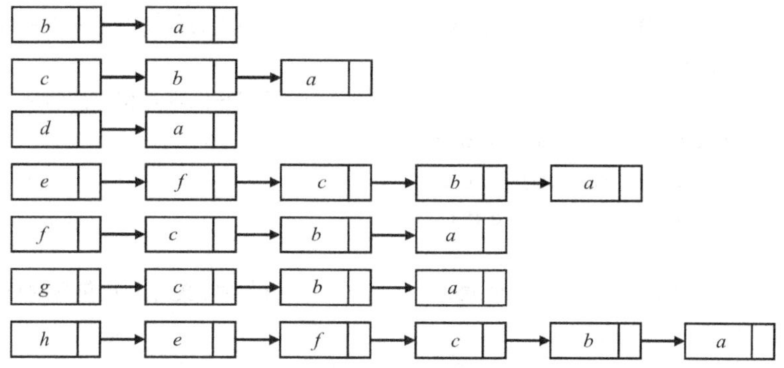

图 5.5　各个顶点到顶点 a 的路径

5.3.2　狄斯奎诺算法的实现

为简单起见，在有向赋权图 $G=(V,E)$ 中，顶点用数字编号，令顶点集合为 $V=\{0,1,\cdots,n-1\}$；把边集 E 中边 (i,j) 的长度存放在图的邻接表中；用布尔数组 s 来表示 S 中的顶点，$s[i]$ 为真，表示顶点 i 在 S 中，否则，不在 S 中；用数组元素 $d[i]$ 表示顶点 i 到源顶点的距离；用数组元素 $p[i]$ 来存放顶点 i 到源顶点的最短路径上前方顶点的编号；并假设源顶点由变量 u 给定。图的邻接表的数据结构定义如下：

```
struct adj_list {                         /* 邻接表结点的数据结构 */
   int      v_num;                        /* 邻接顶点的编号 */
   float    len;                          /* 邻接顶点与该顶点的距离 */
   struct   adj_list *next;               /* 下一个邻接顶点 */
};
typedef struct adj_list NODE;
```

则狄斯奎诺算法的描述如下：

算法 5.2　狄斯奎诺算法

输入： 有向图的邻接表头结点 node[]，顶点个数 n，源顶点 u

输出： 其他顶点与源顶点 u 的距离 d[]，到源顶点的最短路径上的前方顶点编号 p[]

```
#define MAX_FLOAT_NUM  ∞                 /* 最大的浮点数 */
void dijkstra(NODE node[],int n,int u,float d[],int p[])
{
    float temp;
    int i,j,t;
    BOOL *s = new BOOL[n];
    NODE *pnode;
    for (i=0;i<n;i++) {                 /* 初始化 */
        d[i] = MAX_FLOAT_NUM;   s[i] = FALSE;   p[i] = -1;
    }
```

```
11.    if (!(pnode = node[u].next))         /* 源顶点与其他顶点不相邻接 */
12.        return;
13.    while (pnode) {                      /* 预置与源顶点相邻接的顶点距离 */
14.        d[pnode->v_num] = pnode->len;
15.        p[pnode->v_num] = u;
16.        pnode = pnode->next;
17.    }
18.    d[u] = 0;   s[u] = TRUE;             /* 开始时,集合 S 仅包含顶点 u */
19.    for (i=1;i<n;i++) {
20.        temp = MAX_FLOAT_NUM;   t = u;
21.        for (j=0;j<n;j++)                /* 在 T 中寻找距离 u 最近的顶点 t */
22.            if (!s[j]&&d[j]<temp) {
23.                t = j;   temp = d[j];
24.            }
25.        if (t==u) break;                 /* 找不到,跳出循环 */
26.        s[t] = TRUE;                     /* 否则,把 t 并入集合 s */
27.        pnode = node[t].next;            /* 更新与 t 相邻接的顶点到 u 的距离 */
28.        while (pnode) {
29.            if (!s[pnode->v_num]&&d[pnode->v_num]>d[t]+pnode->len) {
30.                d[pnode->v_num] = d[t] + pnode->len;
31.                p[pnode->v_num] = t;
32.            }
33.            pnode = pnode->next;
34.        }
35.    }
36.    delete s;
37. }
```

开始时，有向图邻接表的头结点存放在数组 *node*[] 中，因此与顶点 i 相关联的所有出边的长度，以及与顶点 i 相邻接的所有顶点编号，都存放在 *node*[i] 所指向的链表中。算法分为两个阶段进行：初始化阶段和选择具有最短距离的顶点阶段。在初始化阶段，算法的第 8~10 行把源顶点到所有其他顶点的距离都置为无限大，把集合 S 置为空，把所有顶点到源顶点最短路径上的前方顶点的编号都置为-1；第 11、12 行判断源顶点是否有邻接顶点，如果没有，表明源顶点与其他顶点均不可达，则结束算法，否则，第 13~17 行预置源顶点到邻接顶点的距离，此时，只有这些邻接顶点 x 到源顶点的距离 $d[x]$ 被赋值，而其他顶点到源顶点的距离都还是无限大；第 18 行把源顶点 u 并入集合 S，结束初始化阶段。

在选择具有最短距离的顶点阶段，因为有 n 个顶点，所以算法执行一个具有 $n-1$ 轮的循环。第 20~24 行，在 T 中寻找距离 u 最近的顶点 t，如果找不到，则顶点 u 到 T 中的顶点不可达，算法结束，否则，它就是所要找的顶点，把它并入 S；第 27~34 行更新与 t 相邻接的顶点到 u 的距离，然后进入新的一轮循环。最后，或者 n 个顶点均处理完毕，或者有若干个顶点不可达。

5.3.3　狄斯奎诺算法的分析

算法 5.2 的时间复杂性估计如下：第 8~10 行花费 $\Theta(n)$ 时间。第 13~17 行花费 $O(n)$ 时间。第 19~35 行是个二重循环，外部循环的循环体最多执行 $n-1$ 轮。第 21~24 行的内循环中，在 T 中寻找距离 u 最近的顶点 t，最多花费 $O(n)$ 时间；第 27~34 行更新与 t 相邻接的顶点到 u 的距离，最多花费 $O(n)$ 时间；这两个内循环最多需要执行 $n-1$ 轮，因此第 19~35 行需花费 $O(n^2)$ 时间。所以，算法的时间复杂性为 $O(n^2)$。此外，该算法需要 $\Theta(n)$ 工作空间。

下面证明算法的正确性。首先，式（5.3.1）中，集合 $\{d_{u,x} \mid x \in T\}$ 中顶点 u 到顶点 x 的路径长度 $d_{u,x}$，仅表示在当前搜索过程中，探测到的顶点 u 经 S 中的顶点，但不经 T 中的顶点，到达 x 的最短路径长度，它不一定就是顶点 u 到顶点 x 的最短路径长度。因为从 u 到 x 的最短通路中，可能含有 T 中除顶点 x 之外的其他顶点。例如，图 5.6 中，在当前搜索过程中，从 u 经 v 到达 t 的路径长度 $d_{u,t}$ 为 8，从 u 经 w 到达 x 的路径长度 $d_{u,x}$ 为 12。当确定了 t 到达 u 的最短路径长度，且把 t 并入 S 后，就不能还是认为 $d_{u,x}$ 就是 u 到 x 的最短路径长度了。因为存在从 t 到 x 长度为 2 的路径，这时 u 经 t 到达 x 的路径长度只有 10。因此，原来的 $d_{u,x}$ 还必须经式（5.3.2）进行修正，才能重新成为 u 经 S 中的顶点，但不经 T 中的顶点到达 x 的最佳路径长度。但是，只要有满足式（5.3.1）的顶点 t，那么 $d_{u,t}$ 必然就是顶点 u 到顶点 t 的最短路径长度。这由定理 5.2 可以证明。

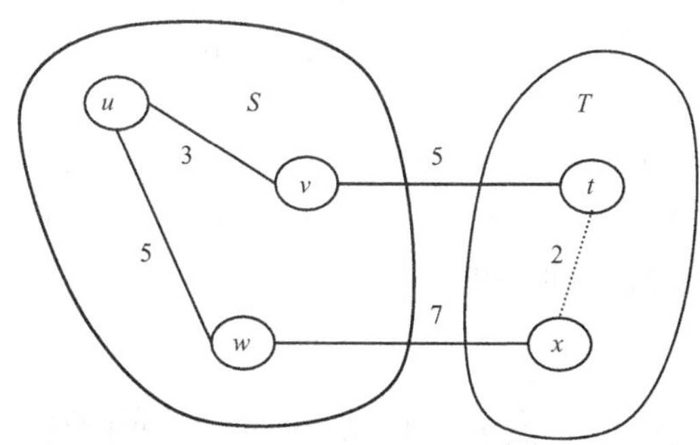

图 5.6　说明顶点距离的例子

定理 5.2　设 $G=(V,E)$ 是有向赋权图，$S \subseteq V$，$u \in S$，$T=V-S$，$d_{u,x}$ 是从 u 出发，经 S 中顶点，但不经 T 中其他顶点，而直接到达 T 中的顶点 x 的最短路径的长度。若 $t \in T$，$d_{u,t}=\min\{d_{u,x} \mid x \in T\}$，则 $d_{u,t}$ 就是顶点 u 到顶点 t 的最短路径长度。

证明　用归纳法证明：

（1）当 $S=\{u\}$、$T=V-\{u\}$ 时，令 x 是 T 中与 u 相邻接的顶点，$c_{u,x}$ 是边 (u, x) 的长度。由狄斯奎诺算法，所有与 u 相邻接的顶点 x，有 $d_{u,x}=c_{u,x}$，不与顶点 u 相邻接的顶点 x，有 $d_{u,x}=\infty$。显然，$d_{u,x}$ 是当前搜索过程中，顶点 u 经 S 中的顶点，但不经 T 中的顶点到达顶点 x 的最短路径长度。而满足 $d_{u,t}=\min\{d_{u,x} \mid x \in T\}$ 的顶点 t，其与 u 相关联的边的长度

$c_{u,t}$，是所有与u相关联的边中长度最短的，因此，可直接得到$d_{u,t}=c_{u,t}$就是顶点u到顶点t的最短路径长度。

（2）当S中有k（$k<n$）个顶点，T中有$n-k$个顶点时，令x是T中的顶点，由狄斯奎诺算法，$d_{u,x}$是经S中的顶点，但不经T中其他顶点，直接到达x的最短路径的长度。顶点t满足$d_{u,t}=\min\{d_{u,x}\mid x\in T\}$。如果$d_{u,t}$不是顶点$u$到顶点$t$的最短路径长度，那么必存在一条从$u$到$t$的路径，其长度小于$d_{u,t}$，则该路径必包含有$T-\{t\}$中的顶点。设$x$就是这样的顶点，则$d_{u,x}<d_{u,t}$，与$d_{u,t}=\min\{d_{u,x}\mid x\in T\}$相矛盾。所以，$d_{u,t}$就是顶点$u$到顶点$t$的最短路径的长度。

这样，只要证明式（5.3.2）中所得到的$d_{u,x}$，是经过$S\cup\{t\}$中的顶点，但不经过$T-\{t\}$中其他顶点，直接到达x的最短路径的长度，那么经过式（5.3.2）处理过后的$d_{u,x}$，再经过式（5.3.1）的处理，所得到的新的$d_{u,t}$将是顶点u到新的顶点t的距离。这样，也就证明了算法的正确性。下面的定理，证明了式（5.3.2）的正确性。

定理 5.3 设$G=(V,E)$是有向赋权图，$S\subseteq V$，$u\in S$，$T=V-S$，$t\in T$，$d_{u,t}=\min\{d_{u,x}\mid x\in T\}$；令$\overline{S}=S\cup\{t\}$，$\overline{T}=T-\{t\}$，则对任意的$x\in\overline{T}$，有：

$$d_{u,x}=\min\{d_{u,x},d_{u,t}+c_{t,x}\}$$

证明 源顶点u到$\overline{T}$中顶点x的最短路径长度$d_{u,x}$，定义为从u出发，经过$\overline{S}$中的顶点，但不经过$\overline{T}$中其他顶点，而直接到达$\overline{T}$中的顶点x的最短路径的长度。从u到x，但不经过$\overline{T}$中的顶点的最短路径，有下面两种情况：

（1）顶点x与顶点t不相邻接，该路径上的顶点，除了x以外都在S中，则上式右边中的$d_{u,x}$本身就是经过$\overline{S}$、不经过$\overline{T}$，直接到达x的最短路径的长度。因此，式（5.3.2）成立。

（2）顶点x与顶点t相邻接，在把t纳入$\overline{S}$后，经式（5.3.2）得到的$d_{u,x}$就是经过$\overline{S}$、不经过$\overline{T}$，直接到达x的最短路径的长度。因此，式（5.3.2）仍成立。

综上所述，狄斯奎诺算法是正确的。

5.4 最小花费生成树问题

在实际生活中，图的最小花费生成树问题有着广泛的应用。例如，用图的顶点代表城市，顶点与顶点之间的边代表城市之间的道路或通信线路，用边的权代表道路的长度或通信线路的费用，则最小花费生成树问题，就表示城市之间最短的道路或费用最少的通信线路问题。

5.4.1 最小花费生成树概述

定义 5.1 设图$G=(V,E)$和图$G'=(V',E')$，若$G'\subseteq G$且$V'=V$，则称G'是G的生成

子图。

例如，图 5.7（a）是一个无向完全图，图 5.7（b）~图 5.7（e）是它的几个生成子图。

定义 5.2　若无向图 G 的生成子图 T 是树，则称 T 是 G 的生成树或支撑树。生成树 T 中的边称为树枝。

例如，图 5.7（b）不是图 5.7（a）的生成树，而图 5.7（c）、图 5.7（d）、图 5.7（e）都是图 5.7（a）的生成树。

若连通图 $G=(V,E)$，T 是 G 的生成树，则生成树 T 有如下性质：

性质 5.1　T 是不含简单回路的连通图。

性质 5.2　T 中的每一对顶点 u 和 v，恰好有一条从 u 到 v 的基本通路。

性质 5.3　若 $T=<V,E'>$，$|V|=n$，$|E'|=m$，则 $m=n-1$。

性质 5.4　在 T 中的任何两个不相邻接的顶点之间增加一条边，则得到 T 中唯一的一条基本回路。

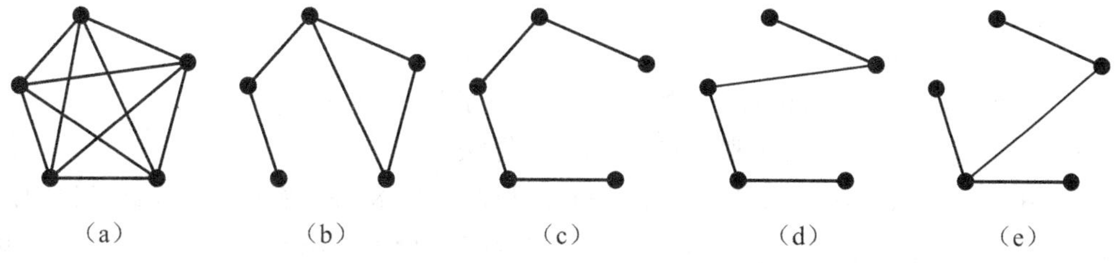

图 5.7　无向完全图及其生成子图

定义 5.3　若图 $G=(V,E,W)$ 是赋权图，T 是 G 的生成树，则 T 的每个树枝上的权之和称为 T 的权；G 中权最小的生成树，称为 G 的最小花费生成树或最小生成树。

在下面的讨论中，假定图都是连通的。如果图不连通，可以把算法应用于图的每一个连通分支。

5.4.2　克鲁斯卡尔算法

求最小花费生成树的算法有很多，其中克鲁斯卡尔（Kruskal）算法和普里姆（Prim）算法，是使用贪婪法策略设计的典型算法。

1. 克鲁斯卡尔算法的思想方法

克鲁斯卡尔算法俗称避环法。其思想方法如下：开始时，把图的所有顶点都作为孤立顶点，每一个顶点都构成一棵只有根结点的树，由这些树构成一个森林 T。然后，把所有的边按权的非降顺序排序，构成边集的一个非降序列。从边集中取出权最小的一条边，如果把这条边加入森林 T 中，不会使 T 构成回路，就把它加入森林中（或者把森林中某两棵树连接成一棵树）；否则，就放弃它。在这两种情况下，都把它从边集中删去。重复这个过程，直到把 $n-1$ 条边都放到森林以后，结束这个过程。这时，该森林中所有的树就被连接成一棵树 T，它就是所要求取的图的最小花费生成树。

在把边 e 加入 T 中时，如果与边 e 相关联的顶点 u 和 v 分别在两棵树上，随着边 e 的加入，将使这两棵树合并成一棵树；如果与边 e 相关联的顶点 u 和 v 都在同一棵树上，则新加入的边 e，将把这两个结点连接起来，使原来的树构成回路。为了判断把边 e 加入 T 中是否会构成回路，可以使用第 3 章所叙述的 find(u)、find(v)操作及 union(u,v)操作。前两个操作寻找 u 和 v 所在树的根结点，如果 find(u)、find(v)操作表明 u 和 v 的根结点不相同，则继续执行的 union(u,v)操作，将把边 e 加入 T 中，并使 u 和 v 所在的两棵树合并成一棵树；如果 find(u)、find(v)操作表明 u 和 v 的根结点相同，则 u 和 v 同在一棵树上，这时就不再执行 union(u,v)操作，并丢弃边 e。

于是，对无向连通赋权图 $G=(V,E,W)$，求该图的最小花费生成树的克鲁斯卡尔算法的步骤可叙述如下：

（1）按权的非降顺序排序 E 中的边。

（2）令最小花费生成树的边集为 T，T 初始化为 $T=\varphi$。

（3）把每个顶点都初始化为树的根结点。

（4）令 $e=(u,v)$ 是 E 中权最小的边，$E=E-\{e\}$。

（5）如果 find(u)≠ find(v)，则执行 union(u,v)操作，$T=T\cup\{e\}$。

（6）如果 $|T|<n-1$，转步骤（4）；否则，算法结束。

例 5.4 图 5.8 表示克鲁斯卡尔算法的执行过程。图 5.8（a）表示一个无向赋权图；第 1、2 两步，分别把权为 1 和 2 的边加入 T 中，如图 5.8（b）、图 5.8（c）所示；第 3 步，权为 3 的边与 T 中的边构成回路，被丢弃；第 4、5 步，把权为 4 和 5 的边加入 T 中，如图 5.8（d）、图 5.8（e）所示；第 6、7、8 步，权为 6、7、8 的边与 T 中的边构成回路，被丢弃；第 9 步，把权为 9 的边加入 T 中，如图 5.8（f）所示；至此，已有 5 条边被加入 T 中，而顶点个数是 6 个，所以算法结束。

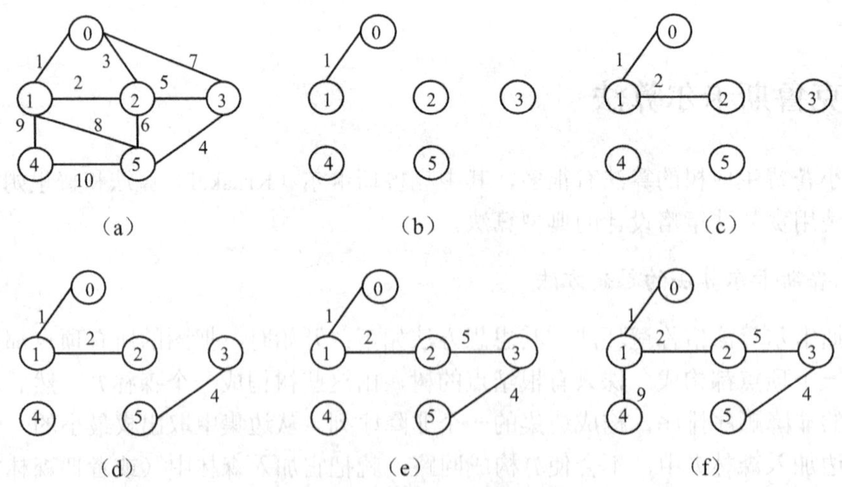

图 5.8 Kruskal 算法的执行过程

2. 克鲁斯卡尔算法的实现

假定无向赋权图 $G=(V,E,W)$ 有 n 个顶点，m 条边。为简单起见，顶点用数字编号。定义下面的数据结构：

```
typedef struct {                        /* 边的数据结构 */
    float    key;                       /* 边的权 */
    int      u;                         /* 与边关联的顶点编号 */
    int      v;                         /* 与边关联的顶点编号 */
} EDGE;
struct node {                           /* 顶点的数据结构 */
    struct node *p;                     /* 指向父亲结点 */
    int      rank;                      /* 结点的秩 */
    int      u;                         /* 顶点编号 */
};
typedef struct node NODE;
EDGE E[m+1],T[n];
NODE V[n];
```

其中，用数组 E 来存放边集，以便构成一个最小堆；用数组 V 来存放顶点集合，以便进行 find 和 union 操作，方便地判断所加入的边是否会构成回路；用数组 T 来存放所产生的最小花费生成树的边。对 find 和 union 操作及堆的操作进行一些必要的修改，使之适应上述的数据结构，则克鲁斯卡尔算法可描述如下：

算法 5.3　克鲁斯卡尔算法

输入： 存放 n 个顶点的数组 V[]，存放 m 条边的数组 E[]，顶点个数 n，边的数目 m

输出： 存放最小花费生成树的边集的数组 T[]

```
void kruskal(NODE V[],EDGE E[],EDGE T[],int n,int m)
{
    int i,j,k;
    EDGE e;
    NODE *u,*v;
    make_heap(E,m);                 /* 用边集构成最小堆 */
    for (i=0;i<n;i++) {             /* 每个顶点都作为树的根结点,构成森林 */
        V[i].rank = 0;   V[i].p = NULL;
    }
    i = j = 0;
    while ((i<n-1)&&(m>0)) {
        e = delete_min(E,m);        /* 从最小堆中取下权最小的边 */
        u = find(&V[e.u]);          /* 检索与边相邻接的顶点所在树的根结点 */
        v = find(&V[e.v]);
        if (u!=v) {                 /* 两个根结点不在同一棵树上 */
            union(u,v);             /* 连接它们 */
            T[j++] = e;             /* 把边加入最小花费生成树 */
            i++;
```

```
19.         }
20.     }
21. }
```

第 6 行把数组 E 按边的权构成一个最小堆。第 7、8 行把每个顶点都作为树的根结点，构成森林。第 11~20 行执行一个循环，从最小堆中取下权最小的边 e，并使边数 m 减 1；用 find 操作取得与边相关联的两个顶点所在树的根结点，如果这两个根结点不是同一棵树的根结点，就用 union 操作，把这两棵树合并成一棵树，把边 e 加入最小花费生成树 T 中。这个循环一直执行，直到产生 $n-1$ 条边的最小花费生成树或者 m 条边已全部处理完毕。

3. *克鲁斯卡尔算法的分析*

算法的第 6 行用 m 条边构成最小堆，需花费 $O(m\log m)$ 时间。第 7、8 行初始化 n 个根结点，需花费 $\Theta(n)$ 时间。第 11~20 行的循环最多执行 m 次。在循环体中，第 12 行从最小堆中删去权最小的边，每一次执行需花费 $O(\log m)$ 时间，共花费 $O(m\log m)$ 时间；循环体中的 find 操作至多执行 $2m$ 次，由定理 3.1，总花费至多为 $O(m\log^* n)$。因此，算法的运行时间由第 6 行和第 11~20 行的循环所决定，所花费的时间为 $O(m\log m)$。如果所处理的图是一个完全图，那么将有 $m=n(n-1)/2$，这时用顶点个数来衡量，所花费的时间为 $O(n^2\log n)$；如果所处理的图是一个平面图，那么将有 $m=O(n)$，这时，所花费的时间为 $O(n\log n)$。此外，算法用来存放最小花费生成树的边集所需要的空间为 $\Theta(n)$，其余需要的工作单元为 $\Theta(1)$。

算法的正确性由下面的定理给出。

定理 5.4 克鲁斯卡尔算法正确地得到无向赋权图的最小花费生成树。

证明 设 G 是无向连通图，T^* 是 G 的最小花费生成树的边集，T 是由克鲁斯卡尔算法所产生的生成树边集，则 G 中的顶点既是 T^* 中的顶点，也是 T 中的顶点。若 G 的顶点数为 n，则 $|T^*|=|T|=n-1$。下面用归纳法证明 $T=T^*$。

（1）设 e_1 是 G 中权最小的边，根据克鲁斯卡尔算法，有 $e_1\in T$。此时，若 $e_1\notin T^*$，但因为 T^* 是 G 的最小花费生成树，所以和 e_1 关联的顶点必是 T^* 中两个不相邻接的顶点，根据生成树的性质 5.4，把 e_1 加入 T^*，将使 T^* 构成唯一的一条回路。假定这条回路是 $e_1,e_{a1},\cdots,e_{ak}$，且 e_1 是这条回路中权最小的边。令 $T^{**}=T^*\cup\{e_1\}-\{e_{ai}\}$，$e_{ai}$ 是回路 $e_1,e_{a1},\cdots,e_{ak}$ 中除 e_1 外的任意一条边，则边集 T^{**} 仍然是 G 的生成树，且 T^{**} 的权小于或等于 T^* 的权。如果 T^{**} 的权小于 T^* 的权，则与 T^* 是 G 的最小花费生成树的边集相矛盾，所以 $e_1\in T^*$；如果 T^{**} 的权等于 T^* 的权，则 T^{**} 也是 G 的最小花费生成树的边集，且 $e_1\in T^{**}$。这时，可用新的 T^* 来标记 T^{**}。在这两种情况下，都有 $e_1\in T^*$。

（2）若 e_2 是 G 中权第 2 小的边，同理可证 $e_2\in T$，且 $e_2\in T^*$。

（3）设 $e_1,\cdots,e_k$ 是 T 中前面 k 条权最小的边，且它们都属于 T，也属于 T^*。令 e_{k+1} 是 T 中第 $k+1$ 条权最小的边，且 $e_{k+1}\in T$，但 $e_{k+1}\notin T^*$。同样，和 e_{k+1} 关联的顶点也是 T^* 中两个不相邻接的顶点。把 e_{k+1} 加入 T^*，将使 T^* 构成唯一的一条回路。假定这条回路是 $e_{k+1},e_{a1},\cdots,e_{am}$，则在 $e_{a1},\cdots,e_{am}$ 中，必有一条边 $e_{ai}\in T^*$，但 $e_{ai}\notin T$；否则，T 将存在回

路。因为$e_1,\cdots,e_{k+1}$是T中前面$k+1$条权最小的边，并且$e_1,\cdots,e_{k+1}$都属于T，根据克鲁斯卡尔算法，在T和T^*中，除$e_1,\cdots,e_{k+1}$外，不存在权大于e_1且小于e_{k+1}的其他边，所以e_{ai}的权大于或等于e_{k+1}的权。令$T^{**}=T^*\cup\{e_{k+1}\}-\{e_{ai}\}$，则$T^{**}$仍然是$G$的生成树，且$T^{**}$的权小于或等于$T^*$的权。同上面理由，必有$e_{k+1}\in T^*$。

综上所述，有$T=T^*$。所以，克鲁斯卡尔算法正确地得到无向赋权图的最小花费生成树。

5.4.3　普里姆算法

普里姆算法也是采用贪婪策略进行设计的一种算法，但它和克鲁斯卡尔算法的方法完全不同，有点类似于求最短路径的狄斯奎诺算法。在这里，也假定图G是连通的。

1. 普里姆算法的思想方法

令$G=(V,E,W)$，为简单起见，令顶点集为$V=\{0,1,\cdots,n-1\}$。用二维数组c来存放边集E中边的权，若与顶点i,j相关联的边为$e_{i,j}$，则$e_{i,j}$的权为$c[i][j]$。假定T是最小花费生成树的边集。该算法维护两个顶点集合S和N。开始时，令$T=\varphi$，$S=\{0\}$，$N=V-S$。然后，进行贪婪选择，选取$i\in S$，$j\in N$，并且$c[i][j]$最小的i和j；并使$S=S\cup\{j\}$，$N=N-\{j\}$，$T=T\cup\{e_{i,j}\}$。重复上述步骤，直到N为空，或找到$n-1$条边为止。此时，T中的边集就是所要求取的G中的最小花费生成树。由此，普里姆算法的步骤可描述如下：

（1）$T=\varphi$，$S=\{0\}$，$N=V-S$。

（2）如果N为空，算法结束；否则，转步骤（3）。

（3）寻找使$i\in S$，$j\in N$，并且$c[i][j]$最小的i和j。

（4）$S=S\cup\{j\}$，$N=N-\{j\}$，$T=T\cup\{e_{i,j}\}$，转步骤（2）。

例 5.5　图 5.9 表示普里姆算法的执行过程。虚线一侧表示顶点集合S，另一侧表示顶点集合N，细线表示与顶点关联的边，粗线表示所产生的最小花费生成树的边。开始时如图 5.9（a）所示，此时$S=\{0\}$，$N=\{1,2,3,4,5\}$，在集合N中，有 3 个顶点 1,2,3 与集合S邻接，边$e_{0,1}$的权最小；在图 5.9（b）中，把顶点 1 并入集合S，把边$e_{0,1}$并入T，此时顶点 2,3,4,5 都与集合S邻接，而边$e_{1,2}$的权最小；在图 5.9（c）中，把顶点 2 并入集合S，把边$e_{1,2}$并入T，此时顶点 3, 4, 5 与集合S邻接，而边$e_{2,3}$的权最小；在图 5.9（d）中，把顶点 3 并入集合S，把边$e_{2,3}$并入T，此时剩下顶点 4,5 与集合S邻接，而边$e_{3,5}$的权最小；在图 5.9（e）中，把顶点 5 并入集合S，把边$e_{3,5}$并入T，此时剩下最后一个顶点 4 与集合S邻接，而边$e_{1,4}$的权最小；在图 5.9（f）中，把顶点 4 并入集合S，把边$e_{1,4}$并入T，最后所产生的最小花费生成树如图 5.9（f）中的粗线所示。

2. 普里姆算法的实现

同样，在有向赋权图$G=(V,E,W)$中，顶点用数字编号，令顶点集合为$V=\{0,1,\cdots,n-1\}$；用邻接矩阵$c[i][j]$来表示图$G=(V,E,W)$中顶点i和j之间的邻接关系及边$e_{i,j}$的权；如果i和j之间不相邻接，则把$c[i][j]$置为MAX_FLOAT_NUM；用布尔数组s来表示S中的顶点，$s[i]$为真，表示顶点 i 在 S 中，否则不在 S 中；用 5.4.2 节中所叙述的数据结构类型 EDGE 的数组 $T[n]$ 来存放所产生的最小花费生成树的边集。

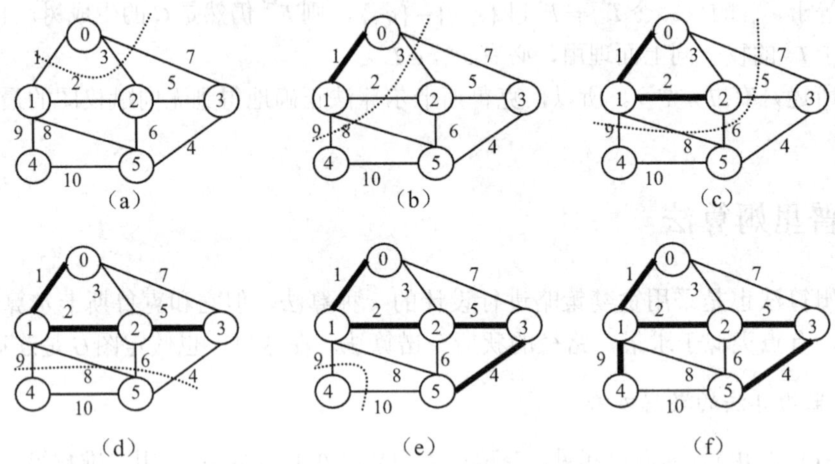

图 5.9　普里姆算法的执行过程

为了有效地寻找使 $i \in S$，$j \in N$，并且 $c[i][j]$ 最小的 i 和 j，考虑下面的事实：如果边 $e_{i,j}$ 是这样的一条边，使得顶点 $i \in S$，且顶点 $j \in N$，就把顶点 j 称为边界点。边界点是由集合 N 转移到集合 S 的候选者。如果 j 是一个边界点，那么在 S 中至少有一个顶点 i 和 j 相邻接。为简单起见，把 S 中与 j 相邻接并且权 $c[i][j]$ 最小的顶点 i，简称为顶点 j 的近邻。用数组 $neig[j]$ 来存放顶点 j 的近邻；用数组 $w[j]$ 来存放 j 及其近邻相关联的边的权。把这两个数组称为近邻信息表。这样，便有如下的数据结构：

```
float    c[n][n];              /* 图的邻接矩阵 */
BOOL     s[n];                 /* 集合 S 中的点集 */
EDGE     T[n];                 /* 最小花费生成树的边集 */
int      neig[n];              /* 顶点 j 的近邻 */
float    w[n];                 /* 顶点 j 与近邻相关联的边的权*/
```

为简明起见，假定二维数组可以直接通过参数传递，并可在函数中直接引用。于是，普里姆算法描述如下：

算法 5.4　普里姆算法

输入：无向连通赋权图的邻接矩阵 c[][]，顶点个数 n

输出：图的最小花费生成树 T[]，T 中边的数目 k

```
#define MAX_FLOAT_NUM   ∞
void prim(float c[][],int n,EDGE T[],int &k)
{
    int i,j,u;
    BOOL *s = new BOOL[n];
    int *neig = new int[n];
    float min,*w = new float[n];
    s[0] = TRUE;                     /* S = {0} */
```

```
9.     for (i=1;i<n;i++) {                   /* 初始化集合 N 中各顶点的初始状态 */
10.        w[i] = c[0][i];                    /* 顶点 i 与近邻的关联边的权*/
11.        neig[i] = 0;                       /* 顶点 i 的近邻 */
12.        s[i] = FALSE;                      /* N = {1,2,…,n-1} */
13.    }
14.    k = 0;                                 /* 最小生成树的边集 T 为空 */
15.    for (i=1;i<n;i++) {
16.        u = 0;
17.        min = MAX_FLOAT_NUM;
18.        for (j=1;j<n;j++)                  /* 在 N 中检索与 S 最接近的顶点 u */
19.            if (!s[j]&&w[j]<min) {
20.                u = j;   min = w[j];
21.            }
22.        if (u==0) break;                   /* 图非连通,退出循环 */
23.        T[k].u = neig[u];                  /* 登记最小生成树的边 */
24.        T[k].v = u;
25.        T[k++].key = w[u];
26.        s[u] = TRUE;                       /* S = S∪{u} */
27.        for (j=1;j<n;j++) {                /* 更新 N 中顶点的近邻信息 */
28.            if (!s[j]&&c[u][j]<w[j]) {
29.                w[j] = c[u][j];
30.                neig[j] = u;
31.            }
32.        }
33.    }
34.    delete s;   delete w;   delete neig;
35. }
```

为简化说明起见，该算法所处理的顶点集合为$V=\{0,1,\cdots,n-1\}$。用布尔数组s来表示顶点集合，则数组的相应元素表示对应编号的顶点。数组元素为真，表示对应顶点在集合S中；否则，对应顶点在集合N中。算法的第 8~14 行是初始化部分：第 8 行设置集合S的初始元素$S=\{0\}$；第 9~13 行设置N中所有顶点的近邻信息，初始化近邻信息表：把集合N中所有顶点i的近邻都置为顶点 0，与近邻相关联的边的权都置为$c[0][i]$，这样在以后的处理中，只要检索近邻的信息，就可以找到使$i\in S$，$j\in N$，并且$c[i][j]$最小的i和j；第 14 行设置最小花费生成树边集的初始存放位置。

第 15~33 行是算法的第 2 部分，也是核心部分。这是一个循环，循环体共执行$n-1$次，每一次产生一条最小花费生成树的边，并把集合N中的一个顶点并入集合S。第 16、17 行为在N中检索与S最接近的顶点做准备。第 18~21 行进行检索，这时只要检索近邻信息表，从集合N中找出使权$w[j]$最小的j即可。第 22 行进一步判断是否找到这样的j，如果找不到，则集合N中所有的$w[j]$，其值都为MAX_FLOAT_NUM，说明N中的所有顶点与S中的顶点不连通，于是结束算法；如果找到，它与它的近邻所关联的边就是最小花费生成树中的一条边，第 23~25 行把这条边的信息登记在最小花费生成树的边集T中。第 26

行把该顶点并入集合 S。第 27~32 行更新 N 中顶点的近邻信息，转到循环的开始部分，继续下一轮的循环。

3. 普里姆算法的分析

该算法的时间复杂性估算如下：第 8~14 行初始化近邻信息表和顶点集，花费 $\Theta(n)$ 时间。第 15~33 行的循环体共执行 $n-1$ 次，第 16、17 及第 22~26 行，每一轮循环花费 $\Theta(1)$ 时间，共执行 $n-1$ 次，总花费 $\Theta(n)$ 时间；第 18~20 行，在 N 中检索与 S 最接近的顶点，用一个内部循环来完成，循环体需执行 $n-1$ 次，因此，共花费 $\Theta(n^2)$ 时间；第 27~32 行更新近邻信息表，也用一个内部循环来完成，循环体需执行 $n-1$ 次，因此，共花费 $\Theta(n^2)$ 时间。由此得出，该算法的时间复杂性是 $\Theta(n^2)$。同时，从算法中可以看到，用于工作单元的空间为 $\Theta(n)$。

算法的正确性由下面的定理给出。

定理 5.5 在无向赋权图中寻找最小花费生成树的普里姆算法是正确的。

证明 假设由普里姆算法所产生的最小花费生成树的边集是 T，无向赋权图 G 的最小花费生成树的边集是 T^*，下面用归纳法证明 $T=T^*$。

（1）开始时，$T=\varphi$，上述论点为真；

（2）假定算法在第 14 行之前把边 $e=(i,j)$ 加入到 T 之前，论点为真，$\overline{G}=(S,T)$ 是 G 的最小花费生成树的子树。按照普里姆算法，选择把 $e=(i,j)$ 加入 T 时，满足 $i\in S$，$j\in N$，并且使 $c[i][j]$ 最小的 i 和 j 作为边 e 的关联顶点，并令 $S'=S\cup\{j\}$，$T'=T\cup\{e\}$，$G'=(S',T')$。此时，有：

① G' 是树。因为 e 只和 S 中的一个顶点关联，加入 e 后不会使 G' 构成回路，并且 G' 仍然连通。

② G' 是 G 的最小花费生成树的子树。因为，如果 $e\in T^*$，这个结论成立；如果 $e\notin T^*$，那么与 e 关联的顶点必是 T^* 中两个不相邻接的顶点。根据生成树的性质 5.4，$T^*\cup\{e\}$ 将包含一条回路。e 是这条回路中的一条边，并且 $e=(i,j)$，$i\in S$，$j\in N$，则回路中必存在另一条边 $e'=(x,y)$，$x\in S$，$y\in N$，如图 5.10 所示。按照普里姆算法的选择，e 的权小于或等于 e' 的权。令 $T^{**}=T^*\cup\{e\}-\{e'\}$，则 T^{**} 的权小于或等于 T^* 的权。如果 T^{**} 的权小于 T^* 的权，则与 T^* 是最小花费生成树的边集相矛盾，所以 $e\in T^*$；若 e 的权等于 e' 的权，则 T^{**} 的权等于 T^* 的权，这时用新的 T^* 来标记 T^{**}。在这两种情况下，都有 $e\in T^*$。

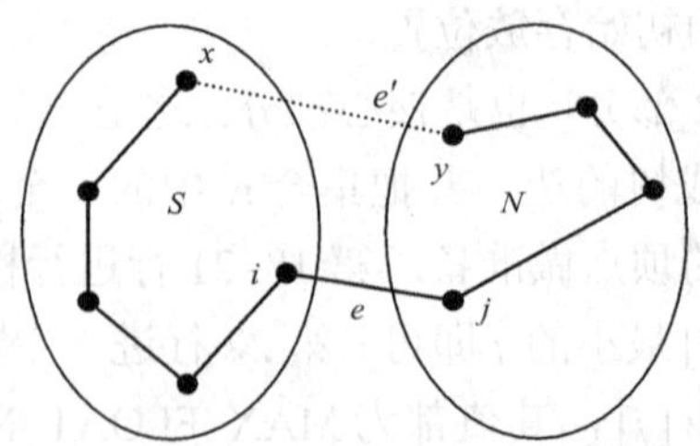

图 5.10 在最小花费生成树中增加一条边的情况

综上所述，$T=T^*$，普里姆算法所产生的生成树是 G 的最小花费生成树。

5.5　霍夫曼编码问题

在字符编码中，通常采用固定长度的二进制代码编码。例如最常见的 ASCII 码，一个字符用 8 位二进制位表示。但是，在各种文件中，每个字符出现的频率不同。据统计，在英文文件中，*e* 出现的频率最高，而 *z* 出现的频率很低。如果在编码时用较短的二进制代码编码频率较高的字符，而频率低的字符采用较长的代码编码，就有可能压缩文件的长度。这就提出了字符的最佳编码问题。霍夫曼（Huffman）编码就是利用文件中字符出现的不同频率，设计不同长度的字符代码，以达到压缩文件长度的目的，它在数据压缩技术中曾起到很大作用。

5.5.1　前缀码和最优二叉树

因为不同字符采用不同长度的编码，如果一个字符的编码是另一个字符编码中的一部分，在译码过程中就可能产生二义性。例如，如果字符 *a*, *b*, *c*, *d*, *e* 编码为：

a	*b*	*c*	*d*	*e*
01	011	110	111	11

那么字符串 *abcd* 的码文是 01 011 110 111。但在译码时，它将被当成 01 01 111 01 11 而被翻译成 *aadae*。这就提出了前缀码的概念。

定义 5.4　假设 $a_1a_2a_3\cdots a_n$ 是长度为 n 的字符串，称 $a_1a_2a_3\cdots a_k$（$k=1, 2, \cdots, n-1$）为字符串 $a_1a_2a_3\cdots a_n$ 的长度为 k 的前缀。

定义 5.5　假设字符串集合 $A=\{s_1,s_2,\cdots,s_m\}$，若对任意的 $s_i\in A$，$s_j\in A$，$i\neq j$，s_i 和 s_j 不互为前缀，则称 A 为前缀码。特别地，若 s_i（$i=1, 2, \cdots, m$）中只出现 0 和 1 两种符号，则称 A 为二元前缀码。

一个具有 *n* 个字符编码的二元前缀码，可以表示成一棵有 *n* 片叶子的二叉树，每片叶子代表一个字符，而把字符的编码看成是从根结点沿着表示该字符的叶子的路径上的边的编码。假定：左子树方向路径上的边编码为 0，右子树方向路径上的边编码为 1。例如，字符 *a*, *b*, *c*, *d*, *e*, *f* 编码为：

a	*b*	*c*	*d*	*e*	*f*
0	100	101	111	1100	1101

其对应的二叉树如图 5.11 所示。

如果有一个码文 10001100101111，在译码时，可从根结点开始，沿着码文所标示的路径向下搜索，直到叶子结点，便可得到所编码的字符，然后再从根结点开始，继续搜索下一个字符。按照这种方法，上面的码文将被解析为 100 0 1100 101 111，而被翻译成 *baecd*。

由此可见，一个二元前缀码对应于一棵二叉树，反之亦然。在对字符 $c_1, c_2,\cdots,c_n$ 进行编码时，令 p_i 为文件中字符 c_i 出现的频率，$l(c_i)$ 为对应二叉树 T 中对应于 c_i 的叶子结点到根结点的路径长度（叶子结点到根结点路径上边的数目），使$W(T)=\sum_{i=1}^{n} p_i \cdot l(c_i)$最小的二叉树$T$，其相应的前缀码便是一个最佳编码。因此有下面的定义：

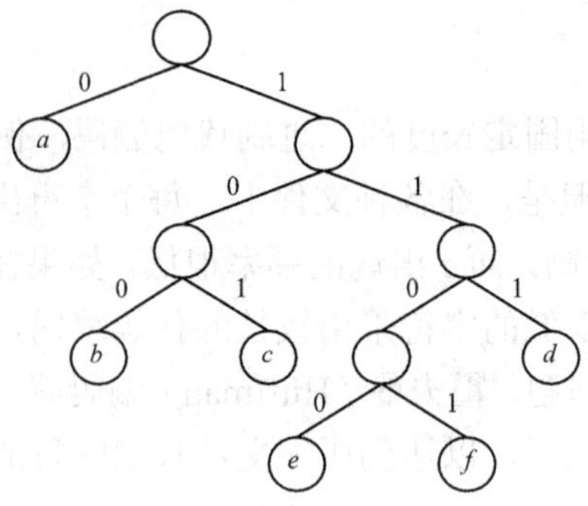

图 5.11　二元前缀码与对应的二叉树

定义 5.6　若二叉树T的每个分支都有 2 个儿子结点，称T是二叉正则树。

定义 5.7　若二叉正则树T有n片叶子c_i，分别带权p_i（$i=1, 2, \cdots, n$），则称

$$W(T)=\sum_{i=1}^{n} p_i \cdot l(c_i) \tag{5.5.1}$$

为树T的权。在带权p_i的n片叶子c_i的所有二叉正则树中，使式（5.5.1）最小的树T，称为带权p_i的最优二叉树。

最优二叉树也称霍夫曼树，它有如下定理：

定理 5.6　带权$p_1 \leqslant p_2 \leqslant \cdots \leqslant p_n$的最优二叉树中，必有二叉树$T$，使得带权$p_1$和$p_2$的两片叶子是兄弟。

证明　设T_0是带权$p_1 \leqslant p_2 \leqslant \cdots \leqslant p_n$的最优二叉树，$c_x$和$c_y$是$T_0$中路径最长的两片叶子，且$c_x$和$c_y$是兄弟。如图 5.12（a）所示，它们分别带权$p_x$和$p_y$，有：

$$p_x \geqslant p_i,\ p_y \geqslant p_i,\ l(c_x) \geqslant l(c_i),\ l(c_y) \geqslant l(c_i),\ i=1,2$$

把带权的叶子c_1、c_2分别与带权的c_x和c_y及权互换，得到新树T，如图 5.12（b）所示。则有：

$$\begin{aligned}
W(T)-W(T_0) &= p_1 l(c_x)+p_2 l(c_y)+p_x l(c_1)+p_y l(c_2)-p_x l(c_x)-p_y l(c_y)-p_1 l(c_1)-p_2 l(c_2) \\
&= l(c_x)(p_1-p_x)+l(c_y)(p_2-p_y)+l(c_1)(p_x-p_1)+l(c_2)(p_y-p_2) \\
&= l(c_x)(p_1-p_x)+l(c_y)(p_2-p_y)-l(c_1)(p_1-p_x)-l(c_2)(p_2-p_y) \\
&= (p_1-p_x)(l(c_x)-l(c_1))+(p_2-p_y)(l(c_y)-l(c_2)) \\
&\leqslant 0
\end{aligned}$$

T_0是最优二叉树，所以T也是最优二叉树，且c_1和c_2是兄弟。

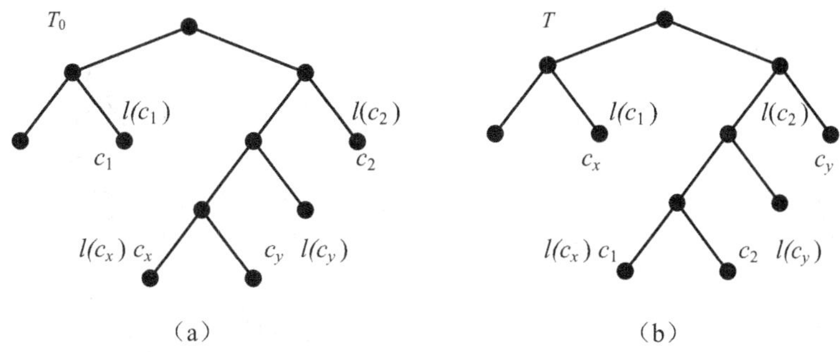

图 5.12　在二叉树中交换两片叶子

定理 5.7　T_1 是带权 p_1+p_2，p_3，…，p_n 的最优二叉树，$p_1 \leqslant p_2 \leqslant p_3 \leqslant \cdots \leqslant p_n$。在 T_1 中，使带权 p_1+p_2 的叶子产生两片带权分别为 p_1 和 p_2 的叶子，则得到带权为 $p_1, p_2, \cdots, p_n$ 的最优二叉树 T。

证明　T_1 是带权 p_1+p_2，p_3，…，p_n 的最优二叉树，T 是由 T_1 中带权 p_1+p_2 的叶子产生两片带权分别为 p_1 和 p_2 的叶子得到的带权为 $p_1, p_2, \cdots, p_n$ 的二叉树，令 $l(p_1+p_2)$ 为带权 p_1+p_2 的叶子到根结点路径的长度，$l(p_1)$ 和 $l(p_2)$ 分别为带权为 p_1 和 p_2 的叶子到根结点路径的长度，则有：

$$l(p_1)=l(p_2)=l(p_1+p_2)+1$$

所以有：

$$W(T)=W(T_1)+p_1+p_2$$

设 T' 是带权 $p_1, p_2, \cdots, p_n$ 的最优二叉树，据定理 5.6 可得：带权为 p_1 和 p_2 的叶子 c_1 和 c_2 是兄弟。在 T' 中删去 c_1 和 c_2，使其父亲结点的权为 p_1+p_2，得到树 T_1'。同样有：

$$W(T')=W(T_1')+p_1+p_2$$

因为 T_1 是最优二叉树，所以：

$$W(T_1') \geqslant W(T_1)$$

而

$$\begin{aligned}W(T)-W(T') &= W(T_1)+p_1+p_2-(W(T_1')+p_1+p_2)\\ &= W(T_1)-W(T_1')\\ &\leqslant 0\end{aligned}$$

因为 T' 是最优二叉树，所以 T 是最优二叉树。

按照定理 5.6 和定理 5.7，如果知道 n 个字符在文件中出现的频率，就可以据此设计出相应的最优二叉树。

例 5.6　在字符集 $\{a, b, c, d, e, f, g, h\}$ 中，8 个字符在文件中出现频率的百分比分别为 $3, 4, 5, 8, 9, 15, 20, 36$，构造最优二叉树的过程如图 5.13 所示。从图中可以看到，字符集 $\{a, b, c, d, e, f, g, h\}$ 中字符的霍夫曼编码分别为：10010、10011、1000、000、001、101、01、11。

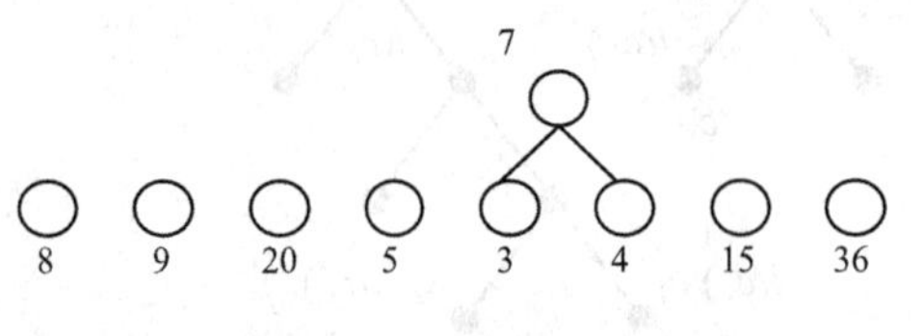

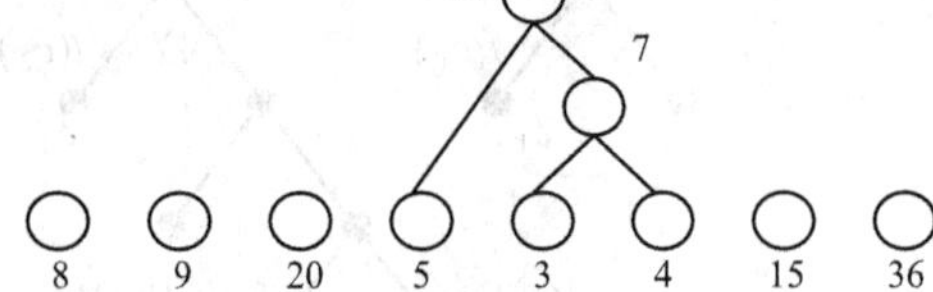

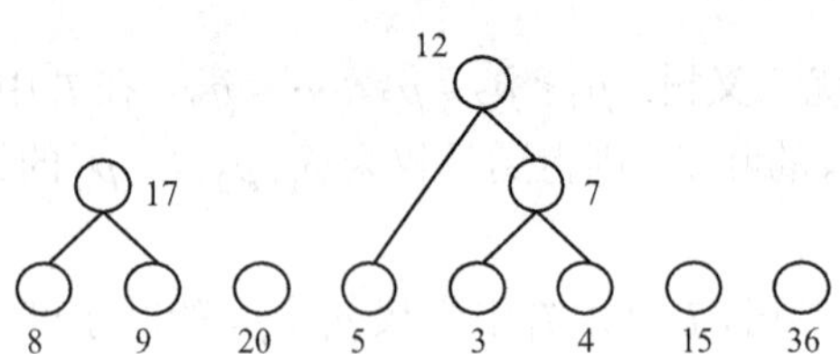

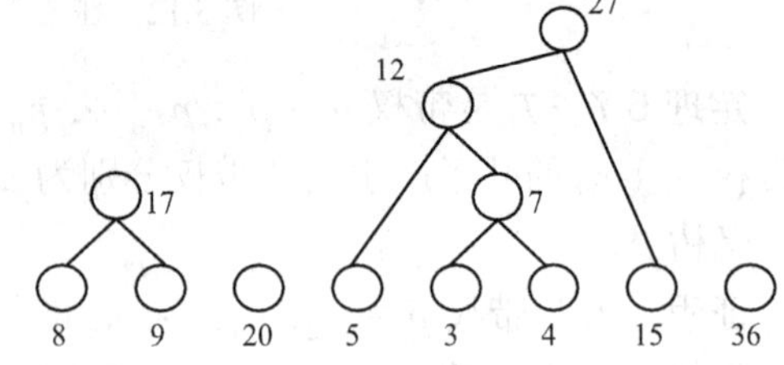

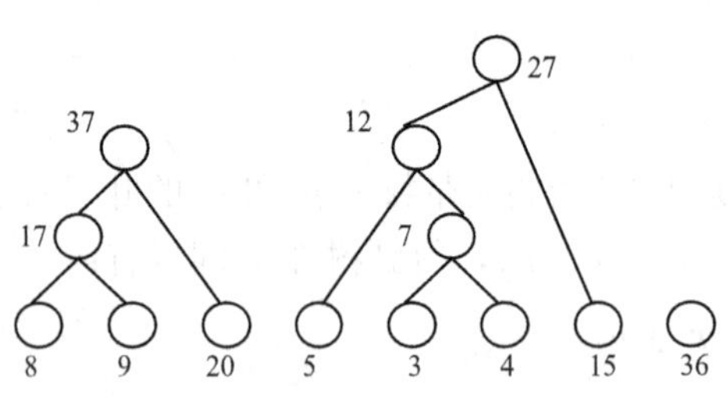

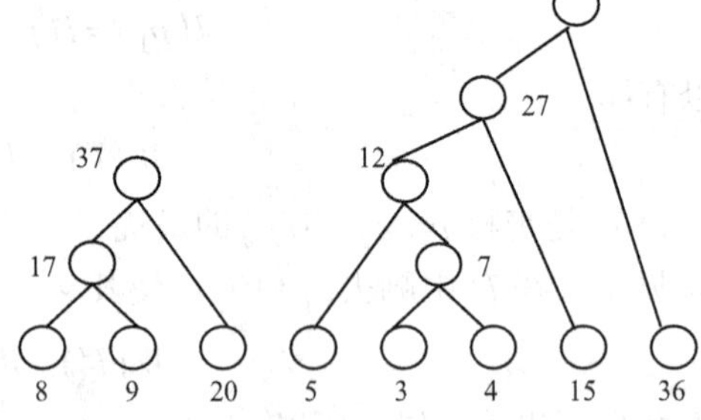

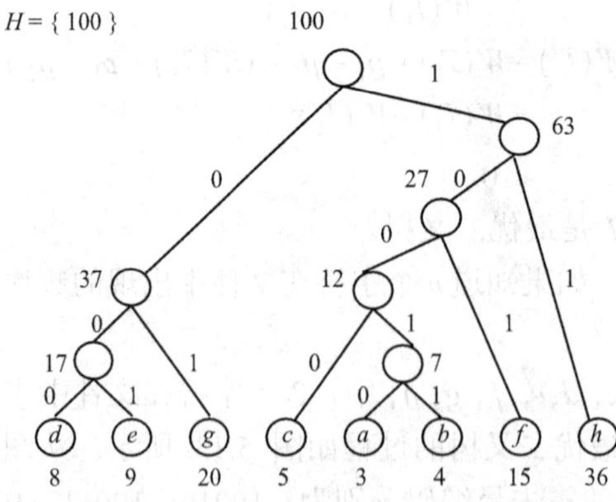

图 5.13　生成最优二叉树的例子

5.5.2 霍夫曼编码的实现

假定 n 个符号的字符集 $C=\{c_1,c_2,\cdots,c_n\}$，每一个符号在文件中出现的频率分别为 $p_1,p_2,\cdots,p_n$。在构造最优二叉树时，首先把代表符号的 n 个叶子结点作为结点带权的 n 棵树来处理，由它们构成一个森林。然后，在这个森林中找出根结点权最小的两棵树，将其合并成一棵树，原来的两棵树的根结点成为新树的左、右儿子结点，而新树根结点的权为原来两棵树根结点的权之和。用新树根结点的左、右儿子指针来表明根结点与儿子结点的边。在儿子结点中，用值为 0 或 1 的标记变量 *index* 来表明该儿子结点是左儿子结点，还是右儿子结点，同时也表明该儿子结点与父亲结点的边的霍夫曼码值。

为了对结点进行操作，定义下面的数据结构，以便用该结构类型的数组 T 来存放最优二叉树的结点及结点之间的联系。

```
struct node {
    Type    c;                  /* 叶子结点所代表的符号 */
    float   p;                  /* 结点的权 */
    int     lchild;             /* 内部结点的左儿子结点指针 */
    int     rchild;             /* 内部结点的右儿子结点指针 */
    int     parent;             /* 内部结点的父亲结点指针 */
    int     index;              /* 该结点对应的霍夫曼码的码值 */
};
struct node T[2*n];             /* 存放二叉树的结点 */
struct node H[n+1];             /* 存放二叉树中相关结点的堆 */
```

为了方便地找出根结点权最小的两棵树，对二叉树中的结点，用同样的数据结构另外构造一个最小堆 H，堆中元素用成员变量 *index* 来表明该元素在树中的位置。

由此，可以用下面的步骤来构造字符集 C 的最优二叉树：

（1）把字符集 C 中 n 个符号的 c_i 及 p_i 分别复制到数组 $T[0]\sim T[n-1]$，作为二叉树 T 的 n 个叶子结点，叶子结点的左、右儿子指针及父亲指针初始化为-1。

（2）把字符集 C 中 n 个符号的 c_i 及 p_i 复制到数组 $H[1]\sim H[n]$，H 中元素的 *index* 变量指向该元素在 T 中的下标，以 H 中元素的变量 p 作为关键字，把 H 构造为最小堆。

（3）令 $i=0$。

（4）从堆 H 中取出两个权最小的元素赋值于 x 和 y。

（5）构造新的结点 u，令 $u.p=x.p+y.p$，$u.index=n+i$。

（6）把结点 u 插入堆 H 中。

（7）用结点 u 生成 T 中的新结点 $T[n+i]$。$T[n+i]$的左、右儿子指针分别指向 *x.index* 和 *y.index* 所指向的 T 中的结点，父亲指针置为-1。

（8）T 中相应于 x 和 y 的结点的父亲指针指向 $n+i$，成员变量 *index* 分别置为 0 和 1。

（9）$i=i+1$；若 $i=n$，算法结束，否则转步骤（4）。

于是，霍夫曼算法的实现可描述如下：

算法 5.5 霍夫曼算法

输入： 字符集 C[]，频率表 p[]；字符个数 n

输出： Huffman 树的结点表 T[]

```
template <class Type>
void Huffman(Type C[],float p[],int n,struct node T[])
{
    struct node H[n+1], x, y, u;
    int i,m = n;                          /* m 为堆 H 的初始元素个数 */
    for (i=0;i<n;i++) {                   /* 初始化树的叶子结点和数组 H */
        T[i].c = H[i].c = C[i];
        T[i].p = H[i].p = p[i];
        T[i].lchild = T[i].rchild = T[i].parent = -1;
        H[i].index = i;                   /* 堆中的元素对应于树中元素的结点号 */
    }
    make_heap(H,n);                       /* 构造堆 H */
    for (i=0;i<n-1;i++) {
        x = delete_min(H,m);              /* 取堆中最小的两个元素，并从堆中删去 */
        y = delete_min(H,m);
        u.p = x.p + y.p;                  /* 构造一个新的结点 */
        u.index = n + i;
        insert(H,m,u);                    /* 新结点插入堆中 */
        T[n+i].lchild = x.index;          /* 新结点的左、右儿子指针 */
        T[n+i].rchild = y.index;
        T[n+i].parent = -1;               /* 新结点的父亲结点指针置为空 */
        T[x.index].index = 0;             /* 左儿子结点的霍夫曼码值 */
        T[y.index].index = 1;             /* 右儿子结点的霍夫曼码值*/
        T[x.index].parent = T[y.index].parent = n + i;
    }                                     /*左、右儿子结点的父亲指针指向新结点 */
}
```

算法使用一个有 $2n-1$ 个元素的数组 T 来存放最优二叉树的结点表及其关联的边，$T[0] \sim T[n-1]$ 存放 n 个叶子结点，$T[n] \sim T[2n-2]$ 存放树的内部结点。内部结点的成员变量 *lchild* 存放其左儿子结点指针，*rchild* 存放其右儿子结点指针，用左、右儿子结点指针来表明与左、右儿子结点关联的边；儿子结点的成员变量 *parent* 存放其父亲结点指针，用它来表明与父亲结点关联的边；左儿子结点的成员变量 *index* 置为 0，表明它是左分支结点，右儿子结点的成员变量 *index* 置为 1，表明它是右分支结点，用左、右儿子结点的 *index* 来表明儿子结点到父亲结点路径上边的编码。符号编码时，沿着叶子结点搜索到根结点，路径中的 *index* 就组成了该叶子结点符号的霍夫曼编码。堆中元素的成员变量 *index* 则存放该结点在数组 T 中的下标，使堆中的元素与结点表中的结点相对应。

从定理 5.6 与定理 5.7 可知，霍夫曼算法所构造的树是最优二叉树。

下面分析算法的时间复杂性。算法的第 6~11 行执行初始化工作，花费 $\Theta(n)$ 时间。第 12 行构造一个有 n 个元素的堆，花费 $\Theta(n)$ 时间。第 13~25 行的循环体共执行 $n-1$ 次，循环体中的第 14、15、18 行对堆的操作，每个操作需 $O(\log n)$ 时间，因此这个循环共需 $O(n\log n)$ 时间。所以，霍夫曼算法的时间复杂性是 $O(n\log n)$。

习　题

1．用贪婪法解例 5.2 的货郎担问题，分别从 5 个城市出发，然后从中选取一条费用最短的路线，验证这种算法不能得到最优解。

2．求如下背包问题的最优解：$n=7$，$M=15$，价值 $P=\{10,5,15,7,6,18,3\}$，重量为 $w=\{2,3,5,7,1,4,1\}$。

3．用狄斯奎诺算法求解图 5.14 所示的单源最短路径问题。

1
2
3
4
5
6
7
8
9
10
4
2
3
10
9
6
7
10
3
8
4
8
9
6
5
4
8
4

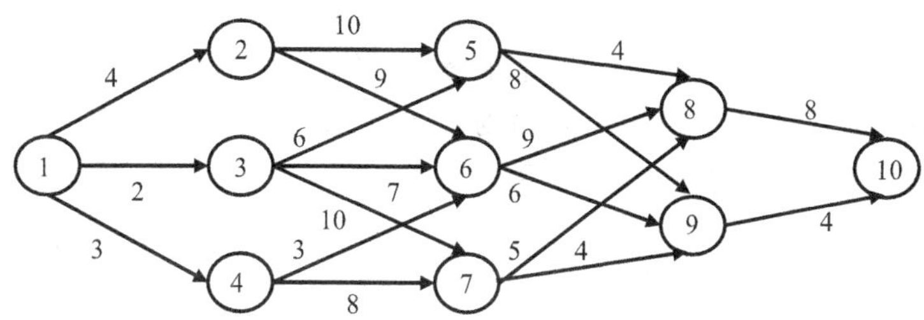

图 5.14　有向赋权图的最短路径问题

4．把第 3 题的图改为无向赋权图，用克鲁斯卡尔算法求该图的最小花费生成树，画出最小花费生成树的生成过程。

5．把第 3 题的图改为无向赋权图，用普里姆算法求该图的最小花费生成树，画出最小花费生成树的生成过程。

6．求图 5.15 所示网络中各点距 A 点的最短路径问题。

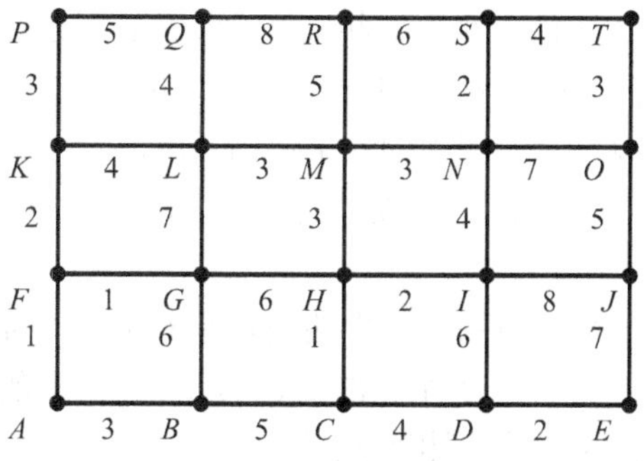

P 5 Q 8 R 6 S 4 T
3 4 5 2 3
K 4 L 3 M 3 N 7 O
2 7 3 4 5
F 1 G 6 H 2 I 8 J
1 6 1 6 7
A 3 B 5 C 4 D 2 E

图 5.15　网络中各点距 A 点的最短路径

7．用克鲁斯卡尔算法求图 5.15 的最小花费生成树，画出最小花费生成树的生成过程。

8．用普里姆算法求图 5.15 的最小花费生成树，画出最小花费生成树的生成过程。

9．在算法 5.2 中，改变数组 d 的数据结构，使它包含顶点信息，使用最小堆数据结构来维护它，重新编写算法 5.2 并估计改写后的算法的时间复杂性。

10．在算法 5.4 中，改用最小堆数据结构来维护邻接点集合，重新编写算法 5.4 并估计改写后算法的时间复杂性。

11．有 n 个程序 $\{p_1,p_2,\cdots,p_n\}$，长度分别为 $\{l_1,l_2,\cdots,l_n\}$。如果把这些程序按序存放在长度为 L 的磁带中，则读取程序 p_i 所需时间为 $t_i=\sum_{k=1}^{i}l_k$，其中 $1\leqslant i\leqslant n$。假定这些程序被访问的概率相同，设计一个算法，确定程序在磁带中的存放次序，使得程序的平均读取时间 $\bar{t}=\left(\sum_{k=1}^{i}l_k\right)\Big/n$ 最小，并分析算法的正确性和时间复杂性。

12．在第 11 题中，如果 $\sum l_i\leqslant L$，则所有程序都能放到磁带上；如果 $\sum l_i>L$，则只能存放部分程序。要求找出能存放在磁带中的程序的最大子集 P，其中最大子集 P 定义为 P 中所包含的程序个数最多。

（1）假设 $l_1\leqslant l_2\leqslant\cdots\leqslant l_n$，设计一个求最大子集 P 的算法，把结果存放在布尔数组 s 中，使得若 $p_i\in P$，则 $s[i]=\text{TRUE}$，否则 $s[i]=\text{FALSE}$。

（2）证明所设计算法能否得到最优解。

（3）设 P 是按上述方法所得到的子集，则磁带的利用率 $\left(\sum_{p_i\in P}l_i\right)\Big/L$ 是多少？

（4）假定要求使磁带的利用率最大，并且有 $l_1\geqslant l_2\geqslant\cdots\geqslant l_n$，设计一个算法来达到这个目标；证明算法能否得到最优解。

13．假定用面值为 2 角 5 分、1 角、5 分、1 分的硬币来支付 n 分钱。设计一个算法，使付出硬币的枚数最少。

14．在第 13 题中，假定硬币的币值是 $1,2,4,8,16,\cdots,2^k$，k 为正整数。如果所支付的钱 $n<2^{k+1}$，设计一个 $O(\log n)$ 的算法来解这个问题。

15．令 $G=(V,E)$ 是一个无向图，G 的顶点覆盖集 S 是 G 的一个子集，使得 $S\subseteq V$，并且 E 中的每一条边至少和 S 中的一个顶点相关联。考虑下面寻找 G 的顶点覆盖算法：首先，按顶点度的递减顺序排列 V 中的顶点；接着执行下面的步骤，直到所有的边全被覆盖——挑出度最高的顶点，且至少和其余图中的一条边相关联，把这个顶点加入到顶点覆盖集中，并删去和这个顶点相关联的所有的边。设计这个算法，并说明该算法不总能得到最小顶点覆盖集。

16．令 $G=(V,E)$ 是一个无向图，G 中的团 C 是 G 的一个完全子图。如果在 G 中，不存在另一个其顶点个数多于 C 的顶点个数的团 C'，就称 C 为 G 的最大团。开始时，令 $C=G$，然后反复地从 C 中删去与其他顶点不相邻接的顶点，直到 C 是一个团。设计这个算法，并说明该算法不总能得到 G 的最大团。

17．令 $G=(V,E)$ 是一个无向图。图的着色问题是：给 V 中的每一个顶点赋予一种颜色，使得每一对邻接顶点不会具有相同颜色。G 的着色问题是确定为 G 着色所需要的最少颜色数。考虑下面的方法，令颜色为 $1,2,3,\cdots$，首先用颜色 1 为尽可能多的顶点着色，然后用颜色 2 为尽可能多的顶点着色，如此等等。设计这个算法，说明该算法不总能用最少的颜色数为图着色。

18．设字符集 $A=\{a, b, c, d, e, f, g, h\}$，在文件中出现频率的百分比分别是 43,23,16,8,5,2,2,1，求该字符集的霍夫曼编码。

参考文献

大部分算法设计与分析的书籍都介绍了贪婪法的设计技术。在文献[4]、[9]、[17]、[19]中可看到贪婪法的设计思想的介绍。可在文献[8]、[17]中看到用贪婪法解背包问题的算法及其证明。贪婪法解最短路径的狄斯奎诺算法是在文献[23]中发表的，文献[24]用堆实现了该算法，在文献[3]、[4]、[10]、[17]、[19]中都可看到该算法的实现及证明的有关内容。克鲁斯卡尔算法是在文献[25]中发表的，普里姆算法是在文献[26]中发表的，可在文献[3]、[4]、[10]、[17]、[19]中看到这两个算法的有关内容。霍夫曼算法是在文献[56]中发表的，可在文献[3]、[13]、[19]、[57]中看到有关叙述。

第 6 章 动态规划

前面叙述的求取问题的最优解中，贪婪法把问题划分为若干步，每一步仅在当前状态下进行局部的选择。这种选择，依赖于过去所做的选择，却不管以后所要做的选择。在很多情况下，它可以得到全局最优解，而这是在确定当前所做的选择是正确的情况下进行的。在某些情况下，它不能得到全局最优解。例如，在 5.1.2 节所叙述的用贪婪法解货郎担问题中，选择边 e_{14} 作为部分解的元素时，它没有考虑在此选择的基础上，将来的选择是否仍可以达到最优。因此，它无法保证边 e_{14} 是全局最优解的元素。所以，使用贪婪法设计算法时，必须对算法的正确性进行证明。本章将叙述解最优问题的另一种方法，即动态规划。

6.1 动态规划的思想方法

动态规划方法对问题进行全面的规划处理，从而弥补了贪婪法在这方面的不足。下面叙述动态规划的最优决策原理，并以货郎担问题为例说明动态规划的思想方法。在后面的几节里，将叙述几个用动态规划方法求解的问题。

6.1.1 动态规划的最优决策原理

对于具有 n 个输入的最优解问题，它们的活动过程往往划分为若干个阶段，每一阶段的决策依赖于前一阶段的状态，由决策所采取的动作使状态发生转移，成为下一阶段的决策依据。如图 6.1 所示，S_0 是初始状态，依据此状态作出决策 P_1，按照 P_1 所采取的动作，使状态转换为 S_1；经过一系列的决策和状态转移，到达最终状态 S_n。于是，一个决策序列就在不断变化的状态中产生了。

$$S_0 \xrightarrow{P_1} S_1 \xrightarrow{P_2} S_2 \cdots S_{n-1} \xrightarrow{P_n} S_n$$

图 6.1 动态规划的决策过程

20 世纪 50 年代，贝尔曼（Richard Bellman）等人根据这类问题的多阶段决策特性，提出了解决这类问题的最优性原理。这个原理指出：无论过程的初始状态和初始决策是什么，其余的决策都必须相对于初始决策所产生的状态，构成一个最优决策序列。

由于每一阶段的决策，仅与前一阶段所产生的状态有关，而与如何达到这种状态的方式无关。因此，可以把每一阶段作为一个子问题来处理。决策过程的每一阶段，都可能有多种决策可以选取，其中，只有一个决策对全局是最优的。为了说明问题起见，假定对一种状态可以做出多种决策，而每一种决策可以产生一种新的状态。在这种假定下，根据最优性原理，对初始状态 S_0， $P_1=\{p_{1,1},p_{1,2},\cdots,p_{1,r_1}\}$ 是可能的决策值集合，由它们所产生的状态 $S_1=\{S_{1,1},S_{1,2},\cdots,S_{1,r_1}\}$。其中，$S_{1,k}$ 是对应于决策 $p_{1,k}$ 所产生的状态。但此时尚无法判定哪一个决策是最优的，于是把这些决策值集合作为这一阶段的子问题的解保存起来。依此类推，在状态集合 S_1 上作出的决策值集合 P_2，产生了状态 S_2 集合。最后，对状态 $S_{n-1}=\{S_{n-1,1},S_{n-1,2},\cdots,S_{n-1,r_{n-1}}\}$，$P_n=\{p_{n,11},\cdots,p_{n,1k_1},p_{n,21},\cdots,p_{n,2k_2},\cdots,p_{n,r_{n-1}1},\cdots,p_{n,r_{n-1}k_{n-1}}\}$ 是可能的决策值集合。其中，$\{p_{n,11}\cdots p_{n,1k_1}\}$ 是由状态 $S_{n-1,1}$ 做出的 k_1 个可能的决策，$\{p_{n,21}\cdots p_{n,2k_2}\}$ 是由状态 $S_{n-1,2}$ 作出的 k_2 个可能的决策，$\{p_{n,r_{n-1}1},\cdots,p_{n,r_{n-1}k_{n-1}}\}$ 是由状态 $S_{n-1,r_{n-1}}$ 作出的 k_{n-1} 个可能的决策。由 P_n 所产生的状态 $S_n=\{S_{n,11},\cdots,S_{n,1k_1},S_{n,21},\cdots,S_{n,2k_2},\cdots,S_{n,r_{n-1}1},\cdots,S_{n,r_{n-1}k_{n-1}}\}$。$S_n$ 是最终状态集合，其中只有一个状态是最优的。假定这个状态是 S_{n,k_n}，它是由决策 p_{n,k_n} 所产生的。其中，下标 k_n 是下标 11,…,1k_1,21,…,2k_2, …,r_{n-1}1,…,$r_{n-1}k_{n-1}$ 中的某一个下标。由此，可以确定 p_{n,k_n} 是最优决策。同样，假定 p_{n,k_n} 是依据状态 $S_{n-1,k_{n-1}}$ 作出的，由此回溯，使状态到达 $S_{n-1,k_{n-1}}$ 的决策 $P_{n-1,k_{n-1}}$ 是最优决策。这种回溯一直进行到 p_{1,k_1}，从而得到一个最优决策序列 $\{p_{1,k_1},p_{2,k_2},\cdots,p_{n,k_n}\}$，而这个决策序列导致了状态转移序列 $\{S_0,S_{1,k_1},S_{2,k_2},\cdots,S_{n,k_n}\}$。根据最优性原理，上述决策序列是依据初始状态 S_0 和初始决策 p_{1,k_1} 所产生的状态而构成的一个最优决策序列。由这个决策序列，导致了由初始状态 S_0 到最优状态 S_{n,k_n} 的转移。

在上述的决策过程中，有一个赖以决策的策略或目标，把这种策略或目标称为动态规划函数。它由问题的性质和特点所确定，并应用于每一阶段的决策。因此，整个决策过程，可以递归地进行，或用循环迭代的方法进行。这样，动态规划函数可以递归地定义，也可以用递推公式来表达。

上面非形式地叙述了动态规划的决策过程。在上述的决策过程中可以看到，最优决策是在最后阶段形成的，然后向前倒推，直到初始阶段；而决策的具体结果及所产生的状态转移，却是由初始阶段开始进行计算的，然后向后递归或迭代，直到最终结果。

上面的叙述是在这样的假定下进行的：一种状态可以做出多种决策，而每一种决策可以产生一种新的状态。但是，动态规划的设计方法并非完全如此。对于不同的具体问题，可能有不同的表现形式和解决方式，但是其基本方法是一致的。

6.1.2　动态规划实例——货郎担问题

例 6.1　货郎担问题。

如果对任意数目的 n 个城市，分别用 1～n 的数字编号，则这个问题归结为在赋权图 $G=<V,E>$ 中，寻找一条路径最短的哈密尔顿回路问题。其中，$V=\{1,2,\cdots,n\}$ 表示城市顶点；边 $(i,j)\in E$ 表示城市 i 到城市 j 的距离，$i,j=1,2,\cdots,n$。这样，可以用图的邻接矩阵 C 来表示各个城市之间的距离，把这个矩阵称为费用矩阵。如果 $(i,j)\in E$，则 $c_{ij}>0$；否则，$c_{ij}=\infty$。

令 $d(i,\overline{V})$ 表示从顶点 i 出发，经 $\overline{V}$ 中各个顶点一次，最终回到初始出发点的最短路径的长度。开始时，$\overline{V}=V-\{i\}$。于是，可以定义下面的动态规划函数：

$$d(i,V-\{i\})=d(i,\overline{V})=\min_{k\in V}\{c_{ik}+d(k,\overline{V}-\{k\})\} \tag{6.1.1}$$

$$d(k,\varphi)=c_{ki} \qquad k\neq i \tag{6.1.2}$$

下面用 4 个城市的例子，来说明动态规划方法解货郎担问题的工作过程。假定 4 个城市的费用矩阵是：

$$\boldsymbol{C}=(c_{ij})=\begin{pmatrix}\infty & 3 & 6 & 7\\ 5 & \infty & 2 & 3\\ 6 & 4 & \infty & 2\\ 3 & 7 & 5 & \infty\end{pmatrix}$$

根据式（6.1.1），由城市 1 出发，经城市 2、3、4，然后返回 1 的最短路径长度为：

$$d(1,\{2,3,4\})=\min\{c_{12}+d(2,\{3,4\}),c_{13}+d(3,\{2,4\}),c_{14}+d(4,\{2,3\})\}$$

这是最后一个阶段的决策，它必须依据 $d(2,\{3,4\}),d(3,\{2,4\}),d(4,\{2,3\})$ 的计算结果。于是，有：

$$d(2,\{3,4\})=\min\{c_{23}+d(3,\{4\}),c_{24}+d(4,\{3\})\}$$

$$d(3,\{2,4\})=\min\{c_{32}+d(2,\{4\}),c_{34}+d(4,\{2\})\}$$

$$d(4,\{2,3\})=\min\{c_{42}+d(2,\{3\}),c_{43}+d(3,\{2\})\}$$

这一阶段的决策，又必须依据下面的计算结果：

$$d(3,\{4\}),d(4,\{3\}),d(2,\{4\}),d(4,\{2\}),d(2,\{3\}),d(3,\{2\})$$

再向前倒推，有：

$$d(3,\{4\})=c_{34}+d(4,\varphi)=c_{34}+c_{41}=2+3=5$$

$$d(4,\{3\})=c_{43}+d(3,\varphi)=c_{43}+c_{31}=5+6=11$$

$$d(2,\{4\})=c_{24}+d(4,\varphi)=c_{24}+c_{41}=3+3=6$$

$$d(4,\{2\})=c_{42}+d(2,\varphi)=c_{42}+c_{21}=7+5=12$$

$$d(2,\{3\})=c_{23}+d(3,\varphi)=c_{23}+c_{31}=2+6=8$$

$$d(3,\{2\})=c_{32}+d(2,\varphi)=c_{32}+c_{21}=4+5=9$$

有了这些结果，再向后计算，有：

$d(2,\{3,4\})=\min\{2+5,3+11\}=7$　　路径顺序是：2,3,4,1

$d(3,\{2,4\})=\min\{4+6,2+12\}=10$　　路径顺序是：3,2,4,1

$d(4,\{2,3\})=\min\{7+8,5+9\}=14$　　路径顺序是：4,3,2,1

最后：

$d(1,\{2,3,4\})=\min\{3+7,6+10,7+14\}=10$　　路径顺序是：1,2,3,4,1

这个结果就是从城市 1 出发，经其他各个城市后返回城市 1 的最短路径。其求解过程如图 6.2 所示，是一种自下而上的计算过程。用同样的方法可以分别计算从城市 2、3、4 出发，经其他各个城市后分别返回城市 2、3、4 的最短路径。然后，从中选取一条最短路径，即为 4 城市货郎担问题的解。

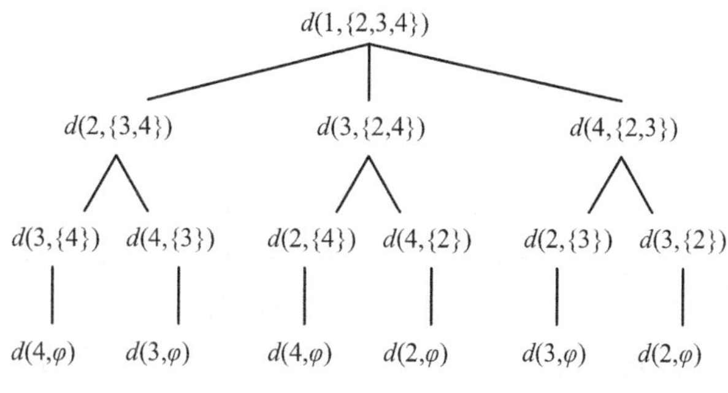

图 6.2　货郎担问题求解过程

令 N_i 是计算式(6.1.1)时(从顶点 i 出发，返回顶点 i)所需要计算的形式为 $d(k,\overline{V}-\{k\})$ 的个数。开始计算 $d(i,V-\{i\})$ 时，集合 $V-\{i\}$ 中有 $n-1$ 个城市。以后，在计算 $d(k,\overline{V}-\{k\})$ 时，集合 $\overline{V}-\{k\}$ 的城市数目，在不同的决策阶段分别为 $n-2,\cdots,0$。在整个计算中，需要计算大小为 j 的不同城市集合的个数为 C_{n-1}^{j}， $j=0,1,\cdots,n-1$ 。因此，总个数为：

$$N_i=\sum_{j=0}^{n-1}C_{n-1}^{j}$$

当 $\overline{V}-\{k\}$ 集合中的城市个数为 j 时，为了计算 $d(k,\overline{V}-\{k\})$，需要进行 j 次加法运算和 $j-1$ 次比较运算。因此，从 i 城市出发，经其他城市再回到 i，总的运算时间 T_i 为：

$$T_i=\sum_{j=0}^{n-1}j\cdot C_{n-1}^{j}<\sum_{j=0}^{n-1}n\cdot C_{n-1}^{j}=n\sum_{j=0}^{n-1}C_{n-1}^{j}$$

由二项式定理：

$$(x+y)^n=\sum_{j=0}^{n}C_n^{j}x^{j}y^{n-j}$$

令 $x=y=1$，可得：

$$T_i<n\cdot 2^{n-1}=O(n2^n)$$

则用动态规划方法求解货郎担问题，总的花费 T 为：

$$T=\sum_{i=1}^{n}T_i<n^2\cdot 2^{n-1}=O(n^2 2^n)$$

与穷举法比较起来，用动态规划方法求解货郎担问题，是把原来的排列问题转换为组合问题，从而降低了算法的时间复杂性。但从上面的结果看到，它仍然需要指数时间。

6.2　多段图的最短路径问题

尽管用动态规划方法求解货郎担问题仍然需要指数时间，但是有大量问题可以用动态规划方法，以低于多项式的时间来求解。这一节叙述用动态规划方法求解多段图的最短路径问题。

6.2.1　多段图的决策过程

定义 6.1　给定有向连通赋权图 $G=(V,E,W)$，如果把顶点集合 V 划分成 k 个不相交的子集 V_i，$1\leqslant i\leqslant k$，$k\geqslant 2$，使得 E 中的任何一条边 (u,v)，必有 $u\in V_i$，$v\in V_{i+m}$，$m\geqslant 1$，则称这样的图为多段图。令 $|V_1|=|V_k|=1$，称 $s\in V_1$ 为源点，$t\in V_k$ 为收点。

多段图的最短路径问题，是求从源点 s 到达收点 t 的最小花费的通路。根据多段图的 k 个不相交的子集 V_i，把多段图划分为 k 段，每一段包含顶点的一个子集。为了便于进行决策，把顶点集合 V 中的所有顶点，按照段的顺序进行编号。这样，首先对顶点 s 进行编号，然后对顶点集 V_2 进行编号。根据多段图的定义，顶点集 V_2 中的顶点互不邻接，因此它们之间的相互顺序无关紧要。依此类推，直到所有顶点编号完毕。假定赋权图中的顶点个数为 n，顶点 s 的编号为 0，则收点 t 的编号为 $n-1$，并且，对 E 中的任何一条边 (u,v)，顶点 u 的编号小于顶点 v 的编号。

决策的第 1 阶段，是确定图中第 $k-1$ 段的所有顶点到达收点 t 的花费最小的通路。把这些信息保存起来，以便在最后形成最优决策时使用。于是，用数组元素 $cost[i]$ 来存放顶点 i 到达收点 t 的最小花费，用数组元素 $path[i]$ 来存放顶点 i 到达收点 t 的最小花费通路上的前方顶点编号。

决策的第 2 阶段，是确定图中第 $k-2$ 段的所有顶点到达收点 t 的花费最小的通路。这时，利用第 1 阶段所形成的信息来进行决策，并把决策的结果存放在数组 $cost$ 和 $path$ 的相应元素中。如此依次进行，直到最后确定源点 s 到达收点 t 的花费最小的通路。

然后，从源点 s 的 $path$ 信息中，确定其前方顶点编号 v_1，从 v_1 的 $path$ 信息中，确定 v_1 的前方顶点编号 v_2，如此递推，直到收点 t。于是，从源点 s 到收点 t，形成了一个最优决策序列。

对 E 中的边 (u,v)，用 c_{uv} 表示边的权。如果顶点 u 和 v 之间不存在关联边，则 $c_{uv}=\infty$。于是，可以列出如下的动态规划函数：

$$cost[i]=\min_{i<j<n}\{c_{ij}+cost[j]\} \tag{6.2.1}$$

$$path[i]=\text{使 } c_{ij}+cost[j] \text{ 最小的 } j \qquad i<j<n \tag{6.2.2}$$

用数组 $route[n]$ 来存放从源点 s 出发，到达收点 t 的最短通路上的顶点编号，那么，动态规划方法求解多段图的最短路径的步骤可叙述如下：

（1）对所有的 i，$0\leqslant i<n$，把 $cost[i]$ 初始化为最大值，$path[i]$ 初始化为-1；$cost[n-1]$ 初始化为 0。

（2）令 $i=n-2$。

（3）根据式（6.2.1）和式（6.2.2），计算 $cost[i]$ 和 $path[i]$。

（4）$i=i-1$，若 $i\geqslant 0$，转步骤（3）；否则，转步骤（5）。

（5）令 $i=0$，$route[i]=0$。

（6）如果 $route[i]=n-1$，算法结束；否则，转步骤（7）。

（7）$i=i+1$，$route[i]=path[route[i-1]]$；转步骤（6）。

例 6.2　求解图 6.3 所示的最短路径问题。

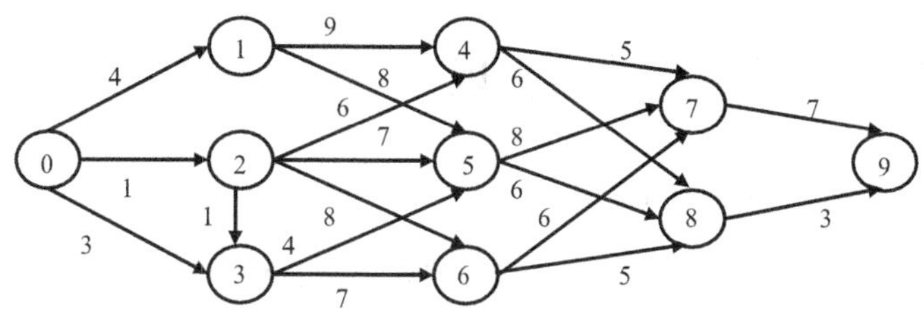

图 6.3　动态规划方法求解多段图的例子

在图 6.3 中，顶点编号已按照多段图的分段顺序编号。用动态规划方法求解图 6.3 所示多段图的过程如下：

$i=8$：$cost[8]=c_{89}+cost[9]=3+0=3$

$path[8]=9$

$i=7$：$cost[7]=c_{79}+cost[9]=7+0=7$

$path[7]=9$

$i=6$：$cost[6]=\min\{c_{67}+cost[7],c_{68}+cost[8]\}=\min\{6+7,5+3\}=8$

$path[6]=8$

$i=5$：$cost[5]=\min\{c_{57}+cost[7],c_{58}+cost[8]\}=\min\{8+7,6+3\}=9$

$path[5]=8$

$i=4$：$cost[4]=\min\{c_{47}+cost[7],c_{48}+cost[8]\}=\min\{5+7,6+3\}=9$

$path[4]=8$

$i=3$：$cost[3]=\min\{c_{35}+cost[5],c_{36}+cost[6]\}=\min\{4+9,7+8\}=13$

$path[3]=5$

$i=2$：$cost[2]=\min\{c_{23}+cost[3],c_{24}+cost[4],c_{25}+cost[5],c_{26}+cost[6]\}$

$=\min\{1+13,6+9,7+9,8+8\}=14$

$path[2]=3$

$i=1$：$cost[1]=\min\{c_{14}+cost[4],c_{15}+cost[5]\}=\min\{9+9,8+9\}=17$

$path[1]=5$

$i=0$：$cost[0]=\min\{c_{01}+cost[1],c_{02}+cost[2],c_{03}+cost[3]\}$

$=\min\{4+17,1+14,3+13\}=15$

$path[0]=2$

$route[0]=0$

$route[1]=path[route[0]]=path[0]=2$

$route[2]=path[route[1]]=path[2]=3$

$route[3]=path[route[2]]=path[3]=5$

$route[4]=path[route[3]]=path[5]=8$

$route[5]=path[route[4]]=path[8]=9$

最后，得到最短的路径为 0, 2, 3, 5, 8, 9，费用是 15。

6.2.2　多段图动态规划算法的实现

定义图的邻接表的数据结构如下：

```
struct NODE {              /* 邻接表结点的数据结构 */
   int      v_num;         /* 邻接顶点的编号 */
   Type     len;           /* 邻接顶点与该顶点的费用 */
   struct NODE *next;      /* 下一个邻接顶点 */
};
```

用下面的数据结构来存放有关信息：

```
struct NODE node[n];    /* 多段图邻接表头结点 */
Type     cost[n];        /* 在阶段决策中,各个顶点到收点的最小费用 */
int      route[n];       /* 从源点到收点的最短路径上的顶点编号 */
int      path[n];        /*在阶段决策中,各个顶点到收点的最短路径上的前方顶点编号 */
```

于是，多段图最短路径问题的动态规划算法可以描述如下：

算法 6.1　多段图的动态规划算法

输入：多段图邻接表头结点 node[]，顶点个数 n

输出：最短路径费用，最短路径上的顶点编号顺序 route[]

```
template <class Type>
#define MAX_VALUE_OF_TYPE  max_value_of_Type
#define ZERO_VALUE_OF_TYPE  zero_value_of_Type
Type fgraph(struct NODE node[],int route[],int n)
{
   int i;
   struct NODE *pnode;
   int *path = new int[n];
   Type min_cost,*cost = new Type[n];
   for (i=0;i<n;i++) {
      cost[i] = MAX_VALUE_OF_TYPE;   path[i] = -1;   rouet[i] = 0;
   }
   cost[n-1] = ZERO_VALUE_OF_TYPE;
   for (i=n-2;i>=0;i--) {
      pnode = node[i]->next;
      while (pnode!=NULL) {
         if (pnode->len+cost[pnode->v_num]<cost[i]) {
```

```
18.                cost[i] = pnode->len + cost[pnode->v_num];
19.                path[i] = pnode->v_num;
20.             }
21.             pnode = pnode->next;
22.          }
23.       }
24.       i = 0;
25.       while ((route[i]!=n-1)&&(path[i]!=-1)) {
26.          i++;
27.          route[i] = path[route[i-1]];
28.       }
29.       min_cost = cost[0];
30.       delete path;  delete cost;
31.       return min_cost;
32. }
```

该算法主要由 3 部分组成。第 1 部分是初始化，由第 10~13 行组成，对所有的 i，$0\leqslant i<n$，把 $cost[i]$ 初始化为最大值，$path[i]$ 初始化为 -1，$cost[n-1]$ 初始化为 0。第 2 部分是分段决策，根据式（6.2.1），分别计算各个顶点到收点的最短费用，并确定各个顶点到收点的最小花费路径的前方顶点。这一部分由第 14~23 行组成。因为顶点按多段图的不相交子集顺序预先编号，顺序号大的顶点首先计算，并进行局部的最优决策，这就保证了在对每个顶点进行计算和决策时，其到收点路径上的所有前方顶点都已计算和决策完毕，所以，可以直接利用其前方顶点的信息。第 3 部分由第 24~28 行组成，进行全局的最优决策。首先从源点开始，递推地确定其前方顶点，直到收点为止。或者，直到其前方顶点的编号为-1。如果出现后面这种情况，说明图不是连通图。

算法的时间复杂性估计如下：第 10~13 行的初始化部分，时间花费由 for 循环决定，该循环的循环体执行 n 次，所以花费 $\Theta(n)$ 时间。第 14~23 行的局部决策部分，由一个嵌套的循环语句组成。外部的 for 循环的循环体执行 $n-1$ 次，内部的 while 循环对所有顶点的出边进行计算，并且在所有循环中，每条出边只计算一次。因此，在这一部分，除了每个顶点处理一次外，每条边也处理一次。假定图的边数为 m，则这部分的总花费时间为 $\Theta(n+m)$。第 24~28 行形成最优决策序列，由 while 循环组成，若多段图分为 k 段，则该循环体执行 k 次，所以花费 $\Theta(k)$ 时间。因此，算法的时间复杂性为 $\Theta(n+m)$。

从第 6~9 行可以看到，算法的空间复杂性是 $\Theta(n)$。

6.3　资源分配问题

资源分配问题是考虑如何把有限的资源分配给若干个工程的问题。给每项工程投入的资源不同，所获得的利润也不同。假设资源总数为 r，工程个数为 n，求获得最大利润的分配方案。

6.3.1 资源分配的决策过程

把资源 r 划分为 m 等份，每份资源为 r/m，m 为整数。假定，利润函数为 $G_i(x)$，$1 \leqslant i \leqslant n$，$0 \leqslant x \leqslant m$，表示把 x 份资源分配给第 i 个工程所得到的利润，则分配 m 份资源给所有工程，所得到的利润总额为：

$$G(m)=\sum_{i=1}^{n} G_i(x_i) \qquad \sum_{i=1}^{n} x_i = m$$

于是，问题转换为把 m 份资源分配给 n 个工程，使得 $G(m)$ 最大的问题。其中，x_i 为整数。

首先，把各个工程按顺序编号，然后按下述方法来划分阶段：第 1 阶段，分别把 $x=0,1,2,\cdots,m$ 份资源分配给第 1 个工程，确定第 1 个工程在各种不同份额的资源下，能够得到的最大利润；第 2 阶段，分别把 $x=0,1,2,\cdots,m$ 份资源分配给第 1、2 两个工程，确定在各种不同份额的资源下，这两个工程能够得到的最大利润，以及在此利润下，第 2 个工程的最优分配份额；依此类推，在第 n 个阶段，分别把 $x=0,1,2,\cdots,m$ 份资源分配给所有 n 个工程，确定能够得到的最大利润，以及在此利润下，第 n 个工程的最优分配份额。考虑到把 m 份资源全部投入给所有 n 个工程，不一定能够得到最大利润，因此必须在各个阶段的局部决策中，对不同的分配份额计算能够得到的最大利润，然后取其中之最大者，作为各个阶段能够取得的最大利润。在全局决策中，再取各个阶段的最大利润中之最大者，以及在该最大利润下的分配方案，即为整个资源分配的最优决策。

为此，令 $f_i(x)$ 表示把 x 份资源分配给前 i 个工程时，所得到的最大利润；$d_i(x)$ 表示使 $f_i(x)$ 最大时，分配给第 i 个工程的资源份额。于是，在第 1 阶段，只把 x 份资源分配给第 1 个工程，有：

$$\begin{cases} f_1(x)=G_1(x) \\ d_1(x)=x \end{cases} \qquad 0 \leqslant x \leqslant m \tag{6.3.1}$$

在第 2 阶段，只把 x 份资源分配给前面两个工程，有：

$$\begin{cases} f_2(x)=\max\limits_{z}\{G_2(z)+f_1(x-z)\} \\ d_2(x)=\text{使 } f_2(x) \text{达最大的 } z \end{cases} \qquad 0 \leqslant x \leqslant m, 0 \leqslant z \leqslant x$$

一般地，在第 i 阶段，把 x 份资源分配给前面 i 个工程，有：

$$\begin{cases} f_i(x)=\max\limits_{z}\{G_i(z)+f_{i-1}(x-z)\} \\ d_i(x)=\text{使 } f_i(x) \text{达最大的 } z \end{cases} \qquad 0 \leqslant x \leqslant m, 0 \leqslant z \leqslant x \tag{6.3.2}$$

令第 i 阶段的最大利润为 g_i，则：

$$g_i=\max\{f_i(1),\cdots,f_i(m)\} \tag{6.3.3}$$

设 q_i 是使 g_i 达最大时，分配给前面 i 个工程的资源份额，则：

$$q_i=\text{使 } f_i(x) \text{达最大的 } x \tag{6.3.4}$$

在每个阶段，把所得到的所有局部决策值 $f_i(x), d_i(x), g_i, q_i$ 保存起来。最后，在第 n 阶段结束之后，令全局的最大利润为 $optg$，则：

$$optg = \max\{g_1, \cdots, g_n\} \tag{6.3.5}$$

在全局最大利润下，所分配工程项目的最大编号（即所分配工程项目的最大数目）为k，则：

$$k = 使\ g_i\ 最大的\ i \tag{6.3.6}$$

分配给前面k个工程的最优份额为：

$$optx_k = 与最大的 g_i\ 相对应的\ q_i \tag{6.3.7}$$

分配给第k个工程的最优份额为：

$$optq_k = d_k(optx_k)$$

分配给其余$k-1$个工程的剩余的最优份额为：

$$optx_{k-1} = optx_k - d_k(optx_k)$$

由此回溯，得到分配给前面各个工程的最优份额的递推关系式：

$$\begin{cases} optq_i = d_i(optx_i) \\ optx_{i-1} = optx_i - optq_i \end{cases} \quad i = k, k-1, \cdots, 1 \tag{6.3.8}$$

由上面的决策过程，可以把求解资源分配问题划分为下面 4 个步骤：

（1）按式（6.3.1）、式（6.3.2），对各个阶段i、各个不同份额x的资源，计算$f_i(x)$及$d_i(x)$。

（2）按式（6.3.3）、式（6.3.4），计算各个阶段局部的最大利润g_i，获得此最大利润的分配份额q_i。

（3）按式（6.3.5）、式（6.3.6）和式（6.3.7），计算全局的最大利润$optg$、总的最优分配份额$optx$及编号最大的工程项目k。

（4）按式（6.3.8）递推计算各个工程的最优分配份额。

例 6.3　有 8 个份额的资源，分配给 3 个工程，其利润函数如下：

x	0	1	2	3	4	5	6	7	8
$G_1(x)$	0	4	26	40	45	50	51	52	53
$G_2(x)$	0	5	15	40	60	70	73	74	75
$G_3(x)$	0	5	15	40	80	90	95	98	100

求资源的最优分配方案。

解　第 1 步，求各个阶段不同分配份额时的最大利润，及各个工程在此利润下的分配份额。首先，在第 1 阶段，把 8 份资源只分配给第 1 个工程。由式（6.3.1），有：

x	0	1	2	3	4	5	6	7	8
$f_1(x)$	0	4	26	40	45	50	51	52	53
$d_1(x)$	0	1	2	3	4	5	6	7	8

其次，把 8 份资源分配给前面两个工程。当$x = 0$时，显然有：

$$f_2(0) = 0，\quad d_2(0) = 0$$

当$x = 1$时，由式（6.3.2），有：

$$f_2(1)=\max(G_2(0)+f_1(1),G_2(1)+f_1(0))=\max(4,5)=5$$
$$d_2(1)=1$$

当 $x=2$ 时，有：

$$f_2(2)=\max(G_2(0)+f_1(2),G_2(1)+f_1(1),G_2(2)+f_1(0))=\max(26,9,15)=26$$
$$d_2(2)=0$$

类似地，计算 $x=3,4,\cdots,8$ 时的 $f_2(x)$ 及 $d_2(x)$ 的值，有：

x	0	1	2	3	4	5	6	7	8
$f_2(x)$	0	5	26	40	60	70	86	100	110
$d_2(x)$	0	1	0	0	4	5	4	4	5

同样，计算出 $f_3(x)$ 及 $d_3(x)$ 的值，有：

x	0	1	2	3	4	5	6	7	8
$f_3(x)$	0	5	26	40	80	90	106	120	140
$d_3(x)$	0	1	0	0	4	5	4	4	4

第 2 步，按式（6.3.3）、式（6.3.4），求各个阶段的最大利润，及在此利润下的分配份额，有：

$$g_1=53 \qquad g_2=110 \qquad g_3=140$$
$$q_1=8 \qquad q_2=8 \qquad q_3=8$$

第 3 步，按式（6.3.5）、式（6.3.6）和式（6.3.7），计算全局的最大利润 $optg$、最大的工程数目，以及总的最优分配份额，有：

$$optg=140 \qquad k=3 \qquad optx_3=8$$

第 4 步，按式（6.3.8）计算各个工程的最优分配份额，有：

$$optq_3=d_3(optx_3)=d_3(8)=4 \qquad optx_2=optx_3-optq_3=8-4=4$$
$$optq_2=d_2(optx_2)=d_2(4)=4 \qquad optx_1=optx_2-optq_2=4-4=0$$
$$optq_1=d_1(optx_1)=d_1(0)=0$$

最后的决策结果：分配给第 2、3 工程各 4 个份额，可得最大利润 140。

6.3.2 资源分配算法的实现

首先，定义算法所需要的数据结构。下面的数据用于算法的输入：

```
int     m;                  /* 可分配的资源份额 */
int     n;                  /* 工程项目个数 */
Type    G[n][m+1];          /* 各项工程分配不同份额资源时可得到的利润表 */
```

下面的数据用于算法的输出：

```
Type    optg;           /* 最优分配时所得到的总利润 */
int     optq[n];        /* 最优分配时各项工程所得到的份额 */
```

下面的数据用于算法的工作单元：

```
Type    f[n][m+1];      /* 前 i 项工程分配不同份额资源时可得到的最大利润 */
int     d[n][m+1];      /* 使 f[i][x]最大时,第 i 项工程分配的份额 */
Type    g[n];           /* 只分配给前 i 项工程时,可得到的最大利润 */
int     q[n];           /* 只分配给前 i 项工程时,第 i 项工程最优分配份额 */
int     optx;           /* 最优分配时的资源最优分配份额 */
int     k;              /* 最优分配时的工程项目的最大编号 */
```

于是，资源分配算法可描述如下：

算法 6.2 资源分配算法

输入：工程项目个数 n，可分配的资源份额 m，各项工程分配不同份额资源时可得到的利润表 G[][]

输出：最优分配时所得到的总利润 optg，最优分配时各项工程所得到的份额 optq[]

```
template <class Type>
Type alloc_res(int n,int m,Type G[][],int optq[])
{
    int optx,k,i,x,z;
    int *q = new int[n];                /* 分配工作单元 */
    int (*d)[m+1] = new int[n][m+1];
    Type (*f)[m+1] = new Type[n][m+1];
    Type *g = new Type[n];
    for (x=0;x<=m;x++) {                /* 第 1 个工程的份额利润表 */
        f[0][x] = G[0][x];  d[0][x] = x;
    }
    for (i=1;i<n;i++) {                 /* 前 i 个工程的份额利润表*/
        f[i][0] = G[i][0] + f[i-1][0];
        d[i][0] = 0;
        for (x=1;x<=m;x++) {
            f[i][x] = f[i][0];  d[i][x] = 0;
            for (z=0;z<=x;z++) {
                if (f[i][x]<G[i][z]+f[i-1][x-z]) {
                    f[i][x] = G[i][z] + f[i-1][x-z];
                    d[i][x] = z;
                }
            }
        }
    }
    for (i=0;i<n;i++) {                 /*前 i 个工程的最大利润和最优分配份额 */
```

```
26.         g[i] = f[i][0];    q[i] = 0;
27.         for (x=1;x<=m;x++) {
28.             if (g[i]<f[i][x]) {
29.                 g[i] = f[i][x];  q[i] = x;
30.             }
31.         }
32.     }
33.     optg = g[0];   optx = q[0];   k = 0;
34.     for (i=1;i<n;i++) {                /* 全局的最大利润和最优分配份额 */
35.         if (optg<g[i]) {               /* 最大数目的工程项目及其编号*/
36.             optg = g[i];  optx = q[i];  k = i;
37.         }
38.     }
39.     if (k<n-1) {                       /* 最大编号之后的工程项目不分配份额 */
40.         for (i=k+1;i<n;i++)
41.             optq[i] = 0;
42.     for (i=k;i>=0;i--) {               /* 给最大编号之前的工程项目分配份额 */
43.         optq[i] = d[i][optx];
44.         optx = optx - optq[i];
45.     }
46.     delete q;  delete d;               /* 释放工作单元 */
47.     delete f;  delete g;
48.     return optg;                       /* 返回最大利润 */
49. }
```

这个算法按上述 4 个步骤划分为 4 个部分进行工作。第 1 部分包含第 9~24 行，计算各个阶段在各种不同份额下的最大利润。第 9~11 行执行式（6.3.1），得到第 1 阶段的份额利润表；第 12~24 行执行式（6.3.2），得到以后各个阶段的份额利润表。第 2 部分由第 25~32 行组成，按式（6.3.3）和式（6.3.4），计算各个阶段的最大利润 g_i，及该阶段的最优分配份额 q_i。第 3 部分由第 33~38 行组成，计算全局的最大利润 *optg*、最优的资源分配份额 *optx* 及在最优分配下的最大工程项目数目，即在最优分配下的最后一个工程的编号。第 4 部分由第 39~45 行组成。其中，第 39~41 行进行判断，如果在最优分配下的最后一个工程的编号小于 $n-1$，则该工程之后的工程项目不分配份额；第 42~45 行按递推关系式（6.3.8），从最优分配下的最后一个工程开始，计算该工程及其前面各个工程的最优分配份额。

第 9~11 行执行一个循环，花费 $\Theta(m)$ 时间；第 12~24 行执行一个三重循环，外部 for 循环的循环体执行 $n-1$ 次，外循环每执行一轮，使中间 for 循环的循环体执行 m 次，中间循环体每执行一轮，使内部 for 循环的循环体执行次数由 2 递增到 $m+1$ 次，因此，这个三重循环共花费 $(n-1)m(m+1)/2=\Theta(nm^2)$；第 25~32 行花费 $\Theta(nm)$ 时间；第 33~38 行花费 $\Theta(n)$ 时间；第 39~45 行花费 $\Theta(n)$ 时间。由此，算法的时间复杂性是 $\Theta(nm^2)$。

从第 4~8 行可以看到，算法的空间复杂性是 $\Theta(nm)$。

6.4　设备更新问题

设备每年的运转都可为公司创造利润收入，但设备的性能随使用年限的增加而变坏，导致收入减少，维修费增加，利润下降。而设备的更新，需付出一笔经费，但可增加利润收入。设备的更新问题，便是确定设备的最优更新策略，使得在一个确定期限里，为公司创造最大的利润。

6.4.1　设备更新问题的决策过程

假定设备更新问题的有关数据如表 6.1 所示。其中，I = 0 一列，表明现有设备的有关数据；I = 1 一列，表示第 1 年购买的设备的有关数据；其余类推。使用年限中的第 0 列，表示当年的有关数据；第 1 列表示使用一年后的有关数据；其余类推。利润、维修费用、更新费用等行分别表示：在第 i 年购买的设备使用了 j 年后，可以创造的利润、必须付出的维修费用以及进行更新时需要付出的费用。

表 6.1　设备更新的有关数据

购买时间	I = 0					I = 1					I = 2				I = 3			I = 4		I = 5
使用年限	2	3	4	5	6	0	1	2	3	4	0	1	2	3	0	1	2	0	1	0
利润	13	12	11	10	9	16	15	14	13	12	17	16	15	14	18	17	16	19	18	20
维修费用	2	3	4	4	5	1	1	2	2	3	1	1	2	2	1	1	2	1	1	1
更新费用	25	26	27	28	29	20	22	24	25	26	20	22	24	25	20	22	24	21	22	21

下面是为求解设备更新问题而引入的一些变量和函数：

- $r_k(t)$：第 k 年购买的设备使用了 t 年后，在第 $i=k+t$ 年所创造的利润。
- $m_k(t)$：第 k 年购买的设备使用了 t 年后，在第 $i=k+t$ 年所付出的维修费用。
- $u_k(t)$：第 k 年购买的设备使用了 t 年后，在第 $i=k+t$ 年进行更新的费用。
- $buy_i(t)$：使用了 t 年的设备，在第 i 年被更新，在第 i 年及其以后的年份里所创造的总利润（在今后的年份里，设备还可能被更新）。
- $rem_i(t)$：使用了 t 年的设备，第 i 年继续使用，在第 i 年及其以后的年份里所创造的总利润（在今后的年份里，设备还可能被更新）。
- $f_i(t)$：使用了 t 年的设备，在第 i 年及其以后的年份里所创造的总利润。
- $x_i(t)$：对使用了 t 年的设备，在第 i 年所作出的更新设备或保留继续使用的决策。
- p_i：以现有设备为基础，在第 i 年作出的更新设备或保留继续使用的最优决策。

假定现有设备已经使用了 D 年，则设备更新问题表示为在今后 n 年里，使得 $f_1(D)$ 最大的最优决策 p_i，$i=1,2,\cdots,n$。

如果对使用了 t（$t=1, 2,\cdots, n-1$）年的设备，第 i 年决定更新，则利润函数如下：

$$buy_i(t)=\begin{cases} r_i(0)-m_i(0)-u_{i-t}(t)+f_{i+1}(1) & t<i \\ r_i(0)-m_i(0)-u_0(t)+f_{i+1}(1) & t\geqslant i \end{cases} \tag{6.4.1}$$

式（6.4.1）的第 1 式表明：若 $t<i$（该设备在第 $i-t$ 年购买），则从第 i 年起可得到的利润为：第 i 年购买的设备在当年取得的利润 $r_i(0)$，减去第 i 年购买的设备在当年的维修费用 $m_i(0)$，再减去更新在第 $i-t$ 年购买的且已使用了 t 年的设备的费用 $u_{i-t}(t)$，再加上新设备从第 2 年起（该设备使用了 1 年）可得到的利润 $f_{i+1}(1)$。

式（6.4.1）的第 2 式表明：若 $t\geqslant i$（从现在起到第 i 年从未更新过设备），则从第 i 年起可得到的利润为：第 i 年购买的设备在当年取得的利润 $r_i(0)$，减去第 i 年购买的设备在当年的维修费用 $m_i(0)$，再减去更新当前正在使用的且已使用了 t 年的设备的费用 $u_0(t)$，再加上新设备从第 2 年起（该设备使用了 1 年）可得到的利润 $f_{i+1}(1)$。

如果对使用了 t（$t=1,2,\cdots,n-1$）年的设备，第 i 年决定保留继续使用，则有利润函数如下：

$$rem_i(t)=\begin{cases} r_{i-t}(t)-m_{i-t}(t)+f_{i+1}(t+1) & t<i \\ r_0(t)-m_0(t)+f_{i+1}(t+1) & t\geqslant i \end{cases} \tag{6.4.2}$$

式（6.4.2）的第 1 式表明：若 $t<i$（该设备在第 $i-t$ 年购买），则从第 i 年起可得到的利润为：在第 $i-t$ 年购买的，已使用了 t 年的设备在第 i 年可取得的利润 $r_{i-t}(t)$，减去该设备在第 i 年的维修费用 $m_{i-t}(t)$，再加上该设备从第 $i+1$ 年起（这时该设备使用了 $t+1$ 年）可得到的利润 $f_{i+1}(t+1)$。

式（6.4.2）的第 2 式表明：若 $t\geqslant i$（从现在起到第 i 年从未更新过设备），则设备的使用年限超过了 i 年，从第 i 年起可得到的利润为：当前正在使用的且已使用了 t 年的设备在第 i 年可得到的利润 $r_0(t)$，减去该设备在第 i 年的维修费用 $m_0(t)$，再加上该设备从第 $i+1$ 年起（这时该设备使用了 $t+1$ 年）可得到的利润 $f_{i+1}(t+1)$。

于是，可以定义如下的规划函数：

$$f_i(t)=\max(buy_i(t),rem_i(t)) \tag{6.4.3}$$

$$x_i(t)=\begin{cases} \text{TRUE} & buy_i(t)\geqslant rem_i(t) \\ \text{FALSE} & buy_i(t)<rem_i(t) \end{cases} \tag{6.4.4}$$

假定所要决策的年限为 n 年，对所有的 t，令

$$f_{n+1}(t)=0 \tag{6.4.5}$$

按下述方法划分阶段：把 n 年划分为 n 个阶段。首先，在第 n 阶段，设备的使用年限 t 可能为 $1,2,\cdots,n-1,n-1+D$，由此，按上述公式，对所有的 t 计算 $f_n(t)$，并确定 $x_n(t)$；在第 $n-1$ 阶段，设备的使用年限 t 可能为 $1,2,\cdots,n-2,n-2+D$，对这些 t，利用上述公式和 $f_n(t)$ 的值，计算 $f_{n-1}(t)$，并确定 $x_{n-1}(t)$；依此类推，直到第 1 阶段，设备的使用年限 t 只能为 D，计算 $f_1(t)$，并确定 $x_1(t)$。

第 1 年是买是留的决策，已由 $x_1(t)$ 作出。如果是买，则第 2 年的决策，应由 $x_2(1)$ 作出；如果是留，则应由 $x_2(t+1)$ 作出。由此，可以得到决策序列的递推公式：

$$p_i=x_i(t) \tag{6.4.6}$$

$$t=\begin{cases}1 & x_i(t)=\text{TRUE}\\ t+1 & x_i(t)=\text{FALSE}\end{cases} \tag{6.4.7}$$

由此，可用下面的步骤来实现设备更新算法：

（1）对所有的 $t\ (t=1,2,\cdots,n-1)$，令 $f_{n+1}(t)=0$。

（2）按式（6.4.1）、式（6.4.2）、式（6.4.3）、式（6.4.4），对 $i=n,\cdots,1$，$t=1,\cdots,i$，计算 $f_i(t)$ 和 $x_i(t)$ 的值，则 $f_1(1)$ 为最优利润。

（3）令 $t=1$，$p_1=x_1(1)$，按式（6.4.6）、式（6.4.7），对 $i=2,\cdots,n$，计算 p_i，则 p_i 为最优决策序列。

例 6.4　设备已使用 2 年，按照表 6.1 所示数据，确定 5 年内的设备更新决策，及在此决策下的最大利润。

假定用数组 $f[i][t]$ 和 $x[i][t]$ 分别存放 $f_i(t)$ 和 $x_i(t)$ 的值，按照上面所述步骤，计算 $f_i(t)$ 和 $x_i(t)$。首先，对所有的 t，$t=1,2,\cdots$，令 $f_6(t)=0$，计算第 5 年的决策数据。

$$buy_5(1)=r_5(0)-m_5(0)-u_4(1)+f_6(1)=20-1-22+0=-3$$
$$rem_5(1)=r_4(1)-m_4(1)+f_6(2)=18-1+0=17$$
$$f_5(1)=\max(buy_5(1),\ rem_5(1))=17$$

$$buy_5(2)=r_5(0)-m_5(0)-u_3(2)+f_6(1)=20-1-24+0=-5$$
$$rem_5(2)=r_3(2)-m_3(2)+f_6(3)=16-2+0=14$$
$$f_5(2)=\max(buy_5(2),\ rem_5(2))=14$$

$$buy_5(3)=r_5(0)-m_5(0)-u_2(3)+f_6(1)=20-1-25+0=-6$$
$$rem_5(3)=r_2(3)-m_2(3)+f_6(4)=14-2+0=12$$
$$f_5(3)=\max(buy_5(3),\ rem_5(3))=12$$

$$buy_5(4)=r_5(0)-m_5(0)-u_1(4)+f_6(1)=20-1-26+0=-7$$
$$rem_5(4)=r_1(4)-m_1(4)+f_6(5)=12-3+0=9$$
$$f_5(4)=\max(buy_5(4),\ rem_5(4))=9$$

$$buy_5(4+2)=r_5(0)-m_5(0)-u_0(4+2)+f_6(1)=20-1-29+0=-10$$
$$rem_5(4+2)=r_0(4+2)-m_0(4+2)+f_6(4+2)=9-5+0=4$$
$$f_5(4+2)=\max(buy_5(4+2),\ rem_5(4+2))=4$$

类似地，计算第 4、3、2、1 等年数据，得到表 6.2。由此得到，5 年中的更新策略为留、买、留、留、留，5 年内可得总利润 41。决策过程如图 6.4 所示，其中粗线表示最优决策。

表 6.2　例 6.4 中各年限可得利润及决策

$f[1][D]=41$　r				
$f[2][1]=46$　r	$f[2][1+D]=30$　b			

续表

$f[3][1]=40$ r	$f[3][2]=32$ r	$f[3][2+D]=20$ b		
$f[4][1]=30$ r	$f[4][2]=25$ r	$f[4][3]=20$ r	$f[4][3+D]=10$ r	
$f[5][1]=17$ r	$f[5][2]=14$ r	$f[5][3]=12$ r	$f[5][4]=9$ r	$f[5][4+D]=4$ r

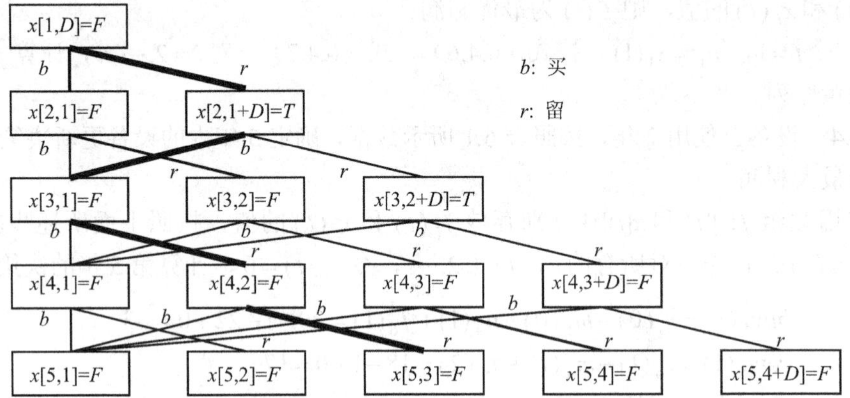

图 6.4　设备更新的决策过程

6.4.2　设备更新算法的实现

首先，定义算法所需要的数据结构。下面的数据用于算法的输入：

```
int     n;              /* 决策年限 */
int     D;              /* 设备当前的使用年限 */
Type    r[n][n+D];      /* 使用了 t 年后的设备，在第 i 年所创造的利润 */
Type    m[n][n+D];      /* 使用了 t 年后的设备，在第 i 年的维修费用 */
Type    u[n][n+D];      /* 使用了 t 年后的设备，在第 i 年的更新费用 */
```

下面的数据用于算法的输出：

```
BOOL    p[n];           /* 每年的最优决策 */
```

下面的数据用于算法的工作单元：

```
Type    f[n][n];        /* 使用了 t 年后的设备，在第 i 年及其以后所创造的利润 */
Bool    x[n][n];        /* 使用了 t 年后的设备，在第 i 年的更新决策 */
```

于是，设备更新算法可描述如下：

算法 6.3　设备更新算法

输入：决策年限 n，设备已使用年限 D，设备利润表 r[][]，维修费用表 m[][]，更新费用表 u[][]

输出：最优利润 optg，及最优更新方案 p[]

```
1. template <class Type>
```

```
2. Type update_dev(int n,int D,Type r[][],Type m[][],
                   Type u[][],BOOL p[])
3. {
4.     int i,t,k;                         /* 分配工作空间 */
5.     Type optg,rem;
6.     Type (*f)[n+1] = new Type[n+2][n+1];
7.     BOOL (*x)[n+1] = new BOOL[n+1][n+1];
8.     for (i=1;i<=n;i++)                 /* 第 n+1 年的利润初始化为 0 */
9.         f[n+1][i] = ZERO_VALUE_OF_TYPE;
10.    for (i=n;i>0;i--) {                /*第 1~n 年各种设备使用年限的利润*/
11.        for (t=1;t<=i;t++) {
12.            if (i>t)                   /* 买,可得到的利润 */
13.                f[i][t] = r[i][0] - m[i][0] - u[i-t][t] + f[i+1][1];
14.            else
15.                f[i][t] = r[i][0] - m[i][0] - u[0][t-1+D] + f[i+1][1];
16.            x[i][t] = TRUE;
17.            if (i>t)                   /* 留,可得到的利润 */
18.                rem = r[i-t][t] - m[i-t][t] + f[i+1][t+1];
19.            else
20.                rem = r[0][t-1+D] - m[0][t-1+D] + f[i+1][t+1];
21.            if (f[i][t]<rem) {         /* 决策,取二者中之最大者 */
22.                f[i][t] = rem;  x[i][t] = FALSE;
23.            }
24.        }
25.    }
26.    t = 1;                             /* 全局的更新决策 */
27.    for (i=1;i<=n;i++) {
28.        p[i] = x[i][t];                /* 从第 1 年的决策开始 */
29.        if (p[i])                      /* 当年的决策: 更新 */
30.            t = 1;                     /* 下一年决策时,设备年限为 1 年 */
31.        else
32.            t = t + 1;                 /* 否则,下一年决策时,设备年限增 1 */
33.    }
34.    optg = f[1][1];
35.    delete f;  delete x;               /* 释放工作空间 */
36.    return optg;                       /* 返回最优更新时可得到的利润 */
37. }
```

这个算法主要由 3 个部分组成。第 1 部分由第 8、9 行组成，不管设备的使用年限，把第 $n+1$ 年的利润初始化为 0。第 2 部分由第 10~25 行组成，对不同的设备年限，计算第 i 年及其以后各年可取得的利润及第 i 年的更新决策。第 12~16 行计算当设备更新时今后可得到的利润；第 17~20 行计算当设备保留时今后可得到的利润；第 21、22 行取二者中的最大者，作为在该设备年限下，今后可得到的利润及第 i 年的决策。第 3 部分由第 26~33 行组成。首先从第 1 年开始，这时只有一个决策值，它就是第 1 年的最优决策。第 2 年有两个决策值：设备年限为 1 年的决策值和设备年限为 $1+D$ 年的决策值。如果第一年的决策是更新，则第2年用于决策的决策值是设备年限为1年的决策值；否则，为$1+D$年的决策值。依此类推，直到第n年。

算法的时间复杂性估计如下：第8、9行需要$\Theta(n)$时间。第10~25行，执行一个二重循环。当$i=n$时，内循环的循环体执行n次。因此，内循环的循环体共执行$n(n+1)/2$次，花费$\Theta(n^2)$时间。第26~33行执行一个循环，循环体共执行n次，花费$\Theta(n)$时间。因此，算法的时间复杂性是$\Theta(n^2)$。

从第4~7行可以看到，算法的空间复杂性是$\Theta(n^2)$。

6.5 最长公共子序列问题

假定$A=a_1a_2\cdots a_n$是字母表Σ上的一个字符序列。如果存在Σ上的另一个字符序列$S=c_1c_2\cdots c_j$，使得对所有的k（$k=1,2,\cdots,j$），有$c_k=a_{ik}$（其中，$1\leqslant ik\leqslant n$），是字符序列A的一个下标递增序列，则称字符序列S是A的子序列。例如，$\Sigma=\{x,y,z\}$，Σ上的字符序列$A=xyzyxzxz$，则xxx是A的一个长度为3的子序列，该子序列中的字符对应于A的下标是1,5,7；而$xzyzx$是A的一个长度为5的子序列，该子序列中的字符对应于A的下标是1,3,4,6,7。

给定两个字符序列$A=xyzyxzxz$和$B=xzyxxyzx$，则xxx是这两个字符序列的长度为3的公共子序列，$xzyz$是这两个字符序列的长度为4的公共子序列，而$xzyxxz$是这两个字符序列的长度为6的最长公共子序列。可见，两个字符序列的公共子序列有多个，而这两个字符序列的最长的公共子序列只有一个。因此，最长公共子序列问题是：给定两个序列$A=a_1a_2\cdots a_n$和$B=b_1b_2\cdots b_m$，寻找A和B的一个公共子序列，使得它是A和B的最长公共子序列。

6.5.1 最长公共子序列的搜索过程

令序列$A=a_1a_2\cdots a_n$，$B=b_1b_2\cdots b_m$。记$A_k=a_1a_2\cdots a_k$为序列A中最前面连续k个字符的子序列，记$B_k=b_1b_2\cdots b_k$为序列B中最前面连续k个字符的子序列。容易看到，序列A和B的最长公共子序列具有如下性质：

（1）若$a_n=b_m$，序列$S_k=c_1c_2\cdots c_k$是序列A和B的长度为k的最长公共子序列，则必有$a_n=b_m=c_k$，且序列$S_{k-1}=c_1c_2\cdots c_{k-1}$是序列$A_{n-1}$和$B_{m-1}$的长度为$k-1$的最长公共子序列。

（2）若$a_n\neq b_m$，且$a_n\neq c_k$，则序列$S_k=c_1c_2\cdots c_k$是序列A_{n-1}和序列B的长度为k的最长公共子序列。

（3）若$a_n\neq b_m$，且$b_m\neq c_k$，则序列$S_k=c_1c_2\cdots c_k$是序列A和序列B_{m-1}的长度为k的最长公共子序列。

如果记$L_{n,m}$为序列A_n和B_m的最长公共子序列的长度，则$L_{i,j}$为序列A_i和B_j的最长公共子序列的长度。根据最长公共子序列的性质，有：

$$L_{0,0} = L_{i,0} = L_{0,j} = 0 \qquad 1 \leqslant i \leqslant n, 1 \leqslant j \leqslant m \tag{6.5.1}$$

$$L_{i,j} = \begin{cases} L_{i-1,j-1} + 1 & a_i = b_j, i > 0, j > 0 \\ \max\{L_{i,j-1}, L_{i-1,j}\} & a_i \neq b_j, i > 0, j > 0 \end{cases} \tag{6.5.2}$$

由此，把对最长公共子序列的搜索分为 n 个阶段。第 1 阶段，按照式（6.5.1）和式（6.5.2），计算 A_1 和 B_j 的最长公共子序列的长度 $L_{1,j}(j=1,2,\cdots,m)$。第 2 阶段，按照 $L_{1,j}$ 和式（6.5.2），计算 A_2 和 B_j 的最长公共子序列的长度 $L_{2,j}(j=1,2,\cdots,m)$。依此类推，最后，在第 n 阶段，按照 $L_{n-1,j}$ 和式（6.5.2），计算 A_n 和 B_j 的最长公共子序列的长度 $L_{n,j}(j=1,2,\cdots,m)$。于是，在第 n 阶段的 $L_{n,m}$ 便是序列 A_n 和 B_m 的最长公共子序列的长度。

为了得到 A_n 和 B_m 的最长公共子序列，设置一个二维的状态字数组 $s_{i,j}$，在上述每个阶段计算 $L_{i,j}$ 的过程中，根据公共子序列的上述 3 个性质，按如下方法把搜索状态登记于状态字 $s_{i,j}$ 中：

$$s_{i,j} = 1 \quad 若\ a_i = b_j \tag{6.5.3}$$

$$s_{i,j} = 2 \quad 若\ a_i \neq b_j，且\ L_{i-1,j} \geqslant L_{i,j-1} \tag{6.5.4}$$

$$s_{i,j} = 3 \quad 若\ a_i \neq b_j，且\ L_{i-1,j} < L_{i,j-1} \tag{6.5.5}$$

设 $L_{n,m} = k$，$S_k = c_1c_2\cdots c_k$ 是序列 A_n 和 B_m 的长度为 k 的最长公共子序列。最长公共子序列的搜索过程从状态字 $s_{n,m}$ 开始。搜索过程如下：

若 $s_{n,m} = 1$，表明 $a_n = b_m$。根据最长公共子序列的性质（1），$c_k = a_n$ 是子序列的最后一个字符，且前一个字符 c_{k-1} 是序列 A_{n-1} 和 B_{m-1} 的长度为 $k-1$ 的最长公共子序列的最后一个字符，下一个搜索方向是 $s_{n-1,m-1}$。

若 $s_{n,m} = 2$，表明 $a_n \neq b_m$，且 $L_{n-1,m} \geqslant L_{n,m-1}$。由性质（2），$a_n \neq c_k$，序列 $S_k = c_1c_2\cdots c_k$ 是序列 A_{n-1} 和序列 B 的长度为 k 的最长公共子序列，下一个搜索方向是 $s_{n-1,m}$。

若 $s_{n,m} = 3$，表明 $a_n \neq b_m$，且 $L_{n-1,m} < L_{n,m-1}$。由性质（3），$b_m \neq c_k$，序列 $S_k = c_1c_2\cdots c_k$ 是序列 A_n 和序列 B_{m-1} 的长度为 k 的最长公共子序列，下一个搜索方向是 $s_{n,m-1}$。

由此，可以得到下面的递推关系：

$$若\ s_{ij}=1 \quad 则 \quad c_k=a_i，i=i-1，j=j-1，k=k-1 \tag{6.5.6}$$

$$若\ s_{ij}=2 \quad 则 \quad i=i-1 \tag{6.5.7}$$

$$若\ s_{ij}=3 \quad 则 \quad j=j-1 \tag{6.5.8}$$

从 $i=n$，$j=m$ 开始搜索，直到 $i=0$ 或 $j=0$ 结束，即可得到 A_n 和 B_m 的最长公共子序列。

于是，可用下面的步骤来实现最长公共子序列的搜索：

（1）初始化，对满足 $1 \leqslant i \leqslant n$，$0 \leqslant j \leqslant m$ 的 i 和 j，令 $L_{i,0} = 0$，$L_{0,j} = 0$。

（2）令 $i = 1$。

（3）对满足 $1 \leqslant j \leqslant m$ 的 j，按式（6.5.2）~式（6.5.5）计算 $L_{i,j}$ 和 $s_{i,j}$。

（4）$i = i+1$，若 $i > n$，转步骤（5）；否则，转步骤（3）。

（5）令 $i = n$，$j = m$，$k = L_{n,m}$。

（6）按式（6.5.6）、式（6.5.7）、式（6.5.8）处理。

（7）若 $i=0$，或 $j=0$，算法结束，$L_{n,m}$ 为公共子序列的长度，$c_1, c_2, \cdots, c_k$ 为公共子序列；否则，转步骤（6）。

例 6.5 求 $A=xyxzyxyzzy$，$B=xzyzxyzxyzxy$ 的最长公共子序列。

解 用两个 $(n+1)\times(m+1)$ 的表，来分别存放搜索过程中所得到的子序列的长度 $L_{i,j}$ 和状态 $s_{i,j}$。首先，把 $L_{i,j}$ 表的第 0 行和第 0 列初始化为 0。然后，根据式（6.5.2）~式（6.5.5）逐行计算 $L_{i,j}$ 和 $s_{i,j}$。$L_{i,j}$ 和 $s_{i,j}$ 的计算结果如图 6.5 和图 6.6 所示。

由图 6.5 可以看到，最长公共子序列的长度为 8。图 6.6 表示用状态字 $s_{i,j}$ 搜索公共子序列的过程。从 $s_{n,m}$ 开始，按照式（6.5.6）~式（6.5.8）进行搜索，斜线所在行 i（或列 j），表示序列 A 中第 i 个字符（或序列 B 中第 j 个字符）是公共子序列中的字符。因此，公共子序列是 $a_1a_2a_3a_4a_6a_7a_8a_{10}=b_1b_3b_5b_7b_8b_9b_{10}b_{12}=xyxzxyzy$。

	0	1	2	3	4	5	6	7	8	9	10	11	12
0	0	0	0	0	0	0	0	0	0	0	0	0	0
1	0	1	1	1	1	1	1	1	1	1	1	1	1
2	0	1	1	2	2	2	2	2	2	2	2	2	2
3	0	1	1	2	2	3	3	3	3	3	3	3	3
4	0	1	2	2	3	3	3	4	4	4	4	4	4
5	0	1	2	3	3	3	4	4	4	5	5	5	5
6	0	1	2	3	3	4	4	4	5	5	5	6	6
7	0	1	2	3	3	4	5	5	5	6	6	6	7
8	0	1	2	3	4	4	5	6	6	6	7	7	7
9	0	1	2	3	4	4	5	6	6	6	7	7	7
10	0	1	2	3	4	4	5	6	6	7	7	7	8

图 6.5　最长公共子序列长度的计算例子

	0	1	2	3	4	5	6	7	8	9	10	11	12
0	0	0	0	0	0	0	0	0	0	0	0	0	0
1	0		3	3	3	1	3	3	1	3	3	1	3
2	0	2	2		3	3	1	3	3	1	3	3	1
3	0	1	2	2	2		3	3	1	3	3	1	3
4	0	2	1	2	1	2	2		3	3	1	3	3
5	0	2	2	1	2	2	1	2	2	1	3	3	1
6	0	1	2	2	2	1	2	2		2	2	1	3
7	0	2	2	1	2	2	1	3	2		3	2	1
8	0	2	1	2	1	2	2	1	3	2		3	2
9	0	2	1	2	1	2	2	1	2	2	1	2	2
10	0	2	2	1	2	2	1	2	2	1	2	2	

图 6.6　最长公共子序列字符的搜索过程

6.5.2　最长公共子序列算法的实现

首先，定义算法所需要的数据结构。下面的数据用于算法的输入和输出：

```
char    A[n+1],B[m+1];         /* 序列 A 和 B */
char    C[n+1];                /* 序列 A 和 B 的公共子序列 */
```

下面的数据用于算法的工作单元：

```
int L[n+1][m+1];               /* 搜索过程中的子序列长度 */
int s[n+1][m+1];               /* 搜索过程中的子序列状态 */
```

为简便起见，字符序列及其公共子序列均从下标为 1 的数组元素开始存放。下面是最长公共子序列算法的描述。

算法 6.4　求最长公共子序列算法

输入：字符序列 A[] 和 B[]，序列 A 的长度 n，序列 B 的长度 m

输出：最长公共子序列 C[] 及其长度 len

```
int lcs(char A[],char B[],char C[],int n,int m)
{
    int i,j,k,len;                            /* 分配工作空间 */
    int (*L)[m+1] = new int[n+1][m+1];
    int (*s)[m+1] = new int[n+1][m+1];
    for (i=0;i<=n;i++)                        /* 初始化第 0 列 */
        L[i][0] = 0;
    for (i=0;i<=m;i++)                        /* 初始化第 0 行 */
        L[0][i] = 0;
    for (i=1;i<=n;i++) {                      /* 计算长度及状态字 */
        for (j=1;j<=m;j++) {
            if (A[i]==B[j]) {
                L[i][j] = L[i-1][j-1] + 1;
                s[i][j] = 1;
            }
            else if (L[i-1][j]>=L[i][j-1]) {
                L[i][j] = L[i-1][j];
                s[i][j] = 2;
            }
            else {
                L[i][j] = L[i][j-1];
                s[i][j] = 3;
            }
        }
```

```
25.     }
26.     i = n;   j = m;   k = len = L[i][j];
27.     while ((i!=0)&&(j!=0)) {                      /* 搜索最长公共子序列字符 */
28.         switch (s[i][j]) {
29.             case 1: C[k] = A[i];   k--;
30.                     j--;
31.             case 2: i--;   break;
32.             case 3: j--;   break;
33.         }
34.     }
35.     delete L;   delete s;                         /* 释放工作空间 */
36.     return len;                                   /* 返回最长公共子序列长度 */
37. }
```

第 3~5 行为算法分配工作空间；第 6~9 行把 $L_{i,j}$ 的第 0 行第 0 列初始化为 0；第 10~25 行分 3 种情况分别计算 $L_{i,j}$ 和 $s_{i,j}$；第 26~34 行从最后的 $s_{n,m}$ 开始，按照 $s_{i,j}$ 所登记的 3 种状态，向前搜索最长公共子序列中的字符。

算法的第 6~7 行花费 $\Theta(n)$ 时间；第 8、9 行花费 $\Theta(m)$ 时间；第 10~25 行花费 $\Theta(nm)$ 时间；第 26~34 行花费 $O(n+m)$ 时间；所以，算法的时间复杂性是 $\Theta(nm)$。此外，从第 3~5 行可以看到，算法的空间复杂性是 $\Theta(nm)$。

6.6　0/1 背包问题

给定一个载重量为 M 的背包及 n 个重量为 w_i、价值为 p_i 的物体，$1 \leqslant i \leqslant n$，要求把物体装入背包，使背包内的物体价值最大，把这类问题称为背包问题。在 5.2 节曾讨论了物体可以分割的背包问题，本节将讨论物体不可分割的背包问题，通常称物体不可分割的背包问题为 0/1 背包问题。

6.6.1　0/1 背包问题的求解过程

在 0/1 背包问题中，物体或者被装入背包，或者不被装入背包，只有两种选择。假设：x_i 表示物体 i 被装入背包的情况，$x_i = 0,1$。当 $x_i = 0$ 时，表示物体没被装入背包；当 $x_i = 1$ 时，表示物体被装入背包。根据问题的要求，有下面的约束方程和目标函数：

$$\sum_{i=1}^{n} w_i x_i \leqslant M \qquad optp = \max \sum_{i=1}^{n} p_i x_i$$

于是，问题归结为寻找一个满足上述约束方程并使目标函数达到最大的解向量 $\boldsymbol{X} = (x_1, x_2, \cdots, x_n)$。

这个问题也可以用动态规划的分阶段决策方法，来确定把哪一个物体装入背包的最优决策。假定背包的载重量范围为 $0 \sim m$。类似于资源分配那样，令 $optp_i(j)$ 表示在前 i 个物体中，能够装入载重量为 j 的背包中的物体的最大价值，$j = 1, 2, \cdots, m$。显然，此时在前 i 个物体中，有些物体可以装入背包，有些物体不能装入背包。于是，可以得到下面的动态规划函数：

$$optp_i(0) = optp_0(j) = 0 \tag{6.6.1}$$

$$optp_i(j) = \begin{cases} optp_{i-1}(j) & j < w_i \\ \max\{optp_{i-1}(j), optp_{i-1}(j - w_i) + p_i\} & j \geqslant w_i \end{cases} \tag{6.6.2}$$

式（6.6.1）表明：把前面 i 个物体装入载重量为 0 的背包，或者把 0 个物体装入载重量为 j 的背包，得到的价值都为 0。式（6.6.2）的第 1 式表明：如果第 i 个物体的重量大于背包的载重量，则装入前面 i 个物体得到的最大价值，与装入前面 $i-1$ 个物体得到的最大价值一样（第 i 个物体没有装入背包）。第 2 式中的 $optp_{i-1}(j - w_i) + p_i$ 表明：当第 i 个物体的重量小于背包的载重量时，如果把第 i 个物体装入载重量为 j 的背包，则背包中物体的价值等于把前面 $i-1$ 个物体装入载重量为 $j - w_i$ 的背包所得到的价值加上第 i 个物体的价值 p_i。如果第 i 个物体没有装入背包，则背包中物体的价值就等于把前面 $i-1$ 个物体装入载重量为 j 的背包所取得的价值。显然，这两种装入方法在背包中所取得的价值不一定相同。因此，取这二者中之最大者，作为把前面 i 个物体装入载重量为 j 的背包所取得的最优价值。

按下述方法来划分阶段：第 1 阶段，只装入一个物体，确定在各种不同载重量的背包下能够得到的最大价值；第 2 阶段，装入前两个物体，按照式（6.6.2）确定在各种不同载重量的背包下能够得到的最大价值；依此类推，直到第 n 个阶段。最后，$optp_n(m)$ 便是在载重量为 m 的背包下，装入 n 个物体时能够取得的最大价值。

为了确定装入背包的具体物体，从 $optp_n(m)$ 的值向前倒推。如果 $optp_n(m)$ 大于 $optp_{n-1}(m)$，表明第 n 个物体被装入背包，则下一步须确定把前 $n-1$ 个物体装入载重量为 $m - w_n$ 的背包中；如果 $optp_n(m)$ 小于或等于 $optp_{n-1}(m)$，表明第 n 个物体未装入背包，则下一步须确定把前 $n-1$ 个物体装入载重量为 m 的背包中；依此类推，直到确定第一个物体是否被装入背包为止。由此，得到下面的递推关系式：

$$\text{若}\quad optp_i(j) \leqslant optp_{i-1}(j) \quad \text{则} \quad x_i = 0 \tag{6.6.3}$$

$$\text{若}\quad optp_i(j) > optp_{i-1}(j) \quad \text{则} \quad x_i = 1,\quad j = j - w_i \tag{6.6.4}$$

按照上述关系式，从 $optp_n(m)$ 的值向前倒推，就可确定装入背包的具体物体。

因此，可以按下面的步骤来求解 0/1 背包问题：

（1）初始化，对满足 $0 \leqslant i \leqslant n$，$0 \leqslant j \leqslant m$ 的 i 和 j，令 $optp_i(0) = 0$，$optp_0(j) = 0$。

（2）令 $i = 1$。

（3）对满足 $1 \leqslant j \leqslant m$ 的 j，按式（6.6.2）计算 $optp_i(j)$。

（4）$i = i + 1$，若 $i > n$，转步骤（5）；否则，转步骤（3）。

（5）令 $i = n$，$j = m$。

（6）按式（6.6.3）、式（6.6.4）求向量的第 i 个分量 x_i。

（7）$i = i - 1$，若 $i > 0$，转步骤（6）；否则，算法结束。

例 6.6　有 5 个物体，其重量分别为 2,2,6,5,4，价值分别为 6,3,5,4,6，背包的载重量为 10，求装入背包的物体及其总价值。

用一个 $(n+1)\times(m+1)$ 的表，来存放把前面 i 个物体装入载重量为 j 的背包时，所能取得的最大价值。按照式（6.6.1），把表的第 0 行和第 0 列初始化为 0，然后根据式（6.6.2），一行一行地计算 $optp_i(j)$，其计算结果如图 6.7 所示。

	0	1	2	3	4	5	6	7	8	9	10
0	0	0	0	0	0	0	0	0	0	0	0
1	0	0	6	6	***6***	6	6	6	6	6	6
2	0	0	6	6	9	9	***9***	9	9	9	9
3	0	0	6	6	9	9	9	9	11	11	14
4	0	0	6	6	9	9	9	10	11	13	14
5	0	0	6	6	9	9	12	12	15	15	***15***

图 6.7　5 个物体的 0/1 背包问题的例子

从图中可以看到，装入背包的物体的最大价值为 15，装入背包的物体为 $x=\{1,1,0,0,1\}$。

6.6.2　0/1 背包问题的实现

首先，定义算法所需要的数据结构。下面的数据用于算法的输入和输出：

```
int      w[n];              /* n 个物体的重量 */
Type     p[n];              /* n 个物体的价值 */
int      m;                 /* 背包的载重量 */
BOOL     x[n];              /* 装入背包的物体,元素为 TRUE 时,对应物体被装入 */
Type     v;                 /* 装入背包中物体的最大价值 */
```

下面的数据用于算法的工作单元：

```
Type     optp[n+1][m+1];    /* i 个物体装入载重量为 j 的背包中的最大价值 */
```

于是，动态规划方法求解 0/1 背包问题的算法可描述如下：

算法 6.5　0/1 背包问题的动态规划算法

输入：物体的重量 w[] 和价值 p[]，物体的个数 n，背包的载重量 m

输出：装入背包的物体 x[]，背包中物体的最大价值 v

```
template <class Type>
Type knapsack_dynamic(int w[],Type p[],int n,int m,BOOL x[])
{
    int i,j,k;
    Type v,(*optp)[m+1] = new Type[n+1][m+1];    /* 分配工作单元 */
    for (i=0;i<=n;i++)  {                          /* 初始化第 0 列 */
```

```
7.         optp[i][0] = ZERO_VALUE_OF_TYPE;
8.         x[i] = FALSE;                              /*解向量初始化为 FALSE */
9.     }
10.    for (i=0;i<=m;i++)                             /* 初始化第 0 行 */
11.        optp[0][i] = ZERO_VALUE_OF_TYPE;
12.    for (i=1;i<=n;i++) {                           /* 计算 optp[i][j] */
13.        for (j=1;j<=m;j++) {
14.            optp[i][j] = optp[i-1][j];
15.            if ((j>=w[i])&&(optp[i-1,j-w[i]]+p[i]>optp[i-1][j]))
16.                optp[i][j] = optp[i-1,j-w[i]]+p[i];
17.        }
18.    }
19.    j = m;                                         /* 递推装入背包的物体 */
20.    for (i=n;i>0;i--) {
21.        if (optp[i][j]>optp[i-1][j]) {
22.            x[i] = TRUE;   j = j - w[i];
23.        }
24.    }
25.    v = optp[n][m];
26.    delete optp;                                   /* 释放工作单元 */
27.    return v;                                      /* 返回最大价值 */
28. }
```

算法的第 6~11 行把表 $optp_i(j)$ 的第 0 行和第 0 列初始化为 Type 数据类型的 0 值，把向量 x 的所有元素初始化为 FALSE；第 12~18 行按式（6.6.2）计算 $optp_i(j)$；第 19~24 行从 $optp_n(m)$ 向前递推，求出装入背包的物体。

从第 4~5 行可以看到，算法所需要的空间是 $O(nm)$；第 6~9 行花费 $\Theta(n)$ 时间；第 10、11 行花费 $\Theta(m)$ 时间；第 12~18 行花费 $\Theta(nm)$ 时间；第 19~24 行花费 $\Theta(n)$ 时间。所以，算法的时间复杂性是 $\Theta(nm)$。

6.7 RNA 最大碱基对匹配问题

核糖核酸（RNA）是由碱基腺嘌呤（A）、鸟嘌呤（G）、胞嘧啶（C）和尿嘧啶（U）构成的一种单链结构。在构成 RNA 的一串碱基 A、G、C、U 序列中，A 和 U 可以配成一个碱基对，C 和 G 可以配成一个碱基对。碱基对可以提高结构的稳定性，而未配对的碱基将降低结构的稳定性。因此，一个单链的 RNA 碱基序列可以将自身折叠过来，使链上的碱基互相配对，形成尽可能多的碱基对，以提高结构的稳定性。把碱基 A、G、C、U 序列称为 RNA 的基本结构，而把互相配对的碱基对序列称为 RNA 的二级结构。例如，图 6.8 表示一个 RNA 的二级结构。图中，粗线把相邻的碱基连接起来形成一个单链的 RNA 结构，而虚线表示匹配的碱基对。在一个 RNA 的基本结构中寻找配对最多的碱基对称为 RNA 最大碱基对匹配问题。

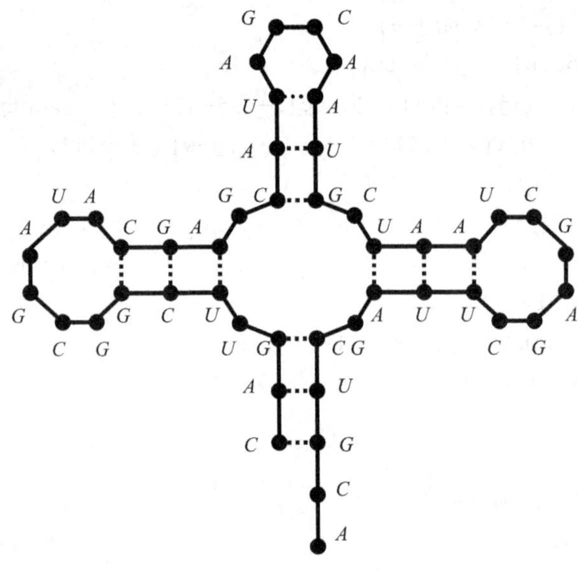

图 6.8　RNA 二级结构

6.7.1　RNA 最大碱基对匹配的搜索过程

如果把单螺旋链的 RNA 看成是字母表 $\{A, C, G, U\}$ 上的 n 个碱基符号序列，令 $B = b_0 b_1 \cdots b_{n-1}$ 是一个单螺旋链的 RNA 分子（其中，$b_i \in \{A, C, G, U\}$，$0 \leqslant i \leqslant n-1$），用整数对 (i, j) 表示 B 上的碱基 b_i 和 b_j 构成的碱基对，则可把 B 上的二级结构看成是碱基对集合 $S = \{(i, j) \mid i, j \in \{0,1,\cdots,n-1\} \wedge j > i\}$。它必须满足下面 4 个条件：

（1）S 中的任何一对整数对 (i, j) 表示 B 上的一个碱基对，它们必须是 $\{A, U\}$、$\{U, A\}$、$\{C, G\}$、$\{G, C\}$。

（2）S 是一个匹配。如果整数对 (i, j) 是 S 中的一对碱基对，则 i 和 j 都不会出现在 S 的另外的碱基对中。

（3）RNA 链的折叠相对圆滑，每个碱基对两端至少隔开 4 个以上其他碱基。因此，如果 $(i, j) \in S$，则有 $j - i > 4$。

（4）碱基对不会互相交叉。如果 (i, j) 和 (k, l) 是 S 中的两个碱基对，不会出现 $i < k < j < l$。

图 6.9 表示一个 RNA 二级结构的配对情况。图 6.9（a）表示一个折叠的 RNA，图 6.9（b）

是它的展开形式。图中说明了 RNA 二级结构必须满足的 4 个条件。

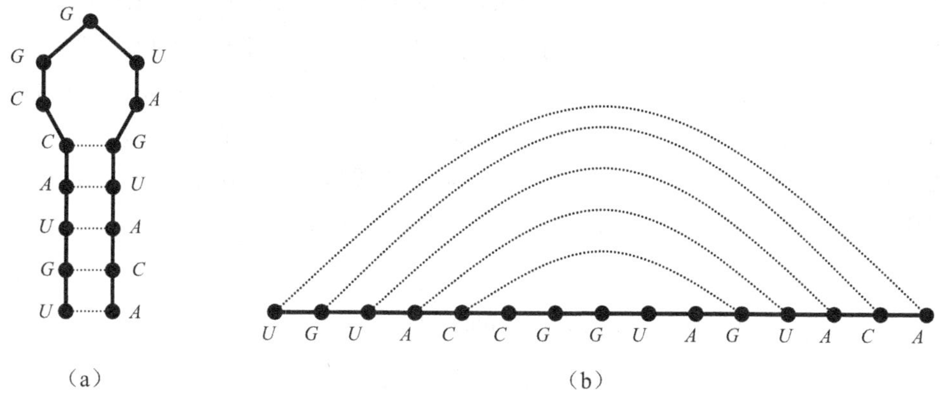

（a）　　　　　　　　（b）

图 6.9　折叠的 RNA 链及其展开形式

令 $L_{0,n-1}$ 为 RNA 序列 $B=b_0b_1\cdots b_{n-1}$ 中最大的碱基对个数，则 $L_{i,j}$ 为子序列 $b_i\cdots b_j$ 中的最大碱基对个数。根据条件（3），有：

$$L_{i,j}=0 \qquad j-i\leqslant 4 \tag{6.7.1}$$

而当 $j-i>4$ 时，有下面两种可能：

（1）在子序列 $b_i\cdots b_j$ 中，b_j 不与任何一个碱基配对，如图 6.10（a）所示，则有：

$$L_{i,j}=L_{i,j-1} \tag{6.7.2}$$

（2）在子序列 $b_i\cdots b_j$ 中存在着 t，$i\leqslant t<j-4$，即 $b_i\cdots b_t\cdots b_j$，b_j 与 b_t 构成碱基对，如图 6.10（b）所示，这时有：

$$L_{i,j}=\max_{i\leqslant t<j-4}(1+L_{i,t-1}+L_{t+1,j-1}) \tag{6.7.3}$$

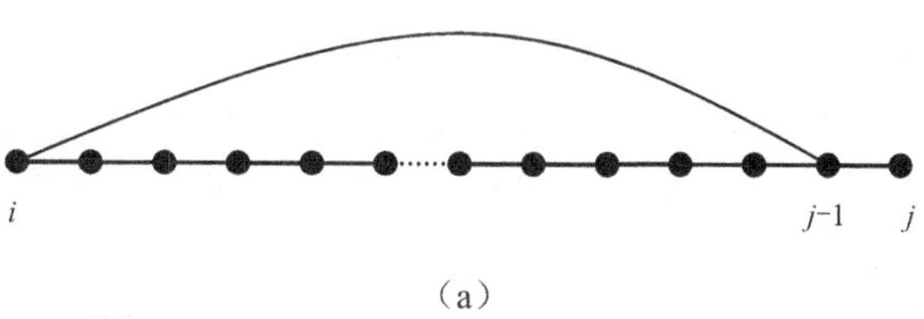

（a）

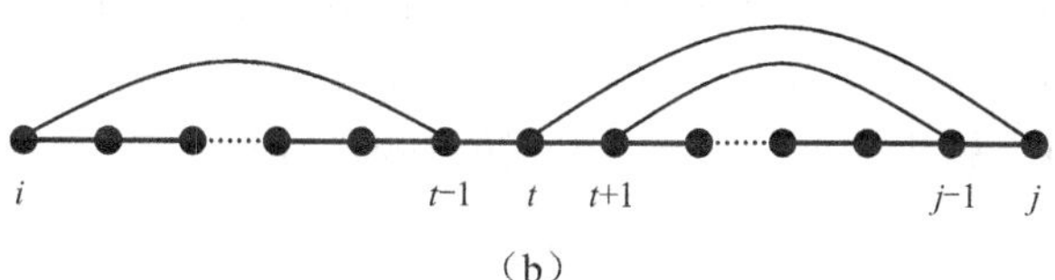

（b）

图 6.10　子序列 $b_i\cdots b_j$ 中 b_j 的配对情况

综合上述两种情况，有：

$$L_{i,j}=\max\left(L_{i,j-1},\ \max_{i\leqslant t<j-4}(1+L_{i,t-1}+L_{t+1,j-1})\right) \tag{6.7.4}$$

由此，对 RNA 序列 $B=b_0b_1\cdots b_{n-1}$ 中最大的碱基对个数进行搜索时，首先对所有的 i（$i=0,1,\cdots,n-1$）和满足 $j\leqslant i+4$ 的 j，按式（6.7.1）使 $L_{i,j}=0$。然后，把搜索划分为 $n-5$

个阶段。第 1 阶段，令 RNA 子序列只有 6 个碱基，对 $i = 0,1,\cdots,n-6$，$j = i+5$ 的所有的 i 和 j 按式（6.7.4）确定子序列 $b_i \cdots b_j$ 的最大碱基对个数。第 2 阶段，令 RNA 子序列有 7 个碱基，对 $i = 0,1,\cdots,n-7$，$j = i+6$ 的所有的 i 和 j，利用前一阶段的结果，按式（6.7.4）确定子序列 $b_i \cdots b_j$ 的最大碱基对个数。依此类推，最后，$i = 0$，$j = n-1$，利用前面的结果，按式（6.7.4）确定序列 $b_0 \cdots b_{n-1}$ 的最大碱基对个数，从而得到最终结果。

为了得到序列 $b_0 \cdots b_{n-1}$ 的碱基对集合 $S = \{i, j\}$，设置一个二维的状态字数组 $st_{i,j}$，在上述确定 $L_{i,j}$ 过程中，按如下方法，把搜索状态登记于状态字 $st_{i,j}$ 中：

$$st_{i,j} = -1 \qquad 若\ L_{i,j} = L_{i,j-1} \tag{6.7.5}$$

$$st_{i,j} = t \qquad 若\ L_{i,j} = \max_{i \leqslant t < j-4} (1 + L_{i,t-1} + L_{t+1,j-1}) \tag{6.7.6}$$

式（6.7.5）表明序列 $b_i \cdots b_j$ 的最大碱基对数目取决于序列 $b_i \cdots b_{j-1}$ 的最大碱基对数目，因此可把对 $b_i \cdots b_j$ 的搜索转换为对 $b_i \cdots b_{j-1}$ 的搜索。

式（6.7.6）表明序列 $b_i \cdots b_j$ 的最大碱基对数目除了包含 (t, j) 一个碱基对外，还包含子序列 $b_i \cdots b_{t-1}$ 和 $b_{t+1} \cdots b_{j-1}$ 的最大碱基对数目之和。因此，对 $b_i \cdots b_j$ 的搜索被分割成对子序列 $b_i \cdots b_{t-1}$ 和 $b_{t+1} \cdots b_{j-1}$ 的搜索。

为此，设置一个堆栈来存放子序列的起点和终点。开始时，堆栈中只有一个序列的起点 0 和终点 $n-1$ 的信息；以后，随着搜索的进行，堆栈中的子序列信息相应增加和减少；最后，堆栈中的子序列信息全被处理完毕。

于是，可用下面的步骤来实现序列 $b_0 \cdots b_{n-1}$ 的最大碱基对的搜索：

（1）初始化：对所有的 i 和 j，$0 \leqslant i \leqslant n-1$，$0 \leqslant j \leqslant n-1$，置 $L_{i,j} = 0$，$st_{i,j} = -1$。令 $k = 5$。

（2）令序列起点 $i = 0$。

（3）令序列终点 $j = i + k$。

（4）按式（6.7.4）~式（6.7.6）确定 $L_{i,j}$ 和 $st_{i,j}$ 之值。

（5）序列起点 $i = i+1$，若 $i < n-k$，转步骤（3）；否则，转步骤（6）。

（6）$k = k+1$，若 $k \leqslant n-1$，转步骤（2）；否则 $L_{0,n-1}$ 即为原始序列的最大碱基对个数，转步骤（7），确定碱基对集合。

（7）令碱基对集合 $s = \varphi$，序列堆栈指针 $sp = 0$，序列起点 0、终点 $n-1$ 压入序列栈。

（8）若序列堆栈指针 $sp \geqslant 0$，转步骤（9）；否则，算法结束。

（9）从序列栈弹出序列起点于 i，终点于 j，$sp = sp-1$。

（10）若 $L_{i,j} = 0$，转步骤（8）；否则，转步骤（11）。

（11）若 $st_{i,j} = -1$，则 $j = j-1$，转步骤（10）；否则，转步骤（12）。

（12）若 $st_{i,j} - 1 - i \leqslant 4$，转步骤（13）；否则序列起点 i、终点 $st_{i,j} - 1$ 压入序列栈，$sp = sp+1$，转步骤（13）。

（13）碱基对集合 $s = s \cup \{(st_{i,j}, j)\}$，$i = st_{i,j} + 1$，$j = j-1$，转步骤（10）。

例 6.7 对图 6.9 所示的 RNA 序列 $ACAUGAUGGCCAUGU$，按式（6.7.4）~式（6.7.6）确定的 $L_{i,j}$，如图 6.11 所示。从图中可以看到，$L_{0,14} = 5$ 即为该序列的最大碱基对个数。

	A	C	A	U	G	A	U	G	G	C	C	A	U	G	U
	0	1	2	3	4	5	6	7	8	9	10	11	12	13	14
0					0	0	1	1	1	1	1	2	3	4	5
1						0	0	1	1	1	1	2	3	4	4
2							0	0	0	1	1	2	3	3	3
3								0	0	1	1	2	2	2	2
4									0	1	1	1	2	2	2
5										0	0	1	1	1	2
6											0	1	1	1	1
7												0	0	0	0
8													0	0	0
9														0	0

图 6.11　确定 RNA 序列最大碱基对个数的例子

6.7.2　RNA 最大碱基对匹配算法的实现

下面是算法所用到的数据结构和变量：

```
char    B[n];               /* RNA 序列的碱基符号 */
int     L[n][n];            /* 最大匹配表,登记各种子序列最大碱基对个数 */
int     st[n][n];           /* 状态表,登记子序列的搜索状态 */
int     s[n][2];            /* RNA 序列的碱基对集合 */
int     stack[n/2][2];      /* 存放子序列起点和终点的堆栈 */
int     sp;                 /* 子序列堆栈的栈顶指针 */
int     i;                  /* 子序列起点序号 */
int     j;                  /* 子序列终点序号 */
```

于是，RNA 最大碱基对匹配算法可描述如下：

算法 6.6　RNA 最大碱基对匹配算法

输入： RNA 序列的碱基符号 B[]，符号个数 n

输出： 最大碱基对个数，碱基对集合 s[][]

```
int basepair_match(char B[],int s[][],int n)
{
    int i,j,t,k,sp,len,len1,temp;
    int stack[n/2][2];
    int L[n][n],st[n][n];
    for (i=0;i<n;i++)
        for (j=0;j<n;j++) {                /* 初始化 */
            L[i][j] = 0;  st[i][j] = -1;
        }
```

```
    for (k=5;k<=n-1,k++) {
       for (i=0;i<n-k;i++) {
          j = i + k;        len = 0;     temp = i;
          for (t=i;t<j-4;t++) {          /* 在 i~j 中搜索与 j 匹配的 t */
             if ((B[t]=='A')&&(B[j]=='U')||
                 (B[t]=='U')&&(B[j]=='A')||
                 (B[t]=='C')&&(B[j]=='G')||
                 (B[t]=='G')&&(B[j]=='C')) {
                if (i==t) len1 = 1 + L[i+1][j-1];
                else len1 = 1 + L[i][t-1] + L[t+1][j-1];
                if (len<len1) {          /* 按式(6.7.3)确定最大匹配个数 */
                   len = len1;     temp = t;
                }
             }
          }
          if (L[i][j-1]>=len)            /* 按式(6.7.4)综合最大匹配个数 */
             L[i][j] = L[i][j-1];        /* st[i][j]维持初始值-1 未变 */
          else {
             L[i][j] = len;
             st[i][j] = temp;            /* st[i][j]设置为 t 值 */
          }
       }
    }
    sp = 0;      k = 0;                  /* 检索匹配的碱基对 */
    stack[0][0] = 0;     stack[0][1] = n - 1;
    while(sp>=0) {
       i = stack[sp][0];        j = stack[sp][1];        sp = sp - 1;
       while (L[i][j]>0) {
          if (st[i][j]==-1) j = j - 1;
          else {
             s[k][0] = st[i][j];         /* S=SU{(t,j)} */
             s[k++][1] = j;
             if (st[i][j]-1-i>4) {       /* 序列被分割为两个子序列 */
                sp = sp + 1;             /* 第 1 个子序列信息压入序列栈 */
                stack[sp][0] = i;
                stack[sp][1] = st[i][j] - 1;
             }
             i =  st[i][j] + 1;          /* 形成第 2 个子序列起点和终点 */
             j = j - 1;                  /* 返回循环顶部搜索第 2 个子序列 */
          }
       }
    }
    return L[0][n-1];
}
```

算法 6.6 由 3 部分组成，第 1 部分由第 6~9 行构成，初始化最大匹配表和状态表；第 2 部分由第 10~32 行构成，把原始序列划分为各种长度的子序列，每种长度的子序列又有不同的起点 i 和终点 j，计算这些子序列的最大碱基对的匹配个数 $L[i][j]$，并登记在最大匹配表中，同时把子序列在最大匹配个数时的状态 $st[i][j]$ 也登记在状态表中；第 3 部分由第 33~51 行构成，根据最大匹配表和状态表搜索序列中匹配的碱基对。

算法的运行时间估算如下：第 1 部分初始化执行一个二重循环，需 $O(n^2)$ 时间；第 2 部分确定最大碱基对的匹配个数，执行一个三重循环，需 $O(n^3)$ 时间；第 3 部分搜索匹配的碱基对，虽然执行的是一个二重循环，循环体的执行次数取决于所分割的子序列个数，但所有子序列所包含的元素之和不会超过 n 个，因此其执行时间为 $O(n)$。所以，算法的运行时间为 $O(n^3)$。

习　　题

1．用递归函数设计一个求解货郎担问题的动态规划算法，并估计其时间复杂性。

2．以 $O(n^2 2^n)$ 的时间，用循环迭代的方法设计一个求解货郎担问题的动态规划算法，并估计其空间复杂性。

3．用动态规划方法求图 6.12 中从顶点 0 到顶点 9 的最短路径。

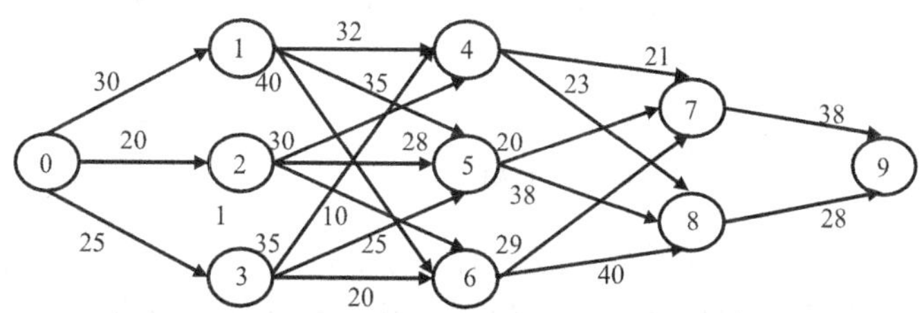

图 6.12　用动态规划方法求从顶点 0 到顶点 9 的最短路径

4．用动态规划方法求图 6.13 中从顶点 0 到顶点 6 的最长路径和最短路径。

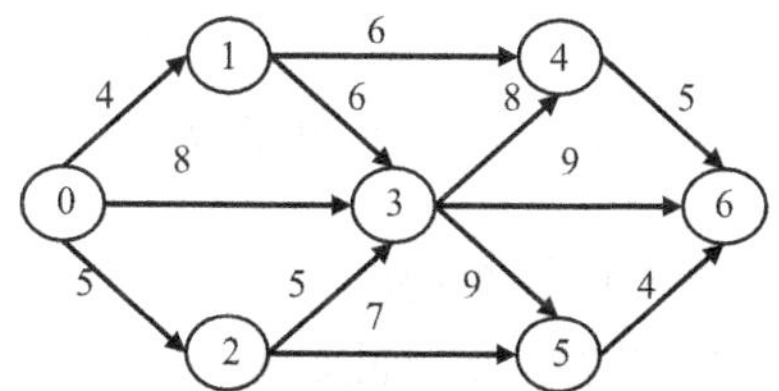

图 6.13　用动态规划方法求从顶点 0 到顶点 6 的最长及最短路径

5．把 4 个份额的资源分配给 3 项工程，给定利润表，如表 6.3 所示，写出资源的最优分配方案的求解过程。

表 6.3　4 份资源分配给 3 项工程的利润表

x	0	1	2	3	4
$G_1(x)$	7	13	16	17	19
$G_2(x)$	6	12	14	16	18
$G_3(x)$	5	18	19	20	22

6．有字符序列 $A = xyzzyxzyxxyx$，$B = zyxxyyzyxyzy$，求最长公共子序列及其长度的求解过程。

7．设备更新的有关数据如表 6.4 所示，求设备最优更新策略的求解过程。

表 6.4　设备更新数据

购买时间	I = 0					I = 1					I = 2				I = 3			I = 4		I = 5
使用年限	2	3	4	5	6	0	1	2	3	4	0	1	2	3	0	1	2	0	1	0
利润	14	12	10	8	6	15	15	14	14	13	17	17	16	16	19	19	18	21	20	23
维修费用	1	2	3	4	5	1	2	3	4	5	1	1	2	2	1	1	2	1	1	1
更新费用	24	24	25	25	25	20	22	24	26	28	20	22	24	26	20	22	24	21	22	21

8．有 6 个物体，其重量分别为 5,3,7,2,3,4，价值分别为 3,6,5,4,3,4。有一背包，载重量为 15，物体不可分割。求装入背包的物体的最大价值，及其求解过程。

9．有 5 个物体，其重量分别为 3,5,7,8,9，价值分别为 4,6,7,9,10。有一背包，载重量为 22，物体不可分割。求装入背包的物体的最大价值，及其求解过程。

10．斐波那契序列的递归定义如下：

$$f(n)=\begin{cases}1 & n=1,2\\ f(n-1)+f(n-2) & n\geqslant 3\end{cases}$$

设计一个用 $\Theta(n)$ 时间和 $\Theta(1)$ 空间的算法，计算 $f(n)$。

11．考虑下面的货币兑付问题。一个流通系统，具有面值分别为 $v_1, v_2, \cdots, v_n$ 的 n 种货币，希望支付 y 值的金额，使得所支付货币的张数最少。也即满足：

$$\sum_{i=1}^{n} x_i v_i = y$$

并且使 $\min\sum_{i=1}^{n} x_i$ 最小。其中，$x_1, x_2, \cdots, x_n$ 是非负整数。

（1）编写一个动态规划算法求解这个问题。

（2）所编写的算法，其时间和空间复杂性是多少？

12．对第 11 题，给定 $v_1 = 1$，$v_2 = 5$，$v_3 = 6$，$v_4 = 11$，$y = 20$，求解各种面额的货币所支付的张数。

13．令 $T = \{t_1, t_2, \cdots, t_n\}$ 是 n 种物体的集合，对所有的 $1 \leqslant i \leqslant n$，$w_i$ 和 v_i 分别表示物体 t_i 的重量和价值。背包的载重量为 M。要求满足：

$$\sum_{i=1}^{n} x_i w_i \leqslant M$$

并使 $\max \sum_{i=1}^{n} x_i v_i$ 最大。其中，$x_1, x_2, \cdots, x_n$ 是非负整数。编写一个动态规划算法，来求解这个问题。

参考文献

可在文献[9]、[10]、[17]、[19]中看到动态规划的设计思想的描述。可在文献[8]、[13]、[17]、[27]中看到用动态规划求解货郎担问题的有关内容。可在文献[4]、[8]、[13]、[17]中看到多段图的动态规划算法的有关内容。资源分配的动态规划算法及设备更新问题的动态规划算法可在文献[8]、[13]中看到。最长公共子序列问题可在文献[3]、[10]、[13]、[19]中看到。0/1 背包问题的动态规划算法可在文献[3]、[17]、[19]中看到。RNA 最大碱基对匹配问题可在文献[57]、[58]中看到。

第 7 章　回　　溯

在实际生活中，有很多问题没有有效的算法。例如，本书前面提到的货郎担问题。用一般方法解这种问题，甚至对于中等大小的实例，所需要的时间也是以世纪来衡量的。之所以这样，是因为它要在所有可能的状态之中找出一种最优的状态。这迫使人们寻求另一种方法：丢弃一部分状态，只在部分状态之中去寻求问题的解，从而降低算法的时间复杂性。回溯法、随机算法和近似算法，就是基于这种思路的。

7.1　回溯法的思想方法

回溯法和分支限界法，是基于对问题实例进行自学习，有组织地检查和处理问题实例的解空间，并在此基础上对解空间进行归约和修剪的一种方法。对解空间很大的一类问题，这种方法特别有效。本章讨论回溯法。

7.1.1　问题的解空间和状态空间树

无论是货郎担问题，还是背包问题，都有这样一个共同的特点，即所求解的问题都有 n 个输入，都能用一个 n 元组 $X=(x_1,x_2,\cdots,x_n)$ 来表示问题的解。其中，x_i 的取值范围为某个有穷集 S。例如，在 0/1 背包问题中，$S=\{0,1\}$；而在货郎担问题中，$S=\{1,2,\cdots,n\}$。一般，把 $\boldsymbol{X}=(x_1,x_2,\cdots,x_n)$ 称为问题的解向量；而把 x_i 的所有可能取值范围的组合，称为问题的解空间。例如，当 $n=3$ 时，0/1 背包问题的解空间是：

$$\{(0,0,0),(0,0,1),(0,1,0),(0,1,1),(1,0,0),(1,0,1),(1,1,0),(1,1,1)\}$$

它有 8 种可能的解。当输入规模为 n 时，它有 2^n 种可能的解。而在当 $n=3$ 时的货郎担问题中，x_i 的取值范围 $S=\{1,2,3\}$。于是，在这种情况下，货郎担问题的解空间是：

$$\{(1,1,1),(1,1,2),(1,1,3),(1,2,1),(1,2,2),(1,2,3),\cdots,(3,3,1),(3,3,2),(3,3,3)\}$$

它有 27 种可能的解。当输入规模为 n 时，它有 n^n 种可能的解。考虑到货郎担问题的解向量 $\boldsymbol{X}=(x_1,x_2,\cdots,x_n)$ 中，必须满足约束方程 $x_i \neq x_j$，因此可以把货郎担问题的解空间压缩为：

$$\{(1,2,3),(1,3,2),(2,1,3),(2,3,1),(3,1,2),(3,2,1)\}$$

它有 6 种可能的解。当输入规模为 n 时，它有 $n!$ 种可能的解。

可以用树的表示形式，把问题的解空间表达出来。在这种情况下，当 $n=4$ 时，货郎担问题解空间的树表示形式如图 7.1 所示。树中从第 0 层结点到第 1 层结点路径上所标记的数字，表示变量 x_1 可能的取值；类似地，从第 i 层结点到第 $i+1$ 层结点路径上所标记的数字，表示变量 x_{i+1} 可能的取值。从图中看到，x_1 可能的取值范围为 1, 2, 3, 4。当 x_1 取值为 1 时，x_2 可能的取值范围为 2, 3, 4。而当 x_1 取 1，x_2 取 2 时，x_3 的取值范围为 3, 4。当 x_1 取 1，x_2 取 2，x_3 取 3 时，x_4 只能取 4。由此，图 7.1 表示了在各种情况下变量可能的取值状态。由根结点到叶子结点路径上的标号，构成了问题一个可能的解。有时，把这种树称为状态空间树。0/1 背包问题的状态空间树如图 7.2 所示。

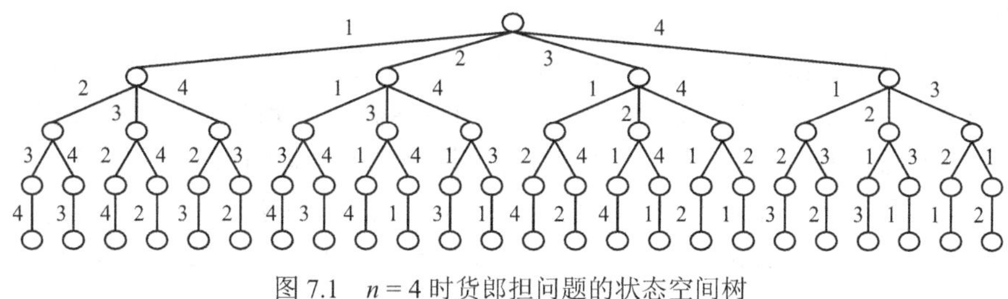

图 7.1　$n=4$ 时货郎担问题的状态空间树

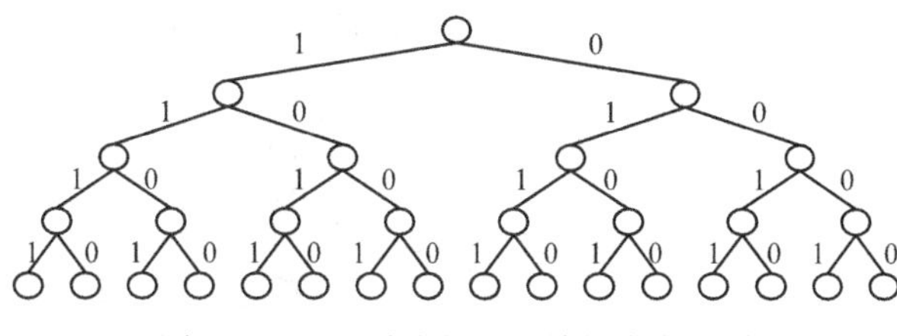

图 7.2　$n=4$ 时背包问题的状态空间树

7.1.2　状态空间树的动态搜索

问题的解只是整个解空间中的一个子集，子集中的解必须满足事先给定的某些约束条件，把满足约束条件的解称为问题的可行解。可行解可能不止一个，因此对需要寻找最优解的问题，还需事先给出一个目标函数，使目标函数取极值（极大或极小）的可行解称为最优解。有些问题需要寻找最优解。例如在货郎担问题中，如果其状态空间树未经压缩就有 n^n 种可能解，把不满足约束条件的解删去之后，剩下 $n!$ 种可能解，这些解都是可行的，但是，其中只有一个或几个解是最优解。在背包问题中，有 2^n 种可能解，其中有些是可行解，有些不是可行解，在可行解中，也只有一个或几个是最优解。有些问题不需要寻找最优解，例如后面将要提到的八皇后问题和图的着色问题，只要找出满足约束条件的可行解即可。

穷举法是对整个状态空间树中的所有可能解进行穷举搜索的一种方法。但是，只有满足约束条件的解才是可行解；只有满足目标函数的解才是最优解。这就有可能使需要搜索的空间大为压缩。于是，可以从根结点出发，沿着它的儿子结点向下搜索。如果它和儿子结点的边所标记的分量 x_i 满足约束条件和目标函数的界，就把分量 x_i 加入到它的部分解中，并继续向下搜索以儿子结点作为根结点的子树；如果它和儿子结点的边所标记的分量 x_i 不满足约束条件或目标函数的界，就结束对以儿子结点作为根结点的整棵子树的搜索，选择另一个儿子结点作为根的子树进行搜索。

一般地，如果搜索到一个结点，而这个结点不是叶子结点，并且满足约束条件和目标函数的界，同时，这个结点的所有儿子结点还未全部搜索完毕，就把这个结点称为l_结点（活结点）；把当前正在搜索其儿子结点的结点，称为e_结点（扩展结点），则e_结点也必然是一个l_结点；把不满足约束条件或目标函数的结点，或其儿子结点已全部搜索完毕的结点，或者叶子结点，统称为d_结点（死结点）。以d_结点作为根的子树，可以在搜索过程中删除。

当搜索到一个l_结点时，就把这个l_结点变为e_结点，继续向下搜索这个结点的儿子结点。当搜索到一个d_结点，而还未得到问题的最终解时，就向上回溯到它的父亲结点。如果这个父亲结点当前还是e_结点，就继续搜索这个父亲结点的另一个儿子结点；如果这个父亲结点随着所有儿子结点都已搜索完毕而变成d_结点，就沿着这个父亲结点向上，回溯到它的祖父结点。这个过程持续进行，直到找到满足问题的最终解，或者状态空间树的根结点变为d_结点为止。

例 7.1 有 4 个顶点的货郎担问题，其费用矩阵如图 7.3 所示，求从顶点 1 出发，最后回到顶点 1 的最短路线。

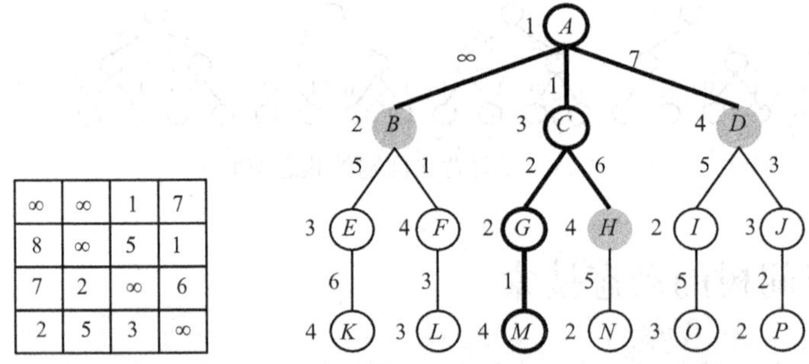

∞	∞	1	7
8	∞	5	1
7	2	∞	6
2	5	3	∞

图 7.3 4 个顶点的货郎担问题的费用矩阵及搜索树

这个问题的状态空间树如图 7.3 所示。用回溯法求解这个问题时，搜索过程中所经过的路径和顶点，生成所谓的搜索树。在图中，所生成的搜索树用粗线表示。为方便观察，状态空间树的结点用大写字母表示；城市顶点的编号标记在树结点旁边；顶点之间的距离，标记在结点与结点之间的路径旁边。图中，所有不满足约束方程 $x_i \neq x_j$ 的可能解已从状态空间树中删去。搜索过程如下：

（1）把目标函数的下界b初始化为∞。

（2）从结点A开始搜索，结点A是l_结点，因此，它变为e_结点，向下搜索它的第 1 个儿子结点B，即顶点 2。

（3）由于顶点 1 到顶点 2 之间的距离为∞，大于或等于目标函数的下界b，因此结点B是d_结点，故由结点B回溯到结点A。

（4）这时，结点A仍然是e_结点，向下搜索它的第 2 个儿子结点C，即顶点 3；顶点 1 与顶点 3 之间的距离为 1，小于下界b，因此结点C是一个l_结点。同时，它有两个儿子结点，因此，它成为一个e_结点。

（5）由结点 C 向下搜索它的第 1 个儿子结点 G，即顶点 2，得到一条从顶点 1 经顶点 3 到顶点 2 的路径，其长度为 3。该长度小于目标函数的下界 b，于是结点 G 是一个 l _结点。又因为结点 G 有儿子结点，所以它立即成为 e _结点。

（6）由结点 G 向下搜索它的儿子结点 M，即顶点 4，得到一条由顶点 1 经顶点 3、2、4 又回到顶点 1、长度为 6 的回路，它是问题的一个可行解。同时，6 成为目标函数的新下界。

（7）因为结点 M 是叶子结点，因此是 d _结点，所以从结点 M 回溯到结点 G。

（8）这时，结点 G 的所有儿子结点都已搜索完毕，它也成为 d _结点，又由结点 G 向上回溯到结点 C。

（9）结点 C 仍然是 e _结点，由结点 C 向下搜索它的第 2 个儿子结点 H，即顶点 4，得到一条由顶点 1 经顶点 3 到顶点 4、长度为 7 的路径。

（10）这条路径的长度大于目标函数的新下界 6，因此结点 H 是 d _结点，于是又由结点 H 向上回溯到结点 C。

（11）这时，结点 C 的儿子结点都已搜索完毕，因此它也成为 d _结点，并向上回溯到结点 A。

（12）结点 A 仍然是 e _结点，由结点 A 向下搜索它的第 3 个儿子结点 D，即顶点 4。

（13）由顶点 1 到顶点 4 的路径长度为 7，大于目标函数的下界 6，于是结点 D 是一个 d _结点。

（14）这时，结点 A 的儿子结点已全部搜索完毕，成为 d _结点。于是，结束搜索，并得到一条长度为 6 的最短的回路 1、3、2、4、1，它就是问题的最优解。

7.1.3　回溯法的一般性描述

在一般情况下，问题的解向量 $\boldsymbol{X}=(x_0,x_1,\cdots,x_{n-1})$ 中，每一个分量 x_i 的取值范围为某个有穷集 S_i，$S_i=\{a_{i,0},a_{i,1},\cdots,a_{i,m_i}\}$。因此，问题的解空间由笛卡儿积 $A=S_0\times S_1\times\cdots\times S_{n-1}$ 构成。这时，可以把状态空间树看成是一棵高度为 n 的树，第 0 层有 $|S_0|=m_0$ 个分支，因此在第 1 层有 m_0 个分支结点，它们构成 m_0 棵子树，每一棵子树都有 $|S_1|=m_1$ 个分支，因此在第 2 层共有 $m_0\times m_1$ 个分支结点，构成 $m_0\times m_1$ 棵子树……最后，在第 n 层，共有 $m_0\times m_1\times\cdots\times m_{n-1}$ 个结点，它们都是叶子结点。

回溯法在初始化时，令解向量 $\boldsymbol{X}$ 为空。然后，从根结点出发，在第 0 层选择 S_0 的第 1 个元素作为解向量 $\boldsymbol{X}$ 的第 1 个元素，即置 $x_0=a_{0,0}$，这是根结点的第 1 个儿子结点。如果 $\boldsymbol{X}=(x_0)$ 是问题的部分解，则该结点是 l _结点。因为它有下层的儿子结点，所以它也是 e _结点。于是，搜索以该结点为根结点的子树。首次搜索这棵子树时，选择 S_1 的第 1 个元素作为解向量 $\boldsymbol{X}$ 的第 2 个元素，即置 $x_1=a_{1,0}$，这是这棵子树的第 1 个分支结点。如果 $\boldsymbol{X}=(x_0,x_1)$ 是问题的部分解，则这个结点也是 l _结点，并且也是 e _结点，就继续选择 S_2 的第 1 个元素作为解向量 $\boldsymbol{X}$ 的第 3 个元素，即置 $x_2=a_{2,0}$。但是，如果 $\boldsymbol{X}=(x_0,x_1)$ 不是问题的部分解，则该结点是一个 d _结点，于是舍弃以该 d _结点作为根结点的子树的搜索，取 S_1 的下一个

元素作为解向量 $\boldsymbol{X}$ 的第 2 个元素，即置 $x_1 = a_{1,1}$，这是第 1 层子树的第 2 个分支结点……依此类推。在一般情况下，如果已经检测到 $\boldsymbol{X}=(x_0,x_1,\cdots,x_i)$ 是问题的部分解，在把 $x_{i+1}=a_{i+1,0}$ 扩展到 $\boldsymbol{X}$ 去时，有下面几种情况：

（1）如果 $\boldsymbol{X}=(x_0,x_1,\cdots,x_{i+1})$ 是问题的最终解，就把它作为问题的一个可行解存放起来。如果问题只希望有一个解，而不必求取最优解，就结束搜索；否则，继续搜索其他的可行解。

（2）如果 $\boldsymbol{X}=(x_0,x_1,\cdots,x_{i+1})$ 是问题的部分解，就令 $x_{i+2}=a_{i+2,0}$，搜索其下层子树，继续扩展解向量 $\boldsymbol{X}$。

（3）如果 $\boldsymbol{X}=(x_0,x_1,\cdots,x_{i+1})$ 既不是问题的最终解，也不是问题的部分解，则有下面两种情况：

① 如果 $x_{i+1}=a_{i+1,k}$ 不是 S_{i+1} 的最后一个元素，就令 $x_{i+1}=a_{i+1,k+1}$，继续搜索其兄弟子树。

② 如果 $x_{i+1}=a_{i+1,k}$ 是 S_{i+1} 的最后一个元素，就回溯到 $\boldsymbol{X}=(x_0,x_1,\cdots,x_i)$ 的情况。如果此时的 $x_i=a_{i,k}$ 不是 S_i 的最后一个元素，就令 $x_i=a_{i,k+1}$，搜索这一层的兄弟子树；如果此时的 $x_i=a_{i,k}$ 是 S_i 的最后一个元素，就继续回溯到 $\boldsymbol{X}=(x_0,x_1,\cdots,x_{i-1})$ 的情况。

根据上面的叙述，如果用 $m[i]$ 表示集合 S_i 的元素个数，则 $|S_i|=m[i]$；用变量 $x[i]$ 表示解向量 $\boldsymbol{X}$ 的第 i 个分量；用变量 $k[i]$ 表示当前算法对集合 S_i 中的元素的取值位置。这样，就可以给回溯法作如下的一般性描述：

```
void backtrack_item()
{
    initial(x);                                  /* 解向量初始化 */
    i = 0;   k[i] = 0;   flag = FALSE;
    while (i>=0) {
        while (k[i]<m[i]) {
            x[i] = a(i,k[i]);                    /*取 Si 的第 k[i] 个值赋予分量 x[i] */
            if (constrain(x)&&bound(x)) {  /* 判断是否满足约束条件及目标函数的界 */
                if (solution(x)) {               /* 判断是否为问题的最终解*/
                    flag = TRUE;    break;
                }
                else {
                    i = i + 1;   k[i] = 0;  /* 扩展解向量向下搜索下一个分量*/
                }
            }
            else k[i] = k[i] + 1;                /* 继续搜索兄弟子树*/
        }
        if (flag) break;
        i = i - 1;                               /* 回溯*/
    }
    if (!flag)
```

```
22.         initial(x);
23. }
```

其中，第 3 行的函数 initial(x)把解向量初始化为空。第 4 行置变量 i 为 0，使算法从解向量的第一个分量开始处理，搜索第 0 层子树；置变量 $k[0]$ 为 0，复位集合 S_0 的取值位置。然后进入一个 while 循环进行搜索。在第 5 行，只要 $i \geqslant 0$，这种搜索就一直进行。从第 6 行开始，处理第 i 层的同一父亲的兄弟子树的搜索。初始时 $k[i]$ 为 0，即从第 i 层相应父亲结点的第一棵子树开始搜索。在第 7 行，函数 $a(i,k[i])$取 S_i 的第 $k[i]$ 个值，把该值赋给解向量的分量 $x[i]$。第 8 行的函数 constrain(x)判断解向量是否满足约束条件，如果满足，返回值为真；函数 bound(x)判断解向量是否满足目标函数的界，如果满足，返回值为真。在这两个条件都为真的情况下，当前的解向量是问题的一个部分解。第 9 行的函数 solution(x)判断解向量是否为问题的最终解。如果是，在第 10 行把标志变量 *flag* 置为真，退出循环。如果不是最终解，在第 13 行令变量 i 加 1，向下搜索它的儿子子树；置变量 $k[i]$ 为 0，复位集合 S_i 的取值位置（此时的 i，已是加 1 后的 i 了），把控制返回到内循环的顶部，从它的第一棵儿子子树取值。如果既不是部分解，也不是最终解，这时，在第 16 行简单地使变量 $k[i]$ 加 1，取 S_i 的下一个值，也即舍弃它的所有子树，搜索其同一父亲的另一个兄弟子树，而把控制返回到这个循环体的顶部继续执行。在第 18 行，当前层的同一父亲的兄弟子树已全部搜索完毕，如果既找不到部分解，也找不到最终解，这时在第 19 行，使变量 i 减 1，回溯到上一层子树，继续搜索上一层子树的兄弟子树。在下面两种情况下退出外循环：找到问题的最终解，或者第 0 层的子树已全部搜索完毕，都找不到问题的部分解。如果是前者，返回最终解；如果是后者，用 initial(x)把解向量置为空，返回空向量，说明问题没有解。

综上所述，在使用回溯法解题时，一般包含下面 3 个步骤：

（1）对所给定的问题，定义问题的解空间。

（2）确定状态空间树的结构。

（3）用深度优先搜索方法搜索解空间，用约束方程和目标函数的界对状态空间树进行修剪，生成搜索树，得到问题的解。

7.2　*n* 皇后问题

八皇后问题是一个古典的问题，它要求在 8×8 格的国际象棋的棋盘上放置 8 个皇后，使其不在同一行、同一列或斜率为±1 的同一斜线上，这样，这些皇后便不会互相攻杀。八皇后问题可以一般化为 n 皇后问题，即在 $n \times n$ 格的棋盘上放置 n 个皇后，使其不会互相攻杀的问题。

7.2.1　*n* 皇后问题的求解过程

为简单起见，考虑在 4×4 格的棋盘上放置 4 个皇后的问题，把这个问题称为四皇后问题。因为每一行只能放置一个皇后，每一个皇后在每一行上有 4 个位置可供选择，因此在 4×4 格的棋盘上放置 4 个皇后，有 4^4 种可能的布局。令向量 $\boldsymbol{x}=(x_1,x_2,x_3,x_4)$ 表示皇后的布局。其中，分量 x_i 表示第 i 行皇后的列位置。例如，向量(2,4,3,1)对应图 7.4（a）所示的皇后布局，而向量(1,4,2,3)对应图 7.4（b）所示的皇后布局。显然，这两种布局都不满足问题的要求。

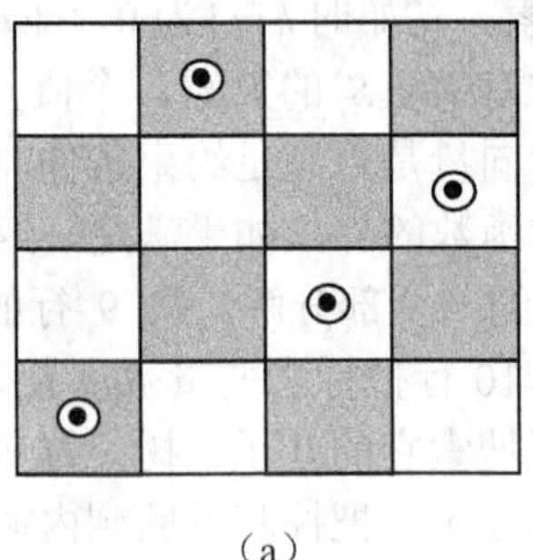
（a）

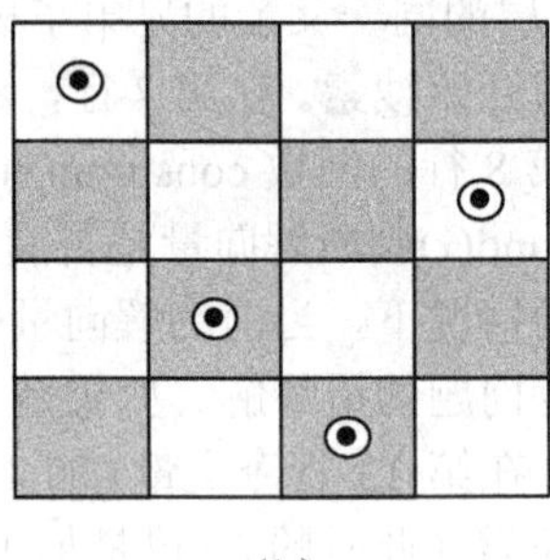
（b）

图 7.4　四皇后问题的两种无效布局

四皇后问题的解空间可以用一棵完全四叉树来表示，每一个结点都有 4 个可能的分支。因为每一个皇后不能放在同一列，因此可以把 4^4 种可能的解空间压缩成如图 7.5 所示的解空间，它有 $4!$ 种可能的解。其中，第 1、2、3、4 层结点到上一层结点的路径上所标记的数字，对应第 1、2、3、4 行皇后可能的列位置。因此，每一个 x_i 的取值范围 $S_i=\{1,2,3,4\}$。

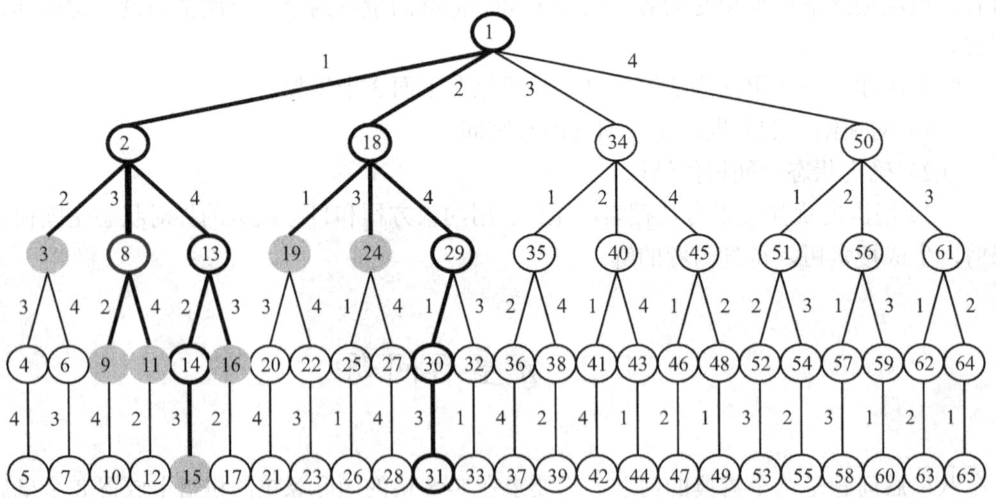

图 7.5　四皇后问题的状态空间树及搜索树

按照问题的题意，对四皇后问题可以列出下面的约束方程：

$$x_i \neq x_j \qquad 1 \leqslant i \leqslant 4, 1 \leqslant j \leqslant 4,\ i \neq j \tag{7.2.1}$$

$$|x_i - x_j| \neq |i-j| \qquad 1 \leqslant i \leqslant 4, 1 \leqslant j \leqslant 4,\ i \neq j \tag{7.2.2}$$

式（7.2.1）保证第 i 行的皇后和第 j 行的皇后不会在同一列；式（7.2.2）保证两个皇后的行号之差的绝对值不会等于列号之差的绝对值，因此它们不会在斜率为±1 的同一斜线上。这

两个关系式还保证 i 和 j 的取值范围应该为 1~4。

在图 7.5 中，不满足式（7.2.1）的结点及其子树已被剪去。用回溯法求解时，解向量初始化为(0,0,0,0)。从根结点 1 开始搜索它的第一棵子树，首先生成结点 2，并令 $x_1=1$，得到解向量(1,0,0,0)，它是问题的部分解。于是，把结点 2 作为 e_结点，向下搜索结点 2 的子树，生成结点 3，并令 $x_2=2$，得到解向量(1,2,0,0)。因为 x_1 及 x_2 不满足约束方程，所以(1,2,0,0)不是问题的部分解。于是，向上回溯到结点 2，生成结点 8，并令 $x_2=3$，得到解向量(1,3,0,0)，它是问题的部分解。于是，把结点 8 作为 e_结点，向下搜索结点 8 的子树，生成结点 9，并令 $x_3=2$，得到解向量(1,3,2,0)。因为 x_2 及 x_3 不满足约束方程，所以(1,3,2,0)不是问题的部分解。向上回溯到结点 8，生成结点 11，并令 $x_3=4$，得到解向量(1,3,4,0)。同样，(1,3,4,0)不是问题的部分解，向上回溯到结点 8。这时，结点 8 的所有子树都已搜索完毕，所以继续回溯到结点 2，生成结点 13，并令 $x_2=4$，得到解向量(1,4,0,0)。继续这种搜索过程，最后得到解向量(2,4,1,3)，它就是四皇后问题的一个可行解。在图 7.5 中，搜索过程动态生成的搜索树用粗线画出。对应于图 7.5 所示的搜索过程所产生的皇后布局，如图 7.6 所示。

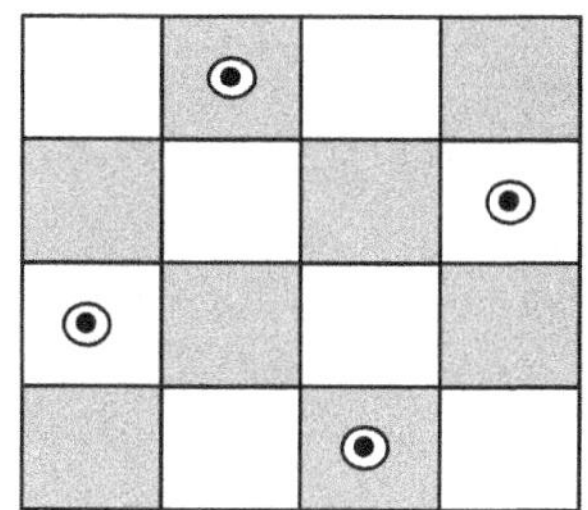

图 7.6　四皇后问题的一个有效布局

可以容易地把四皇后问题推广为 n 皇后问题。如果用数组 $x[n]$ 来存放 n 后问题的解向量，则 n 皇后问题的求解步骤可叙述如下：

（1）令皇后的行号 $k=1$，第 1 行的皇后列号 $x[1]=0$。

（2）若 $k>0$，则皇后列号 $x[k]$加 1，转步骤（3），否则，问题无解，算法结束。

（3）若 $x[k]>n$，或列号满足约束条件，则转步骤（4），否则列号 $x[k]$加 1，继续执行步骤（3）。

（4）若 $x[k]>n$，则执行回溯，即 $x[k]$复位为 0，$k=k-1$，转步骤（2），否则转步骤（5）。

（5）若 $k=n$，算法结束，否则，处理下一行皇后，即 $k=k+1$，$x[k]$复位为 0，转步骤（2）。

7.2.2　*n* 皇后问题算法的实现

实现 n 皇后问题时，用一棵完全 n 叉树来表示问题的解空间，用关系式（7.2.1）和式（7.2.2）来判断皇后所处位置的正确性，即判断当前所得到的解向量是否满足问题的解，以此来实现对树的动态搜索，而这是由函数 place 来完成的。函数 place 的描述如下：

```
BOOL place(int x[],int k)
```

```
{
    int i;
    for (i=1;i<k;i++)
       if ((x[i]==x[k])||(abs(x[i]-x[k])==abs(i-k)))
          return FALSE;
    return TRUE;
}
```

place 函数假定第$1\sim k-1$行皇后的列位置都已确定，且满足关系式(7.2.1)和式(7.2.2)，在此基础上判断第k行皇后当前的列位置$x[k]$是否满足关系式（7.2.1）和式（7.2.2）。这个函数以数组$x[]$和皇后的行号k作为形式参数，这样，它必须和第$1\sim k-1$行的所有皇后的列位置进行比较。由一个循环来完成这项工作。函数返回一个布尔量，若第k行皇后当前的列位置满足问题的要求，返回真，否则返回假。

n 皇后问题算法的描述如下：

算法 7.1　n 皇后问题

输入：皇后个数 n

输出：n 皇后问题的解向量 x[]

```
 1. void n_queens(int n,int x[])
 2. {
 3.     int k = 1;
 4.     x[1] = 0;
 5.     while (k>0) {
 6.        x[k] = x[k] + 1;                   /* 在当前列加 1 的位置开始搜索 */
 7.        while ((x[k]<=n)&&(!place(x,k)))   /* 当前列位置是否满足条件 */
 8.           x[k] = x[k] + 1;                /* 不满足条件,继续搜索下一列位置 */
 9.        if (x[k]<=n) {                     /* 存在满足条件的列 */
10.           if (k==n) break;                /* 是最后一个皇后,完成搜索 */
11.           else {
12.              k = k + 1;   x[k] = 0;       /* 不是,则处理下一个行皇后 */
13.           }
14.        }
15.        else {                             /* 已判断完 n 列,均没有满足条件 */
16.           x[k] = 0;   k = k - 1;          /* 第 k 行复位为 0,回溯到前一行 */
17.        }
18.     }
19. }
```

算法中，用变量k表示所处理的是第k行的皇后，则$x[k]$表示第k行皇后的列位置。第 3 行和第 4 行设置搜索的初始状态：k赋予 1，变量$x[1]$赋予 0。第 5~18 行的 while 循环执行皇后的搜索过程。第 6 行使第k行皇后的当前列位置加 1，因此，开始时，从第 1 行皇后的第 1 列位置开始搜索。第 7、8 行的内部 while 循环对当前行的皇后，寻找一个能满足条件的列。第 7 行判断皇后的列位置是否满足条件，若不满足条件，则第 8 行把列位置加

1，继续执行这个判断。当找到一个满足条件的列，或是已经判断完第 n 列都找不到满足条件的列时，都退出这个内部循环。如果存在一个满足条件的列，则该列必定小于或等于 n，第 9 行判断这种情况。在此情况下，第 10 行进一步判断 n 行皇后是否全部搜索完成，若是，则退出外部的 while 循环，结束搜索；否则，使变量 k 加 1，搜索下一行皇后的列位置。如果不存在一个满足条件的列，则在第 16 行把变量 $x[k]$ 复位为 0，使第 k 行皇后处于初始搜索状态；使变量 k 减 1，回溯到前一行皇后，把控制返回到外部 while 循环的顶部，从前一行皇后的当前列加 1 的位置上继续搜索。

这个算法由一个二重循环组成：第 5 行开始的外部 while 循环和第 7 行开始的内部 while 循环。因此，算法的运行时间与内部 while 循环的循环体的执行次数有关。每访问一个结点，该循环体就执行一次。因此，在某种意义下，算法的运行时间取决于它所访问过的结点个数 c。同时，每访问一个结点，就调用一次 place 函数计算约束方程。place 函数由一个循环组成，每执行一次循环体，就计算一次约束方程。循环体的执行次数与搜索深度有关，最少一次，最多 $n-1$ 次。因此，计算约束方程的总次数为 $O(cn)$。结点个数 c 是动态生成的，对某些问题的不同实例，具有不确定性。但在一般情况下，它可由一个 n 的多项式确定。

用这个算法处理四皇后问题的搜索过程如图 7.7 所示。在一个四叉完全树中，结点总数有 1+4+16+64+256＝341 个。用回溯算法处理这个问题，只访问了其中的 27 个结点，即得到问题的解。被访问的结点数与结点总数之比约为 8%。实际模拟表明：当 $n=8$ 时，被访问的结点数与状态空间树中的结点总数之比约为 1.5%。尽管理论上回溯法在最坏情况下的花费是 $O(n^n)$，但实际上，它可以很快地得到问题的解。

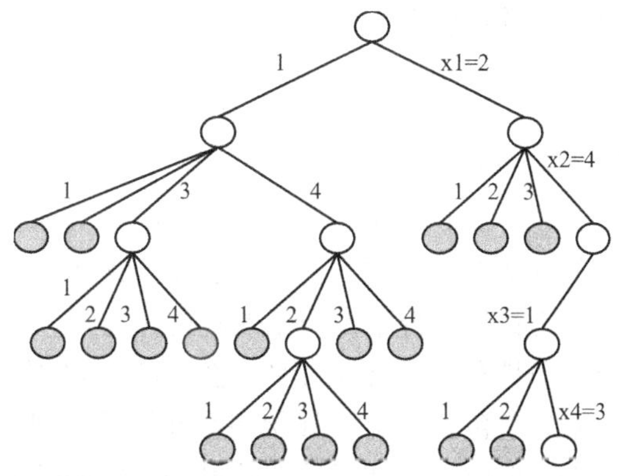

图 7.7　用 4_queens 算法解四皇后问题时的搜索树

显然，该算法需要使用一个具有 n 个分量的向量来存放解向量，所以，算法所需要的工作空间为 $\Theta(n)$。

7.3　图的着色问题

给定无向图 $G=(V,E)$，用 m 种颜色为图中每个顶点着色，要求每个顶点着一种颜色，并使相邻两个顶点之间具有不同的颜色，这个问题就称为图的着色问题。

图的着色问题是由地图的着色问题引申而来的：用 m 种颜色为地图着色，使得地图上的每一个区域着一种颜色，且相邻区域的颜色不同。如果把每一个区域收缩为一个顶点，把相邻两个区域用一条边相连接，就可以把一个区域图抽象为一个平面图。例如，如图7.8（a）所示的区域图可抽象为如图7.8（b）所示的平面图。19世纪50年代，英国学者提出了任何地图都可用4种颜色来着色的四色猜想问题。过了100多年，这个问题才由美国学者在计算机上予以证明，这就是著名的四色定理。例如，在图7.8中，区域用大写字母表示，颜色用数字表示，则图中表示了不同区域的不同着色情况。

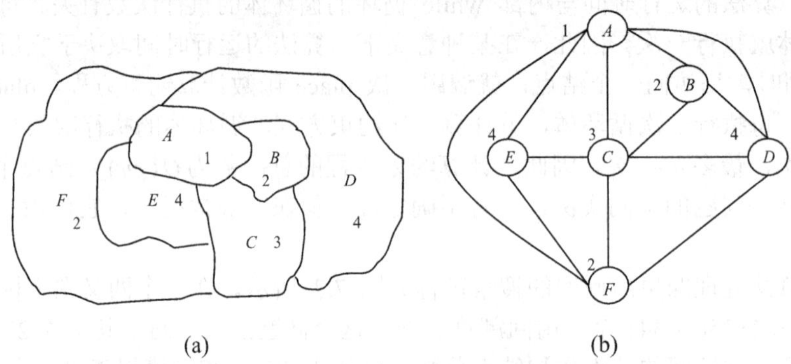

图7.8　把区域图抽象为平面图的例子

7.3.1　图着色问题的求解过程

用 m 种颜色来为无向图 $G=(V,E)$ 着色，其中 V 的顶点个数为 n。为此，用一个 n 元组 $(c_0,c_1,\cdots,c_{n-1})$ 来描述图的一种着色。其中，$c_i\in\{1,2,\cdots,m\}$，$0\leqslant i\leqslant n-1$，表示赋予顶点 i 的颜色。例如，5元组(1,3,2,3,1)表示对具有5个顶点的图的一种着色，顶点0被赋予颜色1，顶点1被赋予颜色3，如此等等。如果在这种着色中，所有相邻的顶点都不会具有相同的颜色，就称这种着色是有效着色，否则称为无效着色。

为了用 m 种颜色来给一个具有 n 个顶点的图着色，就有 m^n 种可能的着色组合。其中，有些是有效着色，有些是无效着色。因此，其状态空间树是一棵高度为 n 的完全 m 叉树。在这里，树的高度是指从树的根结点到叶子结点的最长通路的长度。每一个分支结点，都有 m 个儿子结点。最底层有 m^n 个叶子结点。例如，图7.9表示用3种颜色为3个顶点的图着色的状态空间树。

用回溯法求解图的 m 着色问题时，用数组 x 来存放 n 元组 $(c_0,c_1,\cdots,c_{n-1})$ 的值，则 $x[i]$ 用来存放顶点 i 的着色。按照题意可列出如下约束方程：

$$x[i]\neq x[j] \quad \text{若顶点 } i \text{ 与顶点 } j \text{ 相邻接} \tag{7.3.1}$$

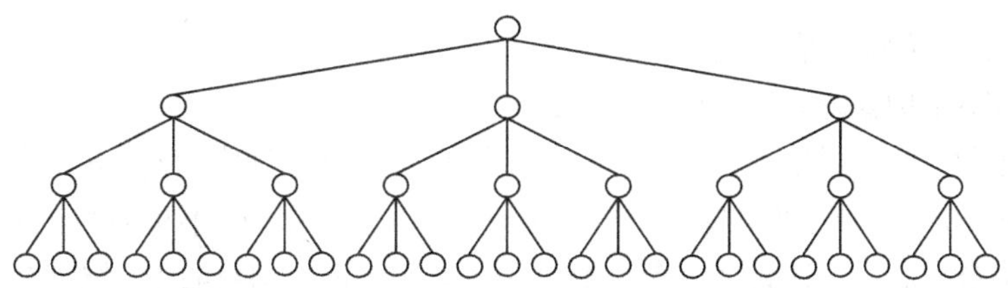

图 7.9　用 3 种颜色为具有 3 个顶点的图着色的状态空间树

首先，把所有顶点的颜色初始化为 0。然后，一个顶点一个顶点地为每个顶点赋予颜色。如果其中 i 个顶点已经着色，并且相邻两个顶点的颜色都不一样，就称当前的着色是有效的局部着色；否则，就称为无效的着色。如果由根结点到当前结点路径上的着色，对应于一个有效的着色，并且路径的长度小于 n，那么相应的着色是有效的局部着色。这时，就从当前结点出发，继续搜索它的儿子结点，并把儿子结点标记为当前结点。另外，如果在相应路径上搜索不到有效的着色，就把当前结点标记为 d _结点，并把控制转移去搜索对应于另一种颜色的兄弟结点。如果对所有 m 个兄弟结点，都搜索不到一种有效的着色，就回溯到其父亲结点，并把父亲结点标记为 d _结点，转移去搜索父亲结点的兄弟结点。这种搜索过程一直进行，直到根结点变为 d _结点，或搜索路径的长度等于 n，并找到了一个有效的着色。前者表示该图是 m 不可着色的，后者表示该图是 m 可着色的。

例 7.2　三着色图 7.10（a）所表示的无向图。

图 7.10（b）表示用 3 种颜色着色图 7.10（a）所示的无向图时所生成的搜索树。首先，把 5 元组初始化为(0,0,0,0,0)。然后，从根结点开始向下搜索，以颜色 1 为顶点 A 着色，生成结点 2 时，产生(1,0,0,0,0)，是一个有效的局部着色。继续向下搜索，以颜色 1 为顶点 B 着色，生成结点 3 时，产生的(1,1,0,0,0)是个无效着色，结点 3 成为 d _结点；所以，继续以颜色 2 为顶点 B 着色，生成结点 4 时产生(1,2,0,0,0)，是个有效着色。继续向下搜索，以颜色 1 及 2 为顶点 C 着色时，都是无效着色，因此结点 5 和 6 都是 d _结点。最后以颜色 3 为顶点 C 着色时，产生(1,2,3,0,0)，是个有效着色。重复上述步骤，最后得到了有效着色(1,2,3,3,1)。

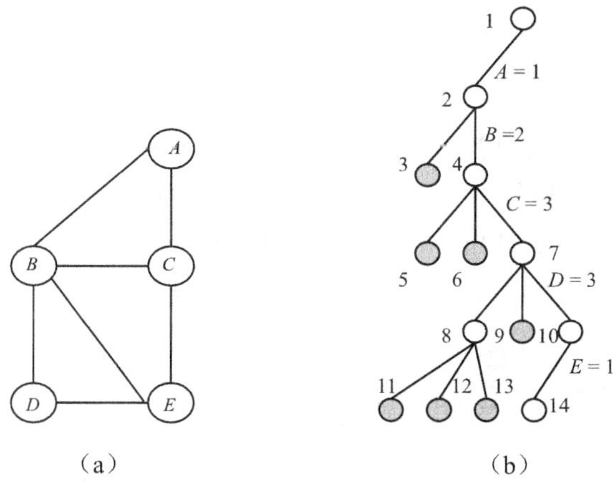

图 7.10　回溯法解图三着色的例子

三着色图 7.10（a）所示无向图的状态空间树，其结点总数为：1+3+9+27+81+243=364，而在搜索过程中所访问的结点数只有 14 个。

可以用下面的步骤来实现颜色值为 1,2,⋯,m 的图的 m 着色问题：

（1）初始化：对所有的 i，$0 \leqslant i \leqslant n-1$，置顶点 i 的颜色值 $x[i]=0$，令顶点号 $k=0$。

（2）若 $k \geqslant 0$，则颜色值 $x[k]$加 1，转步骤（3），否则，m 不可着色，算法结束。

（3）若 $x[k]>m$，或是有效着色，转步骤（4），否则 $x[k]$加 1，继续执行步骤（3）。

（4）若 $x[k]>m$，则 $x[k]$复位为 0，$k=k-1$，转步骤（2），否则转步骤（5）。

（5）若 $k=n-1$，m 可着色，算法结束，否则，$k=k+1$，转步骤（2）。

7.3.2 图的 m 着色问题算法的实现

假定图的 n 个顶点集合为$\{0,1,2,\cdots,n-1\}$，颜色集合为$\{1,2,\cdots,m\}$；用数组 $x[n]$ 来存放 n 个顶点的着色，用邻接矩阵 $c[n][n]$ 来表示顶点之间的邻接关系，若顶点 i 和顶点 j 之间存在关联边，则元素 $c[i][j]$ 为真，否则为假。所使用的数据结构为：

```
int     n;              /* 顶点个数 */
int     m;              /* 最大颜色数 */
int     x[n];           /* 顶点的着色 */
BOOL    c[n][n];        /* 布尔值表示的图的邻接矩阵 */
```

此外，用函数 ok 来判断当前顶点的着色是否为有效的着色，如果是有效着色，就返回真，否则返回假。ok 函数的处理如下：

```
BOOL ok(int x[],int k,BOOL c[][],int n)
{
    int i;
    for (i=0;i<k;i++) {
        if (c[k][i]&&(x[k]==x[i]))
            return FALSE;
    return TRUE;
}
```

ok 函数假定 $0 \sim k-1$ 顶点的着色是有效着色，在此基础上判断 $0 \sim k$ 顶点的着色是否有效。如果顶点 k 与顶点 i 是相邻接的顶点，$0 \leqslant i \leqslant k-1$，而顶点 k 的颜色与顶点 i 的颜色相同，就是无效着色，即返回 FALSE，否则返回 TRUE。

有了 ok 函数之后，图的 m 着色问题的算法可叙述如下：

算法 7.2 用 m 种颜色为图着色

输入：无向图的顶点个数 n，颜色数 m，图的邻接矩阵 c[][]

输出：n 个顶点的着色 x[]

```
BOOL m_coloring(int n,int m,int x[],BOOL c[][])
{
    int i,k;
```

```
4.      for (i=0;i<n;i++)
5.          x[i] = 0;                              /* 解向量初始化为 0 */
6.      k = 0;
7.      while (k>=0) {
8.          x[k] = x[k] + 1;                       /* 使当前的颜色数加 1 */
9.          while ((x[k]<=m)&&(!ok(x,k,c,n)))      /* 当前着色是否有效 */
10.             x[k] = x[k] + 1;                   /* 无效,继续搜索下一种颜色 */
11.         if (x[k]<=m) {                         /* 搜索成功 */
12.             if (k==n-1) break;                 /* 是最后的顶点,完成搜索 */
13.             else k = k + 1;                    /* 不是,处理下一个顶点 */
14.         }
15.         else {                                 /* 搜索失败,回溯到前一个顶点*/
16.             x[k] = 0;   k = k - 1;
17.         }
18.     }
19.     if (k==n-1) return TRUE;
20.     else return FALSE;
21. }
```

算法中，用变量 k 来表示顶点的号码。开始时，所有顶点的颜色数都初始化为 0。第 6 行把 k 赋予 0，从编号为 0 的顶点开始进行着色。第 7 行开始的外部 while 循环执行图的着色工作。第 8 行使第 k 个顶点的颜色数加 1。第 9 行的内部 while 循环判断当前的颜色是否有效；如果无效，第 10 行使 $x[k]$ 加 1，继续搜索下一种颜色。如果搜索到一种有效的颜色，或已经搜索完 m 种颜色，就退出这个内部循环。如果存在一种有效的颜色，则该颜色数必定小于或等于 m，第 11 行判断这种情况。在此情况下，第 12 行进一步判断 n 个顶点是否全部着色，若是，则退出外部的 while 循环，结束搜索；否则，使变量 k 加 1，为下一个顶点着色。如果已经搜索完 m 种颜色，都不存在有效的着色，在第 16 行使第 k 个顶点的颜色数复位为 0，使变量 k 减 1，回溯到前一个顶点，把控制返回到外部 while 循环的顶部，从前一个顶点的当前颜色数加 1 继续进行搜索。

这个算法的第 4、5 行的初始化花费 $\Theta(n)$ 时间。主要工作由一个二重循环组成，即第 7 行开始的外部 while 循环和第 9 行开始的内部 while 循环。因此，算法的运行时间与内部 while 循环的循环体的执行次数有关。每访问一个结点，该循环体就执行一次。状态空间树中的结点总数为：

$$\sum_{i=0}^{n} m^{i} = (m^{n+1}-1)/(m-1) = O(m^{n})$$

同时，每访问一个结点，就调用一次 ok 函数计算约束方程。ok 函数由一个循环组成，每执行一次循环体，就计算一次约束方程。循环体的执行次数与搜索深度有关，最少一次，最多 $n-1$ 次。因此，每次 ok 函数计算约束方程的次数为 $O(n)$。这样，理论上在最坏情况下，算法的总花费为 $O(nm^{n})$。但实际上，被访问的结点个数 c 是动态生成的，其总个数远远低于状态空间树的总结点数。这时，算法的总花费为$O(cn)$。

如果不考虑输入所占用的存储空间，则该算法需要用$\Theta(n)$的空间来存放解向量。因此，算法所需要的空间为$\Theta(n)$。

7.4 哈密尔顿回路问题

哈密尔顿回路问题起源于 19 世纪 50 年代英国数学家哈密尔顿提出的周游世界的问题。他用正十二面体的 20 个顶点代表世界上的 20 个城市，要求从一个城市出发，经过每个城市恰好一次，然后回到出发点。图 7.11（a）所示的正十二面体，其“展开”图如图 7.11（b）所示，按照图中的顶点标号顺序所构成的回路，就是他所提问题的一个解。

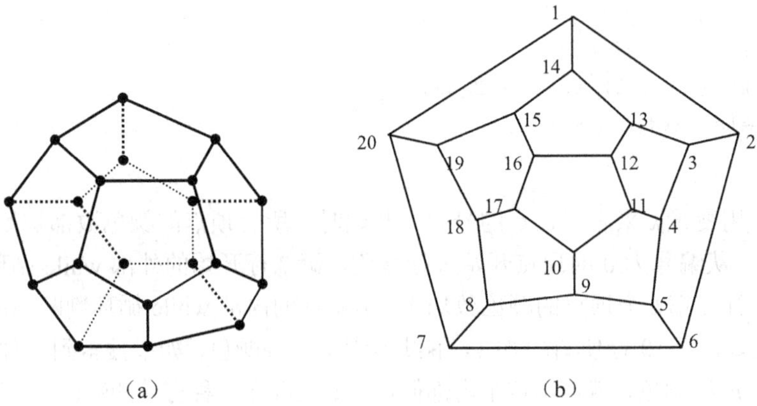

图 7.11　哈密尔顿周游世界的正十二面体及其“展开”图

7.4.1　哈密尔顿回路的求解过程

哈密尔顿回路的定义如下：

定义 7.1　设无向图$G=(V,E)$，$v_1v_2\cdots v_n$是G的一条通路，若G中每个顶点在该通路中出现且仅出现一次，则称该通路为哈密尔顿通路。若$v_1=v_n$，且 $v_2\cdots v_n$ 在该通路上出现且仅出现一次，则称该通路为哈密尔顿回路。

假定图$G=(V,E)$的顶点集为$V=\{0,1,\cdots,n-1\}$。按照回路中顶点的顺序，用n元向量$\boldsymbol{X}=(x_0,x_1,\cdots,x_{n-1})$来表示回路中的顶点编号，其中$x_i\in\{0,1,\cdots,n-1\}$。用布尔数组$c[n][n]$来表示图的邻接矩阵，如果顶点$i$和顶点$j$相邻接，则$c[i][j]$为真，否则为假。根据题意，有如下约束方程：

$$c[x_i][x_{i+1}]=\text{TRUE} \qquad 0\leqslant i\leqslant n-1$$

$$c[x_0][x_{n-1}]=\text{TRUE}$$

$$x_i\neq x_j \qquad 0\leqslant i,j\leqslant n-1, i\neq j$$

因为有 n 个顶点，因此其状态空间树是一棵高度为 n 的完全 n 叉树，每一个分支结点都有 n 个儿子结点，最底层有 n^n 个叶子结点。

用回溯法求解哈密尔顿回路问题时，首先把回路中所有顶点的编号初始化为-1。然后，把顶点 0 当作回路中的第一个顶点，搜索与顶点 0 相邻接的编号最小的顶点，作为它的后续顶点。假定在搜索过程中已经生成了通路 $l = x_0 x_1 \cdots x_{i-1}$，在继续搜索某个顶点作为通路中的 x_i 时，根据约束方程，在 V 中寻找与 x_{i-1} 相邻接的并且不属于 l 中顶点的编号最小的顶点。如果搜索成功，就把这个顶点作为通路中的顶点 x_i，然后继续搜索通路中的下一个顶点。如果搜索失败，就把 l 中的 x_{i-1} 删去，从 x_{i-1} 的顶点编号加 1 的位置开始，继续搜索与 x_{i-2} 相邻接的并且不属于 l 中顶点的编号最小的顶点。这个过程一直进行，当搜索到 l 中的顶点 x_{n-1} 时，如果 x_{n-1} 与 x_0 相邻接，则所生成的回路 l 就是一条哈密尔顿回路；否则，把 l 中的顶点 x_{n-1} 删去，继续回溯。最后，如果在回溯过程中，l 中只剩下一个顶点 x_0，则表明图中不存在哈密尔顿回路，即该图不是哈密尔顿图。

例 7.3　寻找图 7.12（a）的哈密尔顿回路。

图 7.12（b）表示用回溯法解图 7.12（a）所生成的搜索树，所生成的哈密尔顿回路的结点顺序是 1,2,3,5,4。用回溯法解图 7.12（a）时，状态空间树是一棵完全五叉树，结点总数为 3906 个，而在求解过程中所访问的结点数只有 21 个。

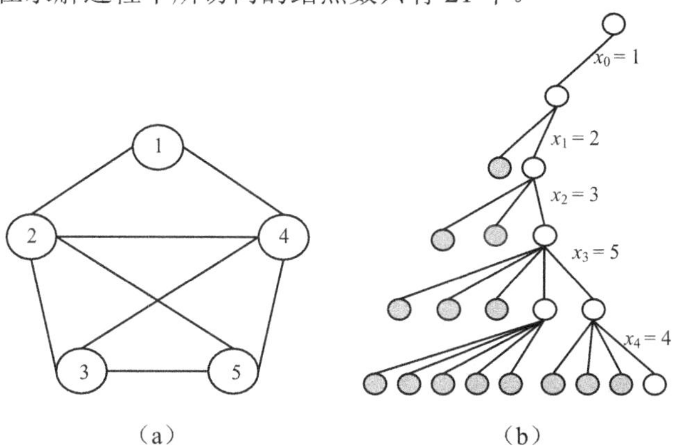

图 7.12　哈密尔顿回路问题及其搜索树的例子

可以用下面的步骤来实现哈密尔顿回路问题：

（1）初始化：对所有的 i，$0 \leq i \leq n-1$，置顶点号 $x[i] = -1$，顶点状态 $s[i] =$ FALSE，令 $k = 1$，$s[0] =$ TRUE，$x[0] = 0$。

（2）若 $k \geq 0$，则顶点号 $x[k]$加 1，转步骤（3），否则，不存在哈密尔顿回路，算法结束。

（3）若 $x[k] < n$，转步骤（4），否则转步骤（7）。

（4）若顶点 $x[k]$不在回路中，且顶点 $x[k]$与顶点 $x[k-1]$邻接，转步骤（5），否则 $x[k]$加 1，转步骤（3）。

（5）若 $x[k] < n$，且 $k \neq n-1$，则令 $s[x[k]]$为 TRUE，令 $k = k+1$，转步骤（2），否则转步骤（6）。

（6）若 $x[k] < n$，且 $k = n-1$，且顶点 $x[k]$与顶点 $x[0]$邻接，则找到哈密尔顿回路，算

法结束，否则转步骤（7）。

（7）$x[k]$复位为-1，$k=k-1$，$s[x[k]]$复位为FALSE，转步骤（2）。

7.4.2 哈密尔顿回路算法的实现

假定图的n个顶点集合为$\{0,1,\cdots,n-1\}$；用数组$x[n]$来顺序存放哈密尔顿回路的n个顶点的编号；用邻接矩阵$c[n][n]$来表示顶点之间的邻接关系，若顶点i和顶点j之间存在关联边，则元素$c[i][j]$为真，否则为假。此外，用布尔数组$s[n]$标志某个顶点已在哈密尔顿回路中。因此，若顶点i在哈密尔顿回路中，则$s[i]$为真。所用到的数据结构为：

```
int     n;              /* 顶点个数 */
int     x[n];           /* 哈密尔顿回路上的顶点编号 */
BOOL    c[n][n];        /* 布尔值表示的图的邻接矩阵 */
BOOL    s[n];           /* 顶点状态,已处于所搜索的通路上的顶点为真 */
```

由此，解哈密尔顿回路问题的算法叙述如下：

算法 7.3 哈密尔顿回路问题

输入：无向图的顶点个数 n,图的邻接矩阵 c[][]

输出：存放回路的顶点序号 x[]

```
BOOL hamilton(int n,int x[],BOOL c[][])
{
    int i,k;
    BOOL *s = new BOOL[n];
    for (i=0;i<n;i++) {                     /* 初始化 */
        x[i] = -1;   s[i] = FALSE;
    }
    k = 1;   s[0] = TRUE;   x[0] = 0;
    while (k>=0) {
        x[k] = x[k] + 1;                    /* 搜索下一个顶点编号 */
        while (x[k]<n)
            if (!s[x[k]]&&c[x[k-1]][x[k]])
                break;                      /* 搜索到一个顶点 */
            else x[k] = x[k] + 1;           /* 否则搜索下一个顶点编号 */
        if ((x[k]<n)&&(k!=n-1)){            /* 搜索成功且 k<n-1 */
            s[x[k]] = TRUE;   k = k + 1;
        }                                   /* 向前推进一个顶点 */
        else if ((x[k]<n)&&(k==n-1)&&(c[x[k]][x[0]]))
            break;                          /* 是最后的顶点,完成搜索 */
        else {                              /* 搜索失败,回溯到前一个顶点*/
            x[k] = -1;   k = k - 1;   s[x[k]] = FALSE;
        }
```

```
23.     }
24.     delete s;
25.     if (k==n-1) return TRUE;
26.     else return FALSE;
27. }
```

算法的第 5、6 行把解向量的各个分量初始化为-1，顶点的状态标志都置为FALSE 。然后，把顶点 0 作为所搜索通路的第 0 个顶点，把 k 置为 1，为开始搜索通路的第 k 个顶点作准备。第 9 行开始的外部 while 循环进行通路的搜索。第 10 行把当前的顶点编号加 1，因此，开始时从第 1 个顶点进行搜索。第 11 行开始的内部 while 循环，从当前的顶点编号开始，寻找一个尚未在当前通路中并且与当前通路中的最后一个顶点相邻接的顶点。第 15 行判断如果找到这样的一个顶点，并且通路中的顶点个数还不足 n 个，就把这个顶点标志为通路中的顶点，使 k 加 1，返回到外部 while 循环的顶部，使 $x[k]$ 加 1 后，继续从编号为 0 的顶点开始，搜索通路中的下一个顶点。第 18 行判断如果找到这样的一个顶点，并且通路中的顶点个数已达到 n 个，且该顶点与通路中第 0 个顶点相邻接，则表明已找到一条哈密尔顿回路，就退出外部的 while 循环，结束算法。如果找不到这样的顶点，或者找到这样的顶点，且通路中的顶点个数已达到 n 个，但该顶点与通路中第 0 个顶点不相邻接，在这两种情况下都进行回溯，使通路中第 k 个顶点的顶点编号复位为-1，并使 k 减 1，使当前通路中最后一个顶点的顶点标志复位为FALSE ，在该顶点处继续向后搜索。

该算法的第 5、6 行的初始化花费 $\Theta(n)$ 时间。但主要工作由一个二重循环组成：第 9 行开始的外部 while 循环和第 11 行开始的内部 while 循环。因此，算法的运行时间与内部 while 循环的循环体的执行次数有关。每访问一个结点，该循环体就执行一次。状态空间树中的结点总数为：

$$\sum_{i=0}^{n} n^i = (n^{n+1} - 1)/(n-1) = O(n^n)$$

因此，在最坏情况下，算法的总花费为 $O(n^n)$ 。如果被访问的结点个数为 c ，它远远低于状态空间树的总结点数，这时，算法的总花费为 $O(c)$ 。

如果不考虑输入所占用的存储空间，则该算法需要用 $\Theta(n)$ 的空间来存放解向量及顶点的状态。因此，算法所需要的工作空间为 $\Theta(n)$ 。

7.5　0/1 背包问题

第 6 章介绍的 0/1 背包问题，把背包的载重量划分为 m 等份，物体的重量是背包载重量 m 等份的整数倍，这对问题有很多的限制。本节介绍用回溯法解 0/1 背包问题，它不需要上述的限制。

7.5.1 回溯法解 0/1 背包问题的求解过程

在 0/1 背包问题中，假定 n 个物体 v_i，其重量为 w_i，价值为 p_i，$0 \leqslant i \leqslant n-1$，背包的载重量为 M。x_i 表示物体 v_i 被装入背包的情况，$x_i = 0,1$。当 $x_i = 0$ 时，表示物体没被装入背包；当 $x_i = 1$ 时，表示物体被装入背包。根据问题的要求，有下面的约束方程和目标函数：

$$\sum_{i=0}^{n-1} w_i x_i \leqslant M \tag{7.5.1}$$

$$optp = \max \sum_{i=0}^{n-1} p_i x_i \tag{7.5.2}$$

令问题的解向量为 $\boldsymbol{X} = (x_0, x_1, \cdots, x_{n-1})$，它必须满足上述约束方程，并使目标函数达到最大。使用回溯法搜索这个解向量时，状态空间树是一棵高度为 n 的完全二叉树，如图 7.2 所示。其结点总数为 $2^{n+1}-1$。从根结点到叶子结点的所有路径，描述问题的解的所有可能状态。假定：第 i 层的左儿子子树描述物体 v_i 被装入背包的情况；右儿子子树描述物体 v_i 未被装入背包的情况。

0/1 背包问题是一个求取可装入的最大价值的最优解问题。在状态空间树的搜索过程中，一方面可利用约束方程（7.5.1）来控制不需访问的结点，另一方面还可利用目标函数（7.5.2）的界来进一步控制不需访问的结点个数。在初始化时，把目标函数的上界初始化为 0，把物体按价值重量比的非增顺序排列，然后按照这个顺序搜索；在搜索过程中，尽量沿着左儿子结点前进，当不能沿着左儿子结点继续前进时，就得到问题的一个部分解，并把搜索转移到右儿子子树。此时，估计由这个部分解所能得到的最大价值，把该值与当前的上界进行比较，如果高于当前的上界，就继续由右儿子子树向下搜索，扩大这个部分解，直到找到一个可行解，最后把可行解保存起来，用当前可行解的值刷新目标函数的上界，并向上回溯，寻找其他的可能解；如果由部分解所估计的最大值小于当前的上界，就丢弃当前正在搜索的部分解，直接向上回溯。

假定当前的部分解是 $\{x_0, x_1, \cdots, x_{k-1}\}$，同时有：

$$\sum_{i=0}^{k-1} x_i w_i \leqslant M \quad 且 \quad \sum_{i=0}^{k-1} x_i w_i + w_k > M \tag{7.5.3}$$

式（7.5.3）表示，装入物体 v_k 之前，背包尚有剩余载重量，继续装入物体 v_k 后，将超过背包的载重量。由此，将得到部分解 $\{x_0, x_1, \cdots, x_k\}$，其中 $x_k = 0$。由这个部分解继续向下搜索，将有：

$$\sum_{i=0}^{k} x_i w_i + \sum_{i=k+1}^{k+m-1} w_i \leqslant M \quad 且 \quad \sum_{i=0}^{k} x_i w_i + \sum_{i=k+1}^{k+m-1} w_i + w_{k+m} > M \tag{7.5.4}$$

式（7.5.4）表示，不装入物体 v_k（$x_k = 0$），继续装入物体 $v_{k+1}, \cdots, v_{k+m-1}$，背包尚有剩余载重量，但继续装入物体 v_{k+m}，将超过背包的载重量。其中，$m = 2, \cdots, n-k-1$。因为物体是按价值重量比非增顺序排列的，显然由这个部分解继续向下搜索，能够找到的可能解的最大值不会超过：

$$\sum_{i=0}^{k} x_i p_i + \sum_{i=k+1}^{k+m-1} x_i p_i + \left(M - \sum_{i=0}^{k} x_i w_i - \sum_{i=k+1}^{k+m-1} x_i w_i \right) \times p_{k+m} / w_{k+m} \qquad (7.5.5)$$

因此，可以用式（7.5.4）和式（7.5.5）来估计从当前的部分解 $\{x_0, x_1, \cdots, x_k\}$ 继续向下搜索时，可能取得的最大价值。如果所得到的估计值小于当前目标函数的上界（它是所有已经得到的可行解中的最大值），就放弃向下搜索。向上回溯有两种情况：如果当前的结点是左儿子分支结点，就转而搜索相应的右儿子分支结点；如果当前的结点是右儿子分支结点，就沿着右儿子分支结点向上回溯，直到左儿子分支结点为止，然后再转而搜索相应的右儿子分支结点。

这样，如果用 w_cur 和 p_cur 分别表示当前正在搜索的部分解中装入背包的物体的总重量和总价值；用 p_est 表示当前正在搜索的部分解可能达到的最大价值的估计值；用 p_total 表示当前搜索到的所有可行解中的最大价值，它也是当前目标函数的上界；用 y_k 和 x_k 分别表示问题的部分解的第 k 个分量及其副本，同时 k 也表示当前对搜索树的搜索深度，则回溯法解 0/1 背包问题的步骤可叙述如下：

（1）把物体按价值重量比的非增顺序排列。

（2）把 w_cur 、 p_cur 和 p_total 初始化为 0，解向量的各分量初始化为 0，搜索树的搜索深度 k 置为 0。

（3）令 $p\_est = p\_cur$ ，对满足 $k \leqslant i < n$ 的所有的 i，按式（7.5.4）和式（7.5.5）更新从当前的部分解可取得的最大价值 p_est 。

（4）如果 $p\_est > p\_total$ ，转步骤（5）；否则转步骤（8）。

（5）从 v_k 开始把物体装入背包，直到没有物体可装或装不下物体 v_i 为止，并生成部分解 $y_k, \cdots, y_i$ ， $k \leqslant i < n$，刷新 p_cur 。

（6）如果 $i \geqslant n-1$，则得到一个新的可行解，把所有的 y_i 复制到 x_i ， $p\_total = p\_cur$ ，则 p_total 是目标函数的新上界；令 $k = n$ ，转步骤（3），以便回溯搜索其他的可行解。否则，得到一个部分解，转步骤（7）。

（7）令 $k = i+1$ ，舍弃物体 v_i ，转步骤（3），以便从物体 v_{i+1} 继续装入。

（8）当 $i \geqslant 0$ 并且 $y_i = 0$ 时，执行 $i = i-1$，直到 $y_i \neq 0$ 为止；即沿右儿子分支结点方向向上回溯，直到左儿子分支结点。

（9）如果 $i < 0$ ，算法结束；否则，转步骤（10）。

（10）令 $y_i = 0$， $w\_cur = w\_cur - w_i$ ， $p\_cur = p\_cur - p_i$ ， $k = i+1$ ，转步骤（3），从左儿子分支结点转移到相应的右儿子分支结点，继续搜索其他的部分解或可行解。

例 7.4　有载重量 $M = 50$ 的背包，物体重量分别为 5,15,25,27,30，物体价值分别为 12,30,44,46,50，求最优装入背包的物体及价值。

图 7.13 所示是根据上述的求解步骤所生成的搜索树。其过程如下：

（1）开始时，目标函数的上界 p_total 初始化为 0，计算从根结点开始搜索可取得的最大价值 $p\_est = 94.5$ ，大于 p_total ，因此生成结点 1,2,3,4，并得到部分解(1,1,1,0)。

（2）结点 4 是右儿子分支结点，所以估计从结点 4 继续向下搜索可取得的最大价值 $p\_est = 94.3$ ，仍然大于 p_total ，由此继续向下搜索并生成结点 5，得到最大价值为 86 的可行解(1,1,1,0,0)，把这个可行解保存在解向量 $\boldsymbol{X}$ 中，把 p_total 更新为 86。

（3）由叶子结点 5 继续搜索，在估算可能取得的最大价值时，p_est 被置为 86，不大于 p_total 的值，因此沿右儿子分支结点方向向上回溯，直到左儿子分支结点 3，并生成相应的右儿子分支结点 6，得到部分解(1,1,0)。

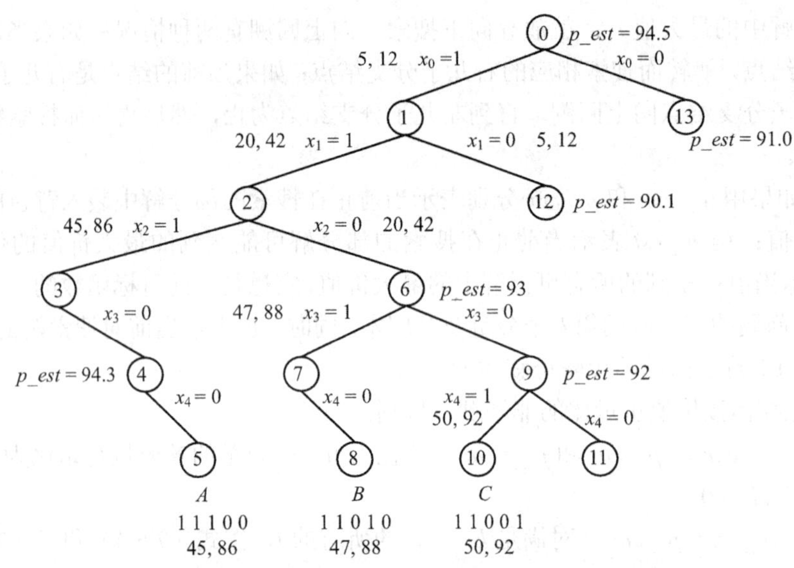

图 7.13　例 7.4 中 0/1 背包问题的搜索树

（4）结点 6 是右儿子分支结点，所以计算从结点 6 继续搜索可取得的最大价值 $p\_est = 93$，大于 p_total，因此生成结点 7, 8，并得到最大价值为 88 的可行解(1,1,0,1,0)，用它来更新解向量 $\boldsymbol{X}$ 中的内容，p_total 被更新为 88。

（5）由叶子结点 8 继续搜索，在计算可能取得的最大价值时，p_est 被置为 88，不大于 p_total 的值，因此沿右儿子分支结点 8 方向向上回溯，到达左儿子分支结点 7，并生成相应的右儿子分支结点 9，得到部分解(1,1,0,0)。

（6）结点 9 是右儿子分支结点，所以计算从结点 9 开始搜索可取得的最大价值 $p\_est = 92$，大于 p_total，因此生成结点 10，并得到最大价值为 92 的可行解(1,1,0,0,1)，用它来更新解向量 $\boldsymbol{X}$ 中的内容，p_total 被更新为 92。

（7）由叶子结点 10 继续搜索，在计算可能取得的最大价值时，p_est 被置为 92，不大于 p_total 的值，因此进行回溯。因为结点 10 是左儿子结点，因此生成相应的右儿子结点 11，得到价值为 42 的可行解(1,1,0,0,0)，p_total 未被更新。

（8）由叶子结点 11 继续搜索，在计算可能取得的最大价值时，p_est 被置为 42，不大于 p_total 的值，因此沿右儿子分支结点方向向上回溯，到达左儿子分支结点 2，并生成相应的右儿子分支结点 12，得到部分解(1,0)。

（9）结点 12 是右儿子分支结点，所以计算从结点 12 开始搜索可取得的最大价值 $p\_est = 90.1$，小于 p_total，因此向上回溯到左儿子分支结点 1，并生成相应的右儿子分支结点 13，得到部分解(0)。

（10）结点 13 是右儿子分支结点，所以计算从结点 13 开始搜索可取得的最大价值 $p\_est = 91.0$，小于 p_total，因此向上回溯到根结点 0，结束算法。最后，由保存在向量 $\boldsymbol{X}$ 中的内容，得到最优解(1,1,0,0,1)，从 p_total 中得到最大价值 92。

从上面的例子看到，在状态空间树的 63 个结点中，被访问的结点数为 14 个。在搜索过程中，尽量沿着左儿子分支结点向下搜索，直到无法继续向前推进而生成右儿子分支结点为止；在回溯过程中，尽量沿着右儿子分支结点向上回溯，直到遇到左儿子分支结点并转而生成右儿子分支结点；在右儿子分支结点开始搜索时，都对可能取得的最大价值进行估计；在叶子结点开始继续搜索时，通过把搜索深度 k 置为 n，使得不会进行估计值的计算，而直接把估计值置为当前值，从而不会大于当前目标函数的上界，而直接从叶子结点进行回溯。

7.5.2　回溯法解 0/1 背包问题算法的实现

首先，定义算法中所用到的数据结构和变量。

```
typedef struct {
    float    w;              /* 物体重量 */
    float    p;              /* 物体价值 */
    float    v;              /* 物体的价值重量比 */
} OBJECT;
OBJECT      ob[n];           /* n 个物体的信息 */
float       M;               /* 背包载重量 */
int         x[n];            /* 可能的解向量 */
int         y[n];            /* 当前搜索的解向量 */
float       p_est;           /* 当前搜索方向装入背包的物体的估计最大价值 */
float       p_total;         /* 装入背包的物体的最大价值的上界 */
float       w_cur;           /* 当前装入背包的物体的总重量 */
float       p_cur;           /* 当前装入背包的物体的总价值 */
```

于是，解 0/1 背包问题的回溯算法可叙述如下：

算法 7.4　0/1 背包问题的回溯算法

输入：背包载重量 M,物体个数 n,存放物体的价值和重量的结构体数组 0b[]

输出：0/1 背包问题的最优解 x[]

```
float knapsack_back(OBJECT ob[],float M,int n,int x[])
{
    int i,k;
    float w_cur,p_total,p_cur,w_est,p_est;
    int *y = new int[n+1];
    for (i=0;i<n;i++) {                    /* 计算物体的价值重量比 */
        ob[i].v = ob[i].p/ob[i].w;
        y[i] = 0;                          /* 当前的解向量初始化 */
```

```
}
merge_sort(ob,n);                          /* 物体按价值重量比的非增顺序排列*/
w_cur = p_cur = p_total = 0;               /* 当前背包中物体的价值重量初始化*/
y[n] = 0;    k = 0;                        /* 已搜索到的可能解的总价值初始化*/
while (k>=0) {
    w_est = w_cur;   p_est = p_cur;
    for (i=k;i<n;i++) {                    /* 沿当前分支可能取得的最大价值*/
        w_est = w_est + ob[i].w;
        if (w_est<M)
            p_est = p_est + ob[i].p;
        else {
            p_est = p_est + ((M - w_est + ob[i].w) / ob[i].w) * ob[i].p;
            break;
        }
    }
    if (p_est>p_total) {                        /* 估计值大于上界 */
        for (i=k;i<n;i++) {
            if (w_cur+ob[i].w<=M) {             /* 可装入第 i 个物体 */
                w_cur = w_cur + ob[i].w;
                p_cur = p_cur + ob[i].p;
                y[i] = 1;
            }
            else {
                y[i] = 0;   break;              /* 不能装入第 i 个物体 */
            }
        }
        if (i>=n-1) {                           /* n 个物体已全部装入 */
            if (p_cur>p_total) {
                p_total = p_cur;   k = n;       /* 刷新当前上限 */
                for (i=0;i<n;i++)               /* 保存可能的解 */
                    x[i] = y[i];
            }
        }
        else k = i + 1;                         /* 继续装入其余物体 */
    }
    else {                                      /* 估计价值小于当前上限*/
        while ((k>=0)&&(!y[k]))                 /* 沿着右分支结点方向回溯*/
            k = k - 1;                          /* 直到左分支结点 */
        if (k<0) break;                         /* 已到达根结点,算法结束 */
        else {
            w_cur = w_cur - ob[k].w;            /* 修改当前值 */
            p_cur = p_cur - ob[k].p;
```

```
51.                 y[k] = 0;   k = k + 1;          /* 搜索右分支子树 */
52.             }
53.         }
54.     }
55.     delete y;
56.     return p_total;
57. }
```

算法的第 6~12 行是初始化部分，先计算物体的价值重量比，然后按价值重量比的非增顺序对物体进行排列。算法的主要工作由从第 13 行开始的 while 循环完成。分成 3 部分：第 1 部分由第 14~23 行组成，估算沿当前分支结点向下搜索可能取得的最大价值；第 2 部分由第 24~43 行组成，当估计值大于当前目标函数的上界时，向下搜索；第 3 部分由第 44~53 行组成，当估计值小于或等于当前目标函数的上界时，向上回溯。在开始搜索时，变量 w_cur 、 p_cur 初始化为 0。在整个搜索过程中，动态维护这两个变量的值。当沿着左儿子分支结点向下推进时，这两个变量分别增加相应物体的重量和价值；当沿着左儿子分支结点无法再向下推进，而生成右儿子分支结点时，这两个变量的值维持不变；当沿着右儿子分支结点向上回溯时，这两个变量的值维持不变；当回溯到达左儿子分支结点，就结束回溯，转而生成相应的右儿子分支结点时，这两个变量分别减去相应左儿子分支结点的物体重量和价值；每当搜索转移到右儿子分支结点时，就对继续向下搜索可能取得的最大价值进行估计；当搜索到叶子结点时，已得到一个可行解，这时变量 k 被置为 n ，而 $y[n]$ 被初始化为 0，因此不管该叶子结点是左儿子结点，还是右儿子结点，都可顺利向上回溯，继续搜索其他的可行解。

显然，算法所使用的工作空间为 $\Theta(n)$ 。算法的第 6~9 行花费 $\Theta(n)$ 时间；第 10 行对物体进行合并排序，需花费 $\Theta(n\log n)$ 时间；在最坏情况下，状态空间树有 $2^{n+1}-1$ 个结点，其中有 $O(2^n)$ 个左儿子结点，花费 $O(2^n)$ 时间；有 $O(2^n)$ 个右儿子结点，每个右儿子结点都需估计继续搜索可能取得的目标函数的最大价值，每次估计需花费 $O(n)$ 时间，因此右儿子结点需花费 $O(n2^n)$ 时间，而这也是算法在最坏情况下所花费的时间。

7.6　回溯法的效率分析

通常，回溯算法的效率与下面几个因素有关：

- 生成结点所花费的时间。
- 计算约束方程所花费的时间。
- 计算目标函数的界所花费的时间。
- 所生成的结点个数。

上面有些因素相互关联，约束方程和目标函数的界可以大量减少所生成的结点个数。但是，采用完善、复杂的方法计算约束方程和目标函数的界，可能需要花费较多的时间。

因此，在这里需要采用折中的办法。

当解向量中分量 x_i 的取值范围不同时，x_i 在解向量中的不同排列顺序，其对应的状态空间树的结构也不同。当 $x_i \in S_i$，$|S_i| = m_i$ 时，可以考虑按 m_i 的递增顺序来排列 x_i 在解向量中的顺序位置。例如，当 $|S_1| = 3$，$|S_2| = 4$，$|S_3| = 2$ 时，对应于 (x_1, x_2, x_3) 的状态空间树如图 7.14（a）所示，对应于 (x_3, x_1, x_2) 的状态空间树如图 7.14（b）所示。图 7.14（b）是按 m_i 的递增顺序排列的，第 1 层的两棵子树各对应 12 个可能解，剪去其中的一棵子树，就减少 12 个可能解；而图 7.14（a）所示的状态空间树，第 1 层的 3 棵子树各对应 8 个可能解，剪去其中的一棵子树，只减少 8 个可能解。可见，如图 7.14（b）所示的状态空间树，可加快搜索的速度。

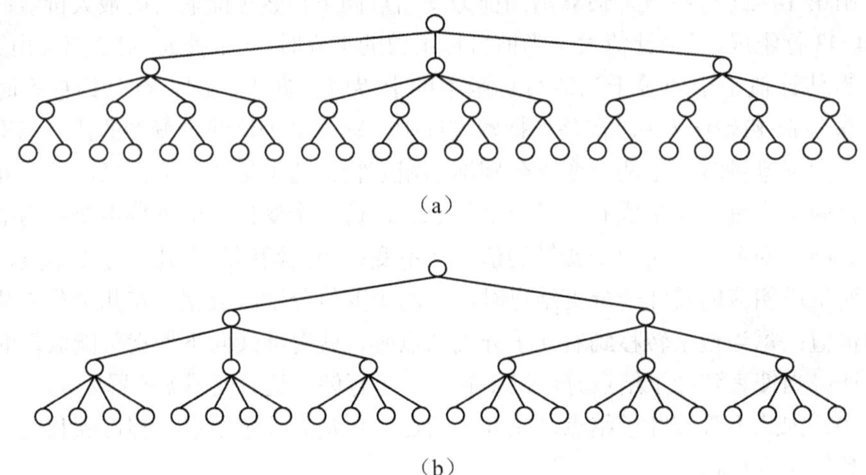

图 7.14　解向量中的分量顺序位置不同时所对应的状态空间树

回溯算法的运行时间，取决于它在搜索过程中所生成的结点数。对不同的搜索方式，或同一搜索方式的不同实例，所生成的结点数都不相同。如果问题的解空间有 2^n 个或 $n!$ 个可能解，在最坏的情况下，回溯法的时间花费为 $O(p(n)2^n)$ 或 $O(q(n)n!)$。其中，$p(n)$ 和 $q(n)$ 都为 n 的多项式。但是，实际上很多问题采用回溯算法，可以在很少的时间内就能得到问题的解，而具体需要多少时间却难以预测，因为对不同的问题实例，回溯算法所生成的结点个数都不相同。

在应用回溯法解某一个问题实例时，可以用蒙特卡罗方法来估算在搜索过程中可能生成的结点个数。该方法的主要思想是在状态空间树上，从根结点开始选择一条随机路径，然后沿着这条路径，来估算状态空间树中满足约束条件的结点总数 m。假定 x_i 是这条路径上位于状态空间树第 i 层的一个结点。用约束方程来检测 x_i 的所有儿子结点，测算出满足约束条件的儿子结点个数 m_i。继续从 m_i 个儿子结点中随机地选择一个儿子结点，并重复上述过程。这个过程一直进行，直到把这条随机路径扩展到一个叶子结点，或者是遇到所有的儿子结点都不满足约束条件为止。最后统计满足约束条件的结点总数 m。

假定用以检测约束条件的函数固定不变，不会随着算法执行期间信息量的增加而发生变化，同时可以用于状态空间树中同一层的所有结点，而且每一个结点都有相同的出度。

如果根结点有 m_0 个儿子结点满足约束条件，在第 1 层就有 m_0 个满足条件的结点；在这 m_0 个结点中随机地选取一个结点，例如 x_1，用约束方程检测 x_1 的所有儿子结点，测算出满足约束条件的儿子结点个数为 m_1。这样，在第 2 层总共就有 $m_0 \cdot m_1$ 个结点满足约束条件。一般地，在第 $i+1$ 层，总共就有 $m_0 \cdot m_1 \cdots m_i$ 个结点满足约束条件。则从根结点起到第 n 层，满足约束条件的结点总个数 m 为：

$$m = 1 + \sum_{i=0}^{n-1}\left(\prod_{k=0}^{i} m_k\right)$$

假定解向量的第 i 个分量 x_i 的取值范围为有限集 S_i；函数 cons(*node*,*x*)判断结点 *node* 的儿子结点 x 是否满足约束条件，若满足约束条件，该函数为真；否则为假。用下面的表达式：

$$T = \{x \mid x \in S[i] \wedge \mathrm{cons}(node, x)\}$$

表示在结点 *node* 下满足约束条件的第 i 个分量 x_i 的取值集合；用函数 sizeof(*T*)求取集合 T 的元素个数；用函数 choose(*T*)从集合 T 中随机地选取一个元素。于是，按照上面的思想方法，就可以用下面的算法来估计回溯法在搜索过程中所生成的结点总数 m。

```
int estimate(int n,Type root)
{
    int k,m = 0,r = 1;
    Type node = root;
    for (k=1;k<=n;k++) {
        T = {x|x∈S[k]∧cons(node,x)}
        if (sizeof(T)==0)
            return m;
        r = r * sizeof(T);
        m = m + r;
        node = choose(T);
    }
    return m;
}
```

有了上述算法后，在用回溯法求解某一问题时，就可以用这个算法来估计回溯法在搜索过程中所生成的结点总数。为了得到更准确的数据，可以选取若干条随机路径，分别估计它们的结点总数后，再取平均值。

在使用上述的估计算法时作了某些假设，而实际使用回溯算法进行搜索时，并不都这样。实际上，大多数的回溯算法中，约束方程随着搜索过程的深入而不断地加强。满足约束方程的结点数，与用上述算法所估计的结点数比较起来，将大为减少。

习　题

1. 用递归函数设计一个解n皇后问题的回溯算法。

2. 修改算法7.1，使它可以输出n皇后问题的所有布局。

3. 使用算法7.1解八皇后问题时，在最坏情况下，求所生成的搜索树的结点总数。

4. 修改算法7.1，使其搜索空间由4^4减少为$4!$。

5. 用递归函数设计一个解图的m着色问题的回溯算法。

6. 使用算法7.2，令$m=4$，求解图7.8所示的图时，画出所生成的搜索树。这时，所生成的结点数有多少？

7. 用递归函数设计一个解哈密尔顿回路的回溯算法。

8. 使用算法7.3求解图7.8（b）所示的哈密尔顿回路时，画出所生成的搜索树。

9. 修改算法7.3，使它可以输出所有的哈密尔顿回路。

10. 用回溯法设计一个解货郎担问题的算法。

11. 设计一个回溯算法，求解国际象棋中马的周游问题：给定一个8×8的棋盘，马从棋盘的某一个位置出发，经过棋盘中的每一个方格恰好一次，最后回到它开始出发的位置。

12. 给定n个正整数集合$X=\{x_1,x_2,\cdots,x_n\}$和一个正整数y，编写一个回溯算法，在X中寻找所有的子集$Y_i\subseteq X$，使得Y_i中元素之和等于y。

13. 有n项作业分配给n个人去完成，每人完成一项作业。假定第i个人完成第j项作业，需要花费c_{ij}，$c_{ij}\geqslant 0$，$1\leqslant i, j\leqslant n$。编写一个回溯算法，把这$n$项作业分配给$n$个人完成，使得总花费最小。

14. 给定背包的载重量$M=20$；有6个物体，价值分别为11,8,15,18,12,6，重量分别为5,3,2,10,4,2。说明用回溯法求解上述0/1背包问题的过程。画出搜索树，结点按照生成顺序编号，并在结点旁边标出生成该结点时所执行动作的结果。

15. 设有一个$n\times m$格的迷宫，四面封闭，仅在左上角的格子有入口，右下角的格子有出口。迷宫内部的格子，其东、西、南、北四面或者有出入口，或者没有出入口。设计一个回溯算法通过迷宫。

16. 展览馆的警卫员配备问题。展览馆由$m\times n$个展览厅组成，需配备若干警卫员。每个警卫员除了负责所在展览厅的警卫工作外，还可负责上、下、左、右4个相邻展览厅的警卫工作。设计一个回溯算法，求解展览馆的警卫员配备问题，使得所配备的警卫员人数最少。

17. 跳棋问题。如图7.15所示的棋盘，33个交点中放着32枚棋子，中心交点空着。任何棋子都可以沿着水平方向或垂直方向跳过与其相邻的棋子，而进入一个空着的交点，并吃掉被跳过的棋子。设计一个回溯算法，求解跳棋问题，使得最终只在棋盘的中心交点剩下一枚棋子。

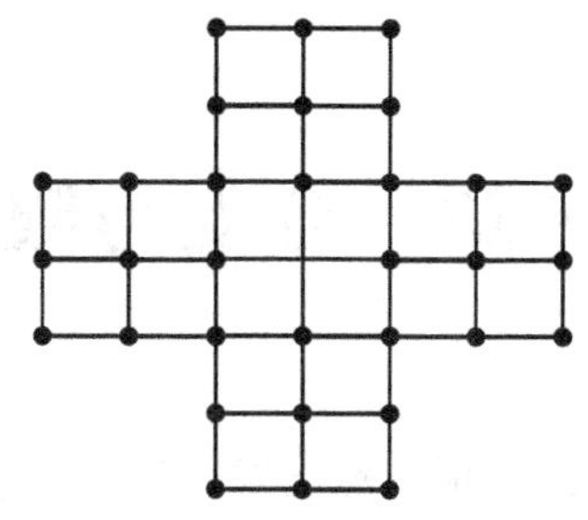

图 7.15　跳棋问题中棋子的初始布局

参 考 文 献

回溯法思想方法及效率分析等方面的描述，可在文献[3]、[4]、[9]、[10]、[17]、[19]、[28]中看到。回溯法解 *n* 皇后问题可在文献[3]、[8]、[9]、[10]、[17]、[19]中看到。回溯法解图的着色问题可在文献[3]、[9]、[10]、[17]、[19]中看到。回溯法解哈密尔顿回路问题可在文献[9]、[17]中看到。回溯法解 0/1 背包问题可在文献[4]、[17]、[19]中看到。

第 8 章　分支与限界

回溯法的一个显著的特点是：从根结点出发，按照状态空间树的结构，向下搜索它的所有儿子结点，对不满足约束条件的儿子结点，把它当作 $d\_$ 结点而丢弃；对满足约束条件的结点，把它当作 $e\_$ 结点，继续向下搜索它的所有儿子结点。这种搜索过程一直进行，当搜索到一个满足约束条件的叶子结点时，就得到了一个可行解；或者所有的儿子结点都不满足约束条件时，该结点就被当作 $d\_$ 结点而被丢弃，向上回溯到它的父亲结点。在某种意义下，这种搜索是盲目进行的。

第 7 章的 0/1 背包问题的求解，对这种搜索方法进行了改进：当问题是求最优解时，如果是求最大值，就把目标函数的界初始化为最小；如果是求最小值，就把目标函数的界初始化为最大。当从某个 $e\_$ 结点向下搜索时，估计从该结点向下搜索所可能取得的值，把这个值和当前目标函数的界进行比较，如果是求最大值，而结果又大于当前目标函数的界，就继续从这个 $e\_$ 结点向下搜索，否则就把这个 $e\_$ 结点变为 $d\_$ 结点而丢弃它。这时的搜索，才似乎有了方向。这种搜索，只有在找到一个可行解之后，目标函数的界才有实际意义。在寻找第一个可行解时，搜索仍然是盲目的。在整个搜索过程中，仍然是盲目搜索的。

但是，在从某个 $e\_$ 结点进行搜索时，先估算目标函数的界，再确定是否向下搜索的方法启发人们去寻求另一种搜索模式。这种搜索模式，就是本章要讨论的分支与限界法。

8.1　分支与限界法的基本思想

分支与限界法的基本思想，是在分支结点即 $e\_$ 结点上，预先分别估算沿着它的各个儿子结点向下搜索的路径中，目标函数可能取得的“界”，然后把它的这些儿子结点和它们可能取得的“界”保存在一张结点表中，再从表中选取“界”最大或最小的 $e\_$ 结点向下搜索。因为必须从表中选取“界”取极值的 $e\_$ 结点，所以经常用优先队列来维护这张表，但也可以使用堆结构来维护这张表。

这样，从根结点开始，在整个搜索过程中，每遇到一个 $e\_$ 结点，就对其各个儿子结点进行目标函数可能取得的值的估算，以此来更新结点表——丢弃不再需要的结点，加入新的结点。再从表中选取“界”取极值的结点，并重复上述过程。随着这个过程的不断深入，结点表中所估算的目标函数的极值越来越接近问题的解。当搜索到一个叶子结点时，如果对该结点所估算的目标函数的值是结点表中的最大值或最小值，那么沿叶子结点到根结点的路径所确定的解，就是问题的最优解，由该叶子结点所确定的目标函数的值就是解这个问题所得到的最大值或最小值。

这样，分支与限界法不再像单纯的回溯法那样盲目地往前搜索，也不是遇到死胡同才往回走，而是依据结点表中不断更新的信息，不断地调整自己的搜索方向，有选择、有目标地往前搜索；回溯也不是单纯地沿着父亲结点，一层一层地向上回溯，而是依据结点表中的信息回溯。

假定问题的解向量为 $\boldsymbol{X}=(x_1,x_2,\cdots,x_n)$，其中，$x_i$ 的取值范围为某个有穷集 S_i，$|S_i|=n_i$，$1\leqslant i\leqslant n$。在使用分支限界法解具体问题时，可以采用下面两种典型方式：

第一种方式就是上面所叙述的方法，当从根结点开始向下搜索时，由 n_1 个儿子结点分别构成 n_1 棵子树的根，从而组成部分解 x_1 的 n_1 种可能取值方式。对这 n_1 个儿子结点，分别估算它们所可能取得的目标函数的值 $\text{bound}(x_1)$。如果是求最小值问题，就把 $\text{bound}(x_1)$ 称为该儿子结点的下界，意思是沿着该儿子结点向下搜索所可能取得的值最小不会小于 $\text{bound}(x_1)$。假如 $\boldsymbol{X}=(x_1,x_2,\cdots,x_k)$是沿着该儿子结点一层一层往下搜索所得到的部分解，那么应该满足：

$$\text{bound}(x_1)\leqslant \text{bound}(x_1,x_2)\leqslant\cdots\leqslant \text{bound}(x_1,x_2,\cdots,x_k) \tag{8.1.1}$$

在求得 n_1 个儿子结点的下界之后，把它们保存在结点表中，并删除根结点在结点表中的登记项。这时，在结点表中登记的结点及其相应的下界 $\text{bound}(x_1)$ 有 n_1 个，于是从结点表中选取下界 $\text{bound}(x_1)$ 最小的儿子结点作为下一次搜索的起点。这时，以这个结点作为根的子树有 n_2 个儿子结点。同样，分别计算 n_2 个儿子结点的下界，并把它们登记在结点表中，同时删除这棵子树的根结点在结点表中的登记项。这个过程一直继续，当搜索到一个叶子结点时，就得到了一个可行解 $\boldsymbol{X}=(x_1,x_2,\cdots,x_n)$及其下界 $\text{bound}(x_1,x_2,\cdots,x_n)$，也把它登记在结点表中。这时，如果结点表中有某个结点，其下界大于 $\text{bound}(x_1,x_2,\cdots,x_n)$，那么根据式（8.1.1），从这个结点向下继续搜索所得到的结果，其下界必然大于 $\text{bound}(x_1,x_2,\cdots,x_n)$。因此，可以把它从结点表中删去。于是，就有两种情况出现。如果 $\text{bound}(x_1,x_2,\cdots,x_n)$是结点表中下界最小的，那么 $\boldsymbol{X}=(x_1,x_2,\cdots,x_n)$就是问题的最优解，$\text{bound}(x_1,x_2,\cdots,x_n)$就是所求问题的最小值。但是，如果 $\text{bound}(x_1,x_2,\cdots,x_n)$不是结点表中下界最小的，说明还存在着某个部分解 $\boldsymbol{X}'=(x_1',x_2',\cdots,x_k')$，其下界小于 $\text{bound}(x_1,x_2,\cdots,x_n)$。于是，选取与这个部分解对应的结点向下搜索，把这个部分解扩展为 $\boldsymbol{X}'=(x_1',x_2',\cdots,x_{k+1}')$。如果扩展的结果 $\text{bound}(x_1',x_2',\cdots,x_{k+1}')$ 仍然小于 $\text{bound}(x_1,x_2,\cdots,x_n)$，则继续从这个结点向下搜索，再次扩展这个部分解；否则，把这个结点从结点表中删去。

另外，如果是求最大值问题，就把 $\text{bound}(x_1)$ 称为该分支结点的上界，意思是沿着该分支结点向下搜索所可能取得的值最大不会大于 $\text{bound}(x_1)$。假如 $\boldsymbol{X}=(x_1,x_2,\cdots,x_k)$是沿着该儿子结点一层一层往下搜索所得到的部分解，那么应该满足：

$$\text{bound}(x_1)\geqslant \text{bound}(x_1,x_2)\geqslant\cdots\geqslant \text{bound}(x_1,x_2,\cdots,x_k) \tag{8.1.2}$$

其余搜索过程，与求最小值的方法类似。

因为在结点表中，必须保存一个当前最大或最小的叶子结点，所以这种方法理论上在最坏情况下，所需结点表的空间为 $O(n_1\times n_2\times\cdots\times n_{n-1}\times n_n)$。如果解该问题的状态空间树是一棵完全 n 叉树，则 $n_1=n_2=\cdots=n_n=n$，所需结点表的空间为 $O(n^n)$。如果解该问题的状态空间树是一棵完全二叉树，则 $n_1=n_2=\cdots=n_n=2$，所需结点表的空间为 $O(2^n)$。实际上，正如回溯法中所叙述的那样，在一般情况下，可以很快地得到问题的解，因此所需的实际空间远远小于上述的估计数字。

使用分支限界法的另一种方式是：当从根结点开始向下搜索时，不是如上面所述那样，对 n_1 个儿子结点分别估算它们所可能取得的目标函数的值 $\text{bound}(x_1)$，再选取 $\text{bound}(x_1)$ 最小或最大的结点进行分支搜索，而是预先通过某种方式的处理，从众多的儿子结点中挑选一个儿子结点作为搜索树的一个分支结点，而把去掉这个结点之后的其他儿子结点集合作为搜索树的另一个分支结点。令 $\text{bound}(x_1)$ 是选择该儿子结点进行分支搜索时所可能取得的目标函数的界，令 $\text{bound}(\bar{x}_1)$是不选择该儿子结点时所可能取得的目标函数的界。然后，选取界最大或最小的分支结点，继续上述的处理，直到最后得到界最大或最小的叶子结点为止。这个结点所对应的解，就是问题的最优解；所对应的界，就是问题所求的最大值或最小值。

采用这种方式进行分支和限界，每进行一次分支选择，只计算两个目标函数的界，所生成的搜索树是一棵二叉树。显然，需要计算目标函数上、下界的结点数大为减少，存放结点表所需要的空间也大为减少。但是，必须首先解决一个问题，那就是如何选择分支和如何计算目标函数的上、下界。

在下面的章节里，将介绍几个典型的分支限界算法。

8.2 作业分配问题

作业分配问题的提法是：n 个操作员以 n 种不同时间完成 n 项不同作业，要求分配每位操作员完成一项作业，使完成 n 项作业的时间总和最少。

8.2.1 分支限界法解作业分配问题的思想方法

为方便起见，把 n 个操作员编号为 $0,1,\cdots,n-1$，把 n 项作业也编号为 $0,1,\cdots,n-1$。用二维数组 c 来描述每位操作员完成每项作业时所需的时间，如元素 c_{ij} 表示第 i 位操作员完成第 j 号作业所需的时间。用向量 $\boldsymbol{x}$ 来描述分配给操作员的作业编号，如分量 x_i 表示分配给第 i 位操作员的作业编号。

使用 8.1 节所叙述的第一种分支限界方法，从根结点开始向下搜索。在整个搜索过程中，每遇到一个 $e\_$ 结点，就对其所有儿子结点计算它们的下界，把它们登记在结点表中。再从表中选取下界最小的结点，并重复上述过程。当搜索到一个叶子结点时，如果该结点的下界是结点表中最小的，那么该结点就是问题的最优解；否则，对下界最小的结点继续进行扩展。

这样一来，问题归结为如何计算下界。假定 k 表示搜索深度，当 $k=0$ 时，从根结点开始向下搜索。这时，它有 n 个儿子结点，对应于 n 个操作员。如果把第 0 号作业（$j=0$）分配给第 i 位操作员，$0\leqslant i\leqslant n-1$，其余作业分配给其余操作员，显然所需时间至少为：

$$t = c_{i0} + \sum_{j=1}^{n-1}(\min_{l \neq i} c_{lj})$$

上式表示：如果把第 0 号作业分配给第 i 位操作员，所需时间至少为第 i 位操作员完成第 0 号作业所需时间，加上其余 $n-1$ 项作业分别由其余 $n-1$ 位操作员单独完成时所需最短时间之和。

例如，4 个操作员完成 4 项作业所需的时间如图 8.1 所示。第 0 行的 4 个数据分别表示第 0 位操作员完成 4 项作业所需时间。当把第 0 号作业分配给第 0 位操作员时，$c_{00}=3$，而第 1 号作业分别由其余 3 位操作员单独完成时，最短时间为 7，第 2 号作业最短时间为 6，第 3 号作业最短时间为 3。因此，当把第 0 号作业分配给第 0 位操作员时，所需时间至少不会小于 $3+7+6+3=19$，可以把它看成是在根结点下第 0 个儿子结点的下界。

	0	1	2	3
0	3	8	4	12
1	9	12	13	5
2	8	7	9	3
3	12	7	6	8

图 8.1　4 个操作员完成每项作业所需的时间

同样，如果把第 0 号作业分配给第 1 位操作员，所需时间至少不会小于 $9+7+4+3=23$，可以把它看成是在根结点下第 1 个儿子结点的下界。

一般地，当搜索深度为 k，前面第 $0,1,\cdots,k-1$ 号作业已分别分配给编号为 $i_0,i_1,\cdots,i_{k-1}$ 的操作员。令 $S=\{0,1,\cdots,n-1\}$ 表示所有操作员的编号集合；$m_{k-1}=\{i_0,i_1,\cdots,i_{k-1}\}$ 表示作业已分配的操作员编号集合。当把第 k 号作业分配给编号为 i_k 的操作员时，$i_k \in S-m_{k-1}$，显然，所需时间至少为：

$$t = \sum_{l=0}^{k} c_{i_l l} + \sum_{l=k+1}^{n-1}\left(\min_{i \in S-m_k} c_{il}\right) \qquad (8.2.1)$$

当搜索深度为 k 时，式（8.2.1）可用来计算某个儿子结点的下界。如果每个结点都包含已分配作业的操作员编号集合 m、未分配作业的操作员编号集合 S、操作员的分配方案向量 $\boldsymbol{x}$、搜索深度 k、所需时间的下界 t 等信息，那么用分支限界法解作业分配问题的过程，可叙述如下：

（1）建立根结点 X，令根结点的 $X.k=0$，$X.S=\{0,1,\cdots,n-1\}$，$X.m=\varphi$，把当前问题的可行解的最优时间下界 $bound$ 置为∞。

（2）令 $i=0$。

（3）若 $i \in X.S$，建立儿子结点 Y_i，把结点 X 的数据复制到结点 Y_i，否则转步骤（7）。

（4）令 $Y_i.m = Y_i.m \cup \{i\}$，$Y_i.S = Y_i.S - \{i\}$，$Y_i.x_i = Y_i.k$，$Y_i.k = Y_i.k+1$，按式（8.2.1）计算 $Y_i.t$。

（5）如果 $Y_i.t < bound$，转步骤（6）；否则剪去结点 Y_i，转步骤（7）。

（6）把结点 Y_i 插入优先队列。如果结点 Y_i 是叶子结点，表明它是问题的一个可行解，

用 $Y_i.t$ 更新当前可行解的最优时间下界 $bound$ 。

（7）$i=i+1$，若 $i<n$，转步骤（3），否则转步骤（8）。

（8）取下队列首元素作为子树的根结点 X，若 $X.k=n$，则该结点是叶结点，表明它是问题的最优解，算法结束，向量 $X.x$ 便是作业最优分配分案；否则，转步骤（2）。

例 8.1 考虑图 8.1 所示的 4 个操作员的作业最优分配方案。

令 t_{ik} 表示在某个搜索深度 k 下，把作业 k 分配给操作员 i 时的时间下界。那么，当 $k=0$ 时，有：

$$t_{00}=3+7+6+3=19$$
$$t_{10}=9+7+4+3=23$$
$$t_{20}=8+7+4+5=24$$
$$t_{30}=12+7+4+3=26$$

于是，在根结点下建立 4 个儿子结点 2,3,4,5，对应于把第 0 号作业分别分配给第 0,1,2,3 号操作员，其下界分别为 19,23,24,26，如图 8.2 所示的搜索树中第 1 层儿子结点所表示的那样，把这些结点都插入优先队列中，这时结点 2 的下界最小，是优先队列的首元素，表明把第 0 号作业分配给第 0 号操作员所取得的下界最小。把它从队列中取下，并由它向下继续搜索，生成 3 个儿子结点，分别为 6,7,8，对应于把第 1 号作业分别分配给第 1,2,3 号操作员，其下界分别为：

$$t_{11}=3+12+6+3=24$$
$$t_{21}=3+7+6+5=21$$
$$t_{31}=3+7+9+3=22$$

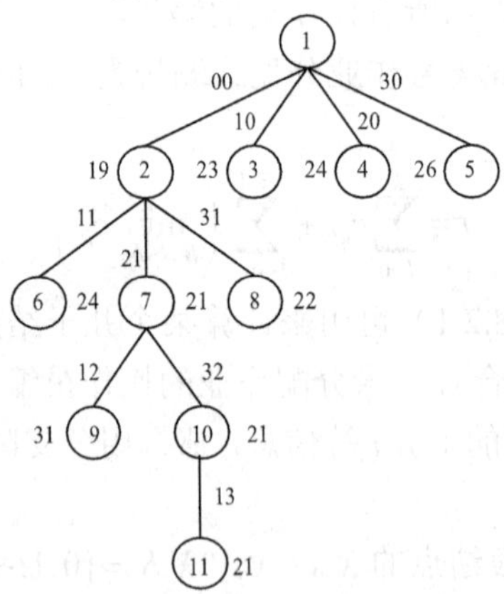

图 8.2 4 个操作员作业分配问题的搜索树

也把这 3 个结点插入优先队列中。这时，结点 7 的下界 21 最小，是队列的首元素。表明把第 0、1 号作业分别分配给第 0、2 号操作员，所取得的下界最小。把它从队列中取下，并由它向下继续搜索，生成 2 个儿子结点，分别为 9,10，对应于把第 2 号作业分别分配给第 1,3 号操作员，其下界分别为：

$$t_{12}=3+7+13+8=31$$

$$t_{32} = 3 + 7 + 6 + 5 = 21$$

也把这 2 个结点插入队列中。这时，结点 10 的下界 21 最小，是队列首元素。表明把第 0、1、2 号作业分别分配给第 0、2、3 号操作员，所取得的下界最小。把它从队列中取下，并由它向下继续搜索，生成 1 个儿子结点 11，其下界为：

$$t_{13} = 3 + 7 + 6 + 5 = 21$$

把它插入队列中。因为它是队列中下界最小的结点，所以把它从队列中取下。又因为它是叶子结点，所以它就是问题的最优解。由此得到 4 个操作员的作业分配方案是：

$$x_0 = 0 \qquad x_1 = 3 \qquad x_2 = 1 \qquad x_3 = 2$$

8.2.2　分支限界法解作业分配问题算法的实现

首先，定义结点的数据结构如下：

```
struct ass_node {
    int      x[n];                    /* 分配给操作员的作业 */
    int      k;                       /* 搜索深度 */
    float    t;                       /* 当前搜索深度下,已分配的作业所需时间 */
    float    b;                       /* 本结点所需的时间下界 */
    struct ass_node *next;            /* 优先队列链指针 */
};
typedef struct ass_node ASS_NODE;
```

在这个结构中，用数组 x 来存放分配给操作员的作业。$x[i] = j$ 表示把作业 j 分配给操作员 i；$x[i] = -1$ 表示操作员 i 尚未分配作业。这样，数组 x 隐含了集合 m 和 S 的信息：数组 x 中所有不等于-1 的元素都属于集合 m；所有等于-1 的元素都属于集合 S。在搜索过程中，各个结点的数据是动态变化的，互不相同，发生回溯时，必须使用结点中原来的数据。因此，每个结点的数据都是局部于该结点的。

用二维数组 c 来存放 n 个操作员分别完成 n 项作业所需时间，用变量 *bound* 存放当前已搜索到的某个可行解的最优时间，用变量 *qbase* 存放优先队列的首指针。

```
float       c[n][n];               /* n 个操作员分别完成 n 项作业所需时间 */
float       bound;                 /* 当前已搜索到的可行解的最优时间 */
ASS_NODE    *qbase;                /* 优先队列的首指针 */
```

用下面两个函数对优先队列进行操作：

- void Q_insert(ASS_NODE *qbase, ASS_NODE *xnode);
  把 *xnode* 所指向的结点按所需时间下界插入优先队列 *qbase* 中，下界越小，优先性越高。
- ASS_NODE *Q_delete(ASS_NODE *qbase);
  取下并返回优先队列 *qbase* 的首元素。

于是，作业分配问题的分支限界算法可叙述如下：

算法 8.1 作业分配问题的分支限界算法

输入： n 个操作员分别完成 n 项作业所需时间 c[][]，操作员个数 n

输出： 最优分配方案 job[]，及最优下限时间

```
#define MAX_FLOAT_NUM  ∞                          /* 最大的浮点数 */
float job_assigned(float c[][],int n,int job[])
{
   int i,j,m;
   ASS_NODE *xnode,*ynode,*qbase = NULL;
   float min,bound = MAX_FLOAT_NUM;
   xnode = new ASS_NODE;
   for (i=0;i<n;i++)                               /* 初始化 xnode 所指向的根结点*/
      xnode->x[i] = -1;
   xnode->t = xnode->b = 0;
   xnode->k = 0;
   while (xnode->k!=n) {                           /* 非叶子结点，继续向下搜索 */
      for (i=0;i<n;i++) {                          /* 对 n 个操作员分别判断处理 */
         if (xnode->x[i]==-1) {                    /* 操作员 i 尚未分配作业 */
            ynode = new ASS_NODE;                  /* 为操作员 i 建立一个结点 */
            *ynode = *xnode;                       /* 把父亲结点的数据复制给它 */
            ynode->x[i] = ynode->k;                /* 把作业 k 分配给操作员 i */
            ynode->t += c[i][ynode->k];            /* 已分配作业的时间累计 */
            ynode->b = ynode->t;
            ynode->k++;                            /* 该结点下一次的搜索深度 */
            for (j=ynode->k;j<n;j++) {             /* 未分配作业最小时间估计 */
               min = MAX_FLOAT_NUM;
               for (m=0;m<n;m++) {
                  if ((ynode->x[m]==-1)&&(c[m][j]<min))
                     min = c[m][j];
               }
               ynode->b += min;
            }
            if (ynode->b<bound) {                  /* 小于可行解的最优下界 */
               Q_insert(qbase,ynode);              /* 把结点按下界插入优先队列 */
               if (ynode->k==n)                    /* 已得到一个可行解 */
                  bound = ynode->b;                /* 更新可行解的最优下界 */
            }
            else delete ynode;                     /* 大于可行解的最优下界，剪除 */
         }
      }
      delete xnode;                                /* 释放结点 xnode 的缓冲区 */
      xnode = Q_delete(qbase);                     /* 取下队列首元素于 xnode */
```

```
39.     }
40.     min = xnode->b;                    /* 保存下界,以便作为返回值返回 */
41.     for (i=0;i<n;i++)                  /* 把分配方案保存于数组 job 中返回 */
42.        job[i] = xnode->x[i];
43.     while (qbase) {                    /* 释放结点缓冲区 */
44.        xnode = Q_delete(qbase);
45.        delete xnode;
46.     }
47.     return min;
48. }
```

算法的第 7~11 行，建立由 $xnode$ 所指向的结点作为根结点，把结点中数组 x 的所有元素置为-1，表明所有的操作员都还没有分配作业；把搜索深度 k ，也即等待分配的第一个作业号码初始化为 0，把已分配作业的时间累计值 t 也初始化为 0，并把该结点作为父亲结点。第 12 行开始的 while 循环，在当前的父亲结点下，为所有未分配作业的操作员 i 建立相应的分支结点，这些分支结点继承了父亲结点在此之前所得到的全部结果后，把作业 k 分配给相应的操作员，并计算由此完成所有作业至少需要的时间。第 29~34 行判断这些分支结点的时间估计值是否小于当前可行解的最优时间下界 $bound$ ，如果是，则把该结点插入优先队列中，并继续判断该结点是否是叶子结点；如果是，表明该结点是一个可行解，则用其时间计算值来更新当前可行解的最优下界 $bound$ 。如果某个分支结点的时间估计值大于当前可行解的最优下界 $bound$ ，则继续从这个分支结点向下搜索已没有意义，因此把它从树中剪去。最后，再取下优先队列首元素作为新的父亲结点。这个过程一直继续，直到从队列取下的元素，其搜索深度 $k=n$ 时为止。这时，该结点是叶子结点，并且其下界是所有结点中下界最小的，因此结束搜索。第 40~47 行是释放缓冲区，保存及返回数据。

时间复杂性估算如下：在第 11 行之前的初始化部分，第 8、9 行的 for 循环，初始化根结点的向量 $\boldsymbol{x}$ 需要 $O(n)$ 时间；其余需要 $O(1)$ 时间。第 12 行的 while 循环及第 13 行的 for 循环一起，假定需进行 c 个结点的处理。每处理一个结点，就执行一次由第 14 行开始的 if 语句的一个子句。在这个子句里，第 16 行把父亲结点的数据复制给儿子结点，需要 $O(n)$ 时间；第 21~28 行的二重循环，计算完成未分配作业至少需要的时间估计值，需要 $O(n^2)$ 时间；第 30 行把结点插入优先队列，第 38 行取下队列首元素，需要 $O(c)$ 时间，其余需要 $O(1)$ 时间。因此，第 13~39 行的 while 循环，在最坏情况下需要 $O(cn^2)$ 时间。在算法的结束部分，第 41 行及第 43 行的循环分别需要 $O(n)$ 时间和 $O(c)$ 时间。因此，算法在最坏情况下，需要 $O(cn^2)$ 时间。

因为共处理 c 个结点，每个结点需要 $O(n)$ 空间，因此在最坏情况下，算法的空间复杂性是 $O(cn)$ 。

8.3 单源最短路径问题

如果把第 5 章的单源最短路径问题描述为：给定有向赋权图$G=(V,E)$，图中每一条边都具有非负长度，求从源顶点s到目标顶点t的最短路径问题。那么，也可以用分支限界法来求解这个问题。

8.3.1 分支限界法解单源最短路径问题的思想方法

使用 8.1 节所叙述的第 1 种分支限界方法，把源顶点s作为根结点开始进行搜索。对源顶点s的所有邻接顶点都产生一个分支结点，估计从源点s经该邻接顶点到达目标顶点t的距离作为该分支结点的下界，然后选择下界最小的分支结点，对该分支结点所对应的顶点的所有邻接顶点继续进行上述的搜索。

例如，在图 8.3 中，源顶点为a，目标顶点为t。把a作为根结点进行搜索。a有 3 个邻接顶点，因此产生 3 个分支结点，如图 8.4 所示。从顶点a到这 3 个分支结点所对应的顶点b,c,d，其距离分别为 1,4,4。b有两个邻接顶点c和e，它们和b的距离分别为 2 和 9。如果从对应b的结点 1 继续搜索，则从b到t的最短路径距离不会小于 $1+\min\{2,9\}=3$。因此，可以把 3 作为结点 1 的下界。同样，结点 2 的下界为 $4+\min\{3,6,3,4\}=7$，结点 3 的下界为4+7=11。因此，可以选择结点 1 继续进行搜索。

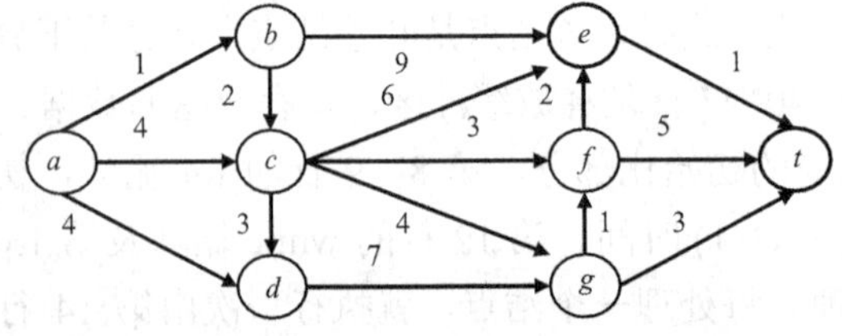

图8.3　顶点a到顶点t的最短路径的有向赋权图

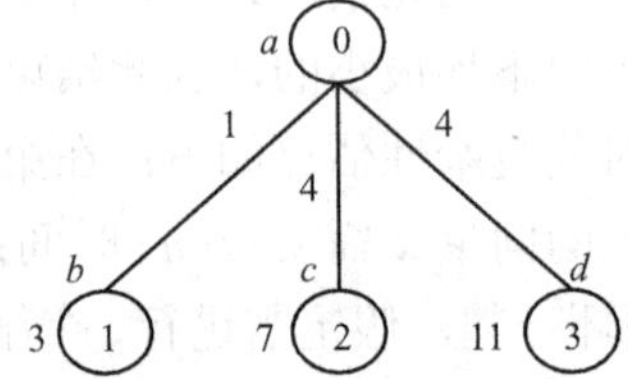

图8.4　图8.3搜索树的第一层分支结点

假定$d(node)$是搜索树中从根结点到结点$node$所对应的顶点u的路径长度，顶点u的邻接顶点为$v_1,v_2,\cdots,v_l$，而c_{u,v_i}为顶点u到其邻接顶点$v_i(i=1,\cdots,l)$的距离。令

$$h=\min\left(c_{u,v_1},c_{u,v_2},\cdots,c_{u,v_l}\right) \tag{8.3.1}$$

则结点$node$的下界$b(node)$可表示为：

$$b(node)=d(node)+h \tag{8.3.2}$$

如果把顶点编号为$0,1,\cdots,n-1$，用顶点邻接表来表示各个顶点之间的邻接关系，用下面的数据结构来存放搜索树中的结点：

```
struct path_node {
    int     u;                     /* 该结点所对应的顶点 */
```

```
    int     path[n];          /* 从源点开始的路径上的顶点编号 */
    int     k;                /* 当前搜索深度下,路径上的顶点个数 */
    int     d;                /* 从源点到本结点所对应顶点的路径长度 */
    float   b;                /* 经本结点到目标顶点最短路径长度下界 */
    struct path_node *next;
};
typedef struct path_node PATH_NODE;
```

假定源顶点为 s，目标顶点为 t，用分支限界法求解单源最短路径问题的步骤可描述如下：

（1）初始化：建立根结点 X，令根结点的 $X.u = s$， $X.k = 1$， $X.path[0] = s$， $X.d = 0$， $X.b = 0$，当前可行解的最短路径下界 $bound$ 置为∞。

（2）令顶点 $X.u$ 所对应的顶点为 u，对 u 的所有邻接顶点 v_i，建立儿子结点 Y_i，把结点 X 的数据复制到结点 Y_i。

（3）令 $Y_i.u = v_i$， $Y_i.path[Y_i.k] = v_i$， $Y_i.k = Y_i.k + 1$， $Y_i.d = Y_i.d + c_{u,v_i}$，对顶点 v_i 按式（8.3.1）和式（8.3.2）计算 h 和 $Y_i.b$。

（4）如果 $Y_i.b < bound$，转步骤（5）；否则剪去结点 Y_i，转步骤（6）。

（5）把结点 Y_i 插入优先队列。如果结点 $Y_i.u = t$，表明它是问题的一个可行解，用 $Y_i.b$ 更新当前可行解的最短路径长度下界 $bound$。

（6）取下优先队列首元素作为子树的根结点 X，若 $X.u = t$，表明它是问题的最优解，算法结束，数组 $X.path$ 存放从源点 s 到目标顶点 t 的最短路径上的顶点编号，$X.d$ 存放该路径的长度；否则，转步骤（2）。

例 8.2　用分支限界法求图 8.3 所示有向图。从源点 a 到目标顶点 t 的最短路径的搜索过程如图 8.5 所示。根结点 0 所对应的源点 a 有 3 个邻接顶点 b、c、d，分别为它们在根结点 0 下建立 3 个分支结点 1、2、3，其下界分别为 3、7、11。结点 1 的下界最小，选择从结点 1 继续进行搜索。对应于结点 1 的顶点 b 的邻接顶点为 c 和 e，分别为它们建立分支结点 4 和 5，下界分别为 6 和 11。这时结点 4 的下界最小，选择从结点 4 继续搜索。结点 4 对应的顶点 c 的邻接顶点有 d、e、f、g，分别为它们建立分支结点 6、7、8、9，对应的下界分别为 13、10、8、8。此时结点 2 的下界最小，选择从结点 2 继续进行搜索。而结点 2 对应的顶点也为 c，同样也为它的 4 个邻接顶点分别建立结点 10、11、12、13，下界分别为 14、11、9、9。这时结点 8 的下界最小，选择从结点 8 继续搜索。结点 8 对应的顶点 f 的邻接顶点为 e 和 t，分别为它们建立分支结点 14 和 15，下界分别为 9 和 11。这时结点 15 对应的顶点 t 是目标顶点，因此得到了一个可行解，路径为 a、b、c、f、t，路径长度为 11。它是当前可行解的下界。这时结点 9 的下界最小，选择从结点 9 继续搜索。结点 9 对应的顶点 g 的邻接顶点为 f 和 t，分别为它们建立分支结点 16 和 17，下界都是 10。而结点 17 对应的顶点是 t，因此又得到一个可行解，路径为 a、b、c、g、t，路径长度为 10。由它刷新当前可行解的下界。这时结点 14 下界最小，从结点 14 继续进行搜索。它对应的顶点 e 只有一个邻接顶点 t，为它建立结点 18，下界为 9，从而得到一个可行解，路

径为 a、b、c、f、e、t，路径长度为 9；同时结点 18 的下界是所有结点中最小的，因此它是最优解，搜索结束。

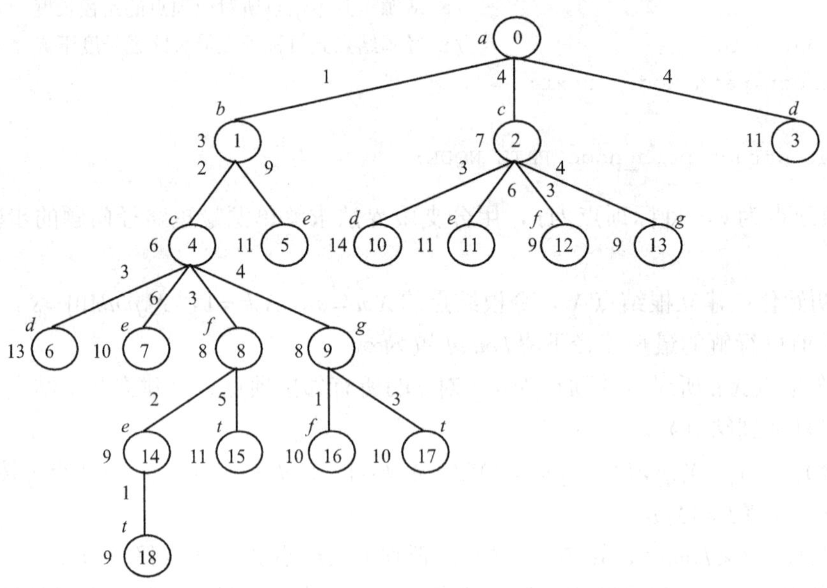

图 8.5　求解图 8.3 最短路径的搜索树

8.3.2　分支限界法解单源最短路径问题算法的实现

用下面的数据结构来存放顶点邻接表：

```
struct adj_list {                          /* 邻接表结点的数据结构 */
    int v_num;                             /* 邻接顶点的编号 */
    float len;                             /* 邻接顶点与该顶点的距离 */
    struct adj_list *next;                 /* 下一个邻接顶点 */
};
typedef struct adj_list NODE;
```

用变量 *qbase* 存放优先队列的首指针：

```
PATH_NODE   *qbase;                        /* 优先队列的首指针 */
```

用下面两个函数对优先队列进行操作：

- void Q_insert(PATH_NODE **qbase*, PATH_NODE **xnode*);
  把 *xnode* 所指向的结点按路径长度下界插入优先队列 *qbase* 中，下界越小，优先性越高。
- PATH_NODE *Q_delete(PATH_NODE **qbase*);
  取下并返回优先队列 *qbase* 的首元素。

于是，分支限界法解单源最短路径问题算法的实现描述如下：

算法 8.2　单源最短路径的分支限界算法

输入：顶点个数 n，有向图的邻接表头结点 node[]，源顶点 s，目标顶点 t

输出：源顶点 s 到目标顶点 t 最短路径的长度，最短路径上的顶点编号 path[]，顶点个数 k

```
#define MAX_FLOAT_NUM  ∞                      /* 最大的浮点数 */
float shortest_path(NODE node[],int n,int s,int t,int path[],int &k)
{
    int i
    PATH_NODE *xnode,*ynode,*qbase = NULL;
    NODE *pnode,*p;
    float h,bound = MAX_FLOAT_NUM;
    xnode = new PATH_NODE;                    /* 初始化 xnode 所指向的根结点 */
    xnode->u = xnode->path[0] = s;
    xnode->d = xnode->b = 0;    xnode->k = 1;
    for (i=1;i<n;i++)
        xnode->path[i] = -1;
    while (xnode->u!=t) {                     /* 结点所对应的顶点不是目标顶点 */
        pnode = node[xnode->u].next;          /* 取该顶点的邻接表指针 */
        while (pnode) {
            if (pnode->v_num!=s) {            /* 限制邻接顶点不是源顶点 */
                ynode = new PATH_NODE;        /* 为邻接顶点建立一个结点 */
                *ynode = *xnode;              /* 把父亲结点的数据复制给它 */
                ynode->u = pnode->v_num;      /* 结点对应的顶点编号 */
                ynode->path[k] = ynode->u;/* 当前结点路径上的顶点编号 */
                ynode->k = ynode->k + 1;      /* 路径上的顶点个数 */
                ynode->d = ynode->d + pnode->len;   /*当前结点路径的长度*/
                p = node[ynode->u].next;
                if (p==NULL) h = 0;            /* 按式(8.3.1)计算 h */
                else {
                    h = MAX_FLOAT_NUM;
                    while (p){
                        if (p->len<h) h = p->len;
                        p = p->next;
                    }
                }
                ynode->b = ynode->d + h;
                if (ynode->b<bound) {         /* 小于可行解的最优下界 */
                    Q_insert(qbase,ynode);/* 把结点按下界插入优先队列 */
                    if (ynode->u==t)          /* 若已得到一个可行解 */
                        bound = ynode->b;     /* 更新可行解的最优下界 */
                }
                else delete ynode;            /* 大于可行解的最优下界,剪除*/
            }
            pnode = pnode->next;              /* 取下一个邻接顶点 */
        }
```

```
42.         delete xnode;                          /* 释放结点 xnode 的缓冲区 */
43.         xnode = Q_delete(qbase);               /* 取下队列首元素 */
44.     }
45.     h = xnode->d;                              /* 保存路径长度作为返回值返回 */
46.     k = xnode->k;
47.     for (i=0;i<k;i++)                          /* 路径的顶点编号存于数组 path*/
48.         path[i] = xnode->path[i];
49.     while (qbase) {                            /* 释放结点缓冲区 */
50.         xnode = Q_delete(qbase);
51.         delete xnode;
52.     }
53.     return h;
54. }
```

算法的第 8~12 行，建立一个以 *xnode* 所指向的结点作为根结点，并对它进行初始化。第 13~44 行的 while 循环，实现最短路径的搜索。第 14 行取得当前结点所对应顶点邻接表中第一个邻接顶点的指针，为下面的工作做准备。第 15~41 行的 while 循环为当前结点所对应顶点的所有邻接顶点建立分支结点。第 16~39 行的 if 子句，如果邻接顶点不是源顶点，就为该邻接顶点建立一个分支结点。该分支结点继承父亲结点在此之前所得到的全部结果后，第 19 行更新该分支结点所对应的顶点编号，第 20 行把该顶点编号登记到路径上。第 23~32 行按式（8.3.1）和式（8.3.2）计算 h 和结点的下界。第 33~37 行判断该分支结点的下界是否小于当前可行解的下界 $bound$ ；如果是，则把该结点插入优先队列中，并继续判断该结点对应顶点是不是目标顶点 t ；如果是，表明已得到一个可行解，则用其下界来更新当前可行解的下界 $bound$ 。第 38 行，如果某个分支结点的下界大于当前可行解的下界 $bound$ ，则继续从该分支结点向下搜索已没有意义，因此把它从树中剪去。最后，第 43 行再取下队列首元素作为新的父亲结点，进行上述一系列处理。这个过程一直继续，直到从队列取下的结点，其对应顶点是目标顶点 t ，此时其下界必是所有结点中下界最小的，因此结束搜索。

算法的时间复杂性估计如下：第 8~12 行对父亲结点进行初始化，需要 $O(n)$时间。第 13~44 行的 while 循环，循环体的执行次数取决于所搜索的结点个数，假定为 c 。循环体的执行时间取决于内部两个嵌套的 while 循环，即第 15~41 行的 while 循环和第 27~30 行的 while 循环，它们都与每个顶点的邻接顶点个数有关。假定源顶点和目标顶点不邻接，其他顶点在最坏情况下有 $n-2$ 个邻接顶点，则第 27~30 行的 while 循环需要 $O(n)$ 时间，而第 15~41 行的 while 循环需要 $O(n^2)$ 时间。因此，算法的时间复杂性为 $O(cn^2)$ 。

算法的空间复杂性取决于优先队列的结点个数，每个结点需要 $O(n)$ 空间存放路径的顶点编号，而队列的结点个数不会超过所搜索的结点个数，因此算法所需要的空间为 $O(cn)$ 。

8.4　0/1 背包问题

下面使用 8.1 节所叙述的第 2 种分支限界法来解 0/1 背包问题。在这里，牵涉到分支的选择和界限的确定。

8.4.1　分支限界法解 0/1 背包问题的思想方法和求解过程

假定n个物体重量分别为$w_0,w_1,\cdots,w_{n-1}$，价值分别为$p_0,p_1,\cdots,p_{n-1}$，背包载重量为M。首先，仍然按价值重量比递减的顺序，对n个物体进行排序。令排序后物体序号的集合为$S=\{0,1,\cdots,n-1\}$。把这些物体划分为 3 个集合：选择装入背包的物体集合S_1，不选择装入背包的物体集合S_2，尚待确定是否选择装入的物体集合S_3。假定$S_1(k)$、$S_2(k)$、$S_3(k)$分别表示在搜索深度为k时的 3 个集合中的物体，因此在开始时有：

$$S_1(0)=\varphi \qquad S_2(0)=\varphi \qquad S_3(0)=S=\{0,1,\cdots,n-1\}$$

用如下方法进行分支：假设比值p_i/w_i最大的物体序号为s（其中，$s\in S_3$），用s进行分支，一个分支结点表示把物体s装入背包，另一个分支结点表示不把物体s装入背包。当物体按价值重量比递减的顺序排列后，s就是集合$S_3(k)$中的第一个元素。特别地，当搜索深度为k时，物体s的序号就是集合S中的元素k。于是，把物体s装入背包的分支结点作如下处理：

$$S_1(k+1)=S_1(k)\cup\{k\}$$
$$S_2(k+1)=S_2(k)$$
$$S_3(k+1)=S_3(k)-\{k\}$$

不把物体s装入背包的分支结点则作如下处理：

$$S_1(k+1)=S_1(k)$$
$$S_2(k+1)=S_2(k)\cup\{k\}$$
$$S_3(k+1)=S_3(k)-\{k\}$$

假定$b(k)$表示在搜索深度为k时，某个分支结点的背包中物体的价值上界。这时，$S_3(k)=\{k,k+1,\cdots,n-1\}$。用如下方法计算这两种分支结点的背包中物体价值的上界，若

$$M<\sum_{i\in S_1(k)}w_i$$

令

$$b(k)=0 \tag{8.4.1}$$

若

$$M=\sum_{i\in S_1(k)}w_i+\sum_{i=k}^{l-1}w_i+x\cdot w_l \qquad 0\leqslant x<1,k<l,k,\cdots,l\in S_3(k)$$

令

$$b(k)=\sum_{i\in S_1(k)}p_i+\sum_{i=k}^{l-1}p_i+x\cdot p_l \tag{8.4.2}$$

令每个结点都包含集合当前S_1、S_2、S_3中的物体，以及搜索深度k、上界b等数据，用优先队列来存放结点表。这样，0/1 背包问题的分支限界法的求解过程可叙述如下：

（1）令当前可行解的最优上界$bound$为 0，把物体按价值重量比递减顺序排序。

（2）建立根结点X，令$X.b=0$，$X.k=0$，$X.S_1=\varphi$，$X.S_2=\varphi$，$X.S_3=S$。

（3）若$X.k=n$，算法结束，$X.S_1$即为装入背包中的物体，$X.b$即为装入背包中物体的最大价值；否则，转步骤（4）。

（4）建立结点 Y，令 $Y.S_1 = X.S_1 \cup \{X.k\}$，$Y.S_2 = X.S_2$，$Y.S_3 = X.S_3 - \{X.k\}$，$Y.k = X.k + 1$；按式（8.4.1）、式（8.4.2）计算 $Y.b$；把 $Y.b$ 与 $bound$ 进行比较，处理是否插入优先队列和更新 $bound$。

（5）建立结点 Z，令 $Z.S_1 = X.S_1$，$Z.S_2 = X.S_2 \cup \{X.k\}$，$Z.S_3 = X.S_3 - \{X.k\}$，$Z.k = X.k + 1$；按式（8.4.1）、式（8.4.2）计算 $Z.b$；把 $Z.b$ 与 $bound$ 进行比较，处理是否插入优先队列和更新 $bound$。

（6）取下优先队列首元素于结点 X，转步骤（3）。

例 8.3 有 5 个物体，重量分别为 8, 16, 21, 17, 12，价值分别为 8, 14, 16, 11, 7，背包载重量为 37，求装入背包的物体及其价值。

该问题的物体顺序，已按照价值重量比的递减顺序排列。假定物体序号分别为 0, 1, 2, 3, 4。用分支限界法求解这个问题时，其搜索过程如图 8.6 所示。最后得到的解是 $S_1 = \{1,2\}$，最大价值是 30。

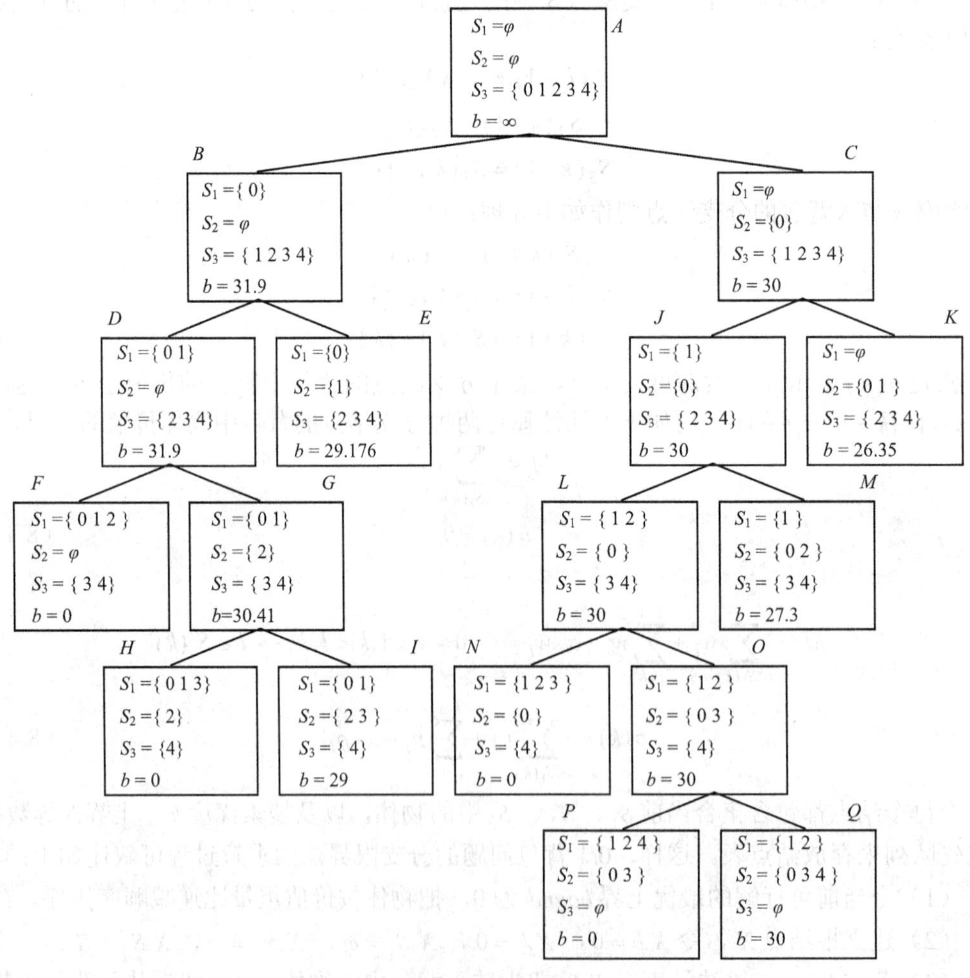

图 8.6　0/1 背包问题分支限界法的求解过程

8.4.2　0/1 背包问题分支限界算法的实现

用下面的数据结构来存放物体的有关信息：

```
typedef struct {
    float       w;                  /* 物体重量 */
    float       p;                  /* 物体价值 */
    float       v;                  /* 物体的价值重量比 */
    int         num;                /* 物体排序前的初始序号 */
} OBJECT;
OBJECT      ob[n];
float       M;                      /* 背包载重量 */
```

用布尔数组来表示集合中的物体，相应元素为假，表示不存在相应物体；为真，表示存在相应物体。因为物体是按价值重量比递减顺序排序的，搜索深度 k 与物体装入背包的顺序存在对应关系，所以集合 S_2 和 S_3 可以隐含。这样，可以用下面的结构来存放结点中的数据：

```
struct knapnode {
    BOOL        s1[n];              /* 当前集合 s1 中的物体 */
    int         k;                  /* 当前结点的搜索深度 */
    float       b;                  /* 当前结点的价值上界 */
    float       w;                  /* 当前集合 s1 中的物体重量 */
    float       p;                  /* 当前集合 s1 中的物体价值 */
    struct knapnode *next;          /* 优先队列的链指针 */
};
typedef  struct knapnode  KNAPNODE;
```

用变量 *qbase* 指向优先队列的首元素，用变量 *bound* 存放当前搜索到的可行解的最优上界，用数组 *obx* 存放最终背包中物体的原始序号。

```
KNAPNODE    *qbase;                 /* 优先队列指针 */
float       bound;                  /* 当前可行解的最优上界 */
int         obx[n];                 /* 按原始序号存放的背包中的物体 */
```

用下面两个函数对优先队列进行操作：

- void Q_insert(KNAPNODE **qbase*, KNAPNODE **xnode*);
  把 *xnode* 所指向的结点按背包中物体的价值上界插入优先队列 *qbase* 中，上界越大，优先性越高。
- KNAPNODE *Q_delete(KNAPNODE **qbase*);
  取下并返回优先队列 *qbase* 的首元素。

使用 knap_bound 函数来计算分支结点的上界。knap_bound 函数叙述如下：

```
void knap_bound(KNAPNODE *node,float M,OBJECT ob[],int n)
{
    int i = node->k;
    float w = node->w;
    float p = node->p;
    if (node->w>M)                                  /* 物体重量超过背包载重量 */
        node->b = 0;                                /* 上界置为 0 */
    else {                                          /* 否则,确定背包的剩余载重量 */
        while (w+ob[i].w<=M)&&(i<n) {               /* 继续装入可得到的最大价值 */
            w += ob[i].w;
            p += ob[i++].p;
        }
        if (i<n)
            node->b = p + (M - w) * ob[i].p / ob[i].w;
        else
            node->b = p;
    }
}
```

这个函数的执行时间，在最好的情况下是 $O(1)$ 时间，在最坏的情况下是 $O(n)$ 时间。这样，0/1 背包问题分支限界算法可叙述如下：

算法 8.3 用分支限界方法实现 0/1 背包问题

输入： 包含 n 个物体的重量和价值的数组 ob[],背包载重量 M

输出： 最优装入背包的物体 obx[],装入背包的物体个数 k,装入背包的物体价值

```
float knapsack_bound(OBJECT ob[],float M,int n,int obx[],int &k)
{
    int i;
    float v,bound = 0;
    KNAPNODE *xnode,*ynode,*znode,*qbase = NULL;
    for (i=0;i<n;i++) {
        ob[i].v = ob[i].p/ob[i].w;                  /* 计算物体的价值重量比 */
        ob[i].num = i;   obx[i] = -1;               /* 物体排序前的原始序号 */
    }
    merge_sort(ob,n);                               /* 物体按价值重量比排序 */
    xnode = new KNAPNODE;                           /* 建立父亲结点 x */
    for (i=0;i<n;i++)                               /* 结点 x 初始化 */
        xnode->s1[i] = FALSE;
    xnode->p = xnode->w = 0;
    xnode->k = 0;
    while (xnode->k<n) {
```

证明　假定图 G 有 n 个顶点，费用矩阵中的第 i 行元素表示顶点 v_i 到其他顶点的出边费用，第 i 列元素表示其他顶点到顶点 v_i 的入边费用。l 是图 G 的一条哈密尔顿回路。v_i 是回路中的任意一个顶点，$0\leqslant i\leqslant n-1$。它在回路中只有一条出边，该出边对应于费用矩阵中第 i 行的一个元素。v_i 在回路中只出现一次，因此费用矩阵的第 i 行有且只有一个元素与其对应。另外，v_i 在回路中只有一条入边，因此，费用矩阵中的第 i 列也有且只有一个元素与其对应。回路中的顶点共有 n 个，对应于图 G 的 n 个顶点，所以费用矩阵的每一行和每一列都有且只有一个元素与回路中的顶点的出边与入边一一对应。

例如，如图 8.7（a）所示为一个 5 城市的货郎担问题的费用矩阵，令 $l = v_0v_3v_1v_4v_2v_0$ 是哈密尔顿回路，回路上的边对应于费用矩阵中的元素 $c_{03}, c_{31}, c_{14}, c_{42}, c_{20}$。可以看到，费用矩阵中的每一行和每一列都有且只有一个元素与回路中的边相对应。

定义 8.1　费用矩阵 $\boldsymbol{c}$ 的第 i 行（或第 j 列）中的每个元素减去一个正常数 lh_i（或 ch_j），得到一个新的费用矩阵 $\bar{\boldsymbol{c}}$，使得 $\bar{\boldsymbol{c}}$ 中第 i 行（或第 j 列）中的最小元素为 0，称为费用矩阵的行归约（或列归约）。称 lh_i 为行归约常数，称 ch_j 为列归约常数。

例如，把图 8.7（a）中的每一行都进行行归约，第 0 行的每一个元素都减去 25，第 1 行的每一个元素都减去 5，第 2 行的每一个元素都减去 1，第 3 行的每一个元素都减去 6，第 4 行的每一个元素都减去 7，得到行归约常数 $lh_0 = 25, lh_1 = 5, lh_2 = 1, lh_3 = 6, lh_4 = 7$，所得结果如图 8.7（b）所示。把图 8.7（b）的第 3 列进行列归约，得到列归约常数 $ch_3 = 4$，所得结果如图 8.7（c）所示。

（a）

	0	1	2	3	4
0	∞	25	41	32	28
1	5	∞	18	31	26
2	20	16	∞	7	1
3	10	51	25	∞	6
4	23	9	7	11	∞

（b）

	0	1	2	3	4	
0	∞	0	16	7	3	$lh_0 = 25$
1	0	∞	13	26	21	$lh_1 = 5$
2	19	15	∞	6	0	$lh_2 = 1$
3	4	45	19	∞	0	$lh_3 = 6$
4	16	2	0	4	∞	$lh_4 = 7$

（c）

	0	1	2	3	4
0	∞	0	16	3	3
1	0	∞	13	22	21
2	19	15	∞	2	0
3	4	45	19	∞	0
4	16	2	0	0	∞

图 8.7　5 城市货郎担问题的费用矩阵及其归约

定义 8.2　对费用矩阵 $\boldsymbol{c}$ 的每一行和每一列都进行行归约和列归约，得到一个新的费用矩阵 $\bar{\boldsymbol{c}}$，使得 $\bar{\boldsymbol{c}}$ 中每一行和每一列至少都有一个元素为 0，称为费用矩阵的归约。矩阵 $\bar{\boldsymbol{c}}$ 称为费用矩阵 $\boldsymbol{c}$ 的归约矩阵。称常数 h

$$h = \sum_{i=0}^{n-1} lh_i + \sum_{i=0}^{n-1} ch_i \tag{8.5.1}$$

为矩阵 $\boldsymbol{c}$ 的归约常数。

例如，对图 8.7（a）中的费用矩阵进行归约，得到图 8.7（c）所示的费用矩阵，把图 8.7（c）所示的费用矩阵，称为图 8.7（a）中的费用矩阵的归约矩阵。此时，归约常数 h 为：

$$h = 25 + 5 + 1 + 6 + 7 + 4 = 48$$

定理 8.1　令 $G = (V, E)$ 是一个有向赋权图，l 是图 G 的一条哈密尔顿回路，$\boldsymbol{c}$ 是图 G 的费用矩阵，$w(l)$ 是以费用矩阵 $\boldsymbol{c}$ 计算的这条回路的费用。如果矩阵 $\bar{\boldsymbol{c}}$ 是费用矩阵 $\boldsymbol{c}$ 的归约

矩阵，归约常数为h，$\overline{w}(l)$是以费用矩阵$\overline{c}$计算的这条回路的费用，则有：

$$w(l)=\overline{w}(l)+h \tag{8.5.2}$$

证明 假定c_{ij}是费用矩阵 c 的第i行第j列元素，$\overline{c}_{ij}$是费用矩阵$\overline{c}$的第i行第j列元素。因为$\overline{c}$是c的归约矩阵，因此，对所有的i,j，其中$0\leqslant i,j\leqslant n-1$，有：

$$c_{ij}=\overline{c}_{ij}+lh_i+ch_j$$

$w(l)$是以费用矩阵c计算的哈密尔顿回路的费用，令

$$w(l)=\sum_{i,j\in l}c_{ij}$$

$\overline{w}(l)$是以费用矩阵$\overline{c}$计算的同一条哈密尔顿回路的费用，令

$$\overline{w}(l)=\sum_{i,j\in l}\overline{c}_{ij}$$

由引理8.1，回路上的边对应于费用矩阵c中每行每列各一个元素，则有：

$$w(l)=\sum_{i,j\in l}c_{ij}=\sum_{i,j\in l}\overline{c}_{ij}+\sum_{i=0}^{n-1}lh_i+\sum_{j=0}^{n-1}ch_j=\overline{w}(l)+h$$

定理证毕。

定理 8.2 令$G=(V,E)$是一个有向赋权图，l是图G的一条最短的哈密尔顿回路，c是图G的费用矩阵，$\overline{c}$是费用矩阵c的归约矩阵，$\overline{G}$是与费用矩阵$\overline{c}$相对应的图，$\overline{c}$是图$\overline{G}$的邻接矩阵，则l也是图$\overline{G}$的一条最短的哈密尔顿回路。

证明 用反证法证明。若l不是图$\overline{G}$的一条最短的哈密尔顿回路，则图$\overline{G}$中必存在另一条回路l^*，它是图$\overline{G}$中最短的哈密尔顿回路；同时，它也是图G中的一条回路。令$\overline{w}(l)$是以费用矩阵$\overline{c}$计算的回路l的费用，$\overline{w}(l^*)$是以费用矩阵$\overline{c}$计算的回路l^*的费用，因此必有：

$$\overline{w}(l)=\overline{w}(l^*)+\delta$$

其中，δ是一个正数。又l^*也是图G中的一条回路，令$w(l)$和$w(l^*)$分别是以费用矩阵 c 计算的回路l和l^*的费用，由定理8.1，有：

$$w(l)=\overline{w}(l)+h$$

$$w(l^*)=\overline{w}(l^*)+h$$

其中，h是费用矩阵c的归约常数。因此

$$\begin{aligned}w(l)&=\overline{w}(l)+h=\overline{w}(l^*)+\delta+h\\&=w(l^*)+\delta\end{aligned}$$

则l^*是图G中比l更短的哈密尔顿回路，与定理的前提相矛盾。所以，l也是图$\overline{G}$的一条最短的哈密尔顿回路。

8.5.2 界限的确定和分支的选择

按照定理8.1和定理8.2，求解图G的最短哈密尔顿回路问题，可以先求图G费用矩阵c的归约矩阵$\overline{c}$，得到归约常数h之后，再转换为求取与费用矩阵$\overline{c}$相对应的图$\overline{G}$的最短哈

密尔顿回路问题。令 $w(l)$ 是图 G 的最短哈密尔顿回路的费用，$\overline{w}(l)$ 是图 $\overline{G}$ 的最短哈密尔顿回路的费用，由定理 8.1，有 $w(l)=\overline{w}(l)+h$。由此得出，图 G 的最短哈密尔顿回路的费用，最少不会少于归约常数 h。因此，图 G 的费用矩阵 $\boldsymbol{c}$ 的归约常数 h，便是货郎担问题状态空间树中根结点的下界。

例如，在图 8.7（a）所示的 5 城市货郎担问题中，图 8.7（c）所示的费用矩阵是其归约矩阵，归约常数 48 便是该问题的下界，说明该问题的最小费用不会少于 48。

1. 界限的确定

假定使用 8.1 节所叙述的第 2 种分支限界法来解货郎担问题。选取沿着某一条边出发的路径，作为进行搜索的一个分支结点，把这个结点称为结点 Y；不沿该条边出发的其他所有路径集合，作为进行搜索的另一个分支结点，把这个结点称为结点 $\overline{Y}$。仍以图 8.7（a）及图 8.7（c）所示的 5 城市货郎担问题的费用矩阵及其归约矩阵为例。如果选取从顶点 v_1 出发，沿着 (v_1,v_0) 的边前进，则该回路的边必然包含费用矩阵中的 $\overline{c}_{10}$。根据引理 8.1，回路中恰好包含费用矩阵 $\overline{\boldsymbol{c}}$ 中不同行不同列的元素各一个。因此，费用矩阵 $\overline{\boldsymbol{c}}$ 中的第 1 行和第 0 列的所有元素，在今后的计算中将不再起作用，可以把它们删去。另外，回路中也肯定不会包含边 (v_0,v_1)，否则，将构成一个由边 (v_1,v_0) 和边 (v_0,v_1) 所组成的小回路，从而使所构成的回路不再成为哈密尔顿回路。因此，可以把边 (v_0,v_1) 断开，即把元素 $\overline{c}_{01}$ 置为∞。经过上述处理后，图 8.7（c）中 5×5 的归约矩阵，可以降阶为图 8.8（b）所示的 4×4 的矩阵。对这个矩阵进一步进行归约，得到图 8.8（c）所示的归约矩阵，其归约常数为 5。而图 8.7（a）中的费用矩阵归约为图 8.7（c）中的费用矩阵时，归约常数为 48。根据定理 8.1 和定理 8.2，沿着边 (v_1,v_0) 出发的回路，其费用肯定不会小于 48+5。这样一来，就可以把这个数据作为结点 Y 的下界。它表明沿着顶点 v_1 出发，经边 (v_1,v_0) 的回路，其费用至少不会小于 48+5 = 53。

当搜索深度为 m，并选取沿着某一条边 v_iv_j 出发，作为进行搜索的一个分支结点时，一般情况下必须进行如下处理：

（1）删去费用矩阵的第 i 行及第 j 列的所有元素，把原来 $n-m$ 阶的费用矩阵降阶为 $n-m-1$ 阶。

（2）在费用矩阵中，把 c_{ji} 置为∞，因为今后不会经过边 v_jv_i。

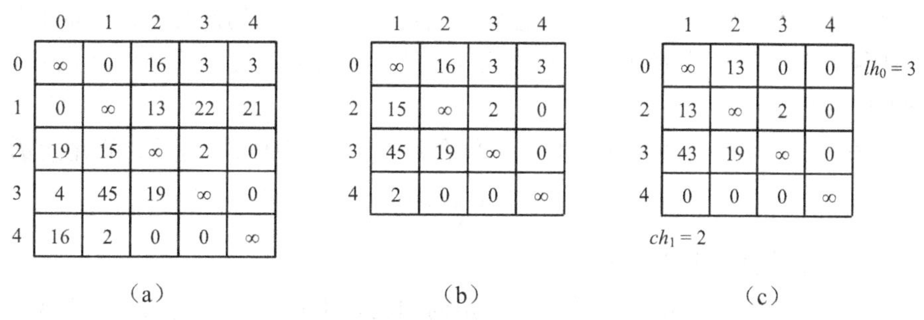

	0	1	2	3	4
0	∞	0	16	3	3
1	0	∞	13	22	21
2	19	15	∞	2	0
3	4	45	19	∞	0
4	16	2	0	0	∞

（a）

	1	2	3	4
0	∞	16	3	3
2	15	∞	2	0
3	45	19	∞	0
4	2	0	0	∞

（b）

	1	2	3	4	
0	∞	13	0	0	$lh_0=3$
2	13	∞	2	0	
3	43	19	∞	0	
4	0	0	0	∞	

$ch_1=2$

（c）

图 8.8　Y 结点对费用矩阵的降阶处理

一般情况下，假定父亲结点为 X， $w(X)$ 是父亲结点的下界。现在，选择沿 v_iv_j 边向下搜索作为其一个分支结点，令该结点为 Y；沿其他非 v_iv_j 边向下搜索作为其另一个分支结点，令该结点为 $\overline{Y}$。经过上述步骤处理之后，费用矩阵被进一步降阶和归约，并得到降阶后的归约常数，设为 h，如图 8.8 所示。则结点 Y 的下界可由下式确定：

$$w(Y)=w(X)+h \tag{8.5.3}$$

因为 $\overline{Y}$ 结点是沿其他非 v_iv_j 边向下搜索的分支结点，则回路中不会包含 v_iv_j 边。这样，可以把 $\overline{Y}$ 结点相应的费用矩阵中的 c_{ij} 置为∞。同时，根据引理 8.1，它必然包含费用矩阵中第 i 行的某个元素，以及第 j 列的某个元素。如果令 d_{ij} 为第 i 行中除 c_{ij} 外的最小元素与第 j 列中除 c_{ij} 外的最小元素之和，即

$$d_{ij}=\min_{0\leqslant k\leqslant n-1,k\neq j}\{c_{ik}\}+\min_{0\leqslant k\leqslant n-1,k\neq i}\{c_{kj}\} \tag{8.5.4}$$

则结点 $\overline{Y}$ 的下界可由下式确定：

$$w(\overline{Y})=w(X)+d_{ij} \tag{8.5.5}$$

例如，在图 8.7（a）中，如果把根结点作为父亲结点 X，则 $w(X)=48$。这时，如果选择边 (v_1,v_0) 向下搜索作为其一个分支结点，令该结点为 Y，则经过上述处理之后的费用矩阵和归约常数如图 8.8 所示。于是，结点为 Y 的下界为：

$$w(Y)=w(X)+h=48+5=53$$

而结点 $\overline{Y}$ 的下界为：

$$w(\overline{Y})=w(X)+d_{ij}=48+4+13=65$$

2. 分支的选择

在明确了 Y 结点及 $\overline{Y}$ 结点下界的确定方法之后，现在考虑分支的选择方法。在从父亲结点处理完毕的归约矩阵 c 中，每行每列至少包含一个其值为 0 的元素。于是，分支的选择按照下面两个思路进行：

（1）沿 $c_{ij}=0$ 的方向选择，使所选择的路线尽可能短。

（2）沿 d_{ij} 最大的方向选择，使 $w(\overline{Y})$ 尽可能大。

第一点是显而易见的。第二点是考虑到 Y 结点有一个明确的选择方向，而 $\overline{Y}$ 结点尚没有明确的选择方向。如果能够使 $w(\overline{Y})\geqslant w(Y)$，使搜索方向尽可能沿着 Y 结点方向进行，将加快解题的速度。

因此，令 S 是费用矩阵中 $c_{ij}=0$ 的元素集合， D_{kl} 是 S 中使 d_{ij} 达最大的元素 d_{kl}，即

$$D_{kl}=\max_{S}\{d_{ij}\} \tag{8.5.6}$$

则边 v_kv_l 就是所要选择的分支方向。

例如，在图 8.7（a）所示的 5 城市货郎担问题的费用矩阵中，当从根结点 X 开始向下搜索时，把图 8.7(a)所示费用矩阵归约为图 8.7(c)所示矩阵，得到根结点的下界 $w(X)=48$ 后，此时有 $c_{01}=c_{10}=c_{24}=c_{34}=c_{42}=c_{43}=0$，其搜索方向的选择如下：

$$d_{01} = 3+2 = 5 \qquad d_{10} = 13+4 = 17 \qquad d_{24} = 2+0 = 2$$
$$d_{34} = 4+0 = 4 \qquad d_{42} = 0+13 = 13 \qquad d_{43} = 0+2 = 2$$

则使 d_{ij} 达最大的元素是 $d_{10} = 17$。因此，$D_{kl} = d_{10} = 17$。由此确定所选择的方向为边 v_1v_0，并可据此建立两个分支结点 Y 和 $\overline{Y}$。此时，可以直接用式（8.5.7）来代替式（8.5.5）：

$$w(\overline{Y}) = w(X) + D_{kl} \tag{8.5.7}$$

8.5.3　货郎担问题的求解过程

使用分支限界法的求解过程中，将动态地生成很多结点，用结点表来存放动态生成的结点信息。因为必须按费用的下界来确定搜索的方向，因此可以用优先队列或堆来维护结点表。在此使用优先队列来维护结点表。至此，用分支限界法求解货郎担问题的求解过程可叙述如下：

（1）令当前可行解的最优下界 $bound$ 为∞。

（2）建立父亲结点 X，令结点 X 的费用矩阵是 $X.c$，把费用矩阵 $\mathbf{c}$ 复制到 $X.c$，费用矩阵的阶数 $X.k$ 初始化为 n；归约 $X.c$，计算归约常数 h，令结点 X 的下界 $X.w = h$；初始化回路的顶点邻接表 $X.ad$。

（3）按式（8.5.4），由 $X.c$ 中所有 $c_{ij} = 0$ 的元素 c_{ij}，计算 d_{ij}。

（4）按式（8.5.6），选取使 d_{ij} 最大的元素 d_{kl} 作为 D_{kl}，选择边 v_kv_l 作为分支方向。

（5）建立儿子结点 $\overline{Y}$，把 X 的费用矩阵 $X.c$ 复制到 $\overline{Y}.c$，把 X 的回路顶点邻接表 $X.ad$ 复制到 $\overline{Y}.ad$，$X.k$ 复制到 $\overline{Y}.k$；把 $\overline{Y}.c$ 中的元素 c_{kl} 置为∞，归约 $\overline{Y}.c$；按式（8.5.7）计算结点 $\overline{Y}$ 的下界 $\overline{Y}.w$；把结点 $\overline{Y}$ 的 $\overline{Y}.w$ 与 $bound$ 进行比较，处理是否插入优先队列。

（6）建立儿子结点 Y，把 X 的费用矩阵 $X.c$ 复制到 $Y.c$，把 X 的回路顶点邻接表 $X.ad$ 复制到 $Y.ad$，$X.k$ 复制到 $Y.k$；c_{lk} 置为∞。

（7）删去 $Y.c$ 的第 k 行第 l 列元素，使 $Y.k$ 减 1，从而使费用矩阵 $Y.c$ 的阶数减 1；归约降阶后的费用矩阵 $Y.c$，按式（8.5.3）计算结点 Y 的下界 $Y.w$。

（8）若 $Y.k = 2$，直接判断最短回路的两条边，并登记于回路邻接表 $Y.ad$，使 $Y.k = 0$。

（9）把结点 Y 的 $Y.w$ 与 $bound$ 进行比较，处理是否插入优先队列和更新 $bound$。

（10）取下优先队列元素作为结点 X，若 $X.k = 0$，算法结束；否则，转步骤（3）。

例 8.4　求解图 8.7（a）所示的 5 城市货郎担问题。

该问题的求解过程如图 8.9 所示，具体步骤如下：

（1）开始时，建立一个父亲结点 X，把费用矩阵 $\mathbf{c}$ 复制到 $X.c$，把回路结点邻接表 $X.ad$ 初始化为空，$X.k = 5$；归约 $X.c$，得到归约常数 48，它也是结点 X 的下界 $X.w$；此时，结点 X 对应于图 8.9 所示搜索树中的结点 A。

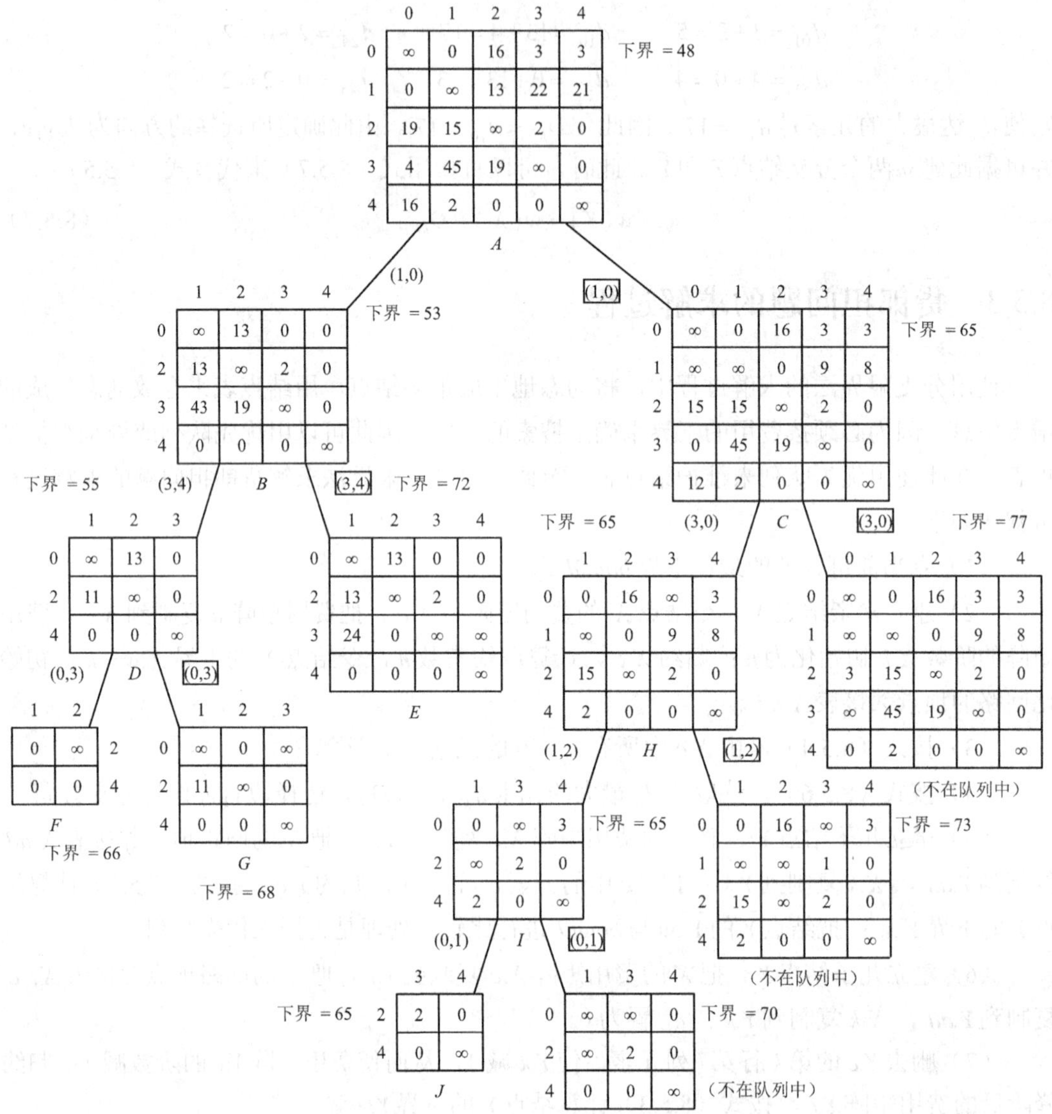

图 8.9　用分支限界法解 5 城市货郎担问题的过程

（2）由 $X.c$ 计算最大的 D_{kl}，得到 $D_{10}=17$，故选取边 v_1v_0 作为左子树的搜索方向；先建立结点 $\overline{Y}$ 作为右子树，把结点 X 的所有数据复制到结点 $\overline{Y}$。此时，$\overline{Y}.ad$ 仍为空；$\overline{Y}.k=5$；把 $\overline{Y}.c$ 中的 c_{10} 置为∞，归约 $\overline{Y}.c$；$\overline{Y}.w=48+17=65$；把结点 $\overline{Y}$ 按 $\overline{Y}.w$ 插入优先队列；此时，结点 $\overline{Y}$ 相应于图 8.9 搜索树中的结点 C。

（3）建立结点 Y 作为左子树，把结点 X 的所有数据复制到结点 Y；把边 v_1v_0 登记到回路结点邻接表 $Y.ad$；把 $Y.c$ 中的 c_{01} 置为∞；删去 $Y.c$ 中第 1 行第 0 列的所有元素，$Y.k$ 减为 4；归约 $Y.c$，得到归约常数 5，故 $Y.w=48+5=53$；把结点 Y 按 $Y.w$ 插入优先队列，则结点 Y 为队列首元素；此时，结点 Y 对应于图 8.9 所示搜索树中的结点 B。

（4）取下队列首元素作为新的结点 X，则 X 为结点 B，而结点 C 成为新的队列首元素。

（5）由 $X.c$ 计算最大的 D_{kl}，得到 $D_{34}=19$，故选取边 v_3v_4 作为左子树的搜索方向；先建立结点 $\overline{Y}$ 作为右子树，把结点 X 的所有数据复制到结点 $\overline{Y}$；此时，$\overline{Y}.ad$ 有边 v_1v_0，$\overline{Y}.k=4$；把 $\overline{Y}.c$ 中的 c_{34} 置为∞，归约 $\overline{Y}.c$；$\overline{Y}.w=53+19=72$；把结点 $\overline{Y}$ 按 $\overline{Y}.w$ 插入优先队列，结点 C 仍为队列首元素；此时，结点 $\overline{Y}$ 对应于图 8.9 所示搜索树中的结点 E。

（6）建立结点 Y 作为 X 的左子树，把结点 X 的所有数据复制到结点 Y；把边 v_3v_4 登记到回路结点邻接表 $Y.ad$，现在 $Y.ad$ 中包含边 v_1v_0、v_3v_4；把 $Y.c$ 中的 c_{43} 置为∞；删去 $Y.c$ 中第 3 行第 4 列的所有元素，$Y.k$ 减为 3；归约 $Y.c$，得到归约常数 2，故 $Y.w=53+2=55$；把结点 Y 按 $Y.w$ 插入优先队列，则结点 Y 成为队列首元素；此时，结点 Y 对应于图 8.9 所示搜索树中的结点 D。

（7）取下队列首元素作为新的结点 X，则 X 为结点 D，而结点 C 又成为新的队列首元素。

（8）由 $X.c$ 计算最大的 D_{kl}，得到 $D_{03}=13$，故选取边 v_0v_3 作为左子树的搜索方向；先建立结点 $\overline{Y}$ 作为右子树，把结点 X 的所有数据复制到结点 $\overline{Y}$；此时，$\overline{Y}.ad$ 有边 v_1v_0、v_3v_4；把 $\overline{Y}.c$ 中的 c_{03} 置为∞，归约 $\overline{Y}.c$；$\overline{Y}.w=55+13=68$；把结点 $\overline{Y}$ 按 $\overline{Y}.w$ 插入优先队列，结点 C 仍为队列首元素；此时，结点 $\overline{Y}$ 对应于图 8.9 所示搜索树中的结点 G。

（9）建立结点 Y 作为 X 的左子树，把结点 X 的所有数据复制到结点 Y；把边 v_0v_3 登记到回路结点邻接表 $Y.ad$，现在 $Y.ad$ 中包含边 v_1v_0、v_3v_4、v_0v_3；把 $Y.c$ 中的 c_{30} 置为∞；删去 $Y.c$ 中第 0 行第 3 列的所有元素，$Y.k$ 减为 2；归约 $Y.c$，得到归约常数 11，故 $Y=55+11=66$。

（10）此时，$Y.k$ 为 2，直接从 $Y.c$ 中得到最短的边 v_2v_1、v_4v_2，把它登记到 $Y.ad$ 中；$Y.k$ 减为 0；$Y.ad$ 现在包含边 v_1v_0、v_3v_4、v_0v_3、v_2v_1、v_4v_2，是一条哈密尔顿回路，因此得到一个可行解；把 $bound$ 更新为 66，把结点 Y 按 $Y.w$ 插入优先队列，结点 C 仍为队列首元素；此时，结点 Y 对应于图 8.9 所示搜索树中的结点 F。

（11）取下队列首元素作为新的结点 X，则结点 C 成为新的结点 X，而结点 F 成为新的队列首元素；此时，$X.k$ 为 5，而 $X.w=65$，说明刚取得的哈密尔顿回路不一定是最短的回路，于是继续从结点 C 进行搜索。

（12）由 $X.c$ 计算最大的 D_{kl}，得到 $D_{30}=12$，故选取边 v_3v_0 作为左子树的搜索方向；先建立结点 $\overline{Y}$ 作为右子树，把结点 X 的所有数据复制到结点 $\overline{Y}$；此时，$\overline{Y}.ad$ 仍为空，$\overline{Y}.k$ 仍为 5；把 $\overline{Y}.c$ 中的 c_{30} 置为∞，归约 $\overline{Y}.c$；$\overline{Y}.w=65+12=77$，大于当前可行解 $bound$ 的最优值，故结点 $\overline{Y}$ 被剪去。

（13）建立结点 Y 作为 X 的左子树，把结点 X 的所有数据复制到结点 Y；把边 v_3v_0 登记到回路结点邻接表 $Y.ad$，现在 $Y.ad$ 中仅包含边 v_3v_0；把 $Y.c$ 中的 c_{03} 置为∞；删去 $Y.c$ 中第 3 行第 0 列的所有元素，$Y.k$ 减为 4；归约 $Y.c$，归约常数为 0，故 $Y.w=65+0=65$，小于 $bound$ 的当前值，故把结点 Y 按 $Y.w$ 插入优先队列，则它成为新的队列首元素；此时，结点 Y 对应于图 8.9 所示搜索树中的结点 H。

（14）取下队列首元素，即结点 H 作为新的结点 X，而结点 F 又成为队列首元素。

（15）由 $X.c$ 计算最大的 D_{kl}，得到 $D_{12}=8$，故选取边 v_1v_2 作为左子树的搜索方向；建立结点 $\overline{Y}$ 作为右子树，把结点 X 的所有数据复制到结点 $\overline{Y}$；此时，$\overline{Y}.k$ 为 4，$\overline{Y}.ad$ 包含边 v_3v_0；把 $\overline{Y}.c$ 中的 c_{12} 置为∞，归约 $\overline{Y}.c$；$\overline{Y}.w=65+8=73$，大于 *bound* 的当前值，故结点 $\overline{Y}$ 被剪去。

（16）建立结点 Y 作为 X 的左子树，把结点 X 的所有数据复制到结点 Y；把边 v_1v_2 登记到回路结点邻接表 $Y.ad$，现在 $Y.ad$ 中包含边 v_3v_0、v_1v_2；把 $Y.c$ 中的 c_{21} 置为∞；删去 $Y.c$ 中第 1 行第 2 列的所有元素，使 $Y.k$ 减为 3；归约 $Y.c$，归约常数为 0，故 $Y.w=65+0=65$，小于 *bound* 的当前值，故把结点 Y 按 $Y.w$ 插入优先队列，则它成为新的队列首元素；此时，结点 Y 对应于图 8.9 所示搜索树中的结点 I。

（17）取下队列首元素，即结点 I 作为新的结点 X，而结点 F 又成为新的队列首元素。

（18）由 $X.c$ 计算最大的 D_{kl}，得到 $D_{01}=5$，故选取边 v_0v_1 作为左子树的搜索方向；建立结点 $\overline{Y}$ 作为右子树，把结点 X 的所有数据复制到结点；此时，$\overline{Y}.k$ 为 3，$\overline{Y}.ad$ 有边 v_3v_0、v_1v_2；把 $\overline{Y}.c$ 中的 c_{01} 置为∞，归约 $\overline{Y}.c$；$\overline{Y}.w=65+3+2=70$，大于 *bound* 的当前值，故结点 $\overline{Y}$ 被剪去。

（19）建立结点 Y 作为 X 的左子树，把结点 X 的所有数据复制到结点 Y；把边 v_0v_1 登记到回路结点邻接表 $Y.ad$，现在 $Y.ad$ 中包含边 v_3v_0、v_1v_2、v_0v_1；把 $Y.c$ 中的 c_{10} 置为∞；删去 $Y.c$ 中第 0 行第 1 列的所有元素，则 $Y.k$ 减为 2；归约 $Y.c$，归约常数为 0，故 $Y=65+0=65$。

（20）此时，$Y.k$ 为 2，直接从 $Y.c$ 中得到最短的边 v_2v_4、v_4v_3，把它登记到 $Y.ad$ 中；$Y.k$ 减为 0；$Y.ad$ 现在包含边 v_3v_0、v_1v_2、v_0v_1、v_2v_4、v_4v_3，是一条哈密尔顿回路，因此得到一个可行解；把 *bound* 更新为 65，把结点 Y 按 $Y.w$ 插入优先队列，成为队列首元素；此时，结点 Y 对应于图 8.9 所示搜索树中的结点 J。

（21）取下队列首元素作为新的结点 X，它就是结点 J；此时，$X.k$ 为 0，说明结点 X 中的哈密尔顿回路是最短的回路，于是输出 $X.ad$ 和 $X.w$，算法结束。

8.5.4 几个辅助函数的实现

首先定义所使用的数据结构。为方便起见，城市顶点用数字 $0,1,\cdots,n-1$ 编号。用如下的数据结构来定义结点中所使用的数据：

```
typedef struct node_data {
    Type     c[n][n];                /* 费用矩阵 */
    int      row_init[n];            /* 费用矩阵的当前行映射为原始行 */
    int      col_init[n];            /* 费用矩阵的当前列映射为原始列 */
    int      row_cur[n];             /* 费用矩阵的原始行映射为当前行 */
    int      col_cur[n];             /* 费用矩阵的原始列映射为当前列 */
    int      ad[n];                  /* 回路顶点邻接表 */
    int      k;                      /* 当前费用矩阵的阶 */
    Type     w;                      /* 结点的下界 */
    struct node_data  *next;         /* 队列链指针 */
} NODE;
```

因为在搜索过程中，费用矩阵不断地降阶，而原始费用矩阵的行号、列号对应于货郎担问题的城市顶点编号，所以用数组 *row_init*、*col_init* 及 *row_cur*、*col_cur* 来映射当前费用矩阵中的行号、列号与原始费用矩阵的行号、列号的对应关系。它们的映射关系如下：如果当前行号为 i，则其对应的原始行号为 *row_init*[i]；如果原始行号为 i，则其对应的当前行号为 *row_cur*[i]。列号的对应关系类似。

数组 *ad* 用来登记当前搜索过程中的回路顶点邻接表，数组元素 *ad*[i] 存放回路中与顶点 i 相邻接的顶点序号。与顶点 i 及顶点 *ad*[i] 相关联的有向边，对顶点 i 来说是出边，对顶点 *ad*[i] 来说是入边。例如，在例 8.4 中最后生成的回路由边 v_3v_0、v_1v_2、v_2v_4、v_0v_1、v_4v_3 组成，在数组 *ad* 中的登记情况如图 8.10 所示。

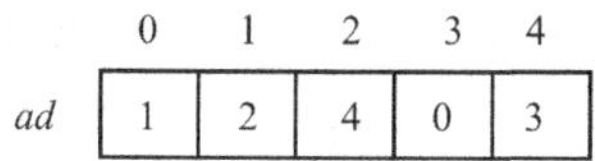

图 8.10　回路顶点邻接表的登记情况

算法中用到如下几个函数：

- Type row_min(NODE * *node*, int *row*, Type &*second*);
  计算 *node* 所指向结点的费用矩阵行 *row* 的最小值。
- Type col_min(NODE * *node*, int *col*, Type &*second*);
  计算 *node* 所指向结点的费用矩阵列 *col* 的最小值。
- Type array_red(NODE * *node*);
  归约 *node* 所指向结点的费用矩阵。
- Type edge_sel(NODE * *node*, int &*vk*, int &*vl*);
  计算 *node* 所指向结点的费用矩阵的 D_{kl}，选择搜索分支的边。
- void del_rowcol(NODE * *node*, int *vk*, int *vl*);
  删除 *node* 所指向结点的费用矩阵第 *vk* 行第 *vl* 列的所有元素。
- void edge_byp(NODE * *node*, int *vk*, int *vl*);
  登记回路顶点邻接表，旁路有关的边。
- NODE * initial(Type c[ ][ ], int *n*);
  初始化。

row_min(NODE * *node* ,int *row*,Type &*second*)函数描述如下：

```
Type row_min(NODE *node,int row,Type &second)
{
    Type temp;
    int i;
    if (node->c[row][0]<node->c[row][1]) {
        temp = node->c[row][0];   second = node->c[row][1];
    }
    else {
        temp = node->c[row][1];   second = node->c[row][0];
```

```
10.    }
11.    for (i=2;i<node->k;i++) {
12.       if (node->c[row][i]<temp) {
13.          second = temp;   temp = node->c[row][i];
14.       }
15.       else if (node->c[row][i]<second)
16.          second = node->c[row][i];
17.    }
18.    return temp;
19. }
```

这个函数返回由指针 *node* 所指向的结点的费用矩阵中第 *row* 行的最小值，并把次小值回送于引用变量 *second* 中。这个函数的运行时间，取决于第 11 行开始的 for 循环，因此其运行时间是 $O(n)$ ，所需要的工作单元个数是 $\Theta(1)$ 。

类似地，函数 Type col_min(NODE * *node*, int *col*, Type &*second*)返回由指针 *node* 所指向的结点的费用矩阵中第 *col* 列的最小值，并把次小值回送于引用变量 *second* 中。

有了这两个函数后，矩阵归约函数 array_red(NODE **node*)的实现就可如下所述，它归约指针 *node* 所指向的结点的费用矩阵，返回值为归约常数。

```
1. Type array_red(NODE *node)
2. {
3.     int i,j;
4.     Type temp,temp1,sum = ZERO_VALUE_OF_TYPE;
5.     for (i=0;i<node->k;i++) {              /* 行归约 */
6.        temp = row_min(node,i,temp1);       /* 行归约常数 */
7.        for (j=0;j<node->k;j++)
8.           node->c[i][j] -= temp;
9.        sum += temp;                        /* 行归约常数累计 */
10.    }
11.    for (j=0;j<node->k;j++) {              /* 列归约 */
12.       temp = col_min(node,j,temp1);       /* 列归约常数 */
13.       for (i=0;i<node->k;i++)
14.          node->c[i][j] -= temp;
15.       sum += temp;                        /* 列归约常数累计 */
16.    }
17.    return sum;                            /* 返回归约常数*/
18. }
```

这个函数由行归约和列归约两部分组成。第 5 行开始的行归约由 for 循环组成，循环体的执行次数随搜索深度而变化，最多执行 *n* 次。循环体中的第 6 行需 $O(n)$ 时间；第 7 行开始的内部 for 循环，也需 $O(n)$ 时间；整个行归约需 $O(n^2)$ 时间。同样，列归约也需 $O(n^2)$ 时间。所以，函数的运行时间是 $O(n^2)$ 。同时可以看到，所需要的工作单元个数是

$\Theta(1)$ 。

函数 Type edge_sel(NODE * *node*, int &*vk*, int &*vl*)用于计算 D_{kl}，并选择搜索分支的边。它的返回值是所计算的 D_{kl} 的值，并把与搜索边相关联的两个邻接顶点序号放置于引用变量 *vk* 和 *vl* 中。对存放在变量 *vk* 中的顶点来说，与其关联的搜索边是出边；对存放在变量 *vl* 中的顶点来说，与其关联的搜索边是入边。这个函数的实现叙述如下：

```
 1. Type edge_sel(NODE *node,int &vk,int &vl)
 2. {
 3.    int i,j;
 4.    Type temp,d = ZERO_VALUE_OF_TYPE;    /* Type 数据类型的 0 值 */
 5.    Type *row_value = new Type[node->k];
 6.    Type *col_value = new Type[node->k];
 7.    for (i=0;i<node->k;i++)              /* 每一行的次小值 */
 8.       row_min(node,i,row_value[i]);
 9.    for (i=0;i<node->k;i++)              /* 每一列的次小值 */
10.       col_min(node,i,col_value[i]);
11.    for (i=0;i<node->k,i++) {            /* 对费用矩阵所有值为 0 的元素*/
12.       for (j=0;j<node->k;j++) {         /* 计算相应的 temp 值 */
13.          if (node->c[i][j]==ZERO_VALUE_OF_TYPE) {
14.             temp = row_value[i] + col_value[j];
15.             if (temp>d) {               /* 求最大的 temp 值于 d */
16.                d = temp;   vk = i;   vl = j;
17.             }                           /* 保存相应的行、列号 */
18.          }
19.       }
20.    }
21.    delete row_value;
22.    delete col_value;
23.    return d;
24. }
```

这个函数分别调用 row_min 函数和 col_min 函数，求取费用矩阵每一行、每一列的最小值和次小值。调用这个函数的前提是费用矩阵已经是归约的。因此，每一行、每一列都有值为 0（Type 数据类型的 0 值）的元素，它们必定是每一行、每一列中的最小值。计算 d_{ij} 时，根据式（8.5.4），必须把某一个值为 0 的元素 c_{ij} 除外。这样，次小值正好就是除 c_{ij} 之外的最小值。所以，该函数的第 7~10 行的两个 for 循环，预先把费用矩阵每一行、每一列的次小值保存在数组 row_value 和 col_value 的相应元素中。然后，在第 11~20 行的 for 循环中，对每个 $c_{ij}=0$ 的元素，用公式 $d_{ij}=row\_value[i]+col\_value[j]$，即可求得 d_{ij} 。取最大的 d_{ij} 作为 D_{kl} 返回，并把相应的行、列号保存在引用变量 *vk* 和 *vl* 中。必须注意的是，变量 *vk* 和 *vl* 所保存的行、列号，并不是费用矩阵的原始行、列号，而是当前已被降阶了的费用矩阵的行、列号。在以后的处理中，还必须把它们转换为费用矩阵的原始行、列号，以便和城市顶点号相对应。

这个函数第 7 行和第 9 行的 for 循环，最多执行 n 次。循环体每执行一次，需 $O(n)$ 时间。因此，这两个循环的执行时间都是 $O(n^2)$。第 11 行开始的二重 for 循环，内、外循环的循环体最多都执行 n 次，因此共需 $O(n^2)$ 时间。这样，整个函数的运行时间便是 $O(n^2)$。此外，为了计算 d_{ij}，需要分配 $O(n)$ 个工作单元来存放每一行、每一列的次小值。

函数 del_rowcol(NODE * *node*, int *vk*, int *vl*)用于删除费用矩阵当前第 *vk* 行和第 *vl* 列的所有元素。其实现如下所述：

```
1. void del_rowcol(NODE *node,int vk,int vl)
2. {
3.     int i,j,vk1,vl1;
4.     for (i=vk;i<node->k-1;i++)   /* 元素上移 */
5.        for (j=0;j<vl;j++)
6.           node->c[i][j] = node->c[i+1][j];
7.     for (j=vl;j<node->k-1;j++)   /* 元素左移 */
8.        for (i=0;i<vk;i++)
9.           node->c[i][j] = node->c[i][j+1];
10.    for (i=vk;i<node->k-1;i++)   /* 元素上移及左移 */
11.       for (j=vl;j<node->k-1;j++)
12.          node->c[i][j] = node->c[i+1][j+1];
13.    vk1 = node->row_init[vk];    /* 当前行 vk 转换为原始行 vk1*/
14.    node->row_cur[vk1] = -1;     /* 原始行 vk1 置删除标志 */
15.    for (i= vk1+1;i<n;i++)       /* vk1 之后的原始行,其对应的当前行号减 1*/
16.       node->row_cur[i]--;
17.    vl1 = node->col_init[vl];    /* 当前列 vl 转换为原始列 vl1*/
18.    node->col_cur[vl1] = -1;     /* 原始列 vl1 置删除标志 */
19.    for (i=vl1+1;i<n;i++)        /* vl1 之后的原始列,其对应的当前列号减 1*/
20.       node->col_cur[i]--;
21.    for (i=vk;i<node->k-1;i++)   /* 修改 vk 及其后的当前行的对应原始行号*/
22.       node->row_init[i] = node->row_init[i+1];
23.    for (i=vl;i<node->k-1;i++)   /* 修改 vl 及其后的当前列的对应原始列号*/
24.       node->col_init[i] = node->col_init[i+1];
25.    node->k--;                   /* 当前矩阵的阶数减 1 */
26. }
```

这个函数删除当前费用矩阵中的第 *vk* 行和第 *vl* 列，把当前的 k 阶矩阵降成 $k-1$ 阶矩阵。这只要把 *vk* 行之后的元素往前移一行，把 *vl* 列之后的元素往左移一列即可。这个函数沿着 3 个方向来移动这些元素，如图 8.11 所示。这些步骤由第 4~12 行的 3 个 for 循环来完成。矩阵降阶之后的行和列，与费用矩阵原始的行、列不相对应，而费用矩阵的原始行号对应于有向边的起点，原始列号对应于有向边的终点。因而在降阶过程中，用数组 row_init 及 col_init 把当前行、列号映射为原始行、列号；用数组 row_cur 及 col_cur 把原始行、列号映射为当前行、列号。每当矩阵降阶时，就修改这两对数组相应元素的内容，使当前矩阵的行、列号与原始矩阵的行、列号维持对应关系。这些步骤由第 13~24 行的语句来实现。

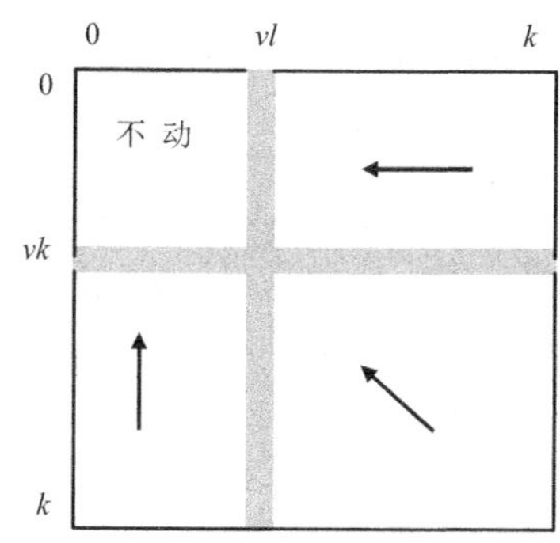

图 8.11　矩阵降阶时元素的移动过程

这个函数的第 4、7、10 行开始的 3 个循环，实现元素的移动。最多移动 $O(n^2)$ 个元素，因此这 3 个 for 循环共需 $O(n^2)$ 时间。第 15、19、21、23 的 for 循环，维护费用矩阵的原始行、列号及当前行、列号的对应关系。每一个循环的循环体最多执行 *n* 次，这 4 个循环的执行时间都是 $O(n)$。函数总的运行时间是 $O(n^2)$。另外，这个函数所需要的工作单元个数是 $\Theta(1)$ 。

在检测到沿当前矩阵的 *vk* 行、*vl* 列所表示的边进行搜索时，用函数 void edge_byp (NODE * *node*, int *vk*, int *vl*) 把 *vk* 行、*vl* 列所表示的边登记到回路顶点邻接表，并旁路矩阵中有关的边。这个函数的实现叙述如下：

```
void edge_byp(NODE *node,int vk,int vl)
{
    int k,l;
    vk = row_init[vk];                  /* 当前行号转换为原始行号 */
    vl = col_init[vl];                  /* 当前列号转换为原始列号 */
    node->ad[vk] = vl;                  /* 登记回路顶点邻接表*/
    k = node->row_cur[vl];              /* vl 转换为当前行号 k */
    l = node->col_cur[vk];              /* vk 转换为当前列号 l */
    if ((k>=0)&&(l>=0))                 /* 当前行、列号均处于当前矩阵中 */
        node->c[k][l] = MAX_VALUE_OF_TYPE;      /* 旁路相应的边*/
}
```

这个函数把给定的当前行号 *vk* 转换为原始行号 *vk*；把当前列号 *vl* 转换为原始列号 *vl*。于是，*vk* 对应于有向边的起点，*vl* 对应于有向边的终点。把这条边登记到回路的顶点邻接表。接着，把 *vl* 作为有向边的起点，*vk* 作为有向边的终点，把这条边置为无限大。这是通过把 *vl* 转换为当前的行号 *k*，把 *vk* 转换为当前的列号 *l* 来达到的。

很显然，这个函数的运行时间为 $\Theta(1)$，所需要的工作单元个数也是 $\Theta(1)$ 。

初始化函数 NODE * initial(Type *c*[ ][ ], int *n*)叙述如下：

```
1. NODE *initial(Type c[][],int n)
2. {
3.     int i,j;
4.     NODE *node = new NODE;               /* 分配结点缓冲区 */
5.     for (i=0;i<n;i++)                    /* 复制费用矩阵的初始数据 */
6.        for (j=0;j<n;j++)
7.           node->c[i][j] = c[i][j];
8.     for (i=0;i<n;i++) {                  /* 建立费用矩阵原始行、列号与 */
9.        node->row_init[i] = i;            /* 初始行、列号的初始对应关系 */
10.       node->col_init[i] = i;
11.       node->row_cur[i] = i;
12.       node->col_cur[i] = i;
13.    }
14.    for (i=0;i<n;i++)                    /* 回路顶点邻接表初始化为空 */
15.       node->ad[i] = -1;
16.    node->k = n;
17.    return node;                         /* 返回结点指针 */
18. }
```

这个初始化函数分配一个存放数据的结点缓冲区，把费用矩阵的初始数据复制到结点缓冲区的相应单元，建立结点中的费用矩阵原始行、列号与当前行、列号的初始对应关系，把结点中的回路顶点邻接表初始化为空，然后把该结点指针作为返回值返回。

这个函数第 5 行开始的二重循环，复制 n^2 个元素，需 $O(n^2)$ 时间。第 8、14 行的两个 for 循环，其循环体都执行 n 次，都需 $O(n)$ 时间。因此，这个函数的执行时间是 $O(n^2)$ 。此外，如果不把结点缓冲区所需要的存储空间包括在内，这个函数所需要的工作单元个数是 $\Theta(1)$ 。

8.5.5 货郎担问题分支限界算法的实现

现在利用上述的辅助函数，叙述货郎担问题分支限界算法的实现。再定义一些变量和数据结构：

```
NODE        *xnode;                /* 父亲结点指针 */
NODE        *ynode;                /* 儿子结点指针 */
NODE        *znode;                /* 儿子结点指针 */
NODE        *qbase;                /* 优先队列首指针 */
Type        bound;                 /* 当前可行解的最优值 */
```

于是，货郎担问题分支限界算法描述如下：

算法 8.4 货郎担问题的分支限界算法

输入：城市顶点的邻接矩阵 c[][]，顶点个数 n

输出： 最短路线费用 w 及回路顶点的邻接表 ad[]

```
template <class Type>
Type traveling_salesman(Type c[][],int n,int ad[])
{
    int i,j,vk,vl;
    Type d,w,bound = MAX_VALUE_OF_TYPE;
    NODE *xnode,*ynode,*znode;
    xnode = initial(c,n);                /* 初始化父亲结点——x 结点 */
    xnode->w = array_red(xnode);         /* 归约费用矩阵 */
    while (xnode->k!=0) {
        d = edge_sel(xnode,vk,vl);       /* 选择分支方向并计算 D_kl */
        znode = new NODE;                /* 建立分支结点——z 结点(右儿子结点) */
        *znode = *xnode;                 /* x 结点数据复制到 z 结点 */
        znode->c[vk][vl] = MAX_VALUE_OF_TYPE;    /* 旁路 z 结点的边 */
        array_red(znode);                /* 归约 z 结点费用矩阵 */
        znode->w = xnode->w + d;         /* 计算 z 结点的下界 */
        if (znode->w<bound)              /* 若下界小于当前可行解最优值 */
            Q_insert(qbase,znode);       /* z 结点插入优先队列 */
        else delete znode;               /* 否则,剪去该结点 */
        ynode = new NODE;                /* 建立分支结点——y 结点(左儿子结点) */
        *ynode = *xnode;                 /* x 结点数据复制到 y 结点 */
        edge_byp(ynode,vk,vl);           /* 登记回路顶点的邻接表,旁路有关的边 */
        del_rowcol(ynode,vk,vl);         /* 删除 y 结点费用矩阵当前 vk 行 vl 列*/
        ynode->w = array_red(xnode);     /* 归约 y 结点费用矩阵 */
        ynode->w += xnode->w;            /* 计算 y 结点的下界 */
        if (ynode->k==2) {               /* 费用矩阵只剩 2 阶 */
            if ((ynode->c[0][0]== ZERO_VALUE_OF_TYPE)&&
                 (ynode->c[1][1]== ZERO_VALUE_OF_TYPE)) {
                ynode->ad[ynode->row_init[0]] = ynode->col_init[0];
                ynode->ad[ynode->row_init[1]] = ynode->col_init[1];
            }
            else {
                ynode->ad[ynode->row_init[0]] = ynode->col_init[1];
                ynode->ad[ynode->row_init[1]] = ynode->col_init[0];
            }                            /* 登记最后的两条边 */
            ynode->k = 0;
        }
        if (ynode->w<bound) {            /* 若下界小于当前可行解最优值 */
            Q_insert(qbase,ynode);       /* y 结点插入优先队列 */
            if (ynode->k==0)             /* 更新当前可行解最优值 */
                bound = ynode->w;
        }
```

```
42.         else delete ynode;              /* 否则剪去 y 结点 */
43.         xnode = Q_delete(qbase);        /* 取优先队列首元素 */
44.     }
45.     w = xnode->w                        /* 保存最短路线费用 */
46.     for (i=0;i<n;i++)                   /* 保存路线的顶点邻接表 */
47.         ad[i] = xnode->ad[i];
48.     delete xnode;                       /* 释放 x 结点缓冲区*/
49.     while (qbase) {                     /* 释放队列结点缓冲区 */
50.         xnode = Q_delete(qbase);
51.         delete xnode;
52.     }
53.     return w;                           /* 回送最短路线费用 */
54. }
```

这个算法按照 8.5.3 节所描述的求解过程执行，当费用矩阵只剩下 2 阶时，就可以直接求取剩下的两条边。这时，矩阵已经是归约的，每行每列必有一个元素为 0（Type 数据类型的 0 值）。根据引理 8.1，如果 c_{00} 与 c_{11} 有一个不为 0，则 c_{01} 和 c_{10} 必为 0。取值为 0 的元素，其对应边费用最小。由此判断取相应的两个元素的行、列号，转换为原始的行、列号，即可得到与边相关联的邻接顶点的序号。

这个算法的时间花费估计如下：根据 8.5.4 节的结果，第 7 行初始化父亲结点，第 8 行归约父亲结点费用矩阵，都需 $O(n^2)$ 时间。第 9 行开始的 while 循环，循环体的执行次数取决于所搜索的结点个数，假定所搜索的结点数为 c。在 while 循环内部，第 10 行选择分支方向，需 $O(n^2)$ 时间。第 12 行把 x 结点数据复制到 z 结点（这里包括整个费用矩阵的复制工作），第 14 行归约 z 结点的费用矩阵，都需 $O(n^2)$ 时间。第 17 行把 z 结点插入优先队列，在最坏情况下需 $O(c)$ 时间。第 20 行，把 x 结点数据复制到 y 结点，同样需 $O(n^2)$ 时间。第 21 行登记回路邻接表，旁路有关的边，只需 $O(1)$ 时间。第 22 行删除 y 结点费用矩阵当前 vk 行 vl 列，第 23 行归约 y 结点费用矩阵，这些操作都需 $O(n^2)$ 时间。第 38 行把 y 结点插入队列，第 43 行删除队列首元素，都需 $O(c)$ 时间。其余的花费为 $O(1)$ 时间。因此，整个 while 循环在最坏情况下需 $O(cn^2)$ 时间。最后，在算法的尾部，第 46 行的 for 循环保存路线的顶点邻接表于数组 ad 作为算法的返回值，需 $O(n)$ 时间。第 49 行开始的 while 循环释放队列的缓冲区，在最坏情况下需 $O(c)$ 时间。所以，整个算法的运行时间为 $O(cn^2)$。

算法所需要的空间，主要花费在结点的存储空间。每个结点需要 $O(n^2)$ 空间存放费用矩阵，而存放费用矩阵的原始行、列号和当前行、列号的对应关系的映射表，以及回路的顶点邻接表仅需 $O(n)$ 空间。因此，每个结点相应需要 $O(n^2)$ 空间。所以，算法的空间复杂性也为 $O(cn^2)$ 空间。

习　　题

1．求如下费用矩阵的归约矩阵和归约常数：

（1）$c=\begin{pmatrix}\infty & 6 & 4 & 5\\ 1 & \infty & 3 & 1\\ 4 & 0 & \infty & 6\\ 2 & 5 & 4 & \infty\end{pmatrix}$　　（2）$c=\begin{pmatrix}\infty & 8 & 6 & 2\\ 5 & \infty & 3 & 1\\ 2 & 7 & \infty & 0\\ 4 & 1 & 7 & \infty\end{pmatrix}$

（3）$c=\begin{pmatrix}\infty & 3 & 3 & 3\\ 3 & \infty & 5 & 8\\ 7 & 2 & \infty & 6\\ 9 & 8 & 1 & \infty\end{pmatrix}$　　（4）$c=\begin{pmatrix}\infty & 3 & 4 & 4\\ 6 & \infty & 8 & 8\\ 0 & 1 & \infty & 3\\ 0 & 0 & 1 & \infty\end{pmatrix}$

2．在上述费用矩阵中，求第 1 次进行分支选择所选取的边，及相应两个儿子结点的下界。

3．用第 1 种分支限界方法重新设计解货郎担问题的算法，分析在最坏情况下算法的时间复杂性和空间复杂性。

4．用最小堆的方式，而不是优先队列的方式来存放结点的数据，重新设计算法 8.1，分析在最坏情况下算法的时间复杂性和空间复杂性。

5．使用算法 8.4 求解如下费用矩阵的货郎担问题：

（1）$c=\begin{pmatrix}\infty & 17 & 7 & 35 & 18\\ 9 & \infty & 5 & 14 & 29\\ 29 & 24 & \infty & 30 & 12\\ 27 & 21 & 25 & \infty & 48\\ 15 & 16 & 28 & 18 & \infty\end{pmatrix}$　　（2）$c=\begin{pmatrix}\infty & 7 & 19 & 14 & 21\\ 13 & \infty & 32 & 17 & 12\\ 28 & 25 & \infty & 9 & 28\\ 31 & 9 & 15 & \infty & 21\\ 23 & 16 & 21 & 14 & \infty\end{pmatrix}$

（3）$c=\begin{pmatrix}\infty & 7 & 3 & 12 & 8\\ 3 & \infty & 6 & 14 & 9\\ 5 & 8 & \infty & 6 & 18\\ 9 & 3 & 5 & \infty & 11\\ 18 & 14 & 9 & 8 & \infty\end{pmatrix}$　　（4）$c=\begin{pmatrix}\infty & 11 & 10 & 9 & 6\\ 8 & \infty & 7 & 3 & 4\\ 8 & 4 & \infty & 4 & 8\\ 11 & 10 & 5 & \infty & 5\\ 6 & 9 & 5 & 5 & \infty\end{pmatrix}$

画出解相应货郎担问题的搜索树，用相应的归约矩阵代表结点，在结点旁边写出相应的下界及其所选择的边，最后写出最优解及最短路径长度。

6．有如下 0/1 背包问题，画出它们的搜索树，在结点旁边标出相应的上界；写出最后的最优解，及相应的最大价值。

（1）$M=20$，$p=\{11,8,15,18,12,6\}$，$w=\{5,3,2,10,4,2\}$

（2）$M=12$，$p=\{10,12,6,8,4\}$，$w=\{4,6,3,4,2\}$

（3）$M=15$，$p=\{6,7,8,3,1\}$，$w=\{5,7,10,5,2\}$

7．用第1种分支限界方法重新设计解0/1背包问题的算法。

8．用最小堆的方式，而不是优先队列的方式，来存放结点的数据，重新设计算法8.2，分析在最坏情况下算法的时间复杂性和空间复杂性。

9．求下面的作业分配问题：

（1）$\boldsymbol{c}=\begin{pmatrix}3&6&4&5\\1&2&3&1\\4&3&5&6\\2&5&4&3\end{pmatrix}$　（2）$\boldsymbol{c}=\begin{pmatrix}4&8&6&2\\5&4&3&1\\2&7&6&3\\4&1&7&8\end{pmatrix}$

（3）$\boldsymbol{c}=\begin{pmatrix}2&3&3&3\\3&4&5&8\\7&2&1&6\\9&8&1&5\end{pmatrix}$　（4）$\boldsymbol{c}=\begin{pmatrix}7&3&4&4\\6&4&8&8\\5&1&3&3\\3&7&1&6\end{pmatrix}$

10．用最小堆的方式，而不是优先队列的方式，来存放结点的数据，重新设计算法8.3，分析在最坏情况下算法的时间复杂性和空间复杂性。

参考文献

分支限界法的思想方法可在文献[4]、[17]、[19]中看到。分支限界法解货郎担问题可在文献[3]、[8]、[10]、[13]、[17]、[20]中看到，另一种用分支限界法解货郎担问题的方法可在[4]、[29]、[30]中看到。分支限界法解0/1背包问题可在文献[4]、[9]、[17]、[19]中看到。分支限界法解作业分配问题可在文献[8]、[13]中看到。分支限界法解单源最短路径问题可在文献[19]、[58]中看到。

第 9 章　随 机 算 法

在第 1 章叙述算法的概念时，曾提到算法的一个特征——确定性。算法对所有可能的输入，都有确定的运算，能得到正确的答案。但是，也有很多确定性的算法，其性能很坏。特别是许多具有很好的平均运行时间的算法，在最坏的情况下却具有很坏的性能。于是，出现了采用随机选择的方法来改善算法的性能。1976 年，M.Rabin 把这种新的算法设计方法称为概率算法。这种方法把“算法对所有可能的输入都必须给出正确的答案”这一条件予以放松，允许在某些方面可能是不正确的，但是由于出现这种不正确的可能性很小，以至可以安全地不予理睬；同样，它也不要求对一个特定的输入，算法的每一次运行都能得到相同的结果。增加这种随机性的因素，所得到的效果是令人惊奇的。对那些效率很低的确定性算法，用这种方法可以快速地产生问题的解。这种算法也被称为随机算法。

9.1　随机算法概述

随机算法是指在算法中执行某些步骤或某些动作时，允许进行一些随机选择。在随机算法中，除了接收算法的输入外，还接收一个随机的位流，以便在算法的运行过程中随机地进行选择。通常，把解问题 P 的随机算法定义为：设 I 是问题 P 的一个实例，在用算法解 I 的某些时刻，随机地选取某个输入 $b \in I$，由 b 来决定算法的下一步动作。随机算法把随机性注入算法之中，改善了算法设计与分析的灵活性，提高了算法的解题能力。

随机算法有两个优点：第一，随机算法所需要的执行时间和空间，经常小于同一问题的已知最好的确定性算法；第二，迄今为止所看到的所有随机算法，它们的实现都比较简单，也比较容易理解。

9.1.1　随机算法的类型

随机算法可以分成几种类型：数值概率算法、拉斯维加斯（Las Vegas）算法、蒙特卡罗（Monte Carlo）算法和舍伍德（Sherwood）算法等。

- 数值概率算法：用于数值问题的求解。这类算法所得到的解几乎都是近似解，近似解的精度随着计算时间的增加而不断提高。本书没有涉及数值计算问题，有关内容可参考相关的文献资料。
- 拉斯维加斯算法：可能给出问题的正确答案，也可能得不到问题的答案。对所求解问题的任一实例，用同一拉斯维加斯算法对该实例反复求解多次，可使求解失效的概率任意小。

- 蒙特卡罗算法：总能得到问题的答案，但是可能会偶然地产生一个不正确的答案。重复地运行算法，每一次运行都独立地进行随机选择，可以使产生不正确答案的概率变得任意小。
- 舍伍德算法：许多具有很好的平均运行时间的确定性算法，在最坏的情况下，其性能很坏。对这类算法引入随机性加以改造，可以消除或减少一般情况和最坏情况的差别。在一些文献中，把这类算法归入拉斯维加斯算法。

在确定性算法 A 中，衡量算法 A 的时间复杂性，是取它的平均运行时间。如果 A 是一个随机算法，对大小为 n 的一个确定的实例 I，这一次运行和另外一次运行，其运行时间可能是不同的。因此，更正常地衡量算法的性能，是取算法 A 对确定实例 I 的期望运行时间，即由算法 A 反复地运行实例 I 所取的平均运行时间。因此，在随机算法里，所讨论的是最坏情况下的期望时间和平均情况下的期望时间。

9.1.2 随机数发生器

正如上面所叙述的那样，在随机算法中，要随时接收一个随机数，以便在算法的运行过程中按照这个随机数进行所需要的随机选择。因此，随机数在随机算法的设计中起着很重要的作用。

在计算机中产生随机数的方法，经常采用下面的公式：

$$\begin{cases} d_0 = d \\ d_n = b\,d_{n-1} + c \\ a_n = d_n / 65536 \end{cases} \qquad n = 1, 2, \cdots \tag{9.1.1}$$

用这个公式产生 0~65535 的随机数 $a_1, a_2, \cdots$ 序列的程序，有时称为 2^{32} 步长的倍增谐和随机数发生器。其中，b、c、d 为正整数，d 称为由该公式所产生的随机序列的种子。常数 b、c 的选取对所产生的随机序列的随机性能有很大的关系，b 通常取一素数。

实际上，计算机并不能产生真正的随机数。当 b、c、d 确定之后，由式（9.1.1）所产生的随机序列也就确定了。所产生随机数只是在一定程度上的随机而已，因此，有时又把用这种方法产生的随机数称为伪随机数。

下面是随机数发生器的一个例子。其中，函数 random_seed 提供给用户选择随机数的种子，当形式参数 $d = 0$ 时，取系统当前时间作为随机数种子；当 $d \neq 0$ 时，就选用 d 作为种子；函数 random 在给定种子的基础上，计算新的种子并产生一个范围为 $low \sim high$ 的新的随机数。

```
#define     MULTIPLIER  0x015A4E35L
#define     INCREMENT   1
static unsigned long    seed;
void random_seed(unsigned long d)
{
```

```
    if (d==0)
        seed = time(0);
    else
    seed = d;
}

unsigned int random(unsigned long low,unsigned long high)
{
    seed = MULTIPLIER * seed + INCREMENT;
    return ((seed >> 16) % (high - low) + low);
}
```

9.2　舍伍德算法

令 A 是一个确定性算法，它对输入实例 x 的运行时间记为 $T_A(x)$。假定 X_n 是算法 A 的输入规模为 n 的所有输入实例的全体，则算法 A 的平均运行时间为：

$$\overline{T}_A(n) = \sum_{x \in X_n} T_A(x) / |X_n|$$

显然，这不排除存在着个别实例 $x \in X_n$，使得 $T_A(x) >> \overline{T}_A(n)$。实际上，很多算法对不同的输入数据，显示出不同的运行性能。例如，当输入数据是均匀分布时，快速排序算法的运行时间是 $\Theta(n\log n)$；而当输入数据已几乎按递增或递减顺序排列时，算法的运行时间变坏，就是这种情况。

如果存在一种随机算法 B，使得对规模为 n 的每一个实例 $x \in X_n$，都有：

$$T_B(x) = \overline{T}_A(n) + s(n)$$

偶然会有某一个具体实例 $x \in X_n$，算法 B 运行这个具体实例所花费的时间，可能比上式所表示的运行时间更长一些，但这是由算法的随机选择所引起的，与算法的输入实例无关。这就可以消除算法的不同输入实例对算法性能的影响。

舍伍德类型的随机算法，就是根据上述思想来进行设计的。可以把算法 B 关于规模为 n 的输入实例的期望运行时间定义为：

$$\overline{T}_B(n) = \sum_{x \in X_n} T_B(x) / |X_n|$$

很清楚，$\overline{T}_B(n) = \overline{T}_A(n) + s(n)$。当 $s(n)$ 与 $\overline{T}_A(n)$ 相比很小而可以忽略时，舍伍德类型的随机算法显示出很好的性能。

9.2.1　随机快速排序算法

在 4.2.3 节所叙述的快速排序算法 quick_sort 中，采用数组的第一个元素作为枢点元素进行排序，在平均情况下的运行时间是 $\Theta(n\log n)$；在最坏情况下，数组中的元素已按递增或递减顺序排列时，运行时间是 $\Theta(n^2)$。这种最坏情况是时有发生的。例如，有一个很大的排序过的文件，附加若干个元素之后，再重新对它进行排序，这时其运行时间就接近于 $\Theta(n^2)$。

出现这种情况，是由于快速排序算法 quick_sort 采用数组的第一个元素作为枢点元素进行数组的划分所致。这时，由于数组中的元素已按递增或递减顺序排列，快速排序算法 quick_sort 退化为选择排序。如果随机地选取一个元素作为枢点元素，算法的行为不受数组元素的输入顺序所影响，就可以避免这种情况的发生。这时，所谓的最坏情况，是由于随机数发生器所选择的随机枢点元素所引起的。如果随机数发生器所产生的随机枢点元素序列，恰好使所选择的元素序列构成一个递增或递减顺序，就会发生这种情况，但可以认为出现这种情况的可能性是微乎其微的。

加入随机选择枢点元素的快速排序算法可叙述如下：

算法 9.1 随机选择枢点元素的快速排序算法

输入： 数组 A，数组元素的起始位置 low，终止位置 high

输出： 按非降顺序排列的数组 A

```
template <class Type>
void quicksort_random(Type A[],int low,int high)
{
    random_seed(0);                  /* 选择系统当前时间作为随机数种子 */
    r_quicksort(A,low,high);         /* 递归调用随机快速排序算法 */
}
```

```
void r_quicksort(Type A[],int low,int high)
{
    int k;
    if (low<high) {
        k = random(low,high);        /* 产生 low 到 high 之间的随机数 k */
        swap(A[low],A[k]);           /* 把元素 A[k]交换到数组的第 1 个位置*/
        k = split(A,low,high);       /* 按元素 A[low]把数组划分为 2 个 */
        r_quicksort(A,low,k-1);      /* 排序第 1 个子数组 */
        r_quicksort(A,k+1,high);     /* 排序第 2 个子数组 */
    }
}
```

这个算法在最坏情况下，仍然需 $\Theta(n^2)$ 时间。这是由于随机数发生器第 i 次所随机产生的枢点元素，恰恰就是数组中第 i 大或第 i 小的元素。但是，正如上面所述，出现这种情况的可能性是微乎其微的。实际上，输入元素的任何排列顺序，都不可能使算法行为处于最坏的情况。因此，这个算法的期望运行时间是 $\Theta(n\log n)$。

9.2.2　随机选择算法

在 4.2.6 节所叙述的选择算法中，从 n 个元素中选择第 k 小元素，其运行时间是 $20cn$，一个乘以很大常数的 $\Theta(n)$。加入随机选择因素，可以改善算法的性能。如果输入规模为 n，可以证明该算法的时间复杂性小于 $4n$。算法的思想方法如下：随机选择一个枢点元素，按枢点元素把序列划分为两个子序列，判断第 k 小元素位于哪一个子序列而丢弃另一个子序列。递归地执行上述操作，就可以很快地找到第 k 小元素。该算法可描述如下：

算法 9.2　随机选择算法

输入： 数组 A 及其第一个元素下标 low，最后一个元素下标 high，所选择第 k 小元素的序号 k

输出： 所选择的元素

```
1. template <class Type>
2. Type select_random(Type A[],int low,int high,int k)
3. {
4.     random_seed(0);                    /* 选择系统当前时间作为随机数种子 */
5.     k = k - 1;                         /* 使 k 从数组的第 low 元素开始计算 */
6.     return r_select(A[],low,high,k);/* 递归调用随机选择算法 */
7. }
```

```
1. Type r_select(Type A[],int low,int high,int k)
2. {
3.     int i;
4.     if (high-low<=k)                   /* 第 k 小元素已位于子数组的最高端 */
5.         return A[high];                /* 直接返回最高端元素 */
6.     else {
7.         i = random(low,high);          /* 产生 low 到 high 之间的随机数 i */
8.         swap(A[low],A[i]);             /* 把元素 A[i]交换到数组的第 1 个位置*/
9.         i = split(A,low,high);         /* 按元素 A[low]把数组划分为 2 个 */
10.        if ((i-low)==k)                /* 元素 A[i]就是第 k 小元素 */
11.            return A[i];               /* 直接返回 A[i] */
12.        else if ((i-low)>k)            /* 第 k 小元素位于第 1 个子数组 */
13.            return r_select(A,low,i-1,k);          /* 从第 1 个子数组寻找 */
14.        else                                       /* 否则 */
15.            return r_select(A,i+1,high,k-i-1);     /* 从第 2 个子数组寻找 */
16.    }
17. }
```

因为数组元素的序号从 *low* 开始，它是被检索的第 1 个元素，所以该算法一开始就把变量 k 减 1，使它可以方便地与数组元素的序号互相对应。进入递归函数 r_select 时，在该函数的第 4、5 行，判断子数组元素个数是否小于等于 k，如果条件成立，说明子数组的最高端元素便是所希望求取的元素。否则，在第 7 行产生一个从 *low* 到 *high* 的随机数 i，把元

素 $A[i]$ 作为枢点元素；在第 9 行，调用函数 split，把数组划分成 3 个部分，即小于枢点元素的子数组、枢点元素、大于枢点元素的子数组，并求得枢点元素在数组中的新序号 i 。这时，如果第 10 行的条件成立，说明枢点元素便是所要选择的元素。否则，如果第 12 行条件成立，说明所选择的元素位于枢点元素的新序号之前。于是，丢弃后一部分子数组，递归地调用函数 r_select，从 *low* 到 $i-1$ 的位置中去寻找第 k 小元素。如果第 12 行条件不成立，说明所选择的元素位于枢点元素的新序号之后。这时就丢弃前一部分子数组，递归地调用函数 r_select，从 $i+1$ 到 *high* 的位置中去寻找第 k 小元素。

这个算法的行为和性能，完全类似二叉检索算法。每递归调用一次，就丢弃一部分元素，而对另一部分元素进行处理，可以很容易地把这个算法的递归形式改写成循环迭代的形式。

这个算法的运行时间估计如下：假定数组中的元素都是不相同的。在最坏的情况下，这个算法在第 i 轮递归调用时，由随机数发生器所选择的枢点元素，恰恰就是数组的第 i 大元素或第 i 小元素。因此，每一次递归调用，只丢弃一个元素，而对其余元素继续进行处理。函数 split 对大小为 n 的数组进行划分，其元素比较次数为 n 。因此，算法在最坏情况下，所执行的元素比较次数为

$$n+(n-1)+\cdots+1=\frac{1}{2}n(n+1)=\Theta(n^2)$$

正如前面所叙述的那样，发生这种情况的概率是微乎其微的。

下面分析这个算法所执行的元素比较的期望次数。可以证明，对大小为 n 的数组，这个算法所执行的元素比较的期望次数小于 $4n$ 。用数学归纳法来证明。

令 $C(n)$ 是算法对 n 个元素的数组所执行的元素比较的期望次数。当 $n=2$ 及 $n=3$ 时，容易验证：$C(2)\leqslant 4\cdot 2=8$ ，$C(3)\leqslant 4\cdot 3=12$ 。

假定对所有的 k ，$1\leqslant k\leqslant n-1$，$C(k)\leqslant 4k$ 成立。下面证明 $C(n)\leqslant 4n$ 也成立。

因为枢点元素的位置 i 是随机选择的，假定它是 $0,1,\cdots,n-1$ 中的任何一个位置，并都具有相同的概率。因为序号从 0 开始，第 k 小元素相当于数组的第 $k-1$ 位置。所以，如果 $i=k-1$，则枢点元素就是所寻找的第 k 小元素。这时算法只调用一次 split 函数，因此只执行了 n 次元素比较操作。如果 $i<k-1$，则丢弃序号为 $0,1,\cdots,i$ 等共 $i+1$ 个元素，在其余的 $n-i-1$ 个元素之中继续寻找第 k 小元素。这时除调用 split 函数所执行的 n 次元素比较操作外，还需执行 $C(n-i-1)$ 次元素比较操作。如果 $i>k-1$，则丢弃后面序号为 $i,i+1,\cdots,n-1$ 等共 $n-i$ 个元素，在前面的 i 个元素之中寻找第 k 小元素。这时除调用 split 函数所执行的 n 次元素比较操作外，还需执行 $C(i)$ 次元素比较操作。枢点元素在第 k 小元素之前和之后的情况如图 9.1 所示。

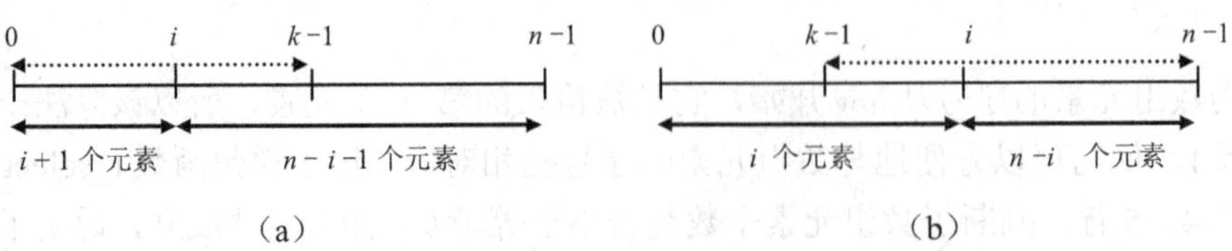

图 9.1　枢点元素在第 k 小元素之前和之后的情况

因此，算法所执行的元素比较的期望次数为：

$$
\begin{aligned}
C(n) &= n+\frac{1}{n}\left[\sum_{i=0}^{k-2}C(n-i-1)+\sum_{i=k}^{n-1}C(i)\right] \\
&= n+\frac{1}{n}\left[\sum_{i=n-k+1}^{n-1}C(i)+\sum_{i=k}^{n-1}C(i)\right] \\
&\leqslant n+\max_{k}\left[\frac{1}{n}\left[\sum_{i=n-k+1}^{n-1}C(i)+\sum_{i=k}^{n-1}C(i)\right]\right] \\
&\leqslant n+\frac{1}{n}\left[\max_{k}\left[\sum_{i=n-k+1}^{n-1}C(i)+\sum_{i=k}^{n-1}C(i)\right]\right]
\end{aligned}
$$

因为$C(n)$是n的非降函数，所以，当$k=\lceil n/2\rceil$时，方程

$$\sum_{i=n-k+1}^{n-1}C(i)+\sum_{i=k}^{n-1}C(i)$$

的值达到最大。因此

$$C(n)\leqslant n+\frac{1}{n}\left[\sum_{i=n-\lceil n/2\rceil+1}^{n-1}C(i)+\sum_{i=\lceil n/2\rceil}^{n-1}C(i)\right]$$

根据归纳定义，对所有的k，$1\leqslant k\leqslant n-1$，$C(k)\leqslant 4k$成立。所以，有

$$
\begin{aligned}
C(n) &\leqslant n+\frac{1}{n}\left[\sum_{i=n-\lceil n/2\rceil+1}^{n-1}4i+\sum_{i=\lceil n/2\rceil}^{n-1}4i\right] \\
&= n+\frac{4}{n}\left[\sum_{i=n-\lceil n/2\rceil+1}^{n-1}i+\sum_{i=\lceil n/2\rceil}^{n-1}i\right] \\
&\leqslant n+\frac{4}{n}\left[\sum_{i=\lfloor n/2\rfloor+1}^{n-1}i+\sum_{i=\lceil n/2\rceil}^{n-1}i\right] \\
&\leqslant n+\frac{4}{n}\left[\sum_{i=\lceil n/2\rceil}^{n-1}i+\sum_{i=\lceil n/2\rceil}^{n-1}i\right] \\
&= n+\frac{8}{n}\sum_{i=\lceil n/2\rceil}^{n-1}i \\
&= n+\frac{8}{n}\left[\sum_{i=1}^{n-1}i-\sum_{i=1}^{\lceil n/2\rceil-1}i\right] \\
&= n+\frac{8}{n}\left[\frac{n(n-1)}{2}-\frac{\lceil n/2\rceil(\lceil n/2\rceil-1)}{2}\right] \\
&\leqslant n+\frac{8}{n}\left[\frac{n(n-1)}{2}-\frac{(n/2)(n/2-1)}{2}\right] \\
&= n+\frac{8}{n}\left[\frac{n^2-n}{2}-\frac{n^2-2n}{8}\right]
\end{aligned}
$$

$$
\begin{aligned}
&= n+\frac{1}{n}\left[3n^2-2n\right] \\
&= 4n-2 \\
&\leqslant 4n
\end{aligned}
$$

由此得出，当输入规模为n时，随机选择算法 select_random 所执行的元素比较的期望次数小于$4n$。因此，其期望运行时间是$\Theta(n)$。

9.3 拉斯维加斯算法

舍伍德类型的随机算法消除了不同输入实例对算法性能的影响。对所有输入实例而言，其运行时间相对比较均匀，时间复杂性与原来的确定性算法的时间复杂性相当。而本节将要介绍的拉斯维加斯算法则是另一种类型的随机算法，它有时运行成功，有时运行失败。因此，需要对同一个实例反复地运行，直到成功地得到问题的解为止。

假定 BOOL las_vegas($P(x)$)是解问题P的某个实例x的一个代码段，运行成功时，它返回 TRUE，否则返回 FALSE。于是，拉斯维加斯算法反复地运行下面的代码段：

```
while(!las_vegas(P(x)));
```

直到运行成功返回 TRUE 为止。假定$p(x)$是对输入实例x成功地运行 las_vegas 的概率，为了使上面的代码段不会发生死循环，必须有$p(x)>0$。换句话说，如果存在着一个常数$\delta>0$，使得对问题P的所有实例x，都有$p(x)\geqslant\delta$，就认为该拉斯维加斯算法是正确的。因为$p(x)\geqslant\delta$，则失败的概率小于$1-\delta$。如果连续运行算法k次，就可把失败的概率降低为$(1-\delta)^k$。当k充分大时，$(1-\delta)^k$趋于0。所以，只要有足够的时间运行上述的代码，总能得到问题的解。

如果$s(x)$是成功地运行实例x所花费的平均时间，$e(x)$是失败地运行实例x所花费的平均时间，$p(x)$是成功运行的概率，则总的平均时间花费$T(x)$是：

$$T(x)=p(x)\cdot s(x)+(1-p(x))\cdot e(x)$$

因此，算法的期望运行时间为：

$$
\begin{aligned}
\overline{T}(x) &= (p(x)\cdot s(x)+(1-p(x))\cdot e(x))/p(x) \\
&= s(x)+\frac{1-p(x)}{p(x)}\cdot e(x)
\end{aligned}
$$

9.3.1 字符串匹配

给定两个长度分别为n和m的字符串S和P，$n\geqslant m$，判断S中是否包含有与P相匹配的子串，称为字符串匹配。字符串匹配实际上是模式匹配的一种特殊形式。有时，把字符串S称为正文，把字符串P称为模式。字符串匹配的一种最简单的方法是：在正文S中设

置一个长度为 m 的窗口，逐个字符地检查位于窗口中的子串是否与模式 P 相匹配。开始时，窗口位于正文 S 最左边的起始位置，然后逐个字符地向右移动窗口，直到窗口位于正文 S 的最右边为止。显然，检查窗口中的子串是否与模式 P 匹配，需要 m 次比较操作；窗口的移动次数最多为 $n-m$ 次。因此，需要比较的总次数为 $m(n-m+1)=\Theta(mn)$ 。

另一种字符串匹配算法称为 RK（Rabin-Karp）算法，其思想方法是对窗口中的子串和模式 P 都赋予一个 Hash 函数，只有在窗口中子串的 Hash 函数值与模式 P 的 Hash 函数值相等时，才检查窗口中的子串是否与模式 P 相匹配；否则，就不进行检查，直接移动到下一个窗口，这就大大地提高了检查字符串匹配的速度。

假定正文 S 和模式 P 中出现的字符集为 $\Sigma=\{a_0,a_1,\cdots,a_{b-1}\}$ ，其中， $b=|\Sigma|$ 。令自然数集 $\mathrm{N}_b=\{0,1,\cdots,b-1\}$ ，函数 $ch:\Sigma\rightarrow \mathrm{N}_b$ 为：

$$ch(a_i)=i$$

令 $S=s_1s_2\cdots s_n$ ， $P=p_1p_2\cdots p_m$ ，窗口中的子串 $W_{i+1}=s_{i+1}s_{i+2}\cdots s_{i+m}$ ， $i=0,1,\cdots,n-m$ 。把字符串中的每一个字符都用函数 ch 映射为 $0\sim b-1$ 的正整数，则模式 P 及窗口中的子串，可表示为以 b 为基底的、具有 m 位数字的 b 进制数。例如，模式 P 的 b 进制数 p 可以表示为：

$$\begin{aligned}p&=y_1y_2\cdots y_m\\&=y_1\cdot b^{m-1}+y_2\cdot b^{m-2}+\cdots+y_{m-1}\cdot b+y_m\\&=(\cdots((y_1\cdot b)+y_2)\cdot b+\cdots+y_{m-1})\cdot b+y_m\end{aligned}$$

其中， $y_i=ch(p_i)$ ， $i=1,2,\cdots,m$ 。同样，窗口中的子串 W_{i+1} 的 b 进制数 w_{i+1} 可表示为：

$$\begin{aligned}w_{i+1}&=x_{i+1}\cdot b^{m-1}+x_{i+2}\cdot b^{m-2}+\cdots+x_{i+m-1}\cdot b+x_{i+m}\\&=(\cdots((x_{i+1}\cdot b)+x_{i+2})\cdot b+\cdots+x_{i+m-1})\cdot b+x_{i+m}\end{aligned}$$

其中， $x_i=ch(s_i)$ ， $i=1,2,\cdots,n$ 。对窗口中的子串 W_{i+1} 的 b 进制数 w_{i+1} ，有如下的递推关系：

$$w_{i+2}=(w_{i+1}-x_{i+1}\cdot b^{m-1})\cdot b+x_{i+m+1}\qquad i=0,1,\cdots,n-m$$

引入 Hash 函数：

$$h(p)=p \bmod q$$

$$h(w_i)=w_i \bmod q$$

其中，q 是某个充分大的素数，运算符 mod 为求模运算，与 C 语言中的求模运算不尽相同。其运算规则如下：假定 a、b 为整数，a 除以 b 余数为 r，若 a、b 符号相同，则 $a \bmod b$ 的结果为 r；若 a、b 符号不同，则 $a \bmod b$ 的结果为 r 以 b 为模的补数。

于是，对窗口子串 W_{i+1} 的 b 进制数 w_{i+1} 的 Hash 函数 $h(w_{i+1})$ ，有如下的递推关系：

$$h(w_{i+2})=((h(w_{i+1})-x_{i+1}\cdot b^{m-1} \bmod q)\cdot b+x_{i+m+1}) \bmod q \qquad (9.3.1)$$

由此，可以用下面的步骤来实现字符串的匹配：

（1）计算 $b^{m-1} \bmod q$ ，为计算式（9.3.1）做准备。

（2）计算第 1 个窗口子串的 Hash 函数值 $h(w)$ 。

（3）计算模式子串的 Hash 函数值 $h(p)$ 。

（4）令$i=0$。

（5）如果$h(w)=h(p)$，逐个字符比较窗口子串和模式子串的字符，转步骤（6）；否则，转步骤（7）。

（6）如果窗口子串和模式子串的所有字符都相同，算法结束，返回窗口位置；否则，转步骤（7）。

（7）$i=i+1$，若$i \geqslant n-m$，算法结束，返回窗口位置为-1的结果，表明没有匹配的子串。否则，按式（9.3.1）计算下一个窗口子串的Hash函数值$h(w)$，转步骤（5）。

算法的实现如下：

算法 9.3 字符串匹配

输入： 存放正文字符串的数组 S[]，正文字符串的长度 n，模式字符串数组 P[]，模式字符串长度 m，素数 q

输出： 与 P 相匹配的子串在正文中的起始位置

```
#define  BASE  base       /* base=|Σ|,Σ为构成字符串 S 和模式串 P 的字符集 */
long match(char S[],long n,char P[],long m,long q)
{
    long b = BASE;                          /* 字符集Σ的字符个数 */
    long i,j,k,loc;
    long w=0,p=0,x=1;
    for (i=0;i<m-1;i++)                     /* 计算 b^(m-1) mod q */
        x = (x * b) % q;
    for (i=0;i<m;i++)
        w = (w * b + ch(S[i])) % q;  /* 第 1 个窗口子串的 Hash 值*/
    for (i=0;i<m;i++)
        p = (p * b + ch(P[i])) % q;  /* 模式串的 Hash 值*/
    i = 0;   loc = -1;
    while ((i<n-m) && (loc==-1)) {
        if (w==p) {                         /* 判断 Hash 值是否相等 */
            for (k=0;k<m;k++)               /* 若相等,检查是否匹配 */
                if (S[i+k]!=P[k]) break;
            if (k>=m)                       /* 模式串全部检查完毕,则窗口子串匹配 */
                loc = i;                    /* 否则,不匹配 */
        }
        if (loc>=0)                         /* 模式匹配,跳出循环 */
            break;
        w = ((w - ch(s[i]) * x) * b + ch(S[i+m])) % q;
        i++;                                /* 下一个窗口子串 Hash 值 */
    }
    return loc;
}
```

在这个算法中，mod运算仍沿用C语言中的运算符“%”，但需注意与C语言中的差别。算法的第 7、8 行计算 $b^{m-1} \bmod q$ 的值，需 $\Theta(m)$ 时间。第 9、10 行计算正文第 1 个窗口子串 b 进制数的 Hash 值，其中，函数 ch($S[i]$)把字符 $S[i]$ 映射为自然数 i，需 $\Theta(1)$ 时间。因此，计算正文第 1 个窗口子串 b 进制数的 Hash 值也需 $\Theta(m)$ 时间。第 11、12 行计算模式串 b 进制数的 Hash 值，同样需 $\Theta(m)$ 时间。第 14 行开始的 while 循环检查是否存在与模式串 Hash 值相同的窗口子串，该循环的循环体最多执行 $n-m$ 次。第 23 行计算下一个窗口子串的 Hash 值，只需 $\Theta(1)$ 时间。如果所有窗口子串的 Hash 值都与模式串的 Hash 值不同，则第 16 行开始的内部 for 循环一次也不执行。这样执行 while 循环所花费的时间为 $O(n)$，整个算法的执行时间为 $O(n+m)$ 时间。如果存在着一个与模式串 Hash 值相同的窗口子串，而且在 for 循环的进一步检查中，该子串与模式串匹配，由于 for 循环的循环体只需 $\Theta(m)$ 时间，因此在这种情况下，整个算法的执行时间仍为 $O(n+m)$。

但是，窗口子串的 Hash 值与模式串的 Hash 值相同，并不保证这两个字符串一定匹配。如果都出现 Hash 值相同而字符串不匹配，则算法的执行时间仍然可能需要 $O(mn)$。当 $P \neq W_i$，而 $h(p)=h(w_i)$ 时，就将出现这种情况。通常把这种情况称为假匹配。这是由于所选用的素数 q 整除 $p-w_i$ 所引起的。如果对所有的 $i=1,\cdots,n-m$，都出现假匹配，只有所选用的素数 q 整除下面的式子时才有可能：

$$r=\prod_{i=1}^{n-m} | p-w_i |$$

而 p 和 w_i 都是具有 m 位数字的 b 进制数，所以，$r<(b^m)^n=b^{mn}$。已知 $\pi(n)$ 是小于 n 的不同素数个数，且 $\pi(n)$ 渐近于 $n/\ln n$。如果令 $b=2^6$，则整除上面式子的素数个数不会超过 $\pi(6mn)$。令 $R=12mn^2$，小于 R 的不同素数个数有 $\pi(12mn^2)$ 个。考虑：

$$\begin{aligned}\frac{\pi(6mn)}{\pi(12mn^2)} &\approx \frac{6mn}{\ln(6mn)}\cdot\frac{\ln(12mn^2)}{12mn^2}\\ &=\frac{1}{2n}\cdot\frac{\ln(12mn^2)}{\ln(6mn)}\\ &<\frac{1}{2n}\cdot\frac{\ln(6mn)^2}{\ln(6mn)}\\ &=\frac{1}{2n}\cdot\frac{2\ln(6mn)}{\ln(6mn)}\\ &=\frac{1}{n}\end{aligned}$$

上式说明：如果在小于 R 的素数集合中随机地选择素数 q，那么出现假匹配的概率将小于 $1/n$。这样，可用下面的算法来实现字符串匹配。

算法 9.4　字符串匹配的随机算法

输入： 正文字符串的数组 S[]，正文字符串的长度 n，模式字符串数组 P[]，模式字符串长度 m，小于 R 的素数集合 R[]

输出： 与 P 相匹配的子串在正文中的起始位置

```
1. #define N number_of_primes  /* number_of_primes 为小于 R 的素数集合元素个数 */
```

```
long match_random(char S[],long n,char P[],long m,long R[])
{
    long q;
    random_seed(0);
    q = random(1,N);
    q = R[q];
    return match(S[],n,P[],m,q);
}
```

这个算法从小于 R 的素数集合中随机地选择一个素数，使得在调用 match 时，出现假匹配的概率小于 $1/n$，从而在执行 match 的 while 循环时，最多增加 mn/n 时间。因此，该算法的时间复杂性仍然为 $O(n+m)$，而这是在提供小于 R 的素数集合的数据下得到的。此外，该算法总能给出正确的答案。

9.3.2　整数因子

假设 n 是一个大于 1 的整数，如果 n 是一个合数，必存在 n 的一个非平凡因子 x，$1<x<n$，使得 x 整除 n。因此，给定一个合数 n，求 n 的非平凡因子的问题，称为整数 n 的因子分割问题。

通常，可以用下面的算法来实现整数 n 的因子分割问题：

算法 9.5　整数 n 的因子分割问题
输入： 整数 n
输出： 整数 n 的因子

```
int factor(int n)
{
    int i,m;
    m = sqrt((double)n);
    for (i=2;i<m;i++)
        if (n%i==0) return i;
    return 1;
}
```

显然，这个算法的时间复杂性是 $O(n^{1/2})$；当 n 的位数是 m 时，其时间复杂性为 $O(10^{m/2})$。可以看出，这是一个指数时间算法，效率很低。

求整数因子的另一个算法是 Pollard 算法，它是一个拉斯维加斯算法。这个算法选取 $0\sim n-1$ 之间的一个随机数 x_1，然后按下式：

$$x_i=(x_{i-1}^2-1)\ \mathrm{mod}\ n$$

循环迭代，产生序列 $x_1,x_2,\cdots$。对 $i=2^k,k=0,1,\cdots$，及 $2^k<j\leqslant 2^{k+1}$ 的 i 和 j，求取 x_i-x_j 与 n 的最大公因子 d。如果 d 是 n 的非平凡因子，算法结束。该算法利用 1.1.1 节所叙述的

求取两个整数的最大公因子的欧几里得算法，来求 $x_i - x_j$ 与 n 的最大公因子 d 。算法叙述如下：

算法 9.6　求取整数因子的 Pollard 算法

输入： 整数 n

输出： 整数 n 的因子

```
int pollard(int n)
{
    int i,k,x,y,d = 0;
    random_seed(0);
    i = 1;
    k = 2;
    x = random(1,n);
    y = x;
    while (i<n) {
        i++;
        x = (x * x - 1) % n;
        d = euclid(n,y-x);
        if ((d>1)&&(d<n))
            break;
        else if (i==k) {
            y = x;
            k *= 2;
        }
    }
    return d;
}
```

对算法 Pollard 进行深入分析得到，执行算法的 while 循环的循环体 $\sqrt{d}$ 次后，就可以得到 n 的一个因子 d 。因为 n 的最小因子 $d \leqslant \sqrt{n}$ ，所以，这个算法的时间复杂性为 $O(n^{1/4})$ 。

9.4　蒙特卡罗算法

与拉斯维加斯算法不同，蒙特卡罗算法总能得到问题的答案，但是可能会偶然地产生不正确的答案。假定解某个问题的蒙特卡罗算法，对该问题的任何实例得到正确解的概率为 p，并且有 $1/2 < p < 1$，则称该蒙特卡罗算法是 p 正确的，该算法的优势为 $p-1/2$ 。如果对同一个实例，该蒙特卡罗算法不会给出两个不同的正确答案，就称该蒙特卡罗算法是一致的。对一个一致的、p 正确的蒙特卡罗算法，如果重复地运行，每次运行都独立地进行随机的选择，就可以使产生不正确答案的概率变得任意小。

9.4.1 数组的主元素问题

第 4 章曾介绍过用递归方法求解数组主元素问题的递归算法，这个问题也可以用蒙特卡罗算法来求解。随机地选择数组中的一个元素 $A[i]$ 进行测试，如果它是主元素，就返回 TRUE，否则返回 FALSE，然后再对这个算法进行进一步的处理。下面是这个算法的描述。

算法 9.7 求数组 A 的主元素

输入： n 个元素的数组 A[]

输出： 数组 A 的主元素

```
template <class Type>
BOOL r_majority(Type A[],Type &x,int n)
{
    int i,j,k;
    random_seed(0);
    i = random(0,n-1);
    k = 0;
    for (j=0;j<n;j++)
        if (A[i]==A[j])
            k++;
    if (k>n/2) {
        x = A[i];   return TRUE;
    }
    else return FALSE;
}
```

这个算法随机地选择数组中的一个元素 $A[i]$ 进行测试，如果返回 TRUE，则 $A[i]$ 所赋予的变量 x 就是数组的主元素；否则，随机选择的元素 $A[i]$ 不是主元素。这时，数组中可能有主元素，也可能没有主元素。如果数组中存在着主元素，则非主元素的个数小于 $n/2$。算法将以大于 $1/2$ 的概率返回 TRUE，以小于 $1/2$ 的概率返回 FALSE。这说明算法出现错误的概率小于 $1/2$。如果连续运行该算法 k 次，返回 FALSE 的概率将减少为 2^{-k}，则算法发生错误的概率为 2^{-k}。

如果希望算法检测不出主元素的错误概率小于 ε，则令：

$$2^{-k}=\varepsilon$$

有：

$$2^{k}=1/\varepsilon$$

由此得到：

$$k=\log(1/\varepsilon)$$

因此，在上面算法的参数中增加一个允许检测不出主元素的错误概率，则上面的算法可修改为：

算法 9.8　求数组 A 的主元素

输入：n 个元素的数组 A[]

输出：数组 A 的主元素

```
 1. template <class Type>
 2. BOOL majority_monte(Type A[],Type &x,int n,double e)
 3. {
 4.    int t,s,i,j,k;
 5.    BOOL flag = FALSE;
 6.    random_seed(0);
 7.    s = log(1/e);
 8.    for (t=1;t<=s;t++) {
 9.       i = random(0,n-1);
10.       k = 0;
11.       for (j=0;j<n;j++)
12.          if (A[i]==A[j])
13.             k++;
14.       if (k>n/2) {
15.          x = A[i];   flag = TRUE;   break;
16.       }
17.    }
18.    return flag;
19. }
```

这个算法以所给的参数 e 计算出重复测试的次数 s，然后重复地执行第 9 行开始的循环体 s 次。如果一次也检测不到存在着主元素，就返回 FALSE；只要其中有一次检测到存在着主元素，就返回 TRUE，则这个算法的错误概率小于所给参数 e。

容易看到，算法所需的运行时间为 $O(n\log(1/e))$。

9.4.2　素数测试

素数的研究和密码学有很大的关系，而素数的测试又是素数研究中的一个重要课题。测试一个整数 n 是否为素数，常用的方法是把这个数除以 $2\sim\lfloor\sqrt{n}\rfloor$ 的数，如果余数为 0，则它是一个合数，否则就是素数。这种测试素数的思想是：寻找一个可以整除 n 的整数 a，如果存在着这样的 a，则 n 是合数；否则，它是素数。这个方法简单，但效率很低，因为它是一个指数时间算法。这就使得人们从其他方向去思考问题，来证明被测试的整数就是素数。

关于素数的性质，有下面的费尔马（Fermat）定理。

定理 9.1　如果 n 是素数，则对所有不被 n 整除的 a，都有 $a^{n-1}\equiv 1(\mathrm{mod}\ n)$。

费尔马定理给出了判定素数的必要条件，但非充分条件。定理表明：如果存在 a，使得 $a^{n-1}(\mathrm{mod}\ n)\neq 1$，则 n 肯定不是素数。于是，可以设计一个计算 $a^m(\mathrm{mod}\ n)$ 的算法 exp_mod，然后通过该算法的计算结果来判断 n 是否为素数的可能性。下面是这个算法的描述：

算法 9.9 指数运算后求模

输入： 正整数 a,m,n,m<n

输出： a^m(mod n)

```
 1. int exp_mod(int n,int a,int m)
 2. {
 3.     int i,c,k = 0;
 4.     int *b = new int[m];
 5.     while (m!=0) {                      /* 把 m 转换为二进制数字于 b[k] */
 6.        b[k++] = m % 2;
 7.        m /= 2;
 8.     }
 9.     c = 1;
10.     for (i=k-1;i>=0;i--) {             /* 计算 a^m(mod n) */
11.        c = (c * c) % n;
12.        if (b[k]==1)
13.            c = (a * c) % n
14.     }
15.     delete b;
16.     return c;
17. }
```

这个算法分成两部分，第 5~8 行把 m 转换为二进制数字于数组 b；第 9~14 行，求 c 的平方，并根据数组 b 相应元素的二进制数值是否为 1，来确定是否把 c 乘以 a 。每一次求平方或乘法之后，就对 n 求模，而不是先计算 a^m，最后再对 n 求模。显然，这两部分代码的运行时间都需要 $\Theta(\log m)$ 。因为 $m < n$ ，所以该算法的运行时间也是 $\Theta(\log n)$ 。

由此，可以采用下面的算法来测试整数 n 是否为素数。

算法 9.10 素数测试的一种版本

输入： 正整数 n

输出： 若 n 是素数,返回 TRUE,否则返回 FALSE

```
BOOL prime_test1(int n)
{
    if (exp_mod(n,2,n-1)==1)
        return TRUE;                    /* 素数或伪素数 */
    else
        return FALSE;                   /* 合数 */
}
```

算法 9.10 判断条件 $2^{n-1} \equiv 1(\bmod n)$ 是否成立，如果不成立，n 肯定是合数。但是，如果成立，不能排除 n 是合数的可能性。因为费尔马定理仅是判定素数的必要条件，而非充分条件，其逆非真。例如，在 4~2000 之间的所有合数中，有 341、561、645、1105、1387、1729、1905 等都满足 $2^{n-1} \equiv 1(\bmod n)$ 条件。

事实上，有很多合数n存在着整数a，使得$a^{n-1} \equiv 1(\bmod\ n)$成立。这样的合数称为卡迈克尔（Carmichael）数。而当一个合数n相对于基数a满足费尔马定理时，就称n是以a为基数的伪素数。因此，改善算法 9.10 的另一种方法是在 2 和$n-2$之间随机地选择一个数作为基数。尽管如此，仍然有可能把伪素数当成素数而出现错误。为了减少这种错误，可采用下面的二次探测方法。如果n是素数，则$n-1$必然是偶数。因此，可令$n-1=2^q m$，并考察下面的测试序列：

$$a^m(\bmod n), a^{2m}(\bmod n), a^{4m}(\bmod n), \cdots, a^{2^q m}(\bmod n)$$

把上述测试序列称为 Miller 测试。关于 Miller 测试，有下面的定理：

定理 9.2　若n是素数，a是小于n的正整数，则n对以a为基的 Miller 测试，结果为真。

证明　n是素数，令$n-1=2^q m$。因为a是小于n的正整数，根据费尔马定理，$(a^{2^{q-1}m})^2 = a^{2^q m} = a^{n-1} \equiv 1(\bmod n)$，因此有：

$$(a^{2^{q-1}m})^2 - 1 \equiv 0(\bmod n)$$

$$(a^{2^{q-1}m}+1)\cdot(a^{2^{q-1}m}-1) \equiv 0(\bmod n)$$

上式说明，如果n是素数，必然也有$a^{2^{q-1}m} \equiv 1(\bmod n)$及$a^{2^{q-1}m} \equiv -1(\bmod n)$。依此向前递推，对所有的$r$，$0 \leqslant r \leqslant q$，都有$a^{2^r m} \equiv 1(\bmod n)$及$a^{2^r m} \equiv -1(\bmod n)$。因此，$n$对以$a$为基的 Miller 测试，结果为真。

定理 9.3　若n是合数，a是小于n的正整数，则n对以a为基的 Miller 测试，结果为真的概率小于或等于 1/4。

上述定理说明：Miller 测试把卡迈克尔数当成素数处理的错误概率最多不会超过 1/4。如果进一步增加探测素数或伪素数的机会，可以进一步降低发生错误的概率。如果重复测试k次，则可把错误概率降低为4^{-k}。因此，如果令$k=\lceil \log n \rceil$，则错误概率将为$4^{-\lceil \log n \rceil} \leqslant 1/n^2$。这样一来，这个算法将至少以$1-1/n^2$的概率给出正确的答案。当$n$充分大时，可以认为 Miller 测试是完全可信赖的。由此，算法 9.10 可修改如下：

算法 9.11　素数测试
输入： 正整数 n
输出： 若 n 是素数，返回 TRUE，否则返回 FALSE

```
BOOL prime_test(int n)
{
    int i,j,x,a,m,k,q = 0;
    m = n - 1;   k = log(n);
    while (m%2==0) {                    /* 计算n-1 = 2^q m的q和m */
        m /= 2;
        q++;
    }
    random_seed(0);
    for (j=0;j<=k;j++) {
```

```
11.         a = random(2,n-2);
12.         x = exp_mod(n,a,m);
13.         if (x!=1)
14.             return FALSE;                  /* 合数 */
15.         else {
16.             for (i=0;i<q;i++) {
17.                 if (x!=(n-1))
18.                     return FALSE;          /* 合数 */
19.                 x = (x * x) % n;
20.             }
21.         }
22.     }
23.     return TRUE;                           /* 素数 */
24. }
```

这个算法的时间复杂性可估计如下：假定第 4、9、11 行需要$O(1)$时间；第 5~8 行需要$\Theta(\log m)=O(\log n)$时间；第 10 行开始的 for 循环的循环体需执行$\log n$次，在循环体中第 12 行的花费为$O(\log n)$时间，第 16 行开始的内部 for 循环的循环体需执行 $\log m$ 次，因此需要花费$\Theta(\log m)=O(\log n)$时间。由此，算法的总花费为$O(\log^2 n)$。

习　　题

1. 设计一个随机检索算法，在有序表的 *low* 和 *high* 之间检索元素 x。要求在 *low* 和 *high* 之间随机地选择一个元素进行检索，以取代二叉检索算法。

2. 用循环迭代的形式重新编写算法 9.2。

3. 说明在 9.2.2 节中，当$k=\lceil n/2 \rceil$时，下面式子：

$$\sum_{i=n-k+1}^{n-1} C(i)+\sum_{i=k}^{n-1} C(i)$$

的值达到最大。

4. 抛掷 10 次硬币，得到正面的次数可能为$0,1,2,\cdots,10$。用数组元素 $A[i]$ 来统计每抛掷 10 次硬币出现 i 次正面的计数。例如，连续抛掷 10 次硬币，全部出现反面，元素 $A[0]$ 加 1；出现 3 次正面，元素 $A[3]$ 加 1……用随机数发生器产生的 0、1 来模拟硬币抛掷出现的正、反面。设计一个算法，把每抛掷 10 次硬币作为一个试验，重复 10000 次这样的试验，打印出现正面的频率图。

5. 假设某文件包含 n 个记录，设计一个随机算法，随机抽取其中 m 个记录，并分析该算法的时间复杂性。

6. 设计一个随机算法，随机产生$1\sim n$之间的 m 个不同整数。

7. 假设 n 是一个素数，令 x 为 $1\leqslant x\leqslant n-1$ 的整数，如果存在一个整数 y，$1\leqslant y\leqslant n-1$，

使得 $x \equiv y^2 (\bmod n)$，则称 y 是 x 的模 n 的平方根。例如，9 是 3 的模 13 的平方根。设计一个拉斯维加斯算法，求整数 x 的模 n 的平方根。

8. 假定不考虑输入对算法的影响，蒙特卡罗算法 Monte_Carlo(P)至少以 $1-\varepsilon_1$ 的概率给出问题的正确解。修改该算法，使其正确性概率提高到 $1-\varepsilon_2$，其中 $0<\varepsilon_2<\varepsilon_1$。

9. 令序列 $L = x_1, x_2, \cdots, x_n$，其中元素 x 在序列中正好出现 k 次，$1 \leqslant k \leqslant n$。希望在序列中找出一个元素 $x_j = x$。用如下算法来检索这个元素：重复地在 1 和 n 之间产生一个随机数 i，检查是否 $x_i = x$。按平均时间来考虑，试说明是这个算法快，还是线性检索算法快。

10. 令 $\boldsymbol{A}$、$\boldsymbol{B}$、$\boldsymbol{C}$ 是 3 个 $n \times n$ 的矩阵。给出一个 $\Theta(n^2)$ 时间的算法，测试 $\boldsymbol{A} \times \boldsymbol{B} = \boldsymbol{C}$ 是否成立。如果成立返回 TRUE，否则返回 FALSE。当 $\boldsymbol{A} \times \boldsymbol{B} \neq \boldsymbol{C}$ 时，算法返回 TRUE 的概率是多少？

参 考 文 献

文献[19]描述了随机算法的 3 种类型，随机数发生器的相关内容可在文献[13]、[19]中看到，2^{32} 步长的倍增谐和随机数发生器代码可在文献[31]中看到。随机快速排序算法可在文献[3]、[10]、[17]、[20]中看到。随机选择算法可在文献[3]、[9]、[17]中看到。在文献[3]、[8]、[13]、[32]中可看到字符串匹配的有关内容。整数因子和数组的主元素测试是基于文献[19]的。素数的随机测试算法可在文献[3]、[10]、[13]、[19]、[33]中看到。在文献[8]、[34]中可看到另一种素数的随机测试算法。

第 3 篇

计算机应用领域的一些算法

第 10 章　图和网络问题

在前面的章节中，结合算法设计方法，讨论过图的最短路径问题、最小生成树问题、图的哈密尔顿回路问题，以及最短哈密尔顿回路问题。本章将继续讨论图和网络的其他一些问题，主要包括图的遍历问题、网络流问题，以及无向图的匹配问题。

10.1　图 的 遍 历

图的遍历是指从图的某个顶点出发，沿着与顶点相关联的边，访问图中的所有顶点各一次。图的遍历通常有两种方法：深度优先搜索和广度优先搜索。下面分别介绍这两种遍历方法及其应用。

10.1.1　图的深度优先搜索遍历

图的深度优先搜索（depth first search）遍历类似于树的前序遍历。令 $G=(V,E)$ 是一个有向图或无向图。开始时，图 G 中的所有顶点都未曾被访问过。从 G 中任选一个顶点 $u\in V$ 作为初始出发点，访问出发点 u，把它标记为访问过；u 可能有多个邻接顶点，先访问其第一个邻接顶点 v，也把它标记为访问过；同样，v 也可能有多个邻接顶点，把 v 作为新的出发点，访问其第一个邻接顶点 w，也把它标记为访问过；现在，重新把 w 作为新的出发点，访问与 w 相邻接的一个尚未访问过的顶点，如此继续朝着前方（深度）进行搜索。搜索路径一直向前延伸，直到搜索到某个顶点，该顶点的所有邻接顶点都已被访问过，再回溯到之前的顶点，搜索这个顶点尚未被访问过的下一个邻接顶点，又从这个邻接顶点出发，向前搜索。

可以看到，上述搜索过程可以递归进行，它尽可能地朝着前方（深度）继续进行搜索，当搜索到某个顶点的所有邻接顶点都已被访问过，再进行回溯，所以称为深度优先搜索。例如，假定 u 是刚被访问过的顶点，就从 u 出发，选择一条未经搜索过的边 (u,v)；若 v 已被访问过，重新从 u 出发，再选择另一条未经搜索过的边 (u,w)；若 w 尚未访问过，则搜索路径由 u 延伸到 w，于是访问 w，把 w 标记为访问过，并从 w 出发，搜索与 w 相关联的边……这个过程一直递归地重复，搜索路径一直向前延伸。当与 w 相关联的所有边都已搜索完毕就回溯到 u，继续从 u 选择另一条未经搜索过的边，向另一个方向搜索。如果与 u 相关联的所有的边也已搜索完毕，就从 u 回溯到 u 之前的顶点。如果 u 是初始出发点，就结束搜索过程。于是，在整个搜索过程中，建立了一棵生成树。如果 u 是初始出发点，u 就是该生成树的根。

如果给定的图是连通图，从图中的任意一个顶点出发，可以遍历图中的各个顶点。如果图是非连通图，则从任意顶点出发进行搜索，只能访问到与该顶点存在通路的所有顶点；如果要访问与该顶点没有通路的其他顶点，就须从未被访问过的其他顶点中寻找一个顶点继续进行搜索。

为方便起见，图的顶点用数字编号。令图的顶点集合为$V=\{0,1,\cdots,n-1\}$，用图的邻接表来表示图中各顶点及其关联边之间的关系：

```
struct adj_list {                          /* 邻接表结点的数据结构 */
   int  v;                                 /* 邻接顶点的编号 */
   struct adj_list *next;                  /* 下一个邻接顶点 */
};
typedef struct adj_list NODE;
NODE    node[n];                           /* 图的邻接表 */
```

此外，再定义下面的 3 个数组，来登记各个顶点在遍历中被访问的顺序号：

```
int pren[n];                               /* 相应顶点的前序遍历的顺序号 */
int postn[n];                              /* 相应顶点的后序遍历的顺序号 */
int tra[n];                                /* 按前序遍历顺序存放的顶点序号 */
```

其中，数组 *tra* 按遍历顺序存放被遍历顶点的序号。由于深度优先搜索过程是一个递归过程，因此实现深度优先搜索的算法，也可以用递归算法来描述。这样，深度优先搜索算法的步骤可叙述如下：

（1）把所有顶点标记为未访问过。

（2）令$i=0$。

（3）若顶点i已访问过，转步骤（4）；否则，调用 dfs(i)进行深度优先搜索，转步骤（4）。

（4）$i=i+1$；若$i<n$，转步骤（3）；否则，算法结束。

对于函数 dfs(i)，则步骤如下：

（1）把顶点i标记为访问过；使指针p初始化为顶点i的邻接表的首元素。

（2）若指针p为空，函数运行结束；否则取该指针所指向的元素，设该元素顶点编号为v。

（3）若顶点v已访问过，转步骤（4）；否则，调用 dfs(v)，转步骤（4）。

（4）使指针p指向下一个邻接顶点，转步骤（2）。

算法的实现可叙述如下：

算法 10.1　图的深度优先搜索遍历

输入：图的邻接表 node[]，图的顶点个数 n

输出：相应顶点的前序遍历顺序号 pren[]、后序遍历顺序号 postn[]、按遍历顺序存放的顶点序号 tra[]

```
1. void dfs(int v,NODE node[],int n,int pren[],int postn[],BOOL b[], int &prefdn,int &postfdn,int tra[],int &count)
2. {
3.     int i,prefdn,postfdn,count;
4.     BOOL *b = new BOOL[n];
5.     prefdn = 0;   postfdn = 0;    count = 0;
6.     for (i=0;i<n;i++)
7.        b[i] = FALSE;
8.     for (i=0;i<n;i++)
9.        if (!b[i])
10.           dfs(i,node,n,pren,postn,b,prefdn,postfdn,tra,count);
11.    delete b;
12. }
```

```
void dfs(int v,NODE node[],int n,int pren[],int postn[],BOOL b[],int
          &prefdn,int &postfdn,int tra[],int &count)
{
    NODE *p;
    b[v] = TRUE;   tra[count++] = v; /* 标记顶点v,登记前序遍历顺序的顶点 */
    pren[v] = ++prefdn;              /* 登记顶点的前序遍历顺序号 */
    p = node[v].next;                /* 取顶点v邻接表的第一个邻接顶点指针 */
    while (p!=NULL) {                /* 若邻接表非空 */
       if (!b[p->v])                 /* 邻接顶点未标记,对其深度优先搜索 */
          dfs(p->v,node,n,pren,postn,b,prefdn,postfdn,tra,count);
       p = p->next                   /* 取下一个邻接顶点指针 */
    }
    postn[v] = ++postfdn;            /* 登记顶点的后序遍历顺序号 */
}
```

这个算法用布尔数组 *b* 作为顶点是否被访问过的标志；在搜索过程中，用数组 *pren* 记录顶点的前序遍历顺序号；用数组 *postn* 记录顶点的后序遍历顺序号；用数组 *tra* 记录按前序遍历顺序存放的顶点序号。开始时，把 *b* 的所有元素置为 FALSE，表示所有顶点均未被访问过。同时，把计数器 *prefdn* 和 *postfdn* 初始化为 0。在深度优先搜索过程中，这两个计数器用来对被访问过的顶点进行计数；同时，也用它来登记被访问顶点的前序遍历顺序号和后序遍历顺序号。然后，从顶点 0 开始进行深度优先搜索。如果图是连通的，从顶点 0 出发，可以遍历图中所有顶点；如果图是非连通的，只能遍历图的一个连通分支。该连通分支搜索结束时，就返回到算法 traver_dfs 第 8 行的循环语句顶部，继续对其他顶点进行搜索。

搜索完成时，由开始出发进行搜索的顶点，到其他所有顶点，构成了一棵树，称为深度优先搜索生成树。开始出发的顶点，是这棵树的根结点。如果顶点 v 是从树的根结点到顶点 w 路径上的一个顶点，就称顶点 v 是顶点 w 的祖先，顶点 w 是顶点 v 的儿孙。如果从开始顶点进行搜索，不能到达其他所有顶点，那么搜索的结果便会产生若干棵深度优先搜索生成树，它们构成了一个森林。

根据深度优先搜索的遍历过程，可以对图中所有的边进行分类。令 $G=(V,E)$ 是一个无向图，则边集 E 中的边，根据遍历的结果，可以划分为下面两种类型：

- 树边（tree edges）：深度优先搜索生成树中的边。如果在搜索时，边 $(u,v)\in E$ 是从顶点 u 出发进行搜索的边，而顶点 v 尚未被访问过，则边 (u,v) 就是图 G 中的树边，它是生成树中的一条边。
- 后向边（back edges）：其他的所有边。

例 10.1　图 10.1 表示一个无向图的深度优先搜索遍历的情况。图 10.1（a）表示一个无向图；图 10.1（b）表示从顶点 a 开始进行搜索，按顺序访问 a,b,e,f,i,g,h,d,c 时所生成的深度优先搜索生成树，实线表示树边，虚线表示后向边。在生成树顶点旁边的两个数字，分别表示该顶点的前序遍历和后序遍历的顺序。

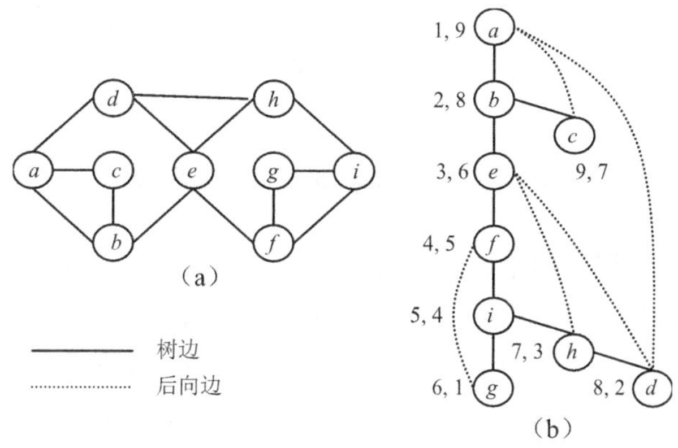

图 10.1　无向图深度优先搜索遍历的例子

如果 $G=(V,E)$ 是有向图，则边集 E 中的边可以划分为 4 种类型：

- 树边：深度优先搜索生成树中的边。与无向图的情况一样，如果在搜索时，边 $(u,v)\in E$ 是从顶点 u 出发进行搜索的边，而顶点 v 尚未被访问过，则边 (u,v) 就是树边，它是生成树中的一条边。
- 后向边：与边 (u,v) 相关联的顶点 u 和 v，在深度优先搜索树中，v 是 u 的祖先；在从 u 出发沿着边 (u,v) 进行搜索时，v 已标记为访问过。
- 前向边（forward edges）：与边 (u,v) 相关联的顶点 u 和 v，在深度优先搜索树中，u 是 v 的祖先；在从 u 出发沿着边 (u,v) 进行搜索时，v 已标记为访问过。
- 交叉边（cross edges）：其他的所有边。

例 10.2　图 10.2 表示一个有向图的深度优先搜索遍历的情况。图 10.2（a）表示一个有向图，图 10.2（b）表示对该有向图从顶点 a 开始，按顺序访问 a,b,e,f,i,h,g,c,d 的情况。这时，在深度优先搜索树中，边 (a,d) 和边 (i,g) 都不是树边。在由 a 沿着 (a,d) 搜索时，d 已被访问过，并且 a 是 d 的祖先；在由 i 沿着 (i,g) 搜索时，g 已被访问过，并且 i 是 g 的祖先。因此，边 (a,d) 和边 (i,g) 都是前向边。边 (f,b) 和边 (h,e) 也不是树边。在由 f 沿着边 (f,b) 搜索，以及由 h 沿着边 (h,e) 搜索时，b 是 f 的祖先，e 是 h 的祖先，并且 b 和 e 都已访问过。因此，边(f,b)和边(h,e)是后向边。边(d,e)也不是树边。在由d沿着边(d,e)搜索时，d既不是e的祖先，也不是e的儿孙。因此，边(d,e)是交叉边。

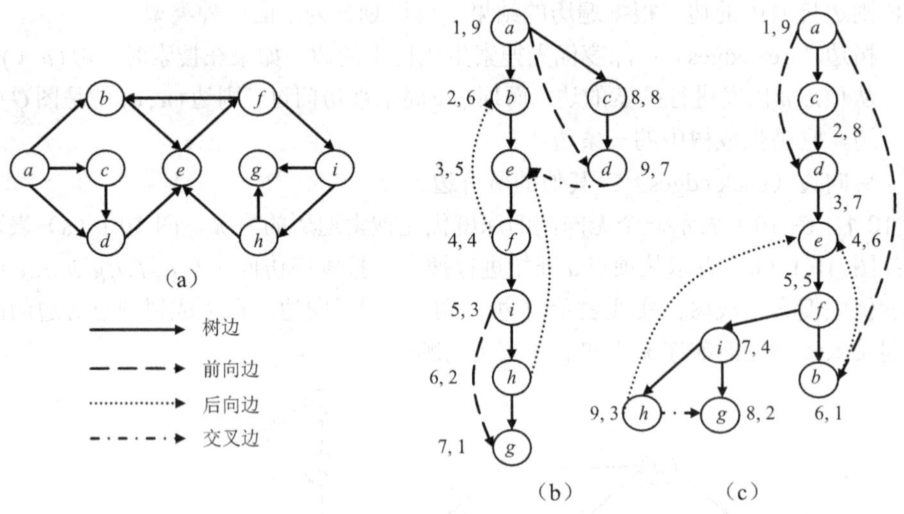

图10.2 有向图的深度优先搜索遍历的例子

在图10.2（c）中，搜索顺序是a,c,d,e,f,b,i,g,h。这时，边(a,b)及(a,d)是前向边，因为由a沿着边(a,b)搜索时，以及由a沿着边(a,d)搜索时，b及d都已被访问过，且a是b的祖先，也是d的祖先。边(b,e)和(h,e)是后向边，因为由b沿着(b,e)搜索，以及由h沿着(h,e)搜索时，e已访问过，且e是b和h的祖先。边(h,g)是交叉边，因为由h沿着(h,g)搜索时，g已经访问过，且h既不是g的祖先，也不是g的儿孙。

由上面的例子可以看到，图的深度优先搜索生成树不是唯一的，它与顶点的搜索顺序有关。同样，在遍历之后，边的类型也与搜索的顺序有关。深度优先搜索可以按照邻接表进行，也可以按照邻接矩阵进行。如果按照图的邻接表进行，则邻接表中登记项的顺序决定了遍历之后边的类型；如果按照图的邻接矩阵进行，则顶点编号顺序决定了遍历之后边的类型。

现在估计这个算法的时间复杂性。假定图有n个顶点和m条边。算法 traver_dfs 的第6、7行，把顶点的访问标记初始化为FALSE，需花费$\Theta(n)$时间。第8行执行的 for 循环，工作所花费的时间由两部分组成：测试顶点是否被访问过，共花费$\Theta(n)$时间，以及调用函数 dfs 进行遍历所花费的时间。在执行函数 dfs 时，共需登记n个顶点的访问标记，需花费$\Theta(n)$时间；然后按照邻接表判断邻接顶点是否被访问过，这一步的总次数，是邻接表登记项的总个数，对有向图，是图的边数m，对无向图，则是图边数m的两倍。因此，在算法 traver_dfs 的整个 for 循环中，用于函数 dfs 的总花费是$\Theta(n+m)$。由此，算法总的花费时间是$\Theta(n+m)$。当$m=O(n^2)$时，算法总的花费时间是$O(n^2)$。

很显然，除了存放作为输入用的邻接表需要$\Theta(m)=O(n^2)$的空间外，算法用于存放顶点的遍历顺序号和登记顶点的访问标志所需的工作单元，需要$\Theta(n)$的工作空间。

10.1.2　图的广度优先搜索遍历

图的广度优先搜索（breadth first search）遍历类似于树的按层次遍历。开始时，图中所有顶点均未访问过。从图中选择一个顶点作为初始出发点 v，则图的广度优先搜索的基本思想是：首先访问出发顶点 v，然后访问 v 的所有邻接顶点 $w_1, w_2, \cdots, w_i$，接着依次访问与 $w_1, w_2, \cdots, w_i$ 相邻接的、未曾访问过的所有顶点。依此类推，直到与初始顶点 v 存在通路的所有顶点全部访问完毕为止。这种搜索方法的特点是尽可能地朝着横向方向进行搜索，所以称为广度优先搜索。

为了保证在访问完 w_1 的所有邻接顶点之后，接着访问 w_2 的邻接顶点，设置一个先进先出队列。在访问 v 的所有邻接顶点 $w_1, w_2, \cdots, w_i$ 的同时，也把 $w_1, w_2, \cdots, w_i$ 依次放入队列尾。在对 v 的所有邻接顶点处理完毕之后，就从队首取下 w_1，处理 w_1 的邻接顶点；同时，也把与 w_1 邻接的未访问过的顶点依次放入队列尾。w_1 的邻接顶点处理完毕时，又从队首取下 w_2，继续上述处理，直到队列为空。这样，广度优先搜索算法的步骤可叙述如下：

（1）把所有顶点标记为未访问过。

（2）令 $i = 0$。

（3）若顶点 i 未访问过，则调用 bfs(i)进行广度优先搜索。

（4）$i = i + 1$；若 $i < n$，转步骤（3），否则算法结束。

对于函数 bfs(i)，步骤如下：

（1）把顶点 i 标记为访问过，建立一个待搜索的元素，其顶点编号为 i，放入搜索队列尾。

（2）若搜索队列为空，函数运行结束；否则取下队首元素，设该元素顶点编号为 v。

（3）对顶点 v 的所有邻接顶点 w，若 w 已访问过，则不作处理；否则，把 w 标记为访问过，并建立一个待搜索的元素，其顶点编号为 w，放入搜索队列尾；转步骤（2）。

假定用下面的数据结构来进行队列操作：

```
typedef struct {
    NODE *head;                        /*  队列的头指针 */
    NODE *tair;                        /*  队列的尾指针 */
} QUEUE;
NODE     node[n];                      /* 图的邻接表 */
```

其中，NODE 是 10.1 节所描述的图的邻接表结点的数据结构。对于队列，可以定义下面几种基本操作。

- void initial_Q(QUEUE &*queue*);　　/* 初始化队列 *queue* */
- void append_Q(QUEUE &*queue*, NODE **node*);　/* 把元素 *node* 放入队列尾 */
- NODE *delete_Q(QUEUE &*queue*);　　/* 取下队首元素 */
- BOOL empty_Q(QUEUE *queue*);　　/* 判断队列 *queue* 是否为空 */

利用上述对队列的操作，图的广度优先搜索遍历算法的实现，可描述如下：

算法 10.2 图的广度优先搜索遍历

输入： 图的邻接表 node[]，图的顶点个数 n

输出： 顶点的广度优先搜索顺序编号 bfn[]

```
void traver_bfs(NODE node[],int n,int bfn[])
{
    int i,count = 0;
    BOOL *b = new BOOL[n];
    for (i=0;i<n;i++)                        /* 把所有顶点标记为未访问过 */
       b[i] = FALSE;
    for (i=0;i<n;i++)                        /* 从顶点 0 开始进行广度优先搜索遍历*/
       if (!b[i])
          bfs(i,node,n,bfn,count);
    delete b;
}
```

```
void bfs(int v,NODE node[],int n,int bfn[],int &count)
{
    int w;
    QUEUE queue;                             /* 建立一个搜索队列 */
    NODE *p1,*p = new NODE;                  /* 建立一个等待搜索的队列元素 */
    initial_Q(queue);                        /* 初始化搜索队列 */
    p->v = v;                                /* 赋予待搜索的队列元素的顶点编号*/
    append_Q(queue,p);                       /* 把该元素放到搜索队列尾 */
    b[v] = TRUE;                             /* 把该顶点标记为访问过 */
    bfn[v] = ++count;                        /* 登记顶点的遍历顺序号 */
    while (!(empty(queue))) {                /* 搜索队列是否非空 */
       p = delete_Q(queue);                  /* 取下搜索队列的队首元素 */
       w = p->v;                             /* 该元素的顶点编号保存于 w */
       delete p;                             /* 删去该元素 */
       p1 = node[w].next;                    /* 取该顶点的邻接表指针于 p1*/
       while (p1!=NULL) {                    /* 该顶点的邻接顶点是否处理完 */
          if (!b[p1->v]) {                   /* 若邻接顶点未访问过 */
             b[p1->v] = TRUE;                /* 把该顶点标记为访问过 */
             bfn[p1->v] = ++count;           /* 登记顶点的遍历顺序号 */
             p = new NODE;                   /* 建立一个待搜索的队列元素 */
             p->v = p1->v;                   /* 赋予该元素的顶点编号 */
             append_Q(queue,p);              /* 把该元素放到搜索队列尾 */
          }
          p1 = p1->next;                     /* 准备处理下一个邻接顶点 */
       }
    }
}
```

例 10.3　图 10.3（b）是对图 10.3（a）采用广度优先搜索遍历所生成的树，顶点旁边的数字表示该顶点从队列中取出的顺序。

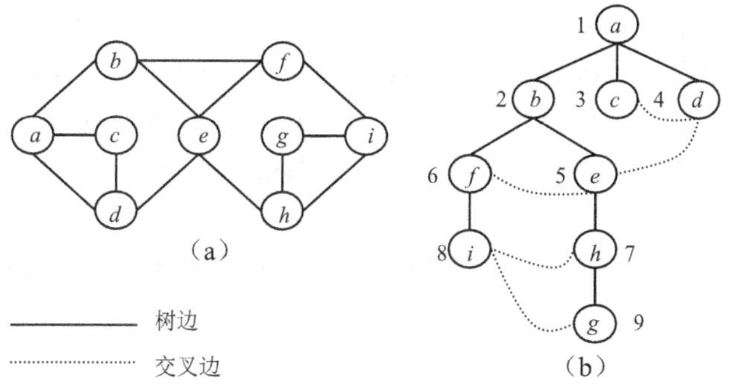

图 10.3　广度优先搜索生成树的例子

开始时，把顶点 a 标记为访问过，并把它放到队列之中。在函数 bfs 的 while 循环中把它取下，访问其 3 个邻接顶点 b 、c 和 d ，并相继把这 3 个顶点放入队列。接着，把 b 从队列取下，访问其 2 个邻接顶点 e 和 f ，也把这 2 个顶点放进队列。这时，队列中的元素为 c 、d 、e 和 f 。队列的首元素是 c，把它取下。c 的邻接顶点是 a 和 d ，都已访问过。于是，又从队列中取下首元素 d 。同样，d 的邻接顶点都已访问过。这时，队列中元素剩下 e 和 f 。对 e 和 f 继续进行同样的处理，直到队列为空。

同深度优先搜索遍历一样，广度优先搜索遍历也得到一棵生成树，称为广度优先搜索生成树。遍历的结果，对于无向图，边可以是树边或交叉边；对于有向图，边可能是树边、后向边或交叉边，但没有前向边。

当图具有 n 个顶点和 m 条边时，算法 traver_bfs 第 5、6 行把顶点的访问标记初始化为 FALSE，需花费 $\Theta(n)$ 时间。第 7 行开始的 for 循环执行 n 个判断，需 $\Theta(n)$ 时间。如果图有 k 个连通分支，则执行 k 次 bfs 的调用。在函数 bfs 内部，队列的各个操作均花费 $\Theta(1)$ 时间。在 k 次 bfs 的调用中，共执行 n 个顶点的入队和出队操作；又因为有 m 条边，对无向图来说，共需执行 $2m$ 个邻接顶点的判断处理工作。这样，整个算法的运行时间为 $\Theta(m+n)$ 。当 $m=O(n^2)$ 时，算法总的花费时间是 $O(n^2)$ 。

同样，这个算法除了存放作为输入用的邻接表需要 $\Theta(m)-O(n^2)$ 的空间外，算法用于存放顶点的遍历顺序号和登记顶点的访问标志，以及顶点的搜索队列所需的工作单元，需要 $\Theta(n)$ 的工作空间。

10.1.3　无向图的接合点

定义 10.1　图 $G=<V,E>$ 是连通图，顶点集 $S\subseteq V$ ，若删去 S 中的所有顶点，将使图 G 不连通，就称 S 是图 G 的割集。若 $S=\{v\}$ ，则称 v 为图 G 的割点（cut nodes）或接合点（articulation point）。

一个无向连通图中，接合点可能不止一个。如果图 G 是具有两个以上顶点的无向图，若 G 中存在不同的顶点 u 、v 和 w ，使得 u 和 w 之间的通路必须通过 v，则顶点 v 就是图 G

的一个接合点。这时，如果删去顶点 v 及 v 的所有关联边，将使 G 不连通。如果一个无向连通图没有接合点，则这样的图就称为双连通图。寻找无向图的接合点问题有着广泛的应用。例如，在一个通信网络中，如果它是双连通的，其中一个节点发生故障，其他节点仍可正常通信。但是，如果存在着接合点，那么接合点一旦发生故障，有些节点就无法通信。因此，需要在通信网络中判断是否存在接合点，如果存在，就把它们寻找出来，并对每个接合点增加相应的关联边，从而使整个通信网络成为双连通的。

关于图的接合点，有如下性质：

性质 10.1 当且仅当深度优先搜索树的根结点至少有两个以上儿子结点，则根结点是接合点。

性质 10.2 当且仅当深度优先搜索树中，v 的每一个儿孙结点不能通过后向边到达 v 的祖先结点，则结点 v 是接合点。

可以通过对图的深度优先搜索遍历，利用上述两个性质来寻找图中的接合点。为此，在进行深度优先搜索时，对每个顶点 $v \in V$，维护两个变量 $pren[v]$ 及 $backn[v]$。$pren[v]$ 是顶点 v 的遍历顺序号。它就是深度优先搜索算法中的 $prefdn$，在每一次调用深度优先搜索过程访问某个顶点时，该值加 1。变量 $backn[v]$ 是顶点 v 的后向可达顶点的最小遍历顺序号。按照下面的方法来维护这个变量：开始时，$backn[v]$ 初始化为 $pren[v]$；在深度优先搜索过程中，若 (v,w) 是从顶点 v 出发进行搜索的边，令 $backn[v]$ 是下列数值中之最小者。

- $pren[v]$。
- $pren[w]$，若 (v,w) 是后向边。
- $backn[w]$，若 (v,w) 是树边。

这样，只要在深度优先搜索树中，v 有一个儿子结点 w，使得 $backn[w] \geqslant pren[v]$，则说明 v 的儿孙结点 w 不能通过后向边到达 v 的祖先结点，因此 v 是接合点。例如，在图 10.4 中，以 w 为根的子树不能通过后向边到达 u，使得 $backn[w] \geqslant pren[v]$ 成立，因此在图 10.4 中，v 是接合点。

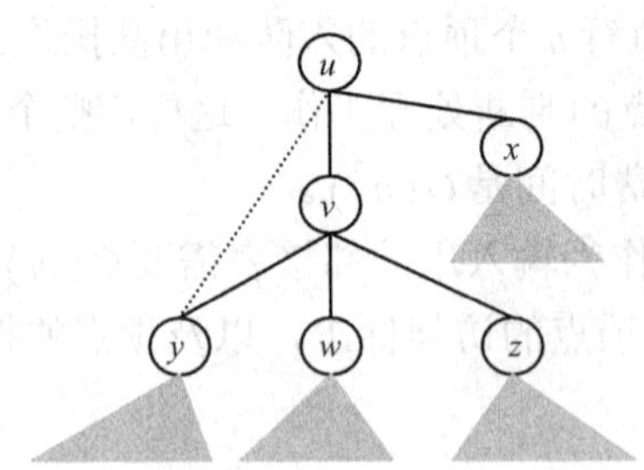

图 10.4 接合点的例子

下面是寻找无向图的接合点的步骤：

令 $root$ 是开始搜索的顶点，开始时，把所有顶点标记为未访问过；把 $root$ 作为 artdfs 函数中形式参数 v 的实参，调用 artdfs 从 v 进行搜索。artdfs 的搜索步骤如下：

（1）把 v 标记为访问过，初始化 $pren[v]$、$backn[v]$；使指针 p 指向 v 的邻接表登记项。

（2）若 p 为空，处理搜索到的接合点的计数和登记，算法结束。

（3）若 p 非空，令 p 所指向的邻接点是 w；若 w 未被访问过，则 (v,w) 是树边，转步骤（4）；否则 (v,w) 是后向边，转步骤（7）。

（4）递归调用 artdfs 对 w 进行深度优先搜索。

（5）若 v 是根结点，按性质 10.1 判断 v 是否为接合点；否则，更新 v 的后向可达顶点的遍历顺序号，按性质 10.2 判断 v 是否为接合点。

（6）使 p 指向下一个邻接点，转步骤（2）。

（7）若 (v,w) 是后向边，更新 v 的后向可达顶点的遍历顺序号，转步骤（6）。

利用 10.1 节所描述的图的邻接表结点的数据结构 NODE，算法的实现描述如下：

算法 10.3　寻找无向连通图的接合点

输入：无向连通图的邻接表 node[]，图的顶点个数 n，开始搜索顶点 root

输出：返回接合点的个数及存放接合点的数组 art[]

```
int art_point(NODE node[],int n,int art[],int root)
{
    int i,prefdn,count,degree;
    BOOL *b = new BOOL[n];
    int *pren = new int[n];
    int *backn = new int[n];
    prefdn = 0;   count = 0;   degree = 0;
    for (i=0;i<n;i++)
        b[i] = FALSE;
    artdfs(root,node,pren,backn,b,prefdn,art,count,root,degree);
    delete b;   delete pren;   delete backn;
    return count;
}
```

```
void artdfs(int v,NODE node[],int pren[],int backn[],BOOL b[],int &prefdn,
                int art[],int &count,int root,int &degree)
{
    int w;
    BOOL artpoint = FALSE;
    NODE *p = node[v].next;        /* 把 v 标记为访问过,初始化 pren,backn */
    b[v] = TRUE;   pren[v] = ++prefdn;   backn[v] = prefdn;
    while (p!=NULL) {              /* v 的所有邻接顶点是否处理完毕 */
        w = p->v;                  /* 处理 v 的邻接顶点 w */
        if (!b[w]) {               /* (v,w)为树边 */
            artdfs(w,node,pren,backn,b,prefdn,art,
                   count,root,degree);    /* 对 w 进行深度优先搜索 */
            if (v==root) {                /* 判断 v 是否为根结点 */
                degree++;                 /* 根结点的度增 1 */
                if (degree>=2)            /* 若根结点的度大于等于 2 */
                    artpoint = TRUE;      /* 则根结点是接合点 */
            }
```

```
            else {                                  /* 处理v后向可达的顶点 */
                backn[v] = min(backn[v],backn[w]);
                if (backn[w]>=pren[v]) artpoint = TRUE;
            }                                       /* w后向可达的顶点至多是 v */
        }                                           /* 则 v 是接合点 */
        else              /* (v,w)是后向边，更新v的后向可达顶点的遍历顺序号*/
            backn[v] = min(backn[v],pren[w]);
        p = p->next;                                /* 处理下一个邻接顶点 */
    }
    if (artpoint) {                                 /* 如果 v 是接合点，则登记于 art*/
        count++;   art[count] = v;
    }
}
```

这个算法从根结点开始进行深度优先搜索，对每一个访问的顶点 v，把 $pren[v]$ 和 $backn[v]$ 初始化为 $prefdn$。在由某个顶点 w 回溯到 v 时，如果发现 $backn[w]$ 小于 $backn[v]$，说明 v 的儿子结点 w 由后向边可达 v 的祖先，比 v 由后向边可达的祖先结点，其辈分更高，就把 $backn[v]$ 置为 $backn[w]$；如果发现 $backn[w] \geq pren[v]$，说明 w 由后向边可达的祖先结点，至多不能超过 v，因此 w 只能通过 v 到达 v 的祖先结点，故 v 是一个接合点。

例 10.4 在图 10.5（a）中寻找接合点。图 10.5（a）的深度优先搜索生成树如图 10.5（b）所示。

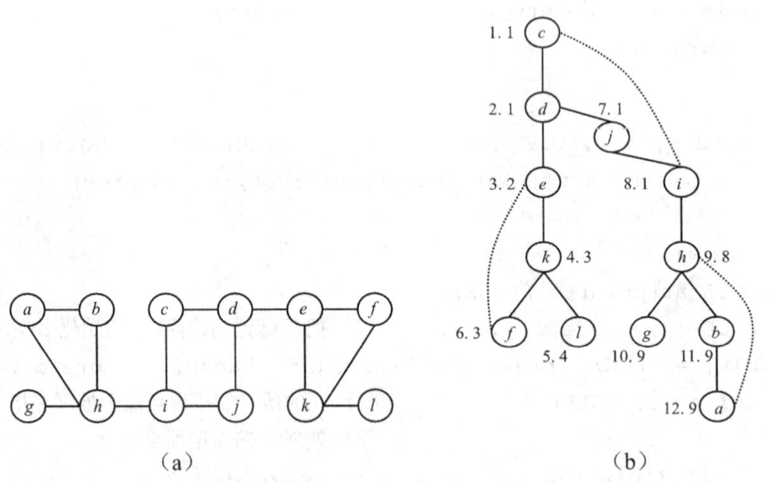

图 10.5　寻找接合点的例子

假定开始时，由顶点 c 沿着顶点 d,e,k,l 进行搜索，当搜索到顶点 l 时，后向边 (l,k) 使得 $backn[l]$ 由原来的 5 变为 4。由 l 返回到 k 时，虽然 (k,l) 是树边，但 $backn[l]$ 与 $backn[k]$ 都是 4，因此 $backn[k]$ 值不变。此时，因为 $backn[l] \geq pren[k]$，所以 k 是接合点。由顶点 k 继续搜索到顶点 f 时，f 的后向边 (f,e) 使得 $backn[f]$ 由原来的 6 变为 3。由 f 返回到 k 时，也使 $backn[k]$ 由原来的 4 变为 3。而 k 的后向边 (k,e) 仍使 $backn[k]$ 保持不变。由 k 返回到 e

时，因为 $backn[k] \geqslant pren[e]$，所以 e 是接合点。e 的后向边 (e,d) 使 $backn[e]$ 由原来的 3 变为 2。由 e 返回到 d 时，因为 $backn[e] \geqslant pren[d]$，所以 d 是接合点。d 继续沿着 j,i,h,g 搜索。当搜索到 g 时，g 的后向边 (g,h) 使得 $backn[g]$ 由原来的 10 变为 9。由 g 返回到 h 时，因为 $backn[g] \geqslant pren[h]$，所以 h 是接合点。由 h 继续沿着 b,a 搜索，到达 a 时，a 的后向边 (a,h) 使得 $backn[a]$ 由原来的 12 变为 9。由 a 返回到 b 时，b 的后向边 (b,h) 使得 $backn[b]$ 由原来的 11 变为 9。由 b 返回到 h 时，h 的后向边 (h,i) 使得 $backn[h]$ 由原来的 9 变为 8。由 h 返回到 i 时，因为 $backn[h] \geqslant pren[i]$，所以 i 是接合点。i 的后向边 (i,c) 使得 $backn[i]$ 由原来的 8 变为 1。由 i 返回到 j 时，使 $backn[j]$ 由原来的 7 变为 1。由 j 返回到 d 时，使 $backn[d]$ 由原来的 2 变为 1。由 d 返回到 c 时，因为 c 是根结点，而 c 的度为 1，所以 c 不是接合点。算法结束。在搜索过程中，找到 k、e、d、h、i 是接合点。

这个算法使用图的深度优先搜索方法寻找无向图的接合点。与 dfs 函数相比，artdfs 函数除了增加处理和判断接合点的代码外，其余二者的工作过程完全一样，而处理和判断接合点的代码的运行时间为 $\Theta(1)$。因此，算法总的花费时间仍然是 $\Theta(n+m)$。当 $m=O(n^2)$ 时，算法总的花费时间是 $O(n^2)$。同样，除了存放作为输入用的邻接表需要 $\Theta(m)=O(n^2)$ 的空间外，算法用于存放顶点的遍历顺序号、后向可达顶点的最小遍历顺序号、登记顶点的访问标志，以及图的接合点序号等所需的工作单元，需要 $\Theta(n)$ 的工作空间。

10.1.4　有向图的强连通分支

定义 10.2　给定有向图 $G=(V,E)$，图中任意两个顶点 $u \in V, v \in V$，若 u 和 v 互相可达，则称图 G 是强连通图。

定义 10.3　有向图的极大强连通子图称为强连通分支。

因此，有向图 G 的强连通分支是一个最大的顶点集合，在这个集合中，每一对顶点之间都有路径可达。在有向图中寻找强连通分支的问题，即是找出图中每一对顶点之间都有路径可达的所有顶点集合。可以按照下面的步骤进行：

（1）对 G 执行深度优先搜索，求出每个顶点的后序遍历顺序号 $postn$。

（2）反转有向图 G 中的边，构造一个新的有向图 G^*。

（3）由最高 $postn$ 编号的顶点开始，对 G^* 执行深度优先搜索。如果深度优先搜索未达到所有顶点，由未访问的最高 $postn$ 编号的顶点开始，继续深度优先搜索。

（4）步骤（3）所产生的森林中的每一棵树，对应于一个强连通分支。

例 10.5　求图 10.6（a）所示有向图的强连通子图。首先，对图 10.6（a）从顶点 a 开始执行深度优先搜索，生成图 10.6（b）所示的由树边所构造的两棵树的森林。在顶点的旁边标出了前序遍历及后序遍历的顺序，得到后序遍历由大到小的顺序是 c,d,a,b,f,e。第二步，把图 10.6（a）所示边的方向反转，得到图 10.6（c）所示的图。第三步，按照 c,d,a,b,f,e 的顺序，对图 10.6（c）所示的图进行深度优先搜索，生成图 10.6（d）所示的森林。该森林由 3 棵树组成，每一棵树对应一个强连通分支。

在实现寻找有向图强连通分支的算法时，除了 10.1.1 节所引入的变量外，再引入如下一些变量：

```
int sn;                /* 强连通分支个数 */
int trapos[n];         /* 相应强连通分支的顶点集在数组 tra 的起始位置 */
int postv[n];          /* 按后序遍历顺序存放的顶点序号 */
```

于是，寻找有向图强连通分支的算法可描述如下：

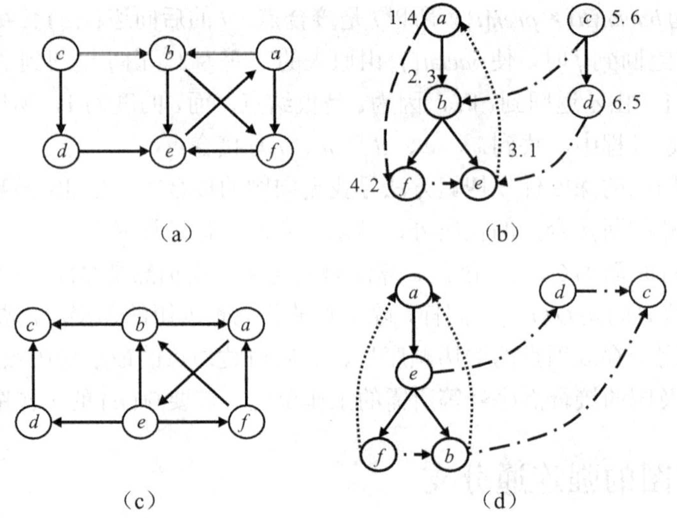

图 10.6　寻找强连通分支的例子

算法 10.4　有向图的强连通分支

输入：图的邻接表 node[]，图的顶点个数 n

输出：强连通分支个数，按遍历顺序存放的顶点序号 tra[]，每个强连通分支的顶点集在数组 tra 中的起始位置 trapos[]

```
int strongly_con_com(NODE node[],int n,int tra[],int trapos[])
{
    int i,prefdn,postfdn,count,sn;
    int *pren = new int[n];
    int *postn = new int[n];
    int *postv = new int[n];
    BOOL *b = new BOOL[n];
    NODE *arnode = new NODE[n];
    prefdn = 0;  postfdn = 0;  count = 0;
    for (i=0;i<n;i++)                    /* 顶点访问标志初始化为假 */
        b[i] = FALSE;
    for (i=0;i<n;i++)                    /* 对 G 执行深度优先搜索 */
        if (!b[i])
            dfs(i,node,n,pren,postn,b,prefdn,postfdn,tra,count);
    for (i=0;i<n;i++) {
        postv[postn[i]-1] = i;           /* 按后序遍历顺序存放的顶点序号 */
```

```
17.         b[i] = FALSE;                      /* 顶点访问标志初始化为假 */
18.     }
19.     reverse(node,arnode);                  /* 反转有向图的边,构造新图的邻接表 */
20.     prefdn = 0;   postfdn = 0;   count = 0;   sn = 0;
21.     for (i=n-1;i>=0;i--) {
22.         if (!b[postv[i]]) {
23.             trapos[sn] = count;            /* 登记强连通分支顶点集在 tra 中的位置*/
24.             sn++;                          /* 强连通分支计数 */
25.          dfs(postv[i],arnode,n,pren,postn,b,prefdn,
                  postfdn,tra,count);          /* 对新的图执行深度优先搜索 */
26.         }
27.     }
28.     delete pren;   delete postn;
29.     delete postv;   delete b;
30.     delete arnode;
31.     return sn;
32. }
```

这个算法的第 9~11 行执行第一次深度优先搜索的初始化工作，把遍历过程中的 3 个计数器清零，把所有顶点的访问标志置为FALSE 。第 12~14 行调用 10.1.1 节所叙述的深度优先搜索算法 dfs，从顶点 0 开始进行遍历。遍历的结果是在数组 *postn* 中得到各个顶点的后序遍历顺序号。在第 15~18 行的 for 循环中，第 16 行把 *postn* 数组中按顶点顺序存放的后序遍历顺序号，转换为 *postv* 数组中的按后序遍历顺序存放的顶点序号。第 17 行把所有顶点的访问标志第二次置为FALSE 。第 19 行的 reverse 函数，实现反转有向图 G 中的边，构造一个新的有向图 G^* 。按图 G 的邻接表头结点数组 *node*，产生图 G^* 的邻接表头结点数组 *arnode*，及图 G^* 的邻接表。第 20 行把 4 个计数器清零，为第二次深度优先搜索做准备。第 21 行开始的 for 循环，从 *postn* 序号最高的顶点开始，进行第二次深度优先搜索。在这个循环中，每调用一次 dfs，就完成一个强连通分支的搜索，并把该连通分支中所有顶点的访问标志置为TRUE 。在数组 *tra* 中，顺序登记着该连通分支中所有顶点的序号，在数组 *trapos* 中，登记着每一个强连通分支的顶点集登记在 *tra* 中的起始位置。

函数 reverse 的实现如下：

```
void reverse(NODE *node,NODE *arnode)
{
    int i,k;
    NODE *p,*p1;
    for (k=0;k<n;k++)                      /* arnode 为新图邻接表的头结点 */
        arnode[k].next = NULL;             /* 头结点指针初始化为空 */
    for (k=0;k<n;k++) {
        p = node[k].next;
        while (p!=NULL) {                  /* 反向登记新图邻接表的登记项 */
            p1 = new NODE;
```

```
11.             p1->v = k;
12.             p1->next = arnode[p->v].next;
13.             arnode[p->v].next = p1;
14.             p = p->next;
15.         }
16.     }
17. }
```

算法 10.4 的时间复杂性估计如下：第 9~11 行的初始化工作需要$\Theta(n)$时间；第 12~14 行的第一次深度优先搜索，需要$\Theta(n+m)$时间；第 15~18 行的初始化工作需要$\Theta(n)$时间；第 19 行的 reverse 函数，对m条边构造新的邻接表，因此需要$\Theta(m)$时间；第 21 行开始的第二次深度优先搜索，需要$\Theta(n+m)$时间。因此，整个算法的时间复杂性是$\Theta(n+m)$。同样，除了存放作为输入用的邻接表需要$\Theta(m)=O(n^2)$的空间外，算法用于存放顶点的遍历顺序号、登记顶点的访问标志等所需要的工作单元为$\Theta(n)$；用于存放反向图的邻接表需要$\Theta(m)$空间。因此，算法所需要的工作空间为$\Theta(m)=O(n^2)$。

10.2 网 络 流

流是一种抽象的实体，在源点流出，通过边输送，在收点被吸收，将目标从一个地点输送到另一个地点。例如输油管网络，边是输油管，结点是把管道连接在一起的接点。这样的网络称为流网络。流网络可以用一个四元组(G,s,t,c)来表示。其中，$G=(V,E)$是一个有向图，它有两个不同的顶点s和t，分别称为源点和收点；$c(u,v)$是V中所有顶点对u和v的容量函数。有时，直接用网络G来表示一个流网络。流网络的最大流问题是在给定流网络(G,s,t,c)中，寻找从s到t流量最大的流。

10.2.1 网络流的概念

在流网络(G,s,t,c)中，如果u和v是V中的任意顶点，则容量函数$c(u,v)$表示流经u和v所允许的最大流量。在流网络G中，源点s没有入边，收点t没有出边。如果边$(u,v)\in E$，则表示u到v的容量$c(u,v)>0$；否则，$c(u,v)=0$。关于网络流问题，有下面几个基本的定义和定理。

定义 10.4 给定流网络(G,s,t,c)中，顶点对u，v的流量函数$f(u,v)$满足下面 4 个条件：

C.1 斜对称（skew symmetry）：$\forall u,v\in V, f(u,v)=-f(v,u)$。如果$f(u,v)>0$，就说这是从$u$到$v$的流量。

C.2 容量约束（capacity constraints）：$\forall u,v\in V, f(u,v)\leqslant c(u,v)$。如果$f(u,v)=c(u,v)$，就说边$(u,v)$是饱和的。

C.3 流量守恒（flow conservation）：$\forall u\in V-\{s,t\}, \sum_{v\in V} f(u,v)=0$，也即任何内部顶点的净流量（出去的总流量减去进来的总流量）为 0。

C.4　$\forall v \in V, f(v,v) = 0$。

则称 f 是网络 G 的流。$f(u,v)$ 表示顶点 u 到顶点 v 的流量。

定义 10.5　割集 $\{S,T\}$ 是一个划分，它把顶点集 V 划分成两个子集 S 和 T，使得 $s \in S$，$t \in T$。用 $c(S,T)$ 表示割集 $\{S,T\}$ 的容量，则：

$$c(S,T) = \sum_{u \in S, v \in T} c(u,v)$$

用 $f(S,T)$ 表示割集 $\{S,T\}$ 的交叉流量，则：

$$f(S,T) = \sum_{u \in S, v \in T} f(u,v)$$

这样，割集 $\{S,T\}$ 的交叉流量，是从 S 中的顶点到 T 中的顶点的所有正流量之和，减去从 T 中的顶点到 S 中的顶点的所有正流量之和。

定义 10.6　令 f 是 G 中的一个流，则 f 的大小用 $|f|$ 表示。它定义为：

$$|f| = f(\{s\}, V') = \sum_{v \in V'} f(s,v)$$

其中，$V' = V - \{s\}$；$|f|$ 表示从源点流出的流量大小。

引理 10.1　令 f 是 G 中的一个流，$\{S,T\}$ 是 G 中的任意一个割集，则 $|f| = f(S,T)$。

证明　用归纳法证明：

（1）若 $S = \{s\}$，由定义 10.5 和定义 10.6 直接得到。

（2）假定对割集 $\{S,T\}$，引理成立，即 $|f| = f(S,T)$。令 $S' = S \cup \{w\}$，$T' = T - \{w\}$，下面证明对割集 $\{S',T'\}$，引理也成立。根据割集的交叉流量的定义以及条件 C.1、C.3、C.4，有：

$$\begin{aligned} f(S',T') &= f(S,T) + f(\{w\},T) - f(S,\{w\}) - f(\{w\},\{w\}) \\ &= f(S,T) + f(\{w\},T) + f(\{w\},S) - 0 \\ &= f(S,T) + f(\{w\},V) \\ &= f(S,T) + 0 \\ &= f(S,T) \\ &= |f| \end{aligned}$$

定义 10.7　若网络 G 中容量函数为 c，流为 f，则对每一个顶点对 $u,v \in V$，流 f 的剩余容量函数 r 定义为：$\forall u,v \in V, r(u,v) = c(u,v) - f(u,v)$。流 f 的剩余图是一个有向图 $R = (V, E_f)$，它具有由 r 所定义的容量及边集 E_f。

$$E_f = \{(u,v) | r(u,v) > 0\}$$

剩余容量 $r(u,v)$ 表示在容量约束条件 C.2 下，尚可以沿着边 (u,v) 流入的流量。如果 $f(u,v) < c(u,v)$，那么在 E_f 中将包含边 (u,v) 和 (v,u)。如果 G 中 u 和 v 之间没有边，则 (u,v) 或 (v,u) 都不在 E_f 中。因此，$|E_f| \leqslant 2|E|$。

例 10.6　图 10.7（a）表示一个带有流 f 的网络 G。在图中，每一条边都标出其容量及流量。例如，$c(s,a) = 8$，$f(s,a) = 6$；$c(s,d) = 5$，$f(s,d) = 5$ 等。根据条件 C.1，有 $f(a,s) = -6$，$f(d,s) = -5$。图 10.7（b）是它的剩余图 R，根据上述定义，有

$r(s,a)=c(s,a)-f(s,a)=8-6=2$，$r(a,s)=c(a,s)-f(a,s)=0-(-6)=6$，以及$r(s,d)=c(s,d)-f(s,d)=5-5=0$，而$r(d,s)=c(d,s)-f(d,s)=0-(-5)=5$等。

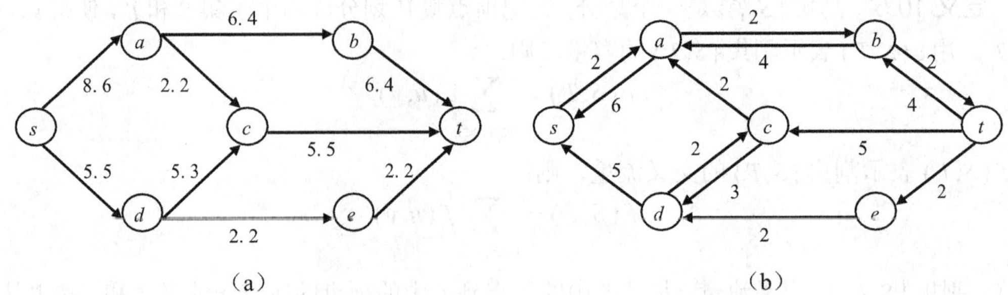

图 10.7　一个流网络及其剩余图

定义 10.8　f 和 f' 是网络 G 的任意两个流。对所有的顶点对 u 和 v，定义函数 $f+f'$ 为

$$(f+f')(u,v)=f(u,v)+f'(u,v)$$

称 $f+f'$ 为流 f 和 f' 之和。

类似地，定义函数 $f-f'$ 为

$$(f-f')(u,v)=f(u,v)-f'(u,v)$$

引理 10.2　f 是 G 中的流，f' 是 f 的剩余图 R 的流，则 $f+f'$ 是 G 中的流，且有 $|f+f'|=|f|+|f'|$。

证明　（1）f 是 G 中的流，f' 是 f 的剩余图 R 的流，它们都满足条件 C.1，有：

$$\begin{aligned}(f+f')(u,v)&=f(u,v)+f'(u,v)\\&=-f(v,u)-f'(v,u)\\&=-(f(v,u)+f'(v,u))\\&=-(f+f')(v,u)\end{aligned}$$

所以，$f+f'$ 满足条件 C.1。

（2）f' 是 f 的剩余图 R 的流，对 G 中的任意顶点 u 和 v，有：$f'(u,v)\leqslant r(u,v)$，

$$\begin{aligned}(f+f')(u,v)&=f(u,v)+f'(u,v)\\&\leqslant f(u,v)+r(u,v)\\&=f(u,v)+c(u,v)-f(u,v)\\&=c(u,v)\end{aligned}$$

所以，$f+f'$ 满足条件 C.2。

（3）f 和 f' 都满足条件 C.3，有：$\forall u\in V-\{s,t\}$，$\sum_{v\in V}f(u,v)=0$，$\sum_{v\in V}f'(u,v)=0$。因此

$$\begin{aligned}\sum_{v\in V}(f+f')(u,v)&=\sum_{v\in V}(f(u,v)+f'(u,v))\\&=\sum_{v\in V}f(u,v)+\sum_{v\in V}f'(u,v)\\&=0\end{aligned}$$

所以，$f+f'$满足条件 C.3。

（4）f 和 f' 都满足条件 C.4，有：$\forall v \in V$，$f(v,v)=0$，$f'(v,v)=0$。

$$
\begin{aligned}
(f+f')(v,v) &= f(v,v)+f'(v,v) \\
&= 0
\end{aligned}
$$

所以，$f+f'$满足条件 C.4。综上所述，$f+f'$是 G 中的流。

（5）由定义 10.6，对 $V'=V-\{s\}$ 有：

$$
\begin{aligned}
|f+f'| &= (f+f')(\{s\},V') \\
&= \sum_{v\in V'}(f+f')(s,v) \\
&= \sum_{v\in V'} f(s,v) + \sum_{v\in V'} f'(s,v) \\
&= |f|+|f'|
\end{aligned}
$$

定义 10.9　令 f 是 G 中的一个流。f 的剩余图 R 中，由 s 到 t 的有向路径 p 称为流量 f 的增广路径。沿着路径 p 的最小的剩余容量，称为 p 的瓶颈容量。

例如，在图 10.7（b）中，路径 s,a,b,t 是一条具有瓶颈容量为 2 的增广路径。如果沿着这个路径再压入另外 2 个单位的流量，则 G 中的流量成为最大。

定理 10.1（最大流最小割定理）　令 (G,s,t,c) 是一个流网络，f 是 G 中的流，则下面的 3 个命题等价：

（1）存在一个容量为 $c(S,T)=|f|$ 的割集 $\{S,T\}$。

（2）f 是 G 中的最大流。

（3）不存在 f 的增广路径。

证明　（1）⇒（2）：对网络 G 的任意一个割集 $\{S,T\}$，由引理 10.1，有 $|f|=f(S,T)$。根据容量约束条件，对 G 中的所有顶点 u、v，都有 $f(u,v)\leqslant c(u,v)$。根据割集 $\{S,T\}$ 的容量及交叉流量的定义，对 G 中的任意流 f，都有

$$
\begin{aligned}
f(S,T) &= \sum_{u\in S, v\in T} f(u,v) \\
&\leqslant \sum_{u\in S, v\in T} c(u,v) \\
&= c(S,T)
\end{aligned}
$$

因此，当 $|f|=c(S,T)$ 时，表明 G 中所有由 S 到 T 的交叉流量已经饱和，所以 f 是 G 中的最大流。

（2）⇒（3）：如果流网络 G 存在 f 的增广路径，设该路径为 p，那么就可以沿着 p 增加流量，使得原来的 f 不是 G 中的最大流。所以，不存在 f 的增广路径。

（3）⇒（1）：令 S 是由 s 通过 f 的剩余图 R 中的路径可达的顶点集，令 $T=V-S$，则 $\{S,T\}$ 是 G 的一个割。当 G 中不存在 f 的增广路径时，则 f 的剩余图 R 中不包含由 S 到 T 的边，说明由 S 到 T 的边已经饱和。有：

$$\begin{aligned}|f| &= f(S,T) \\ &= \sum_{u\in S,v\in T} f(u,v) \\ &= \sum_{u\in S,v\in T} c(u,v) \\ &= c(S,T)\end{aligned}$$

因此，存在这样的割集$\{S,T\}$，使得$c(S,T)=|f|$。

10.2.2 Ford_Fulkerson 方法和最大容量增广

最大流最小割集定理说明，如果网络G的流f不存在增广路径，则f就是G中的最大流。因此，在寻找网络G中的最大流时，可以令G的初始流量f为 0，然后重复地在f的剩余图中寻找一条增广路径，用这条路径的瓶颈容量来扩张流量f，直到剩余图中不存在增广路径为止。这就是所谓的 Ford_Fulkerson 方法。对 Ford_Fulkerson 方法的一个改进，称为最大容量增广（MCA）。它不是简单地在剩余图中寻找增广路径，而是有目的地搜索一条具有最大瓶颈容量的增广路径，从而加快算法的运行时间。最大容量增广法的步骤如下：

（1）初始化剩余图R的容量r：对所有的$(u,v)\in E$，$r(u,v)=c(u,v)$。

（2）初始化网络的流f：对所有的$(u,v)\in E$，$f(u,v)=0$。

（3）如果R中存在增广路径，则找出瓶颈容量δ最大的增广路径p，转步骤（4）；否则，算法结束。

（4）扩张流量f：对所有的边$(u,v)\in p$，令$f(u,v)=f(u,v)+\delta$。

（5）更新剩余图R：对所有的边$(u,v)\in p$，令$r(u,v)=r(u,v)-\delta$；转步骤（3）。

假定网络的流量用实数表示，网络各边的流量和容量用图的邻接矩阵表示。下面是算法中用到的一些数据的说明：

```
float    c[n][n];        /* 网络各顶点之间的容量 */
float    f[n][n];        /* 在最大流下网络各顶点之间的流量 */
float    r[n][n];        /* 剩余图中各顶点之间的容量 */
float    cap[n];         /* 正在搜索中的增广路径的瓶颈容量 */
float    flow;           /* 增广路径的最大瓶颈容量 */
float    maxflow;        /* 网络的最大流量 */
int      path[n];        /* 正在搜索中的增广路径的顶点序号 */
int      path1[n];       /* 最大瓶颈容量的增广路径的顶点序号 */
int      count;          /* 正在搜索中的增广路径上的顶点个数 */
int      count1;         /* 最大瓶颈容量的增广路径的顶点个数 */
BOOL     flag;           /* 搜索到增广路径标志 */
int      v;              /* 被搜索的顶点序号 */
int      s;              /* 网络的源点序号 */
int      t;              /* 网络的收点序号 */
```

寻找网络最大流的最大容量增广算法实现如下：

算法 10.5　寻找网络最大流的最大容量增广算法

输入： 网络各条边容量的邻接矩阵 c[][]，顶点个数 n，源点序号 s，收点序号 t

输出： 网络各条边流量的邻接矩阵 f[][]，网络的最大流量

```
float max_capacity_aug(float c[][],float f[][],int n,int s,int t)
{
    int i,j,k,count,count1;
    int path[n],path1[n],cap[n];
    float r[n][n],flow,maxflow = 0;
    BOOL flag = TRUE;
    for (i=0;i<n;i++)                /* 初始化网络流量和剩余图容量 */
        for (j=0;j<n;j++) {
            f[i][j] = 0;   r[i][j] = c[i][j];
        }
    while (flag) {
        count = 0;   flow = 0;   flag = FALSE;
        mcadfs(s,t,r,n,path,path1,count,count1,cap,flow,flag);
        if (flag) {                  /* 存在最大容量的增广路径 */
            maxflow += flow;
            for (k=0;k<count1;k++) {
                f[path1[k]][path1[k+1]] += flow;      /* 流量扩张 */
                r[path1[k]][path1[k+1]] -= flow;      /* 更新剩余容量 */
                r[path1[k+1]] [path1[k]] += flow;
            }
        }
    }
    return maxflow;
}
```

```
void mcadfs(int v,int t,float r[][],int n,int path[],int path1[],
              int count,int &count1,float cap[],float &flow,BOOL &flag)
{
    int i,j;
    float temp;
    path[count++] = v;               /* 在搜索路径中登记顶点 v */
    for (i=0;i<n;i++) {              /* 顶点 v 和顶点 i 有剩余容量,i 不构成回路 */
        if ((r[v][i]>0)&&(!(loop(i,path,count)))) {
            cap[count-1] = r[v][i];        /* 在搜索路径中登记剩余容量 */
            if (i!=t)                      /* 顶点 i 不是收点,继续搜索*/
                mcadfs(i,t,r,n,path,path1,count,count1,cap,flow,flag);
            else {
                flag = TRUE;               /* 顶点 i 是收点,存在增广路径*/
```

```
13.               path[count] = t;
14.               temp = cap[0];              /* 计算增广路径的瓶颈容量 */
15.               for (j=1;j<count;j++)
16.                  if (cap[j]<temp)
17.                     temp = cap[j];
18.               if (temp>flow) {              /* 是否为最大的瓶颈容量 */
19.                  for (j=0;j<=count;j++)
20.                     path1[j] = path[j];     /* 更新最大瓶颈容量的增广路径*/
21.                  count1 = count + 1;
22.                  flow = temp;
23.               }
24.            }
25.         }
26.      }
27. }
```

```
BOOL loop(int v,int path[],int count)
{
   int i;
   for (i=0;i<count;i++)
      if (v==path[i])
         return TRUE;
   return FALSE;
}
```

这个算法的第 7~10 行把网络各条边的初始流量置为 0，剩余图各条边的初始容量置为网络的初始容量。第 11 行开始的 while 循环，调用 mcadfs 函数，在网络中搜索具有最大瓶颈容量的增广路径，如果找到这样的路径，标志 *flag* 被置为 TRUE，且路径上的顶点序号，从源点到收点按顺序存放在数组 *path*1 中，路径的瓶颈容量存放在变量 *flow* 中。用这个容量去扩张网络中对应于增广路径上的各条边的流量，并更新剩余图上对应边的容量。这个循环重复执行，直到找不到这样的增广路径为止。这时，网络中的流就是最大的。

函数 mcadfs 以深度优先搜索方法，在网络中搜索一条具有最大瓶颈容量的增广路径。被搜索的起始顶点为 v，开始时，被置为源点 s。因为函数 mcadfs 是递归的，因此增广路径 *path* 和容量 *cap* 都构成后进先出栈，*count* 指向其栈顶。栈中元素随着函数 mcadfs 不断地递归调用和返回而压入和弹出。函数中的第 5 行把顶点 v 压入 *path*。第 6 行开始的 for 循环，在剩余图中搜索与顶点 v 相关联的，且与 *path* 中的增广路径不构成回路的边，如果存在这样的边 (v,i)，并且剩余容量不为 0，则把边上的剩余容量压入 *cap*。如果顶点 i 不是收点 t，递归调用 mcadfs，从 i 出发继续搜索。如果顶点 i 就是收点 t，则搜索到一条增广路径。于是，把标志 *flag* 置为 TRUE。这时，栈 *cap* 中的最小剩余容量 *temp*，就是该增广路径的瓶颈容量。把它与迄今所找到的增广路径的最大瓶颈容量 *flow*（在初始化时为 0）相比较，如果大于后者，就把它作为新的最大瓶颈容量保存在变量 *flow* 中，并把 *path* 作为最大瓶颈容量的路径，复制到 *path*1 中。在这两种情况下，都继续搜索与 v 相邻接的下一个顶点，以便搜索是否存在其他瓶颈容量更大的增广路径。

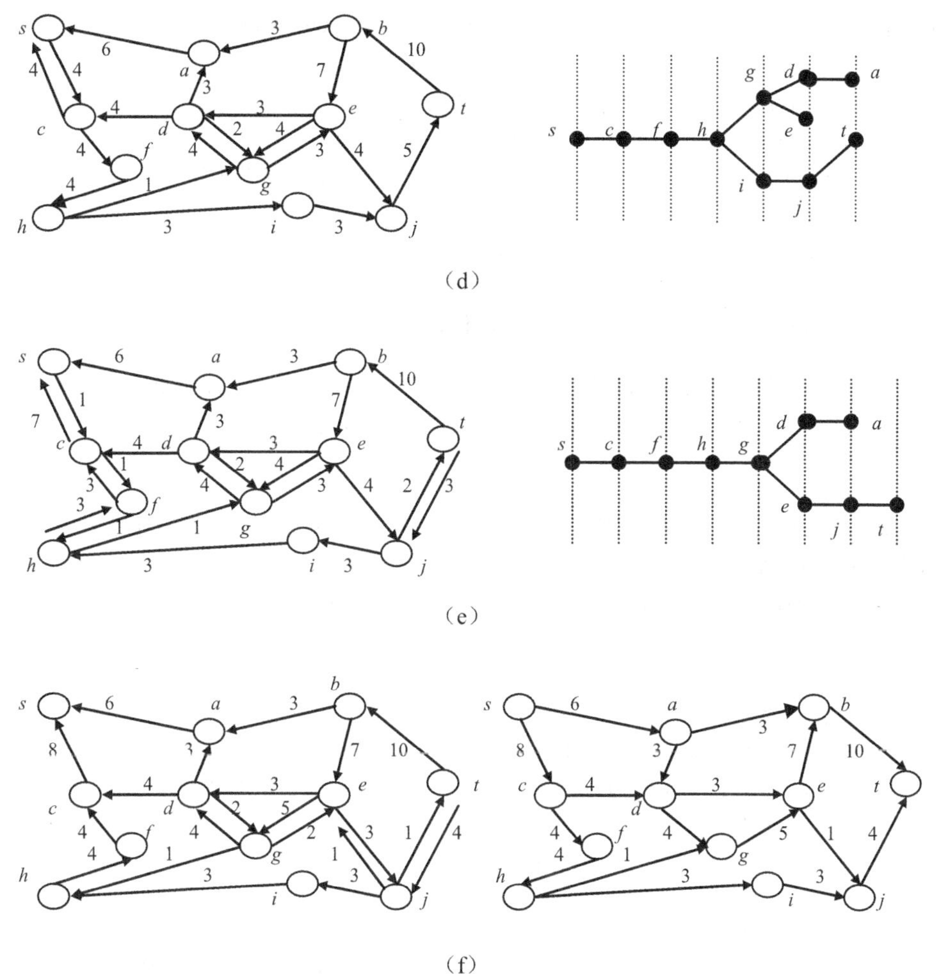

图 10.8　最短路径增广的例子及收点 t 在分级图中的级（续）

给定网络 (G,s,t,c)，最短路径增广的步骤如下：

（1）初始化剩余图 R 的容量 r：对所有的边 $(u,v)\in E$，$r(u,v)=c(u,v)$。

（2）初始化网络的流 f：对所有的边 $(u,v)\in E$，$f(u,v)=0$。

（3）按分级图原理，用广度优先搜索方法，在剩余图中搜索由 s 到 t 的最短路径 p，转步骤（4）；如果不存在这样的路径，算法结束。

（4）计算 p 的瓶颈容量 δ。

（5）增广流量 f：对所有的边 $(u,v)\in p$，令 $f(u,v)=f(u,v)+\delta$。

（6）更新剩余图 R: 对所有的边 $(u,v)\in p$，令 $r(u,v)=r(u,v)-\delta$，$r(v,u)=r(v,u)+\delta$，转步骤（3）。

下面是算法中用到的一些数据的说明：

```
float   c[n][n];              /* 网络各顶点之间的容量 */
float   f[n][n];              /* 在最大流下网络各顶点之间的流量 */
```

```
float   r[n][n];            /* 剩余图中各顶点之间的容量 */
float   cap;                /* 最短路径的瓶颈容量 */
float   flow;               /* 网络的最大流量*/
BOOL    flag;               /* 搜索到最短路径标志 */
int     path[n];            /* 相应顶点在路径上的前方顶点序号 */
int     w;                  /* 被搜索的顶点序号 */
int     s;                  /* 网络的源点序号 */
int     t;                  /* 网络的收点序号 */
QUEUE   queue;              /* 广度优先搜索队列 */
```

用 10.1 节所描述的队列的数据结构 QUEUE 和结点的数据结构 NODE 来进行队列操作，则最短路径增广算法寻找网络中的最大流量的实现可描述如下：

算法 10.6 最短路径增广算法寻找网络中的最大流

输入： 存放网络各条边容量的邻接矩阵 c[][]，顶点个数 n，源点序号 s，收点序号 t

输出： 存放网络各条边流量的邻接矩阵 f[][]，网络的最大流量

```
float min_path_aug(float c[][],float f[][],int n,int s,int t)
{
    int i,j,w;
    int path[n];
    float cap,r[n][n],flow = 0;
    for (i=0;i<n;i++)                          /* 初始化网络流量和剩余图 */
        for (j=0;j<n;j++) {
            f[i][j] = 0;   r[i][j] = c[i][j];
        }
    while (mpla_bfs(s,t,r,path,n)) {           /* 寻找最短路径 */
        w = path[t];                           /* 收点 t 的前方顶点 w */
        cap = r[w][t];
        while (w!=s) {                         /* 沿着 path 计算瓶颈容量 */
            i = w;   w = path[i];
            if (r[w][i]<cap)   cap = r[w][i];
        }
        w = t;
        while (w!=s) {                         /* 更新剩余图,增广流量 */
            i = w;   w = path[i];              /* 从 t 沿着 path 回溯到 s */
            r[w][i] -= cap;
            r[i][w] += cap;
            f[w][i] += cap;
        }
        flow += cap;
    }
    return flow;
}
```

```
BOOL mpla_bfs(int s,int t,float r[][],int path[],int n)
{
    int w;
    BOOL b[n];                          /* 顶点遍历标志 */
    BOOL flag = FALSE;
    QUEUE queue;
    NODE *p = new NODE;                 /* 建立一个等待搜索顶点的队列元素 */
    initial_Q(queue);                   /* 初始化广度优先搜索队列 */
    for (i=0;i<n;i++)                   /* 初始化顶点遍历标志  */
        b[i] = FALSE;
    path[s] =-1;
    p->v = s;                           /* 赋予待搜索的队列元素的顶点编号 */
    append_Q(queue,p);                  /* 把该元素放到搜索队列尾 */
    b[s] = TRUE;
    while (!(empty(queue))&&!(flag)) {  /* 搜索队列是否非空 */
        p = delete_Q(queue);            /* 取下搜索队列的队首元素 */
        w = p->v;                       /* 该元素的顶点编号保存于 w*/
        delete p;   i = 0;              /* 顶点 i 初始化为 0 */
        while (i<n) {                   /* 尚未搜索到最短路径 p */
            if ((r[w][i]>0)&&!(b[i]))
                b[i] = TRUE;
                path[i] = w;            /* 在路径 p 上登记 i 的前一顶点 */
                if (i==t) {             /* 搜索到一条路径,退出循环 */
                    flag = TRUE;   break;
                }
                p = new NODE;           /* 建立一个待搜索的队列元素 */
                p->v = i;               /* 赋予该元素的顶点编号 */
                append_Q(queue,p);      /* 把该元素放到搜索队列尾 */
            }
            i++;
        }
    }
    return flag;
}
```

算法 min_path_aug 的第 6~9 行把网络各条边的流量初始化为 0，剩余图各条边的初始容量初始化为网络的初始容量。第 10 行调用 mpla_bfs 函数，用广度优先搜索方法在网络中寻找一条从 s 到 t 的最短路径。如果找到这样的路径，该函数返回 TRUE，并在数组 $path$ 中保存最短路径的信息：该路径的收点是 t ，t 的前一顶点是 $path[t]$ ，沿着 $path$ 可以回溯到源点 s 。第 11~16 行从收点 t 开始，沿着 $path$ 计算最短路径的瓶颈容量 cap 。同样，第 17~23 行，用瓶颈容量 cap 增广沿路径 $path$ 上各条边的流量，并更新剩余图中沿路径 $path$ 上各条边的容量。第24行累计网络流量 *flow*。然后，控制返回到第10行，继续调用 mpla_bfs 函数，寻找另一条从 s 到 t 的最短路径，直到找不到这样的路径为止。

函数 mpla_bfs 从源点 s 开始，寻找一条从 s 到 t 的最短路径。这个函数用布尔数组 b 来登记顶点的遍历标志。在第9、10行，把它们初始化为 FALSE，表明这些顶点尚未搜索过。用变量 *flag* 表示该函数是否找到最短路径，*flag* 初始化为 FALSE。第6行和第8行建立一个空的搜索队列，并对其进行初始化，以便在寻找最短路径时，进行广度优先搜索时使用。第12~14行对顶点 s 建立一个搜索元素，把它放进搜索队列 *queue* 中，把顶点 s 的遍历标志置为 TRUE。第15行开始，从队列 *queue* 中取下队首元素，进行广度优先搜索，直到队列为空或 *flag* 为 TRUE。搜索时，边的始点为 w，终点为 i。如果 $r[w][i]$ 大于 0，且 $b[i]$ 为 FALSE，表明剩余图存在着容量大于0的边 (w,i)，且 i 尚未遍历过，就把 w 作为路径上 i 的前一顶点登记在 $path[i]$ 中，并把 i 作为下一个搜索的起点放进搜索队列 *queue* 中。这样，从源点出发，按广度优先搜索原则沿着几条路径进行搜索，最早到达收点 t 的路径就是最短路径。因此，第23行判断 i 是否为收点 t。如果是，则搜索出一条最短路径，把 *flag* 置为 TRUE，不再对队列 *queue* 中的其余元素进行搜索。

假定网络有 n 个顶点、m 条边。在上述算法中，增广路径的边的数目是严格递增的，如图10.8所示。令 p 是当前分级图中任意一条增广路径。在使用 p 进行增广之后，p 中至少有一条边是饱和的，并将在剩余图中消失（图10.8中用反向箭头表示）。假定开始搜索时路径 p 的长度（即路径上的边数）为 l，则收点 t 处于分级图的 l 级。在以后的搜索中，增广路径的长度将越来越长，收点 t 所处的级越来越大。沿着路径进行增广之后，在剩余图中出现的反向边不会超过路径上的边数，但这些边对由 s 到 t 的最短路径没有帮助，不会影响收点 t 所处的级。因为顶点个数为 n，任何路径的长度不会大于 $n-1$，所以收点 t 在分级图中的级最多为 $n-1$。

因为网络有 m 条边，收点 t 处于同一级的增广路径最多不会超过 m 条。因此，对收点 t 的所有可能的级，可以搜索到的增广路径最多不会超过 $m(n-1)$ 条。用邻接矩阵进行广度优先搜索寻找一条最短路径时，需花费 $O(n^2)$ 时间。如果改用邻接表进行广度优先搜索，则需花费 $O(m)$ 时间。因此，用邻接矩阵进行处理时，上述算法花费 $O(n^3m)$ 时间；用邻接表处理，则需 $O(nm^2)$ 时间。

同样，这个算法存放作为输入用的网络容量的邻接矩阵和其他数据需要 $\Theta(n^2)$ 的空间。此外，用于存放网络流量的邻接矩阵、剩余图的邻接矩阵等，也需要 $\Theta(n^2)$ 的空间。因为顶点个数为 n，所以存放搜索队列所需要的工作空间为 $O(n)$，而存放路径信息和分级图信息也需要 $\Theta(n)$ 空间。因此，算法所需要的工作空间为 $\Theta(n^2)$。

10.3 二分图的最大匹配问题

假定有任务 b_1,b_2,b_3,b_4，由 a_1,a_2,a_3,a_4 等人来完成。又假定 a_1 可胜任 b_1,b_2；a_2 可胜

任 b_2, b_3； a_3 可胜任 b_2, b_4； a_4 可胜任 b_1, b_3。希望找出一种方案，使每人完成一项任务，且每项任务均由能胜任此任务的人来完成。如果把任务 b_i 和人 a_i 看成是图中的顶点，把 a_i 与他所胜任的任务 b_i 用边连接起来，则问题转换为在图中寻找 a_i 与 b_i 的匹配问题。在通信和调度领域里，有很多这样的应用问题。在很多复杂的算法中，这种问题也经常作为一种构件，当作子程序来使用。

10.3.1　预备知识

定义 10.11　令 $G=(V,E)$ 是一个无向图，若存在边集 $M \subseteq E$，使得 M 中所有的边都没有公共顶点，则称 M 是 G 的一个匹配（matching）。M 的边数记为 $|M|$，边数最多的匹配称为最大匹配。

定义 10.12　如果 M 是 $G=(V,E)$ 的一个匹配，边 $e \in E \wedge e \in M$，则称 e 是匹配的（matched）；否则，称 e 是自由的（free）。如果顶点 $v \in V$，且存在着与 v 相关联的匹配的边，则称顶点 v 是匹配的，否则称为自由的。如果 V 中的所有顶点都是匹配的，则称 M 是 G 的完美匹配（perfect matching）。

定义 10.13　令 $G=(V,E)$ 是一个无向图，M 是 G 的一个匹配。若 G 中存在着一条由匹配的边和自由的边交替组成的简单路径 p，则称 p 为交替路径。交替路径 p 的长度用 $|p|$ 表示。若交替路径 p 的两个端点相重合，则称 p 是交替回路。若交替路径 p 的两个端点都是自由的，则称 p 是 M 的增广路径。

显然，若 p 是交替回路，则 p 的边数必为偶数，且匹配的边和自由的边数目相同；若 p 是 M 的增广路径，则 p 的边数必为奇数，且 p 不会构成回路。

例 10.9　图 10.9 表示无向图的一个匹配。在图中，匹配的边用粗线表示。因此，边 $(a,b),(c,d),\cdots$ 是自由的；边 $(b,c),(e,f),\cdots$ 是匹配的；$M=\{(b,c),(e,f),(h,l),(i,j)\}$ 是图中的一个匹配；顶点 a,g,d,k 是自由的；顶点 b,c,e,f,i,j,h,l 是匹配的；路径 a,b,c,d 是交替路径，也是 M 的增广路径；路径 d,c,b,f,e,i,j,k 也是 M 的增广路径；而路径 e,f,j,i,e 是一条交替回路。很清楚，匹配 M 既不是最大的，也不是完美的。

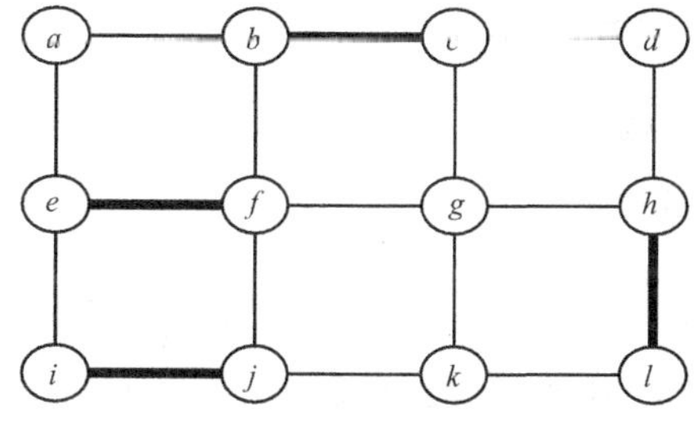

图 10.9　无向图的一个匹配

令 M 是 G 的一个匹配，P 是 M 的一条增广路径，操作

$$\begin{aligned} M \oplus P &= (M \cup P) - (M \cap P) \\ &= (M - P) \cup (P - M) \end{aligned}$$

则 $M \oplus P$ 是 G 的一个新的匹配。它的边，或者是 M 中的边，或者是 P 中的边，但不会既是 M 中的边，又是 P 中的边。例如，在图 10.9 中，匹配 M 的边集及 M 的增广路径 P 的边集分别为：

$$M=\{(b,c),(f,e),(i,j),(h,l)\}$$
$$P=\{(c,d),(b,c),(b,f),(f,e),(e,i),(i,j),(j,k)\}$$

有：

$$M \oplus P=\{(c,d),(b,f),(e,i),(j,k),(h,l)\}$$

得到一个新的匹配，如图 10.10 所示。

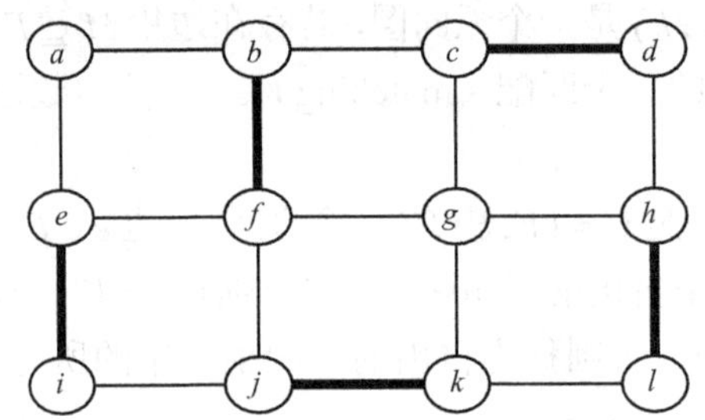

图 10.10　$M \oplus P$ 得到的新匹配

同样，若 M_1 和 M_2 是 G 中的两个匹配，则有：

$$\begin{aligned} M_1 \oplus M_2 &= (M_1 \cup M_2)-(M_1 \cap M_2) \\ &= (M_1 - M_2) \cup (M_2 - M_1) \end{aligned} \tag{10.3.1}$$

比较图 10.9 和图 10.10，可以得到下面的引理。

引理 10.4　令 M 是 G 的一个匹配，P 是 M 的一条增广路径，则 $M \oplus P$ 是 G 的一个大小为 $|M \oplus P|=|M|+1$ 的匹配。

引理 10.5　令 M_1 和 M_2 是 G 中的两个匹配，$|M_1|=r$，$|M_2|=s$，且 $s>r$，则 $M_1 \oplus M_2$ 至少包含 $k=s-r$ 个顶点不相连接的关于 M_1 的增广路径。

证明　考虑图 $G'=(V, M_1 \oplus M_2)$。由式（10.3.1），V 中的每一个顶点至多与 M_2-M_1 中的一条边相关联，同时，也至多与 M_1-M_2 中的一条边相关联。因此，G' 中的每一个连通分支可能是下面的 4 种情况之一：

（1）孤立顶点。

（2）偶数长度的交替回路。

（3）偶数长度的交替路径。

（4）奇数长度的交替路径。

在交替回路和偶数长度的交替路径中，属于 M_1 的边和属于 M_2 的边数目相同，而 M_2 的边数比 M_1 的边数多 k，因此 G' 中必然包含有 k 条奇数长度的交替路径。每一条这样的交替路径中，属于 M_2 的边比属于 M_1 的边多一条。这样的交替路径的两个端点不可能与 M_1 的边相关联，它们关于 M_1 是自由的，因此这样的交替路径是 M_1 的增广路径。所以，$M_1 \oplus M_2$ 包含 $k=s-r$ 条关于 M_1 的增广路径。

例 10.10　图 10.11（a）和图 10.11（b）分别表示图 G 中的两个匹配 M_1 和 M_2。

$$M_1=\{(b,c),(e,f),(i,j),(h,l)\}$$

$$M_2=\{(a,e),(b,f),(c,g),(d,h),(i,j),(k,l)\}$$

$$M_1 \oplus M_2=\{(a,e),(e,f),(b,f),(b,c),(c,g),(d,h),(h,l),(k,l)\}$$

图 10.11（c）表示 $M_1 \oplus M_2$ 的结果，粗实线表示属于 M_2 的边，虚线表示属于 M_1 的边。可以看到：$|M_1|=4$，$|M_2|=6$，$|M_2|-|M_1|=2$。在图 10.11（c）中，有两条关于 M_1 的增广路径，即 a, e, f, b, c, g 和 d, h, l, k。

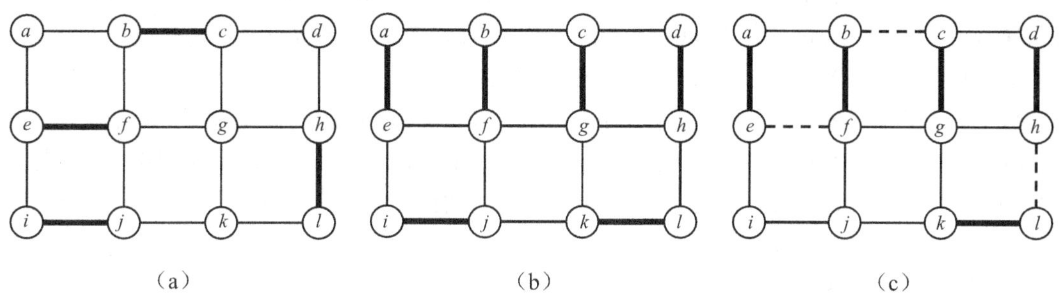

图 10.11　不同边数的两个匹配执行⊕操作的结果

由引理 10.4 和引理 10.5，可以得出下面的定理。

定理 10.3　无向图 G 中的匹配 M 是最大匹配，当且仅当 G 不包含 M 的增广路径。

证明　（1）必要性：若 M 是 G 中的最大匹配，而 G 中存在 M 的增广路径 P，由引理 10.4，存在新的匹配 $|M \oplus P|=|M|+1$，与 M 是 G 中的最大匹配相矛盾。所以，G 不包含 M 的增广路径。

（2）充分性：若 G 不包含 M 的增广路径，而 M 不是 G 中的最大匹配，则 G 中必存在另一匹配 M'，使得 $|M'|>|M|$。假定 $|M|=r$，$|M'|=s$，且 $s>r$。令 $M^*=M' \oplus M$，由引理 10.5，则 M^* 至少包含 $k=s-r$ 条顶点不相连接的关于 M 的增广路径。这与 G 不包含 M 的增广路径相矛盾。所以，M 是 G 中的最大匹配。

10.3.2　二分图最大匹配的匈牙利树方法

在二分图中寻找 M 的增广路径 P，比在一般的图中寻找更容易一些。下面叙述在二分图中寻找 G 的最大匹配方法。

定义 10.14　若无向图 $G=(V,E)$ 的顶点集 V 可分成两个子集 X 和 Y，满足 $X \cap Y=\varphi$，$X \cup Y=V$，G 中任何一条边的两个端点，一个在 X 中，另一个在 Y 中，则称图 G 是二分图或偶图。

例如，图 10.9 所示的无向图就是一个二分图，可以把它重新画成图 10.12 所示的形式。

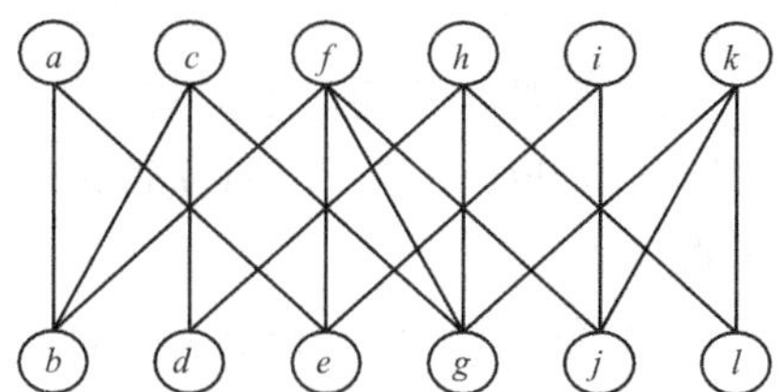

图 10.12　图 10.9 的另一种表示形式

利用下面的定理来判断一个图是否为二分图。

定理 10.4 图G是二分图，当且仅当G中没有奇数长度的回路。

证明 （1）必要性：若$G=(X\bigcup Y,E)$是二分图，假定$p:v_0v_1\cdots v_kv_0$是一条回路，并令$v_0\in X$，则对所有的$i\geqslant 0$，有$v_{2i}\in X$，$v_{2i+1}\in Y$。若$v_k\in Y$，则存在某个i，使得$k=2i+1$，则p的长度为$2i+2$。所以，G中没有奇数长度的回路。

（2）充分性：假定 $G=(V,E)$是连通的，否则可以对某个连通分支进行证明。任取$v_0\in V$，记$d(v_0,v)$为从顶点v_0到达顶点v的通路上的边数。令$X=\{v\,|\,d(v_0,v)为偶数且\,v\in V\}$，$Y=V-X$，则$X\bigcup Y=V$，$X\bigcap Y=\varphi$。对所有的边$(x_i,y_j)\in E$，如果$x_i,y_j\in X$，由$X$的定义，必存在路径$p_1:v_0u_1\cdots u_{2s+1}x_i$及$p_2:v_0w_1\cdots w_{2t+1}y_j$，并且$p_1$、$p_2$的边数为偶数。因为$(x_i,y_j)\in E$，所以存在回路$L$：$v_0u_1\cdots u_{2s+1}x_iy_jw_{2t+1}w_1v_0$，并且回路$L$的边数$|L|=|p_1|+|p_2|+1$为奇数。这与$G$中没有奇数长度的回路相矛盾。所以，$x_i$及$y_j$不能同属于$X$。同理可证，它们也不能同属于$Y$。这样，$x_i$及$y_j$必有一个在$X$中，另一个在$Y$中。所以，图$G$是二分图。

定理 10.4 提供了一个方法来判断一个图是否为二分图，如果是二分图，就可以利用下面所述的匈牙利树方法来实现在二分图中寻找最大匹配。

令$G=(V,E)$是一个无向图，引理 10.4 和定理 10.3 提供了一种在G中寻找最大匹配的方法。从一个空匹配M开始，在G中寻找M的一条增广路径P，然后进行$M\oplus P$操作。这实际上是反转P中边的作用，把P中匹配的边变成自由的边，把自由的边变成匹配的边，从而得到一个新的M，它比旧的M边数多 1。重复上述操作，直到G不包含M的增广路径为止。按照定理 10.3，这时M是G中的最大匹配。

采用上述方法时，假定在某一个阶段，G中有一个匹配M，现在试图通过寻找M的增广路径P来扩展M。如果将X中的顶点称为x_vertex，Y中的顶点称为y_vertex，开始时，挑选一个自由的x_vertex顶点r作为根结点，从r出发生成一棵交替路径树，则从根结点r到叶子结点的每一条路径都是交替路径。把这棵树称为T，则其构造步骤可描述如下：

（1）从r开始，把连接r和y_vertex顶点y的所有自由的边(r,y)加入T中，顶点y的tag标志置为 0，说明y与前方顶点的关联边是自由边，把这样的顶点称为$inner$顶点。

（2）对T中每个与r相邻接的y，如果存在着匹配边(y,z)，把它们加入T中，把顶点z的tag标志置为 1，说明z与前方顶点的关联边是匹配边，把这样的顶点称为$outer$顶点。

（3）重复上述步骤，交替地加入自由边和匹配边，直到不能再对T进行扩展为止。

（4）如果T中存在着一个叶子结点v是自由的，则从根r到v的路径，就是M的一条增广路径p；反转p中边的作用，就使M增加一条匹配的边。

（5）如果T中的所有叶子结点都是匹配的，则把这样的树称为匈牙利树。

如果T是匈牙利树，则从根结点开始出发的所有交替路径都在匹配的顶点处结束，无法再进行扩展。因此，有下面的结论。

结论 10.1 如果在检索增广路径的过程中，检索到一棵匈牙利树，就可以永久地把它从G中删去，而不影响检索。

例 10.11 如图 10.13 所示的二分图中，有匹配 $M=\{(a,f),(d,g),(e,h)\}$。现在，试图扩展这个匹配。从自由的 x_vertex 顶点 b 开始构造交替路径树 T，边 $(b,f),(b,g),(b,h)$ 都是自由的，把它们加入 T 中；接着，边 $(f,a),(g,d),(h,e)$ 是匹配的，也把它们加入 T 中；最后，把边 (d,i) 加入 T 中。于是，得到一条增广路径 b,g,d,i。把这条路径上边的作用反转，得到如图 10.14（a）所示的匹配。现在，从自由的顶点 c 开始构造交替路径树。这棵树延伸到达顶点 a 和 e 时，便被阻塞。于是，得到如图 10.14（b）所示的树，树的两个叶子结点都是匹配的。因此，这是一棵匈牙利树，不存在增广路径，不能通过这棵树扩展图中的匹配。这时，图中再也没有其他自由的 x_vertex 顶点可用于构造交替路径树，于是图 10.14（a）所示的匹配就是一个最大匹配。

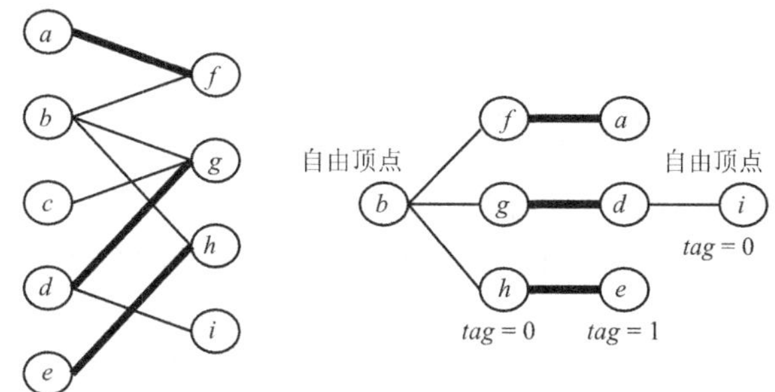

图 10.13 以 b 为根的交替路径树

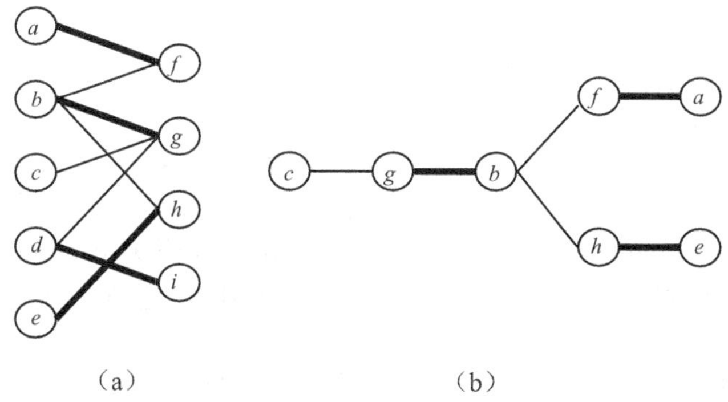

图 10.14 以 c 为根的匈牙利树

由此，使用匈牙利树方法构造二分图的最大匹配算法，其过程可描述如下：

（1）匹配 M 初始化为空。

（2）如果存在一个自由的 x_vertex 顶点和一个自由的 y_vertex 顶点，转步骤（3）；否则，算法结束。

（3）令 r 是一个自由的 x_vertex 顶点，用广度优先搜索方法，以 r 为根，构造一棵交替路径树 T。

（4）如果 T 是一棵匈牙利树，则从图 G 中删去 T；否则，在 T 中寻找一条增广路径 p，并令 $M=M\oplus p$；转步骤（2）。

下面是实现这个算法时用到的一些数据结构：

```
NODE    node[n];                   /* 顶点的邻接表 */
int     match[n];                  /* 与该元素对应顶点匹配的顶点序号 */
int     path[n];                   /* 该元素对应顶点在交替路径树上的父亲顶点序号 */
typedef struct q_node {            /* 广度优先搜索队列元素 */
    int  v;                        /* 顶点序号 */
    int  tag;                      /* 顶点在交替路径树上的作用标记 */
    struct q_node *next;           /* 下一个搜索元素 */
} QNODE;
typedef struct {                   /* 搜索队列 */
    QNODE    *head;                /* 队列的头指针 */
    QNODE    *tair;                /* 队列的尾指针 */
} QUEUE;
```

其中，NODE 是 10.1 节所叙述的邻接表结点的数据结构。算法的实现描述如下：

算法 10.7　在二分图中寻找最大匹配的匈牙利树方法

输入：二分图的顶点邻接表 node[]，顶点个数 n，x_vertex 顶点个数 n1

输出：二分图的最大匹配 match[]

```
hung_bipartite_match(NODE node[],int match[],int n1,int n)
{
    int r,i,t,path[n];
    BOOL flag = TRUE;
    for (i=0;i<n;i++)              /* 匹配 M 初始化为空 */
        match[i] = -1;
    while (flag) {
        for (r=0;r<n1;r++)         /* 检索自由的 x_vertex 顶点 */
            if (match[r]==-1) break;
        if (r>=n1) break;          /* 不存在自由的 x_vertex 顶点,退出循环 */
        for (i=n1;i<n;i++)         /* 检索自由的 y_vertex 顶点 */
            if (match[i]==-1) break;
        if (i>=n) break;           /* 不存在自由的 y_vertex 顶点,退出循环 */
        if (hung_bfs(r,t,node,match,path,n)) {
            while ((t!=-1)&&(path[t]!=-1)) {             /* 存在增广路径 */
                match[t] = path[t];  match[path[t]] = t;
                t = path[path[t]];         /* 反转路径上顶点的匹配标记 */
            }
        }
    }
}
```

```
BOOL hung_bfs(int r,int &t,NODE node[],int match[],int path[],
            int n)
{
```

```
    int i,j,v,w,tag;
    BOOL flag = FALSE,*b = new BOOL[n];
    NODE *p = node[r].next;
    QNODE *p1;
    QUEUE queue;
    initial_Q(queue);                       /* 初始化广度优先搜索队列 */
    for (i=0;i<n;i++)    {                  /* 初始化 */
        b[i] = FALSE;   path[i] = -1;
    }
    b[r] = TRUE;
    while (p!=NULL) {                       /* 生成树的第一层结点 */
        p1 = new QNODE;
        p1->v = p->v;   p1->tag = 0;
        path[p->v] = r;   b[p->v] = TRUE;
        append_Q(queue,p1);
        p = p->next;
    }
    while (!empty(queue)) {
        p1 = delete_Q(queue);               /* 取下搜索队列的队首元素 */
        w = p1->v;                          /* 该元素的顶点编号保存于 w */
        tag = p1->tag;                      /* 结点标志保存于 tag */
        delete p1;
        if (!flag) {
            if (tag==0) {                   /* tag = 0 的处理 */
                if (match[w]==-1) {         /* w 是自由顶点,存在增广路径 */
                    flag = TRUE;     t = w;       /* t 为增广路径的端点 */
                }
                else {                      /* w 是匹配顶点,延伸交替路径 */
                    v = match[w];   p1 = new QNODE;
                    p1->v = v;    p1->tag = 1;    b[v] = TRUE;
                    append_Q(queue,p1);    path[v] = w;
                }
            else {                          /* tag = 1 的处理 */
                p = node[w].next;
                while (p!=NULL) {
                    v = p->v;
                    if (!b[v]) {
                        p1 = new QNODE;   p1->v = v;   b[v] = TRUE;
                        p1->tag = 0;   path[v] = w;
                        append_Q(qeueu,p1);
                    }
                    p = p->next;
```

```
45.                 }
46.             }
47.         }
48.     }
49.     return flag;
50. }
```

在算法 hung_bipartite_match 中，数组 *match* 用来存放与相应元素的顶点存在匹配边的邻接顶点序号。如果 $match[i]=j$，表示边 (i,j) 是匹配边。如果 $match[i]=-1$，表示顶点 i 是自由的。第 5、6 行把数组 *match* 的所有元素初始化为-1。第 7 行开始，执行一个永真的 while 循环。在 while 循环体中，第 8~10 行检索自由的 x_vertex 顶点，如果不存在自由的 x_vertex 顶点，就退出 while 循环，结束算法；否则，顶点 r 是第一个遇到的自由的 x_vertex 顶点。第 11~13 行进一步检索自由的 y_vertex 顶点，如果不存在这样的顶点，也退出 while 循环，结束算法；否则，在第 14 行调用 hung_bfs 函数，构造交替路径树 T。如果函数 hung_bfs 返回 TRUE，则交替路径树中存在一条增广路径 p，其端点为 t。于是，在第 15~18 行，根据数组 *path* 的路径信息，从 t 开始向前倒推，反转路径 p 上顶点的匹配标志。然后，回到 while 循环的开始部分，继续搜索另一条增广路径。

hung_bfs 函数以顶点 r 为根结点，构造一棵交替路径树，并搜索树中的增广路径 p。用标志 *flag* 是否为 TRUE，来表示是否搜索到一条增广路径。在第 4 行初始化时，*flag* 被初始化为 FALSE。第 7、8 行建立并初始化一个搜索队列，以便在构造交替路径树时进行广度优先搜索时用。第 9~12 行初始化有关标志。第 13~19 行生成树的第一层结点，这些顶点都与自由顶点 r 相邻接，把这些顶点 v 都放进搜索队列，它们的 *tag* 标志置为 0，表示它们是 *inner* 顶点，与父亲顶点的关联边是自由边；把布尔数组 b 的相应元素置为 TRUE，表示这些顶点已被访问过；数组 *path* 的相应元素置为 r，表示在交替路径中，这些顶点的父亲顶点是 r。第 20 行开始的 while 循环进行广度优先搜索。第 21~24 行取下队列的首元素，得到该元素的顶点编号 w 和标志 *tag*。第 25 行判断 *flag* 标志，只要搜索到一条增广路径，*flag* 标志就被置为 TRUE。这时，就停止对取下来的元素进行处理，回到第 20 行 while 循环的顶部，继续把搜索队列中的登记项取下来，直到把搜索队列清空为止，然后把路径信息 *path* 和端点信息返回给调用它的主程序。如果 *flag* 标志为 FALSE，就对从搜索队列中取下来的元素进行处理，按照顶点 w 的标志 *tag* 进行工作。在第 26 行，如果 $tag=0$，说明 w 与父亲顶点的关联边是自由边。这时，如果 w 是自由的，则由 r 到 w 的路径构成一条增广路径。第 27~29 行判断并处理这种情况。这时把 *flag* 置为 TRUE，把 w 作为增广路径的终点 t 返回给调用它的程序。如果 w 是匹配的，设匹配边是 (w,v)，就把 v 放进搜索队列，并把 v 的 *tag* 标志置为 1，表示它是 *outer* 顶点，与父亲顶点 w 的关联边是匹配边；如果在交替路径树上 v 有后续顶点，则与后续顶点的关联边应该是自由边。然后，把 w 作为 v 的父亲顶点登记到 *path* 中，从而把交替路径延伸到 v。第 31~34 行处理上述情况。

如果 w 的 *tag* 为 1，表明它与父亲顶点的关联边是匹配边，那么它与其他顶点的关联边必然是自由边。于是，把与它构成自由边的所有尚未被访问的邻接顶点 v 放进搜索队列中，

并把它们的 *tag* 置为 0，从而把交替路径树延伸到这些顶点，而 w 成了由这些顶点所组成的子树的根。第 37~45 行处理这些情况。如果 w 没有与其关联的自由边，则从顶点 r 到 w 的交替路径，在 w 处阻塞而不能进行延伸。因为 w 是匹配的顶点，所以这条路径不是增广路径。

最后，当搜索队列为空，或检索到一条增广路径时，结束 while 循环，把 *flag* 作为返回值返回给调用的程序。同时，调用程序可由数组 *path* 得到其他有关信息。

这个算法的时间复杂性估计如下：函数 hung_bfs 执行广度优先搜索，检索到一条增广路径，需花费 $O(n+m)$ 时间。因为有 n 个顶点（其中，x_vertex 顶点个数少于 n ），因此最多需检索 $O(n)$ 条增广路径。所以，算法的运行时间是 $O(nm)$ 。

这个算法除了存放作为输入用的邻接表需要 $\Theta(m)=O(n^2)$ 的空间外，用于存放顶点的匹配标志、路径信息、搜索队列以及其他信息所需要的工作单元为 $\Theta(n)$ 。

习　　题

1．用图的邻接矩阵，重新编写算法 10.1，并分析算法的时间复杂性。

2．在图 10.15 所示的有向图中，从顶点 a 开始进行深度优先搜索遍历，画出两棵不同搜索顺序的深度优先搜索生成树，同时画出其前向边、后向边及交叉边，标出顶点相应的前序遍历及后序遍历的顺序号。

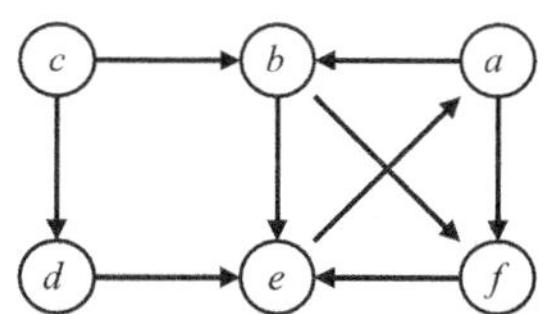

图 10.15　第 2 题的有向图

3．图 $G=(V,E)$ 是有向图或无向图，利用深度优先搜索方法，编写一个算法，测试图中是否存在一条回路。

4．给定一个有向无环图 $G=(V,E)$ ，如图 10.16 所示。拓扑排序问题是以这样的方法来寻找图中顶点的线性顺序：如果 $(u,v)\in E$ ，则在这个顺序中，u 比 v 先出现。例如，在图 10.16 所示的有向无环图中，顶点的一种可能的拓扑排序是 a,b,c,d,e,f,g,h 。假定有向无环图中只有一个入度为 0 的顶点，编写一个算法，实现有向无环图的拓扑排序问题。

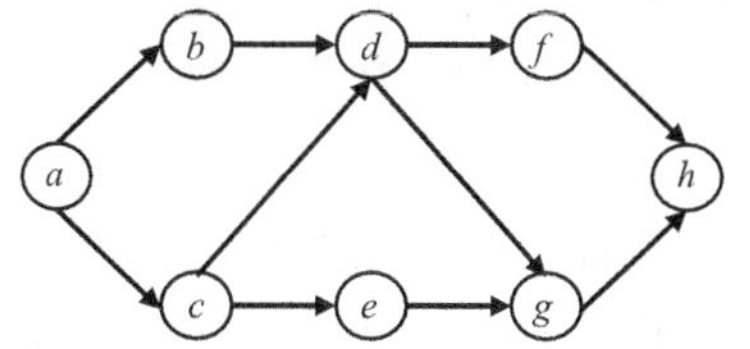

图 10.16　第 4 题的有向图

5．用图的邻接矩阵，重新编写算法 10.2，并分析算法的时间复杂性。

6．使用第 2 题的有向图，从顶点 a 开始进行广度优先搜索遍历，画出广度优先搜索生成树，同时画出后向边及交叉边；标出顶点从搜索队列中取出的顺序编号。

7．用深度优先搜索或广度优先搜索方法，设计一个算法，统计无向图中的连通分支个数。

8．用无向图的接合点算法，确定图 10.17 中的接合点，画出搜索树，标出每个顶点的 $pren$ 和 $backn$ 。

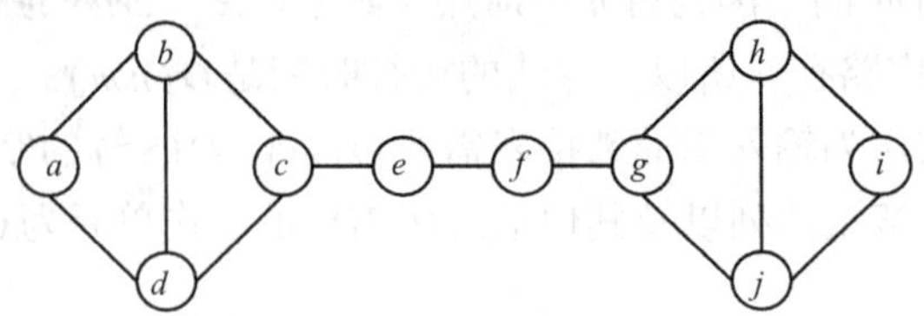

图 10.17　第 8 题的无向图

9．对无向连通图进行深度优先搜索遍历，T 是所生成的深度优先搜索树。说明非根的顶点 v 是一个接合点，当且仅当 v 有儿子 w ，具有 $backn[w] \geqslant pren[v]$ 。

10．用有向图的强连通分支算法确定图 10.18 所示的强连通分支。

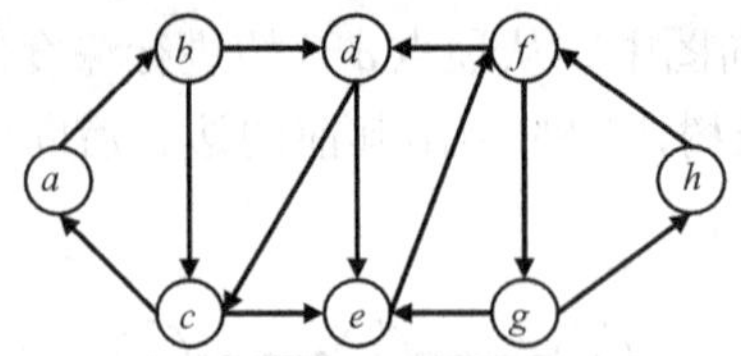

图 10.18　第 10 题的有向图

11．在强连通分支算法里，说明选择任何顶点进行深度优先搜索遍历，都会得到相同的结果。

12．G 是一个有向图或无向图，令 s 是 G 中的一个顶点，修改算法 bfs，使得它能输出从 s 到其他每个顶点的最短距离的路径。假定每条边的权为 1。

13．设计一个算法，用深度优先搜索方法生成完全二分图 $K_{3,3}$ 的生成树。

14．设计一个算法，用广度优先搜索方法生成完全二分图 $K_{3,3}$ 的生成树，并把所得到的结果与第 13 题的结果进行比较。

15．设计一个算法，确定给定的图是否为二分图。

16．f 是网络 G 中的一个流，f' 是 f 的剩余图 R 的流量。如果 f' 是 R 的最大流量，则 $f+f'$ 是 G 的最大流量。证明上述提法是正确或错误的。

17．证明下面的提法是正确或错误的：如果网络中所有边的容量都不相同，则存在一个唯一的流量函数，是网络中的最大流。

18．给定一个有向无环图，设计一个有效算法，找出具有最大瓶颈容量的路径。

19．给定一个有向无环图，设计一个有效的算法，寻找它的分级图。

20．实现用网络最大流量方法求二分图的最大匹配问题。

21．G 是一个二分图，M 是 G 中的一个匹配。说明存在一个最大匹配 M'，使得 M 中每一个匹配的顶点，在 M' 中也是匹配的。

22．证明 Hall 定理：$G=(X \cup Y, E)$ 是一个二分图，X 中的所有顶点可以和 Y 中的每个子集匹配，当且仅当对 X 的所有子集 S，$|\Gamma(S)| \geq |S|$。其中，$|\Gamma(S)|$ 是 Y 中至少与 S 中一个顶点相邻接的所有顶点的集合。

23．证明：树最多有一个完美的匹配。给出一个线性时间算法来找出这样的匹配。

参 考 文 献

在很多算法设计与分析及有关数据结构的书籍中，都介绍了图的深度优先搜索和广度优先搜索遍历问题。无向图的接合点问题可在文献[3]、[10]、[17]中看到。有向图的强连通分支算法可在文献[3]、[8]、[10]、[13]、[35]中看到。网络流量的基本知识可在文献[3]、[8]、[9]、[36]中看到。在文献[8]、[9]中也可看到网络流量算法的有关内容。最大容量增广和最短路径增广算法可在文献[3]、[37]中看到。关于二分图的基本知识可在有关图论的书籍及离散数学的书籍中看到。二分图的最大匹配算法可在文献[3]、[10]、[38]中看到。

第 11 章　计算几何问题

在计算机图形学、图形用户接口、可视化技术、CAD、模式识别以及机器人等领域，具有快速的几何算法是很重要的，特别是在一些实时应用中，算法必须动态地接收其输入，对变化中的一些几何形状实时地进行处理，更需要有快速的几何算法。本章讨论计算几何中的一些基本技术。

11.1　引　　言

在几何图形中，物体的形状主要由点、线、多边形等来描述。在二维平面中，点 p 用一对数偶 (x,y) 来表示它的坐标。线段由它的两个端点来表示。如果 $p=(x_1,y_1)$，$q=(x_2,y_2)$ 是两个离散的点，则端点为 p 和 q 的线段，表示为 $\overline{pq}$。多边形路径 π 是点 $p_1,p_2,\cdots,p_n$ 的一个序列，其中 $\overline{p_i p_{i+1}}$ 是线段，$1\leqslant i\leqslant n-1$。如果 $p_1=p_n$，则由 π 所封闭起来的区域称为多边形 π。这时，p_i 称为多边形的顶点；线段 $\overline{p_i p_{i+1}}$ 称为多边形的边。因此，多边形由一个封闭的连续区域（称为多边形的内部）及其边界组成，而其边界是由一个封闭的回路 $p_1,p_2,\cdots,p_n$ 来定义，其中 $p_1=p_n$。为简单起见，通常用“多边形”来表示多边形的边界。

一个多边形，除了其顶点之外，它的任何两条边都不会交叉，把这样的多边形称为简单的多边形；否则，就叫作非简单的多边形。如图 11.1（a）所示是简单的多边形，图 11.1（b）所示是非简单的多边形。在下面，假定所讨论的多边形都是简单的多边形。

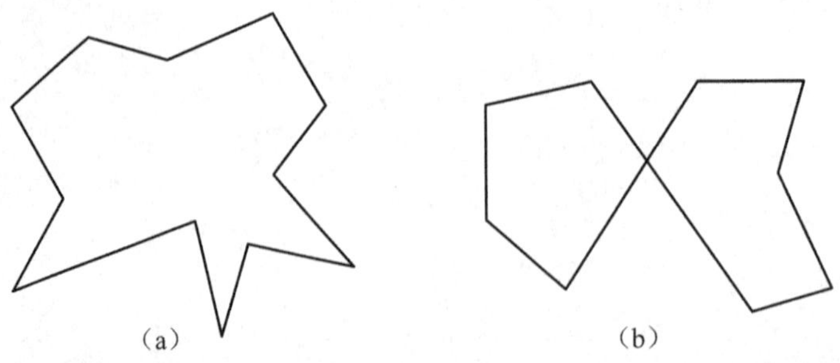

图 11.1　简单的多边形和非简单的多边形

如果连接多边形任意两个顶点的线段，完全处于多边形内部，就称这样的多边形是凸多边形；否则，称之为非凸多边形。如图 11.2（a）所示为一个凸多边形，图 11.2（b）所示为一个非凸多边形。

令 $p=(x_1,y_1)$，$q=(x_2,y_2)$ 是平面上的任意两点，如果把这两点分别看成是以源点

$o=(0,0)$ 作为始点的两个向量 **op** 及 **oq** 的端点，则向量 **op** 及 **oq** 的有向面积为：

$$\begin{aligned}\boldsymbol{op}\times\boldsymbol{oq}&=\begin{vmatrix}x_1 & y_1\\ x_2 & y_2\end{vmatrix}\\&=x_1y_2-x_2y_1\\&=-\boldsymbol{oq}\times\boldsymbol{op}\end{aligned}$$

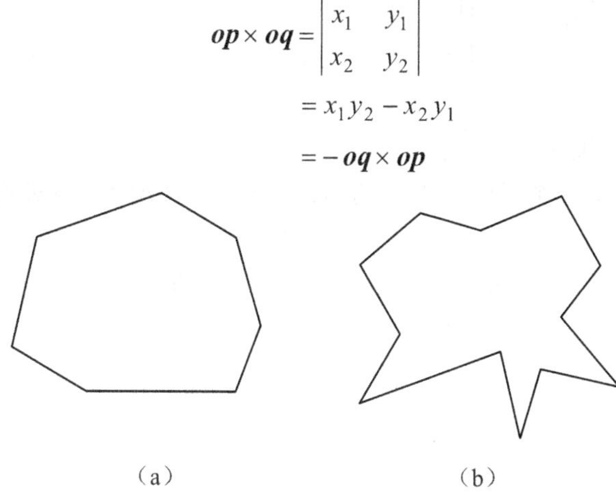

图 11.2　凸多边形和非凸多边形

如果过点 p 平行于 $\overline{oq}$ 的直线与过点 q 平行于 $\overline{op}$ 的直线相交于 s， p,q,s 的垂线与 x 轴分别相交于 a,b,c，如图 11.3 所示。平行四边形 $opsq$ 的面积 S 为：三角形 obq 的面积加上梯形 $qbcs$ 的面积，减去三角形 opa 的面积，再减去梯形 $pacs$ 的面积。显然，$\overline{ac}=\overline{ob}=x_2$，$\overline{bc}=\overline{oa}=x_1$，$\overline{cs}=\overline{bq}+\overline{ap}=y_1+y_2$。因此，有：

$$\begin{aligned}S&=\frac{1}{2}x_2y_2+\frac{1}{2}(y_2+y_2+y_1)x_1-\frac{1}{2}x_1y_1-\frac{1}{2}(y_1+y_1+y_2)x_2\\&=x_1y_2-x_2y_1\end{aligned}$$

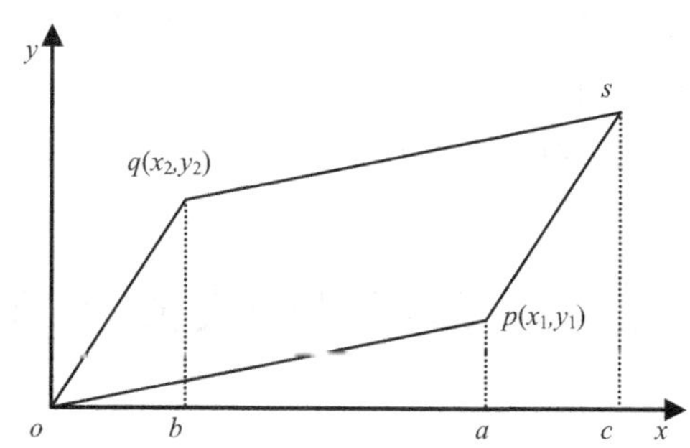

图 11.3　由两个向量所构成的平行四边形

由此看到，**op**×**oq** 的有向面积的绝对值，等于平行四边形 $opsq$ 的面积。当 **op**×**oq** 值为正时，向量 **op** 可沿着平行四边形内部逆时针旋转到达 **oq**；当 **op**×**oq** 值为负时，向量 **op** 可沿着平行四边形内部顺时针旋转到达 **oq**。

如果令点 o,p,q 的坐标分别为 $(x_1,y_1),(x_2,y_2),(x_3,y_3)$，则 $\boldsymbol{op}=(x_2-x_1,y_2-y_1)$，$\boldsymbol{oq}=(x_3-x_1,y_3-y_1)$。由此，有：

$$\begin{aligned}\boldsymbol{op}\times\boldsymbol{oq}&=(x_2-x_1)(y_3-y_1)-(x_3-x_1)(y_2-y_1)\\&=x_1y_2+x_2y_3+x_3y_1-y_1x_2-y_2x_3-y_3x_1\end{aligned}$$

上述 $\boldsymbol{op}\times\boldsymbol{oq}$ 的有向面积，也可用下面的行列式的值来确定：

$$\boldsymbol{D}=\begin{vmatrix} x_1 & y_1 & 1 \\ x_2 & y_2 & 1 \\ x_3 & y_3 & 1 \end{vmatrix}=x_1y_2+x_2y_3+x_3y_1-y_1x_2-y_2x_3-y_3x_1 \tag{11.1.1}$$

上面结果表明，如果 $o=(x_1,y_1)$， $p=(x_2,y_2)$， $q=(x_3,y_3)$ 是平面上的任意 3 个点，当 D 为正时，o,p,q,o 构成一个逆时针方向的回路，在这种情况下，就说路径 o,p,q 是左转的，如图 11.4（a）所示；当 D 为负时，o,p,q,o 构成一个顺时针方向的回路，在这种情况下，就说路径 o,p,q 是右转的，如图 11.4（b）所示；当 $D=0$ 时，这 3 个点在同一直线上。

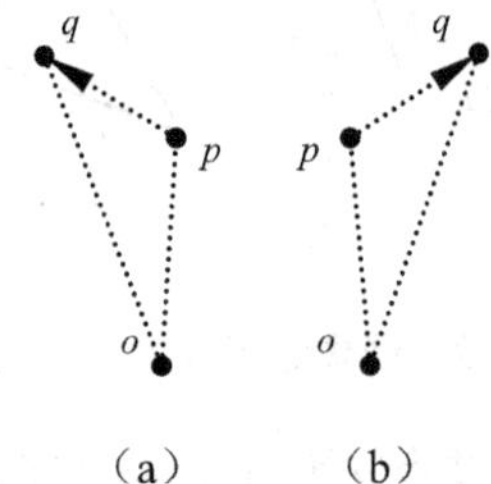

图 11.4　左转的三角区域和右转的三角区域

为了确定物体的几何形状，经常需要对物体进行扫描，以便识别物体中各个部件的几何特征及部件之间的联系。这种扫描可以在二维平面上进行，也可以在三维空间中进行。最简单的一种形式，是在二维平面上对某一个对象从左到右用垂直线进行扫描。这种技术被称为几何扫描技术。平面扫描算法有两个基本组成部分：第一个组成部分是所谓的事件调度点 $p\_schedule$，它是一个按 X 坐标排序的点序，由这些点定义了扫描线的“站点”位置；第二个组成部分是扫描线的“站点”状态，这是对扫描线上的几何对象的一个合适的描述，反映了在“站点”位置时所处理几何对象的状态。扫描线状态的描述，取决于所处理的几何对象。下面主要讨论二维平面的几何扫描技术。

11.2　平面线段的交点问题

平面线段的交点问题是：给定平面上 n 条线段的集合 $L=\{l_1,l_2,\cdots,l_n\}$，寻找它们的交点集合。

定义 11.1　令 l_i 和 l_j 是平面上任意两条线段，它们与 X 坐标为 x 的垂线分别相交于点 p_i 与 p_j。若 p_i 的 Y 坐标值大于 p_j 的 Y 坐标值，就说 l_i 在 x 高于 l_j，记为 $l_i \succ_x l_j$。

关系 $\succ_x$ 定义了所有线段在与 X 坐标为 x 的垂线相交时的一个总的顺序。如果线段 l_i 和 l_j，其中有一条或者两条都不与 X 坐标为 x 的垂线相交，就说这两条线段不存在 $\succ_x$ 关系。

例如，在图 11.5 中，有如下关系成立：

$$l_1 \succ_a l_3 \succ_a l_4,\quad l_3 \succ_b l_1 \succ_b l_4,\quad l_2 \succ_c l_3$$

就说：在“站点”a，扫描线状态为$l_1 \succ_a l_3 \succ_a l_4$；在“站点”$b$，扫描线状态为$l_3 \succ_b l_1 \succ_b l_4$；在“站点”$c$，扫描线状态为$l_2 \succ_c l_3$。

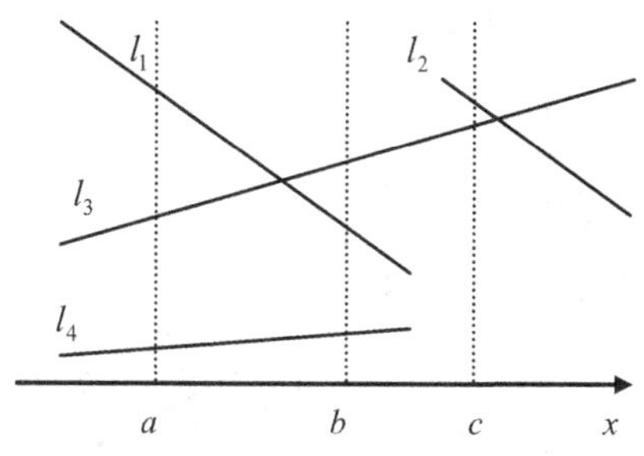

图 11.5　线段之间的$\succ_x$关系

11.2.1　寻找平面线段交点的思想方法

寻找平面上n条线段的交点集合，最简单的方法是对所有的线段分别计算它们的交点。很清楚，这种方法需要$O(n^2)$时间。利用扫描线从左到右对所有的线段进行扫描，根据线段的$\succ_x$关系，在扫描线上对扫描到的线段进行定序，排除不可能相交的线段，只对有可能相交的线段确定它们的交点位置，这样可以有效地减少计算交点的时间。

为了简化起见，假定不会出现 3 条线段相交于一点的情况。算法的思想方法是：对n条线段的$2n$个端点以X坐标的非降顺序排列；用垂线从左到右扫描所有的线段；用线段的端点和交点构成事件调度点序列E；把扫描线所扫描到的线段按$\succ_x$关系定序。因此，在扫描线上线段的$\succ_x$关系构成了扫描线的状态，而扫描线的状态集合是扫描线上线段的有序集。开始时，扫描线的初始状态为空。当扫描线从左到右扫描时，将遇到下面 3 种事件调度点：线段的左端点、线段的右端点、两条线段的交点。每遇到一个事件调度点，就执行如下一种相应的动作，并刷新扫描线的状态：

（1）扫描到线段l的左端点：把线段l按照$\succ_x$关系的顺序，插入到当前的扫描线状态集S中。如果S中存在与l紧邻的线段l_1以及（或者）l_2，使得$l_1 \succ_x l$，$l \succ_x l_2$；并且l与l_1，以及（或者）l与l_2有交点，就把它们的交点保存到交点集T中，并把它们的交点按X坐标的非降顺序插入事件调度点序列E中。

（2）扫描到线段l的右端点：如果S中存在与l紧邻的线段l_1及l_2，使得$l_1 \succ_x l$，$l \succ_x l_2$，并且l_1与l_2有交点，且交点集T尚未保存该交点时，就把它们的交点保存到交点集T中，并把它们的交点按X坐标的非降顺序插入事件调度点序列E中，把线段l从S中删除。

（3）扫描到线段l_1及l_2的交点：把扫描线状态集S中l_1与l_2的$\succ_x$关系颠倒过来，即如果在交点的左边，原来的关系是$l_1 \succ_x l_2$，则在交点的右边，关系将修改为$l_2 \succ_x l_1$。这时，在交点的右边，如果S中存在着l_1与l_2的紧邻l_3及l_4，使得$l_3 \succ_x l_2$，$l_1 \succ_x l_4$，并且l_3与l_2、l_1与l_4有交点，而且交点尚未保存到T中，就把它们的交点保存到T中，同时，把它们的交点按X坐标的非降顺序插入事件调度点序列E中。

例 11.1 图 11.6 中有 5 条线段，寻找它们的交点。首先，对这 5 条线段的 10 个端点按 X 坐标的非降顺序排列，构成一个具有 10 个端点的事件调度点序列 E。然后，用垂线从左到右扫描这些事件调度点，其过程如下：

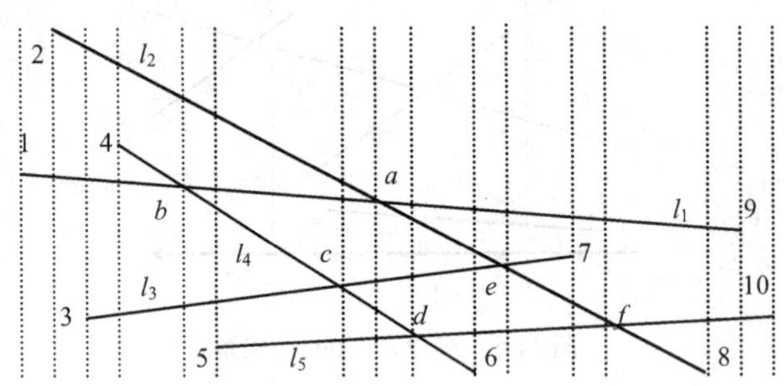

图 11.6　寻找线段交点的过程

（1）扫描到端点 1，把 l_1 插入 S，$S=\{l_1\}$。

（2）扫描到端点 2，把 l_2 插入 S，$S=\{l_2,l_1\}$；l_2 与 l_1 的交点为 a，$T=\{a\}$；把 a 插入事件调度点序列 E。

（3）扫描到端点 3，把 l_3 插入 S，$S=\{l_2,l_1,l_3\}$；l_1 与 l_3 没有交点。

（4）扫描到端点 4，把 l_4 插入 S，$S=\{l_2,l_4,l_1,l_3\}$；l_2 与 l_4 没有交点，l_4 与 l_1 的交点为 b，$T=\{a,b\}$；把 b 插入事件调度点序列 E。

（5）扫描到交点 b，交换 S 中 l_4 与 l_1 的顺序，使 $S=\{l_2,l_1,l_4,l_3\}$；l_2 及 l_1 的交点为 a，l_4 与 l_3 的交点为 c，$T=\{a,b,c\}$；将 c 插入事件调度点序列 E。

（6）扫描到端点 5，使 $S=\{l_2,l_1,l_4,l_3,l_5\}$；$l_3$ 与 l_5 没有交点。

（7）扫描到交点 c，交换 S 中 l_4 与 l_3 的顺序，使 $S=\{l_2,l_1,l_3,l_4,l_5\}$；$l_1$ 与 l_3 没有交点，l_4 与 l_5 的交点为 d，$T=\{a,b,c,d\}$；将 d 插入事件调度点序列 E。

（8）扫描到交点 a，交换 S 中 l_2 及 l_1 的顺序，使 $S=\{l_1,l_2,l_3,l_4,l_5\}$；$l_2$ 与 l_3 的交点为 e，$T=\{a,b,c,d,e\}$；将 e 插入事件调度点序列 E。

（9）扫描到交点 d，交换 S 中 l_4 与 l_5 的顺序，使 $S=\{l_1,l_2,l_3,l_5,l_4\}$；$l_3$ 与 l_5 没有交点。

（10）扫描到端点 6，删去 S 中的 l_4，使 $S=\{l_1,l_2,l_3,l_5\}$。

（11）扫描到交点 e，交换 S 中 l_2 与 l_3 的顺序，使 $S=\{l_1,l_3,l_2,l_5\}$；l_1 与 l_3 没有交点，l_2 与 l_5 的交点为 f，$T=\{a,b,c,d,e,f\}$；将 f 插入事件调度点序列 E。

（12）扫描到端点 7，删去 S 中的 l_3，使 $S=\{l_1,l_2,l_5\}$；l_1 及 l_2 的交点为 a。

（13）扫描到交点 f，交换 S 中 l_2 与 l_5 的顺序，使 $S=\{l_1,l_5,l_2\}$；l_1 与 l_5 没有交点。

（14）扫描到端点 8，删去 S 中的 l_2，使 $S=\{l_1,l_5\}$。

（15）扫描到端点 9，删去 S 中的 l_1，使 $S=\{l_5\}$。

（16）扫描到端点 10，删去 S 中的 l_5，使 $S=\varphi$。

最后得到交点集合 $T=\{a,b,c,d,e,f\}$。

11.2.2　寻找平面线段交点的实现

为了简化说明，假定没有一条线段是垂线，也不会有 3 条线段交叉在同一点。用下面的数据结构来描述线段：

```
typedef struct {
    float    x;                  /* 点的 X 坐标 */
    float    y;                  /* 点的 Y 坐标 */
} POINT;
typedef struct {
    POINT    lp;                 /* 线段的左端点 */
    POINT    rp;                 /* 线段的右端点 */
} LINE;
LINE        line[n];             /* n 条线段 */
BOOL        b[n][n];             /* n 条线段的相交标志 */
```

为了对线段的两个端点以及交点的 X 坐标值进行排序，构成事件调度点序列 E，使用下面的数据结构。

```
typedef struct {
    float    x;        /* 事件调度点的 X 坐标 */
    float    y;        /* 事件调度点的 Y 坐标 */
    int      tag;      /* 事件调度点标志:tag=0,线段左端点;tag=1,线段右端点;
                          tag=2,线段交点 */
    int      line1;    /* tag=0,1 时的线段序号;tag=2 时,交点左边高顺序线段序号*/
    int      line2;    /* tag=2 时,交点左边低顺序线段序号*/
} HEAP;
HEAP        p;                   /* 事件调度点 */
HEAP        heap[3*n];           /* 存放事件调度点的堆存储空间 */
```

用最小堆来存放事件调度点序列，使用下面两个堆的操作：

- void insert(HEAP *heap*[ ], int &*n*, HEAP *p*) ;
  把事件调度点 p 插入堆中。
- HEAP delete_min(HEAP *heap*[ ], int &*n*) ;
  返回 X 坐标最小的点，并从堆中删去。

很清楚，这两个操作以 $O(\log n)$ 时间维护堆的数据。

为了对扫描线状态进行操作，用平衡二叉树的数据结构来存放扫描线状态集 S 中的元素。

```
struct  tree {
    int  line;                   /* 线段序号 */
```

```
    int  high;                    /* 结点子树的高度,二叉树的平衡因子 */
    struct tree *lchild;          /* 指向左儿子结点,按关系≻x低于 line 的线段 */
    struct tree *rchild;          /* 指向右儿子结点,按关系≻x高于 line 的线段 */
    struct tree *parent;          /* 指向父亲结点 */
};
typedef struct tree TREE;
TREE    *S;                       /* 平衡二叉树的根结点指针 */
```

为了存放相交线段的序号及其交点，定义如下数据结构：

```
typedef struct {
    int      line1;
    int      line2;
    POINT    point;
} T_POINT;
```

假定，线段按照序号存放在数组 *line* 中，扫描线状态集中的线段按关系 $\succ_x$ 排序，存放在平衡二叉树 S 中。当扫描到线段的左端点时，把该线段插入 S 中，扫描到线段的右端点时，把该线段从 S 中删除。因此，S 中的线段均可按关系 $\succ_x$ 排序。

使用下面的操作来访问平衡二叉树 S 中的元素，对它们进行插入和删除，并判断、计算两条线段的交点。

- TREE *insert_t(int *line*, TREE **S*, float *x*, float *y*);
  把序号为 *line* 的线段按 X 坐标 x 处的 y 值插入平衡二叉树 S 中，返回指向 S 中 *line* 的指针。
- void delete_t(TREE **line*, TREE **S*);
  从当前平衡二叉树 S 中删去指针 *line* 所指向的线段。
- TREE *search_t(int *line*, TREE **S*, float *x*, float *y*);
  在当前平衡二叉树 S 中按 X 坐标 x 处的 y 值检索序号为 *line* 的线段，返回指向 S 中 *line* 的指针。
- int above_t(TREE **line*, TREE **S*);
  返回当前平衡二叉树 S 中高于 *line* 的线段序号。如果没有高于 *line* 的线段，则返回-1。
- int below_t(TREE **line*, TREE **S*);
  返回当前平衡二叉树 S 中低于 *line* 的线段序号。如果没有低于 *line* 的线段，则返回-1。
- BOOL inter_sec(int *line*1, int *line*2, POINT &*p*);
  判断并计算两条线段的交点。

当在事件调度点序列 E 中 X 坐标 x 处，扫描到线段的左端点、右端点或交点时，都需要进行 insert_t 操作或 search_t 操作。这时，必须把该线段在 X 坐标 x 处的 Y 坐标值 y，与 S 中的线段在坐标 x 处的值 y 相比较，以便确定欲插入的线段与 S 中被检索线段的 $\succ_x$ 关系。

为此，必须计算 S 中被检索线段在 X 坐标 x 处的 Y 坐标值 y 。假定 S 中被检索线段的两个端点坐标分别为 (x_1, y_1) 及 (x_2, y_2)，由平面解析几何可知，有直线方程：

$$y - y_1 = \frac{y_2 - y_1}{x_2 - x_1}(x - x_1) \tag{11.2.1}$$

当给定 X 坐标 x 值时，S 中被检索线段的 Y 坐标值 y 为：

$$y = \frac{y_2 - y_1}{x_2 - x_1}(x - x_1) + y_1 \tag{11.2.2}$$

因此，insert_t 操作和 search_t 操作可以利用式（11.2.2），来确定线段在 S 中的位置。此计算需 $O(1)$ 时间。

把线段插入 S 中的某个位置之后，还必须分别计算 S 中与该线段紧邻的上、下两条线段与该线段的交点。为此，把式（11.2.1）改写成：

$$(y_2 - y_1)x - (x_2 - x_1)y + (x_2 - x_1)y_1 - (y_2 - y_1)x_1 = 0$$

令：

$$A = y_2 - y_1, \quad B = -(x_2 - x_1), \quad C = -Ax_1 - By_1 \tag{11.2.3}$$

则上述直线方程可写成：

$$Ax + By + C = 0 \tag{11.2.4}$$

若已知直线 l_1 及 l_2 的联立方程为：

$$\begin{cases} A_1x + B_1y + C_1 = 0 \\ A_2x + B_2y + C_2 = 0 \end{cases} \tag{11.2.5}$$

解此联立方程，得：

$$x = \frac{B_1C_2 - B_2C_1}{A_1B_2 - A_2B_1} \qquad y = \frac{C_1A_2 - C_2A_1}{A_1B_2 - A_2B_1} \tag{11.2.6}$$

由式（11.2.6），可得两直线的交点坐标。把上述结果应用于两条线段，如果交点坐标位于其中一条线段的两个端点坐标之外，则这两条线段没有交点。同时，当 $A_1B_2 - A_2B_1 = 0$ 时，这两条线段平行，也没有交点。

对线段交点的这些处理需 $O(1)$ 时间。同时，平衡二叉树的数据结构，以 $O(\log n)$ 时间支持上述这些操作。

令 T 表示交点集合，L 表示相交线段的集合，求取平面上 n 条线段的交点集合，步骤如下：

（1）把线段两个端点按 X 坐标的非降顺序，放入最小堆 *heap* 中；$T = \{\}$，$L = \{\}$，S 为空。

（2）如果 *heap* 为空，则算法结束；否则，转步骤（3）。

（3）取下 *heap* 的最小元素于 p，如果 p 是线段 l 的左端点，转步骤（4）；否则，转步骤（6）。

（4）按式（11.2.2）调用 insert_t(l, S, x, y)操作，把线段 l 插入扫描线状态 S 中。

（5）令 l_1 = above_t(l, S)，l_2 = below_t(l, S)；若 l 与 l_1 有交点，计算该交点 q_1；若 l 与 l_2 有交点，计算该交点 q_2，把 q_1 与 q_2 插入 *heap*；$T = T \cup \{q_1, q_2\}$；$L = L \cup \{\{l, l_1\}, \{l, l_2\}\}$；转步骤（2）。

（6）如果p是线段l的右端点，转步骤（7）；否则，转步骤（8）。

（7）令l_1= above_t(l, S)，l_2 = below_t(l, S)；从S中删去l，若l_1与l_2有交点，计算该交点q，把q插入$heap$；$T = T \cup \{q\}$；$L = L \cup \{\{l_1, l_2\}\}$；转步骤（2）。

（8）p是线段l_1和l_2的交点，l_1在p的左边高于l_2；令l_3=above_t(l_1,S)，l_4 = below_t(l_2,S)；若l_2与l_3有交点，计算该交点q_1，若l_1与l_4有交点，计算该交点q_2，把q_1与q_2插入$heap$；$T = T \cup \{q_1, q_2\}$；$L = L \cup \{\{l_2, l_3\}, \{l_1, l_4\}\}$；交换$S$中$l_1$和$l_2$的位置；转步骤（2）。

由此，求取平面上n条线段的交点集合的算法可描述如下：

算法 11.1　求取平面上n条线段的交点集合

输入： 线段 line[]，线段数目 n

输出： 交点（及相交的线段）集合 T[]，交点个数 k

```
void intersections(LINE line[],int n,T_POINT T[],int &k)
{
    int i,m,temp;
    HEAP p,p1,heap[3*n];
    TREE *S,*snode,*snode1;
    LINE line_1,line_2;
    BOOL b[n][n] = {FALSE};
    m = 0;   k = 0;                 /* m:最小堆元素计数器,k:线段交点计数器 */
    S = new TREE;
    S->line = -1;   S->lchild = S->rchild = NULL;   /* 扫描线状态置为空*/
    for (i=0;i<n;i++) {             /* 线段的左右两端点插入堆中 */
        p.x = line[i].lp.x;   p.y = line[i].lp.y;
        p.tag = 0;   p.line1 = i;   p.line2 = -1;
        insert(heap,m,p);           /* 插入左端点,m在insert操作中递增 */
        p.x = line[i].rp.x;   p.y = line[i].rp.y;
        p.tag = 1;   p.line1 = i;   p.line2 = -1;
        insert(heap,m,p);           /* 插入右端点,m在insert操作中递增 */
    }
    while (m>0) {
        p = delete_min(heap,m);     /* 取事件调度点,m在delete_min中递减 */
        if (p.tag==0) {             /* 左端点处理 */
            snode = insert_t(p.line1,S,p.x,p.y);
            line_1 = above_t(snode,S);
            line_2 = below_t(snode,S);
            process(line_1,p.line1,T,k,heap,m,b);
            process(p.line1,line_2,T,k,heap,m,b);
        }
        else if (p.tag ==1) {                   /* 右端点处理 */
            snode = search_t(p.line1,S,p.x,p.y);
            line_1 = above_t(snode,S);
            line_2 = below_t(snode,S);
```

```
32.           delete_t(snode,S);
33.           process(line_1,line_2,T,k,heap,m,b);
34.        }
35.        else {                                      /* 交点处理 */
36.           snode = search_t(p.line1,S,p.x,p.y);
37.           line_1 = above(snode,S);
38.           snode1 = search_t(p.line2,S,p.x,p.y);
39.           line_2 = below(snode1,S);
40.           process(line_1,p.line2,T,k,heap,m,b);
41.           process(p.line1,line_2,T,k,heap,m,b);
42.           temp = snode->line;   snode->line = snode1->line;
43.           snode1->line = temp;
44.        }
45.     }
46. }
```

```
void process(int line_h,int line_l,T_POINT T[],int &k,HEAP heap[],
             int &m,BOOL b[][])
{
   POINT point;
   HEAP p;                                /* 判断两线段存在,且交点未计算 */
   if (!(b[line_h][line_l])&&(line_h>=0)&&(line_l>=0)) {
      b[line_h][line_l] = TRUE;
      b[line_l][line_h] = TRUE;                 /* 置交点计算标志 */
      if (inter_sec(line_h,line_l,point)) {     /* 判断并计算交点 */
         p.x = point.x;                         /* 把交点插入堆中 */
         p.y = point.y;
         p.tag = 2;
         p.line1 = line_h;
         p.line2 = line_l;
         insert(heap,m,p);
         T[k].point = point;                 /* 保存交点 */
         T[k].line1 = line_h;                /* 保存相交的线段编号 */
         T[k++].line2 = line_l;
      }
   }
}
```

这个算法用变量 *m* 对堆 *heap* 中的元素进行计数，用变量 *k* 对线段的交点个数进行计数。第 8~18 行的初始化部分，把变量 *m* 和 *k* 初始化为 0；把存放扫描线状态的平衡二叉树的根结点 *S* 初始化为空；把线段的左、右端点的有关信息用 insert 操作，按照 *X* 坐标值的非降顺序插入最小堆 *heap* 中，每插入一个元素，变量 *m* 以 1 递增。第 19 行的 while 循环开始，从左到右扫描这些线段，只要堆中元素个数 *m* 非零，就用 delete_min 操作，从堆中取

下 X 坐标最小的事件调度点 p，每取下一个元素，变量 m 以 1 递减。然后，按照事件调度点 p 的 tag 标志，分成 3 种情况进行处理。第 21~27 行，当 $tag=0$ 时，表明扫描到线段 $p.line1$ 的左端点，就用 insert_t 操作，建立一个平衡二叉树的结点 $snode$，按照 $p.x$ 和 $p.y$ 所表明的坐标值，根据式（11.2.1），把 $p.line1$ 所表明的线段插入平衡二叉树 S 的适当位置；用 above_t 操作和 below_t 操作，取得与该线段紧邻的两条线段；然后分别调用 process 操作，处理与这两条线段的交点。第 28~34 行处理 $tag=1$ 的情况，这时扫描到线段 $p.line1$ 的右端点。于是，用 search_t 操作，检索线段 $p.line1$ 在平衡二叉树中的位置；同样用 above_t 操作和 below_t 操作，取得与该线段紧邻的两条线段 l_1 和 l_2；然后把线段 $p.line1$ 从平衡二叉树中删去；再用 process 操作，处理线段 l_1 和 l_2 的交点。第 35~44 行处理 $tag=2$ 的情况，这时扫描到两条线段的交点。$p.line1$ 是在交点左边顺序高的线段，$p.line2$ 是顺序低的线段。用 above_t 操作取得顺序比 $p.line1$ 高的线段 $line\_1$，用 below_t 操作取得顺序比 $p.line2$ 低的线段 $line\_2$。在交点右边，线段 $p.line1$ 顺序变成比 $p.line2$ 低，所以用 process 操作处理 $line\_1$ 与 $p.line2$ 的交点，以及 $line\_2$ 与 $p.line1$ 的交点。第 42、43 行交换 $p.line1$ 和 $p.line2$ 在扫描线状态中的顺序，也即它们在平衡二叉树中的位置。因此，平衡二叉树中的线段状态，总维持 $\succ_x$ 关系。

process 操作处理 $line\_h$ 和 $line\_l$ 两条线段的交点。如果这两条线段存在，且相应标志 $b[line\_h][line\_l]$ 为 FALSE，说明它们的交点尚未处理过，就把这个标志置为 TRUE，并进行处理，否则不予处理。在处理这两条线段的交点时，调用 inter_sec 函数，用式（11.2.3）和式（11.2.6）计算它们的交点，并判断交点是否处于这两条线段之中。如果是，inter_sec 返回 TRUE；否则，说明交点处于这两条线段的延长线之中，则返回 FALSE。当存在交点时，把交点作为一个事件调度点插入堆中，并在数组 T 中登记交点和相交的线段。

这个算法把 n 条线段的端点插入最小堆时，需 $O(n\log n)$ 时间。如果交点个数为 m，则要处理的事件调度点的数目为 $2n+m$。因此，对堆的每一个 insert 操作和 delete_min 操作，需 $O(\log(2n+m))$ 时间。而对平衡二叉树 S 的每一个操作，需 $O(\log n)$ 时间。在 process 中的 inter_sec 操作，需 $O(1)$ 时间。因此，每处理一个事件调度点，最多需 $O(\log(2n+m))$ 时间。共有 $2n+m$ 个事件调度点，所以总时间最多为 $O((2n+m)\log(2n+m))$。如果 $m=O(n)$，则算法所需时间为 $O(n\log n)$。

这个算法所需要的空间主要有 3 部分：存放事件调度点的空间，最多有 $2n+m$ 个事件调度点，需 $O(2n+m)$ 空间；存放扫描线状态，最多有 n 条线段，需 $O(n)$ 空间；最后，有一个二维数组 b 来存放交点的处理标志，需 $O(n^2)$ 空间。因此，算法的工作单元所需要的空间为 $O(n^2)$。

11.3 凸 壳 问 题

定义 11.2 令 S 是平面上的一个点集，封闭 S 中所有顶点的最小凸多边形，称为 S 的凸壳，表示为 $CH(S)$。$CH(S)$ 上的顶点，有时也叫作 S 的极点。

凸壳问题是计算几何中最重要的问题之一。它的提法是：给定平面上 n 个点的集合 S，求 S 的凸壳 $CH(S)$。凸壳问题也可以用几何扫描方法来求取。

11.3.1　凸壳问题的格雷厄姆扫描法

著名的格雷厄姆（Graham）扫描法，利用 11.1 节叙述的平面上任意 3 点所构成的回路是左转或右转的判别法，来求取平面点集的凸壳。其思想方法如下：首先，在平面点集 S 中，寻找 Y 坐标最小的点。如果有两个以上的点，其 Y 坐标都是最小的，就选择最右边的一点，把它称为 p_0。然后，以 p_0 为源点，对所有点的坐标进行变换。对变换后的所有点，以 p_0 为源点，计算它们的极坐标幅角。以幅角的非降顺序来排序 $S-\{p_0\}$ 中的点，如果有两个以上的点，其幅角大小相同，以最接近 p_0 的点优先。令排序过的点为 $T=\{p_1,p_2,\cdots,p_{n-1}\}$，其中，$p_1$ 和 p_{n-1} 分别与 p_0 构成最小与最大的幅角。图 11.7 表示一个平面点集按幅角排序的例子。

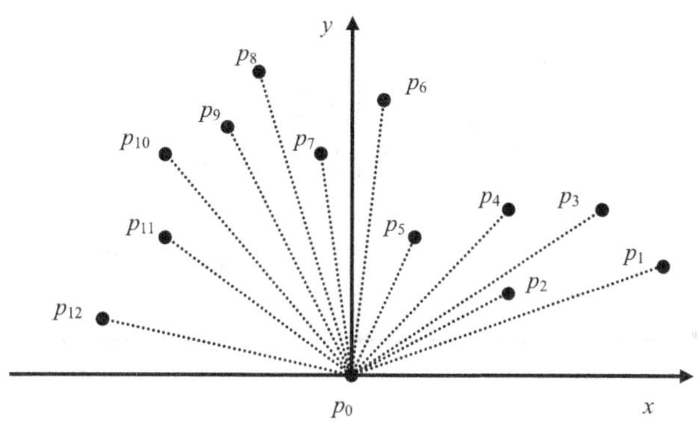

图 11.7　以 p_0 为源点、按极坐标幅角排序的点集

现在，把点集 T 中的元素作为事件调度点进行扫描。用堆栈 CS 存放扫描过程中局部构成的半封闭的凸多边形，因此，把它作为扫描线的状态来维护。开始时，堆栈初始化为 $CS=\{p_{n-1},p_0\}$，其中 p_0 为栈顶元素。按极坐标的幅角，从 p_1 开始，到 p_{n-1} 为止进行扫描。假定在某一个时刻，堆栈内容为：

$$CS=\{p_{n-1},p_0,\cdots,p_i,p_j,p_k\}$$

其中，p_k 为栈顶元素，则栈中元素按顺序构成一个半封闭的凸多边形。令 p_l 是正在扫描的点，如果由 p_j、p_k、p_l 所构成的路径是左转的，则由 p_j、p_k、p_l 所形成的边将是凸边，可以把 $\overline{p_k p_l}$ 作为半封闭凸多边形中的一条边加入进来，因此把 p_l 压入栈顶，把扫描线移到下一点；如果由 p_j、p_k、p_l 所构成的路径是右转的，则由 p_j、p_k、p_l 所形成的边将是凹边，p_k 不可能是凸壳的极点。这时，就把 p_k 弹出栈顶，而扫描线仍然停留在 p_l 上。这样，在下一轮处理中，将由 p_i、p_j、p_l 进行判断和作出处理。

例 11.2　求图 11.7 所示点集的凸壳。开始时，堆栈的内容为 $CS=\{p_{12},p_0\}$。从 p_1 开始扫描，连续把 p_1 和 p_2 压入堆栈；扫描到 p_3 时，把 p_2 弹出堆栈；接着，连续把 p_3、p_4、p_5 压入堆栈，如图 11.8 所示；在处理 p_6 时，连续把 p_5、p_4 弹出堆栈，接着把 p_6 压入堆栈，如图 11.9 所示；最后得到的凸壳如图 11.10 所示。

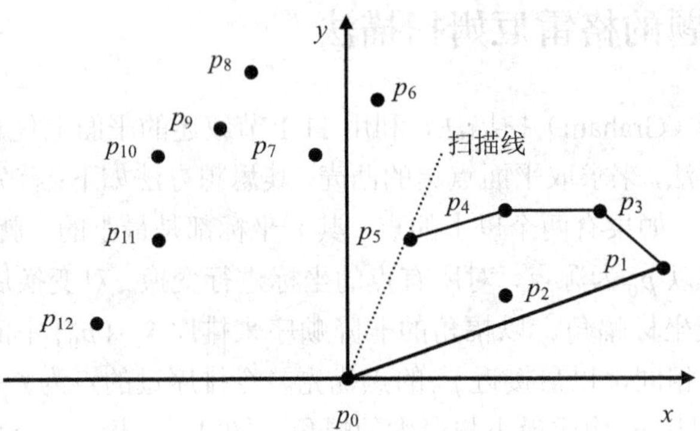

图 11.8　处理 p_5 之后产生的局部凸壳

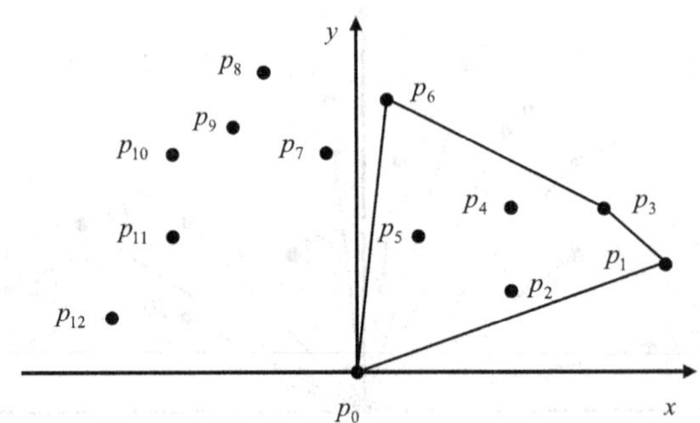

图 11.9　处理 p_6 之后产生的局部凸壳

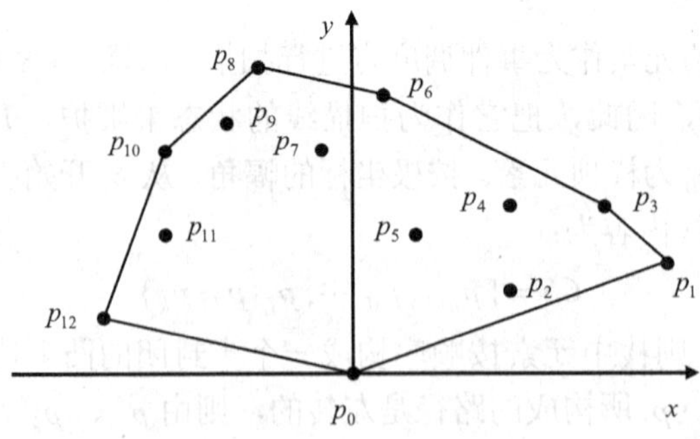

图 11.10　最后得到的凸壳

11.3.2　格雷厄姆扫描法的实现

实现格雷厄姆扫描法的步骤，可描述如下：

（1）求平面点集 S 中 Y 坐标最小的点 p_0。

（2）以 p_0 为源点，变换 $S-\{p_0\}$ 中所有点的坐标。

（3）以 p_0 为源点，计算 $S-\{p_0\}$ 中所有点的幅角。

（4）以幅角的非降顺序排序 $S-\{p_0\}$ 中所有的点，令事件调度点 $T=\{p_1,p_2,\cdots,p_{n-1}\}$ 是排序过的数组。

（5）初始化堆栈：令 $CS[0]=p_{n-1}$，$CS[1]=p_0$；令堆栈指针 $sp=1$，事件调度点数组 T 的下标 $k=0$。

（6）如果 $k<n-1$，转步骤（7）；否则，算法结束。

（7）按式（11.1.1）计算 $CS[sp-1],CS[sp],T[k]$ 所构成的三角区符号 D，若 $D\geqslant 0$，$sp=sp+1$，$CS[sp]=T[k]$，$k=k+1$，转步骤（6）；否则，$sp=sp-1$，转步骤（6）。

为此，定义下面的数据结构。

```
typedef struct {
    float        x;                 /* X 坐标 */
    float        y;                 /* Y 坐标 */
    float        ang;               /* 极坐标的幅角 */
} SPOINT;
POINT          S[n];                /* 平面点集 */
SPOINT         T[n];                /* 按幅角的非降顺序排列的平面点集 */
POINT          CS[n];               /* 构成凸壳的点集 */
```

算法的实现过程可叙述如下：

算法 11.2　求平面点集的凸壳

输入：平面点集 S[]，顶点个数 n

输出：构成凸壳的极点 CS[]，极点个数 sp

```
void convex_hull(POINT S[],POINT CS[],int n,int &sp)
{
    int i,k;
    float D;
    SPOINT T[n];
    for (i=1;i<n;i++)          /* 把 S 中 Y 坐标最小的点置于 S[0] */
        if ((S[i].y<S[0].y)||((S[i].y==S[0].y)&&(S[i].x>S[0].x)))
            swap(S[i],S[0]);
    for (i=1;i<n;i++) {        /* 以 S[0] 为源点,变换 S[i]的坐标于 T[i] */
        T[i—1].x = S[i].x - S[0].x;   T[i-1].y = S[i].y - S[0].y;
        T[i—1].ang = atan(T[i—1].y,T[i—1].x);  /* 求 T[i]的幅角 */
    }
    sort(T,n—1);               /* 按 T[i]幅角的非降顺序排序 T[i] */
    CS[0].x = T[n-2].x;   CS[0].y = T[n-2].y;
    CS[1].x = 0;   CS[1].y = 0;   sp = 1;   k = 0;
    while (k<n-1) {            /* 求栈顶两点及扫描线上一点所构成的三角区符号 */
        D = CS[sp-1].x*CS[sp].y + CS[sp].x*T[k].y + T[k].x*CS[sp-1].y-
            CS[sp-1].y*CS[sp].x - CS[sp].y*T[k].x - T[k].y*CS[sp-1].x;
        if (D>=0){
```

```
20.            CS[++sp].x = T[k].x;
21.            CS[sp].y = T[k++].y;  /* 若 D≥0,T[k]压入栈顶，扫描线前移一点 */
22.          }
23.        else sp--;                 /* 否则,弹出栈顶元素 */
24.      }
25. }
```

这个算法的第 6~8 行，把平面点集 S 中 Y 坐标最小的点置于 $S[0]$。第 9~12 行以 $S[0]$ 为源点，变换点集 S 中除 $S[0]$ 外的 $n-1$ 个元素的坐标，并把它们复制到数组 T 中，同时计算这些元素的幅角。第 13 行对数组 T 的 $n-1$ 个元素，按幅角的非降顺序排列，如果幅角相同，则按 X 坐标的递减顺序排列。第 14、15 行初始化堆栈 SP 及栈顶的两个元素，把栈指针置为 1，数组 T 的下标 k 置为 0。这时，栈顶元素 $SP[1]$，即源点 $S[0]$，经坐标变换后，其 X 坐标和 Y 坐标值均为 0。从第 16 行起对 T 中的 $n-1$ 个元素进行扫描，只要栈顶的两个元素和 $T[k]$ 所构成的三角区域的符号大于或等于 0，就把 $T[k]$ 压入栈顶；否则，弹出栈顶的一个元素。这个过程直到 T 中的 $n-1$ 个元素全部处理完毕，则由堆栈 CS 中保存的元素所构成的凸多边形，就是所求取的凸壳。

算法的运行时间估计如下：第 6~8 行及第 9~12 行，各需 $\Theta(n)$ 时间；第 13 行的排序操作，需 $O(n\log n)$ 时间；第 16~22 行的 while 循环，需 $\Theta(n)$ 时间。因此，该算法的时间复杂性是 $O(n\log n)$。

算法除了存放用于输入的平面点集和用于输出的凸壳极点需要 $\Theta(n)$ 空间外，作为工作单元的事件调度点数组，也需要 $\Theta(n)$ 空间。

11.4 平面点集的直径问题

令 S 是平面上的点集，S 的直径定义为 S 中两点之间的最大距离，记为 $Diam(S)$。计算平面点集的直径，一种最简单的方法是逐一计算每一对点之间的距离，然后取它们的最大值。用这种方法，需要计算 $n(n-1)/2$ 个点对的值，因此需要 $\Theta(n^2)$ 时间。

为了寻找一种更有效的算法，考虑 11.3 节所讨论的凸壳问题。因为凸壳是封闭 S 中所有顶点的最小凸多边形，由此可以得出下面的结论：点集 S 的直径等于其凸壳上顶点的直径，即 $Diam(S)=Diam(CH(S))$，也即凸壳上任何两点之间的最大距离。这样，计算平面点集的直径，可转化为计算平面点集凸壳的直径。

11.4.1 求取平面点集直径的思想方法

定义 11.3 P 是凸多边形，P 的支撑线是通过 P 的一个顶点的直线 l，使得 P 完全位于 l 的一侧。

例如，图 11.11 表示一个凸多边形的一些支撑线。

由凸多边形支撑线的定义，可以得到下面的定理：

定理 11.1　凸多边形 P 的直径等于 P 的任何一对平行支撑线之间的最大距离。

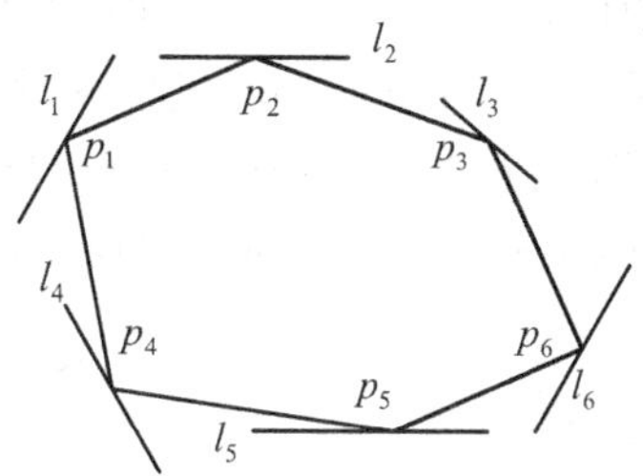

图 11.11　凸多边形的支撑线

例如，在图 11.11 中，有两对平行支撑线 l_1 与 l_6 、l_2 与 l_5 。其中，l_1 与 l_6 是任何一对平行支撑线中距离最大的一对。显然，当支撑线 l_1 、l_6 与顶点对 p_1 、p_6 的连线垂直时，l_1 与 l_6 的距离最大。此时，它就是顶点对 p_1 与 p_6 之间的距离，也即凸多边形 P 的直径。

定义 11.4　通过两条平行支撑线的凸多边形 P 上的任何两点，叫作对距对（antipodal pair）。

例如，在图 11.11 中，对应于平行支撑线 l_1 与 l_6 的对距对是 (p_1, p_6)，对应于平行支撑线 l_2 与 l_5 的对距对是 (p_2, p_5)。

由此可以得到下面的结论：实现凸多边形直径的任何顶点对，必然是一对对距对。这样一来，计算平面点集凸壳的直径，又可转化为在凸壳上寻找所有的对距对，然后在这些对距对中，选择一对具有最大距离的对距对。

为了寻找对距对，令线段 $\overline{qr}$ 是凸多边形上的一条边，点 p 是凸多边形上的一个顶点。延伸线段 $\overline{qr}$ 的两个端点，使之成为直线 l 。把点 p 到线段 $\overline{qr}$ 的距离，定义为点 p 到直线 l 的距离，记为 $dist(q,r,p)$ 。假定点 q,r,p 的坐标分别为 $(x_1,y_1),(x_2,y_2),(x_0,y_0)$，线段 $\overline{qr}$ 的直线方程为：

$$Ax + By + C = 0$$

其中，系数 A, B, C 由式（11.2.3）确定。则由点 p 到线段 $\overline{qr}$ 的距离，可由下式确定：

$$dist(q,r,p) = \frac{|Ax_0 + By_0 + C|}{\sqrt{A^2 + B^2}} \tag{11.4.1}$$

现在考虑图 11.12 所示的凸多边形，点 p_2 到线段 $\overline{p_{12}p_1}$ 的距离为 $dist(p_{12}, p_1, p_2)$，显然有：

$$dist(p_{12}, p_1, p_2) < dist(p_{12}, p_1, p_3) < dist(p_{12}, p_1, p_4) < dist(p_{12}, p_1, p_5)$$

并且有：

$$dist(p_{12}, p_1, p_5) > dist(p_{12}, p_1, p_6) > dist(p_{12}, p_1, p_7) > \cdots$$

从点 p_2 到点 p_5，它们到线段 $\overline{p_{12}p_1}$ 的距离呈递增趋势，到达点 p_5 时距离最大；以后，从点 p_5 到点 p_{11} 又呈递减趋势。同样，从点 p_3 到点 p_9，它们到线段 $\overline{p_1p_2}$ 的距离呈递增趋势，到达点 p_9 时距离最大；以后从点 p_9 到点 p_{11} 又呈递减趋势。而通过 p_1 的支撑线，只能在凸多边形的边 $p_{12}p_1$ 和 p_1p_2 之外。这种观察给出了下面的结论：与点 p_1 构成对距对的点，

必然是 p_5 到 p_9 之间的点。

一般情况下，对某个 $m<n$，令点集 $p_1,p_2,\cdots,p_m$ 是凸壳上逆时针顺序的所有顶点。在以逆时针顺序遍历凸壳上的顶点时，令 p_k 是第 1 个距离线段 $\overline{p_m p_1}$ 最远的顶点，p_l 是第 1 个距离线段 $\overline{p_1 p_2}$ 最远的顶点，那么 p_k 和 p_l 之间（包括 p_k 和 p_l）的所有顶点都可以与 p_1 构成对距对。而其他所有顶点，都不可能与 p_1 构成对距对。同时，能够与 p_2 构成对距对的顶点，是 p_l 和 p_s 之间的顶点，$l<s<m$，其中，p_s 是距离线段 $\overline{p_2 p_3}$ 最远的顶点。

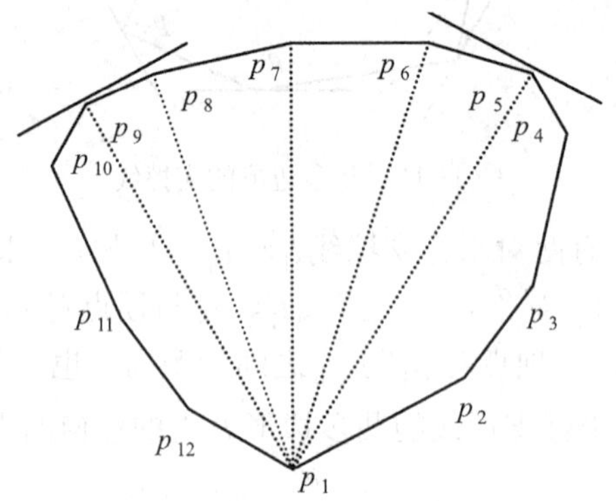

图 11.12　寻找对距对

上面的结论给出了寻找对距对的方法：首先，从 p_2 开始，以逆时针顺序遍历凸壳的顶点，寻找距离 $\overline{p_m p_1}$ 最远的顶点 p_k，把顶点对 (p_1,p_k) 放入初始化为空的对距对集合 A 中。然后，从 p_k 开始，继续以逆时针顺序遍历凸壳的顶点，寻找与 $\overline{p_1 p_2}$ 的距离递增的顶点 p_j，一直到与 $\overline{p_1 p_2}$ 的距离最远的顶点 p_l 为止，并把 (p_1,p_j) 到 (p_1,p_l) 的所有顶点对放入 A 中。接着，继续从 p_l 开始，以逆时针顺序遍历凸壳的顶点，寻找与 $\overline{p_2 p_3}$ 的距离递增的顶点 p_t，一直到与 $\overline{p_2 p_3}$ 的距离最远的顶点 p_s 为止，并把 (p_2,p_l) 到 (p_2,p_s) 的所有顶点对放入 A 中。这个过程一直继续，直到逆时针遍历完凸壳的所有顶点，或者遇到线段 $\overline{p_k p_{k+1}}$ 为止。最后，扫描 A 中的所有对距对，找出距离最大的一对对距对，其距离就是凸壳的直径。

11.4.2　平面点集直径的求取

由此，求平面点集直径问题的步骤可叙述如下：

（1）求点集 S 的凸壳 $CH(S)=\{p_1,p_2,\cdots,p_m\}$。

（2）令 $A=\{\}$，$k=2$。

（3）寻找 p_k：如果 $dist(p_m,p_1,p_{k+1})>dist(p_m,p_1,p_k)$，则 $k=k+1$，并继续步骤（3）；否则，转步骤（4）。

（4）令 $i=1$，$j=k$。

（5）如果 $i\leqslant k$ 并且 $j\leqslant m$，则 $A=A\cup\{(p_i,p_j)\}$，转步骤（6）；否则，转步骤（8）。

（6）如果 $dist(p_i,p_{i+1},p_{j+1})>dist(p_i,p_{i+1},p_j)$，并且 $j<m$，转步骤（7）；否则，$i=i+1$，转步骤（5）。

（7）$A = A \cup \{(p_i, p_{j+1})\}$，$j = j+1$，转步骤（6）。

（8）求取 A 中距离最远的对距对 (p_r, p_s)，则 (p_r, p_s) 的距离就是平面点集 S 的直径。

为了实现这个算法，定义如下的数据结构：

```
typedef struct {                              /* 对距对数据结构 */
   POINT        p1;
   POINT        p2;
} ANTIPODAL;
ANTIPODAL       A[n];                          /* 对距对集合 */
POINT           S[n];                          /* 平面点集 */
POINT           CS[n];                         /* 构成凸壳的点集 */
```

算法的实现过程如下：

算法 11.3　求平面点集 S 的直径

输入：平面点集 S[]，顶点个数 n

输出：距离最远的对距对 a 及其距离 d，即点集 S 的直径

```
void diameter(POINT S[],int n,ANTIPODAL &a,float &d)
{
   int i,j,k,m,s;
   float x,y;
   POINT CS[n];
   ANTIPODAL A[n];
   convex_hull(S,CS,n,&m);
   k = 2;
   while (dist(CS[m],CS[1],CS[k+1])>dist(CS[m],CS[1],CS[k]))
      k = k + 1;              /* 寻找距离线段 CS[m],CS[1]最远的顶点 CS[k] */
   i = 1;   j = k;   s = 0;
   while ((i<=k)&&(j<=m)) {          /* i 从 1 扫描到 k,j 从 k 扫描到 m* /
      A[s].p1 = CS[i];   A[s++].p2 = CS[j];
      while ((dist(CS[i],CS[i+1],CS[j+1])>
             dist(CS[i],CS[i+1], CS[j])) && (j<m)) {
         A[s].p1 = CS[i];   A[s++].p2 = CS[j+1];   j++;
      }                              /* 寻找对距对 CS[i],CS[j] */
      i++;
   }
   x = A[0].p1.x - A[0].p2.x;   y = A[0].p1.y - A[0].p2.y;
   d = x * x + y * y;    i = 0;
   for (j=1;j<s;j++) {               /* 寻找距离最远的对距对 */
      x = A[j].p1.x - A[j].p2.x;   y = A[j].p1.y - A[j].p2.y;
      x = x * x + y * y;
      if (d<x) {
```

```
25.             d = x;   i = j;
26.         }
27.     }
28.     a = A[i];   d = sqrt(d);
29. }
```

这个算法的第7行调用convex_hull，计算点集S的凸壳$CH(S)$。凸壳上的顶点按逆时针顺序排列，顶点个数由变量m给出，同时，$CS[0]$与$CS[m]$为同一顶点。第9、10行寻找距离线段$\overline{CS[m]CS[1]}$最远的顶点$CS[k]$。第12行开始的两个嵌套的while循环，使i由1扫描到k，j由k扫描到m，协作地扫描凸壳的边界，寻找构成对距对的$CS[i]$和$CS[j]$。在扫描过程中，使用dist函数，按照式（11.2.3）和式（11.4.1），计算线段和点的距离。从第19行开始，寻找距离最远的对距对。

算法的运行时间估计如下：第7行调用convex_hull函数计算点集S的凸壳，需$O(n\log n)$时间。第9~18行寻找构成对距对的$CS[i]$和$CS[j]$，如果凸壳的顶点个数为m，没有包含平行边，则判断两个顶点是否构成对距对的次数恰好为m次。如果包含平行边，平行边的数目不会超过$\lfloor m/2 \rfloor$，因此，判断的总次数不会超过$\lfloor 3m/2 \rfloor = O(n)$。所以，寻找对距对的时间为$O(n)$。对距对的总个数也不会超过上述数目，所以，第19行开始的寻找距离最远的对距对，所需时间也是$O(n)$。因此，算法的运行时间是$O(n\log n)$。

同时，可以看到，算法用于存放输入点集所需要的空间为$\Theta(n)$，需要存放的点集S的凸壳的顶点不会超过n个，需要存放的对距对不会超过n对，因此，用于存放凸壳的顶点及对距对的工作空间为$O(n)$。

习　　题

1．设点p_1和p_2的坐标分别为(x_1, y_1)和(x_2, y_2)，若$x_1 \leqslant x_2$，$y_1 \leqslant y_2$，称p_1受p_2所支配。令S是平面上n个点的集合。对每一点$p \in S$，设计一个算法，计算S中受点p所支配的点的个数，并分析其时间复杂性。

2．令I是X坐标轴上的区间集合，设计一个算法，计算一个区间包含于另一个区间的个数，并分析其时间复杂性。

3．考虑如下的判定问题：对给定平面上n条线段的集合，确定其中是否有两条线段相交，给出一个$O(n\log n)$时间的算法来解这个问题。

4．说明对给定的多边形，如何判断它是一个简单的多边形。

5．用幅角的正弦或余弦来实现点集凸壳的格雷厄姆扫描，说明如何用这种方法来计算凸壳，并设计一个算法来实现它。

6．计算凸壳的另一种方法是著名的Jarvis March方法。该方法不去寻找凸壳的顶点，而是寻找凸壳的边。它首先寻找Y坐标最低的点p_1，再寻找与p_1构成的幅角最小的点p_2，因此线段$\overline{p_1p_2}$定义了凸壳的一条边；然后，以p_2为基点，寻找与p_2构成的幅角最小的点

p_3，如此等等。按照这种方法，重新编写一个算法来计算凸壳，并分析其时间复杂性。

7．第 6 题中，计算凸壳的 Jarvis March 方法的优点和缺点是什么？

8．令 p 是凸多边形 P 外部的一点，给定 P 的凸壳 $CH(P)$，说明怎样以 $O(\log n)$ 时间来计算 $CH(P \cup \{p\})$。

9．利用第 8 题的结果，设计计算点集凸壳的另一种方法——开始时，以点集中的任意 3 个顶点建立一个初始的凸壳，然后逐点地测试其他的顶点，判断它是否处于该凸壳内部，如果处于凸壳的外部，就利用第 8 题的结果扩充这个凸壳。设计这个算法，并分析其时间复杂性。

10．设计一个 $O(n)$ 时间的算法，其中，n 是两个凸多边形顶点的总个数，寻找这两个给定的凸多边形的凸壳。

11．设计一个 $O(n)$ 时间的算法，判断点 P 是否在一个简单的多边形内部。

参考文献

可在文献[3]、[8]、[13]、[39]等中看到有关计算几何的知识。可在文献[3]、[8]、[13]、[21]中看到线段交点的有关内容，可在文献[8]、[13]中看到寻找线段交点的其他方法。可在文献[3]、[8]、[13]、[40]中看到有关凸壳问题的 Graham 算法，也可在文献[8]、[41]中看到有关解凸壳问题的其他算法。文献[3]叙述了求解平面点集直径的算法。

第4篇

算法设计与分析的一些理论问题

第 12 章　*NP* 完全问题

在前面的章节中，介绍了算法分析的一些工具和方法；对一些不同类型的问题，讨论了几种典型的算法设计技术；对一些特定的算法进行了描述，并分析了它们的时间复杂性。此外，也说明了如果Π是任意一个问题，对Π存在着一个算法，它的时间复杂性是$O(n^k)$，其中，n是输入规模，k是非负整数，就认为存在着一个解问题Π的多项式时间算法。多项式时间算法是一种有效的算法。在现实世界中，有很多问题存在多项式时间算法。但是，有更大量的问题，它们的时间复杂性是以指数函数或排列函数来衡量的，即具有$O(2^n)$以及$O(n!)$的时间复杂性。这一类问题，其计算时间随着输入规模的增大而快速增加，即使是对中等规模的输入，其计算时间也是以世纪来衡量的。因此，通常把存在多项式时间算法的问题，称为易解的问题；而把那些指数时间算法或排列时间算法的问题，称为难解的问题。对于后面这一类问题，人们一直在寻找具有多项式时间的算法。虽然还不能给出使其获得多项式时间的方法，但是却可以证明这些问题之中，有很多问题在计算上是相关的。对这些存在着计算上相关的问题，如果其中之一可以用多项式时间来求解，那么其他所有同类问题也可以用多项式时间来求解；如果其中之一肯定不存在多项式时间算法，那么对与之同类的其他问题，也肯定不会找到多项式时间算法。于是，在这一章，从计算的观点看来，不是意图去找出求解它们的算法，而是着眼于表明它们在计算复杂性之间存在着什么样的关系。

在讨论*NP*完全问题时，经常考虑的是判定问题。因为判定问题可以容易地表达为语言的识别问题，从而方便地在图灵机上进行求解。实际上，有很多问题都可以作为判定问题来求解。例如，排序问题的判定问题可叙述为：给定一个整数数组，它们是否可以按非降顺序排序；图着色的判定问题可叙述为：给定无向图$G=(V,E)$，是否可用k种颜色为V中的每一个顶点分配一种颜色，使得不会有两个相邻顶点具有同一种颜色。

有两类问题：一类是判定问题；另一类是优化问题。判定问题的解只牵涉到两种情况：yes 或 no，优化问题则牵涉到极值问题。但是，可以容易地把判定问题转换为优化问题。例如，图着色的优化问题为：求解为图$G=(V,E)$着色，使相邻两个顶点不会有相同颜色时所需要的最少颜色数目。如果令图G的顶点个数为n，彩色数是num，并假定存在一个图着色判定问题的多项式时间算法 coloring：

```
BOOL coloring(GRAPH G,int n,int num)
```

若图G可num着色，则 coloring 的返回值为 TRUE。那么，就可以用下面的方法，利用算法 coloring 来解图着色的优化问题。

```
void chromatic_number(GRAPH G,int n,int &num)
{
    int high,low,mid;
    high = n;low = 1;num=n;
    while (low<=high) {
        mid = (low + high)/2;
        if (coloring(G,n,mid)) {
            num = mid;
            high = mid - 1;
        }
        else
            low = mid + 1;
    }
}
```

这相当于一个二叉检索算法，很显然，它只要对算法 coloring 调用$O(\log n)$次，就能找出为图着色的最优彩色数。根据假定，算法 coloring 是一个多项式时间算法，所以，这个算法也是一个多项式时间算法。这就实现了把图着色的判定问题，转换为图着色的优化问题。

正因为如此，在下面讨论 *NP* 完全问题时，主要以判定问题来进行讨论。

12.1　*P* 类和 *NP* 类问题

一般来说，*NP* 完全问题是利用图灵机之类的计算模型来进行形式描述的。本章只从算法的观点上来讨论 *NP* 完全问题，更进一步的形式处理在后面的章节里再进行讨论。

12.1.1　*P* 类问题

定义 12.1　*A* 是问题Π的一个算法。如果在处理问题Π的实例时，在算法的整个执行过程中，每一步只有一个确定的选择，就说算法 *A* 是确定性的算法。

前面所讨论的算法，基本上都是确定性的算法，算法执行的每个步骤，都有一个确定的选择。如果重新用同一输入实例运行该算法，所得到的结果严格一致。

定义 12.2　如果对某个判定问题Π，存在一个非负整数k，对输入规模为n的实例，能够以$O(n^k)$的时间运行一个确定性的算法，得到 yes 或 no 的答案，则该判定问题Π是一个 *P* 类判定问题。

从上面的定义看到，*P* 类判定问题是由具有多项式时间的确定性算法来解的判定问题组成的，因此用 *P*（Polynomial）来表征这类问题。例如，下面的一些判定问题属于 *P* 类判定问题：

- 最短路径判定问题 SHORTEST PATH：给定有向赋权图 $G=(V,E)$（权为正整数）、正整数 k 及两个顶点 $s,t\in V$，是否存在着一条由 s 到 t、长度至多为 k 的路径。
- 可排序的判定问题 SORT：给定 n 个元素的数组，是否可以按非降顺序排列。

如果把判定问题的提法改变一下，例如把可排序的判定问题的提法改为：给定 n 个元素的数组，是否不可以按非降顺序排序。把这个问题称为不可排序的判定问题 NOT_SORT，则称不可排序的判定问题是可排序的判定问题的补。因此，最短路径判定问题的补是：给定有向赋权图 $G=(V,E)$（权为正整数）、正整数 k 及两个顶点 $s,t\in V$，是否不存在一条由 s 到 t、长度至多为 k 的路径。

定义 12.3 令 C 是一类问题，如果对 C 中的任何问题 $\Pi\in C$，Π 的补也在 C 中，则称 C 类问题在补集下封闭。

定理 12.1 P 类问题在补集下是封闭的。

证明 在 P 类判定问题中，每一个问题 Π 都存在着一个确定性算法 A，这些算法都能够在一个多项式时间内返回 yes 或 no 的答案。现在，为了解对应于问题 Π 的补 $\overline{\Pi}$，只要在对应算法 A 中，把返回 yes 的代码，修改为返回 no；把返回 no 的代码，修改为返回 yes，即把原算法 A 修改为算法 $\overline{A}$。很显然，算法 $\overline{A}$ 是解问题 $\overline{\Pi}$ 的一个确定性算法，它也能够在一个多项式时间内返回 yes 或 no 的答案。因此，P 类问题 Π 的补 $\overline{\Pi}$，也属于 P 类问题。所以，P 类问题在补集下是封闭的。

定义 12.4 令 Π 和 Π' 是两个判定问题，如果存在一个具有如下性能的确定性算法 A，可以用多项式的时间，把问题 Π' 的实例 I' 转换为问题 Π 的实例 I，使得 I' 的答案为 yes，当且仅当 I 的答案是 yes，就说 Π' 以多项式时间归约于 Π，记为 $\Pi'\propto_p\Pi$。

定理 12.2 Π 和 Π' 是两个判定问题，如果 $\Pi\in P$，并且 $\Pi'\propto_p\Pi$，则 $\Pi'\in P$。

证明 因为 $\Pi'\propto_p\Pi$，所以，存在一个确定性算法 A，它可以用多项式 $p(n)$ 的时间，把问题 Π' 的实例 I' 转换为问题 Π 的实例 I，使得 I' 的答案为 yes，当且仅当 I 的答案是 yes。如果对某个正整数 $c>0$，算法 A 在每一步的输出，最多可以输出 c 个符号，则算法 A 的输出规模最多不会超过 $c\,p(n)$ 个符号，这些符号构成了问题 Π 的实例 I。因为 $\Pi\in P$，所以存在一个多项式时间的确定性算法 B，对输入规模为 $c\,p(n)$ 的问题 Π 进行求解，所得结果也是问题 Π' 的结果。令算法 C 是把算法 A 和算法 B 合并起来的算法，则算法 C 也是一个确定性的算法，并且以多项式时间 $r(n)=q(c\,p(n))$ 得到问题 Π' 的结果，所以，$\Pi'\in P$。

12.1.2 *NP* 类问题

如果有些问题存在着以多项式时间运行的非确定性算法，则这些问题属于 *NP* 类问题。问题 Π 的非确定性算法是由两个阶段组成的：推测阶段和验证阶段。在推测阶段，它对规模为 n 的输入实例 x 产生一个输出结果 y。这个输出可能是相应输入实例 x 的解，也可能不是，甚至它的形式也不是所希望的解的正确形式。如果再一次运行这个非确定性算法，得到的结果可能和以前得到的结果不一致。但是，它能够以多项式时间 $O(n^i)$ 来输出这个结果，其中，i 是一个非负整数。在很多问题中，这一阶段可以按线性时间来完成。

在验证阶段，用一个确定性的算法来验证两件事情：首先，它检查上一阶段所产生的输出 y 是否具有正确的形式。如果不具有正确的形式，这个算法就以答案 no 结束；如果 y 具有正确的形式，则这个算法继续检查 y 是否为问题的输入实例 x 的解。如果它确实是问题实例 x 的解，则以答案 yes 结束；否则，以答案 no 结束。同样，这一阶段的运行时间，也能够以多项式时间 $O(n^j)$ 来完成，其中，j 也是一个非负整数。

例 12.1　货郎担的判定问题：给定 n 个城市、正常数 k 及城市之间的费用矩阵 C，判定是否存在一条经过所有城市一次且仅一次，最后返回初始出发城市且费用小于常数 k 的回路。假定 A 是求解货郎担判定问题的算法。首先，A 用非确定性的算法，在多项式时间内推测存在着这样一条回路，假定它是问题的解。然后，用确定性的算法，在多项式时间内检查这条回路是否正好经过每个城市一次，并返回初始出发城市。如果答案为 yes，则继续检查这条回路的费用是否小于常数 k。如果答案仍为 yes，则算法 A 输出 yes，否则输出 no。因此，A 是求解货郎担判定问题的非确定性算法。显然，算法 A 输出 no，并不意味着不存在一条所要求的回路，因为算法的推测可能是不正确的。另外，对所有的实例 I，算法 A 输出 yes，当且仅当在实例 I 中，至少存在一条所要求的回路。

因此，如果 A 是问题 Π 的一个非确定性算法，A 接受问题 Π 的实例 I，当且仅当对输入实例 I 存在着一个推测，从这个推测可以得出答案 yes，并且在它的某一次验证阶段的运行中，能够得到答案 yes，则 A 接受 I。但是，如果算法的答案为 no，并不意味着算法 A 不接受 I，因为算法的推测可能是不正确的。

非确定性算法的运行时间，是推测阶段和验证阶段的运行时间的和。若推测阶段的运行时间为 $O(n^i)$，验证阶段的运行时间为 $O(n^j)$，则对某个非负整数 k，$k=\max(i, j)$，非确定性算法的运行时间为 $O(n^i)+O(n^j)=O(n^k)$。这样一来，可以对 NP 类问题作如下的定义：

定义 12.5　如果对某个判定问题 Π，存在着一个非负整数 k，对输入规模为 n 的实例，能够以 $O(n^k)$ 的时间运行一个非确定性的算法，得到 yes 或 no 的答案，则该判定问题 Π 是一个 NP 类判定问题。

从上面的定义可以看到，NP 类判定问题是由具有多项式时间的非确定性算法来解的判定问题组成的，因此用 NP（Nondeterministic Polynomial）来表征这类问题。对于 NP 类判定问题，重要的是它必须存在一个确定性的算法，能够以多项式的时间来检查和验证在推测阶段所产生的答案。

例 12.2　上述解货郎担判定问题 TRAVELING SALESMAN 的算法 A：显然，A 可在推测阶段用多项式时间推测出一条回路，并假定它是问题的解；在验证阶段用一个多项式时间的确定性算法，检查所推测的回路是否恰好每个城市经过一次，如果是，再进一步判断这条回路的长度是否小于或等于 l，如果是，答案为 yes，否则答案为 no。显然，存在着一个多项式时间的确定性算法，来对推测阶段所作出的推测进行检查和验证。因此，货郎担判定问题是 NP 类判定问题。

例 12.3　m 团问题 CLIQUE：给定无向图 $G=(V,E)$、正整数 m，判定 V 中是否存在 m 个顶点，使得它们的导出子图构成一个 K_m 完全图。

可以这样来为 m 团问题构造非确定性算法：在推测阶段用多项式时间对顶点集生成一组 m 个顶点的子集，假定它是问题的解；然后，在验证阶段用一个多项式时间的确定性算法，验证这个子集的导出子图是否构成一个 K_m 完全图。如果是，答案为 yes；否则，答案为 no。显然，存在着这样的多项式时间的确定性算法，来对前面的推测进行检查和验证。因此，m 团问题是 NP 类判定问题。

如上所述，P 类问题和 NP 类问题的主要差别在于：

- P 类问题可以用多项式时间的确定性算法来进行判定或求解。
- NP 类问题可以用多项式时间的确定性算法来检查和验证它的解。

如果问题 Π 属于 P 类，则存在一个多项式时间的确定性算法，来对它进行判定或求解。显然，对这样的问题 Π，也可以构造一个多项式时间的确定性算法，来验证它的解的正确性。因此，Π 也属于 NP 类问题。由此，$\Pi \in P$，必然有 $\Pi \in NP$。所以，$P \subseteq NP$。

反之，如果问题 Π 属于 NP 类问题，只能说明存在一个多项式时间的确定性算法来检查和验证它的解，但是不一定能够构造一个多项式时间的确定性算法，来对它进行求解或判定。因此，Π 不一定属于 P 类问题。于是，人们猜测 $NP \neq P$。但是，这个不等式是成立还是不成立，至今还没有得到证明。

12.2 NP 完全问题

NP 完全问题是 NP 判定问题中的一个子类。对这个子类中的一个问题，如果能够证明用多项式时间的确定性算法来进行求解或判定，那么 NP 中的所有问题都可以通过多项式的确定性算法来进行求解或判定。因此，如果对这个子类中的任何一个问题，能够找到或者能够证明存在着一个多项式时间的确定性算法，那么就有可能证明 $NP = P$。

12.2.1 NP 完全问题的定义

定义 12.6 令 Π 是一个判定问题，如果对 NP 中的每一个问题 $\Pi' \in NP$，有 $\Pi' \propto_p \Pi$，就说判定问题 Π 是一个 NP 难题。

定义 12.7 令 Π 是一个判定问题，如果：

（1）$\Pi \in NP$；

（2）对 NP 中的所有问题 $\Pi' \in NP$，都有 $\Pi' \propto_p \Pi$；

则称判定问题 Π 是 NP 完全的。

因此，如果 Π 是 NP 完全问题，而 Π' 是 NP 难题，那么它们之间的差别在于 Π 必定在 NP 类中，而 Π' 不一定在 NP 类中。有时把 NP 完全问题记为 NPC。

定理 12.3 令 Π、Π' 和 Π'' 是 3 个判定问题，若满足 $\Pi'' \propto_p \Pi'$ 及 $\Pi' \propto_p \Pi$，则有 $\Pi'' \propto_p \Pi$。

证明　假定问题Π''的实例I''由n个符号组成。因为$\Pi'' \propto_p \Pi'$，所以，存在一个确定性算法A''，它可以用多项式$p(n)$的时间，把问题Π''的实例I''转换为问题Π'的实例I'，使得I''的答案为 yes，当且仅当I'的答案是 yes。如果对某个正整数$c>0$，算法A''在每一步的输出，最多可以输出c个符号，则算法A''的输出规模最多不会超过$c\,p(n)$个符号，它们组成了问题Π'的实例I'。因为$\Pi' \propto_p \Pi$，所以，存在一个确定性算法A'，以多项式$q(c\,p(n))$的时间，把问题Π'的实例I'转换为问题Π的实例I，使得I'的答案是 yes，当且仅当I的答案是 yes。令算法A是把算法A''和算法A'合并起来的算法，则算法A也是一个确定性的算法，并且以多项式时间$r(n)=q(c\,p(n))$，把问题Π''的实例I''转换为问题Π的实例I，使得I''的答案为 yes，当且仅当I的答案是 yes。由此得出，Π''以多项式时间归约于Π，即$\Pi'' \propto_p \Pi$。

这个定理表明：归约关系$\propto_p$是传递的。

定理 12.4　令Π和Π'是 *NP* 中的两个问题，使得$\Pi' \propto_p \Pi$。如果Π'是 *NP* 完全的，则Π也是 *NP* 完全的。

证明　因为Π'是 *NP* 完全的，令Π''是 *NP* 中任意一个问题，则有$\Pi'' \propto_p \Pi'$；因为$\Pi' \propto_p \Pi$，根据定理 12.3，有$\Pi'' \propto_p \Pi$。因为$\Pi \in NP$，并且Π''在 *NP* 中是任意的，根据定义 12.7，Π是 *NP* 完全的。

根据定理 12.4，为了证明问题Π是 *NP* 完全的，只要证明：

（1）$\Pi \in NP$；

（2）存在一个 *NP* 完全问题Π'，使得$\Pi' \propto_p \Pi$。

例 12.4　已知哈密尔顿回路问题 HAMILTONIAN CYCLE 是一个 *NP* 完全问题，证明货郎担问题 TRAVELING SALESMAN 也是一个 *NP* 完全问题。

哈密尔顿回路问题的提法是：给定无向图$G=(V,E)$，是否存在一条回路，使得图中每个顶点在回路中出现一次且仅一次。

货郎担问题的提法是：给定n个城市和最短距离l，是否存在从某个城市出发，经过每个城市一次且仅一次，最后回到出发城市且距离小于或等于l的路线。

首先，证明货郎担问题是一个 *NP* 问题。这在例 12.2 中已经说明。

其次，证明哈密尔顿回路问题可以用多项式时间归约为货郎担问题，即

$$\text{HAMILTONIAN CYCLE} \propto_p \text{TRAVELING SALESMAN}$$

令$G=(V,E)$是 HAMILTONIAN CYCLE 问题的任一实例，$|V|=n$。构造一个赋权图$G'=(V',E')$，使得$V=V'$，$E'=\{(u,v)|u,v\in V\}$，并对E'中的每一条边(u,v)赋予如下的长度：

$$d(u,v)=\begin{cases} 1 & (u,v)\in E \\ n & (u,v)\notin E \end{cases} \tag{12.2.1}$$

同时，令$l=n$。这个构造可以由一个算法在多项式时间内完成。下面证明G中包含一条哈密尔顿回路，当且仅当G'中存在一条经过各个顶点一次，且全长不超过$l=n$的路径。

（1）G中包含一条哈密尔顿回路，设这条回路是$v_1,v_2,\cdots,v_n,v_1$，则这条回路也是G'

中一条经过各个顶点一次且仅一次的回路，根据式（12.2.1），这条回路长度为n，因此，这条路径满足货郎担问题。

（2）G'中存在一条满足货郎担问题的路径，则这条路径经过G中各个顶点一次且仅一次，最后回到起始出发顶点，因此它是一条哈密尔顿回路。

综上所述，关系HAMILTONIAN CYCLE $\propto_p$ TRAVELING SALESMAN成立。所以，TRAVELING SALESMAN问题也是一个*NP*完全问题。

12.2.2 几个典型的*NP*完全问题

下面讨论几个著名的*NP*完全问题。

1. 可满足性问题（SATISFIABILITY）

设布尔表达式f是一个合取范式（Conjunction Normal Form，CNF），它是由若干个析取子句的合取构成的；而这些析取子句又是由若干个文字的析取组成；文字则是布尔变元或布尔变元的否定。把前者称为正文字，后者称为负文字。例如，x是布尔变元，则x是正文字，x的否定$\neg x$是负文字。负文字有时也表达为$\overline{x}$。下面的例子是一个合取范式：

$$f=(x_2 \vee x_3 \vee x_5) \wedge (x_1 \vee x_3 \vee \overline{x}_4 \vee x_5) \wedge (\overline{x}_2 \vee \overline{x}_3 \vee x_4)$$

如果对其相应的布尔变量赋值，使f的真值为真，就说布尔表达式f是可满足的。例如，在上式中，如果x_1、x_4和x_5为真，则表达式f为真。因此，这个式子是可满足的。

可满足性问题的提法是：

```
判定问题：SATISFIABILITY
输入：CNF布尔表达式 f
问题：对布尔表达式 f 中的布尔变量赋值,是否可使 f 的真值为真
```

定理 12.5 可满足性问题SATISFIABILITY是*NP*完全的。

证明 很明显，对任意给定的布尔表达式f，容易构造一个确定性的算法，以多项式的时间，对表达式中的布尔变量的0、1赋值，来验证布尔表达式f的真值。因此，可满足性问题SATISFIABILITY$\in NP$。

为了证明可满足性问题SATISFIABILITY是*NP*完全的，必须证明对任意给定的问题$\Pi \in NP$，都有$\Pi \propto_p$ SATISFIABILITY。

因为$\Pi \in NP$，所以，存在着一个解问题Π的多项式时间的非确定性算法A。因此，可以用合取范式的形式构造一个布尔表达式f，来模拟算法A对实例I的计算，使得f的真值为真，当且仅当问题Π的非确定性算法A对实例I的答案为yes。设实例I的规模为n，因为A可在多项式时间$p(n)$内完成，对某个整数$c>0$，它最多可执行的动作为$c\,p(n)$个，所以，可以用$O(c\,p(n))=O(q(n))$的时间来构造布尔表达式f。其中，$q(n)$是某个多项式。因此，有$\Pi \propto_p$ SATISFIABILITY。

综上所述，可满足性问题SATISFIABILITY是*NP*完全的。

定理12.5称为Cook定理。在定理的证明中，如何用合取范式的形式构造一个布尔表

达式 f，来模拟算法 A 对实例 I 的计算，留待后面叙述。这个定理具有很重要的作用，因为它给出了第 1 个 *NP* 完全问题，使得对任何问题 Π，只要能够证明 $\Pi \in NP$，并且 SATISFIABILITY $\propto_p \Pi$，那么 Π 就是 *NP* 完全的。所以，以 SATISFIABILITY 的 *NP* 完全性为基础，很快又证明了很多其他的 *NP* 完全问题，逐渐地产生了一棵以 SATISFIABILITY 为根的 *NP* 完全树。这棵树的一小部分如图 12.1 所示，其中每一个结点表示一个 *NP* 完全问题，该问题可以在多项式时间里，转换为它的任一儿子结点所表示的问题。

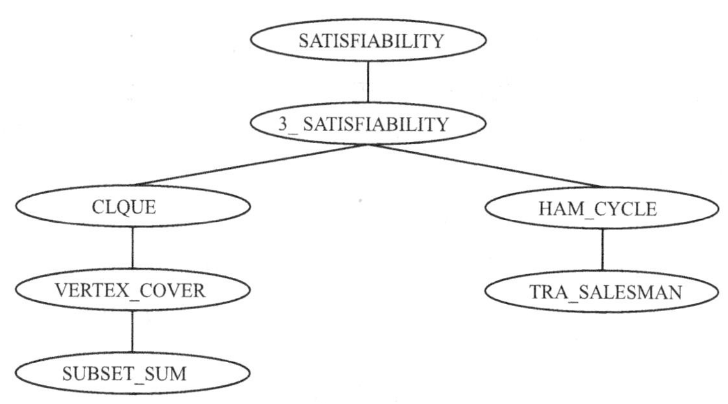

图 12.1　部分的 *NP* 完全问题树

2. 三元可满足性问题（3_SATISFIABILITY）

在合取范式中，如果每个析取子句恰好由 3 个文字组成，则称为三元合取范式或三元 CNF 范式。三元合取范式的可满足性问题 3_SATISFIABILITY 的提法是：

```
判定问题：3_SATISFIABILITY
输入：三元合取范式 f
问题：对布尔表达式 f 中的布尔变量赋值,是否可使 f 的真值为真
```

显然，三元合取范式是合取范式的一种特殊情况，而合取范式的可满足性问题属于 *NP* 问题，所以，三元合取范式的可满足性问题也属于 *NP* 问题。为了证明三元合取范式的可满足性问题是 *NP* 完全的，只要证明下面关系成立：

$$\text{SATISFIABILITY} \propto_p \text{3\_SATISFIABILITY}$$

为了把SATISFIABILITY 问题归约为3_SATISFIABILITY 问题，给定SATISFIABILITY 的一个实例 $f = c_1 \wedge c_2 \wedge \cdots \wedge c_m$，它有 m 个析取子句 c_i（$1 \leqslant i \leqslant m$）和 n 个命题变元 x_j（$1 \leqslant j \leqslant n$）。构造一个新的合取范式 F，使得 F 的每个析取子句都由 3 个文字组成，并且 $F \Leftrightarrow f$。这只要把 f 的每个析取子句 c_i，分别变换为等价的子句集合，并使每个子句都由 3 个文字组成即可。由此，对每个 c_i，考虑下面 3 种情况：

（1）c_i 刚好有 3 个文字，则 c_i 不变。

（2）c_i 只有 2 个文字，假定 $c_i = (x_k \vee x_l)$，$1 \leqslant k, l \leqslant n$，并且 $k \neq l$，对 $1 \leqslant s \leqslant n$，$s \neq k, s \neq l$ 作如下的恒等变换：

$$(x_k \vee x_l) \Leftrightarrow (x_k \vee x_l \vee x_s \wedge \overline{x}_s)$$
$$\Leftrightarrow (x_k \vee x_l \vee x_s) \wedge (x_k \vee x_l \vee \overline{x}_s)$$

若 c_i 只有 1 个文字，假定 $c_i = x_i$，同理可得：

$$x_i \Leftrightarrow (x_i \vee x_k \vee x_l) \wedge (x_i \vee x_k \vee \overline{x_l}) \wedge (x_i \vee \overline{x}_k \vee x_l) \wedge (x_i \vee \overline{x}_k \vee \overline{x}_l)$$

（3）c_i 有 3 个以上文字，假定 $c_i = (x_1 \vee x_2 \cdots \vee x_k)$，$3 < k \leqslant n$，则可把 c_i 变换为由 $k-2$ 个子句组成的三元合取范式 C_i：

$$C_i = (x_1 \vee x_2 \vee y_1) \wedge (x_3 \vee \overline{y}_1 \vee y_2) \wedge (x_4 \vee \overline{y}_2 \vee y_3) \wedge \cdots \wedge (x_{k-1} \vee x_k \vee \overline{y}_{k-3})$$

然后证明 c_i 可满足，当且仅当 C_i 可满足。其中，$y_1, y_2, \cdots, y_{k-2}$ 是新增加的命题变元。

必要性：若 c_i 可满足，即可使 $c_i = (x_1 \vee x_2 \cdots \vee x_k)$ 为真，则在 c_i 中，至少有一个文字 x_l 取值为真，$1 \leqslant l \leqslant k$。而

$$C_i = (x_1 \vee x_2 \vee y_1) \wedge (x_3 \vee \overline{y}_1 \vee y_2) \wedge \cdots \wedge (x_{l-1} \vee \overline{y}_{l-3} \vee y_{l-2}) \wedge$$
$$(x_l \vee \overline{y}_{l-2} \vee y_{l-1}) \wedge (x_{l+1} \vee \overline{y}_{l-1} \vee y_l) \wedge \cdots \wedge (x_{k-1} \vee x_k \vee \overline{y}_{k-3})$$

因此，对所有的 s，$1 \leqslant s \leqslant l-2$，令 y_s 为真；对所有的 t，$l-2 < t \leqslant k-3$，令 y_t 为假。则 C_i 为真。

充分性：若 C_i 可满足，这时可分成 3 种情况：

（1）y_1 为假：因为 C_i 为真，所以，$x_1 \vee x_2$ 为真，则 c_i 也为真。

（2）y_{k-3} 为真：因为 C_i 为真，所以，$x_{k-1} \vee x_k$ 为真，则 c_i 也为真。

（3）y_1 为真，且 y_{k-3} 为假：因为 C_i 为真，必有：

$x_3 \vee \overline{y}_1 \vee y_2$ 为真

$x_4 \vee \overline{y}_2 \vee y_3$ 为真

…

$x_{k-3} \vee \overline{y}_{k-5} \vee y_{k-4}$ 为真

$x_{k-2} \vee \overline{y}_{k-4} \vee y_{k-3}$ 为真

如果 $x_3 \vee x_4 \vee \cdots \vee x_{k-2}$ 为假，将导致 y_2 为真，由此导致 y_3 为真，最后导致 y_{k-4} 为真，且 $\overline{y}_{k-4}$ 也为真，产生矛盾。所以，只有 $x_3 \vee x_4 \vee \cdots \vee x_{k-2}$ 为真。则 c_i 为真。

由此，f 的每个析取子句 c_i 都可以恒等变换为等价的子句集合，并使每个子句都由 3 个文字组成。显然，每个子句的变换均可在 $O(n)$ 时间内完成，则把 f 变换为 F，可在 $O(mn)$ 时间内完成，从而可在多项式时间内，把 SATISFIABILITY 问题归约为 3_SATISFIABILITY 问题，由此，3_SATISFIABILITY 问题是 NP 完全问题。

3. 图的着色问题（COLORING）

给定无向图 $G=(V,E)$，用 k 种颜色为 V 中的每一个顶点分配一种颜色，使得不会有两个相邻顶点具有同一种颜色。此问题称为图的着色问题 COLORING。图着色问题的提法是：

```
判定问题：COLORING
输入：无向图 G=(V,E)，正整数 k≥1
问题：是否可用 k 种颜色为图 G 着色
```

假定图 G 有 n 个顶点。显然，可以在线性时间内，用 k 种颜色为 V 中的每个顶点着色，并假定它就是问题的解；然后，在多项式时间内验证该着色是否就是问题的解。因此，图的着色问题是 *NP* 问题。这样，只要证明可在多项式时间内，把 3_SATISFIABILITY 问题归约为 COLORING 问题，则图的着色问题 COLORING 就是 *NP* 完全问题。

为此，给定 3_SATISFIABILITY 的一个实例 $f = c_1 \wedge c_2 \wedge \cdots \wedge c_m$，它具有 m 个三元析取子句 c_i，$1 \leqslant i \leqslant m$，$n$ 个布尔变量 $x_1, x_2, \cdots, x_n$，且 $n \geqslant 4$。构造图 $G = (V, E)$，使得顶点集 V 为：

$$V = \{x_1, x_2, \cdots, x_n\} \cup \{\overline{x_1}, \overline{x_2}, \cdots, \overline{x_n}\} \cup \{y_1, y_2, \cdots, y_n\} \cup \{c_1, c_2, \cdots, c_m\}$$

其中，y_i 是新增加的辅助变元。对所有的 $1 \leqslant i,j \leqslant n$，$1 \leqslant k \leqslant m$，使边集 E 为：

$$E = \{(x_i, \overline{x_i})\} \cup \{(x_j, y_i) \mid i \neq j\} \cup \{(\overline{x_j}, y_i) \mid i \neq j\} \cup$$

$$\{(y_i, y_j) \mid i \neq j\} \cup \{(x_i, c_k) \mid x_i \notin c_k\} \cup \{(\overline{x_i}, c_k) \mid \overline{x_i} \notin c_k\}$$

显然，可以在多项式时间内完成图 G 的构造。下面只要证明：三元合取范式 f 可满足，当且仅当图 G 可着色。

必要性：首先，考察边集 $\{(y_i, y_j) \mid i \neq j\}$。显然，对所有的 $1 \leqslant i \leqslant n$，$y_i$ 构成图 G 的一个完全子图，则 y_i 和 y_j 不能为同一种颜色。若令顶点 y_i 的颜色为 i，则由 y_i 构成的完全子图可着色。其次，考察边集 $\{(x_j, y_i) \mid i \neq j\}$ 及边集 $\{(\overline{x_j}, y_i) \mid i \neq j\}$，则 y_i 和 x_j、y_i 和 $\overline{x_j}$ 不能为同一种颜色。若令顶点 x_i 的颜色为 i 或 $n+1$，则由 x_i 和 y_i 构成的导出子图可着色。同理，若令顶点 $\overline{x_i}$ 的颜色为 i 或 $n+1$，则由 $\overline{x_i}$ 和 y_i 构成的导出子图可着色。再次，考察边集 $\{(x_i, \overline{x_i})\}$，则 x_i 和 $\overline{x_i}$ 不能为同一种颜色。如果令 x_i 和 $\overline{x_i}$ 中，一个顶点的颜色为 i，另一个顶点的颜色为 $n+1$，则由 x_i、$\overline{x_i}$ 和 y_i 构成的导出子图可着色。最后，考察边集 $\{(x_i, c_k) \mid x_i \notin c_k\}$ 和边集 $\{(\overline{x_i}, c_k) \mid \overline{x_i} \notin c_k\}$，因为每个 c_k（$1 \leqslant k \leqslant m$），都包含 3 个命题变元或命题变元的否定，而 $n \geqslant 4$，因此，每个 c_k 至少与一对顶点 x_i 及 $\overline{x_i}$ 相连接，从而每个顶点 c_k 的颜色都不能为 $n+1$。如果三元合取范式 f 可满足，则它的每个三元析取子句 c_k 都可满足。令 c_k 为：

$$c_k = u_r \vee u_s \vee u_t$$

其中，u 为 x 或 $\overline{x}$，$1 \leqslant k \leqslant m$，$1 \leqslant r, s, t \leqslant n$，则 u 可能是正文字或负文字。因为 c_k 为真，在 u_r, u_s, u_t 中，必定有一个为真，假定 u_r 为真，亦即 $u_r \in c_k$，则边 $(u_r, c_k) \notin \{(x_i, c_k) \mid x_i \notin c_k\}$，并且 $(u_r, c_k) \notin \{(\overline{x_i}, c_k) \mid \overline{x_i} \notin c_k\}$。因此，令 c_k 的颜色为 r，可使与边集 $\{(x_i, c_k) \mid x_i \notin c_k\}$、$\{(\overline{x_i}, c_k) \mid \overline{x_i} \notin c_k\}$ 相关联的顶点可着色，从而图 G 可着色。

充分性：若图 G 可着色，则与边集 $\{(x_i, c_k) \mid x_i \notin c_k\}$、$\{(\overline{x_i}, c_k) \mid \overline{x_i} \notin c_k\}$ 相关联的顶点可着色。根据上面的讨论，对所有的 k，$1 \leqslant k \leqslant m$，存在着 r，$1 \leqslant r \leqslant n$，使得 c_k 的颜色值就是 u_r 的颜色值 r。只要 u_r 的真值为真，c_k 的真值就为真，而三元合取范式 f 也为真。而 u_r 可能是 x_r 或 $\overline{x_r}$，根据上面第 3 个考察，对所有的 r，x_r 和 $\overline{x_r}$ 不能为同一种颜色。因此，x_r 和 $\overline{x_r}$ 中，必有一个颜色值为 r，另一个颜色值为 $n+1$，而 c_k 的颜色值不可能为 $n+1$。这意味着，在三元合取范式 f 中，使所有 c_k 取值为真的所有的 x_r 和 $\overline{x_r}$ 不能发生矛盾。所以，

三元合取范式 f 是可满足的。

由此，3_SATISFIABILITY $\propto_p$ COLORING。所以，图着色问题 COLORING 是 *NP* 完全的。

4. 团问题（CLIQUE）

给定一个无向图 $G=(V,E)$ 和一个正整数 k，G 中具有 k 个顶点的完全子图，称为 G 的大小为 k 的团。团判定问题的提法是：

```
判定问题：CLIQUE
输入：无向图 G，正整数 k
问题：G 中是否包含有大小为 k 的团
```

显然，可在推测阶段用多项式时间推测图 G 的一个 k 个顶点的导出子图，假定它是问题的解，并在验证阶段用一个多项式时间的确定性算法，验证这个导出子图是一个大小为 k 的团。因此，团问题 CLIQUE 是 *NP* 问题。

为了证明团问题是 *NP* 完全的，只要证明下面关系成立：

$$\text{SATISFIABILITY} \propto_p \text{CLIQUE}$$

为了把 SATISFIABILITY 问题归约为 CLIQUE 问题，给定 SATISFIABILITY 的一个实例 $f=c_1\wedge c_2\wedge\cdots\wedge c_m$，它具有 m 个析取子句（c_i，$1\leqslant i\leqslant m$）和 n 个布尔变量 $x_1,x_2,\cdots,x_n$。构造图 $G=(V,E)$，使得 V 中的一个顶点对应于 f 中出现的一个文字，而边集 E 由下面的关系给出：

$$E=\{(x_i,x_j)\mid x_i \text{ 和 } x_j \text{ 不在同一子句中，并且 } x_i\neq\overline{x_j}\}$$

例如，SATISFIABILITY 的实例是：

$$f=(x\vee y\vee\overline{z})\wedge(\overline{y}\vee z)\wedge(\overline{x}\vee y\vee z)$$

由上述布尔公式所构造的图 G 如图 12.2 所示，8 个顶点对应于公式中 8 个出现的文字。显然，按照这种方法，可以用多项式时间为 SATISFIABILITY 的实例构造所对应的图。因此，若 f 有 m 个析取子句 c_i，只要证明 f 是可满足的，当且仅当 G 中有一个大小为 m 的团。其证明如下：

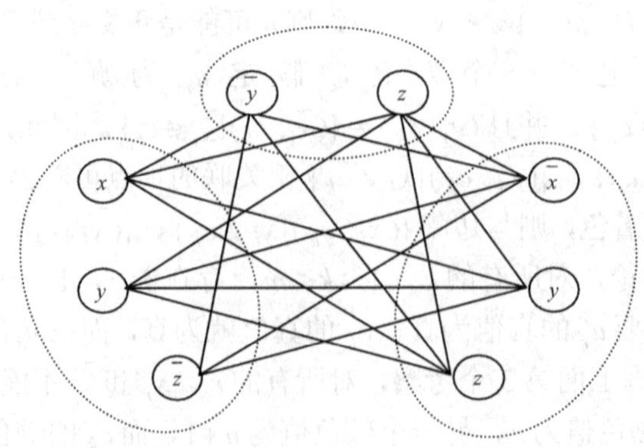

图 12.2　由布尔公式 f 构造的图 G

必要性：若 f 是可满足的，f 的 m 个析取子句的真值均为真，因此，在每一个析取子句 c_i 中，至少有一个文字 x_i 取值为真。从每一个析取子句中，取一个真值为真的文字，则共可取出 m 个真值为真的文字 $x_1, x_2, \cdots, x_m$，并且满足 $x_i \neq \overline{x}_j$，它们对应于图 G 中 m 个顶点。根据图 G 的构造，对 $1 \leqslant i, j \leqslant m$，$i \neq j$，边 $(x_i, x_j) \in E$。因此，G 中这 m 个顶点构成了一个大小为 m 的完全子图，它即为 G 中一个大小为 m 的团。

充分性：若 G 中存在一个大小为 m 的团，则必有一个大小为 m 的完全子图。假设这个子图的 m 个顶点对应于文字 $x_1, x_2, \cdots, x_m$，并且对 $1 \leqslant i, j \leqslant m$，$i \neq j$，有边 $(x_i, x_j) \in E$。根据图 G 的构造，x_i 与 x_j 不同属一个子句，并且满足 $x_i \neq \overline{x}_j$，则 $x_1, x_2, \cdots, x_m$ 分属于 f 的 m 个子句，并且不会同时出现同一布尔变元的正负文字。因此，只要使 $x_1, x_2, \cdots, x_m$ 分别取真值为真，则 f 的真值为真。因此，f 是可满足的。

综上所述，有 SATISFIABILITY $\propto_p$ CLIQUE。所以，团问题 CLIQUE 是 *NP* 完全的。

5. 顶点覆盖问题（VERTEX COVER）

给定一个无向图 $G = (V, E)$ 和一个正整数 k，若存在 $V' \subseteq V$，$|V'| = k$，使得对任意的 $(u, v) \in E$，都有 $u \in V'$ 或 $v \in V'$，则称 V' 为图 G 的一个大小为 k 的顶点覆盖。顶点覆盖问题的提法是：

```
判定问题：VERTEX COVER
输入：无向图 G=(V,E),正整数 k
问题：G 中是否存在一个大小为 k 的顶点覆盖
```

对给定的无向图 $G = (V, E)$，若顶点集 $V' \subseteq V$ 是图 G 的一个大小为 k 的顶点覆盖，则可以构造一个确定性的算法，以多项式的时间验证 $|V'| = k$，及对所有的 $(u, v) \in E$，是否有 $u \in V'$ 或 $v \in V'$。因此，顶点覆盖问题是一个 *NP* 问题。

因为团问题 CLIQUE 是 *NP* 完全的。若团问题 CLIQUE 归约于顶点覆盖问题 VERTEX COVER，即 CLIQUE $\propto_p$ VERTEX COVER，则顶点覆盖问题 VERTEX COVER 就是 *NP* 完全的。

可以利用无向图的补图来说明这个问题。若无向图 $G = (V, E)$，则 G 的补图 $\overline{G} = (V, \overline{E})$。其中，$\overline{E} = \{(u, v) \mid (u, v) \notin E\}$。例如，图 12.3（b）是图 12.3（a）的补图。在图 12.3（a）中，有一个大小为 3 的团 $\{u, x, y\}$；在图 12.3（b）中，则有一个大小为 2 的顶点覆盖 $\{v, w\}$。显然，可在多项式时间里构造图 G 的补图 $\overline{G}$。因此，只要证明图 $G = (V, E)$ 有一个大小为 $|V| - k$ 的团，当且仅当它的补图 $\overline{G}$ 有一个大小为 k 的顶点覆盖。

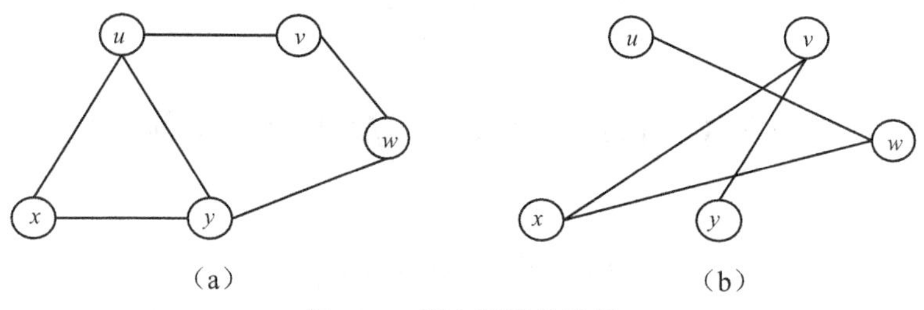

图 12.3　无向图及其补图

必要性：如果G中有一个大小为$|V|-k$的团，则它具有一个大小为$|V|-k$个顶点的完全子图，令这$|V|-k$个顶点集合为V'。令(u,v)是$\overline{E}$中的任意一条边，则$(u,v)\notin E$。所以(u,v)中必有一个顶点不属于V'，即(u,v)中必有一个顶点属于$V-V'$，也就是边(u,v)被$V-V'$覆盖。因为(u,v)是$\overline{E}$中的任意一条边，因此，$\overline{E}$中的边都被$V-V'$覆盖。所以，$V-V'$是$\overline{G}$的一个大小为$|V-V'|=k$的顶点覆盖。

充分性：如果$\overline{G}$有一个大小为k的顶点覆盖，令这个顶点覆盖为V'，(u,v)是$\overline{E}$中的任意一条边，则u和v中至少有一个顶点属于V'。因此，对任意的顶点u及v，若$u\in V-V'$，并且$v\in V-V'$，则必然有$(u,v)\in E$，即$V-V'$是G中一个大小为$|V|-k$的团。

综上所述，团问题 CLIQUE 归约于顶点覆盖问题 VERTEX COVER，即 CLIQUE $\propto_p$ VERTEX COVER。所以，顶点覆盖问题 VERTEX COVER 是 *NP* 完全的。

12.2.3 其他 *NP* 完全问题

下面是另外一些 *NP* 完全问题：

（1）三着色问题 3_COLORING：给定无向图$G=(V,E)$，是否可用 3 种颜色来为图G着色，使得图中不会有两个邻接顶点具有同一种颜色。

（2）独立集问题 INDEPENDENT SET：给定无向图$G=(V,E)$，是否存在一个大小为k的独立集S。其中，$S\subseteq V$。若S中任意两个顶点都不互相邻接，则称S是图G的独立集。

（3）哈密尔顿回路问题 HAMILTONIAN CYCLE：给定无向图$G=(V,E)$，是否存在一条简单回路，使得每个顶点经过一次且仅一次。

（4）划分问题 PARTITION：给定一个具有n个整数的集合S，是否能把S划分成两个子集S_1和S_2，使得S_1中的整数之和等于S_2中的整数之和。

（5）子集求和问题 SUBSET SUM：给定整数集S和整数t，是否存在S的一个子集$T\subseteq S$，使得T中的整数之和为t。

（6）装箱问题 BIN PACKING：给定大小为$s_1,s_2,\cdots,s_n$的物体，箱子的容量为C，以及一个正整数k，是否能够用k个箱子来装这n个物体。

（7）集合覆盖问题 SET COVER：给定集合S和由S的子集构成的集类$\mathcal{A}$，以及 1 和$|\mathcal{A}|$之间的整数k，在$\mathcal{A}$中是否存在k个元素，它们的广义并为S。

（8）多处理器调度问题 MULTIPROCESSOR SCHEDULING：给定m个性能相同的处理器，n个作业$J_1,J_2,\cdots,J_n$，每个作业的运行时间$t_1,t_2,\cdots,t_n$，以及时间T，是否可以调度这m个处理器，使得它们最多在时间T里完成这n个作业。

12.3 *co_NP* 类和 *NPI* 类问题

定义 12.8 *co_NP* 类问题是由一些 *NP* 类问题的补组成的。

有些 *NP* 类问题，它们的补可能不属于 *NP*，由这些 *NP* 类问题的补组成了 *co_NP* 类。

例如，哈密尔顿回路问题 HAMILTONIAN CYCLE 的补是：给定图 $G=(V,E)$，是否不存在一条每个顶点只经过一次且仅一次的回路。这个问题的解，可能需要花费 $(n-1)!$ 时间，对所有 $(n-1)!$ 种可能性进行判断。因此，有理由猜想，可能不存在一个非确定性的算法，可以用多项式的时间，而不是用 $(n-1)!$ 时间来解这个问题。所以，哈密尔顿回路问题的补可能不属于 NP，而把它归类于 co_NP。

可满足性问题的补是：给定一个布尔公式 f，是否对公式中的 n 个布尔变量的真值赋值，都不能使公式 f 的真值为真，即公式 f 是不可满足的。同样，解可满足性问题的补，可能需要对 n 个布尔变量的 2^n 种可能的赋值进行判断，因此，也可能不存在一个非确定性的算法，可以用多项式的时间，而不是用 2^n 时间来解这个问题。因此，可满足性问题的补可能不属于 NP，而把它归类于 co_NP。

由此，人们提出了第 2 个猜想：$co\_NP \neq NP$。

类似于 NP 完全问题，co_NP 完全问题的定义如下：

定义 12.9　令 Π 是一个判定问题，如果

（1）$\Pi \in co\_NP$；

（2）对所有的 $\Pi' \in co\_NP$，都有 $\Pi' \propto_p \Pi$；

则问题 Π 对 co_NP 是完全的。

定理 12.6　问题 Π 是 NP 完全的，当且仅当 Π 的补 $\overline{\Pi}$ 对 co_NP 是完全的。

证明　必要性：若问题 Π 是 NP 完全的，则 $\Pi \in NP$，并且对 NP 中的所有问题 $\Pi' \in NP$，都有 $\Pi' \propto_p \Pi$。令 $\overline{\Pi}$ 和 $\overline{\Pi'}$ 分别是 Π 和 Π' 的补，因此，$\overline{\Pi} \in co\_NP$，并且 $\overline{\Pi'} \in co\_NP$。因为 $\Pi' \propto_p \Pi$，所以，存在一个确定性算法 A，以多项式时间把 Π' 归约为 Π，则算法 A 同样可以用多项式时间，把 $\overline{\Pi'}$ 归约为 $\overline{\Pi}$。因此，$\overline{\Pi'} \propto_p \overline{\Pi}$。所以，$\overline{\Pi}$ 对 co_NP 是完全的。

充分性：证明同上。

因为可满足性问题 SATISFIABILITY 是 NP 完全的，因此，根据定理 12.6，它的补对 co_NP 是完全的。SATISFIABILITY 的实例是布尔表达式 f，它是由如下若干个析取子句的合取范式 CNF 构成的：

$$f = c_1 \wedge c_2 \wedge \cdots \wedge c_k$$

其中，对所有的 i，$1 \leqslant i \leqslant k$，析取子句 c_i 由如下形式的若干个文字的析取组成：

$$c_i = (x_1 \vee x_2 \vee \cdots \vee x_{m_i})$$

由合取范式 CNF 构成的布尔表达式 f 的否定，是如下形式的析取范式（Disjunctive Normal Form，DNF）：

$$\overline{f} = (\overline{c_1 \wedge c_2 \wedge \cdots \wedge c_k}) = (\overline{c_1} \vee \overline{c_2} \vee \cdots \vee \overline{c_k})$$

它是由若干个合取子句 $\overline{c_i}$ 的析取组成的。其中，合取子句 $\overline{c_i}$ 的形式为：

$$\overline{c_i} = (\overline{x_1 \vee x_2 \vee \cdots \vee x_{m_i}}) = (\overline{x}_1 \wedge \overline{x}_2 \wedge \cdots \wedge \overline{x}_{m_i})$$

f 是不可满足的，当且仅当 CNF 范式 f 的否定是永真（tautology）的；而 CNF 范式 f 的否定是永真的，当且仅当 DNF 范式 $\overline{f}$ 是永真的。因此，可满足性问题 SATISFIABILITY 的补对应于一个永真问题。永真问题可表示为：

```
判定问题：TAUTOLOGY
输入：DNF 布尔表达式 f
问题：f 是否永真
```

因为可满足性问题 SATISFIABILITY 是 *NP* 完全的，所以，永真问题 TAUTOLOGY 对 co_NP 是完全的。

在 *NP* 中，有些问题的补也有可能是属于 *NP* 的。例如，下面的素数问题 PRIME：

```
判定问题：PRIME
输入：整数 k≥2
问题：k 是否为一个素数
```

合数问题 COMPOSITE：

```
判定问题：COMPOSITE
输入：整数 k≥4
问题：是否存在两个整数 p≥2 及 q≥2，使得 pq = k
```

则素数问题 PRIME 和合数问题 COMPOSITE 互补，而素数问题和合数问题都是 *NP* 问题，因此，它们的补都在 *NP* 中。素数问题不可能是 *NP* 完全的，否则，它的补 COMPOSITE 对 co_NP 就是完全的了。如果这样，co_NP 中的所有问题都可归约于 COMPOSITE，而 COMPOSITE 是 *NP* 问题。这就意味着 co_NP 中的所有问题，也都是 *NP* 问题。于是，将得出这样的结果：$co\_NP = NP$，而这种可能性是很小的。

由于这两个问题是 *NP* 完全的可能性很小，也因为它们不会属于 *P* 类问题，就把这样的问题叫作 *NPI* 问题，表示为 $NP\_Intermediate$。

本章所讨论的 4 种复杂性问题之间的关系如图 12.4 所示。从图中可以看到，*NPI* 类在补下是封闭的，并且有：$P \subseteq NPI$。

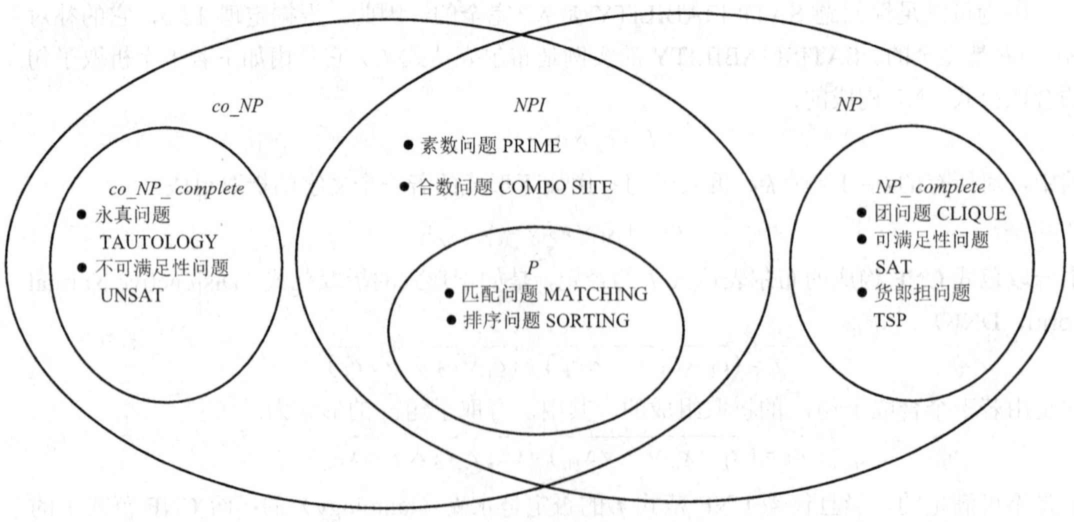

图 12.4　4 种复杂性问题之间的关系

习　　题

1．证明定理 12.3。

2．给出一个有效的算法解不相交集合问题 SET DISJOINTNESS，并分析算法的时间复杂性。

3．设计一个多项式时间算法解二着色问题 2_COLORING。

4．设计一个多项式时间算法解二元可满足性问题 2_SAT。

5．令 I 是问题 COLORING 的一个实例，s 是实例 I 的一个解。描述一个确定性的算法，验证 s 是否为实例 I 的解。

6．设计一个解可满足性问题 SATISFIABILITY 的非确定性算法。

7．证明：$P \subseteq NP$。

8．令 Π_1 和 Π_2 是两个判定问题，并且 $\Pi_1 \propto_p \Pi_2$。假定 Π_2 可以用时间 $O(n^k)$ 来解，Π_1 可以用时间 $O(n^j)$ 归约于 Π_2。证明：Π_1 可以用时间 $O(n^{j+k})$ 来解。

9．已知划分问题 PARTITION 是 *NP* 完全的，证明装箱问题 BIN PACKING 是 *NP* 完全的。

10．已知顶点覆盖问题 VERTEX COVER 是 *NP* 完全的，证明背包问题 KNAPSACK 是 *NP* 完全的。

11．已知顶点覆盖问题 VERTEX COVER 是 *NP* 完全的，证明哈密尔顿回路问题 HAMILTONIAN 是 *NP* 完全的。

12．令：

$$f = (x_1 \vee x_2 \vee \overline{x_3}) \wedge (\overline{x_1} \vee x_3) \wedge (\overline{x_2} \vee x_3) \wedge (\overline{x_1} \vee \overline{x_2})$$

是可满足性问题 SATISFIABILITY 的一个实例。根据 SATISFIABILITY 归约于 CLIQUE 的方法，把上述公式转换为 CLIQUE 的一个实例，使得该实例的答案为 yes，当且仅当上述公式 f 是可满足的。

13．由第 12 题的 SATISFIABILITY 的实例 f，把它转换为顶点覆盖 VERTEX COVER 的一个实例，并证明 SATISFIABILITY $\propto_p$ VERTEX COVER。

14．证明：如果可以设计一个解可满足性问题 SATISFIABILITY 的确定性的多项式时间算法，则 $NP = P$。

15．证明：若问题 Π 是 *NP* 完全的，并可用确定性的多项式时间算法来解，则 $NP = P$。

16．证明：$NP = P$，当且仅当对某些 *NP* 完全问题 Π，$\Pi \in P$。

17．证明：三着色问题 3_COLORING 是 *NP* 完全的。

18．证明：如果问题 Π 和它的补 $\overline{\Pi}$ 都是 *NP* 完全的，则 $co\_NP = NP$。

参考文献

几乎所有算法设计与分析的书籍都涉及*NP*完全问题的介绍。文献[42]对*NP*完备性作了全面的介绍，并提供了4种复杂性类型。文献[43]列出了一些*NP*完全问题。本章所涉及的一些内容，也可在文献[3]、[4]、[8]、[10]、[13]、[17]、[19]中看到。货郎担问题的*NP*完全性可在文献[3]、[10]、[17]、[19]中看到。三元可满足性问题的*NP*完全性可在文献[8]、[9]、[10]、[13]、[19]中看到。图的着色问题可在文献[9]、[13]、[17]中看到。团问题和顶点覆盖问题的*NP*完全性可在文献[3]、[9]、[10]、[13]、[17]、[19]中看到。

第 13 章　计算复杂性

第 12 章从算法的观点讨论了问题的计算复杂性，表明能够用多项式时间的确定性算法来解的问题属于 P 类问题，能够用多项式时间的非确定性算法来解的问题属于 NP 类问题等；叙述了问题的多项式时间变换和计算复杂性归约。本章在计算模型的基础上，进一步对这些问题进行形式描述。

13.1　计 算 模 型

在对问题进行计算复杂性的分析之前，首先必须建立求解问题所用的计算模型，以便在对问题的计算复杂性进行分析时，有一个共同的尺度。有几种计算模型，其中最重要的是随机存取机 RAM（Random Access Machine）模型、随机存取存储程序机 RASP（Random Access Stored Program Machine）模型，以及图灵机（Turing Machine）模型。在不同的计算模型下，对问题的计算复杂性进行分析，所得结果基本上一样。因为在讨论 NP 完全问题以及计算复杂性问题时，主要以判定问题来进行讨论，所以在下面的讨论中使用图灵机来作为计算模型。

13.1.1　图灵机的基本模型

为了对问题进行求解，必须把问题实例的描述装入计算机。通常，把问题实例的描述译码成一个有穷的符号串集合，把这些符号串集合称为语言 L，符号串中的符号取自一个有穷的字母表 Σ，Σ 上的所有符号串的全体记为 Σ^*。因此，语言 L 是由 Σ 中的符号所构成的长度有限的符号串集合，它是 Σ^* 的一个子集。例如，图 $G=(V,E)$，$V=\{1,2,\cdots,n\}$，可以用下面的符号串来描述它的邻接矩阵：

$$\omega(G)=(x_{11},x_{12},\cdots,x_{1n})(x_{21},x_{22},\cdots,x_{2n})\cdots(x_{n1},x_{n2},\cdots,x_{nn})$$

其中，如果 $(i,j)\in E$，则 $x_{ij}=1$；否则，$x_{ij}=0$。则符号串 $\omega(G)$ 中所使用的字母表为 $\Sigma=\{0,1,(,)\}$。

图灵机由一个控制器和一条或多条无限长的工作带组成，图 13.1 表示一个单带图灵机。工作带被划分为许多单元，每个单元可以存放字母表 Σ 中的一个符号。控制器具有有穷个内部状态和一个读写头。在计算的每一步，控制器处于某个内部状态，使读写头扫描工作带的某一个单元，并根据它的当前状态和被扫描单元的内容，决定下一步的执行动作，这些动作包括：把当前单元的内容改写成符号集 Γ 中的某一个符号；使读写头停止不动、向左或向右移动一个单元；使控制器转移到某一个状态等。在计算开始时，输入符号串放在工作带上，工作带的其余部分均为空白。控制器处于初始状态 p_0，读写头扫描输入符号串左端的第一个符号。如果对于当前的状态和所扫描的符号，没有下一步的动作，则图灵机就停止计算。因此，可以对图灵机作如下的形式定义。

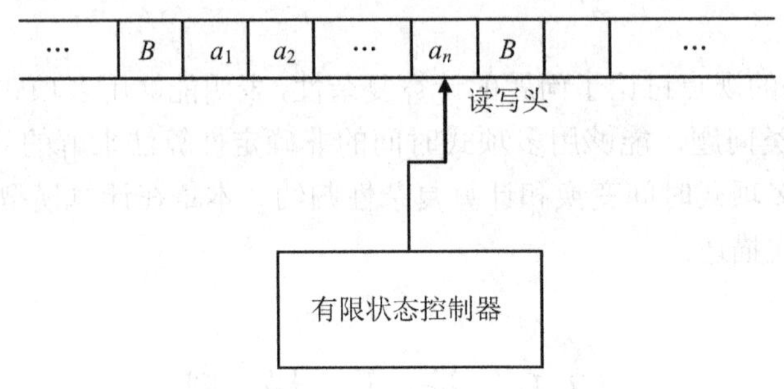

图 13.1　图灵机示意图

定义 13.1　图灵机 M 是一个六元组：$M=(S,\Gamma,\Sigma,p_0,p_f,\delta)$。其中：

（1）S：控制器的非空有限状态集合。

（2）Γ：有限的工作带符号集，包括空白符 B。

（3）Σ：输入符号字母表，$\Sigma\subseteq\Gamma-\{B\}$。

（4）p_0：初始状态，$p_0\in S$。

（5）p_f：最终状态或接受状态，$p_f\subseteq S$。

（6）δ：转移函数，它把 $S\times\Gamma$ 的某一个元素，映射为 $S\times(\Gamma-\{B\})\times\{L,P,R\}$ 中的元素。其中，转移函数 δ 的定义域为：

$$dom(\delta)=S\times\Gamma$$

值域为：

$$ran(\delta)=S\times(\Gamma-\{B\})\times\{L,P,R\}$$

$\{L,P,R\}$ 为读写头的动作：L 表示左移一个单元；P 表示停止不动；R 表示右移一个单元。则转移函数：

$$\delta(p,x)=(p',x',R)$$

表示在控制器当前状态为 p、读写头扫描到的符号为 x 时，图灵机执行的动作为：把控制器状态 p 修改为 p'；把符号 x 修改为符号 x'；使读写头向右移动一个单元。

在计算的每一步，工作带的内容可以表示为：

$$Bx_1x_2\cdots x_nB$$

其中，$x_i\in\Gamma, i=1,2,\cdots,n$，工作带两端的其余部分为空白。为了描述计算中的每一步，需要指出当前控制器所处的状态及读写头的当前位置。把控制器的当前状态和读写头的当前位置，称为图灵机的当前格局（configuration）。则图灵机的格局定义为：

定义 13.2　令 $M=(S,\Gamma,\Sigma,p_0,p_f,\delta)$ 是一个图灵机，M 的格局是一个二元组：

$$\sigma=(p,\omega_1\uparrow\omega_2)$$

其中，$p\in S$，表示图灵机在此格局下控制器的状态；↑表示在此格局下读写头的位置；

$\omega_1,\omega_2 \in \Gamma$ 是工作带上的内容。

在上述定义中，ω_1 表示处于读写头左边的符号串；ω_2 表示处于读写头右边的符号串。此时，读写头指向符号串 ω_2 的第 1 个符号。如果 ω_1 为空串，则读写头位于工作带上的第 1 个非空符号，此时，用 $\sigma_0=(p_0,\uparrow\omega)$ 表示它是图灵机 M 的一个初始格局；若 ω_2 为空串，则读写头位于符号串 ω_1 之后的第 1 个空符号。

如果格局 $\sigma=(p,\omega_1\uparrow\omega_2)$ 中的 p 是接受状态，即 $p\in p_f$，则称 σ 是接受格局；如果 σ 之后没有任何动作，即在格局 $\sigma=(p,\omega_1\uparrow\omega_2)$ 中；如果 ω_2 的第 1 个符号是 x，而转移函数 $\delta(p,x)$ 没有定义，则称 σ 是停机格局。

设 $\sigma_1,\sigma_2,\cdots,\sigma_n,\cdots$ 是一个格局序列，它可以是有穷的，也可以是无穷的。如果每一个 σ_{i+1} 都由 σ_i 经过一步得到，就称这个序列是一个计算。对任意给定的一个输入符号串 $\omega\in\Sigma^*$，从初始格局 $\sigma_0=(p_0,\uparrow\omega)$ 开始，图灵机 M 在 ω 上的计算有 3 种可能：

（1）计算是一个有穷序列 $\sigma_0,\sigma_1,\cdots,\sigma_n$，其中 σ_n 是一个可接受的停机格局，则称停机在接受状态。

（2）计算是一个有穷序列 $\sigma_0,\sigma_1,\cdots,\sigma_n$，其中 σ_n 是一个停机格局，但不是接受格局，称停机在拒绝状态。

（3）计算是一个无穷序列 $\sigma_1,\sigma_2,\cdots,\sigma_n,\cdots$，永不停机。

如果是第 1 种情况，称图灵机 M 接受符号串 ω；如果是第 2 种情况，称图灵机 M 不接受符号串 ω，或拒绝符号串 ω。

设 Σ 是任意符号的有穷字母表，Σ^* 是由 Σ 中的符号组成的所有符号串的集合，L 是 Σ^* 的子集，则称 L 是字母表 Σ 上的语言。

定义 13.3　若符号串 $\omega\in\Sigma^*$，图灵机 M 接受符号串 ω，有

$$L(M)=\{\omega\in\Sigma^* \mid M\text{ 接受 }\omega\}$$

则称图灵机 M 接受语言 $L(M)$，或图灵机 M 识别语言 $L(M)$。

例 13.1　构造一个识别语言 $L=\{a^nb^n \mid n\geqslant 1\}$ 的图灵机。

构造这个图灵机的思想方法是使读写头往返移动，每往返移动一次，就成对地对输入符号串 ω 左端的一个 a 和右端的一个 b 做标记。如果恰好把输入符号串 ω 的全部符号都做了标记，说明左边的符号 a 与右边的符号 b 个数相等，则 $\omega\in L$；否则，或者左边的 a 已全部标记，右边还有若干个符号 b 未标记；或者右边的 b 已全部标记，左边还有若干个符号 a 未标记，这说明左边的符号 a 与右边的符号 b 个数不等；或者符号 a 与符号 b 交互出现，则 $\omega\notin L$。

假定 $n=2$，图灵机的工作过程如下：

（1）开始时，初始格局 $\sigma_0=(p_0,B\uparrow aabbB)$，图灵机处于初始状态 p_0。在此状态下，有两种情况：① 若读写头扫描到符号 a，则继续向右走；② 若扫描到符号 b，把 b 改为 x，把状态改为 p_1，使读写头向左走。因此，在开始时，图灵机执行第 1 种情况，直到扫描到符号 b，图灵机的格局变为 $\sigma=(p_1,Baa\uparrow xbB)$，并使读写头向左走、进入状态 p_1 为止。

（2）在状态 p_1 下，有 3 种情况：① 若读写头扫描到符号 x，则继续向左走；② 若扫描到符号 a，则把 a 改为 x，把状态改为 p_2，使读写头向右走；③ 若扫描到 B，则把状态

改为 p_N，这是一个拒绝状态，说明符号 a 与 b 未成对标记，所以，$\omega \notin L$。如果输入符号串 $\omega = bb$，或 $\omega = abb$，便会出现这种情况。现在，图灵机遇到第 2 种情况，从而使图灵机的格局变为 $\sigma = (p_2, Ba \uparrow xxbB)$，并使读写头向右走，进入状态 p_2。

（3）在状态 p_2 下，有 3 种情况：① 若读写头扫描到符号 x，则继续向右走；② 若扫描到符号 b，则把 b 改为 x，把状态改为 p_1，使读写头向左走；③ 若扫描到 B，则把状态改为 p_3，说明符号 b 已处理完毕，并使读写头向左走，继续检查左边的符号 a 是否与 b 配对。现在，图灵机首先遇到第 1 种情况，使读写头继续向右走；然后遇到第 2 种情况，从而使图灵机的格局变为 $\sigma = (p_1, Baxx \uparrow xB)$，并使读写头向左走，进入状态 p_1。

（4）现在，图灵机遇到状态 p_1 的第 1 种情况，读写头继续向左走；然后遇到第 2 种情况，使图灵机的格局变为 $\sigma = (p_2, B \uparrow xxxxB)$，使读写头向右走，进入状态 p_2。

（5）现在，图灵机遇到状态 p_2 的第 1 种情况，读写头继续向右走；直到遇到第 3 种情况，使图灵机的格局变为 $\sigma = (p_3, Bxxxx \uparrow B)$，并使读写头向左走，进入状态 p_3。

（6）在状态 p_3 下，有 3 种情况：①若读写头扫描到 x，则继续向左走；②若扫描到 B，说明符号 a 与 b 的个数相同，把状态改为 p_4，这是接受状态，$\omega \in L$；③若扫描到 a，说明符号 a 与 b 的个数不同，则把状态改为 p_N，$\omega \notin L$。如果输入符号串 $\omega = aaabb$，便会出现这种情况。现在，图灵机遇到第 1 种情况，读写头继续向左走；然后遇到第 2 种情况，把状态改为 p_4，图灵机处于接受状态而停机。

由此，可以这样来构造图灵机 $M = (S, \Gamma, \Sigma, p_0, p_f, \delta)$，使得：

$$S = \{p_0, p_1, p_2, p_3, p_4, p_N\}$$
$$\Gamma = \{a, b, x, B\}$$
$$\Sigma = \{a, b\}$$
$$p_f = \{p_4, p_N\}$$

转移函数 $\delta(p, \omega)$ 如表 13.1 所示。其中，p_4 为接受状态，p_N 为拒绝状态。

表 13.1　$\delta(p,\omega)$ 转移函数表

	a	b	x	B
p_0	(p_0, a, R)	(p_1, x, L)		
p_1	(p_2, x, R)		(p_1, x, L)	(p_N, B, R)
p_2		(p_1, x, L)	(p_2, x, R)	(p_3, B, L)
p_3	(p_N, a, R)		(p_3, x, L)	(p_4, B, R)
p_4				
p_N				

13.1.2　k 带图灵机和时间复杂性

在 13.1.1 节中叙述的是单带图灵机的模型，它的读写头每一步移动一个单元，要移动 n 个单元，则需要 n 步。因此，有时需要把单带图灵机扩充为 k 带图灵机。k 带图灵机有 k 个工作带，每个工作带都有一个读写头，这些读写头都可以独立地移动。

定义 13.4　k 带图灵机 M 是一个六元组：$M=(S,\Gamma,\Sigma,p_0,p_f,\delta)$。其中

（1）S：控制器的非空有限状态集合。

（2）Γ：有限的工作带符号字母表，包括空格符 B。

（3）Σ：输入符号字母表，$\Sigma\subseteq\Gamma-\{B\}$。

（4）p_0：初始状态，$p_0\in S$。

（5）p_f：最终状态或接受状态，$p_f\subseteq S$。

（6）δ：转移函数，把 $S\times\Gamma^k$ 的某一个元素，映射为 $S\times((\Gamma-\{B\})\times\{L,P,R\})^k$ 中的元素。其中，转移函数 δ 的定义域为：

$$dom(\delta)=S\times\Gamma^k$$

值域为：

$$ran(\delta)=S\times((\Gamma-\{B\})\times\{L,P,R\})^k$$

转移函数 δ 的形式为：

$$\delta(p,x_1,x_2,\cdots,x_k)=(p',(x_1',D_1),(x_2',D_2),\cdots,(x_k',D_k))$$

表示在控制器当前状态为 p、读写头 i 扫描到的符号为 x_i 时，图灵机执行的动作为：把控制器状态 p 修改为 p'；把符号 x_i 修改为符号 x_i'；使读写头 i 按 D_i 方向移动一个单元。其中，$1\leqslant i\leqslant k$，$D_i=L,P,R$。

定义 13.5　令 $M=(S,\Gamma,\Sigma,p_0,p_f,\delta)$ 是一个 k 带图灵机，M 的格局是一个 $k+1$ 元组：

$$\sigma=(p,\omega_{11}\uparrow\omega_{12},\omega_{21}\uparrow\omega_{22},\cdots,\omega_{k1}\uparrow\omega_{k2})$$

其中，$p\in S$，表示图灵机在此格局下控制器的状态；$\omega_{i1}\uparrow\omega_{i2}$ 是第 i 个工作带上的内容。

因此，初始格局表示为：

$$(p_0,\uparrow x,\uparrow B,\cdots,\uparrow B)$$

其中，x 是输入符号串。这时，除了可能的输入带外，其他工作带都是空的。

定义 13.6　如果图灵机 M 的转移函数 δ 是单值的，则称该图灵机为确定性图灵机，记为 DTM。

在确定性图灵机中，函数 δ 把 $S\times\Gamma^k$ 中的一个元素映射为 $S\times((\Gamma-\{B\})\times\{L,P,R\})^k$ 中的一个元素。因此，图灵机每一步的动作都是确定的。

定义 13.7　如果图灵机 M 的转移函数 δ 是多值的，则称该图灵机为非确定性图灵机，记为 $NDTM$。

在非确定性图灵机中，函数 δ 把 $S\times\Gamma^k$ 中的一个元素映射为 $S\times((\Gamma-\{B\})\times\{L,P,R\})^k$ 中的一个子集，图灵机可以从这个子集中挑选一个元素作为其函数值。很显然，确定性图灵机是非确定性图灵机的一个特例。

定义 13.8　设 $\sigma_1,\sigma_2,\cdots,\sigma_t$ 是一个格局序列，它是图灵机对输入 x 的一个计算。如果 σ_t 是一个可接受的停机格局，则称这个计算是可接受的计算，t 称为这个计算的长度。

定义 13.9　图灵机 M 对输入 x 进行计算的执行时间，记为 $T_M(x)$。它定义为：

（1）如果 M 对输入 x 有一个可接受的计算，则 $T_M(x)$ 是最短的可接受计算的长度。

（2）如果 M 对输入 x 没有一个可接受的计算，则 $T_M(x)=\infty$。

令 L 是一个语言，f 是从非负整数集到非负整数集的函数。如果存在一个确定性的图灵机 DTM（或非确定性的图灵机 $NDTM$），使得对输入 x，若 $x \in L$，则 $T_M(x) \leqslant f(|x|)$，否则 $T_M(x) = \infty$，就称 L 是属于 $DTIME(f)$ 中的（或处于 $NTIME(f)$ 中）语言。同样，可以对任意的 $k \geqslant 1$，定义 $DTIME\ (n^k)$ 和 $NTIME\ (n^k)$。因此，对第 12 章所讨论的 P 类问题和 NP 类问题，可形式定义为：

$$P = DTIME\ (n) \cup DTIME\ (n^2) \cup \cdots \cup DTIME\ (n^k) \cup \cdots$$

$$NP = NTIME\ (n) \cup NTIME\ (n^2) \cup \cdots \cup NTIME\ (n^k) \cup \cdots$$

上面的定义等价于：

$$P = \{ L \mid L \text{在多项式时间内被} DTM \text{所识别} \}$$

$$NP = \{ L \mid L \text{在多项式时间内被} NDTM \text{所识别} \}$$

在例 13.1 中，如果输入符号串 ω 是可接受的，对某个常数 $c \geqslant 0$，工作带读写头的移动次数将小于或等于 cn^2。因此，$L = \{a^n b^n \mid n \geqslant 1\}$ 是属于 $DTIME\ (n^2)$ 的语言。

例 13.2 构造一个识别语言 $L = \{\omega c \omega^R \mid \omega \in \{0,1\}^*\}$ 的图灵机。其中，字符串 ω^R 是字符串 ω 的逆串。

令 M 是一个二带的图灵机，它有一个输入带和一个工作带。开始时，M 从左到右扫描其输入带，并把输入带的内容逐一复制到工作带上，直到输入带的读写头到达符号 c 为止。然后，输入带读写头继续向右移动，每读入一个符号，就和工作带读写头所指单元的符号进行比较，如果相同，工作带读写头向左移动一个单元，输入带读写头向右移动一个单元，继续读入下一字符，并进行上述比较工作。这个过程直到所有输入处理完毕。如果表明符号 c 两旁的符号个数相同，并在上述处理过程中，两旁的符号互相匹配，则 M 接受语言 L，否则拒绝。如果输入长度为 n，输入带读写头移动 n 次，工作带读写头移动 $n-1$ 次。因此，语言 $L = \{\omega c \omega^R \mid \omega \in \{0,1\}^*\}$ 是属于 $DTIME(n)$ 的语言。

除了上面定义的几种复杂性类型外，还可以定义下面 4 种复杂性类型：

$$DEXT = \bigcup_{c \geqslant 0} DTIME(2^{cn}) \qquad NEXT = \bigcup_{c \geqslant 0} NTIME(2^{cn})$$

$$EXPTIME = \bigcup_{c \geqslant 0} DTIME(2^{n^c}) \qquad NEXPTIME = \bigcup_{c \geqslant 0} NTIME(2^{n^c})$$

13.1.3 离线图灵机和空间复杂性

在考虑问题的空间复杂性时，因为存放输入数据的存储空间是问题所固有的，存放程序代码的空间则牵涉到各种不同的编译系统，程序运行时需要的额外空间等则牵涉到各种不同的计算机运行系统，因而把算法所需要的工作空间单独分离出来加以分析，便于空间复杂性的分析，也更切合问题的实质。

为了把算法所需要的工作空间分离出来加以考虑，需要另外一种形式的图灵机模型。它有两个工作带，一个是用于存放输入符号串的只读输入带，一个是用于存放工作数据的可读可写的工作带。通常把这种图灵机称为离线图灵机（off_line Turing machine）。

定义 13.10　离线图灵机是一个六元组：$M=(S,\Gamma,\Sigma,p_0,p_f,\delta)$。其中：

（1）S：控制器的非空有限状态集合。

（2）Γ：有限的工作带符号字母表，包括空白符 B。

（3）Σ：输入符号字母表，$\Sigma\subseteq\Gamma-\{B\}$。它包含两个特殊符号：# 和 \$，分别表示左端标记符和右端标记符。

（4）p_0：初始状态，$p_0\in S$。

（5）p_f：最终状态或接受状态，$p_f\subseteq S$。

（6）δ：转移函数，它把 $S\times\Gamma$ 的某一个元素，映射为 $S\times\{L,P,R\}\times(\Gamma-\{B\})\times\{L,P,R\}$ 中的元素。

同样，如果转移函数 δ 是单值的，则称该图灵机是确定性的离线图灵机；如果转移函数 δ 是多值的，则称该图灵机是非确定性的离线图灵机。离线图灵机在只读输入带上所处理的输入符号，用左、右端标记符括起来。离线图灵机的格局用一个三元组来定义：

$$\sigma=(p,i,\omega_1\uparrow\omega_2)$$

其中，p 是当前状态；i 是输入带上的读写头所指向的单元号；$\omega_1\uparrow\omega_2$ 是工作带的内容。这时，工作带的读写头指向符号串 ω_2 的第一个符号。

定义 13.11　离线图灵机 M 处理输入 x 时，所使用的工作空间记为 $S_M(x)$，定义为：

（1）如果 M 对输入 x 有一个可接受的计算，则 $S_M(x)$ 是可接受的计算中至少使用的工作带单元数。

（2）如果 M 对输入 x 没有一个可接受的计算，则 $S_M(x)=\infty$。

例 13.3　用确定性的离线图灵机 M 来识别语言 $L=\{a^nb^n\mid n\geqslant 1\}$。

令 M 由左到右扫描它的输入带，在工作带上设置一个计数器来统计输入符号的个数。每当扫描到符号 a，就使计数器加 1；扫描到符号 b 时，就使计数器减 1。当符号串扫描结束时，如果计数值等于 0，表明符号 a 与符号 b 个数相同，则 M 接受语言 L；否则，拒绝 L。如果输入符号串 x 的长度为 n，计数器就应足够大，以便能够容纳得下数字 $n/2$。如果在工作带上用二进制记号来表示这个计数值，则工作带上用来作为计数器的单元数为 $\lceil\log(n/2)+1\rceil$。

为了定义空间复杂性，令 L 是一个语言，f 是从非负整数集到非负整数集的函数。如果存在一个确定性的离线图灵机 M（或非确定性的离线图灵机），使得对输入 x，若 $x\in L$，则 $S_M(x)\leqslant f(|x|)$，否则 $S_M(x)=\infty$，就称 L 是属于 $DSPACE(f)$（或属于 $NSPACE(f)$）中的语言。同样，可以对任意的 $k\geqslant 1$，定义 $DSPACE\ (n^k)$ 和 $NSPACE\ (n^k)$。

例如，在例 13.3 中，用确定性的离线图灵机 M 来识别语言 $L=\{a^nb^n\mid n\geqslant 1\}$ 时，对任意的输入符号串 $x\in L$，若 $|x|=n$，为了识别 x，需要 $\lceil\log(n/2)+1\rceil$ 个工作带单元。因此，L 是属于 $DSPACE\ (\log n)$ 中的语言。

利用上面对空间复杂性的定义，可以定义下面两种重要的空间复杂性类型：

$$PSPACE=DSPACE(n)\cup DSPACE(n^2)\cup\cdots\cup DSPACE(n^k)\cup\cdots$$

$$NSPACE=NSPACE(n)\cup NSPACE(n^2)\cup\cdots\cup NSPACE(n^k)\cup\cdots$$

上面的定义等价于：

$$PSPACE = \{ L \mid L \text{ 在多项式空间内被} DTM \text{ 所识别} \}$$

$$NSPACE = \{ L \mid L \text{ 在多项式空间内被} NDTM \text{ 所识别} \}$$

从上面的定义中可以看到，*PSPACE* 是使用确定性离线图灵机，以多项式空间可识别的所有语言集合；*NSPACE* 是使用非确定性离线图灵机，以多项式空间可识别的所有语言集合。另外，还可定义下面两个基本的复杂性类型：

$$LOGSPACE = DSPACE(\log n)$$

$$NLOGSPACE = NSPACE(\log n)$$

上面的定义等价于：

$$LOGSPACE = \{ L \mid L \text{ 在} \log \text{空间内被} DTM \text{ 所识别} \}$$

$$NLOGSPACE = \{ L \mid L \text{ 在} \log \text{空间内被} NDTM \text{ 所识别} \}$$

则 *LOGSPACE* 是使用确定性离线图灵机以对数空间可识别的语言；而 *NLOGSPACE* 是使用非确定性离线图灵机以对数空间可识别的语言。

例 13.4 确定图的可达性问题（Graph Accessibility Problem，GAP）的空间复杂性类型。

图的可达性问题是一个判定问题：给定一个有限的有向图 $G=(V,E)$，其中，$V=\{1,2,\cdots,n\}$。若顶点 1 是源顶点，顶点 n 是目标顶点，判定是否存在一条从顶点 1 到顶点 n 的路径。

首先，可以用下面的符号串来描述图 G 的邻接矩阵：

$$\omega(G)=(x_{11},x_{12},\cdots,x_{1n})(x_{21},x_{22},\cdots,x_{2n})\cdots(x_{n1},x_{n2},\cdots,x_{nn})$$

其中，如果 $(i,j)\in E$，则 $x_{ij}=1$；否则，$x_{ij}=0$。符号串 $\omega(G)$ 所使用的字母表 $\Sigma=\{0,1,(,)\}$，则 ω 是字母表 Σ 上的一个语言，记为 L。

为了判定这个问题，构造一个非确定性的离线图灵机 M，建立 M 的转移函数表 δ，由 δ 来控制 M 的每一步动作。M 首先把顶点 1 作为这条路径上最新选择的一个顶点，然后非确定性地选择下一个顶点，作为该顶点的后继顶点，从而扩充这条路径。在工作带上，只记录这条路径上最新选择的一个顶点，而不记录路径上的所有顶点。因为可以通过二进制记号，把最新选择的这个顶点的编号保存到工作带去，而顶点编号的最大数字是 n，所以，M 至多用 $\lceil \log(n+1) \rceil$ 个工作带单元来保存顶点编号。因为 M 是非确定性地选择路径的，如果存在着从顶点 1 到顶点 n 的路径，则 M 就能够通过一系列的选择，构造出这样的路径。当它检测到最新选择的顶点编号是 n 时，它将回答 yes。因为 M 至多用 $\lceil \log(n+1) \rceil$ 个工作带单元来保存顶点编号，所以 GAP 属于 *NLOGSPACE* 类的问题。

上述这个例子并不保证图灵机 M 的每一次执行，都能得到 yes 的结果。尽管存在着一条合适的路径，也不保证 M 能够进行正确的选择。因为通过非确定性的选择，M 所选择的路径可能构成一条回路；但也可能由于对后继顶点进行了不正确的选择，从而导致 no 的答案。

13.1.4　可满足性问题和 Cook 定理

在第 12 章叙述了 Cook 定理。Cook 定理表明可满足性问题 SATISFIABILITY 是 NP 完全的。为了证明这个问题，第 12 章已经表明可满足性问题是属于 NP 问题，下面用图灵机的计算模型来证明对所有的语言 $L \in NP$，都有 $L \propto_p$ SATISFIABILITY。这样，就可证明 SATISFIABILITY 是 NP 完全的。

证明的思想方法是：对 NP 中的任意一个语言 L，用一个单带非确定性的图灵机 M 来接受该语言，对该语言的一个长度为 n 的输入 x，图灵机 M 可在 $T(n)$ 个格局之内识别 x；然后，用各种布尔变元来表示图灵机 M 在 $T(n)$ 个格局中的所有工作状态；把这些布尔变元组成若干组析取子句，这些析取子句同时为真，正好表明图灵机 M 接受输入 x。这样，就把语言 L 的输入实例 x 转换为用布尔变元表示的合取范式，并且图灵机 M 接受输入 x，当且仅当该合取范式可满足，同时，这种转换可在多项式时间内完成。

假定，图灵机 M 的控制器状态集 S 为：

$$S = \{p_0, p_1, \cdots, p_q\}$$

其中，p_0 为初始状态；p_r 为接受状态；p_q 为最终状态。工作带的字母表 Γ 为：

$$\Gamma = \{b_0, b_1, \cdots, b_m\}$$

其中，b_0 为空白符 B。输入实例的符号串 x 为：

$$x = \{a_0, a_1, \cdots, a_{n-1}\}$$

如果用工作带的字母表来表示，则为：

$$x = \{b_{k_0}, b_{k_1}, \cdots, b_{k_{n-1}}\}$$

图灵机 M 可在 $T(n)$ 个格局之内识别 x，令 $N = T(n)$。每一步，工作带读写头最多左移或右移一个单元。如果以初始位置为中心，则读写头可能移动的范围最多为 $2N+1$ 个单元。每一个格局中每一个单元可能存放的符号，以及图灵机每一个格局的状态和读写头的位置，构成了图灵机接受 x 的整个过程的全部信息。用下面的布尔变元来描述图灵机工作过程的这些信息：

- $A(t,i,j)$：第 t 个格局第 i 个工作带单元的符号为 b_j。
- $H(t,i)$：第 t 个格局的工作带读写头处于第 i 个单元。
- $S(t,k)$：第 t 个格局的控制器的状态为 p_k。

如果所表示的状态成立，则相应的布尔变元为真，否则为假。其中，$0 \leqslant t < N$，$0 \leqslant i < 2N$，$0 \leqslant j \leqslant m$，$0 \leqslant k \leqslant q$。因为字母表 Γ 和状态集 S 都是有限集，其大小 m 和 q 不随输入规模的增大而增加。因此，上述布尔变元最多有 $O(N^2) = O(T^2(n))$ 个。下面用相应的布尔变元的合取子句，来描述图灵机的工作过程。

（1）在开始时，图灵机的初始格局 σ_0 为：

$$\sigma_0 = \{p_0, \omega_1 \uparrow \omega_2\}$$

其中，ω_1 为 N 个空白符号；ω_2 的前 n 个符号为输入符号串，后面的符号是空白。因此，在初始格局下，工作带单元上的符号为：

$$\underbrace{BB\cdots B}_{N}b_{k_0}b_{k_1}\cdots b_{k_{n-1}}\underbrace{BB\cdots B}_{N-n+1}$$

用相应布尔变元的合取子句描述为：

$$\bigwedge_{i=0}^{N-1}A(0,i,0)\bigwedge_{i=N}^{N+n-1}A(0,i,k_{i-N})\bigwedge_{i=N+n}^{2N}A(0,i,0)$$

上述子句最多包含$O(T^2(n))$个符号。

（2）初始状态为p_0时，工作带读写头位于第N个工作单元，用相应的合取子句描述为：

$$S(0,0)\wedge H(0,N)$$

上述子句包含$O(1)$个符号。

（3）在任一格局t，$0\leqslant t<N$，图灵机有且仅有一种状态，用相应的合取子句描述为：

$$\bigwedge_{t=0}^{N-1}\left(\left(\bigvee_{j=0}^{q}S(t,j)\right)\wedge\left(\bigwedge_{k\neq l,k,l=0}^{q}\overline{S(t,k)\wedge S(t,l)}\right)\right)$$

用摩根律把上式恒等变换为：

$$\bigwedge_{t=0}^{N-1}\left(\left(\bigvee_{j=0}^{q}S(t,j)\right)\wedge\left(\bigwedge_{k\neq l,k,l=0}^{q}(\overline{S(t,k)}\vee\overline{S(t,l)})\right)\right)$$

上述子句最多包含$O(T(n))$个符号。

（4）在任一格局t、任一工作带单元i，$0\leqslant t<N$，$0\leqslant i\leqslant 2N$，有且仅有一个符号，用相应的合取子句描述为：

$$\bigwedge_{t=0}^{N-1}\bigwedge_{i=0}^{2N}\left(\left(\bigvee_{j=0}^{m}A(t,i,j)\right)\wedge\left(\bigwedge_{k\neq l,k,l=0}^{m}\overline{A(t,i,k)\wedge A(t,i,l)}\right)\right)$$

把上式恒等变换为：

$$\bigwedge_{t=0}^{N-1}\bigwedge_{i=0}^{2N}\left(\left(\bigvee_{j=0}^{m}A(t,i,j)\right)\wedge\left(\bigwedge_{k\neq l,k,l=0}^{m}(\overline{A(t,i,k)}\vee\overline{A(t,i,l)})\right)\right)$$

上述子句最多包含$O(T^2(n))$个符号。

（5）在任一格局t，$0\leqslant t<N$，读写头在且仅在一个工作带单元上，用相应的合取子句描述为：

$$\bigwedge_{t=0}^{N-1}\left(\left(\bigvee_{i=0}^{2N}H(t,i)\right)\wedge\left(\bigwedge_{k\neq l,k,l=0}^{2N}\overline{H(t,k)\wedge H(t,l)}\right)\right)$$

把上式恒等变换为：

$$\bigwedge_{t=0}^{N-1}\left(\left(\bigvee_{i=0}^{2N}H(t,i)\right)\wedge\left(\bigwedge_{k\neq l,k,l=0}^{2N}(\overline{H(t,k)}\vee\overline{H(t,l)})\right)\right)$$

上述子句最多包含$O(T^3(n))$个符号。

（6）在格局t，最多只有一个工作带单元被修改。这时，假定工作带第i单元的符号为b_j，则$A(t,i,j)$为真。当图灵机从格局t转移到格局$t+1$时，如果读写头不处于工作带第i单元，该单元的内容不会发生变化，$A(t,i,j)$和$A(t+1,i,j)$同为真；如果读写头处于工作带第i单元，该单元内容可能被修改，则$A(t,i,j)$为真，$A(t+1,i,j)$可能为真，也可能为假，但$H(t,i)$必然为真。因此有：

$$\bigwedge_{t=0}^{N-1}\bigwedge_{i=0}^{2N}\bigwedge_{j=0}^{m}(A(t,i,j)\leftrightarrow A(t+1,i,j)\vee H(t,i))$$

因为：

$$P\leftrightarrow Q\Leftrightarrow(P\to Q)\wedge(Q\to P)$$
$$\Leftrightarrow(\overline{P}\vee Q)\wedge(\overline{Q}\vee P)$$

所以，上面式子可改写成：

$$\bigwedge_{t=0}^{N-1}\bigwedge_{i=0}^{2N}\bigwedge_{j=0}^{m}((\overline{A(t,i,j)}\vee A(t+1,i,j)\vee H(t,i))\wedge(A(t,i,j)\vee\overline{A(t+1,i,j)\vee H(t,i)})$$

利用分配律，进一步把上式改写成如下的合取范式：

$$\bigwedge_{t=0}^{N-1}\bigwedge_{i=0}^{2N}\bigwedge_{j=0}^{m}((\overline{A(t,i,j)}\vee A(t+1,i,j)\vee H(t,i))\wedge(A(t,i,j)\vee\overline{A(t+1,i,j)})\wedge(A(t,i,j)\vee\overline{H(t,i)}))$$

上述子句最多包含$O(T^2(n))$个符号。

（7）图灵机从格局t转移到格局$t+1$时，可能有下面 4 种情况。

① 在格局t时，工作带第i单元的符号可能不是b_j。

② 在格局t时，读写头可能不处于工作带第i单元。

③ 在格局t时，图灵机控制器的状态可能不是p_k。

④ 非确定性图灵机从格局t转移到格局$t+1$时，转移函数δ把$S\times\Gamma$中的一个元素映射为$S\times(\Gamma-\{B\})\times\{L,P,R\}$中的一个子集，图灵机从这个子集中挑选一个元素作为其函数值。因此，在格局$t+1$时，工作带第i单元的符号必定是Γ的某个子集中的符号b_c；控制器状态必定是S的某个子集中的状态p_c；读写头位置也必定在$\{0,\cdots,2N\}$的某个子集中的一个位置i_c。因此，有：

$$\bigwedge_{t=0}^{N-1}\bigwedge_{i=0}^{2N}\bigwedge_{j=0}^{m}\bigwedge_{k=0}^{q}(\overline{A(t,i,j)}\vee\overline{H(t,i)}\vee\overline{S(t,k)}\vee\left(\bigvee_{c\in\delta}(A(t+1,i,j_c)\wedge(S(t+1,k_c)\wedge H(t+1,i_c)))\right)$$

因为c的取值范围有限，所以，上述子句最多包含$O(T^2(n))$个符号。

（8）在格局N，图灵机接受输入符号串x而停机，这时有：

$$S(N,r)$$

把以上各组子句，用合取运算组织成合取范式，从而把语言L的实例x转换为合取范式。该范式的长度最多包含$O(T^3(n))$个符号，因此，转换过程可在多项式时间内完成。该范式可满足，当且仅当图灵机接受输入符号串x。而语言L是NP中的任一语言，因此，NP中的所有问题，都可归约为可满足性问题。

13.2　复杂性类型之间的关系

时间复杂性类型和空间复杂性类型存在着某种联系，本节叙述它们之间的关系。

13.2.1 时间复杂性和空间复杂性的关系

定义 13.12 T：$\mathbf{I}_+\to\mathbf{I}_+$，则函数$T$称为时间可构造的，当且仅当对每一个长度为$n$的输入，图灵机恰好在$T(n)$步停机。$S$：$\mathbf{I}_+\to\mathbf{I}_+$，则函数$S$称为空间可构造的，当且仅当对每一个长度为$n$的输入，图灵机恰好以$S(n)$个非空的工作带单元的格局停机。

可构造的概念说明，如果某个图灵机是以$T(n)$或$S(n)$为界构造的，那么该图灵机就不会受比$T(n)$或$S(n)$更小的界所限制。几乎所有单调函数都是时间可构造和空间可构造的，例如$\log n$，n^k，c^n，$n!$等。如果$T_1(n)$及$T_2(n)$是单调可构造函数，那么，$T_1(n)\cdot T_2(n)$、$2^{T_1(n)}$、$(T_1(n))^{T_2(n)}$也是单调可构造函数。上述结果对$S(n)$亦然。因此，可构造函数的谱系非常丰富。

定理 13.1 时间复杂性类型和空间复杂性类型有如下关系：

（1）$DTIME(f(n))\subseteq NTIME(f(n))$　　$DSPACE(f(n))\subseteq NSPACE(f(n))$

（2）$DTIME(f(n))\subseteq DSPACE(f(n))$　　$NTIME(f(n))\subseteq NSPACE(f(n))$

（3）如果S是空间可构造函数，且$S(n)\geqslant\log n$，则对某个常数$c\geqslant 2$，有：

$$NSPACE\ (S(n))\subseteq DTIME\ (c^{S(n)})$$

证明 设L是字母表Σ上的任意一个语言：

（1）如果$L\in DTIME(f(n))$，则L至多在$f(n)$步内被确定性图灵机所识别。因为确定性图灵机的转移函数是单值的，非确定性图灵机的转移函数是多值的，确定性图灵机是非确定性图灵机的一个特例，因此L也可在$f(n)$步内被非确定性图灵机所识别，即$L\in NTIME(f(n))$。所以，$DTIME(f(n))\subseteq NTIME(f(n))$。

同理可证$DSPACE(f(n))\subseteq NSPACE(f(n))$。

（2）如果$L\in DTIME(f(n))$，则L至多在$f(n)$步内被确定性图灵机所识别。在$f(n)$步之内，工作带读写头至多可以读写$f(n)$个工作带单元。因此，确定性离线图灵机也可以用$f(n)$空间识别L，即$L\in DSPACE(f(n))$。所以，有$DTIME(f(n))\subseteq DSPACE(f(n))$。

同理可证$NTIME(f(n))\subseteq NSPACE(f(n))$。

（3）如果$L\in NSPACE(S(n))$，令M是非确定性的离线图灵机，L的输入长度为n，M所使用的工作空间的上界为$S(n)\geqslant\log n$。令s和t分别是M的状态个数及工作带符号个数。因为M是以$S(n)$空间为界的，而$S(n)$是空间可构造的，对长度为n的输入，M的所有可能的不同格局的最大个数为$s(n+2)S(n)t^{S(n)}$，它是状态个数、输入带读写头位置个数、工作带读写头位置个数以及可能的工作带内容的个数的积。因为$S(n)\geqslant\log n$，所以，存在着某个常数$d\geqslant 2$，使得$s(n+2)S(n)t^{S(n)}\leqslant d^{S(n)}$。因此，$M$的状态迁移不会超过$d^{S(n)}$次；否则，$M$将重复某一个格局而永不停机。假定$M$接受$L$，并在某一个格局停机。如果把$M$的所有格局作为一个有向图的顶点，两个格局之间存在有向边，当且仅当按照M的转移函数，可在一步之中由第 1 个格局到达第 2 个格局，则对输入长度为n的语言L，M接受L时所生成的有向图的顶点个数，至多为$d^{S(n)}$个。因为M接受L，当且仅当初始格局和可接受格局存在有向路径，所以考虑一个确定性的图灵机M'，使M'检查该有向图中是否存在这样的路径。因为在具有 n 个顶点的有向图中，可以用 $O(n^2)$ 的时间找到最短路径，所以 M' 可以用 $O(d^{2S(n)})$ 时间找到这条路径。显然，如果 M 接受 L，则 M' 也可以用 $O(d^{2S(n)})$ 时间接受 L。因为存在着某个常数 $c \geqslant 2$，使 $O(d^{2S(n)}) = O(c^{S(n)})$，所以 $L \in DTIME\ (c^{S(n)})$。由此得出，$NSPACE\ (S(n)) \subseteq DTIME\ (c^{S(n)})$。

由上面的结果，可以立即得到下面的推论：

推论 13.1　$LOGSPACE \subseteq NLOGSPACE \subseteq P$

定理 13.2　如果 S 是空间可构造的函数，且 $S(n) \geqslant \log n$，则

$$NSPACE\,(S(n)) \subseteq DSPACE\ (S^2(n))$$

证明　如果 $L \in NSPACE(S(n))$，令 M 是非确定性的离线图灵机，L 的输入长度为 n，M 所使用的工作空间的上界为 $S(n) \geqslant \log n$。令 s 和 t 分别是 M 的状态个数和工作带符号个数。因为 M 是以 $S(n)$ 空间为界的，而 $S(n)$ 是空间可构造的，对长度为 n 的输入，M 的所有可能的不同格局的最大个数为 $s(n+2)S(n)t^{S(n)}$，它是状态个数、输入带读写头位置个数、工作带读写头位置个数以及可能的工作带内容的个数的积。因为 $S(n) \geqslant \log n$，所以，存在着某个常数 $c \geqslant 1$，使得 $s(n+2)S(n)t^{S(n)} \leqslant 2^{cS(n)}$。因此，$M$ 的状态迁移不会超过 $2^{cS(n)}$ 次；否则，M 将重复某一个格局而永不停机。令 M 对 L 的初始格局是 C_i，最终格局是 C_f。M 接受 L，当且仅当 M 由 C_i 迁移到 C_f。假定 M 由 C_i 迁移到 C_f 的迁移步数是 j，则必定存在一个格局 C，使得 M 以 $O(S(n))$ 空间，在 $j/2$ 步之内，由 C_i 迁移到 C；然后，又在 $j/2$ 步之内，由 C 迁移到 C_f。由此，可以构造一个确定性的离线图灵机 M'，使 M' 来模拟 M 的动作。因为 M 由 C_i 迁移到 C_f 的迁移步数 j，至多不会超过 $2^{cS(n)}$，因此由 M' 调用函数 REACHABLE($C_i, C_f, 2^{cS(n)}$)，用分治法策略，在至多 $2^{cS(n)}$ 步之内，模拟 M 的格局从 C_i 迁移到 C_f。REACHABLE 函数说明如下：

```
BOOL REACHABLE(C1,C2,j)
{
    if (j==1) {
        if ((C1==C2)||(C1 在 1 步之内可达 C2))
            return TRUE;
        else
            return FALSE;
    }
    else {
        for ( 以空间 S(n)为界的每一个可能的格局 C) {
            if ((REACHABLE(C1,C,j/2))&&(REACHABLE(C,C2,j/2)))
                return TRUE;
            else
                return FALSE;
        }
    }
}
```

函数 REACHABLE 判断在 M 的两个格局 $C1$ 和 $C2$ 之间，是否有一个长度至多为 j 的

局部计算。函数 REACHABLE 的工作过程如下：如果 $j=1$，则直接判断并给出结果；否则，用分治法分别递归地调用 REACHABLE$(C1, C, j/2)$ 及 REACHABLE$(C, C2, j/2)$，从所有以空间 $S(n)$ 为界的每一个可能的格局中，寻找一个满足在 $j/2$ 步之内，分别从 $C1$ 到达 C，又从 C 到达 $C2$ 的中间格局 C。

显然，M 接受 L，当且仅当 M 由 C_i 迁移到 C_f；当且仅当 REACHABLE$(C_i, C_f, 2^{cS(n)})$ 返回 TRUE。因此，M 接受 L，当且仅当 M' 接受 L。

为了模拟递归调用，M' 用它的工作带作为一个堆栈来存放后续对这个函数调用时的相应信息。因为 M' 以初始步数为 $2^{cS(n)}$ 进行递归调用，每一次调用都使步数以 2 的因子递减，因此递归深度是 $cS(n)$。每一次调用，M' 都存放每一次调用时 $C1$、$C2$、C 以及 $O(S(n))$ 的大小的当前值。因此，每一次调用所需空间不会超过 $O(S(n))$。由此，在整个递归调用期间，所需空间不会超过 $O(S^2(n))$。所以，$L \in DSPACE\ (S^2(n))$。

综上所述，有 $NSPACE\,(S(n)) \subseteq DSPACE\ (S^2(n))$。

由上述定理，可以马上得到下面的推论：

推论 13.2 对任意的 $k \geqslant 1$，有：

$$NSPACE\,(n^k) \subseteq DSPACE\ (n^{2k}) \qquad NSPACE\,(\log^k n) \subseteq DSPACE\ (\log^{2k} n)$$

推论 13.3 $NSPACE = PSPACE$

证明 由定理 13.1，$DSPACE(f(n)) \subseteq NSPACE(f(n))$。根据 $NSPACE$ 和 $PSPACE$ 的定义，有 $PSPACE \subseteq NSPACE$。

又根据推论 13.2 及 $NSPACE$ 和 $PSPACE$ 的定义，可得 $NSPACE \subseteq PSPACE$。

所以有：$NSPACE = PSPACE$。

例如，在例 13.4 图的可达性问题 GAP 中，GAP $\in NLOGSPACE = NSPACE(\log n)$。由推论 13.2，可得：GAP $\in DSPACE\ (\log^2 n)$。由此可得，存在着一个用 $O(\log^2 n)$ 空间的确定性算法来解 GAP 问题。

13.2.2 时间谱系定理和空间谱系定理

$DTIME(f(n))$ 和 $DSPACE(f(n))$ 的定义，根据 $f(n)$ 随着 n 的增长，把语言 L 在时间上分类为 $DTIME(n), DTIME\ (n^2), \cdots$；在空间上分类为 $DSPACE(n), DSPACE\ (n^2), \cdots$。当 $f(n)$ 的增长处于 $O(n)$ 到 $O(n^2)$ 中间的某一位置时，存在着某一个界限，在这个界限之前的函数 $f_1(n)$，其增长速度比较起来更接近于 $O(n)$；在这个界限之后的函数 $f_2(n)$，其增长速度比较起来更接近于 $O(n^2)$。那么，是否所有属于 $DTIME(f_2(n))$ 的语言，也都属于 $DTIME(f_1(n))$？如果是，$DTIME(n)$ 和 $DTIME\ (n^2)$ 之间的界限应该如何区分？如果不是，又如何区分 $DTIME(f_1(n))$ 和 $DTIME(f_2(n))$ 是否属于同一类或不属同一类？对于 $DSPACE(f_1(n))$ 和 $DSPACE(f_2(n))$ 也有同样的情况。

下面的空间谱系定理和时间谱系定理说明了这个问题。在叙述这两个定理之前，先说明下面的引理：

引理 13.1 $S(n)$ 是自然数集 **N** 上的函数，S: **N**→**N**，S(**N**)是函数 S 在 **N** 上的象，则∃

$y \in \mathbf{N}$，使得 $y \notin S(\mathbf{N})$。

证明 函数 S：$\mathbf{N} \to \mathbf{N}$，则 $S(n)$（$n=0,1,\cdots$）的值可表示如下：

$$S(0)=\omega_{00}\omega_{01}\omega_{02}\cdots\omega_{0n}\cdots$$

$$S(1)=\omega_{10}\omega_{11}\omega_{12}\cdots\omega_{1n}\cdots$$

$$\cdots$$

$$S(n)=\omega_{n0}\omega_{n1}\omega_{n2}\cdots\omega_{nn}\cdots$$

$$\cdots$$

其中，$0 \leqslant \omega_{i,j} \leqslant 9$，$i,j=0,1,2,\cdots$。构造 $y \in \mathbf{N}$，使得 $y=y_0y_1y_2\cdots y_n\cdots$，但 $y_i \neq \omega_{ii}$，$i=0,1,2,\cdots$ 则对所有的 n，$n=0,1,2,\cdots$，$y \neq S(n)$。因此，$\exists y \in \mathbf{N}$，但 $y \notin S(\mathbf{N})$。

由引理 13.1，可得下面结论：

结论 13.1 函数 $S(n)$是自然数集 $\mathbf{N}$ 到正实数集 $\mathbf{R}_+$的映射，S：$\mathbf{N} \to \mathbf{R}_+$，则存在 $y \in \mathbf{R}_+$，使得对所有的 n，$n=0,1,2,\cdots,y \neq S(n)$。

定理 13.3 令 $S_1(n)$ 和 $S_2(n)$ 是两个空间可构造的函数，如果：

$$\lim_{n\to\infty}\frac{S_1(n)}{S_2(n)}=0 \tag{13.2.1}$$

则在 $DSPACE(S_2(n))$ 中，至少包含着一个不属于 $DSPACE(S_1(n))$ 的语言。

证明的方法是构造一个图灵机 M，由 M 模拟以 $S_2(n)$ 空间为界的图灵机来进行。模拟的方法如下：令 M_x 是一个单带图灵机，用如下方法，把 M_x 译码为相应二进制数字 0 和 1 的符号串——假定 M 的输入字母集是$\{0,1\}$，空白是附加的工作带符号。为了方便起见，分别把符号 0、1 及空白，记为 X_1、X_2 和 X_3；分别用 D_1、D_2 和 D_3 来标记转移函数中工作带读写头的移动命令 L、P 和 R；这样，就可以把转移函数 $\delta(p_i,X_j)=(p_k,X_l,D_m)$ 译码为二进制符号串 $0^i10^j10^k10^l10^m$。其中，前缀 1 起分隔符作用，1 的个数可以任意。于是，就可以把 M_x 译码为 $111\,\delta_1\,11\,\delta_2\,11\cdots11\,\delta_r\,111$。其中，$\delta_l$（$1 \leqslant l \leqslant r$），是上面所述的转移函数的代码。每一个图灵机都可以有多种译码。可以用类似的方法，对 k 带图灵机和离线图灵机进行译码。对图灵机 M_x 进行译码之后，就可把图灵机 M_x 的译码作为图灵机 M 的输入，由图灵机 M 来模拟图灵机 M_x 的工作。这时，图灵机 M 把图灵机 M_x 的译码以及 M_x 的输入符号串 ω 一起作为输入，识别 M_x 的转移函数命令 δ_l，形成 M_x 在执行转移函数命令 δ_l 时所产生的格局，判断该格局是否为 M_x 对输入符号串 ω 的接受格局、拒绝格局或停机格局，从而完成对 M_x 的模拟。假定 M_x 以 $S(n)$ 空间为界，M 模拟 M_x 时使用了 t 个工作带符号，则 M 模拟 M_x 所使用的空间为$\lceil \log t \rceil S(n)$。

下面借助结论 13.1 来证明上述定理：

证明 分成 3 个步骤：

（1）首先，考虑只具有输入字母集$\{0,1\}$的离线图灵机。开始时，由结论 13.1 及式(13.2.1)，可构造一个以 $S_2(n)$ 空间为界的图灵机 M，使得它至少有一个输入和以 $S_1(n)$ 空间为界的任何图灵机 M_x 不一致，假定这个输入是 ω_x。为了保证 M 不会使用多于 $S_2(n)$ 的空间，首先对 M 的工作带上的 $S_2(n)$ 个单元进行标记。因为 $S_2(n)$ 是空间可构造的，这样就可以对每一个长度为 n 的输入，模拟恰好使用 $S_2(n)$ 空间的图灵机，只要计算中使用的工作带单元超出了被标记的单元，就中断M的操作。显然，M接受的所有语言L都属于$DSPACE(S_2(n))$，即$L(M)$属于$DSPACE(S_2(n))$。

（2）接着，M分别用M_x的输入ω以及与M_x不一致的输入ω_x，与图灵机M_x的译码一起作为其输入x，来模拟以$S_1(n)$空间为界的图灵机M_x。因为ω_x和以$S_1(n)$空间为界的任何图灵机M_x不一致，所以M_x接受ω，而拒绝ω_x。这时M以这样的方式来模拟图灵机M_x：如果M_x停机于接受状态，则M拒绝x而停机；如果M_x停机于拒绝状态，则M接受x而停机。因为M_x是以$S_1(n)$空间为界的，假定模拟时使用了t个工作带符号，则该模拟只需要$\lceil \log t \rceil S_1(n) < S_2(n)$空间。

（3）因为$L(M)$属于$DSPACE(S_2(n))$，它也可以被其他属于$DSPACE(S_2(n))$的图灵机M_y所接受，那么只要证明M_y不会以$S_1(n)$空间为界，而M_y是任意的，即可说明$DSPACE(S_2(n))$中至少有一个语言不能被以$S_1(n)$空间为界的图灵机所接受，定理便可得到证明。

用反证法证明。如果M_y接受$L(M)$，且M_y以$S_1(n)$空间为界，而$S_1(n)$满足式(13.2.1)，所以存在无穷多个自然数$n_1, n_2, \cdots$，满足不等式：

$$\lceil \log t \rceil S_1(n_i) < S_2(n_i), \quad i = 1, 2, \cdots$$

因此，存在一个以$S_1(n)$空间为界的图灵机所接受的输入ω_y。把ω_y和M_y的译码作为M的输入x'，则M以$\lceil \log t \rceil S_1(n') < S_2(n')$空间来模拟$M_y$的工作，其中$n' = |x'|$。显然，$M_y$接受$\omega_y$，根据（2），$M$拒绝以$\omega_y$作为输入的$x'$。因此，$M_y$接受的语言不是$M$所接受的语言，与$M_y$接受$L(M)$相矛盾。因此，$M_y$不会以$S_1(n)$空间为界。由此说明，$L(M)$在$DSPACE(S_2(n))$中，但不在$DSPACE(S_1(n))$中。因此，在$DSPACE(S_2(n))$中，必然至少包含着一个不属于$DSPACE(S_1(n))$的语言。

上述定理说明，凡属于$DSPACE(S_1(n))$的语言，都可属于$DSPACE(S_2(n))$；但属于$DSPACE(S_2(n))$的语言，不一定属于$DSPACE(S_1(n))$。因此，当$S_1(n)$和$S_2(n)$满足式（13.2.1）时，即当$S_1(n)$的阶是$o(S_2(n))$时，$DSPACE(S_1(n))$和$DSPACE(S_2(n))$类型的语言属于不同类型的语言集合。

对时间谱系定理，首先有如下的引理：

引理 13.2 如果k带图灵机以时间$T(n)$接受语言L，则2带图灵机以时间$T(n)\log T(n)$接受语言L。

证明 首先说明2带图灵机M_1是如何模拟k带图灵机M的。把图灵机M_1的第1条存储带划分为k部分，每部分对应于M的一条工作带。同时，又把每一部分划分成上、下两道，而第2条带用于暂存及传送第1条带的数据。为简单起见，在此只讨论对M的某一条工作带的模拟，其他带的模拟可以类似处理。

在图灵机M_1的第1条带的上、下两道都有一个特殊单元，称为B_0。当M的工作带读写头左（右）移时，M_1的工作带数据右（左）移，使得B_0的内容一直保持为M的工作带读写头所指向单元的内容。除特殊单元B_0外，把B_0右边的单元划分为存储块$B_1, B_2, \cdots$；把B_0左边的单元划分为存储块$B_{-1}, B_{-2}, \cdots$。对$i = 1, 2, \cdots$，存储块B_i及B_{-i}的单元个数都为

2^{i-1}。因此，如果记$|B_i|$为存储块B_i及B_{-i}的单元个数，则有如下关系：

$$|B_i| = \sum_{k=1}^{i-1} |B_k| + 1 \tag{13.2.2}$$

假定，M 的工作带读写头所指向单元的内容为a_0，则其右方单元的内容分别为$a_1, a_2, \cdots$，其左方单元的内容分别为$a_{-1}, a_{-2}, \cdots$。开始时，左方单元的内容都是空的。M_1的工作带中与M 的这条工作带相对应的那一部分，假定其上道是空的，下道存有$\cdots a_{-2}, a_{-1}, a_0, a_1, a_2, \cdots$，这些内容被放置在存储块$\cdots B_{-2}, B_{-1}, B_0, B_1, B_2, \cdots$上，如图 13.2 所示。当$M$ 的工作带读写头左移或右移时，M_1的工作带数据按下列规则进行相应的右移或左移操作：

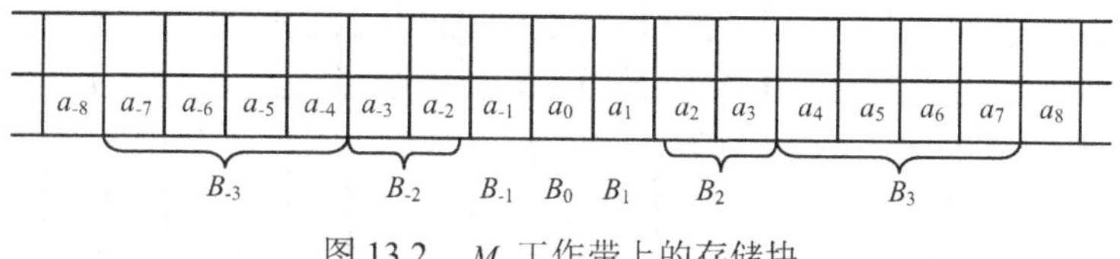

图 13.2　M_1工作带上的存储块

（1）对所有的$i > 0$，或者上、下道的B_i全满，而B_{-i}为空；或者B_i为空，而B_{-i}全满；或者B_i与B_{-i}的下道全满而上道均空。

（2）存储块B_i与B_{-i}的内容都表示M 的工作带上的一片连续单元的内容。当上、下道的存储块B_i均满时，则上、下道的B_i一起构成一片长度为$|2B_i|$的连续单元的内容。这时，如果$i > 0$，上道B_i的内容恰好是下道B_i左边的内容；当$i < 0$时，上道B_{-i}的内容恰好是下道B_{-i}右边的内容。

（3）当$i < j$时，B_i是B_j左边单元的内容。

（4）B_0只有下道有内容。

当M 的工作带读写头左移时，对M_1的工作带数据进行如下的右移操作：在上道向右寻找遇到的第 1 个空存储块，比如空存储块是B_{i+1}，则把下道B_i的内容复制到上道B_{i+1}的右半部分，把上道B_i的内容复制到上道B_{i+1}的左半部分，把上道$B_{i-1} \sim B_1$及下道B_0的内容依次复制到下道B_i。按照式（13.2.2），存储块B_i的长度恰好容纳$B_{i-1} \sim B_1$及B_0的全部数据。另外，在下道向左遇到的第一个满存储块必然是$B_{-(i+1)}$，也把它复制到下道的$B_{-i} \sim B_{-1}$及下道B_0。同样，存储块$B_{-(i+1)}$的长度恰好是存储块$B_{-i} \sim B_{-1}$及B_0长度的总和。这就完成了M 的工作带读写头左移的模拟，把它称为一个B_i操作。数据移动的过程如图 13.3 所示。

M 的工作带读写头右移的模拟动作类似。根据式（13.2.2），M 工作带读写头连续左移2^{i-1}次，M_1的存储块B_i操作 1 次，B_{i-1}操作 2 次，B_{i-2}操作 4 次。一般地，对所有的k，$1 \leqslant k \leqslant i$，存储块$B_k$操作$2^{i-k}$次。由此，如果$M$ 工作带读写头连续左移$T(n) = 2^{i-1}$次，则有$i = \log T(n) + 1$，令$1 \leqslant k \leqslant \log T(n) + 1$，则$M_1$的存储块$B_k$的操作次数将为：

$$\begin{aligned} 2^{i-k} &= 2^{\log T(n)+1-k} \\ &= T(n)/2^{k-1} \end{aligned}$$

而存储块B_k包含2^{k-1}个单元的数据，考虑到上道数据的移进移出，使得存储块数据的每一次移动，每个数据将需复制两次。因此，存在一个正常数 m，使得 M_1 的存储块 B_k 操作一次，M_1 的工作带读写头平均执行 $m\cdot 2^k$ 个动作。因此，有：

$$\begin{aligned}T_1(n) &= \sum_{k=1}^{\log T(n)+1} m\cdot 2^k \frac{T(n)}{2^{k-1}} \\ &= 2mT(n)(\log T(n)+1) \\ &\leqslant 4mT(n)\log T(n)\end{aligned}$$

此外，如果 M 在不同的工作带中移动，M_1 所增加的额外的花费将只是线性时间。由此可得引理成立。

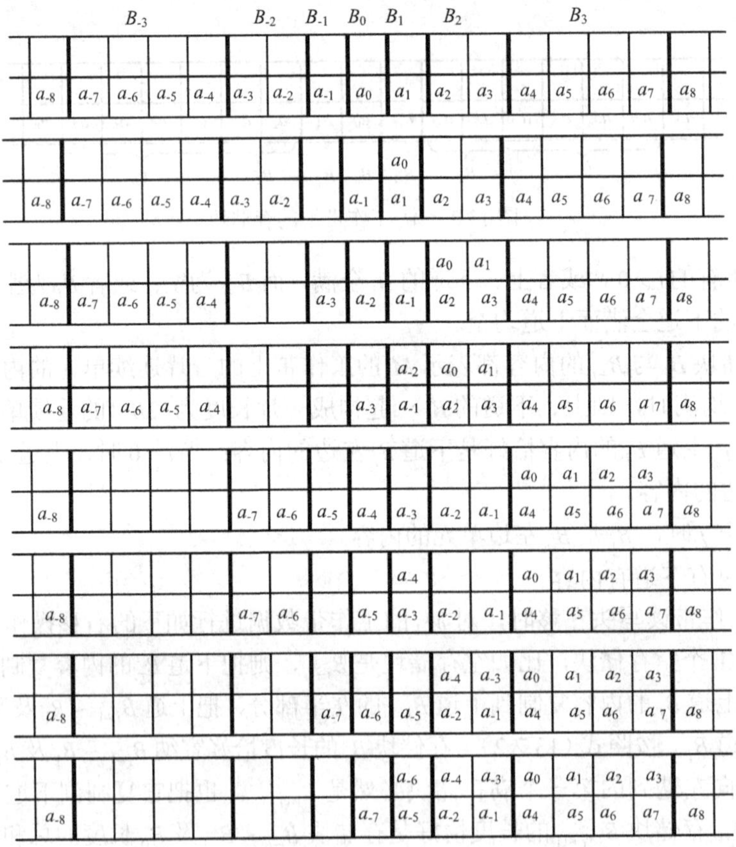

图 13.3　工作带上存储块的移动情况

定理 13.4　令 $T_1(n)$ 和 $T_2(n)$ 是两个时间界限函数，其中，$T_2(n)$ 是时间可构造的。如果

$$\lim_{n\to\infty}\frac{T_1(n)\log T_1(n)}{T_2(n)}=0 \tag{13.2.3}$$

则在 $DTIME(T_2(n))$ 中，至少包含着一个不属于 $DTIME(T_1(n))$ 的语言。

证明　可以类似于定理 13.3 的证明来证明这个定理。同样，分成三个步骤：

（1）首先，构造一个以 $T_2(n)$ 时间为界的 2 带图灵机 M，使得它和以 $T_1(n)$ 时间为界的图灵机M_x至少有一个输入是不一致的，假定这个输入是ω_x。M把k带图灵机M_x的译码及其输入ω作为M的输入x，来模拟图灵机M_x，令输入x的长度为n。因为$T_2(n)$是时间可构造的，这样就可以对每一个长度为n的输入，模拟恰好使用$T_2(n)$时间的图灵机。只要计算中使用的时间超过了$T_2(n)$的步数，就中断M的操作。因此，M接受的所有语言L都属于$DTIME(T_2(n))$，即$L(M)$属于$DTIME(T_2(n))$。

（2）接着，M分别用M_x的输入ω以及与M_x不一致的输入ω_x，与图灵机M_x的译码一起作为其输入x来模拟以$T_1(n)$时间为界的图灵机M_x。因为ω_x和以$T_1(n)$时间为界的任何图灵机M_x不一致，所以M_x接受ω，而拒绝ω_x。这时M以这样的方式来模拟图灵机M_x：如果M_x停机于接受状态，则M拒绝x而停机；如果M_x停机于拒绝状态，则M接受x而停机。因为M是 2 带图灵机，在模拟以$T_1(n)$时间为界的k带图灵机M_x时，由引理 13.2，它用$T_1(n)\log T_1(n)$时间完成这种模拟。假定在模拟时额外使用了t个工作带符号，因此存在着常数c，使得这种模拟以因子$c=\lceil \log t \rceil$变慢。由此，M以$cT_1(n)\log T_1(n)$时间完成这种模拟。

（3）因为$L(M)$属于$DTIME(T_2(n))$，它也可以被其他属于$DTIME(T_2(n))$的图灵机M_y所接受，那么只要证明M_y不会以$T_1(n)$时间为界，而M_y是任意的，即可说明$L(M)$中至少有一个语言，不能被以$T_1(n)$时间为界图灵机所接受，定理便可得到证明。

用反证法证明。如果存在一个接受$L(M)$的、以$T_1(n)$时间为界的图灵机M_y，因为$T_1(n)$满足式（13.2.3），所以存在无穷多个自然数$n_1, n_2, \cdots$，满足不等式：

$$cT_1(n)\log T_1(n) < T_2(n), \quad i=1,2,\cdots$$

因此，存在一个以$T_1(n)$时间为界的图灵机所接受的输入ω_y。把ω_y和M_y的译码作为M的输入x'，则M以$cT_1(n')\log T_1(n') < T_2(n')$时间来模拟$M_y$的工作，其中$n'=|x'|$。因为$M_y$接受$\omega_y$，根据（2），$M$拒绝以$\omega_y$作为输入的$x'$。因此，$M_y$接受的语言不是$M$所接受的语言，与$M_y$接受$L(M)$相矛盾。因此，$M_y$不会以$T_1(n)$时间为界。由此说明，$L(M)$在$DTIME(T_2(n))$中，但不在$DTIME(T_1(n))$中。因此，在$DTIME(T_2(n))$中，必然包含一个不属于$DTIME(T_1(n))$的语言。

13.2.3　填充变元

所谓填充变元，是一个很长的无效的附加符号序列，把它附加到特定问题的输入实例中，使得实例规模变大，从而使接受该实例的图灵机所需要的计算步数，与该实例的相对规模比较起来，其时间复杂性相对变低。例如，假定语言$L \subseteq \Sigma^*$（其中，Σ是不包含符号 0 的字母集），并假定L属于$DTIME\ (n^2)$。如果令

$$L' = \{x0^k \mid x \in L \ \ and \ \ k = |x|^2 - |x|\}$$

把L'称为L的填充版本。其中，符号序列0^k称为填充变元。假定M是接受L的图灵机，则M以$O(|x|^2)$步的时间，去判断x是否属于L。现在，构造另外一个识别L'的图灵机M'。M'首先检查形式为$x0^k$的输入符号串x'；然后，模拟M对输入x的计算，如果M接受x，

则 M' 也接受。这样，M' 以 $O(|x'|)$ 步的时间来判断 x' 是否属于语言 L'。因此，L' 属于 $DTIME(n)$。由此，如果 L 属于 $DTIME(n^4)$，则 L' 属于 $DTIME(n^2)$。一般地，如果 L 处于 $DTIME(f(n^2))$，则 L' 属于 $DTIME(f(n))$。

填充变元技巧在某种形式上说明了两种复杂性阶的相对联系，可以利用它来证明下面的定理：

定理 13.5 如果 $DSPACE(n)\subseteq P$，则 $PSPACE=P$。

证明 分两步来证明：

（1）首先，根据定理 13.1，有 $DTIME(f(n))\subseteq DSPACE(f(n))$；再根据 P 及 $PSPACE$ 的定义，有 $P\subseteq PSPACE$。

（2）其次，令 $L\subseteq\Sigma^*$ 是 $PSPACE$ 中的语言，即 L 属于 $PSPACE$。其中，Σ 是不包含符号 0 的字母表。令 $p(n)$ 是某一个多项式，则存在一个以 $p(n)$ 空间为界识别 L 的图灵机 M。考虑下面的语言 L'：

$$L'=\{x0^k \mid x\in L \ \ and \ \ k=p(|x|)-|x|\}$$

因此，可以构造另外一个接受 L' 的图灵机 M'，去识别形式为 $x0^k$ 的输入符号串 x'，则图灵机 M' 以 $|x'|$ 空间识别 L'。所以，L' 属于 $DSPACE(n)$。根据假设，$DSPACE(n)\subseteq P$。所以有：L' 属于 P。这样，就存在着一个以多项式时间识别 L' 的图灵机 M''。因此，可以用另外一个图灵机，只要对输入 x 附加上 0^k（其中，$x\in L$，且 $k=p(|x|)-|x|$），就能模拟 M''。显然，这个图灵机也可以用多项式时间识别 L。所以，L 属于 P。因此有：$PSPACE\subseteq P$。

综合（1）和（2），有：$PSPACE= P$。

推论 13.4 $P\neq DSPACE(n)$。

这个推论的证明留作练习。

定理 13.6 如果 $NTIME(n)\subseteq P$，则 $NEXT=DEXT$。

证明 同样分两步来证明：

（1）首先，对某个常数 $c>0$，有 $DTIME(2^{cn})\subseteq NTIME(2^{cn})$。所以，有 $DEXT\subseteq NEXT$。

（2）其次，令 $L\subseteq\Sigma^*$ 是 $NTIME(2^{cn})$ 中的一个语言，即 L 属于 $NTIME(2^{cn})$。其中，Σ 是不包含符号 0 的字母表。则对某个常数 $c>0$，存在一个非确定性的图灵机 M，以 2^{cn} 为界的时间识别 L。考虑下面的语言 L'：

$$L'=\{x0^k \mid x\in L \ \ and \ \ k=2^{cn}-|x|\}$$

则存在一个非确定性的图灵机 M'，以线性时间识别 L'。所以，L' 属于 $NTIME(n)$。根据假设，$NTIME(n)\subseteq P$。所以，L' 属于 P。这样，就存在一个确定性的图灵机 M''，以多项式时间识别 L'。因此，可以用另外一个确定性的图灵机，只要对输入 x 附加上 0^k（其中，$x\in L$，且 $k=2^{cn}-|x|$），就能模拟 M''。显然，这个确定性的图灵机也可以用 2^{cn} 时间识别 L。所以，L 属于 $DTIME(2^{cn})$。因此有：$NTIME(2^{cn})\subseteq DTIME(2^{cn})$。由 $NEXT$ 和 $DEXT$ 的定义，可得：$NEXT\subseteq DEXT$。

综合（1）和（2），有：$NEXT=DEXT$。

13.3　归约性关系

在第 12 章曾非形式地讨论过归约，它通过一个多项式的确定性算法，把一个问题的实例映射为另一个问题的实例，从而把一个问题变换为另一个问题。本章将继续从形式上来叙述归约。

定义 13.13　令Σ和Δ是两个字母表，$A \in \Sigma^*$、$B \in \Delta^*$分别是两个用字母表Σ和Δ上的符号串译码的任意判定问题。函数f把字母表Σ上的符号串映射为字母表Δ上的符号串，如果满足下面的性质：

$$\forall x \in \Sigma^* \quad x \in A \quad \text{当且仅当} \quad f(x) \in B$$

则称f是一个从A到B的变换。

由A到B的变换函数f是很有用的，因为它意味着：可以通过把问题A的输入x，变换为问题B的输入y。此时，因为问题A的答案为 yes，当且仅当问题B的答案为 yes。所以，可以通过对问题B进行求解来实现对问题A的解，从而间接地利用解问题B的算法，转换为解问题A的算法。因此，可以构造如下的算法来解问题A：对任意给定的输入符号串$x \in \Sigma^*$：

（1）把x变换为$f(x)$。

（2）判断是否有$f(x) \in B$。

（3）若$f(x) \in B$，则回答 yes；否则，回答 no。

上面解问题A的这个算法的复杂性，取决于两个因素：把x变换为$f(x)$的复杂性；判断给定符号串是否属于B的复杂性。很清楚，如果上述这种变换不太复杂，就可以把B的一个有效的算法变换为A的一个有效的算法。

定义 13.14　如果有一个由问题A到问题B的变换，就称为A可归约为B，记为$A \propto B$。

定义 13.15　令$A \in \Sigma^*, B \in \Delta^*$分别是字母表$\Sigma$和$\Delta$上的符号串集合，变换$f$: $\Sigma^* \to \Delta^*$，则：

（1）如果$f(x)$可以用多项式时间计算，则A可以用多项式时间归约为B，并记为$A \propto_p B$。

（2）如果$f(x)$可以用$O(\log|x|)$空间计算，则A可以用 log 空间归约为B，并记为$A \propto_{\log} B$。

定义 13.16　令$\propto$是可归约性关系，$\mathcal{L}$是一个语言族。$\mathcal{L}$在可归约性关系$\propto$下的闭包定义为：

$$closure_{\propto}(\mathcal{L}) = \{L \mid \exists L' \in \mathcal{L}(L \propto L')\}$$

则$\mathcal{L}$是可归约性关系$\propto$下的闭包，当且仅当：

$$closure_{\propto}(\mathcal{L}) \subseteq \mathcal{L}$$

如果$\mathcal{L}$是由一个语言L组成的，则可以把$closure_{\propto}(\{L\})$写成$closure_{\propto}(L)$。

例如，$closure_{\propto_p}(P)$是所有可以用多项式时间归约于P的语言集合；$closure_{\propto_{\log}}(P)$是所有可以用log空间归约于$P$的语言集合。

下面就多项式时间的可归约性和log空间的可归约性，说明这两种可归约性之间的联系。

引理 13.3 以log空间为界的离线图灵机M，其输入长度为n时，可能产生的不同格局个数的上界是n的多项式。

证明 离散图灵机的格局，描述了离散图灵机在某一计算步中工作带的内容、控制器的状态以及读写头的位置。因此，离散图灵机可能产生的不同格局的最大个数，是控制器状态个数、输入带读写头的最大位置个数、工作带读写头的最大位置个数以及工作带单元可能存放的不同符号个数的乘积。

令s为控制器的状态个数，t是工作带字母表中的符号个数，n是输入长度，则输入带读写头位置的最大个数是$n+2$（n个输入符号加上左、右两端的标记符）；因为离线图灵机是以log空间为界的，所以工作带读写头的最大位置个数为$\log n$；每个工作带单元都可能存放字母表中的每一个符号，因此工作带单元可能存放的不同符号有$t^{\log n}$个。所以，当输入长度为n时，M可能产生的不同格局个数为：

$$s(n+2)(\log n)t^{\log n}=s(n+2)(\log n)n^{\log t}\leqslant O(n^k)$$

其中，k是大于0的正整数。由此可见，当输入长度为n时，M可能产生的不同格局个数的上界是n的多项式。

定理 13.7 A和B是任意两个问题，如果$A\propto_{\log}B$，则$A\propto_p B$。

证明 因为$A\propto_{\log}B$，所以，有一个由问题A到问题B的变换$f(x)$，对任意的输入符号串x，可以用$O(\log|x|)$空间实现把A归约为B。因此，存在一个以log空间为界的离线图灵机M来实现这种归约。令输入符号串的长度$|x|=n$，由引理13.3，M可能产生的不同格局个数的上界是n的多项式。因此，M可以用多项式时间实现这种归约。所以，$f(x)$可以用多项式时间把A归约为B。由此，有$A\propto_p B$。

这个定理表明：如果A可以用log空间归约为B，则A也可以用多项式时间归约为B。由此，对任何语言族L，如果L在多项式时间归约下封闭，则在log空间归约下也封闭。

定理 13.8 P在多项式时间归约下封闭。

证明 根据定义13.16可归约性关系下闭包的定义，假定对某个有限字母集Σ，字符串集合$L\subseteq\Sigma^*$是Σ上的任意一个语言，存在着某一个语言$L'\in P$，使得$L\propto_p L'$，那么只要能够证明在此前提下$L\in P$，则P在多项式时间归约下封闭。

因为$L\propto_p L'$，根据多项式归约的定义，存在着一个多项式时间可计算的变换函数$f(x)$，使得：

$$\forall x\in\Sigma^*\quad x\in L\quad 当且仅当\quad f(x)\in L'$$

由此，存在着一个多项式时间的确定性图灵机M''来计算函数$f(x)$，假定这个多项式时间的阶为n^i，$i\geqslant 1$；又因为$L'\in P$，所以，存在着一个多项式时间的确定性图灵机M'来接受L'，假定这个多项式时间的阶为n^k，$k\geqslant 1$。同时，$L\subseteq\Sigma^*$是Σ上的任意一个语言，可以构

造一个接受 L 的图灵机 M。M 对字母集 Σ 上的输入 x 执行下面的 3 个操作来识别 L：

（1）模拟图灵机 M''，对输入 x 计算 $f(x)=y$，把输入 x 变换为对图灵机 M' 的输入 y。

（2）模拟图灵机 M'，对输入 y 确定是否 $y\in L'$。

（3）如果模拟的结果 $y\in L'$，则 M 接受 x，否则拒绝。

则图灵机 M 通过对 M'' 和 M' 的模拟，间接地识别 L。

图灵机 M 的这个算法的时间复杂性，是上述 3 个步骤所花时间的总和。令输入 x 的长度为 n，y 的长度为 m，则第 1 步模拟图灵机 M''，所花时间的阶为 n^i；第 2 步模拟图灵机 M'，所花时间的阶为 m^k；第 3 步判断结果，只需一个常数时间 b。因此，图灵机 M 对长度为 n 的输入 x，所花时间的阶为 n^i+m^k+b。因为步骤（1）至多执行 n^i 步，所产生的输出 y 的长度也不会超过 n^i，因此 $m\leqslant n^i$。由此，$n^i+m^k+b\leqslant n^i+n^{ik}+b=n^c+b$，其中 $c=i+ik>1$。因此，确定性图灵机 M 以多项式时间识别 L。所以，$L\in P$，则 P 在多项式时间归约下封闭。

下面定理的证明类似定理 13.8 的证明。

定理 13.9　*NP* 和 *PSPACE* 在多项式时间归约下封闭。

推论 13.5　*NP* 和 *PSPACE* 在 log 空间归约下封闭。

定理 13.10　*LOGSPACE* 在 log 空间归约下封闭。

证明　与证明定理 13.8 的思想方法类似。根据定义 13.16 可归约性关系下闭包的定义，假定对某个有限字母集 Σ，$L\subseteq\Sigma^*$ 是 Σ 上的任意一个语言，存在着某一个语言 $L'\in LOGSPACE$，使得 $L\propto_{\log}L'$，那么只要能够证明在此前提下 $L\in LOGSPACE$，则 *LOGSPACE* 在 log 空间归约下封闭。

因为 $L\propto_{\log}L'$，根据 log 空间归约的定义，存在着一个以 log 空间可计算的变换函数 $f(x)$，使得：

$$\forall x\in\Sigma^*\quad x\in L\quad 当且仅当\quad f(x)\in L'$$

由此，存在着一个确定性图灵机 M''，以 $\log n$ 空间的工作带单元来计算函数 $f(x)$；又因为 $L'\in LOGSPACE$，所以，存在着一个确定性图灵机 M'，以 $\log n$ 空间来接受 L'。同时，$L\subseteq\Sigma^*$ 是 Σ 上的任意一个语言，可以构造一个接受 L 的图灵机 M。M 通过对 M'' 和 M' 的模拟来间接地识别 L。在这里，M 按如下方式交错地对 M'' 和 M' 进行模拟。

（1）设置 $f(x)$ 的符号计数器 i，把 i 初始化为 1。

（2）对字母集 Σ 上的输入 x，按如下方式模拟图灵机 M'' 的操作：如果 $1\leqslant i\leqslant|f(x)|$，则 M'' 计算 $f(x)$ 的第 i 个符号，把这个符号称为 σ。如果 $i=0$，则令 σ 是左端标记符号 #；如果 $i=|f(x)|+1$，则令 σ 是右端标记符号 \$；转到步骤（3），把符号 σ 提交给 M'。

（3）对符号 σ 模拟图灵机 M' 的动作，直到 M' 的输入带读写头移向左，或移向右。如果读写头移向右，则使计数器 i 加 1；如果读写头移向左，则使计数器 i 减 1。在这两种情况下，都转去执行步骤（2），向 M'' 索取 $f(x)$ 的下一个符号。如果 M' 控制器的状态迁移，使 M' 转入最终的接受状态，则 M' 接受 $f(x)$，因此，M 也接受输入符号串 x；如果 M' 转入最终的拒绝状态，则 M' 拒绝 $f(x)$，因此，M 也拒绝输入符号串 x。

在上述 M 对 M'' 和 M' 的模拟过程中，M 交替地执行步骤（2）和（3）。假定输入符

号串 x 的长度为 n。M 所需要的工作带空间由下面3个部分组成：

（1）M'' 计算 $f(x)$ 时所需要的工作带空间。因为 $f(x)$ 是log空间可计算的函数，所以，需要 $\log n$ 个工作带单元。

（2）M' 处理 $f(x)$ 所需要的工作带空间。因为 M'' 是以log空间进行计算的，由引理13.3，M'' 所产生的格局个数至多以 n 的多项式为界，因此 M'' 所产生的输出符号个数，至多也以 n 的多项式为界。所以，存在着一个常数 $c>0$，使得 $|f(x)|\leqslant n^c$。因为 $L'\in LOGSPACE$，所以 M' 以 $\log|f(x)|$ 空间操作，则 M' 处理 $f(x)$ 所需要的工作带空间为：

$$\log|f(x)|\leqslant \log n^c = c\log n$$

（3）M 存放计数器 i 所需要的工作带空间。M 以二进制记号来存放 i 的计数值，因为 $0\leqslant i\leqslant |f(x)|+1$，所以 M 存放计数器 i 所需要的工作带空间为 $\log|f(x)|\leqslant \log n^c = c\log n$。

综上所述，对某个常数 $d>0$，M 所需要的工作带空间为 $d\log n$。因此，M 以 $d\log n$ 空间识别 L。所以，$L\in LOGSPACE$，则 $LOGSPACE$ 在log空间归约下封闭。

定理 13.11 $NLOGSPACE$ 在log空间归约下封闭。

这个定理的证明，类似于定理13.10的证明。

13.4 完 备 性

在第12章讨论 NP 完全问题时，说明了 NP 类中的一些问题，在多项式时间归约下对 NP 类是完全的。在这一节，将对完备性问题作进一步的讨论。

13.4.1 *NLOGSPACE* 完全问题

定义 13.17 令 $\propto$ 是一个可归约性关系，$\mathcal{L}$ 是一个语言族。如果语言 L 属于 $\mathcal{L}$，并且 $\mathcal{L}$ 中的每一个语言都按关系 $\propto$ 归约于 L，就说语言 L 关于可归约性关系 $\propto$ 对 $\mathcal{L}$ 是完全的，即 $\mathcal{L}\subseteq closure_{\propto}(L)$。

定理 13.12 GAP问题在log空间归约下对 $NLOGSPACE$ 类是完全的。

证明 在例13.4中，已经说明了GAP问题属于 $NLOGSPACE$，为了证明上面的定理，只要证明 $NLOGSPACE$ 中的所有问题都可以用log空间归约于GAP即可。即对任意一个语言 $L\in NLOGSPACE$，都有 $L\propto_{\log}$ GAP。

因为 $L\in NLOGSPACE$，所以，存在一个非确定性的离线图灵机 M 以log空间识别 L。因此，对 L 的每一个长度为 n 的输入符号串 x，M 至多用 $\log n$ 个工作带单元来计算 x，其中 $n=|x|$。现在，构造一个log空间归约，把输入符号串 x 变换为有向图 $G=(V,E)$ 的可达性问题GAP的一个实例。用 M 对输入符号串 x 进行计算时，所产生的所有格局 $\sigma=(p,i,\omega_1\uparrow\omega_2)$ 组成图 G 中的所有顶点；在 M 对 x 进行计算的每一步中，假设为第 i 步，格局将由 σ_i 转移到 σ_{i+1}，用每一步中的这一对格局 (σ_i,σ_{i+1}) 组成图 G 中的边；把 M 对 x 进

行计算的初始格局 σ_0 作为图 G 的开始出发顶点 s；把 M 对 x 进行计算的最终格局 σ_f 作为图 G 的目标顶点 t。这样，M 接受 x，当且仅当顶点 s 到顶点 t 可达。

下面证明可以用一个确定性的离线图灵机 M' 来实现 log 空间归约。

（1）根据引理 13.3 证明的分析，以 log 空间工作的非确定性的离线图灵机 M，当输入长度为 n 时，存在着一个常数 $c>1$，使得 M 可能产生的不同格局个数至多为：

$$s(n+2)(\log n)t^{\log n}=s(n+2)(\log n)n^{\log t}\leqslant n^c$$

其中，s 为 M 的控制器的状态个数；$n+2$ 为 M 的输入带读写头的不同位置个数；$\log n$ 为 M 的工作带读写头的不同位置个数；t 为工作带符号个数；$t^{\log n}$ 为可能写到 $\log n$ 个工作带单元内的不同符号个数。图 G 的每一个顶点，对应于 M 的一个不同格局。因此，所要构造的图 G 的顶点个数，也就是 M 可能产生的不同格局个数，至多不会超过 n^c 个。每一个顶点的编号（也即格局的编号）用二进制编码，需要 $c\log n$ 个工作带单元。

（2）在 M 对 x 进行计算的每一步中，格局将由 σ_i 转移到 σ_{i+1}。用每一步中的这一对格局 (σ_i,σ_{i+1})，组成图 G 中的边。因此，必须用两个寄存器来存放当前步格局 σ_i 的编号和下一步格局 σ_{i+1} 的编号。根据步骤（1）的分析，这两个寄存器，每一个需要 $c\log n$ 个工作带单元。

（3）因为 M 是非确定性的离线图灵机，由当前步的格局转移到下一步的格局有多种选择，这些选择都可以构成图 G 的边。M 可能构成的选择有：每一种状态可能有 $n+2$ 种输入符号（输入带符号读写头位置）的选择；每一种输入符号可能有 $\log n$ 个 M 的工作带读写头的不同位置的选择；每一个工作带读写头位置可能有 $t^{\log n}$ 个可能写到工作带单元内的不同符号。因此，必须设置 4 个寄存器：用寄存器 r_1 来存放 M 的控制器的状态编码，需要 $\log s$ 个工作带单元；用寄存器 r_2 来存放输入带符号读写头位置的编码，需要 $\log(n+2)$ 个工作带单元；用寄存器 r_3 来存放工作带读写头位置的编码，需要 $\log\log n$ 个工作带单元；如果把可能写到工作带单元内的不同符号用二进制数字编号，则用寄存器 r_4 来存放可能写到工作带单元内的不同符号的编号，需要 $\log t^{\log n}=\log n\cdot\log t$ 个工作带单元。因此，就可以用一个确定性的离线图灵机 M'，使用这些寄存器，构成非确定性离线图灵机 M 的所有格局的所有可能转移组合，从而构成图 G 的边。

由此，存在着一个常数 d，使得确定性的离线图灵机 M'，只用 $d\log n$ 个工作带单元就能实现上述归约。因为 L 是 *NLOGSPACE* 中的任意一个语言，所以 *NLOGSPACE* 中的所有语言，都可以用 log 空间归约于 GAP。这就证明了 GAP 问题对 *NLOGSPACE* 是 log 空间完全的。

推论 13.6　GAP 在 *LOGSPACE* 中，当且仅当 *NLOGSPACE* = *LOGSPACE*。

证明　（1）必要性：如果 GAP 在 *LOGSPACE* 中，根据定理 13.10，*LOGSPACE* 在 log 空间归约下封闭，因此有：

$$closure_{\propto_{\log}}(\text{GAP})\subseteq closure_{\propto_{\log}}(LOGSPACE)\subseteq LOGSPACE$$

根据定理 13.12，GAP 在 log 空间归约下对 *NLOGSPACE* 是完全的，因此有：

$$NLOGSPACE\subseteq closure_{\propto_{\log}}(\text{GAP})$$

因此，有 $NLOGSPACE \subseteq LOGSPACE$。另外，根据 $NLOGSPACE$ 和 $LOGSPACE$ 的定义，有 $LOGSPACE \subseteq NLOGSPACE$。所以，$NLOGSPACE = LOGSPACE$。

（2）充分性：如果 $NLOGSPACE = LOGSPACE$，因为 GAP $\in NLOGSPACE$，所以 GAP $\in LOGSPACE$。

13.4.2 *PSPACE* 完全问题和 *P* 完全问题

定义 13.18 如果问题Π属于 *PSPACE* 类，并且 *PSPACE* 类中的所有问题都可以用多项式时间归约于Π，则问题Π是 *PSPACE* 完全的。

在 *NP* 问题中，有一个可满足性问题 SATISFIABILITY，它是 *NP* 中的第一个完全问题。在 *PSPACE* 完全问题中，也有类似的问题。前束范式 QUANTIFIED BOOLEAN FORMULAS（QBF）就是这样的一个问题：给定具有 n 个变量 $x_1, x_2, \cdots, x_n$ 的布尔表达式 E，判断下面的前束范式 F 的真值是否为真：

$$F = Q_1 x_1 \, Q_2 x_2 \cdots Q_n x_n E$$

其中，$Q_i, 1 \leqslant i \leqslant n$，可以是存在量词 $\exists$，也可以是全称量词 $\forall$。因此，QBF 问题的提法是：

问题：QUANTIFIED BOOLEAN FORMULAS(QBF)
输入：前束范式 F
判定问题：F 是否为真

下面是两个 *PSPACE* 完全问题：

上下文相关文法（Context_Sensitive Grammar，CSG）识别问题 CSG RECOGNITION：给定上下文相关文法 G 和由 G 生成的语言 $L(G)$，以及符号串 x，判定是否 $x \in L(G)$。

问题：CSG RECOGNITION
输入：符号串 x
判定问题：上下文相关文法的语言 $L(G)$ 是否识别 x

因为 $NSPACE(n)$ 类的语言就是由上下文相关文法生成的语言集合，而线性有界自动机（Linear Biunded Automaton，LBA）是一种受限的图灵机，其工作带由 $n+2$ 个单元组成（其中，n 是输入的长度），因此，上面这个问题等价于下面的问题：

线性有界自动机接受问题 LBA ACCEPTANCE：给定一个非确定性的线性有界自动机 M 和符号串 x，判定 M 是否接受 x。

问题：LBA ACCEPTANCE
输入：符号串 x
判定问题：非确定性的线性有界自动机 M 是否接受 x

定义 13.19 如果问题Π是 *P* 类中的问题，而 *P* 中的所有问题，都可用 log 空间归约于Π，则问题Π是 *P* 完全的。

有一些可用低阶多项式时间来解的问题，就是 *P* 完全的。例如，有序深度优先搜索问题 ORDERED DEPTH_FIRST SEARCH：给定有向图$G=(V,E)$，顶点$s,u,v\in V$，从顶点s开始，以深度优先搜索遍历图G，判断顶点u是否比顶点v更早访问到。

问题：ORDERED DEPTH_FIRST
输入：图 G=(V,E),V 中的顶点 s,u,v
判断问题：以深度优先搜索遍历图 G,顶点 u 是否比顶点 v 更早访问到

线性编程问题 LINEAR PROGRAMMING：给定一个$n\times m$的整数矩阵A、一个具有n个整数分量的矢量b和一个具有m个整数分量的矢量c，以及整数k，判断是否存在一个具有m个非负有理数的矢量x，使得$Ax\leqslant b$，并且$cx\geqslant k$。

问题：LINEAR PROGRAMMING
输入：矩阵 A,矢量 b,c,整数 k
判断问题：是否存在非负有理数的矢量 x,使得 Ax≤b,并且 cx≥k

习　　题

1．证明推论 13.4。

2．证明：如果$NP=P$，则$NEXT=DEXT$。

3．证明定理 13.9。

4．证明定理 13.11。

5．证明推论 13.5。

6．证明：2_SAT 对 *NLOGSPACE* 是 log 空间完全的。

7．说明语言$L=\{a^nb^n\mid n\geqslant 1\}$是$DTIME\,(n^2)$的。

8．构造一个识别语言$L=\{\omega\omega\mid \omega\in\{a,b\}^+\}$的离线图灵机，并说明语言$L$是 *LOGSPACE* 的。其中，$\{a,b\}^+$表示字符集$\{a,b\}$上的非空字符串。

9．排序问题的判定问题是：给定 1~n之间的n个正整数序列，判断它们是否能够以递增顺序排序。

（1）说明这个问题是$DTIME\,(n\log n)$的。

（2）说明这个问题是 *LOGSPACE* 的。

10．选择问题的判定问题是：给定一个n个元素的整数数组A、整数x和整数k，判断A中的第k小元素是否等于x。说明这个问题是 *LOGSPACE* 的。

11．证明：如果$LOGSPACE=NLOGSPACE$，那么对每一个空间可构造函数$S(n)\geqslant\log n$，$DSPACE\,(S(n))=NSPACE\,(S(n))$。

12．证明关系$\propto_p$是传递的，即如果$\Pi\propto_p\Pi'$，$\Pi'\propto_p\Pi''$，则$\Pi\propto_p\Pi''$。

13．证明关系$\propto_{\log}$是传递的，即如果$\Pi\propto_{\log}\Pi'$，$\Pi'\propto_{\log}\Pi''$，则$\Pi\propto_{\log}\Pi''$。

14．证明：2 着色问题 2_COLORING 可 log 空间归约于 2 元问题 2_SAT。（提示：令$G=(V,E)$，布尔变量x_v对应于V中的顶点v，令析取子句(x_u,x_v)及$(\neg x_u,\neg x_v)$对应于E中

的边(u,v)）。

15．二分图判定问题：图$G=(V,E)$是一个二分图，当且仅当可以把V划分成两个集合X和Y，使得E中所有的边，形式都是(x,y)，其中$x\in X$，$y\in Y$；当且仅当它不包含奇数长度的回路。证明：二分图判定问题 log 空间归约于 2 着色问题。

16．集合S可线性时间归约于集合T，记为$S\propto_n T$。如果存在着一个可以用线性时间计算的函数f（即对所有输入符号串x，存在着一个常数$c>0$，使得可以用$c|x|$步来计算），使得：

$$\forall x\in S \qquad \text{当且仅当} \qquad f(x)\in T$$

说明：对$k\geqslant 1$，如果$S\propto_n T$，并且$T\in DTIME(n^k)$，则$S\in DTIME(n^k)$，即$DTIME(n^k)$在线性时间归约下封闭。

17．若 GAP 问题的补是 *NLOGSPACE* 完全的，说明 2 元可满足性问题 2_SAT 在 log 空间归约下，对 *NLOGSPACE* 是完全的。（提示：把 GAP 问题的补归约为 2 元可满足性问题 2_SAT。令$G=(V,E)$是一个有向无环图，用布尔变量x_v对应于V中的顶点v，用析取子句(x_v)对应于开始顶点s；用析取子句$(\neg x_t)$对应于目标顶点t；用析取子句$(\neg x_u\vee x_v)$对应于E中的边(u,v)。证明：2 元可满足性问题 2_SAT 是可满足的，当且仅当从s到t不存在路径）

18．证明：$PSPACE\subseteq P$，当且仅当$PSPACE\subseteq PSPACE(n)$。（提示：用填充变元证明）

参 考 文 献

可在文献[44]、[45]以及其他有关自动机的书籍中看到图灵机的详细内容。可在文献[10]、[13]、[17]、[19]、[46]中看到可满足性问题及其证明。可在文献[3]中看到定理 13.1 的证明。可在文献[3]、[46]中看到定理 13.2 的证明。可在文献[47]中看到空间谱系定理及其证明。可在文献[48]中看到时间谱系定理及其证明。也可在文献[3]、[44]中看到这两个定理及其证明。可在文献[3]中看到填充变元及归约性关系的有关内容。GAP 问题的 *NLOGSPACE* 完备性是在文献[49]中证明的。*PSPACE* 完全问题和 *P* 完全问题可在文献[43]、[50]、[51]等中看到，可在文献[3]中看到以上内容的叙述。

第14章　下　　界

前面章节中主要关心的是对每一个问题能取得一个正确而有效的解。对算法进行分析时，是在最坏的情况下，或在平均情况下分析该算法的复杂性。当所求解的问题有两个算法，这两个算法的复杂性具有不同的阶，就认为复杂性的阶较低的那个算法是更为有效的算法。本章讨论另一个问题：是否还可能存在着更为有效的算法，或者，怎样证明某个算法是解给定问题的最有效算法，这就涉及解该问题的所有算法所必需的时间下界。于是，在这里就有两个概念：解某个问题的给定算法所必需的时间下界以及解某个问题的所有算法所必需的时间下界。在前面的章节中所涉及的问题是前一个问题，本章所讨论的问题涉及的是后面的问题——如果能够找出一个函数 $g(n)$，并且能够确定和证明它是解某一个问题的所有算法的时间下界，那么就不可能找出一个比函数 $g(n)$ 的阶更低的算法；如果设计出一个计算时间与 $g(n)$ 同阶的算法 A，就认为算法 A 是解该问题的最优算法。

14.1　平 凡 下 界

确定和证明解某一个问题的算法所需的时间下界，一般来说是很困难的。因为这涉及求解该问题的所有算法，而枚举所有可能的算法，并对它们加以分析，通常是不可能的。因此，必须采用某种计算模型。但是，有些问题的下界是很明显的，用直观的方法就可以推导出来。例如，读取问题的 n 个输入元素，需要 $\Omega(n)$ 时间。因此，$\Omega(n)$ 就是问题的一个时间下界。把这样的下界称为平凡下界。下面是平凡下界的两个例子。

例 14.1　检查 n 个元素的整数数组中，其值为偶数的元素个数。很清楚，这需要对数组中的每一个元素进行判断和累计。因为对每一个元素进行判断需要 $\Omega(1)$ 时间，对 n 个元素进行判断，就需要 $\Omega(n)$ 时间。因此，$\Omega(n)$ 是求解这个问题的所有算法的下界。

例 14.2　检查具有 n 个顶点的有向图的可达性矩阵问题。n 个顶点的有向图的可达性矩阵是一个 $n \times n$ 的矩阵，显然，需要检查 n^2 个元素，每检查一个元素至少需要 $\Omega(1)$ 时间，则检查 n^2 个元素，至少需要 $\Omega(n^2)$ 时间。因此，$\Omega(n^2)$ 是求解这个问题的所有算法的下界。

14.2　判定树模型

在前面的章节中考虑某些问题的时间复杂性时，经常使用比较操作作为基本操作。随着比较操作的结果，算法的执行被分为两个部分：大于被比较操作数的部分，算法的执行沿着一个分支结点进行；小于被比较操作数的部分，算法的执行沿着另外一个分支结点进行。于是，就可以用一棵二叉树来描绘算法的执行过程，把这棵树称为判定树。因此，判定树是这样的一棵二叉树：它的每一个内部结点，对应于一个形式为 $x \leqslant y$ 的比较。如果关系成立，则控制转移到左儿子结点；否则，控制转移到右儿子结点。它的每一个叶子结点，表示问题的一个结果。在用判定树模型来建立问题的下界时，通常忽略解题时的所有算术运算，只集中考虑分支执行时的转移次数。

判定树的执行是从根结点开始的，然后根据比较操作的结果，将控制转移到它的儿子结点。这个过程一直进行，直到叶子结点为止。因此，问题的时间复杂性，就与判定树的高度有关。下面就检索问题和排序问题来说明判定树模型的使用。

14.2.1 检索问题

检索问题：令数组 A 是一个具有 n 个元素的有序数组，给定元素 x，确定 x 是否在数组 A 中。用判定树模型来确定基于比较的检索问题的下界时，用一个二叉树来表示数组的检索过程，树中的每一个结点表示元素 x 和数组中某个元素 $A[i]$ 的一次比较。每次比较有 3 种可能的结果：$x < A[i]$、$x = A[i]$ 及 $x > A[i]$。假定，如果 $x = A[i]$，则算法检索成功而终止；如果 $x < A[i]$，则算法的执行转移到二叉树的左分支；如果 $x > A[i]$，则算法的执行转移到二叉树的右分支。如果算法的执行沿着左、右分支前进，直到叶子结点都找不到一个 i，使得 $x = A[i]$，则算法检索失败而终止。因为检索过程是从根结点开始，直到叶结点为止的，因此比较与判定的次数是树的高度加 1。当被检索元素的个数为 n 时，因为元素是有序的，判定树的内部结点至多为 $2^k - 1$ 个，其中 $k = \lceil \log n \rceil$。如果所有结点都集中在树的第 k 层及其较低的层上，那么树的高度至少为 $\lfloor \log n \rfloor$。由此得到，检索 n 个元素，在最坏情况下至少需要进行 $\lfloor \log n \rfloor + 1$ 次比较。显然，这也是检索问题的下界。由此可以得到下面的定理：

定理 14.1 检索具有 n 个元素的有序数组，在最坏情况下的比较次数是 $\lfloor \log n \rfloor + 1$。因此，检索问题的下界是 $\Omega(\log n)$，而二叉检索算法是检索问题中的最优算法。

例如，$A = \{3, 4, 7, 10, 15, 18, 26, 30, 31, 38\}$，则二叉检索问题的判定树如图 14.1 所示。

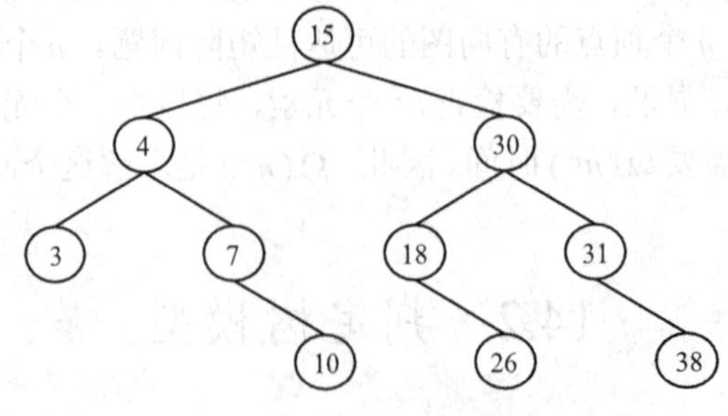

图 14.1 检索有序数组的判定树

图 14.1 画出了检索 10 个有序元素的判定树的内部结点。从图中看到，检索一个具有

10 个元素的有序数组，在最坏情况下的比较次数是 4。任何检索算法，在最坏情况下的比较次数，都不会小于这个数目。所以，4 是检索 10 个有序元素的所有算法的下界。

14.2.2　排序问题

考虑基于比较的排序问题。令数组 A 是一个具有 n 个元素的无序数组，把它按非增或非降顺序排列。在排序的情况下，判定树的每一个内部结点表示一个判定，每一个叶子结点表示一个输出。在每一个判定中，比较数组中的两个元素 $A[i]$ 和 $A[j]$，如果 $A[i] \leqslant A[j]$，则控制转移到左分支结点；否则，控制转移到右分支结点。从根结点开始，对数组中的某两个元素进行判定，然后根据判定的结果转移到某个分支结点；接下来，继续对数组中的某两个元素进行判定……依此类推。直到叶子结点为止，就得到一个有序的数组。图 14.2 表示对一个具有 3 个元素的数组进行排序的一种判定树。

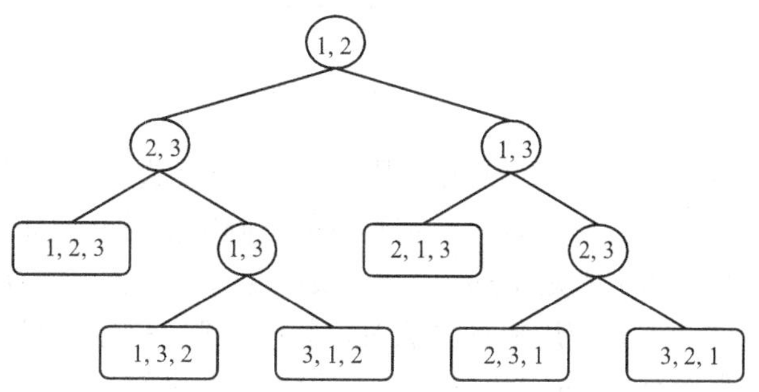

图 14.2　排序 3 个元素的一种判定树

在图 14.2 中，有 6 个叶子结点，每一个叶子结点表示一个可能的输出。如果被排序的元素个数为 n，因为 n 个元素有 $n!$ 种排列，所以判定树中的叶子结点个数为 $n!$ 个。

不同的排序算法，其元素的判定顺序不同，每一次进行判定时所比较的元素也不同。因此，其相应的判定树也不相同。但是，不管其判定树如何不同，对 n 个元素进行排序，其判定树的叶子结点数目都是 $n!$ 个。因为在最坏情况下的时间复杂性，是从判定树的根结点到叶子结点的最长路径，即判定树的高度，所以它们的时间复杂性取决于判定树的高度。关于判定树的高度，有下面的引理：

引理 14.1　若 T 是至少具有 $n!$ 个叶子结点的二叉树，则 T 的高度至少为：

$$n\log n - 1.5n = \Omega(n\log n)$$

证明　令 h 为二叉树的高度，根据二叉树的性质，二叉树第 h 层的叶子结点数目至多为 2^h。因为 T 至少具有 $n!$ 个叶子结点，所以，有 $n! \leqslant 2^h$，即 $h \geqslant \log n!$。因为

$$\log n! = \sum_{i=1}^{n} \log i = \sum_{i=2}^{n} \log i$$

由图 14.3，有：

$$\begin{aligned}\sum_{i=2}^{n}\log i &\geqslant \int_1^n \log x\,dx \\ &= n\log n - n\log e + \log e \\ &\geqslant n\log n - 1.5n \\ &= \Omega(n\log n)\end{aligned}$$

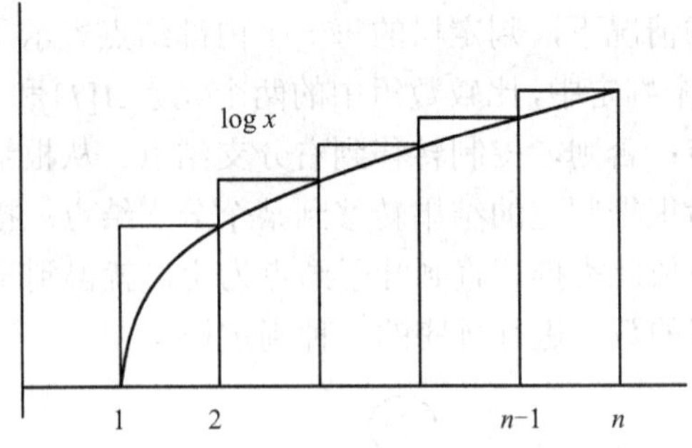

图 14.3　计算 $\log n!$ 的近似值

定理 14.1 和引理 14.1 通常称为信息论下限，它是根据算法必须处理的信息量来建立的。任何求解某类问题的算法，都必须解决一定数量的不确定信息。例如，在检索 n 个有序元素时必须处理的信息数量的下限是 $\log n$。因此，$\Omega(\log n)$ 是检索 n 个有序元素的时间下界。对基于比较的排序算法，不管使用何种算法对 n 个元素进行排序，其判定树尽管不同，但判定树的高度都不会小于 $\Omega(n\log n)$，它是基于比较的排序算法必须处理的信息数量下限。因此，$\Omega(n\log n)$ 是这些算法的时间下界。由此，有下面的定理：

定理 14.2　任何基于比较的排序算法，对 n 个元素进行排序时，在最坏情况下的时间下界为 $\Omega(n\log n)$。

14.3　代数判定树模型

上面所叙述的判定树模型，在判定树的每一个结点，只允许在两个元素之间进行比较操作，其功能比较简单。如果把判定树内部结点的判定功能予以扩大，使之能够对 n 个输入变量的多项式进行计算和比较判定，然后再根据判定的结果进行分支，其功能就比判定树模型的功能强大得多。用这种方式进行计算和判断所产生的判定树，称为代数判定树。

14.3.1　代数判定树模型及下界定理

n 个输入变量 $x_1, x_2, \cdots, x_n$ 的代数判定树是一棵二叉树，它的每一个结点都用一个语句来标记。用来标记内部结点的语句，是如下形式的测试语句：如果 $f(x_1, x_2, \cdots, x_n)\sigma 0$ 成立，则转移到左儿子结点；否则，转移到右儿子结点。其中，σ 是 3 个关系运算符 $\{=, >, \geqslant\}$ 中的任何一个，而用来标记叶子结点的语句则是答案 yes 或 no。

在代数判定树中，对某个 $d \geqslant 1$，如果标记内部结点的语句，与其相关的多项式 $f(x_1,x_2,\cdots,x_n)$ 至多是 d 阶多项式，则称该代数判定树是 d 阶代数判定树。如果标记内部结点的所有语句，与其相关的所有多项式 $f(x_1,x_2,\cdots, x_n)$ 都是线性的，则称该代数判定树是线性代数判定树，或简称线性判定树。

令 Π 是一个判定问题，$x_1,x_2,\cdots, x_n$ 是该判定问题的输入实例。当把 Π 的每一个输入实例 $(x_1,x_2,\cdots,x_n)$ 看成是 n 维空间 E^n 中的一点时，则对 n 维空间 E^n 中的子集 $W \subseteq E^n$，如果 $(x_1,x_2,\cdots,x_n) \in W$，当且仅当问题 Π 对输入实例 $(x_1,x_2,\cdots,x_n)$ 的答案为 yes，则称 W 为判定问题 Π 的成员点集。如果把点 $p=(x_1,x_2,\cdots,x_n)$ 作为输入参数，在代数判定树 T 的根结点上开始进行计算，最终到达代数判定树 T 的叶子结点为 yes，当且仅当 $(x_1,x_2,\cdots,x_n) \in W$，就说代数判定树 T 判定 W 中的成员。

这样，就可以类似于判定树模型中那样，只要估计在解问题 Π 时代数判定树 T 的高度，即可在最坏的情况下，推断出问题 Π 的时间复杂性的下界。由此，就有了 Bin_Or 下界定理。因为这个定理牵涉到 n 维空间 E^n 中点集 W 的拓扑复杂性，需要用到代数拓扑学中关于点集拓扑结构的一个重要结果。下面简单地把这个结果作为一个引理来叙述，而省略引理的证明。

引理 14.2　令 $V \subseteq E^n$ 是由下面的 d 阶多项式方程所定义的点集，$d \geqslant 1$：

$$\begin{cases} p_i(x_1,x_2,\cdots,x_n)=0 & 1\leqslant i\leqslant m \\ q_j(x_1,x_2,\cdots,x_n)>0 & 1\leqslant j\leqslant s \\ r_k(x_1,x_2,\cdots,x_n)\geqslant 0 & s< k\leqslant t \end{cases} \tag{14.3.1}$$

令 $\#V$ 是 V 在 E^n 中所具有的连通分支个数，则 $\#V \leqslant d(2d-1)^{n+t-1}$。

上述引理说明：由 n 维空间 E^n 中所有满足方程（14.3.1）的点所构成的点集 V，它在 E^n 中的连通分支个数，是参数 d,n,t 的函数。其中，d 是多项式方程中最高阶多项式的阶数；n 是多项式方程中自变量的个数，即 n 维空间中的维数；t 是多项式方程中不等式方程的个数。上述引理也说明：点集 V 在 E^n 中的连通分支个数，与多项式方程中等式的个数无关。

现在令 $W \subseteq E^n$ 是 n 维空间中的任意一个点集，T 是关于判定 W 中成员的代数判定树。假定 T 的高度为 h，从 T 的根结点到叶结点 v_l 的路径为 $\pi=(v_0,v_1,\cdots,v_l)$。其中，$l\leqslant h$；v_0 是根结点；v_l 是 T 中对应于一个 yes 答案的叶子结点。对 W 中的点 $p=(x_1,x_2,\cdots,x_n)$，如果以点 $(x_1,x_2,\cdots,x_n)$ 作为 T 的输入，算法在 T 中沿路径 π 到达叶结点 v_l，就称该点属于叶结点 v_l。令 $S \subseteq W$ 是所有属于叶结点 v_l 的 W 中的点集，下面估计点集 S 的连通分支个数与 T 的高度 h 之间的关系。

当算法在根结点 v_0 接受输入 $(x_1,x_2,\cdots,x_n)$ 进行计算时，将得到一个计算结果 f_{v0}，该结果将可能参与下一结点的计算。一般地，在 T 的每一个结点 v_i 处所作的计算，是根据输入变量 $x_1,x_2,\cdots,x_n$，或其祖先结点的计算结果来进行的。若将结点 v_i 处的计算结果也用一个变量 f_{vi} 来表示，则沿路径 π 中各结点所作的计算，将得到关于变量 $x_1,x_2,\cdots,x_n$ 及结点 v_i 处的变量 f_{vi} 的一组等式方程：

在 v_i 处的运算	对应的等式方程
f_{vi}：　$f_{vj} \pm f_{vk}$	$f_{vi}=f_{vj} \pm f_{vk}$
f_{vi}：　$f_{vj} \times f_{vk}$	$f_{vi}=f_{vj} \times f_{vk}$

$$f_{vi}: \quad f_{vj}/f_{vk} \qquad f_{vi}=f_{vj}/f_{vk}$$
$$f_{vi}: \quad \sqrt{f_{vj}} \qquad f_{vi}^2=f_{vj}$$

当结点所作的测试是 $f_{vi}=0$ 、$f_{vi}>0$ 或 $f_{vi}\geqslant 0$ 时，将得到一个等式方程或不等式方程；当所作的测试是 $f_{vi}\neq 0$ 、$f_{vi}<0$ 或 $f_{vi}\leqslant 0$ 时，将得到等式方程 $f_u f_{vi}-1=0$ 、$-f_{vi}>0$ 或 $-f_{vi}\geqslant 0$。其中，变量 f_u 是人为引入的一个变量。

假设 $f_{u1},f_{u2},\cdots,f_{ur}$ 是除 $x_1,x_2,\cdots,x_n$ 以外新增加的变量，s 是沿路径 π 的不等式方程的个数。因为在每个结点处可能增加一个新变量或增加一个不等式方程，所以有 $r+s\leqslant l\leqslant h$。于是，沿路径 π 得到关于变量 $(x_1,x_2,\cdots,x_n,f_{u1},\cdots,f_{ur})$ 的一个 $n+r$ 维空间的代数系统 Γ。在这个代数系统中，多项式的阶 d 为 2。令 U 是 $n+r$ 维空间的代数系统 Γ 的解 $(x_1,x_2,\cdots,x_n,f_{u1},\cdots,f_{ur})$ 所组成的集合，则 S 是 U 在 n 维空间 E^n 中的投影。其相应的投影变换 $P:E^{n+r}\rightarrow E^n$ 为：$P(x_1,x_2,\cdots,x_n,y_1,\cdots,y_r)=(x_1,x_2,\cdots,x_n)$。因为投影变换是连续的，所以有：$\#S\leqslant\#U$。根据引理 14.2，有：

$$\#S\leqslant\#U\leqslant d(2d-1)^{n+r+s-1}\leqslant 2\cdot 3^{n+r+s-1}\leqslant 3^{n+h}$$

因为 S 是所有属于叶子结点为 yes 的结点 v_l 的点集，S 的连通分支必然包含在 W 的某个连通分支中。因此，W 的连通分支个数不会超过所有的 S 的连通分支个数的总和，而 T 中的叶子结点为 yes 的结点个数不会超过 2^h。因此，W 的连通分支个数满足 $\#W\leqslant 2^h3^{n+h}$。因此有：

$$\begin{aligned}\log\#W&\leqslant\log 2^h+\log 3^{n+h}\\&=h+(n+h)\log 3\\&=(1+\log 3)h+n\log 3\end{aligned}$$

由此得到：

$$h\geqslant\frac{\log\#W-n\log 3}{1+\log 3}=\Omega(\log\#W-n)$$

对于具有任意正整数阶 d 的代数判定树，有如下关系：

$$\#W\leqslant 2^h d(2d-1)^{n+h-1}$$

同样可以得到：

$$h\geqslant\frac{\log\#W-(n-1)\log(d(2d-1))}{1+\log(d(2d-1))}=\Omega(\log\#W-n)$$

因为 h 是判定 W 中成员的代数判定树 T 的高度，它反映了判定 W 中成员的算法在最坏情况下的计算复杂性。由此得到下面的下界定理：

定理 14.3 令 $W\subseteq E^n$ 是 n 维空间 E^n 中的任意一个子集，对任一正整数阶 d 的代数判定树模型，判定 W 中成员问题的计算复杂性的下界为 $\Omega(\log\#W-n)$。

14.3.2 极点问题

极点问题：给定平面上 $2n$ 个点的点集 $S=\{p_0,\cdots,p_{2n-1}\}$，并假定这 $2n$ 个点中的任意 3 点不共线，判定这 $2n$ 个点是否都是凸壳 $CH(S)$ 上的极点。

令点 p_i 的坐标为 (x_i,y_i)，并令 $x_i=z_{2i}$， $y_i=z_{2i+1}$，$0\leqslant i\leqslant 2n-1$，则可把平面点集 S 看成是 $4n$ 维空间 E^{4n} 中的点 $(z_0,z_1,\cdots,z_{4n-1})$。于是，极点问题的成员点集 W 可表示为：

$$W=\{(z_0,z_1,\cdots,z_{4n-1})\mid p_i=(z_{2i},z_{2i+1})\text{ 是 }CH(S)\text{上的极点}\}$$

假定 $p_i=(z_{2i},z_{2i+1})$，$0\leqslant i\leqslant 2n-1$，是极点问题的一个解，并且已按它们在凸壳上的逆时针顺序排列。由此，可以用如下方式构造 W 中的 $n!$ 个不同的解：令 π_i 是 $\{0,1,\cdots,n-1\}$ 的一个排列，$1\leqslant i\leqslant n!$；令 $q_{2s}^i=p_{2s}$， $q_{2s+1}^i=p_{2\pi_i(s)+1}$， $s=0,1,\cdots,n-1$。$Z_i=(q_0^i,q_1^i,\cdots,q_{2n-1}^i)$，$1\leqslant i\leqslant n!$。显然， $Z_i\in W$，并且 $\{Z_i\mid 1\leqslant i\leqslant n!\}$ 是 W 中的 $n!$ 个不同的点。

对每一个点 Z_i 构造一个二维数组 A_i，使得 $A_i[k][j]=sign(\Delta(q_{2k}^i,q_{2j+1}^i,q_{2k+1}^i))$，$0\leqslant k,j\leqslant n-1$。其中，$q_0^i=q_{2n}^i$。因为点集 S 中的任意 3 点不共线，根据三角形有向面积的定义，A_i 中的每一个元素取值为+1 或−1。因为点集 $S=\{p_0,\cdots,p_{2n-1}\}$ 在凸壳上是按逆时针顺序排列的，对任意的 $k\in\{0,1,\cdots,n-1\}$， A_i 的第 k 行恰好有一个+1；并且， $A_i[k][j]=+1$ 当且仅当 $j=\pi_i^{-1}(k)$。因此，对任意的 $1\leqslant k,l\leqslant n!$，如果 $k\neq l$，则 $A_k\neq A_l$，即 A_k 和 A_l 至少有一个元素不同。假定这个不同的元素是数组中的第 s 行第 t 列的元素，并进一步假定该元素分别为 $A_k[s][t]=1$， $A_l[s][t]=-1$。因此，如果 $\Delta(a,b,c)$ 是平面上三角形 abc 的有向面积，则有：

$$\Delta(q_{2s}^k,q_{2t+1}^k,q_{2s+2}^k)\cdot\Delta(q_{2s}^l,q_{2t+1}^l,q_{2s+2}^l)<0$$

现在假定，如果 ρ 是连接 Z_k 和 Z_l 的连续曲线，Z 是曲线 ρ 上的一点。当点 Z 由 Z_k 沿着曲线 ρ 移动到 Z_l 时，在 Z_k 处的 $\Delta(q_{2s}^k,q_{2t+1}^k,q_{2s+2}^k)$ 将变成 Z_l 处的 $\Delta(q_{2s}^l,q_{2t+1}^l,q_{2s+2}^l)$。因为 $\Delta(a,b,c)$ 的变化是连续的，所以， ρ 上必有一点 Z^*，使得 $\Delta(q_{2s}^*,q_{2t+1}^*,q_{2s+2}^*)=0$。这表明 $q_{2s}^*,q_{2t+1}^*,q_{2s+2}^*$ 3 点共线，即 $Z^*\notin W$。因此， Z_k 和 Z_l 属于 W 的不同连通分支。因为 k 和 l 是任意的，由此，有 $\#(W)\geqslant n!$。由引理 14.1，可得极点问题的下界为 $\Omega(n\log n)$。

14.4　线性时间归约

在第 13 章讨论计算复杂性时，曾使用过归约技术，把一个问题归约为另一个问题，从而把一个问题的计算复杂性归结为另一个问题的计算复杂性。同样，在讨论问题的下界时，也可以通过归约技术，把两个问题的下界联系起来。如果已知问题 A 的下界，并且有可能通过归约技术，把问题 A 归约为问题 B，那么就有可能利用问题 A 的下界，建立问题 B 的下界。其步骤如下：

（1）把问题 A 的输入，转换为问题 B 的相应输入。

（2）对问题 B 进行求解。

（3）把问题 B 的输出转换为问题 A 正确的解。

如果步骤（1）和步骤（3）可以在 $O(\tau(n))$ 时间内完成，其中， n 为问题的输入规模， $\tau(n)$ 为 n 的多项式，则称问题 A 以多项式时间归约于问题 B，记为 $A\propto_{\tau(n)}B$，并称问题 A 和问题 B 是 $\tau(n)$ 时间等价的；特别地，如果 $\tau(n)$ 为 n 的线性函数，则称问题 A 以线性时间归约于问题 B，记为 $A\propto_n B$，并称问题 A 和问题 B 是等价的。在这种意义下，称问

题 A 和问题 B 具有相同的计算复杂性。

14.4.1 凸壳问题

已知基于比较的排序问题 SORTING 在最坏情况下的时间下界为 $\Omega(n\log n)$。下面说明，排序问题可以用线性时间归约于凸壳问题 CONVEX HULL，从而凸壳问题在最坏情况下的时间下界也为 $\Omega(n\log n)$。

令正实数集合 $\{x_1,x_2,\cdots,x_n\}$ 是排序问题的一个输入。首先，对所有的 i，$1\leqslant i\leqslant n$，把集合中的每一个实数 x_i 变换为二维平面上的点 $p_i=(x_i,x_i^2)$，而把后者作为凸壳问题的输入。显然，这一变换过程可以用线性时间来完成。同时，所构造起来的这 n 个点，都在抛物线 $y=x^2$ 上，如图 14.4 所示。

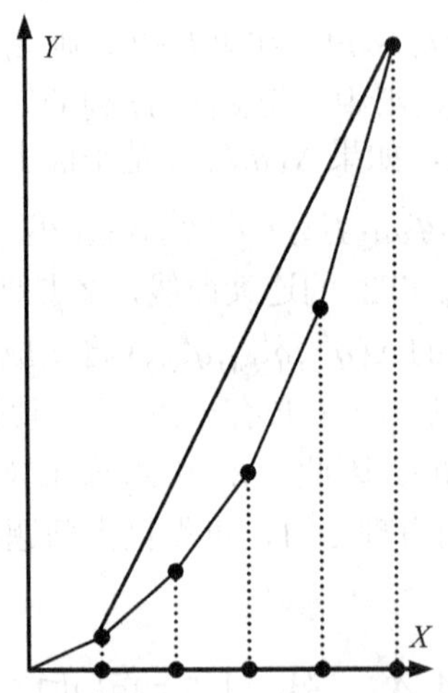

图 14.4 把排序问题归约为凸壳问题

其次，用求解凸壳问题的任何一个算法，对这个输入实例进行求解，其结果将输出图 14.4 所示凸壳上极点坐标的一个有序表。

最后，按顺序读取极点坐标有序表中每一点的 x 坐标值，则得到排序过的原来的实数集。这一过程也用线性时间完成，则凸壳问题的输出也以线性时间变换为排序问题的输出。由此得到：

$$\text{SORTING} \propto_n \text{CONVEX HULL}$$

因此，凸壳问题 CONVEX HULL 在最坏情况下的时间下界也为 $\Omega(n\log n)$。

14.4.2 多项式插值问题

多项式插值问题：给定 n 对实数 $(x_1,y_1),(x_2,y_2),\cdots,(x_n,y_n)$，其中，当 $i\neq j$ 时，$x_i\neq x_j$。求 $n-1$ 阶多项式 $f(x)$，使得 $f(x_i)=y_i$，$1\leqslant i\leqslant n$。

为了确定多项式插值问题的下界，考虑一个特殊的 $n-1$ 阶多项式 $P(x)$。当 $x_i=i$，

$1 \leqslant i \leqslant n$ 时，$P(x_i)=(-1)^{i+1}2$，如图 14.5 所示。因为多项式是连续的，所以，对所有的 i，$1 \leqslant i \leqslant n-1$，存在着 s_i 和 t_i，满足 $i < s_i < t_i < i+1$，使得 $P(s_i)=1$，$P(t_i)=-1$。所以，s_i 和 t_i 分别是方程：

$$P(x)=1 \qquad P(x)=-1$$

的 $n-1$ 个根。这样，可以构造一个判定问题，使得它的成员点集 W 为：

$$W=\{(x_1,y_1,x_2,y_2,\cdots,x_n,y_n) \mid y_i^2=1 \wedge P(x_i)=y_i \wedge 1 \leqslant i \leqslant n\}$$

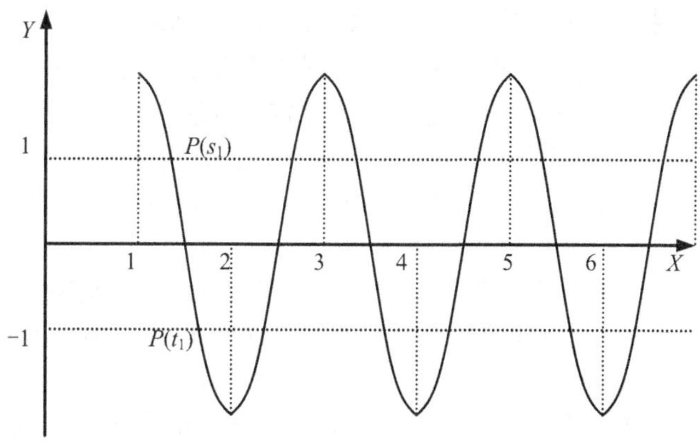

图 14.5　一个特殊的 $n-1$ 阶多项式

现在，可以把上述判定问题的输入 $(x_1,y_1,x_2,y_2,\cdots,x_n,y_n)$ 用线性时间变换为插值问题的输入。然后，用求解插值问题的任何算法，计算多项式 $f(x)$，使得 $f(x_i)=y_i$。最后，再对所有的 i，$1 \leqslant i \leqslant n$，检查 $y_i^2=1$ 及 $f(x_i)=P(x_i)$ 是否成立，而最后的检查步骤，可以用线性时间完成。因此，上述判定问题线性时间归约于多项式插值问题，则上述判定问题的下界，也是多项式插值问题的下界。

上述成员点集 W 中的每一点都是孤立点，如果 $(x_1,y_1,x_2,y_2,\cdots,x_n,y_n) \in W$，则有 $y_i^2=1$，并且：

$$x_i \in \{s_k \mid 1 \leqslant k \leqslant n-1\} \qquad \text{当} \qquad y_i=1$$

$$x_i \in \{t_k \mid 1 \leqslant k \leqslant n-1\} \qquad \text{当} \qquad y_i=-1$$

所以，W 中所包含的点数为：

$$\#(W)=\binom{2n-2}{n}n! = \frac{(2n-2)!}{(n-2)!}$$

由引理 14.1，上述判定问题的下界为：

$$\log\left(\frac{(2n-2)!}{(n-2)!}-n\right)=\Omega(n\log n)$$

因此，多项式插值问题的下界是 $\Omega(n\log n)$。

习　题

1．画出 4 个元素的线性检索算法 LINEAR SEARCH 的判定树。

2．画出 3 个元素的插入排序算法 INSERT SORT 的判定树。

3．画出 3 个元素的合并排序算法 MERGE SORT 的判定树。

4．使用合并排序算法对 5 个数进行排序时，在最坏情况下需要 8 次比较，而$\lceil \log 5! \rceil =7$，因此，可能存在对 5 个数进行排序只需要 7 次比较的算法，找出一个这样的算法。

5．令 A 和 B 是两个都具有 n 个元素的无序表，判定 A 中的元素是否和 B 中的元素相同，即 A 中的元素是否为 B 中元素的某一种排列。用 Ω 记号表示解这个问题时所需要的比较次数。

6．当具有 n 个元素的数组 A 是一个堆时，说明测试这个数组所需要的最少比较次数。

7．令 S 是一个具有 n 个元素的无序表，说明在判定树模型中，用 S 中的元素构造一个二叉检索树需要 $\Omega(n\log n)$ 时间。

8．令 A 是一个具有 n 个元素的整数数组，每个元素的大小都在范围 $1\sim m$ 之间，其中 $m>n$。在 $1\sim m$ 之间找出一个不在 A 中的元素 x，解这个问题所需要的最少比较次数是多少。

9．集合的相等问题可描述为：给定集合 $A=\{x_1,x_2,\cdots,x_n\}$，$B=\{y_1,y_2,\cdots,y_n\}$，判定 $A=B$ 是否成立。用下界定理证明：该问题在代数判定树模型下的时间下界为 $\Omega(n\log n)$。

10．集合的包含问题可描述为：给定集合 $A=\{x_1,x_2,\cdots,x_n\}$，$B=\{y_1,y_2,\cdots,y_n\}$，判定 $A\subseteq B$ 是否成立。用下界定理证明：该问题在代数判定树模型下的时间下界为 $\Omega(n\log n)$。

11．三角网络划分问题 TRIANGULATION：给定平面上 n 个点，用不相交的线段把它们连接成三角网络，证明这个问题在最坏情况下的时间下界为 $\Omega(n\log n)$。（提示：把 n 个实数的排序问题 SORTING，归约为 $n-1$ 个点共线，而有一点不在同一直线上的三角网络划分问题 TRIANGULATION 的一个特例）

12．最接近点问题 NEAREST POINT：给定平面上的点 p，以及 n 个点的点集 S，在点集 S 中寻找最接近于点 p 的点。证明这个问题的下界为 $\Omega(\log n)$。（提示：把 n 个实数的二叉检索问题，归约为所有的点都在同一直线上的最接近点问题 NEAREST POINT 的一个特例）

参 考 文 献

可在文献[6]中看到判定树模型及其应用的叙述，也可在文献[3]、[8]、[10]中看到对判定树模型及用判定树模型来确定检索问题和排序问题的描述。文献[52]描述了代数判定树模型，并给出了下界定理，可在文献[10]中看到下界定理的描述及用下界定理来确定极点问题的下界及多项式插值问题的下界。可在文献[3]、[10]、[39]中看到有关几何问题下界的描述。

第 15 章 近 似 算 法

在前面的章节中曾经提到，有很多问题至今还没有找到多项式时间算法。但是，可以采用 3 种方法来有效地解决这样一些问题。这 3 种方法是：回溯法、随机算法和近似算法。前面的第 7、8、9 章分别对回溯法、基于回溯的分支限界法及随机算法进行了介绍，本章介绍近似算法。因为很多问题的输入数据是用测量的方法取得的，而测量的数据不可避免地存在着一定程度的误差，因此，输入数据本身就是近似的。同时，很多问题的最优解允许有一定程度的近似，只要给出的解是“合理”的，能够保证对所给定实例的解与准确的解之间的误差在一个有效的范围之内即可。而实际上有很多问题，对这些问题的所有实例 I 都存在着一个常数 k，使得用这些问题的近似算法 A 对输入实例 I 进行求解所得到的近似值 $A(I)$，与用这些问题的最优算法 $OPTA$ 对输入实例 I 进行求解所得到的准确值 $OPTA(I)$ 之间的误差 $|A(I)-OPTA(I)|\leqslant k$。此外，采用近似算法可以在很短的时间内得到问题的解，这就更增加了人们采用近似算法的信心。

15.1 近似算法的性能

一般来说，近似算法所适用的问题是优化问题。对于一个规模为 n 的问题，显然近似算法应该满足下面两个基本要求：

- 算法能在 n 的多项式时间内完成。
- 算法的近似解满足一定的精度。

令问题 Π 是一个最小化问题，I 是问题 Π 的一个实例；A 是解问题 Π 的一个近似算法，$A(I)$ 是用算法 A 对问题 Π 的实例 I 求解时得到的近似值；$OPTA$ 是解问题 Π 的最优算法，$OPTA(I)$ 是算法 $OPTA$ 对问题 Π 的实例 I 求解时所得到的准确值，则可以定义近似算法 A 的近似比率 $\rho(I)$ 为：

$$\rho(I)=\frac{A(I)}{OPTA(I)}$$

如果问题 Π 是最大化问题，则 $\rho(I)$ 为：

$$\rho(I)=\frac{OPTA(I)}{A(I)}$$

对于最小化问题，有：$A(I)\geqslant OPTA(I)$；而对于最大化问题，有：$A(I)\leqslant OPTA(I)$。因此，算法 A 的近似比率 $\rho(I)$ 总大于或等于 1。这样，近似算法的近似比率越小，则算法的性能越好。

有时，用相对误差来表示近似算法的精确度，相对误差定义为：

$$\lambda = \left| \frac{OPTA(I) - A(I)}{OPTA(I)} \right|$$

若对输入规模为 n 的问题，存在着一个函数 $\varepsilon(n)$，使得：

$$\left| \frac{OPTA(I) - A(I)}{OPTA(I)} \right| \leqslant \varepsilon(n)$$

则称函数 $\varepsilon(n)$ 为近似算法 A 的相对误差的界。显然，近似算法 A 的近似比率 $\rho(n)$ 与相对误差的界 $\varepsilon(n)$ 存在如下关系：$\varepsilon(n) \geqslant \rho(n) - 1$。

有很多问题的近似算法，其近似比率 $\rho(n)$ 与相对误差的界 $\varepsilon(n)$，不随输入规模 n 的变化而变化，对这些算法，就直接使用 ρ 和 ε 来表示它们的近似比率和相对误差的界。

有很多难解的问题，采用近似算法时，可以增加近似算法的计算量，以改善近似算法的性能。这需要在性能和时间之间取得一个折中。有时，把满足 $\rho_A(I,\varepsilon) \leqslant 1 + \varepsilon$ 的一类近似算法 $\{A_\varepsilon \mid \varepsilon > 0\}$，称为优化问题的近似方案（approximation scheme）。这时，这些算法的近似比率会聚于 1。如果在近似方案中的每一个算法 A_ε，以输入实例的规模的多项式时间运行，则称该近似方案为多项式近似方案（Polynomial Approximation Scheme，PAS）。多项式近似方案中算法的计算时间，不应随 ε 的减少而增长得太快。在理想情况下，若 ε 减少某个常数倍，近似方案中算法的计算时间的增长也不会超过某个常数倍，即近似方案中算法的计算时间是 $1/\varepsilon$ 和 n 的多项式，这时就称这个近似方案是完全多项式近似方案（Fully Polynomial Approximation Scheme，FPAS）。

15.2 装箱问题

装箱问题（BIN PACKING）：给定 n 个物体 $u_1, u_2, \cdots, u_n$，若干个容量相同的箱子 $b_1, b_2, \cdots, b_k, \cdots$，物体的体积分别为 $s_1, s_2, \cdots, s_n$，每个箱子的容量均为 C，且有 $s_i \leqslant C$，$i = 1, 2, \cdots, n$。要求物体不能分割，把所有物体装进箱子，使得所装入的箱子尽可能少。

这个问题可以用下面 4 种方法来解决，它们都是基于探索式的：

（1）First Fit（首次适宜 FF）算法：把箱子按下标 $1, 2, \cdots, k, \cdots$ 标记，所有的箱子初始化为空；按物体 $u_1, u_2, \cdots, u_n$ 顺序装入箱子。装入过程如下：首先把第一个物体 u_1 装入第 1 个箱子 b_1，如果 b_1 还能容纳第 2 个物体，继续把第 2 个物体 u_2 装入 b_1；否则，把 u_2 装入 b_2。一般地，为了装入物体 u_i，先找出能容纳得下 s_i 的下标最小的箱子 b_k，再把物体 u_i 装入箱子 b_k，重复这些步骤，直到把所有物体装入箱子为止。

（2）Best Fit（最适宜 BF）算法：该算法的物体装入过程与 FF 算法类似，不同的是，为了装入物体 u_i，首先检索能容纳 s_i，并且剩余容量最小的箱子 b_k，再把物体 u_i 装入箱子 b_k。重复这些步骤，直到把所有物体装入箱子为止。

（3）First Fit Decreasing（首次适宜降序 FFD）算法：该算法首先把物体按体积大小

递减的顺序排序，然后用 FF 算法装入物体。

（4）Best Fit Decreasing（最适宜降序 BFD）算法：该算法首先把物体按体积大小递减的顺序排序，然后用 BF 算法装入物体。

15.2.1　首次适宜算法

下面是 FF 算法的描述：

算法 15.1　装箱问题的首次适宜算法

输入：n 个物体的体积 s[]，箱子的容量 C

输出：装入箱子的个数 k，每个箱子中装入的物体累计体积 b[]

```
void first_fit(float s[],int n,float C,float b[],int &k)
{
    int i,j;
    k = 0;                          /* 装入物体的箱子下标 */
    for (i=0;i<n;i++)               /* 箱子初始化为空 */
        b[i] = 0;
    for (i=0;i<n;i++) {             /* 按物体顺序装入 */
        j = 0;
        while ((C-b[j])<s[i])       /* 检索能容纳物体 i 的下标最小的箱子 j */
            j++;
        b[j] += s[i];
        k = max(k,j);               /* 已装入物体的箱子最大下标 */
    }
    k++;                            /* 箱子的最大下标转换为箱子的个数 */
}
```

很显然，该算法所需的运行时间为 $O(n^2)$。算法的性能估计如下：假定 C 为一个单位体积，因此，$s_i \leqslant 1$，$i=1,2,\cdots,n$。令 $FF(I)$ 表示在实例 I 下使用算法 FF 装入物体时，所使用的箱子数目；令 $OPT(I)$ 为最优装入时所使用的箱子数目。在这个算法中，至多有一个非空的箱子所装的物体体积小于 $1/2$，否则，如果有两个以上的箱子所装的物体体积小于 $1/2$，假设这两个箱子是 b_i 及 b_j，并且 $i<j$，那么装入 b_i 及 b_j 中物体的体积均小于 $1/2$。按照这个算法的装入规则，必然把 b_j 中的物体继续装入 b_i，而不会装入另外的箱子。因此，装入箱子中的物体将如图 15.1 所示。其中，ε_i 为箱子中的空余体积，δ_i 为箱子中装入的物体体积。则：

$$\sum_{i=1}^{k} \delta_i = \sum_{i=1}^{n} s_i$$

并且有：$\varepsilon_i < \delta_i$，$i=1,2,\cdots,k-1$。对第 k 个箱子，或者是 $\varepsilon_k < \delta_k$，或者是 $\varepsilon_k > \delta_k$。对后一种情况，有 $\varepsilon_{k-1} < \delta_k$，$\varepsilon_k < \delta_{k-1}$，所以 $\varepsilon_{k-1} + \varepsilon_k < \delta_{k-1} + \delta_k$。因此，对这两种情况都有：

$$\sum_{i=1}^{k}\varepsilon_i < \sum_{i=1}^{k}\delta_i = \sum_{i=1}^{n}s_i$$

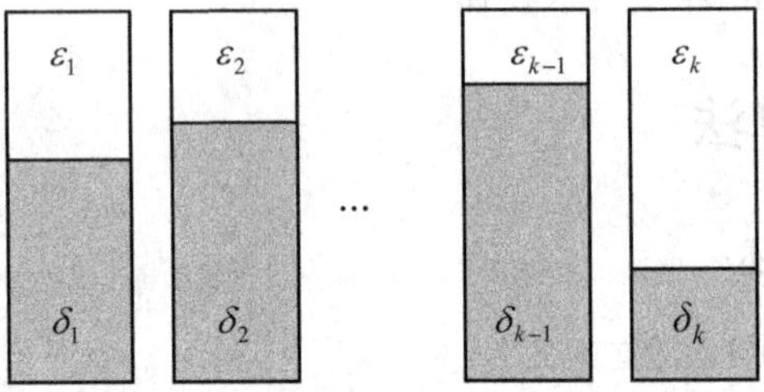

图 15.1　FF 算法的箱子装入情况

所以，

$$FF(I) = \sum_{i=1}^{k}\delta_i + \sum_{i=1}^{k}\varepsilon_i < 2\sum_{i=1}^{n}s_i$$

另外，在最优化装入时，所有的箱子恰好装入全部物体，即：

$$OPT(I) = \sum_{i=1}^{n}s_i$$

则 FF 算法的近似比率 $\rho_{FF}(I)$ 为：

$$\rho_{FF}(I) = \frac{FF(I)}{OPT(I)} < 2$$

由此，FF 算法的近似比率小于 2。实际上，经过复杂而冗长的证明，可以得到下面的定理：

定理 15.1　对装箱物体的所有实例 I，FF 算法的性能为：

$$FF(I) \leqslant \frac{17}{10}OPT(I) + 2$$

15.2.2　最适宜算法及其他算法

装箱问题的最适宜算法可描述如下：

算法 15.2　装箱问题的最适宜算法

输入：n 个物体的体积 s[]，箱子的容量 C

输出：装入箱子的个数 k，每个箱子中装入的物体累计体积 b[]

```
void best_fit(float s[],int n,float C,float b[],int &k)
{
    int i,j,m;
    float min,temp;
    k = 0;                          /* 装入物体的箱子下标 */
    for (i=0;i<n;i++)               /* 箱子初始化为空 */
        b[i] = 0;
    for (i=0;i<n;i++) {             /* 按物体顺序装入 */
```

```
        min = C;   m = k + 1;
        for (j=0;j<=k;j++) {       /* 检索能容纳物体 i 且剩余容量最小的箱子 j*/
            temp = C - b[j] - s[i];
            if ((temp>=0)&&(temp<min)) {
                min = temp;   m = j;
            }
        }
        b[m] += s[i];
        k = max(k,m);              /* 已装入物体的箱子最大下标 */
    }
    k++;                           /* 箱子的最大下标转换为箱子的个数 */
}
```

最适宜算法 BF 的时间复杂性也是 $O(n^2)$，其近似比率与首次适宜算法 FF 的近似比率相同。

首次适宜降序算法 FFD 及最适宜降序算法的描述如下：

算法 15.3　装箱问题的首次适宜降序算法

输入：n 个物体的体积 s[]，箱子的容量 C

输出：装入箱子的个数 k，每个箱子中装入的物体累计体积 b[]

```
1. void first_fit_dec(float s[],int n,float C,float b[],int &k)
2. {
3.     mergesort(s,n);              /* 把物体按体积大小的递减顺序排列 */
4.     first_fit(s,n,C,b,k);        /* 按首次适宜算法把排序过的物体装入箱子 */
5. }
```

算法 15.4　装箱问题的最适宜降序算法

输入：n 个物体的体积 s[]，箱子的容量 C

输出：装入箱子的个数 k，每个箱子中装入的物体累计体积 b[]

```
1. void best_fit_dec(float s[],int n,float C,float b[],int &k)
2. {
3.     mergesort(s,n);              /* 把物体按体积大小递减的顺序排序 */
4.     best_fit(s,n,C,b,k);         /* 按最适宜算法把排序过的物体装入箱子 */
5. }
```

这两个算法的第 3 行，对物体按其体积大小的递减顺序排序，需 $O(n\log n)$ 时间。第 4 行分别调用首次适宜算法和最适宜算法把物体装入箱子，需 $O(n^2)$ 时间。因此，这两个算法的时间复杂性也是 $O(n^2)$ 时间。此外，这两个算法的近似比率也相同，它们都好于首次适宜算法和最适宜算法。关于它们的近似比率，有下面的定理。

定理 15.2　对装箱物体的所有实例 I，FFD 算法的性能为：

$$FFD(I) \leqslant \frac{11}{9} OPT(I) + 4$$

15.3 顶点覆盖问题

无向图$G=(V,E)$，G的顶点覆盖C是顶点集V的一个子集，$C \subseteq V$，使得$(u,v) \in E$，有$u \in C$，或者$v \in C$。在第12章曾把顶点覆盖问题作为判定问题来进行讨论，并证明了它是一个NP完全问题，因此，没有一个确定性的多项式时间算法来解它。顶点覆盖的优化问题是找出图G中的最小顶点覆盖。为了用近似算法来解这个问题，假定顶点用$0,1,\cdots,n-1$编号，并用下面的邻接表来存放顶点与顶点之间的关联边。

```
struct adj_list {                          /* 邻接表结点的数据结构 */
   int v_num;                              /* 邻接顶点的编号 */
   struct adj_list *next;                  /* 下一个邻接顶点 */
};
typedef struct adj_list NODE;
NODE V[n];                                 /* 图 G 的邻接表头结点 */
```

顶点覆盖问题近似算法的求解步骤可叙述如下：

（1）顶点的初始编号$u=0$。

（2）如果顶点u存在关联边，转步骤（3）；否则，转步骤（5）。

（3）令关联边为(u,v)，把顶点u、v登记到顶点覆盖C中。

（4）删去与顶点u、v关联的所有边。

（5）$u=u+1$；如果$u<n$，转步骤（2）；否则，算法结束。

其实现过程叙述如下：

算法 15.5 顶点覆盖优化问题的近似算法

输入： 无向图 G 的邻接表 V[]，顶点个数 n

输出： 图 G 的顶点覆盖 C[]，C 中的顶点个数 m

```
vertex_cover_app(NODE V[],int n,int C[],int &m)
{
    NODE *p,*p1;
    int u,v;
    m = 0;
    for (u=0;u<n;u++) {
        p = V[u].next;
        if (p!=NULL) {                     /* 如果 u 存在关联边 */
            C[m] = u;  C[m+1] = v = p->v_num;  m += 2;
            while (p!=NULL) {              /* 则选取边 (u,v) 的顶点 */
                delete_e(p->v_num,u);      /* 删去与 u 关联的所有边 */
                p = p->next;
            }
```

```
14.            V[u].next = NULL;
15.            p1 = V[v].next;
16.            while (p1!=NULL) {              /* 删去与 v 关联的所有边 */
17.               delete_e(p->v_num,v);
18.               p = p->next;
19.            }
20.            V[v].next = NULL;
21.         }
22.     }
23. }
```

这个算法用数组 C 来存放顶点覆盖中的各个顶点，用变量 m 来存放数组 C 中的顶点个数。开始时，把变量 m 初始化为 0，把顶点 u 的编号初始化为 0。然后，从顶点 u 开始，如果顶点 u 存在着关联边，就把顶点 u 及其一个邻接顶点 v 登记到数组 C 中；并删去顶点 u 及顶点 v 的所有关联边。其中，第 11 行的函数 delete_e($p->v\_num$,u)用来从顶点 $p->v\_num$ 的邻接表中删去顶点 $p->v\_num$ 与顶点 u 相邻接的登记项；第 17 行的函数 delete_e($p->v\_num$,v)用来从顶点 $p->v\_num$ 的邻接表中删去顶点 $p->v\_num$ 与顶点 v 相邻接的登记项，从而分别删去其他顶点到这两个顶点相邻接的登记项；第 14 行和第 20 行分别把顶点 u 及顶点 v 的邻接表头结点的链指针置为空，从而分别删去这两个顶点与其他顶点相邻接的所有登记项。经过这样的处理，就把顶点 u 及顶点 v 的所有关联边的登记项全都删去。这种处理一直进行，直到图 G 中的所有边都被删去为止。最后，在数组 C 中存放着图 G 的顶点覆盖中的各个顶点编号，变量 m 表示数组 C 中登记的顶点个数。

图 15.2 表示了这种处理的过程。按字母顺序进行处理，图 15.2（a）表示图 G 的初始状态；图 15.2（b）表示选择边 (a,b)，把关联该边的顶点 a 及 b 放进数组 C 中，并删去与顶点 a 及 b 相关联的所有的边，在这里是删去边 (a,b)、(a,g) 及 (a,j)；图 15.2（c）表示选择边 (c,d)，把关联该边的顶点 c 及 d 放进数组 C 中，并删去边 (c,d)、(c,g) 及 (d,i)；图 15.2（d）～图 15.2（g）分别表示这种处理的后续过程，最后得到的结果如图 15.2（g）所示。整个处理过程共选择了 6 条边上的 12 个顶点，作为图 G 的一个顶点覆盖，它们分别是 a,b,c,d,e,f,g,h,j,k,l,m。可以看到，它不是图 G 的最小的顶点覆盖。图 15.2（h）表示图 G 的一个最小的顶点覆盖，它有 7 个顶点，即 a,c,f,h,i,k,l。

下面估计这个算法的近似性能。假定算法所选取的边集为 E'，则这些边的关联顶点被作为顶点覆盖中的顶点放进数组 C 中。因为一旦选择了某一条边，例如边 (a,b)，则与顶点 a 及 b 相关联的所有边均被删去。再次选择第 2 条边时，第 2 条边与第 1 条边将不会具有公共顶点，则边集 E' 中所有的边都不会具有公共顶点。这样，放进数组 C 中的顶点个数为 $2|E'|$，即 $|C|=2|E'|$。另外，图 G 的任何一个顶点覆盖，至少包含 E' 中各条边中的一个顶点。若图 G 的最小顶点覆盖为 C^*，则有 $|C^*|\geqslant|E'|$。所以，有：

$$\rho=\frac{|C|}{|C^*|}\leqslant\frac{2|E'|}{|E'|}=2$$

由此得到，该算法的近似比率小于或等于 2。

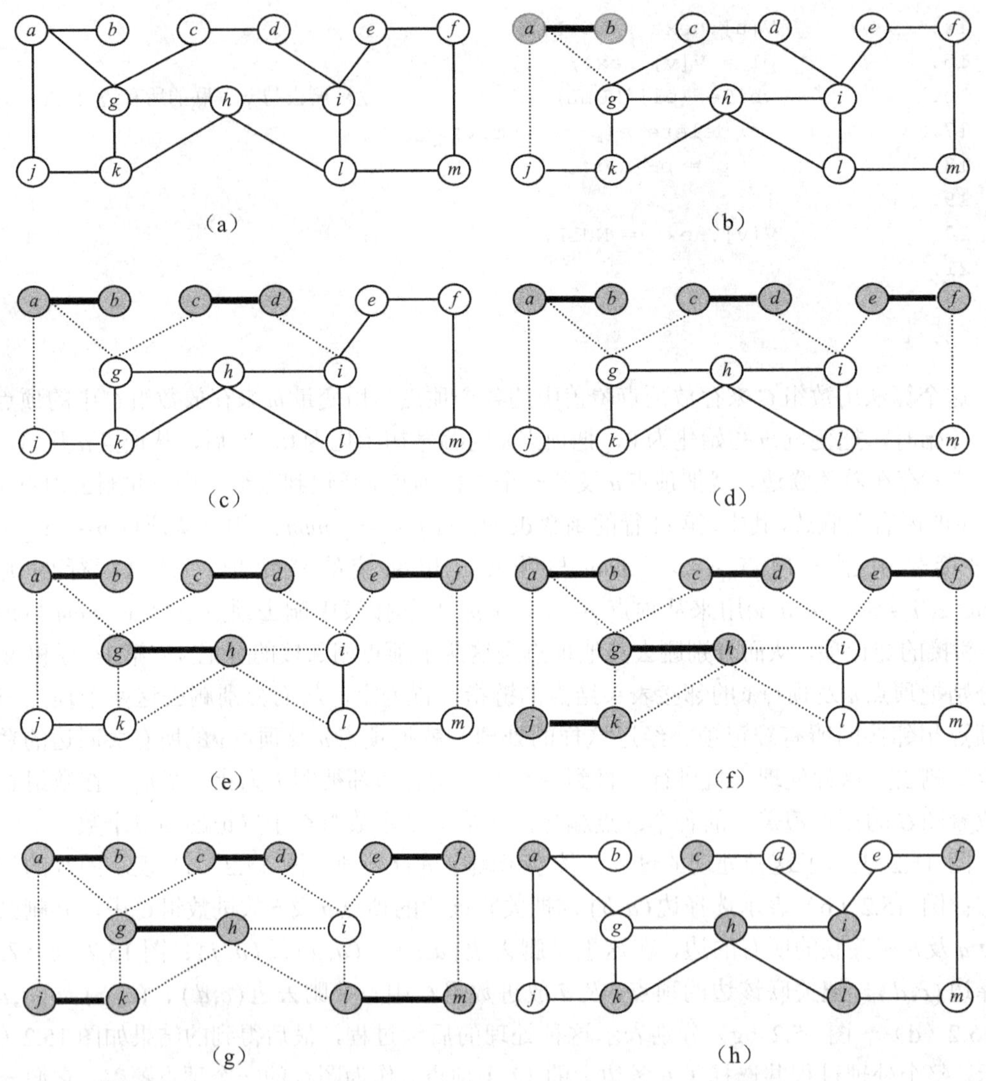

图 15.2　顶点覆盖近似算法的执行过程

15.4　货郎担问题

货郎担问题的最优化形式是：给定无向赋权图 $G=(V,E)$，对每一条边 $(u,v)\in E$，都有一个非负的常数费用 $c(u,v)>0$，求 G 中费用最小的哈密尔顿回路。可以把货郎担问题分成两种类型：如果图 G 中的顶点是平面上的顶点，任意两个顶点之间的距离，就是它们之间的欧几里得距离。这时，对图中任意 3 个顶点 $u,v,w\in V$，有：$c(u,v)\leqslant c(u,w)+c(w,v)$。把具有这种性质的货郎担问题称为欧几里得货郎担问题。反之，把不具有这种性质的货郎担问题称为一般的货郎担问题。

15.4.1　欧几里得货郎担问题

假定图 G 是完全图，对欧几里得货郎担问题，可以构造图 G 的一棵最小花费生成树 T，然后遍历最小花费生成树 T 中的顶点，就可以容易地把最小花费生成树 T 转换为一条哈密尔顿回路 L。这种方法称为最小生成树（Minimum Spanning Tree，MST）探索法。为方便起见，顶点用 $0,1,\cdots,n-1$ 编号，其实现步骤如下：

（1）用普里姆算法构造图 G 的最小花费生成树 T。

（2）由最小花费生成树 T 的边集构造 T 的邻接表 *node*。

（3）用深度优先搜索算法遍历最小花费生成树 T，取得按前序遍历顺序存放的顶点序号 L，则数组 L 中顺序存放的顶点序号即为欧几里得货郎担问题的解。

使用第 10 章第 10.1.1 节所定义的顶点邻接表结点的数据结构 NODE 和第 5 章 5.4.2 节所定义的边的数据结构 EDGE，算法的实现过程叙述如下。

算法 15.6　欧几里得货郎担问题的近似算法

输入：图 G 的费用矩阵 C[][]，顶点个数 n

输出：哈密尔顿回路 L 及回路的费用 f

```
void MST_salesman_app(float C[][],int n,int L[],float &f)
{
    int i,k,pren[n],postn[n];
    EDGE T[n];                          /* 存放最小生成树的边集 */
    NODE node[n],*p;
    for (i=0;i<n;i++)                   /* 最小生成树的邻接表头结点初始化 */
        node[i].next = NULL;
    prim(C,n,T,k);                      /* 调用普里姆算法构造最小生成树的边集 T */
    for (i=0;i<k;i++) {                 /* 由边集 T 构造 T 的邻接表 */
        p = new NODE;
        p->v = T[i].v;
        p->next = node[T[i].u].next;
        node[T[i].u].next = p;
        p = new NODE;
        p->v = T[i].u;
        p->next = node[T[i].v].next;
        node[T[i].v].next = p;
    }
    traver_dfs(node,n,pren,postn,L);        /* 调用深度优先搜索算法遍历 T */
    f = 0;
    for (i=0;i<n-1;i++)                     /* 计算回路的费用 */
        f += C[L[i]][L[i+1]];
    f += C[L[n-1]][L[0]];
}
```

这个近似算法用图 G 的邻接矩阵 C 作为输入，调用普里姆算法 prim(C,n,T,k)，构造图 G 的最小花费生成树 T 。其中，参数 n 为图 G 的顶点个数；k 为最小花费生成树 T 中的边数。然后，由最小花费生成树 T 构造 T 的邻接表 *node*，再把邻接表 *node* 作为参数，调用深度优先搜索算法 traver_dfs(*node,n,pren,postn,L*)，前序遍历最小花费生成树 T ，并把前序遍历的结果保存在数组 L 中，作为这个算法的结果输出。最后，由 L 中的路径信息计算回路的费用，并把它保存在引用变量 f 中，也作为这个算法的结果输出。

图 15.3 说明这个算法的运行情况。图 15.3（a）表示由普里姆算法所生成的最小花费生成树 T ；图 15.3（b）中的粗线表示用深度优先搜索算法前序遍历生成树 T 所得到的结果，这个结果也是最小生成树探索算法的执行结果。

下面估计该算法的近似比率。令 T 是图 G 的最小花费生成树，$c(T)$ 是最小花费生成树的费用；令 H 是图 G 的最小花费的哈密尔顿回路，$c(H)$ 是该回路的费用，则它是问题的最优解。如果删去 H 中任意一条边，就构成图 G 的一棵生成树。因为 T 是图 G 的最小花费生成树，所以有：$c(T) \leqslant c(H)$。另外，如果对树 T 进行完全遍历，也即在访问 T 的顶点时，访问该顶点，结束对 T 的某子树的访问而返回到该子树的根时，再一次访问该子树的根结点所对应的顶点。那么，按照这种方式前序完全遍历 T 所生成的回路，将经过 T 中所有的边各两次。例如，在图 15.3（c）中，对生成树 T 进行完全遍历，所产生的回路为 $a,b,c,b,d,b,a,e,f,g,f,h,f,e,a$ 。令 W 是这样的回路，$c(W)$ 是该回路的费用，则有：$c(W)=2c(T) \leqslant 2c(H)$。现在，把回路 W 中重复访问过的顶点删去，例如在图 15.3（c）中，路径 c,b,d 被 c,d 取代，d,b,a,e 被 d,e 取代，g,f,h 被 g,h 取代，h,f,e,a 被 h,a 取代。回路 W 中重复访问过的顶点全部被删去之后，将得到由前序遍历所生成的回路 L ，如图 15.3（c）中的粗线所表示的那样，而这就是算法所得到的结果。假定被删去的顶点 v 在回路 W 中处于顶点 u 和 w 之间，则回路 W 中的边 (u,v) 和 (v,w) ，将被边 (u,w) 所取代，因为图 G 中各个顶点之间的距离是欧几里得距离，各条边的费用满足三角不等式。因此，$c(u,w) < c(u,v)+c(v,w)$ 。因此，有：$c(L) \leqslant c(W) \leqslant 2c(H)$ 。由此得到：

$$\rho = \frac{c(L)}{c(H)} \leqslant \frac{2c(H)}{c(H)} = 2$$

所以，该算法的近似比率小于或等于 2。

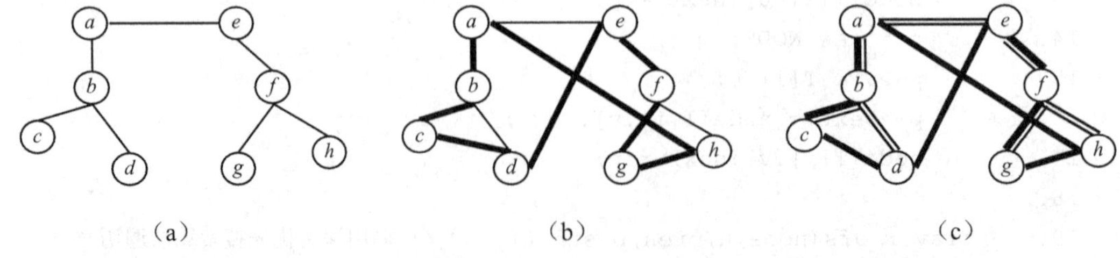

图 15.3　最小生成树探索算法的执行过程和近似比率的说明

15.4.2　一般的货郎担问题

当给定的无向图 G 中，每个顶点之间的距离不满足三角不等式，即顶点之间的距离不是欧几里得距离时，把这样的货郎担问题称为一般的货郎担问题。一般来说，最小生成树探索算法 MST 也可用于一般的货郎担问题，但是不能保证它具有好的近似比率。实际上，对于一般的货郎担问题，除非 $NP=P$，否则，不存在使 $\rho<\infty$ 的多项式时间的近似算法。关于这一点，有如下定理：

定理 15.3　如果 $NP \neq P$，则货郎担的最优化问题不存在使 $\rho<\infty$ 的多项式时间的近似算法。

证明　用反证法证明。如果存在使 $\rho<\infty$ 的多项式时间的近似算法，设该算法为 A，并存在一个正整数 k，使得 $\rho_A<k$。令图 $G=(V,E)$ 是一个具有 n 个顶点的无向图。对图 G 构造货郎担问题的一个实例 I 如下：顶点集 V 对应于城市集合，城市 u 和 v 之间的距离 $d(u,v)$ 定义为：

$$d(u,v)=\begin{cases}1 & (u,v)\in E\\ n\cdot k & (u,v)\notin E\end{cases}$$

因此，对实例 I，如果图 G 存在哈密尔顿回路，则货郎担问题的最优解 $OPTA(I)=n$；用算法 A 解该实例时所得到的解 $A(I)$，因为 $\rho_A<k$，所以有：

$$A(I)\leqslant k\cdot n$$

如果图 G 不存在哈密尔顿回路，则所构造的实例 I 中，必有一条不属于 E 的边，与图 G 一起构成哈密尔顿回路，则对应该实例的最优解 $OPTA(I)>k\cdot n$。用算法 A 解该实例时，就必然有：

$$A(I)>k\cdot n$$

上述结果说明：如果 $A(I)\leqslant k\cdot n$，可推断 $OPTA(I)=n$，并进一步推断图 G 存在哈密尔顿回路；反之，若图 G 存在哈密尔顿回路，则由 $OPTA(I)=n$，可推断 $A(I)\leqslant k\cdot n$。因此，$A(I)\leqslant k\cdot n$，当且仅当图 G 存在哈密尔顿回路。由此得出：可以用近似算法 A 的计算结果是否小于或等于 $k\cdot n$ 来判定图 G 是否存在哈密尔顿回路问题。因为近似算法 A 是多项式时间算法，而哈密尔顿回路的判定问题是一个 NP 完全问题，因此 $NP=P$。这与 $NP\neq P$ 相矛盾。所以，货郎担的最优化问题不存在使 $\rho<\infty$ 的多项式时间的近似算法。

15.5　多项式近似方案

从上面所讨论的一些问题的近似算法可以看到，有些 NP 难题存在着这样的近似算法，即其近似比率是有界的，不会超过某个常数因子。但是，也有些 NP 难题的近似算法，其近似比率是无界的，它可能很大，不会限制于某个常数因子。此外，还有些问题存在着这样的近似算法，即其近似比率会聚于 1，只要增加算法的运算时间，就可以使算法的近似比率接近于 1。

15.5.1 0/1 背包问题的多项式近似方案

令背包的容量为C，$U=\{u_1,u_2,\cdots,u_n\}$是希望装入背包的n个物体，物体的体积分别为$s_1,s_2,\cdots,s_n$，物体的价值分别为$v_1,v_2,\cdots,v_n$。0/1 背包问题是：物体不能分割，把U中的物体装满背包，使得背包中物体的价值最大。

使用贪婪法解 0/1 背包问题的算法，是 0/1 背包问题的一种近似算法。这种算法按物体价值体积比的递减顺序，一个一个地确定装入背包的物体。只要背包中的空余空间装得下当前的物体，就把该物体装入背包，否则考虑下一个物体。该算法的近似比率是无界的，不会限制于某个常数因子。例如，当$U=\{u_1,u_2\}$，$s_1=1$，$v_1=2$，$s_2=v_2=C>2$时，问题的最优解是把u_2装入背包，背包中物体的最优价值为C。用贪婪法求解时，则把u_1装入背包，背包中物体的价值为 2。因为C可以任意大，所以贪婪法解 0/1 背包问题时，其近似比率可能是无界的。

如果把这个算法加以简单的修改，就可以使其近似比率为 2。具体修改如下：一方面，按照正常的贪婪法求解，得到一个解，其价值为V_r；另一方面，挑选价值最大的物体装入背包，设其价值为V_s；然后，取V_r及V_s中最大的一个作为算法的输出。假定每个物体的体积均小于C，并假定存放物体的数据结构为：

```
typedef struct {
    int    num;                         /* 物体序号 */
    float  s;                           /* 物体体积 */
    float  v;                           /* 物体价值 */
    float  p;                           /* 物体的价值体积比 */
} ITEM;
ITEM     s[n];
```

下面是这个算法的描述：

算法 15.7 贪婪法解背包问题的近似算法

输入：背包的容量 C，物体 s[]，物体个数 n

输出：背包中的物体序号 kp[]，总价值 V，装入背包的物体个数 k

```
void knapsack_reedy(ITEM s[],int n,float C,int kp[],float &V,int &k)
{
    int i,j;
    float r,V1;
    mergesort(s,n);                     /* 按价值体积比的递减顺序排序 s 中物体*/
    i = k =0;  r = V = 0;
    while ((i<n)&&(r<C)) {              /* 按贪婪法从 s 中选择物体 */
      if (s[i].s<=C-r) {
```

```
            kp[k++] = s[i].num;   /* 装入背包中物体的原始序号 */
            r += s[i].s;          /* 装入背包中物体的体积累计 */
            V += s[i].v;          /* 装入背包中物体的价值累计*/
        }
        i++;
    }
    V1 = s[0].v;   j = 0;
    for (i=1;i<n;i++) {           /* 选取价值最大的物体作为候选者 */
        if (V1<s[i].v) {
            V1 = s[i].v;   j = i;
        }
    }
    if (V1>V) {                   /* 若候选者的价值大于贪婪法选取的价值 */
        V = V1;    kp[0] = s[j].num;    k = 1; /* 取候选者作为输出结果 */
    }
}
```

显然，该算法的时间复杂性取决于物体的排序步骤，所以，时间复杂性为$O(n\log n)$。可以证明该算法的近似比率为 2。为了降低算法的近似比率，使其能够达到$1+\varepsilon$，可以在该算法的基础上加以修改。为此，令$k=1/\varepsilon$，并按下面的步骤进行：

（1）把n个物体按价值体积比的递减顺序排序；令$i=0$。

（2）令$j=1$。

（3）从n个物体中选取i个物体放进背包，这种选择共有C_n^i组，选择其中的第j组i个物体，其余物体的选择按 knapsack_reedy 算法执行；令所得结果背包中物体总价值为V_j，保存背包中物体序号的数组为KP_j。

（4）若$j<C_n^i$，则$j=j+1$，转步骤（3）；否则，转步骤（5）。

（5）从C_n^i组结果中，选取V_j最大的一组结果，令其价值为SV_i，保存相应背包中物体序号的数组为SKP_i。

（6）$i=i+1$；若$i\leqslant k$，转步骤（2）；否则，转步骤（7）。

（7）从$k+1$组结果中，选取SV_i最大的一组结果，令其价值为V，保存相应背包中物体序号的数组为KP，则V及KP为算法的最终输出结果。

如果把上述算法称为算法A，则算法A的运行时间和近似比率有如下的定理：

定理 15.4 对某个$k\geqslant 1$，令$\varepsilon=1/k$，算法A的运行时间为$O(k\,n^{k+1})$，算法的近似比率为$1+\varepsilon$。

证明 （1）时间复杂性的证明。算法对每个确定的i，共需进行C_n^i组选择，执行C_n^i次 knapsack_reedy 算法；i由 0 递增到k。因此，共需执行的循环次数为：

$$\begin{aligned}\sum_{i=0}^{k} C_n^i &= 1+n+\frac{n(n-1)}{1\cdot 2}+\cdots+\frac{n(n-1)\cdots(n-k+1)}{1\cdot 2\cdots k}\\ &\leqslant k\cdot n^k = O(k\,n^k)\end{aligned}$$

因为物体的排序工作已在算法的步骤（1）中统一完成，在执行算法A时，无须重复执行。

所以，在每一轮循环中，把物体装入背包的工作量为$O(n)$。因此，算法A总的运行时间为$O(k\,n^{k+1})$。

（2）近似比率的证明。令I是具有n个物体$U=\{u_1,u_2,\cdots,u_n\}$的背包问题的一个实例，C为背包的容量，X是对应于最优解的物体集合。则有如下两种情况：

① 若$|X|\leqslant k$，则在算法步骤（3）中的$\sum_{i=0}^{k}C_n^i$组选择中，必然有一组选择是最优解。此时，算法是最优的，其近似比率为1。

② 若$|X|>k$，则令$Y=\{u_1,u_2,\cdots,u_k\}$是X中k个价值最大的物体集合，令$Z=\{u_{k+1},u_{k+2},\cdots,u_r\}$是$X$中其余物体的集合。假定对满足$k+1\leqslant i\leqslant r-1$的所有的$i$，有

$$\frac{v_i}{s_i}\geqslant\frac{v_{i+1}}{s_{i+1}}\qquad i=k+1,\cdots,r-1\tag{15.5.1}$$

因为Y中的物体是X中k个价值最大的物体集合，则对所有的i，$i=k+1,\cdots,r$，有：

$$v_i\leqslant\frac{v_1+v_2+\cdots+v_k+v_i}{k+1}\leqslant\frac{OPT(I)}{k+1}\qquad i=k+1,\cdots,r\tag{15.5.2}$$

因为$|X|>k$，所以，集合Y必然是算法A的步骤（3）中C_n^k组选择中的某一组选择。同时，由于算法A是近似解，算法A所选择的物体，必然有一部分包含在集合Z中，另外一部分不包含在集合Z中。令不包含在集合Z中的这一部分物体为W。因为算法是按贪婪法实现的，必然存在一个物体u_m，使得集合Z中的$\{u_{k+1},u_{k+2},\cdots,u_{m-1}\}$是算法$A$所选择的物体，而$u_m$不是算法$A$所选择的物体。由此，可把最优解的结果和算法$A$的结果分别写成：

$$OPT(I)=\sum_{i=1}^{k}v_i+\sum_{i=k+1}^{m-1}v_i+\sum_{i=m}^{r}v_i\tag{15.5.3}$$

$$A(I)=\sum_{i=1}^{k}v_i+\sum_{i=k+1}^{m-1}v_i+\sum_{i\in W}v_i\tag{15.5.4}$$

令C'为背包中装入物体$\{u_1,u_2,\cdots,u_{m-1}\}$之后的剩余容量，即

$$C'=C-\sum_{i=1}^{k}s_i-\sum_{i=k+1}^{m-1}s_i\tag{15.5.5}$$

由式（15.5.1）、式（15.5.3）及式（15.5.5），有：

$$OPT(I)\leqslant\sum_{i=1}^{k}v_i+\sum_{i=k+1}^{m-1}v_i+C'\frac{v_m}{s_m}\tag{15.5.6}$$

令C''是算法A装入所有物体之后背包的剩余容量，即

$$C''=C'-\sum_{i\in W}s_i$$

所以，有：

$$C'=C''+\sum_{i\in W}s_i\tag{15.5.7}$$

则对$u_i\in W$，有$u_i\notin\{u_1,u_2,\cdots,u_m\}$，根据算法$A$的贪婪选择性质，有：$C''<s_m$，否则，$u_m$将是算法$A$所选择的物体。由上述结果及式（15.5.6）、式（15.5.7）、式（15.5.4）及式（15.5.2），

可得：

$$OPT(I) < \sum_{i=1}^{k} v_i + \sum_{i=k+1}^{m-1} v_i + \sum_{i \in W} v_i + v_m = A(I) + v_m \leqslant A(I) + \frac{OPT(I)}{k+1}$$

即

$$\frac{OPT(I)}{A(I)} < 1 + \frac{OPT(I)}{A(I)} \cdot \frac{1}{k+1}$$

整理得：

$$\frac{OPT(I)}{A(I)}\left(1 - \frac{1}{k+1}\right) = \frac{OPT(I)}{A(I)}\left(\frac{k}{k+1}\right) < 1$$

所以，有：

$$\rho_A = \frac{OPT(I)}{A(I)} < \frac{k+1}{k} = 1 + \frac{1}{k} = 1 + \varepsilon$$

根据定理 15.4，可以取充分大的 k，从而使 ε 充分小。但是，算法的运行时间，随着 k 的增大而指数增加。

15.5.2　子集求和问题的完全多项式近似方案

令 $s_1, s_2, \cdots, s_n$ 是 n 个不同的正整数集合，要求在这 n 个正整数集合中，找出其和不超过正整数 C 的最大和数的子集。把这个问题称为子集求和问题，它是背包问题的一个特例。这时，$s_1, s_2, \cdots, s_n$ 既表示 n 个物体的大小，也表示 n 个物体的价值。这个问题可以用第 6 章的动态规划算法来实现。其实现如下：

算法 15.8　子集求和问题的算法

输入： n 个正整数 s[]，最大和数上限 C

输出： 不超过 C 的最大和数的子集 x[]，最大和数的值 sum

```
void subset_sum(int s[],int n,int C,BOOL x[],int &sum)
{
    int i,j,k;
    int (*T)[C+1] = new int[n+1][C+1];      /* 分配表的工作单元 */
    for (i=0;i<=n;i++)  {                   /* 初始化表的第 0 列 */
        T[i][0] = 0;   x[i] = FALSE;        /* 解向量初始化为 FALSE */
    }
    for (i=0;i<=C;i++)                      /* 初始化表的第 0 行 */
        T[0][i] = 0;
    for (i=1;i<=n;i++) {                    /* 计算 T[i][j] */
        for (j=1;j<=C;j++) {
            T[i][j] = T[i-1][j];
            if ((j>=s[i])&&(T[i-1,j-s[i]]+s[i]>T[i-1][j]))
                T[i][j] = T[i-1,j-s[i]]+s[i];
        }
```

```
    }
    j = C;                                          /* 求取子集中的数据 */
    for (i=n;i>0;i--) {
        if (T[i][j]>T[i-1][j]) {
            x[i] = TRUE;   j = j - s[i];
        }
    }
    sum = T[n][C];
    delete T;                                       /* 释放工作单元 */
}
```

显然，该算法可以得到问题的最优解。这时，其时间复杂性和空间复杂性都为$\Theta(nC)$。当C很大时，可以把C除以某个大于1的常数因子K，同时，也把整数集合中的所有数据除以常数因子K，然后使用上述算法求解，再把所得的和数乘以因子K，则所得结果为原来结果的一个近似值，而算法的时间复杂性和空间复杂性都比原来缩小K倍。为了使相对误差的界ε充分小，可以选取某个正整数k，使得$\varepsilon=1/k$，并令：

$$K=\frac{C}{2n(k+1)}$$

于是，可以用下面的步骤来近似地求解子集求和问题。

（1）令$C=\lfloor C/K\rfloor$，对所有的i，$i=1,2,\cdots,n$，令$s_i=\lfloor s_i/K\rfloor$。

（2）对新的实例C和s_i，调用算法subset_sum，求得新实例的最大和数的最优值sum。

（3）令$sum=sum\times K$，则sum是原来实例的最大和数的近似值。

如果把上述算法称为算法A，很清楚，算法A的时间复杂性为：

$$\Theta(nC/K)=\Theta(n\cdot 2n(k+1))=\Theta(kn^2)=\Theta(n^2/\varepsilon)$$

下面证明这个算法的近似比率为$1+\varepsilon$。假定，对实例I，最优值是$OPT(I)$。令对实例I中的所有数据及整数C，经过算法A的步骤（1）处理后所得实例为I'。设对实例I'的最优值是$OPT(I')$。因为最优解不可能包含所有n个整数，所以，对应于实例I和实例I'的最优值之间有如下关系：

$$OPT(I)-K\times OPT(I')\leqslant Kn$$

因为可以由算法subset_sum求得实例I'的最优值$OPT(I')$，所以，$K\times OPT(I')$即为算法A对实例I所求得的近似值，即

$$A(I)=K\times OPT(I')$$

于是，有：

$$OPT(I)-A(I)\leqslant Kn$$

即

$$A(I)\geqslant OPT(I)-Kn$$

及：

$$OPT(I) \leqslant A(I) + Kn = A(I) + \frac{C}{2(k+1)}$$

因此：

$$\rho_A(I) = \frac{OPT(I)}{A(I)} \leqslant 1 + \frac{C/2(k+1)}{A(I)}$$
$$\leqslant 1 + \frac{C/2(k+1)}{OPT(I) - C/2(k+1)}$$

根据问题的性质，可以假定$OPT(I) \geqslant C/2$。否则，如果$OPT(I) < C/2$，则整数集合中的数据将具有如下的性质：（1）不会包含有大于$C/2$并且小于C的数据s_i，否则，s_i将被作为优化解子集中的一个元素，而使得$OPT(I) < C/2$不成立；（2）因此，整数集合中的数据将被划分为两个子集：值大于C的子集W和值小于$C/2$的子集S，并且满足：

$$\sum_{i \in S} s_i < C/2$$

如果不满足上面这个式子，也将使得$OPT(I) < C/2$不成立。这样一来，就可以容易地以线性时间，把整数集合中值大于C的子集W去掉，而保留值小于$C/2$的子集S，从而可以容易地以线性时间得到最优解。由此，当假定$OPT(I) \geqslant C/2$时，算法A的近似比率可以写成：

$$\rho_A(I) \leqslant 1 + \frac{C/2(k+1)}{C/2 - C/2(k+1)}$$
$$= 1 + \frac{1/(k+1)}{1 - 1/(k+1)}$$
$$= 1 + \frac{1}{k+1} \cdot \frac{k+1}{k}$$
$$= 1 + \frac{1}{k}$$
$$= 1 + \varepsilon$$

因此，算法A的近似比率为$1+\varepsilon$。而由算法A的时间复杂性看到，该算法的运行时间是$1/\varepsilon$和n的多项式时间，因此，该算法是一个完全多项式近似算法。

习　　题

1．给出一个装箱问题的实例I，使得$FF(I) \geqslant 3OPT(I)/4$。

2．给出一个装箱问题的实例I，使得$BF(I) \geqslant 3OPT(I)/4$。

3．给出一个装箱问题的实例I，使得$FFD(I) \geqslant 11OPT(I)/9$。

4．令$G = (V, E)$是一个无向图，考虑下面寻找G中顶点覆盖的贪婪算法：首先，把图G的顶点按度的递减顺序排列；接着，执行下面的步骤，直到把所有的边都覆盖为止：在图中挑选至少关联于一条边且度最高的顶点，把它加入到顶点覆盖集合去，并删去与这个顶点相关联的所有边。说明这个贪婪算法不总能给出最小的顶点覆盖。

5．说明第4题中寻找无向图顶点覆盖的贪婪算法，其近似性能比率大于2。

6．图着色COLORING的最优化问题是：在无向图中为图着色，使得相邻两个顶点不会具有相同的颜色，而所需的颜色数目最少。给出图着色的优化问题的一个近似算法，并说明所给出的算法的近似比率是有界的还是无界的。

7．设计一个贪婪算法，使其以线性时间寻找树的顶点覆盖。

8．设计一个欧几里得货郎担问题的近似算法，使其以$O(n^3)$运行，且近似比率为1.5。

9．说明0/1背包问题的knapsack_reedy算法的近似比率为2。

10．集合覆盖问题SET COVER是：给定一个n个元素的集合X，及由集合X的子集构成的集类A，在A中寻找一个最小的子集D$\subseteq$A，使得D覆盖集合X中的所有元素。解这个问题的一个近似算法为：初始化$S=X$，D $=\{\}$，重复下面的步骤，直到$S=\{\}$：从A中选取一个元素$Y\in$A，使得$|Y\cap S|$最大；令D = D $\cup\{Y\}$，$S=S-Y$。说明这个算法不一定能得到一个最小的集合覆盖。

11．多处理器调度问题MULTIPROCESSOR SCHEDULING是：给定m台性能相同的处理器及n个任务，处理器完成任务i所需时间为t_i，$i=1,2,\cdots,n$。给出一个处理器调度方案，使得完成全部任务所需时间最短。完成全部任务所需时间定义为所有m台处理器中的最大执行时间。用类似于装箱问题中的FF算法来解这个问题，把每一个任务分配给下一个可用的处理器。给出这个近似算法，并说明其近似比率为$2-1/m$。

12．对第11题中的问题，如果首先对n个任务按其完成时间的递减顺序排列，再进行调度，说明其近似比率为$4/3-1/(3m)$。

13．对第11题中的问题，首先对n个任务按其完成时间的递减顺序排列，并给定一个正整数k，先按最优调度前面k个任务，再对其余$n-k$个任务用第11题中的方法进行调度，说明算法的近似比率为$1+(1-1/m)/\left(1+\lfloor k/m\rfloor\right)$。

14．对第13题中的问题，给出一个多项式时间的近似算法，对给定的$\varepsilon=1/k$，使算法的时间复杂性为$O(n\log n+m^{mk})$。

参考文献

可在文献[3]、[10]、[19]中看到近似算法的性能的介绍。可在文献[3]、[8]、[9]中看到装箱问题的近似算法的叙述。顶点覆盖问题的近似算法可在文献[10]、[13]、[19]中看到。可在文献[3]、[8]、[10]、[19]、[53]中看到货郎担问题近似算法的叙述。文献[13]介绍了另外两个货郎担问题的近似算法。可在文献 [3]、[8]、[54]、[55]中看到背包问题近似算法的叙述。可在文献[3]、[8]、[10]、[19]、[55]中看到子集求和问题近似算法的叙述。

参 考 文 献

[1] D. E. Knuth．计算机程序设计艺术——第 1 卷：基本算法．第 3 版．苏运霖，译．北京：国防工业出版社，2002

[2] D. E. Knuth. Big Omicron and big Omega and big Theta. SIGACT News, ACM, 8(2): 18-24

[3] M. H. Alsuwaiyel. Algorithms Design Techniques and Analysis（影印本）．北京：电子工业出版社，2003

[4] Sartaj Sahni．数据结构、算法与应用（中译本）．北京：机械工业出版社，2000

[5] B. Weide. A survey of analysis techniques for discrete algorithms, Computing Surveys, 9:292-313

[6] D. E. Knuth．计算机程序设计艺术——第 3 卷：排序与查找．第 3 版．苏运霖, 译．北京：国防工业出版社，2002

[7] D. H. Greene, D. E. Knuth. Mathematics for the Analysis of algorithms, Birkhauser, Boston, MA, 1981

[8] 周培德．算法设计与分析．北京：机械工业出版社，2002

[9] 宋文，吴晟，杜亚军．算法设计与分析．重庆：重庆大学出版社，2001

[10] 傅清祥，王晓东．算法与数据结构．北京：电子工业出版社，1998

[11] J. W. J. Williams. Algorithms 232: heapsort. Communications of the ACM, 7:347-348

[12] R. W. Floyd. Algorithms 245: treesort 3. Communications of the ACM, 7:701

[13] 卢开澄．计算机算法导引．北京：清华大学出版社，2006

[14] J. E. Hopcroft, J. D. Ullman. Set merging algorithms. SIAM Journal on Computing, 2(4):294-303

[15] R. E. Tarjan. On the efficiency of a good but not liner set merging algorithm. Journal of the ACM, 22(2):215-225

[16] C．A．Shaffer．数据结构与算法分析（中译本）．北京：电子工业出版社，2001

[17] 余祥宣，崔国华，邹海明．计算机算法基础．第 2 版．武汉：华中科技大学出版社，2001

[18] U. Manber. Using induction to design algorithms. Communications of the ACM, 31:1300-1313

[19] 王晓东．计算机算法设计与分析．北京：电子工业出版社，2001

[20] C. A. R. Hoare. Quicksort. Computer Journal, 5:10-15

[21] M. I. Shamos, D. Hoey. Geometric intersection problems. Proceedings of the 16th Annual Symposium on Foundation of Computer Science, 208-215

[22] M. Blum, R. W. Floyd, V. R. Pratt, etc. Time bounds for selection. Journal of Computer and System Science, 7:448-461

[23] E. W. Dijkstra. A note on two problems in connexion with graphs. Numerische Mathematik, 1:269-271

[24] E. B. Johnson. Efficient algorithms for shortest paths in sparse networks. Journal of the ACM, 24(1):1-13

[25] J. B. Kruskal. On the shortest spanning subtree of a graph and the traveling saleman problem. Proceedings of the American Mathematical Seience, 7(1):48-50

[26] R. C. Prim. Shortest connection networks and some generalizations. Bell System Technical, 36:1389-1401

[27] M. Held, R. M. Karp. A Dynamic programming approch to sequencing problems. SIAM Journal on Applied Mathematics, 10(1):196-210

[28] D. E. Knuth. Estimating the fficiency of backtrack programs. Mathematics of Computation, 29:121-136

[29] J. D. C. Little, K. G. Murty, D. W. Sweeney, etc. An algorithm for the traveling salesman problem. Operatins Research, 11:972-989

[30] M. Bellmore, G. Nemhauser. The traveling salesman problem:Asurvey. Operations Research, 16(3):538-558

[31] 亦鸥等．Turbo C++运行库函数源程序与参考大全．北京：中国科学院希望高级电脑技术公司，1991

[32] M. O. Rabin, R. M. Karp. Efficient randomized pattera-matching algorithms. IBM Journal of Research and Development, 31:249-260

[33] M. O. Rabin. Probabilistic Algorithms, In J. I. Traub editor, Algorithms and Complexity: New Directions and Recent Results. Academic Press, New York, 21-39

[34] R. Solovay, V. Strassen. Erratum:A fast Monte-Carlo test for primality. SIAM Journal on Computing, 7(1):118

[35] M. Sharir. A strong-connectivity algorithm and its application in data flow analysis. Computer and Mathematics with Applications, 7(1):67-72

[36] R. E. Tarjan. Data Structures and Network Algorithms. SIMA Philadelphia, PA

[37] J. Edmonds, R. M. Karp. Theoretical improvements in algorithmic efficiency for network problems. Journal of the ACM, 19:248-264

[38] J. E. Hopcroft, R. M. Karp. A $n^{5/2}$ algorithm for maximum matching in bipartite graphs. SIAM Journal on Computing, 2:225-231

[39] F. P. Preparata, M. I. Shamos. Computational Geometry:An introduction. Springer-Verlag, New York, NY

[40] R. L. Graham. An efficient algorithm for determining the convex hull of finite planar set. Information Processing Letters, 1:132-133

[41] 周之英．平面点集凸壳的实时算法．计算机学报，1985（2）

[42] M. R. Garey, D. S. Johnson. Computers and Intractability:A Guide to the Theory of NP-Completeness. W. H. Freeman and Co, San Francisco, CA

[43] R. M. Karp. Reducibility among combinatorial problem. in Complexity of Computer Computations, R. E. Miller, J. W. Thatcher, eds, Plenum Press, New York, NY, 85-104

[44] J. E. Hopcroft, J. D. Ullman. 形式语言及其与自动机的关系（中译本）. 北京：科学出版社，1979

[45] 耿素云，屈婉玲，张立昂. 离散数学. 第 2 版. 北京：清华大学出版社，1999

[46] W. J. Savitch. Relationships between nondeterministic and deterministic tape complexities. Journal of Computer and System Science, 4(2):177-192

[47] J. Hartmans, P. M. Lewis, R. E. Stearns. Hierarchies of memory limited computations. IEEE Conference Record on Switching Circuit Theory and Logical Design, Ann Arbor, Michigan, 179-190

[48] J. Hartmans, R. E. Stearns. On the computational complexity of algorithms. Trans Amer Math Sac, 117:285-306

[49] N. D. Jones. Space-bounded reducibility among combinatorial problem. Journal of Computer and System Science, 11(1):68-85

[50] L. J. Stockmeyer. The complexity of decision problem in automata theory and logic. MAC TR-133, Project MAC, MIT, Cambridge, Mass

[51] D. Dobkin, R. Lipton, S. Reiss. Liner programming is log-space hard for P. Information Processing Letters, 8:96-97

[52] M. Bin-Or. Lower bounds for algebraic computation trees. Proc 15th ACM Annual Symp on Theory of Comp, 80-86

[53] D. J. Rosenkrantz, R. E. Stearns, P. M. Lewis. An analysis of several heuristics for the traveling salesman problem. SIAM Journal on Computing, 6:563-581

[54] S. Sahni. Approximation for the 0/1 knapsack problem. Journal of the ACM 22:115-124

[55] O. H. Ibarra, C. E. Kim. Fast approximation algorithms for the knapsack and sum subset problem. Journal of the ACM, 22:463-468

[56] Huffman, D. A. A method for the construction of mininum redundancy codes. Proceeding of the IRA, 40:1098-1101

[57] Jon Kleinberg, Eva Tardos. 算法设计（中译本）. 北京：清华大学出版社，2007

[58] R. C. T. Lee，S. S. Tseng 等. 算法设计与分析导论（中译本）. 北京：机械工业出版社，2008